hänssler

Erich Hitzbleck

Welträtsel Natur

Was steht hinter
der genialen Ordnung
des Lebens?

Erich Hitzbleck ist promovierter Ingenieurwissenschaftler. Er beschäftigt sich seit seiner Jugend mit der kardinalen Frage, ob vom naturwissenschaftlichen und geschichtlichen Tatsachenmaterial plausibel auf einen Schöpfer geschlossen werden kann.

CIP-Titelaufnahme der Deutschen Bibliothek

Hitzbleck, Erich:
Welträtsel Natur : was steht hinter der genialen Ordnung des Lebens? / Erich Hitzbleck. – 2. Aufl. – Neuhausen-Stuttgart : Hänssler, 1990
(Edition C : C ; 295 : Paperback)
1. Aufl. u. d. T.: Hitzbleck, Erich: Die Schöpfung als Gottesoffenbarung
ISBN 3-7751-0778-9
NE: Edition C / C

EDITION C-Paperback, C 295
Bestell-Nr. 56.695
2. Auflage 1990

Das vorliegende Buch erschien bisher unter dem Titel »Die Schöpfung als Gottesoffenbarung« als erster Band in der Reihe WISSEN UND LEBEN

Umschlaggestaltung: Daniel Dolmetsch
Titelbild: Artreference, Frankfurt
Printed in West-Germany

»Die letzte Schlußfolgerung der Vernunft ist, daß sie einsieht, daß es eine Unzahl von Dingen gibt, die ihr Fassungsvermögen übersteigen; sie ist nur schwach, wenn sie nicht bis zu dieser Einsicht gelangt.
Was wird man von den übernatürlichen Dingen sagen, wenn schon die Dinge der Natur ihr Fassungsvermögen übersteigen?«

(Blaise Pascal)

Inhalt

Vorwort

»Welträtsel Natur« ist ein Buch der Tatsachen und der aus diesen gezogenen Vernunftschlüsse.

Über Gedanken und Meinungen kann man endlos streiten, aber Tatsachen lassen sich nicht leugnen. Sie zwingen zum Nachdenken, und aus den Schlußfolgerungen kann man Erkenntnisse gewinnen, die vernünftiges Denken und Handeln ermöglichen.

Man stelle sich vor, wir müßten einen zugefrorenen Fluß oder See überqueren, wüßten aber nicht, ob das Eis trägt. Wenn uns dann ein unbekannter Vorübergehender zurufen würde: »Ich glaube, daß das Eis trägt!«, dann hätten wir trotzdem nicht den Mut, sogleich unbekümmert loszugehen. Zu dem »Glauben« des Fremden fehlt und das nötige *Vetrauen.*

Dieses Vertrauen können wir nur durch Tatsachen gewinnen. Im vorliegenden Fall gibt es zu dessen Erlangung zwei Möglichkeiten: einmal die durch Messen erkannte ausreichende Dicke der Eissschicht und zum anderen die Feststellung, daß bereits ein schweres Fahrzeug ohne einzubrechen hinübergefahren ist.

Wohl jeder verantwortlich denkende Mensch hat sich in seinem Leben schon einmal die drei Grundfragen gestellt:

Woher komme ich? Wozu lebe ich? Wohin gehe ich?

Von diesen drei Fragen ist bekanntlich die mittlere heute ganz besonders aktuell. Es ist die Frage nach dem Sinn unseres Lebens.

Allerdings geht man durchweg nur aus einer irdisch-materialistischen Sicht an sie heran. Wenn es den meisten gegenwärtig auch noch erträglich oder gar gutgeht, so haben sie in Anbetracht der zunehmenden Ungerechtigkeit im Zusammenleben der Menschen kein Vertrauen in die Zukunft mehr. Man befürchtet eine globale Katastrophe, und um der zu entgehen, werfen immer mehr Menschen ihr Leben weg.

Bei aller Berechtigung zu einem solchen Pessimismus wird jedoch das Wichtigste übersehen, nämlich der Bezug der zweiten Frage zu den beiden anderen, und mit diesen stellt sich sogleich die Gottesfrage.

Auf Grund unserer alltäglichen Erfahrung gibt es zur Lösung der ersten nur die beiden Alternativen:

Bin ich eine *Schöpfung* oder ein *Produkt des blinden Zufalls*?

Wer so fragt, wird sich nicht mit einer Art des vorhin gekennzeichneten vagen Glaubens abspeisen lassen, er wird Fakten verlangen. Doch warum ist die Beantwortung dieser Frage für uns überhaupt von Bedeutung?

Sie ist für die Art unserer Lebensgestaltung ausschlaggebend.

Wären wir ein *Zufallsprodukt*, dann hinge alle Verantwortung für unsere Lebensführung von unserem ganz persönlichen Empfinden ab. Wir könnten uns dazu unsere Maßstäbe selber setzen. Wir könnten ganz nach unserem Belieben Gutes oder Böses tun, ohne, außer nach der Polizei und Justiz, nach einer übergeordneten Instanz zu fragen. Wir brauchten keinerlei über unser Erdendasein hinausgehende Konsequenzen zu befürchten.

Wesentlich anders ist es, wenn wir eine *Schöpfung* sind. Weil wir alltäglich die Erfahrung machen, daß nichts zustande kommt, wenn wir uns nicht schöpferisch betätigen, so kann auch unser Dasein von einem Schöpfer verursacht sein. In Anbetracht der wunderbaren Gestaltung und Funktion unseres Körpers muß dieser Schöpfer dann aber über eine unvorstellbare Weisheit und Macht verfügen und kann in sittlich-moralischer Hinsicht unmöglich geringer sein als wir. Er wird also sicherlich Ansprüche an uns stellen und von uns irgendwann Rechenschaft verlangen, was wir mit dem uns anvertrauten Leben gemacht haben. Ich kann in diesem Fall also nicht machen, was ich will, sondern muß mich um meinen Schöpfer kümmern und nach seinem Willen fragen.

Nun lehrt uns die heutige offizielle Wissenschaft, wir seien ein *Zufallsprodukt*. Professoren ermuntern die Jugend, zu »tun, was ihr Spaß macht«. Der Erfolg wird von Tag zu Tag deutlicher. Gott wurde abgeschafft und damit die höchste Autorität, die die allgemeingültigen Maßstäbe für Recht und Unrecht setzt. Jeder tut, »was recht ist in seinen Augen«. Wir sind auf dem besten Weg zu chaotischen Zuständen.

Hier muß doch etwas nicht stimmen. Sollte man sich da nicht einmal um die andere Alternative, nämlich um die Frage nach dem Schöpfer, bemühen? Wenn jemand mit Schlußfolgerungen und Vernunftgründen an die Verkündigung des christlichen

Gottes- und Erlösungsglaubens herangeht, wie ich es in diesem Buch tue, dann wird mancher Christ das nicht für richtig halten. Er wird auf die umgestaltende Kraft des Evangeliums verweisen und nur dessen klare Verkündigung an Hand der Bibel gelten lassen wollen.

Damit hat er natürlich recht. Gottes Geist ist durchaus in der Lage auf jede erdenkliche Weise Menschen zu gewinnen und in Christi Nachfolge zu rufen.

Aber wir dürfen nicht vergessen, daß seit dem Aufkommen der Naturwissenschaften die Propagierung einer materialistisch-atheistischen Welt- und Lebensauffassung der Menschheit den Schöpfungsglauben raubte. Damit wird gesorgt, daß schon Kindern in der Schule nichts anderes gelehrt wird, als daß es weder einen lebendigen Gott noch jenseitige Welten und somit auch kein Leben nach dem Tod geben kann.

Und das wird unter Ausnutzung der angeborenen Gottesferne des natürlichen Menschen mit solcher Überzeugungskraft vorgetragen, daß selbst Christen in Gefahr stehen, durch die naturwissenschaftlich verbrämten Argumente die Basis ihres Gottesglaubens zu verlieren. Ganz besonders gefährlich ist für sie die Hypothese einer sog. »theistischen Evolution«.

Infolge der atheistisch-materialistischen Beeinflussung des heutigen Menschen wird es selbst den aktivsten Verkündigern von Christi Erlösung immer schwerer, von Sünde und Schuld zu sprechen. Für den aufgeklärten Menschen des Atom- und Weltraumzeitalters ist das, was man bisher Sünde genannt hat, eine durch die Unzulänglichkeit unserer materiellen Existenz bedingte Fehlhaltung.

Und was ist Schuld? Ein lästiger und unnützer Komplex, der verstandesmäßig überwunden werden muß. Wenn kein Gott da ist, kann man auch nicht an ihm schuldig werden!

Nun ist es natürlich, daß da, wo von einer Seite neue Angriffswaffen erfunden werden, von der anderen sogleich solche zu deren Abwehr in Herstellung gehen. So muß es auch im Kampf des Glaubens gegen den Unglauben sein. Leider hat aber die Christenheit in dieser Hinsicht während früherer Jahrzehnte viel versäumt.

Während die Verfechter des Zufalls- und Entwicklungsglaubens ihre antigöttliche Lehre ausbauten und alles daransetzten, die öffentliche Meinung für sie zu gewinnen, gab es nur verhältnismäßig wenige gläubige Naturwissenschaftler, die entsprechende Gegenargumente erarbeiteten. Vor allem hat es an solchen gefehlt, die der gläubigen Laienwelt durch leichtverständliches Material an ihrem Schöpfungsglauben festzuhalten half. Diesem heute noch bestehenden Mangel zu begegnen ist der Zweck des vorliegenden Buches.

1. Kapitel
Von der Logik des Gottesglaubens

Vernunftschluß aus zwei Beobachtungen

Den Tieren sind die *Instinkte* von Geburt an als Verhaltensprogramm mit auf den Lebensweg gegeben. Sie vererben sich von einer Generation auf die andere. Deshalb sind Instinkthandlungen von Tieren derselben Gattung fast immer die gleichen.

Der Mensch ist demgegenüber sein eigener Programmgeber. Ihm hat der Schöpfer zu diesem Zweck eine besondere geistige Befehlszentrale eingepflanzt. Diese Kommandostelle ist sein *Ich,* das all sein Tun und Lassen selbstverantwortlich steuert.

Dieses Ich ist einmalig in der gesamten Schöpfung und darüber hinaus eins der größten Rätsel, die es gibt. Für unser Denken ist es eine unstoffliche und daher unsichtbare, völlig *unbegreifliche Wirklichkeit.* Es ist der innere Zentralpunkt unserer Persönlichkeit, den wir *nicht mehr hinterfragen* können.

Dieses Befehlszentrum besitzt großartige Fähigkeiten. Es hat die Möglichkeit, sich sowohl seiner selbst als auch der Dinge seiner Umwelt bewußt zu werden. Obwohl es sich selbst nicht zu ergründen vermag, ist es dennoch in der Lage, die Dinge und Vorgänge in der ihm zugänglichen Umgebung zu erkennen, zu beobachten, zu erforschen und bis zu einem gewissen Grad zu verstehen. Bei alledem ist es ihm oft möglich, die manchmal verschiedenartigsten Beobachtungen und Erfahrungen zueinander in Beziehung zu setzen und dann daraus für seine Erkenntnis, sein Verhalten oder Handeln wichtige Schlußfolgerungen zu ziehen. Dabei spielt unser gesunder Menschenverstand eine hervorragende Rolle. Sind ihm solche Schlußfolgerungen besonders überzeugend, dann nennt er sie vernünftig oder logisch.

Im nachfolgenden soll uns ein Beispiel veranschaulichen, wie ein derartiger Vernunftschluß, der uns besonders logisch erscheint, zustande kommt. Dazu stellen wir zunächst auf Grund alltäglicher Erfahrung fest, daß das erwähnte menschliche Ich unter anderem *schöpferische* Fähigkeiten besitzt. Es ist nicht nur in der Lage, *Ideen* hervorzubringen, sondern zugleich auch den zu ihrer Verwirklichung erforderlichen *Willen.*

So kann etwa ein Heizungstechniker nicht nur eine Zentralheizungsanlage entwerfen, sondern sie auf Wunsch auch in einem im Bau befindlichen Haus installieren. Wir wollen ihn bei dieser Arbeit jetzt einmal kurz beobachten.

Zunächst beschafft er sich die vielen für die Ausführung seines Auftrags notwendigen Einzelteile, die andere Firmen als Massenartikel herstellen, von denen er sie preisgünstig beziehen kann. Von diesen kauft er viele Meter Rohre mit teils unterschiedlichem Querschnitt. Ferner einen Heizofen, zahlreiche Heizkörper, eine Umwälzpumpe und allerlei Kleinzeug.

All diese einzelnen Teile verteilt er zweckentsprechend in dem ganzen Neubau, verbindet sie mit den vielen Rohren zu einem in sich geschlossenen System, das er nach Fertigstellung mit Wasser füllt. Damit ist die Heizanlage betriebsbereit.

Sind schließlich alle Bauarbeiten abgeschlossen und die Bewohner eingezogen, dann sind diese in der Lage, alle Zimmer ihrer Wohnung je nach Wunsch behaglich zu erwärmen. Sie zünden zu diesem Zweck den Heizofen an, setzen die Umwälzpumpe in Gang und regulieren die einzelnen Heizkörper auf die gewünschte Zimmertemperatur ein. Das hat zur Folge, *daß das in dem Ofen erwärmte Wasser durch die Pumpe in ständigem Umlauf gehalten und dadurch die von den Radiatoren ausgestrahlte Wärme laufend ersetzt wird.*

Diese großartige Leistung des menschlichen Ichs stellt nun unsere *erste Beobachtung* dar. Kein anderes Lebewesen dieser Erde bringt etwas Derartiges zustande. Sie alle brauchen es auch gar nicht, denn für sie hat der Schöpfer vorgesorgt.

So breitet er über die Pflanzenwelt im Winter den Schnee als weiße Schlafdecke. Und die Tiere schützt er durch dichte Pelze, Federkleider, dicke Speckschichten unter der Haut oder durch instinktives Sichverkriechen in allerlei Erdlöcher und andere Schlupfwinkel.

Und wenn wir dem Problem noch weiter nachgehen, stoßen wir schließlich auf die erstaunliche Tatsache, daß der Mensch ja gar nicht der erste Konstrukteur von automatischen Zentralheizungen ist. Gott hat die gleiche Idee nämlich bereits bei der Erschaffung von Menschen und Tieren in frühester Urzeit gehabt und inzwischen in millionenfacher Auflage zur Anwendung gebracht. Es ist der die Körper aller Menschen und höheren Tiere durchziehende *Blutkreislauf.*

In all diesen Fällen sind die Körper bis in die entlegensten Stellen von einem *in sich geschlossenen Rohrsystem durchsetzt, durch das das in dem Verdauungsapparat mit Brennmaterial beladene Blut mit Hilfe des ständig pumpenden Herzens ununterbrochen in Umlauf gehalten wird. Im Prinzip also die gleiche Methode wie bei der Zentralheizung in einem Wohnhaus.*

Das ist dann unsere *zweite Beobachtung,* die wir sogleich mit der ersten in Beziehung setzen wollen. Dabei machen wir folgende Feststellung:

Wenn schon die primitive, von Menschen ersonnene und gebaute Heizungsanlage nicht von selbst, sondern nur durch geistig denkendes Planen und Schaffen eines für uns letztlich unsichtbaren Ichs entsteht, kann das dann bei dem Blutkreislauf der Lebewesen anders sein? Dieser Vernunftschluß zwingt uns also zu der Annahme, daß hinter dem Naturgeschehen ein dem unseren gleichgeartetes, ebenfalls unsichtbares Ich stehen muß.

Diese Logik stimmt genau mit der Aussage der Bibel in Römer 1, Vers 19 und 20 überein, die besagt:

» . . . was man von Gott erkennen kann, ist ihnen (den Menschen) offenbart. Seit Erschaffung der Welt wird seine (Gottes) unsichtbare Wirklichkeit an den Werken der Schöpfung mit der Vernunft wahrgenommen . . .«

Das aber gilt nicht nur für Gottes bloße Existenz, sondern auch, wie es in Vers 20 weiter heißt, für

» . . . seine ewige Macht und sein göttliches Wesen«.

Auch dieses letztere werden wir sofort einsehen, wenn wir einmal unser eigenes Blutkreislaufsystem, das ja wohl das vollkommenste innerhalb der Schöpfung ist, etwas genauer unter die Lupe nehmen.

Das wunderbare Rohrsystem

Es ist jammerschade, daß uns die Vorgänge in der Natur und damit auch in unserem eigenen Körper so sehr zur Selbstverständlichkeit geworden sind, daß wir darüber das Staunen verlernt haben. Wir bewundern unsere eigenen technischen Leistungen und schenken den Wunderwerken unseres Schöpfers längst nicht die ihnen gebührende Beachtung.

Wer von uns ist sich schon der Tatsache bewußt, daß unser Körper – ganz gleich, ob wir schlafen oder wachen – ununterbrochen von dem Lebensstrom unseres Blutes durchflossen wird?! Von unserem ersten Schrei bis zum letzten Atemzug steht diese Bewegung keine Sekunde still. Sie wird in Gang gehalten durch die »Wunderpumpe« unseres Herzens, die an das großartigste Rohrleitungsnetz angeschlossen ist, wie es sich unsere kühnste Phantasie nicht ausdenken kann. Dieses Leitungssystem ist so unerhört zweckvoll gebaut, daß es sich lohnt, es einmal für sich allein zu betrachten.

Unser Herz bildet mit dem Netz der Blutgefäße ein weitverzweigtes, in sich geschlossenes Kreislaufsystem, das die gesamte Blutmenge enthält (s. Abb. 1). Die Adern beginnen am Herzen mit dem größten Querschnitt. Sie verzweigen sich aber schon bald in mehrere Hauptäste, die das Blut dem Kopf, dem Bauch, den Beinen und den Armen zuleiten. Dort teilen sich diese großen Äste immer wieder, wobei sie von Stufe zu Stufe dünner werden, bis sie schließlich so fein sind, daß man sie mit dem bloßen Auge nicht mehr sehen kann. Man nennt sie dann Haargefäße oder Kapillaren, deren Querschnitt dann 0,008 bis 0,009 Millimeter beträgt.

Diese mikroskopisch kleinen Äderchen durchziehen alle Gewebe und Organe unseres Körpers als ein so überaus dichtes Netzwerk, daß bei dem feinsten Nadelstich schon so viele von ihnen durchgetrennt werden, daß das Blut hervorquillt. Diese Haargefäße sind es, durch die die Körperzellen mit Nahrung und Heizmaterial und dem zur Verbrennung notwendigen Sauerstoff versorgt und durch die die Abfallstoffe und Schlacken aus ihnen abtransportiert werden.

Von der Dichte des Kapillarnetzes und der dazu notwendigen Gesamtlänge dieser allerfeinsten Äderchen machen wir uns kaum eine Vorstellung. Wenn man sich alle Haargefäße aus dem Körper eines Menschen herausgenommen und aneinandergefügt denkt, dann ergibt das eine Länge von nicht weniger als 2500 Kilometern. Sie bedeckten ausgebreitet eine Fläche von 80 Quadrat-

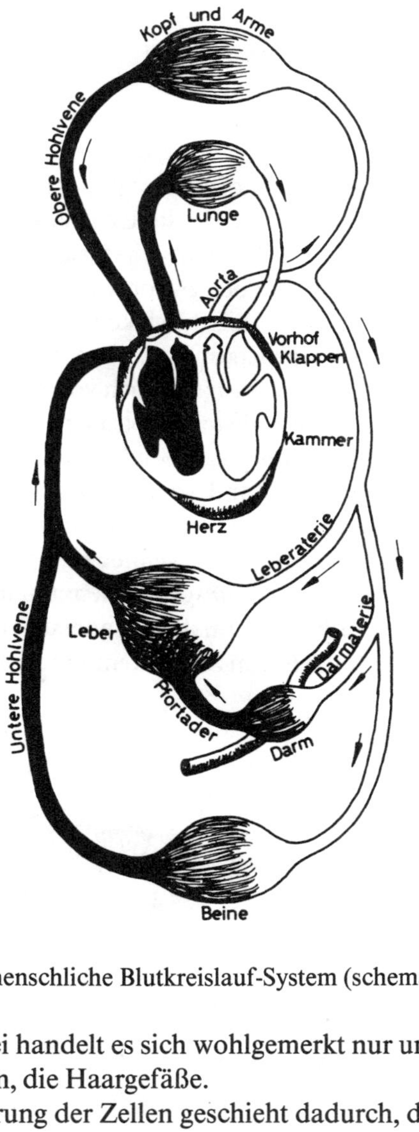

Abb. 1: Das menschliche Blutkreislauf-System (schematisiert).

metern. Dabei handelt es sich wohlgemerkt nur um die allerfeinsten Äderchen, die Haargefäße.

Die Ernährung der Zellen geschieht dadurch, daß ein Teil der klaren Blutflüssigkeit, der die gelösten Nähr- und Heizstoffe enthält, durch die Zwischenräume der die Kapillaren bildenden Zellen heraustritt. Indem diese Nährlösung daraufhin zwischen die Körperzellen sickert, werden diese von ihr umspült und versorgt. Nach Erfüllung ihrer Aufgabe sammelt sie sich später als sog.

Lymphe in einem gesonderten Rohrsystem, den sog. *Lymphgefäßen*, und wird an der Halsschlagader wieder in die Blutbahn zurückgeführt.

Die roten Blutkörperchen sind so geartet, daß sie die Zwischenräume zwischen den Zellen der Haargefäße nicht passieren können. Die Übergabe des Sauerstoffs an sie in der Lunge und dessen Abgabe an die Körperzellen sowie die Übernahme und Wiederabgabe der Kohlensäure vollziehen sich durch die Kapillarwände. Doch darauf komme ich noch zu sprechen.

Während die Nähr- und Heizflüssigkeit die Haargefäße verläßt, um die Zellen des Körpers zu versorgen, geht der Blutstrom ohne Unterbrechung weiter. Er hat jedoch von diesem Zeitpunkt ab den Charakter eines Abfallstoffe abtransportierenden Rücklaufs. So wie die am Herzen beginnenden Adern bisher immer dünner und feiner geworden sind, so nehmen sie von jetzt an wieder ständig an Querschnitt zu. Indem sie mit ihrem stärksten Durchmesser das Herz erreichen, schließen sie den Kreislauf.

Die Adern, die vom Herzen *ausgehen*, nennt man *Schlagadern* oder *Arterien*. Das in ihnen enthaltene sauerstoffreiche Blut ist hellrot gefärbt. Die zum Herzen zurückkehrenden Blutgefäße hei-

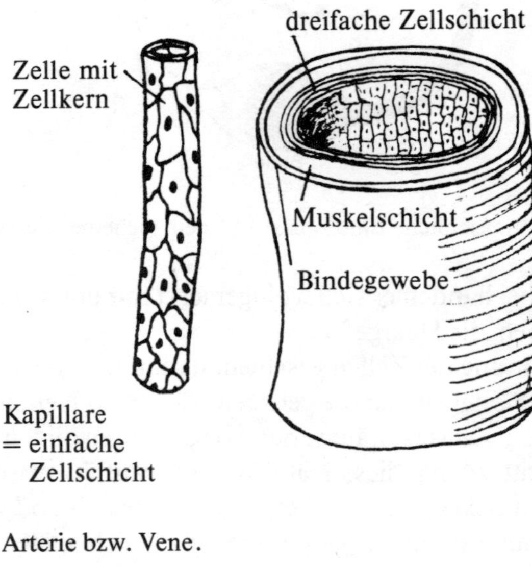

Abb. 2: Arterie bzw. Vene.

ßen *Venen.* Sie enthalten das dunkelrote, kohlensäurereiche Blut. Da die Aderwände durchscheinend sind, kann man die hellroten Arterien leicht von den dunkleren, blau schimmernden Venen unterscheiden.

Wie die Abb. 2 verdeutlicht, bestehen die Wände der Haargefäße aus nur einer einzigen Zellschicht. Die Wandungen der stärkeren Arterien und Venen werden dagegen aus deren *drei* gebildet. Diese sind außerdem noch von einer *Muskelschicht* umgeben, die bei den Arterien dicker ist als bei den Venen. Um diese Muskelschicht lagert sich schließlich noch eine das Ganze zusammenhaltende *Bindegewebeschicht.*

Das Herz könnte niemals die enorme Pumparbeit leisten, wenn es dabei nicht von den Schlagadern unterstützt würde. Sobald sich der Herzmuskel zusammenzieht, strömt eine Welle höheren Drucks in die Arterien. Dadurch weiten sich diese. Sobald der Druck etwas nachläßt, ziehen sie sich mit Hilfe ihrer Muskelschicht energisch zusammen und schieben damit den Blutstrom gewissermaßen vor sich her. Diese Druckschwankungen pflanzen sich durch die dickeren Arterien mit einer Geschwindigkeit von vier bis zehn Metern in der Sekunde fort. Sie sind es, die wir als Pulsschlag fühlen können.

Da das Blut in den Venen langsam fließt, sind in diese an vielen Stellen Klappen eingebaut (s. Abb. 3), die den Durchfluß sofort sperren, wenn das Blut rückwärts fließen will.

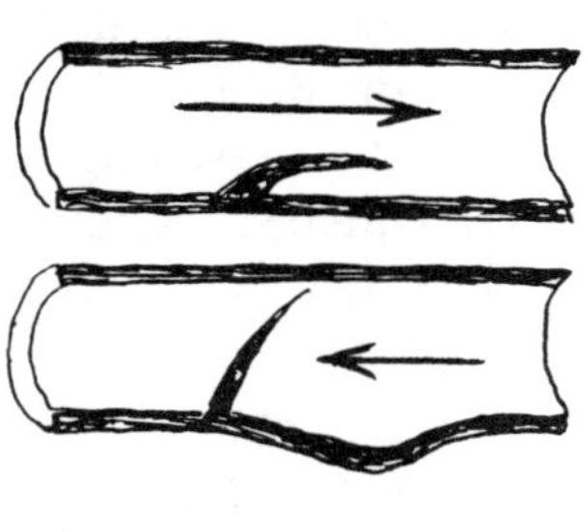

Abb. 3: Wirkungsweise der Rückflußsperren in den Venen.

Die Wunderpumpe

Eins der größten Wunder im Naturgeschehen ist das schlagende *Herz.* Es stellt eine 70, 80 und mehr Jahre ununterbrochen völlig selbsttätig und mit dem geringstmöglichen Kraftaufwand arbeitende Pumpe dar. Dabei regeneriert es seinen Verschleiß selbst und bedarf im übrigen keinerlei Wartung. Es ist ein Wunderwerk, das nicht nur den Laien, sondern auch den Techniker in höchstes Staunen versetzt.

Messen wir die Leistung unseres Herzens in technischen Pferdestärken, dann kommt es einem Kleinstmotor von nur 1/375stel PS gleich. Dabei ist weniger die Pumpleistung als vielmehr seine ungeheuer lange Betriebsdauer zu bewundern. Ferner muß besonders seine Fähigkeit hervorgehoben werden, größten Beanspruchungsschwankungen standzuhalten. Das ist deshalb möglich, weil es über erstaunliche Reservekräfte verfügt. Sein Steuerungsmechanismus ist in der Lage, die Leistung des Herzens den jeweiligen Anforderungen schnell und genau anzupassen. Wäre das nicht der Fall, dann wären sportliche Wettkämpfe kaum möglich. Man würde mit einem simplen Hundertmeterlauf schon sein Leben riskieren.

Wir können die Meisterwerke der modernen Technik noch so sehr bewundern, aber das Herz, unser Lebensmotor, übertrifft jeden von einem Menschen konstruierten Motor bei weitem. Das wird uns besonders deutlich, wenn wir einmal nach seiner Pumpleistung fragen.

Unser Herz schlägt an einem einzigen Tag etwa 100 000mal. Dabei pumpt es etwa 5000 Liter Blut durch unsere Adern. In einem 70jährigen Leben sind das nicht weniger als 125 Millionen Liter bei zweieinhalb Milliarden Schlägen. Wollte man diese enorme Flüssigkeitsmenge mit der Bahn befördern, dann benötigte man dafür mehr als 8500 große Kesselwagen. Und diese ergäben einen Zug von sage und schreibe 85 Kilometer Länge.

Früher drückte man Arbeit in der Physik ganz einfach in Meterkilogramm aus. Dabei ist ein Meterkilogramm die Arbeitsleistung, bei der ein Gewicht von einem Kilogramm einen Meter hochgehoben wird. Man hat ausgerechnet, daß jeder Herzschlag die Arbeit von 0,2 Meterkilogramm leistet. Er vermag demnach

200 Gramm einen Meter emporzuheben. An einem einzigen Tag wären das dann 20000 Meterkilogramm. Unser Kleinstmotor von nur 1/375stel PS vollbringt demzufolge täglich eine Arbeit, durch die 20 Tonnen einen Meter hochgehoben werden können. In einem Jahr macht das 7300 Tonnen und in einem Leben von 70 Jahren 511000 Tonnen. Anders umgerechnet bedeutet das, daß unser Herz in einer 70jährigen Lebenszeit dasselbe leistet, wie wenn fünf beladene Güterzüge von der Höhe des Meeresspiegels bis auf den 8800 Meter hohen Mount Everest gehoben würden.

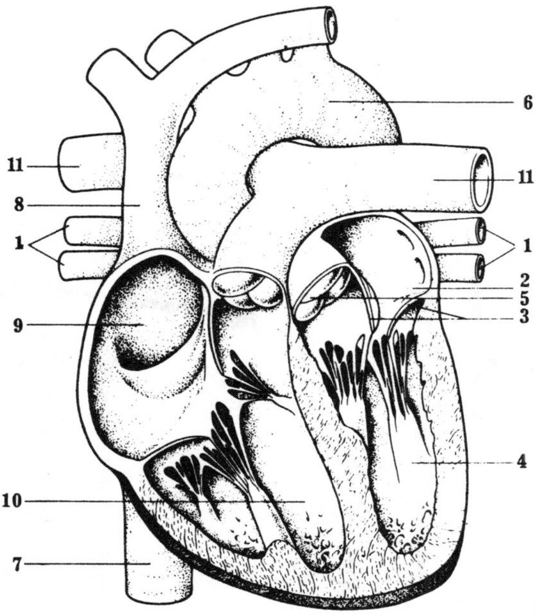

1 Lungen-Venen
2 linker Vorhof oder Vorkammer
3 Herzklappen sog. Segelklappen (von Muskeln über Sehnen betätigtes Ventil)
4 linke Herzkammer
5 Taschenklappen (Ventil) an der Eintrittsöffnung der Aorta Hauptschlagader
6 Aorta
7 untere Hohlvene
8 obere Hohlvene
9 rechter Vorhof oder Vorkammer
10 rechte Herzkammer
11 Lungen-Arterie

Abb. 4: Das menschliche Herz im Schnitt.

Wie sieht nun unser Herz aus, und wie funktioniert es? Es ist ein etwa faustgroßer Hohlmuskel, dessen Inneres durch eine Scheidewand in zwei Hälften geteilt wird (s. Abb. 4). Jede von diesen ist wiederum in eine kleinere Vorkammer, auch Vorhof genannt, und die eigentliche Herzkammer unterteilt. Zwischen Vorhof und Kammer sowie zwischen Kammer und den an diese angeschlossenen großen Blutgefäßen befinden sich »Rückschlagventile« in Form von Klappen, die ein Zurückfließen des Blutes verhindern.

Solche Ventile findet man in jeder Saug- und Druckpumpe, mit der unser Herz deshalb auch am besten verglichen werden kann (s. Abb. 5). Wenn eine solche Pumpe ansaugt, schließt sich das *Austritts*ventil, und wenn sie fördert, ist das *Ansaug*ventil ge-

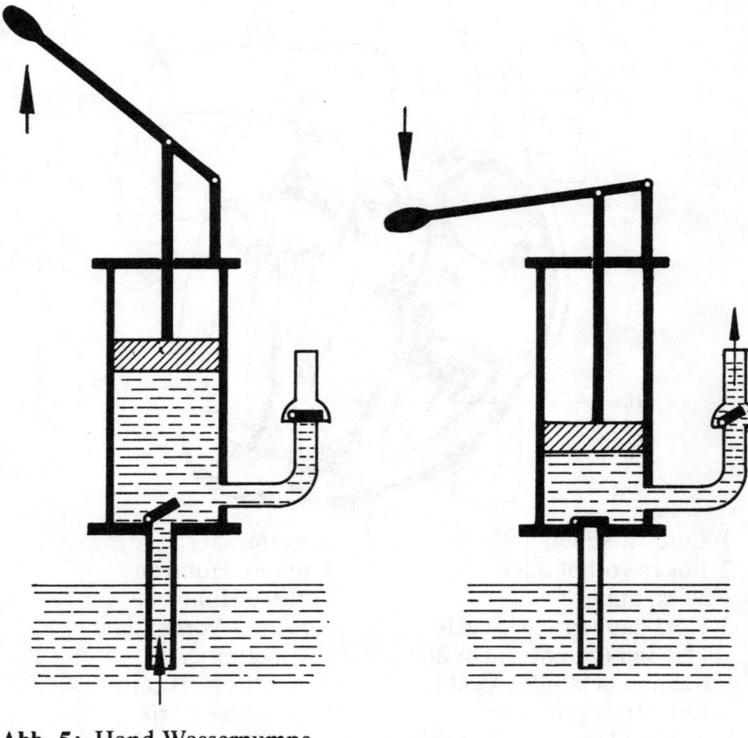

Abb. 5: Hand-Wasserpumpe

Ansaug-Stellung
Ansaug-Ventil geöffnet
Förder-Ventil geschlossen

Förder-Stellung
Ansaug-Ventil geschlossen
Förder-Ventil geöffnet

schlossen. Betätigt werden die Ventilklappen durch besondere Muskeln und an diese befestigte Sehnen.

Wie die innere Zweiteilung des Herzens schon andeutet, besteht dieses im Grunde aus zwei solcher Pumpen, die aber anatomisch eine Einheit bilden. Unser Körper benötigt diese Doppelpumpe, weil er ein *zweigeteiltes Blutkreislaufsystem* hat. Der *große Körperkreislauf* bringt das Blut zu allen Geweben und Organen, und der *kleine Lungenkreislauf* geht durch die Lungen.

Bei jedem Schlag des Herzens (s. Abb. 6) zieht sich dessen muskulöse Außenwand derart zusammen, daß das Blut mit großem Druck aus beiden Kammern gepreßt wird. Dabei drückt die rech-

Ansaug-Stellung
Das Herz weitet sich. Dabei strömt *verbrauchtes* Blut über den *rechten* Vorhof durch die *geöffnete* Segelklappe in die *rechte* Herzkammer.
Gleichzeitig kommt *frisches* Blut aus dem Lungenkreislauf über den *linken* Vorhof durch die *geöffnete* Segelklappe in die *linke* Herzkammer.
Die Taschenklappen der Austrittsöffnungen sind währenddessen auf beiden Seiten *geschlossen*. Das Blut steht ruhig davor.

Auspress-Stellung
Das Herz zieht sich energisch zusammen. Dabei strömt das soeben aus dem Körperkreislauf aufgenommene *verbrauchte* Blut an der jetzt *geschlossenen* Segelklappe vorbei durch die *geöffnete* Taschenklappe aus der *rechten* Herzkammer zur Auffrischung in den Lungenkreislauf.
Zur selben Zeit fließt das soeben aus dem Lungenkreislauf aufgenommene *aufgefrischte* Blut an der *geschlossenen* Segelklappe vorbei durch die *geöffnete* Taschenklappe der Aorta aus der *linken* Herzkammer in den Körperkreislauf.

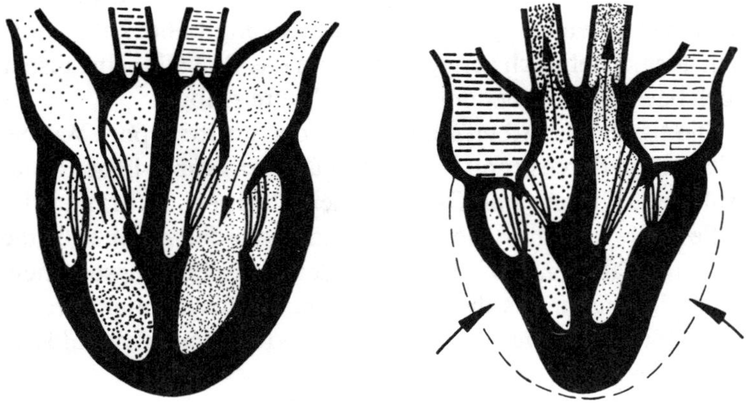

Abb. 6: Wie das Herz pumpt.

Zeichenerklärung:
Arterielles Blut:
fließend = fein gepunktet
stehend = fein gestrichelt

Venöses Blut:
fließend = grob punktiert
stehend = grob gestrichelt

te Herzkammer, die zuvor das aus dem Körper zurückgekommene verbrauchte, kohlensäurehaltige Blut angesaugt hatte, dieses in den kleineren Lungenkreislauf. Die linke Herzkammer dagegen, die aufgefrischtes Blut aus dem Lungenkreislauf erhalten hatte, preßt dieses in den Körperkreislauf. Das alles vollzieht sich in weniger als zehn Sekunden. Ein Wechselspiel von Spannung und Entspannung, das keinen Stillstand kennt, Tag und Nacht, jahraus, jahrein. Gesteuert wird es von einer elektrochemischen Energie, die der sog. »Sinusknoten« liefert. Das ist eine Art elektrischer Taktregler, der bei normaler Belastung siebzigmal in der Minute dem Herzen einen schwachen elektrischen Stromstoß zusendet, der diesen Hohlmuskel dann jeweils zum Zusammenziehen veranlaßt.

Die großartigste Flüssigkeit der Welt

Mit welcher Flüssigkeit sind nun des Schöpfers Heizanlagen gefüllt, und welche Aufgaben hat sie?

Wir finden in der gesamten Schöpfung keine Flüssigkeit, die eine solche Fülle kompliziertester Aufgaben erfüllt, wie unser Blut. Die Ergebnisse der darüber angestellten wissenschaftlichen Forschungen haben schon zahlreiche Bücher gefüllt. Ihre Zahl würde sich aber sicher noch vermehren, wenn das Blut alle seine bisher noch bewahrten Geheimnisse ebenfalls preisgäbe.

Die eigentliche Arbeit des Blutes ist der Stofftransport. Wie bereits gesagt, durchströmt es während unseres ganzen Lebens pausenlos alle Gewebe und Organe unseres Körpers. Es bringt jeder Zelle die ihr angemessene Nahrung und befördert gleichzeitig die dort angefallenen Abfallstoffe zu den Ausscheidungsorganen. Außerdem nimmt es die Absonderungen aller inneren Drüsen mit, die die verschiedenartigsten Körperfunktionen auszulösen, zu steuern und zu überwachen haben.

Der Körper eines erwachsenen Menschen enthält fünf bis sechs Liter Blut. Dieses ist zwar flüssig, aber in seiner Zusammensetzung keineswegs einheitlich. Das erkennt man am besten, wenn man frisches Blut in einem Glasgefäß an der Luft stehen läßt. Es zeigen sich dann nämlich schon bald zwei deutlich voneinander getrennte Schichten. Feste Bestandteile sinken als faserige rote Masse, der sog. Blutkuchen, zu Boden, und darüber steht eine klare, etwas gelblich gefärbte Flüssigkeit, das Blutserum.

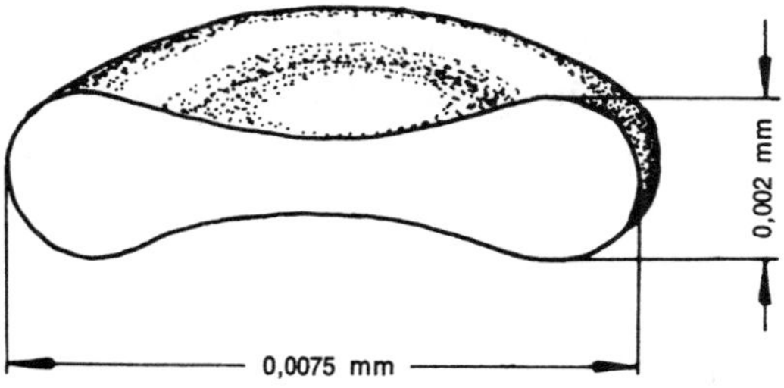

Abb. 7: Stark vergrößertes rotes Blutkörperchen im Schnitt.

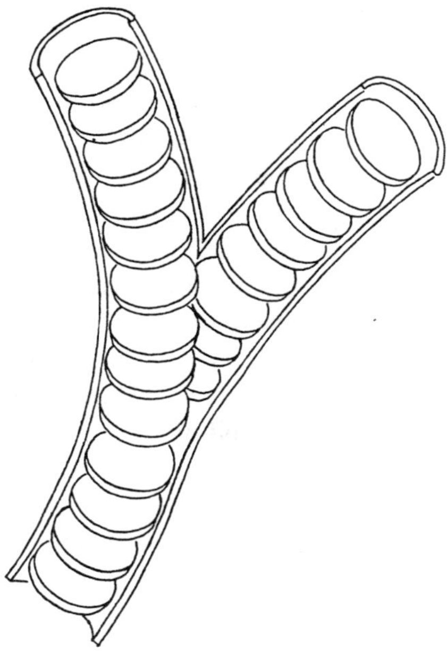

Abb. 8: Rote Blutkörperchen in einer Kapillare.
Da die lichte Weite der Kapillaren nur wenig größer ist als der Durchmesser der roten Blutkörperchen, können diese nur wie Pfennige in einer Geldrolle eins nach dem anderen hindurchfließen.

Den Grund hierfür stellen wir sofort fest, wenn wir ein Tröpfchen Blut unter dem Mikroskop betrachten. Dann sehen wir nämlich, daß in der an sich klaren Blutflüssigkeit winzige, kreisrunde rote Scheibchen herumschwimmen (s. Abb. 7). Das sind die sog. roten Blutkörperchen, die die feinsten Äderchen oft wie die Münzen einer Geldrolle hintereinanderliegend passieren (s. Abb. 8). Sie sind sehr klein. Würde man sie flach aneinanderlegen, so gingen etwa 125 auf einen Millimeter. In einem Kubikmillimeter Blut befinden sich ungefähr fünf Millionen von ihnen, und in der gesamten Blutmenge unseres Körpers zwischen 25 und 30 Billionen. Sie verleihen dem Blut die intensiv rote Farbe.

Der Hauptbestandteil der roten Blutkörperchen ist das Hämoglobin. Jedes Molekül dieses Stoffes setzt sich zusammen aus der Eiweißart Globin und dem roten Farbstoff Häm. Die Aufgabe des Hämoglobins beruht auf der interessanten Fähigkeit, Sauerstoff sehr leicht chemisch an sich zu binden und diesen in einer sauerstoffarmen, aber kohlensäurehaltigen Umgebung wieder abzugeben und statt dessen die Kohlensäure aufzunehmen. Wenn es mit Sauerstoff beladen ist, dann ist es hellrot. Hat es ihn dagegen abgegeben und statt dessen Kohlensäure als Rückfracht aufgenommen, dann ist es dunkelrot.

Wozu braucht nun unser Körper den Sauerstoff? Für seine »Beheizung«. Und wie funktioniert diese? Ja, das ist schon ein Wunder für sich, das folgendermaßen zu erklären ist: Die Nahrung, die wir zu uns nehmen, wird in unseren Verdauungsorganen aufbereitet und chemisch zerlegt. Während die unbrauchbaren Stoffe auf direktem Wege wieder ausgeschieden werden, nimmt das Blut die wertvolleren durch die Darmwände in löslicher Form in sein Serum auf und verteilt sie im ganzen Körper. Dabei wird ein Teil von ihnen zum Aufbau der Zellen verbraucht. Der Rest wird dann zum größten Teil regelrecht verbrannt.

Das geschieht natürlich nicht mit Flammen und unter Rauchentwicklung. Dennoch ist es im Grunde der gleiche Vorgang wie bei jedem Feuer, das wir anzünden. Jede Verbrennung ist nämlich eine chemische Reaktion, die in der Vereinigung geeigneter Stoffe mit Sauerstoff besteht, wobei Wärme frei wird. Sie stellt einen chemischen Abbau hochzusammengesetzter Stoffe zu ganz einfachen dar. Die Endprodukte sind bei ungestörtem Verbrennungsablauf Wasser und Kohlensäure. Eiweißstoffe hinterlassen außerdem Ammoniak.

So bringt also unser Blut den »Brennstoff« an alle Stellen unseres Körpers und liefert gleichzeitig den zu dessen Verbrennung benötigten Sauerstoff dazu, den es über die Atmung aus der Lunge geholt hat. Aber nicht nur das. Es betätigt sich gleichzeitig auch noch als »Schornstein«, denn die Verbrennungsprodukte werden ebenfalls von ihm nach außen abgeführt. Die Kohlensäure, die das Hämoglobin auf dem Rückweg anstatt des Sauerstoffs an sich bindet, wird nämlich in der Lunge abgeliefert und durch die Atmung ausgeschieden. Das für den Körper giftige Ammoniak wandelt das Blut schnell in die unschädlichen Substanzen Harnstoff und Harnsäure um und übergibt sie zusammen mit überschüssigem Wasser den Nieren zur Ausscheidung.

Das wohl Erstaunlichste an der Beheizung unseres Körpers ist die genaue Einhaltung der Temperatur von 37 Grad Celsius. Wärmeerzeugung und Wärmeverlust müssen zu diesem Zweck im Gleichgewicht gehalten werden, die sich in jedem Augenblick den Schwankungen der Außentemperatur anpassen müssen.

An dieser schwierigen Aufgabe ist das Blut aber nicht allein beteiligt. Es kann zwar die Körpertemperatur in gewissem Umfang durch Intensivierung oder Verlangsamung der Verbrennung verändern, wie z.B., wenn es sich bei einer Krankheit durch Fieber zur Wehr setzt. Doch das würde sicher nicht allein genügen, denn Hitze und Kälte treten ja nur von außen an unseren Körper heran. Für diesen Fall müssen die Einrichtungen zur Temperaturregelung in dessen Oberfläche angeordnet sein. Das ist auch tatsächlich so.

In unserer Haut sind kleine Drüsen eingebettet, die bei äußerlicher Überhitzung Schweiß absondern, dessen Verdunstung der Kühlung dient. Bei Kälte dagegen ziehen sich die unmittelbar unter der Haut liegenden Blutgefäße zusammen, so daß sie nicht durchflossen werden können. Dadurch bleibt das Blut dann mehr in dem geschützten warmen Körperinneren.

Aber auch das sind noch nicht alle Möglichkeiten, die unserem Körper zur Regelung seiner Temperatur zur Verfügung stehen. Doch sie genügen uns schon, um wieder einmal zu erkennen, wie wunderbar alle Teile unseres Organismus zum Wohl des Ganzen zusammenarbeiten.

Bei der Betrachtung eines Bluttröpfchens unter dem Mikroskop sehen wir außer den zahllosen roten auch hin und wieder ein etwas größeres farbloses Körperchen in dem klaren Serum herumschwimmen (s. Abb. 9). Auf 1000 rote entfallen nur etwa drei bis vier von ihnen. Demnach sind in einem Kubikmillimeter Blut 6000 bis 8000 enthalten. Es sind die sog. weißen Blutkörperchen, die »Gesundheitspolizei« unseres Körpers.

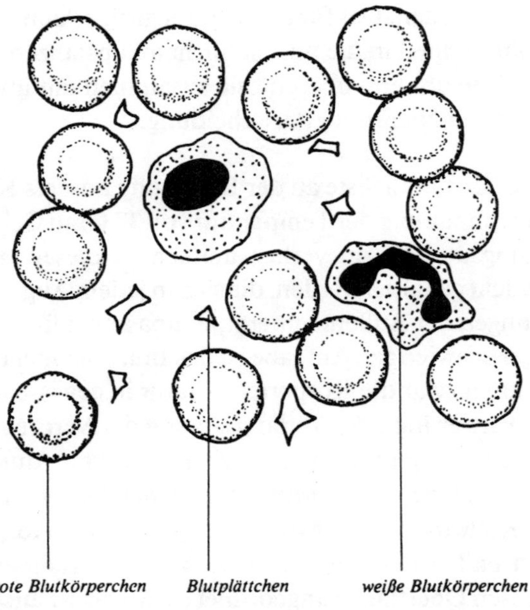

Abb. 9: Drei Arten von Blutkörperchen unter dem Mikroskop.

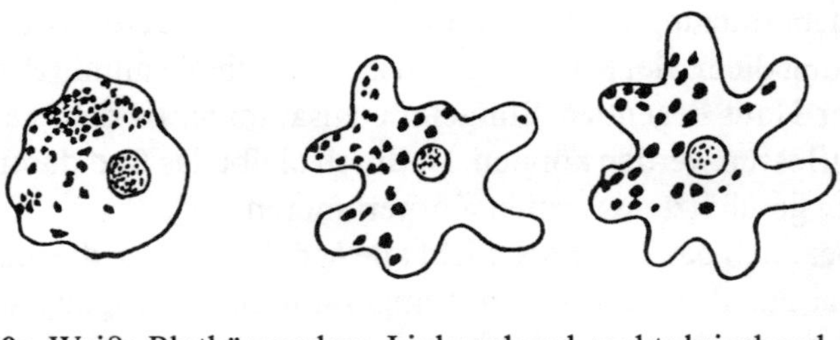

Abb. 10: Weiße Blutkörperchen. Links ruhend, rechts kriechend.

Diese Körperchen ähneln in ihrer Form und ihrem Verhalten sehr den einzelligen Wechseltierchen oder Amöben (s. Abb. 10). Im Gegensatz zu ihren roten Gefährten, die sich willenlos vom Blutstrom treiben lassen, haben sie eine gewisse Selbständigkeit. Sie können wie die Amöben Scheinfüßchen bilden und sich mit diesen fortbewegen oder sich an der Innenwand der Blutgefäße festhalten. Ja, sie sind sogar in der Lage, durch die feinsten Zellükken der dünnsten Äderchen, also der Haargefäße, hindurchzuschlüpfen und zwischen den Zellen unseres Körpers umherzuwandern (s. Abb. 11). Was wollen sie nun dort?

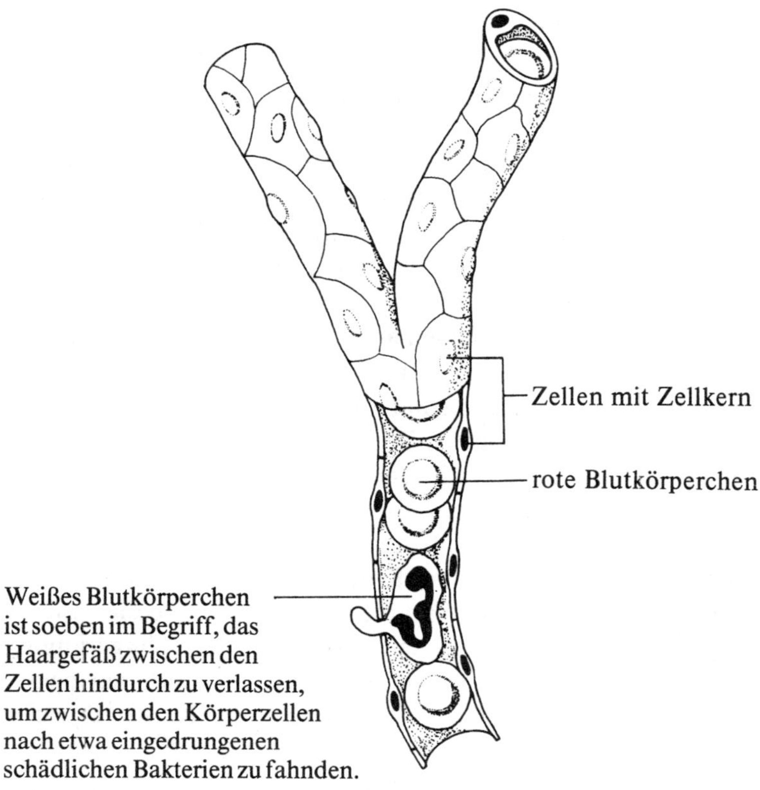

Abb. 11: Mikroskopisch feines Blut-Haar- oder Kapillar-Gefäß aus einer einschichtigen Zellwand bestehend, hat eine lichte Weite von 0,008 bis 0,009 mm.

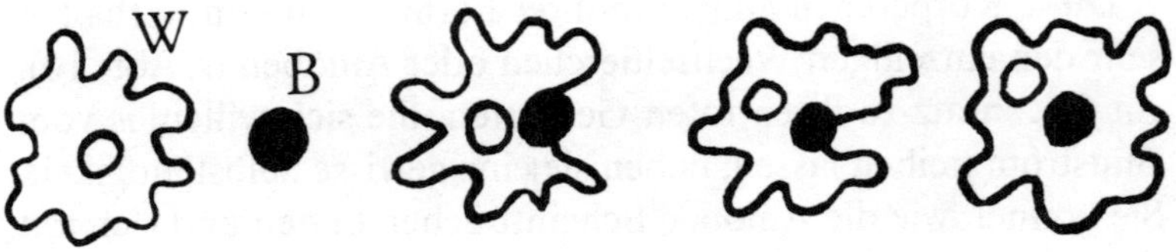

Abb. 12: So „frißt" ein weißes Blutkörperchen (W) eine Bakterie (B). Das Blutkörperchen umfließt praktisch den Fremdkörper, nimmt ihn so in sich auf und verdaut ihn.

Überall sind sie auf der Suche nach eingedrungenen Bakterien, die dem Organismus schaden könnten. Sobald sie einen solchen Eindringling gefunden haben, fressen sie ihn sogleich auf (s. Abb. 12). Das geschieht wiederum genau wie bei den Amöben, indem sie das Opfer mit ihrer ganzen Körpermasse umfließen und verdauen.

Wenn in eine große Wunde eine große Zahl von Bakterien eingedrungen ist, hat die »Polizeitruppe« Großalarm. Die weißen Blutkörperchen versammeln sich dann an der Gefahrenstelle in solcher Menge, daß sie unserem Auge als Eiter in Erscheinung treten. In einem solchen Fall haben sie nicht nur die Bakterien zu bekämpfen, sondern sie müssen auch die zerstörten Gewebezellen auffressen und wegschaffen. Bleibt bei diesem Kampf die »Polizei« nicht Herr der Lage, sondern gelingt es den Eindringlingen, sich durch die Wunde in den Körper hinein auszubreiten und ihn mit ihren Giften zu überschwemmen, dann kommt es zu der uns bekannten und gefürchteten »Blutvergiftung«.

Außer den roten und weißen schwimmen in der Blutflüssigkeit noch zwei weitere Arten von Körperchen. Die eine stellt kleine weiße Zellen dar, die die Wundheilung fördern, und die anderen sind winzige Plättchen, die bei Verletzungen die Blutgerinnung herbeiführen. Letztere, die die Medizin Thrombozyten nennt, sind in einer Menge von etwa 300 000 in einem Kubikmillimeter Blut vorhanden.

Sie enthalten eine besondere Eiweißart, das Fibrinogen, das beim Austritt aus den Blutgefäßen sofort gerinnt. Dabei bildet sie ein mikroskopisch feines Maschenwerk aus Fibrinfasern, das die aufgerissenen Äderchen verstopft. Leider gibt es vereinzelt Menschen, bei denen auf Grund einer erblichen Veranlagung dieses Fibrinogen im Blut fehlt. Diese sog. »Bluter« befinden sich in einer dauernden Gefahr. Denn bei ihnen kann schon eine geringfügige Verletzung lebensgefährlich werden. An ihnen wird uns besonders deutlich, wie wichtig die Fähigkeit des Blutes ist, an der Luft zu gerinnen.

Neben den genannten Körperchen enthält die Blutflüssigkeit noch die verschiedenartigsten Molekülarten. Auch von diesen können hier nur einige der wichtigsten erwähnt werden. Es sind einmal die sog. Antikörper, die sofort gebildet werden, wenn sich der Organismus gegen eine Krankheit verteidigen muß. Diese bleiben dann meist im Blut und verhüten dadurch eine spätere Wiederholung derselben Erkrankung.

Weiter enthält das Blut chemische Wirkstoffe und Zellen, die im Notfall ein beschädigtes Organ wiederherstellen können. Schließlich seien noch einmal die Absonderungen der inneren Drüsen genannt, die ebenfalls vom Blutserum aufgenommen und an die Stellen gebracht werden, an denen sie ihre Aufgabe zu erfüllen haben. Zu ihnen zählen in der Hauptsache die erwähnten Hormone, Enzyme und Vitamine. Es sind alles chemische Stoffe, die die verschiedenartigsten Lebensfunktionen des Körpers auslösen, steuern und überwachen.

Auch die Strömungsgeschwindigkeit des Blutes ist von großer Bedeutung. Sie beträgt in der Hauptschlagader einen halben Meter in der Sekunde. Wäre sie größer, so würde das Herz unnötig viel stärker beansprucht. Würde sie geringer sein, bestünde die Gefahr, daß sich die Harnstoffe im Blut zersetzen und wieder giftige Substanzen bilden. Jedes Organ regelt die Blutmenge, von der es durchflossen wird, sowie deren Fließgeschwindigkeit mit Hilfe von Gefäßnerven selbst. Bestimmte Organe, wie z. B. das Gehirn, bedürfen zu ihrer einwandfreien Funktion eines ganz bestimmten Blutdrucks. Unser Verhalten, unsere Gedanken, ja, jede menschliche Tätigkeit wird von der Beschaffenheit unseres Blutes und dem Zustand seines Kreislaufs beeinflußt.

Wenn wir jetzt noch einmal die vielseitigen Aufgaben des Blutes an uns vorüberziehen lassen, dann werden wir ob dieses Wunderwerks des Schöpfers von Staunen und Ehrfurcht ergriffen. Alle menschlichen Leistungen auf dem Gebiet der Chemie und

Technik sind nur ganz primitive Kinderspiele gegenüber der Tätigkeit des bis zu 100 Jahren ununterbrochen in uns pulsierenden Lebensstroms.

Des Menschen unlogisches Verhalten

Ist es nicht durchaus logisch, wenn wir aus solchen und vieltausendfältigen ähnlichen Ergebnissen der Naturbeobachtung die Schlußfolgerung ziehen, daß hinter so wunderbaren Gestaltungen und Vorgängen, die unseren menschlichen Erfindungen derart nahe verwandt und deshalb für uns durchschaubar sind, ein uns artverwandtes denkendes und wollendes Ich steht?! Daß uns dieses Schöpfer-Ich auf solche Weise sowohl sein Dasein als auch »seine ewige Macht und sein göttliches Wesen« offenbart?!

Es ist also nicht wahr, daß Gott sich in absolutes Schweigen hüllt und wir ihn deshalb nicht finden könnten. Daß wir so wenig von ihm wissen, liegt an uns, weil wir nicht nach ihm fragen, ihn nicht zu erkennen suchen. Wir sind zu sehr mit uns selbst und unseren irdischen Interessen beschäftigt.

Daß der Schöpfer für uns unsichtbar ist, dürfte eigentlich selbstverständlich sein. Er ist Geist und als solcher in unserer dreidimensionalen Körperwelt mit unseren Sinnen nicht wahrnehmbar. Das eigentliche von uns Menschen, unsere geistige Persönlichkeit, ist ja auch für sich allein in dieser Welt nicht sichtbar.

Geistige Existenzen können sich im irdischen Bereich zwar bemerkbar machen, aber das ist ihnen nur mit Hilfe der Materie möglich. Unser Menschengeist äußert sich in dieser Welt mit Hilfe seines stofflichen Körpers.

Nun kann Gott aber unmöglich in einem solchen materiellen Körper wohnen. Das wäre ja dasselbe, wie wenn ein Künstler aus dem gleichen Material bestehen würde wie sein Kunstwerk. Aber ebenso wie ein solcher Künstler seine Existenz und seine Gedanken durch seine Kunstwerke offenbart, so tut es der Allmächtige in seinen Schöpfungswerken. Die uns umgebende Natur stellt demnach ein gewaltiges Buch dar, in dem wir alles über des Schöpfers Dasein und »seine ewige Macht und sein göttliches Wesen« nachlesen können. So gesehen sollte alle naturwissenschaftliche Forschung in erster Linie der Verherrlichung des großen Weltenbaumeisters dienen.

Warum geschieht das aber nicht? Warum wird der Schöpfer von der Menschheit weitgehend ignoriert und der Glaube an ihn in weiten Teilen der Welt bewußt unterdrückt und sogar fanatisch bekämpft?

Zum Teil habe ich die Antwort auf diese Frage bereits vorweggenommen, indem ich sagte, wir seien zu sehr mit uns selbst und unseren eigenen irdischen Interessen beschäftigt. Doch diese Antwort ist noch unbefriedigend. Unsere denkende Vernunft möchte auch noch etwas über die tieferen Ursachen für dieses merkwürdige menschliche Verhalten wissen. Mich persönlich hat folgende Deutung weitgehend zufriedengestellt:

Das Dennoch göttlicher Liebe

Die Verleihung seiner Ebenbildlichkeit an ein Geschöpf war für Gott ein gewaltiges Risiko und für den Menschen eine schwere Bewährungsprobe. In der Möglichkeit freier Willensentscheidung lag für den letzteren eine Versuchung zur Untreue.

Aber das ist leider nicht nur eine theoretisch logische Möglichkeit, sondern ein Blick in die von uns überschaubare Menschheitsgeschichte zeigt uns, daß sie schon seit der Urzeit eine Tatsache gewesen ist. Anstatt ein Bindeglied zwischen dem Schöpfer und allem von ihm Geschaffenen zu sein, anstatt auf der Erde die göttlichen Interessen zu vertreten und an seiner Schöpferfreude teilzunehmen, ja, anstatt in jeder Hinsicht Gottes geliebter und wiederliebender Partner zu sein, ist er zu seinem selbstherrlichen Konkurrenten geworden. Und wie ist es zu diesem folgenschweren Treuebruch gekommen? Darüber kenne ich keine plausiblere Erklärung, als sie uns die Bibel vermittelt.

Sie berichtet uns, wie der Mensch bereits in der Urzeit durch eine widergöttliche geistige Macht, die sie Satan oder Teufel nennt, zur Gehorsamsverweigerung dem göttlichen Willen gegenüber verführt und deshalb aus der Gottesnähe verbannt und unter den bösen Einfluß Satans geraten ist. Aber das nicht allein.

Die Heilige Schrift zeigt uns auch, daß der Schöpfer sein untreues Geschöpf um seiner absoluten Gerechtigkeit willen zwar verurteilen mußte, aber es auch im Zustand seiner Rebellion noch mit einer göttlich vollkommenen Liebe liebt. Und diese Liebe war es, die eine Möglichkeit zu unserer Erlösung nicht nur erfand, sondern auch verwirklichte. Sie hat folgende Grundlage:

Gott wäre nicht Gott, wenn er nicht in jeder Hinsicht unendlich und absolut wäre. Nicht nur seine Gerechtigkeit, sondern auch seine Liebe muß demnach vollkommen sein. In bezug auf die Erlösung des Menschen konnten beide Forderungen Gottes nicht ohne weiteres erfüllt werden.

Während nämlich Gottes absolute Gerechtigkeit die ewige Verstoßung und Vernichtung des Rebellen fordern mußte, verlangte seine ebenso absolute Liebe mit der gleichen Unerbittlichkeit die Rettung des Abtrünnigen. Für unser menschliches Denken ist dies ein unlösbares Problem.

Aber der Allmächtige fand in seiner Allwissenheit eine großartige, auch für unser logisches Denken zu begreifende Lösung. Der Ewige übernahm selbst das die Gerechtigkeit zufriedenstellende Sühnopfer.

In Jesus Christus wurde Gott selbst Mensch und lebte etwa 37 Jahre unter seinen Geschöpfen. Er war uns in allem gleich, nur war er ohne Sünde. In ihm wohnte die Fülle der Gottheit leibhaftig, sagt uns die Bibel. Weil er nie, auch nur im geringsten gegen Gottes Willen verstieß, brauchte er nicht, wie wir Menschen alle, für eigene Schuld zu sterben.

Sein schrecklicher und freiwilliger Verbrechertod war deshalb ein Akt unendlicher göttlicher Liebe. Es war eine alles menschlich Gute, unvorstellbar überragende sittliche Großtat. Diese Tat will uns nun Gott als sittliches Plus zur Aufhebung des Minus auf unserem Schuldkonto zur Verfügung stellen. Ist diese göttliche Lösung unseres menschlichen Schuldproblems nicht logisch? Es wäre dagegen höchst unlogisch, wenn wir diesen Kontoausgleich nicht in Anspruch nähmen!

Der Theologe Georg Huntemann bringt es auf den Punkt, wenn er in seinem Buch »Das Glaubensbekenntnis – aktuell ausgelegt für Menschen von heute« schreibt: »Wenn wir im Glauben stehen, dann wird unsere Seele in der Stunde des Sterbens zurückkehren zu Christus, so, wie Christus zum Verbrecher, der mit ihm gekreuzigt wurde, sagte: ›Heute wirst du mit mir im Paradies sein‹ (Lk 23,43). Wenn wir ihm vertrauen, wenn wir an unseren Erlöser glauben und ihn lieben, haben wir den Rücken frei. Dann können wir in der Stunde des Todes wissen, daß wir zu ihm zurückkehren, daß unsere Seele dann bei Christus ist. Die aber, die nicht an ihn glauben, werden in der Stunde des Todes fern von ihm sein und auch fern von ihm bleiben. Das Fernsein von Gott, von der Urquelle des Lebens, ist aber im wahrsten Sinne des Wortes Hölle.«*

* Huntemann, G., »Das Glaubensbekenntnis – Aktuell ausgelegt für Menschen von heute«, Neuhausen-Stuttgart, 1988

2. Kapitel
Vom göttlichen und menschlichen Schaffen

Jeder soll Gott erkennen können

Mit dem bisher Gesagten ist der ganze Inhalt des vorliegenden Buches bereits skizzenhaft vorgezeichnet. Im folgenden sollen nun die dort angedeuteten Linien zu einem die verschiedensten Schöpfungsbereiche umfassenden Gesamtbild weiter ausgezogen und ausgemalt werden.

Dazu ist zunächst zu sagen, daß die dort aus den beiden Beobachtungsbeispielen gezogenen Schlußfolgerungen natürlich nicht die einzigen Argumente darstellen, die für den Gottesglauben sprechen. Dem gewaltigen Umfang der uns umgebenden Schöpfungswerke und ihrer unübersehbaren Vielfältigkeit im einzelnen entsprechend, gibt sie es zu Tausenden und Abertausenden.

Wenn sich Gott seiner über den ganzen Erdball verstreut lebenden Menschheit offenbaren will, dann tut er das in absoluter Vollkommenheit. Sein ihm ebenbildliches Geschöpf soll ihn überall finden können, ganz gleich, ob es in den gemäßigten Zonen der Erde lebt oder in den Tropen. Ob es als Eskimo in den ewig kalten Regionen der Polgebiete oder als wandernder Nomade in den heißen und öden Landstrichen der Wüsten beheimatet ist.

Um sowohl das Dasein als auch die »ewige Macht und das göttliche Wesen« seines Schöpfers erkennen zu können, braucht der Mensch keineswegs naturwissenschaftlicher Experte oder Forscher zu sein. Ist er es aber, dann schaut er umso tiefer in die Konstruktionsgeheimnisse des allmächtigen Erfinders hinein. Dabei ist es dann ganz gleich, ob der Wissensdurstige seine Untersuchungsobjekte auf dem Erdboden, in den Meerestiefen oder in der Luft sucht. Es gibt kein Gebiet auf unserem Planeten und sogar in dem unserer Beobachtung zugänglichen Weltraum, in denen er nicht die Möglichkeit hätte, sich durch Beobachtung und daraus zu ziehende Vernunftschlüsse davon zu überzeugen, daß dort nirgends etwas von selbst entsteht, sondern daß hinter allen

Gestaltungen und allem Geschehen ein überdimensionaler geistiger Verursacher stehen muß.

Warum die Bibel keinen Gottesbeweis enthält

Auf Grund dieser allumfassenden Möglichkeiten der Gotteserkenntnis ist es nur zu verständlich, daß die Bibel auf jede Art von Gottesbeweis verzichtet. Dafür glaube ich zwei Gründe zu sehen.

Einmal würde ich eine schriftlich formulierte Begründung für Gottes Existenz, seine Größe und Macht schon einen hohen Grad von Intelligenz und Bildung erfordern. Gott will aber, daß schon der einfachst Denkende, ja, selbst ein Kind das Vorhandensein und die Erhabenheit seines Schöpfers erahnen kann. Leichter als durch Anschauen seiner Werke kann tatsächlich die Selbstoffenbarung des Weltenbaumeisters von seinen ihm ebenbildlichen Geschöpfen nicht erfaßt werden. Paulus schreibt dies im Römerbrief treffend mit folgenden Worten: »Denn Gottes unsichtbares Wesen, das ist seine ewige Kraft und Gottheit, wird seit der Schöpfung der Welt ersehen aus seinen Werken...« (Röm 1, 20).

Doch die Bibel hat für ihren Verzicht auf einen Gottesbeweis und ihre Empfehlung, den Allmächtigen statt dessen in der Betrachtung des Geschaffenen zu suchen, noch einen weiteren, sehr wichtigen und leicht einzusehenden Grund.

Wären wir nämlich zur Beantwortung dieser Urfrage der Menschheit auf die Bibel allein angewiesen, dann würden alle die benachteiligt sein, die dieses Buch nie in ihrem Leben in die Hand bekommen. Dazu gehörten z. B. all die vielen Millionen, die in der Zeit lebten, als es sie überhaupt noch nicht gab. Heute weitgehend aber auch die, denen sie – wie in den vom Atheismus beherrschten Ländern – ganz bewußt vorenthalten wird. Auch gehören hierher die vielen Völker der Erde, die andere Religionen und dazu andersartige, ihnen heilige Schriften haben.

Wohl hauptsächlich aus diesen Gründen hat es die göttliche Gerechtigkeit so geordnet, daß jeder Erdenbewohner die einfache Möglichkeit besitzt, sich ohne Kenntnis der Bibel von dem Dasein und dem Wesen des unsichtbaren Gottes zu überzeugen. Keiner soll durch den Besitz dieses Buches in bezug auf die

Gotteserkenntnis bevorzugt sein und sich keiner damit entschuldigen können, nie etwas von ihm gehört oder gesehen zu haben.

Nur Indizienbeweise

Nun finden wir in den göttlichen Schöpfungswerken natürlich keine *exakten* Beweise für Gottes Existenz. Solche kann es nämlich für den, der die Welten aus dem Nichts ins Dasein gerufen hat, unmöglich geben. Warum?

Weil er der allein ewig absolute, *all unser Denken und Erkennen unendlich überragende Geist ist.* Wenn wir schon sein gigantisches Schöpfungswerk nicht zu überschauen und erst recht nicht zu fassen vermögen, um wieviel weniger dann erst ihn selbst als dessen Erbauer?! Er wäre niemals Gott, wenn er in den seinen endlichen Geschöpfen verliehenen Verstand hineinpaßt. Sagt uns das nicht schon diese uns eigene Vernunft?!

Dennoch haben die in bezug auf des Schöpfers Dasein aus der Naturbetrachtung gezogenen Schlußfolgerungen ihren unschätzbaren Wert. Sie stellen nämlich Indizienbeweise dar, denen gleichwertig, die vielfach zur Verurteilung von Straftätern bei Gerichtsverfahren führen.

Bekanntlich handelt es sich dabei in unserem Prozeßrecht um Beweisführungen auf Grund von Tatsachen, die zwar nicht unmittelbar den zu beweisenden Vorgang ergeben, aber doch einen deutlichen Rückschluß auf ihn zulassen. Liegen solche Tatanzeichen oder Indizien mit genügendem Gewicht vor, und gibt es keine ausreichend entlastenden Gegenargumente, dann steht es im Ermessen des Gerichts, den Angeklagten unter Hinweis auf die Indizien schuldig zu sprechen.

Indizien sind also aus Tatsachen gezogene Vernunftschlüsse. Nun wird mancher nicht gottgläubige Leser beanstanden, daß ich bei meinen Folgerungen schon von Anfang an immer wieder die Aussagen der Bibel mit heranziehe. Solche möchte ich bitten, deshalb nicht gleich in Opposition zu gehen, sondern dies vorerst einmal so hinzunehmen. Ich werde nämlich in den letzten Kapiteln nachzuweisen versuchen, daß auch das altehrwürdige Bibelbuch eine Schöpfung und damit eine Offenbarung Gottes an die

Menschheit darstellt. Ich halte sie deshalb auch für allein autorisiert und in der Lage, uns einen sehr viel weitergehenden Aufschluß über die Frage nach unserem Woher und Wohin zu geben als die säkularen Naturwissenschaften. Erst wenn er meine diesbezüglichen Argumente kennengelernt hat, mag sich der jetzt noch skeptische Leser sein abschließendes Urteil bilden.

Warum der Zufall kein Schöpfer sein kann

Soweit sich seine Geschichte zurückverfolgen läßt, beschäftigt den Menschen die Frage nach seiner Herkunft. Diese Frage konzentriert sich mit der Höherentwicklung seiner Kultur und Zivilisation zunehmend auf die Entstehung und Ausbreitung des irdischen Lebens ganz allgemein.

Merkwürdigerweise ist die Wissenschaft in bezug auf diese Frage inzwischen zu einer festen Vorstellung gekommen. Das ist deshalb so merkwürdig, weil es sich dabei um eine völlig ungesicherte Theorie handelt, deren Aussage aber wie ein absolut gesichertes Wissen gehandhabt wird.

Es wird nämlich heute in fast allen Schulen, Hochschulen und Universitäten in Ost und West gelehrt, daß das Leben auf der Erde durch ein rein zufälliges Zusammentreffen dafür günstiger Umstände zunächst als primitive Urzelle zustande gekommen sei und sich danach über unvorstellbar lange Zeiträume durch gelegentliche spontane Veränderungen allmählich bis hin zum Menschen aufwärtsentwickelt habe.

Es ist ungewöhnlich, daß sich die sonst überaus kritische und in ihren Aussagen so vorsichtige Wissenschaft in bezug auf die Theorie von der Entstehung und Ausbreitung des irdischen Lebens so sicher gibt. Warum werden nicht die Gegenargumente der vielen, dieser Auffassung widersprechenden Gelehrten wenigstens erwähnt? Ob es daran liegt, daß diese Lehre in letzter Konsequenz einen Schöpfergott überflüssig macht und der Mensch deshalb glaubt, der lästigen Verantwortlichkeit einer solchen übergeordneten Autorität enthoben zu sein?

Die Verfechter der Urzeugungstheorie führen für ihre Auffassung einen auf den ersten Blick sehr überzeugenden Beweis an. Er stützt sich auf die Wahrscheinlichkeitsrechnung und lautet etwa folgendermaßen:

Es ist zwar sehr unwahrscheinlich, daß man schon bei den ersten sechs Würfen mit einem Würfel schön hintereinander die Zahlen Eins bis Sechs erhält. Aber bei vielen Tausenden von Würfen wird dies mit großer Wahrscheinlichkeit doch irgendwann einmal vorkommen.

Obwohl diese Argumention sehr plausibel erscheint, machen international anerkannte Naturwissenschaftler hier auf folgenden versteckten Fehler aufmerksam:

Man kann den mit diesem Beispiel erwähnten Vorgang auf keinen Fall mit dem Wirken des Zufalls in der Natur vergleichen, weil er nur geradlinig aneinanderreihend in positiver Richtung, d. h. auf das erwartete Ziel hin, verläuft. Der Zufall wirkt jedoch wahllos überallhin, also auch in die entgegengesetzte, die abbauende Richtung, und dies mindestens ebensooft. Man bedenke doch nur, wie oft die empfindlichen Vorstufen der Lebenssubstanz wohl beim Wogen und Schäumen des Urmeeres auch immer wieder auseinandergebrochen wären.

Die Vertreter der Urzeugungstheorie haben also stillschweigend dem Zufall die gleiche Arbeitsmethode unterstellt, wie sie das Leben beim aufbauenden Wachsen seiner Körper anwendet. Dagegen hat aber die Materie, wenn sie nicht durch eine Kraft zu einer bestimmten Ordnung getrieben wird, das genau entgegengesetzte Bestreben. Allein gelassen, verfällt sie bekanntlich stets in Unordnung. Der Prozeß der Lebensentstehung mußte deshalb in jedem Augenblick durch eine Art »Rückbremse« gesichert sein.

Ein simples Beispiel macht uns das sogleich deutlich:

Wir kommen beim Gehen auf der Straße nur vorwärts, weil die Bodenreibung das Ausgleiten verhindert. Wird diese Reibung jedoch wie etwa bei Glatteis aufgehoben, dann rutschen wir sofort unkontrolliert in alle Richtungen. An ein Vorwärtskommen ist dabei dann kaum noch zu denken.

In analoger Weise würde demnach der Zufall niemals ein so kompliziertes Gebilde wie eine lebende Zelle zustande bringen, wenn sich seine vieltausend Bausteine fortwährend sowohl zusammenfänden als auch auseinanderfielen.

Aber es genügt für die Lebensentstehung nicht einmal nur eine rückschlagfreie Vorwärtsentwicklung. Wir müssen dabei auch an die zahlreichen nebeneinander herlaufenden und miteinander verflochtenen chemischen und physikalischen Prozesse denken, die das eigentliche Leben erst ausmachen. Diese nun in den mikroskopisch kleinen Räumen der Zelle so zu lenken, daß sie sich nicht gegenseitig stören, sondern zusammenwirken, dürfte wohl ohne die Hilfe eines steuernden Planers niemals möglich gewesen sein. Wer also nach der Entstehung des Lebens auf unserer Erde fragt, der kann getrost den blinden Zufall als Verursacher außer Betracht lassen.

Das Wechseltierchen als Beispiel für eine Urzelle

Da es in der Natur heute noch eine große Zahl einzelliger Lebewesen gibt, hat man diesen im Gedanken an die Urzeugung die Sammelbezeichnung »Urtierchen« gegeben. Das einfachste unter ihnen dürfte wohl das von der Wissenschaft *Amöbe* genannte *Wechseltierchen* sein. Wir wollen uns jetzt diesen Einzeller einmal etwas genauer ansehen, um uns an ihm von dem Organisationsgrad ein Bild machen zu können, wie er für die Existenz der ersten Urzelle notwendig gewesen wäre.

Wenn wir ein wenig von dem Schlamm eines stehenden Gewässers unter das Mikroskop nehmen, werden wir darin mit ziemli-

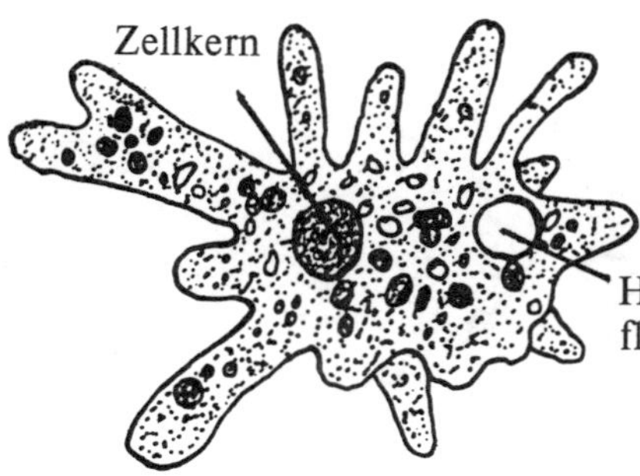

Abb. 13: Wechseltierchen oder Amöbe.

cher Sicherheit Amöben finden. Es sind farblos durchscheinende Schleimklümpchen, die fortwährend ihre Gestalt verändern. Daher haben sie auch den Namen *Wechsel*tierchen bekommen (s. Abb. 13).

Bei der Vergrößerung bemerkt man auch sogleich, daß sich das winzige, dem bloßen Auge eben noch als winziges Pünktchen erkenntliche Lebewesen vorwärtsbewegt. Dies geschieht erstaunlicherweise mit Beinchen, die jederzeit an irgendeiner Stelle des Körperchens entstehen können. Aber ebenso schnell, wie sie sich bilden, können sie auch wieder verschwinden. »Scheinfüßchen« hat man sie deshalb genannt. Die Amöbe setzt auch nicht ein Bein vor das andere, wie es größere Tiere tun. Ihre Füßchen sind wurzel- oder lappenartige Fortsätze ihres Zellkörpers, die in der Bewegungsrichtung vorfließen und durch das Nachkommen der übrigen Körpermasse wieder einverleibt werden.

Obwohl das Tierchen keinen Mund hat, kann es doch fressen. Das geschieht auf eine verblüffend einfache Weise, wobei es sich sein Futter noch sorgfältig aussucht. Bei seinem Umherkriechen stößt es natürlich auf allerlei Teilchen, die kleiner sind als es selbst und deshalb leicht von ihm verzehrt werden könnten. Doch an all den Sandkörnern und Erdpartikelchen gleitet es uninteressiert vorbei. Kommt es dagegen zufällig mit einer winzigen Alge oder Bakterie in Berührung, dann bekommt das Tierchen sogleich Appetit und fängt unverzüglich an, sein Opfer zu verspeisen (s. Abb. 14).

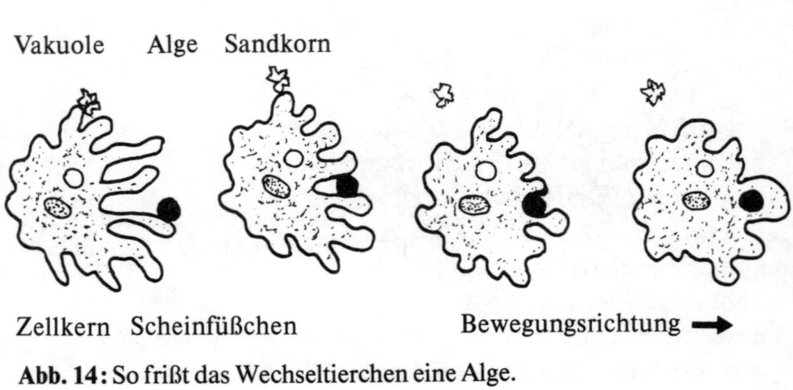

Abb. 14: So frißt das Wechseltierchen eine Alge.

Zu diesem Zweck ist es in der Lage, jede beliebige Stelle seiner Körperoberfläche als Rachen zu öffnen und die Beute durch Umfließen zu verschlingen. Diese gerät dadurch in einen Hohlraum der Zellmasse, der sogleich die Aufgabe eines Magens übernimmt. In ihm wird das Verschluckte regelrecht verdaut. Das Verdauliche wird von dem Zellinneren aufgenommen, wodurch die Amöbe wächst. Die unverdaulichen Rückstände können an jeder beliebigen Körperstelle wieder ausgeschieden werden. Damit verschwindet auch gleichzeitig der winzige Magen.

Ein gefräßiges Wechseltierchen hat in futterreichen Zeiten manchmal mehrere solcher Mägen in Betrieb. Sie alle entstehen und vergehen nach Bedarf. Bei Nahrungsmangel findet man keinen einzigen.

Zwei besondere Bläschen kann man in dem durchscheinenden Inneren des Wechseltierchens immer beobachten. Das eine ist gegen die umgebende Zellmasse durch eine zarte Hülle abgegrenzt. Es ist der Zellkern, den wir in jeder pflanzlichen und tierischen Zelle antreffen. In ihm bemerken wir bei starker Vergrößerung ein paar harmlose Körnchen, denen man nicht ansieht, welch große Bedeutung ihnen für das Leben der Zelle und darüber hinaus für die Nachkommen und das gesamte Erbgeschehen zukommt.

Das zweite Bläschen ist ein einfacher Hohlraum, die sog. pulsierende Vakuole, in der sich die flüssigen Ausscheidungen sammeln. Sie stellt also gewissermaßen die Harnblase des Tierchens dar.

Ein einzelliges Lebewesen kann natürlich nicht mit Augen ausgerüstet sein wie ein Säugetier oder Insekt. Aber unser Wechseltierchen reagiert trotzdem auf das Licht. Forscher haben durch Versuche festgestellt, daß es ganz deutlich von diesem angezogen wird. Es kriecht nämlich stets auf die Lichtquelle zu.

Noch etwas hat dieses merkwürdige kleine Wesen mit den höher organisierten Tieren gemeinsam. Es atmet. Es atmet wie diese Sauerstoff ein und Kohlendioxid wieder aus. Aber es verfügt dazu nicht wie die höheren Tiere über eine Lunge oder Kiemen. Solche komplizierten Organe würden ja allein schon eine ungeheure Zahl von Zellen benötigen. Wir dürfen aber nicht vergessen, daß unser Wechseltierchen nur aus einer einzigen besteht.

Wie bringt es dabei nun das Kunststück fertig, ohne ein spezielles Organ dennoch zu atmen? Es läßt den im Wasser gelösten Sauerstoff einfach durch die ein wenig durchlässige Außenhaut in sein Inneres eindringen. Dieser ruft hier Oxydationen hervor, das heißt, er geht mit den aufgenommenen Nahrungsstoffen chemische Verbindungen ein. Als Nebenprodukt dieser an anderer Stelle bereits besprochenen Reaktionen, die einer langsamen feuerlosen Verbrennung gleichkommen, bilden sich Kohlendioxid und Wasser, die wieder ausgeschieden werden. Ersteres liefert den im Wasser lebenden Pflanzen den zu ihrem Aufbau benötigten Kohlenstoff. Die bei diesem Verbrennungsprozeß frei werdende Energie hält wie bei den höheren Tieren den Lebensmotor in Gang.

Infolge seiner Nahrungsaufnahme wächst das kleine Lebewesen. Wenn es reichlich Futter findet, geht das verhältnismäßig schnell. Dann kann es in einigen Stunden schon das Doppelte seiner ursprünglichen Größe erreicht haben. Noch größer kann es nicht werden. Anstatt weiterzuwachsen, vollzieht sich jetzt mit ihm ein interessanter Vorgang (Abb. 15). Sein Körper fängt an, sich in der Mitte zunehmend einzuschnüren und sich schließlich in zwei gleich große Teile durchzutrennen. Aus der Mutterzelle sind zwei Tochterzellen geworden. Auf diese Weise vermehrt sich das Wechseltierchen.

Wenn man die Amöbe bei starker Vergrößerung betrachtet, erkennt man, daß sie keineswegs nur ein winziges Klümpchen schleimiger Masse, sondern ein trotz seiner Kleinheit wohlorganisiertes, unerhört kompliziertes, funktionsfähiges Ganzes darstellt. Bei seiner Vermehrung muß der Zellkern auch geteilt und damit die Erbfaktoren auf beide Nachkommen übertragen wer-

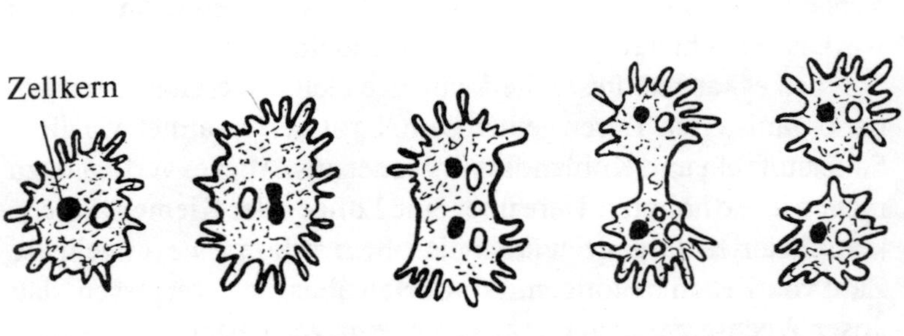

Abb. 15: Vermehrung eines Wechseltierchens durch Teilung.

den. Das ist ein sehr verwickeltes Geschehen, das sich grundsätzlich nicht von der Zellvermehrung höherer Lebewesen unterscheidet.

Außerdem ist das Zellplasma des Tierchens keineswegs eine so homogene Masse, wie sie auf den ersten Blick unter dem einfachen Lichtmikroskop erscheint. Das besonders stark vergrößernde Elektronenmikroskop läßt erkennen, daß diese von einem komplizierten und weitverzweigten Kanalsystem durchzogen wird, in dem sich der Stoffwechsel vollzieht. Dieser wiederum geht in Form der verschiedenartigsten chemischen Prozesse vor sich, die in dem winzigen Gebilde durcheinander und nebeneinander herlaufen. Diese ganze mikroskopisch kleine, vollautomatisch arbeitende chemische Fabrik ist selbst für den Menschen im Zeitalter technischer Höchstleistungen ein unfaßbares Wunder.

Wenn wir es recht bedenken, dann ist dieses Urtierchen keineswegs so viel primitiver als all die höher organisierten Lebewesen. Im Gegenteil, diese eine selbständige Zelle muß sogar sehr viel höher organisiert sein als jede andere, die einem vielzelligen Organismus angehört. Die Menge der letzteren sind nämlich samt und sonders für spezielle Aufgaben eingerichtet, während der Einzeller alle Lebensfunktionen in sich vereinigt. Er muß ganz allein vollbringen, wozu den höheren Organismen Riesenzellverbände zur Verfügung stehen. Keine aus einem solchen Zellverband herausgelöste Zelle wäre für sich allein auf die Dauer lebens- und fortpflanzungsfähig. Daß sich aber in beiden Fällen die Lebensvorgänge nach dem gleichen Grundprinzip vollziehen, dürfte wohl auf ein und denselben Konstrukteur hinweisen.

Die Enttäuschung mit den Viren

Nun gibt es noch ein weiteres, sehr überzeugendes Argument gegen die Urzeugungstheorie. Dabei hat man sogar den Eindruck, als halte der Schöpfer den Menschen, der ehrfurchtslos und ohne mit ihm zu rechnen in die Geheimnisse seiner Schöpfung einzudringen versucht, zum Narren. So ließ er ihn eines schönen Tages die Viren entdecken.

Dies sind bekanntlich kleinste Lebewesen, die ihrer Größenordnung nach zwischen den größten Molekülen und den kleinsten Bakterien stehen. Sie sind heute allgemein bekannt als Erreger vieler Krankheiten, wie z. B. der Grippe, der Kinderlähmung, der Maul- und Klauenseuche, der Tabakmosaikkrankheit und vieler anderer.

Mit diesem Kleinstlebewesen glaubte man, endlich das vermutete Bindeglied zwischen totem und lebendem Stoff gefunden zu haben. Doch die Wissenschaft mußte bald erkennen, daß dies ein großer Irrtum war.

Schon der große Bakterienforscher Robert Koch wußte etwas von der Existenz der Viren. Seinen Schülern gelang es sogar, ihrer habhaft zu werden. Aber erforschen konnte man sie erst mit Hilfe des kurz vor dem Zweiten Weltkrieg erfundenen Elektronenmikroskops. Dieses gestattete es nämlich, sie dem Auge des Wissenschaftlers sichtbar zu machen.

Dieser Umstand hatte einige wichtige Entdeckungen zur Folge. So fand der amerikanische Professor Stanley im Jahre 1935, daß manche Viren Kristallform haben. Das war eine freudige Überraschung für die Wissenschaft, die wie ein Lauffeuer durch die Weltpresse ging.

Bisher wußte man nichts anderes, als daß Kristalle tot seien, völlig tot. Aber man hatte einwandfrei festgestellt, daß diese kristallisierten Viren Lebewesen waren, die sich vermehren. Und nun sollte man glauben, daß es auch lebende Kristalle gebe, Kristalle, die wachsen, sich dann teilen, so daß aus ihnen zwei werden, aus diesen schließlich vier usw., bis sie endlich zu einer solchen Unzahl werden, daß sie mit ihrer Übermacht Pflanzen-, Tier- und Menschenkörper überwältigen. Ein ungeheuerlicher Gedanke!

Aber für die Verfechter der Urzeugungstheorie war es ein hochwillkommener Gedanke. Waren solche Gebilde, die auf der einen Seite die charakteristischen Merkmale der toten Welt der Minerale und auf der anderen diejenigen der lebenden Organismen aufweisen, nicht gerade das, was sie so brennend suchten?! Wie hätten sie sich gefreut, in den Viren die Substanz gefunden zu haben, die die Brücke zwischen tot und lebendig bildet. Doch sie sollten bitter enttäuscht werden.

Man stellte nämlich schon sehr bald fest, daß diese Kleinstlebewesen nicht in der Lage sind, wie die Pflanzen aus toter Materie lebende Substanzen aufzubauen. Sie sind auf lebende Stoffe angewiesen, wenn sie existieren und sich vermehren sollen. Man kann sie also zu den Schmarotzern zählen, die sich in lebende Organismen einnisten und auf deren Kosten ihr Dasein fristen.

Diese Erkenntnis war das Ende der Annahme, die Viren seien die gesuchte Übergangsform vom toten zum lebendigen Stoff. Im Gegenteil, wenn diese winzigen Lebewesen nur von höherem Leben existieren können, dann muß letzteres bereits vor ihnen vorhanden gewesen sein. Das gleiche gilt auch für alle übrigen Viren, ja, sogar für das vorhin besprochene Wechseltierchen.

So wurde also die Erforschung der Kleinstlebewesen statt zu einem Triumph zum Bumerang, sowohl für den Urzeugungs- als auch für den Entwicklungsglauben.

Zufallsprodukt und Schöpfung

Den Unterschied zwischen einem Zufallsprodukt und einer Schöpfung können wir uns leicht an folgendem Beispiel klarmachen.

Abb. 16: Für das Produkt des Zufalls ist die Unordnung charakteristisch.

Da sehen wir eines Tages einen Mann mit einem Lastwagen Ziegelsteine zu einem Bauplatz fahren. Wenn er seine Ladung dort abkippt, nimmt er keinen Einfluß auf die jeweilige Lage der einzelnen Steine (s. Abb. 16). Diese ist – wenn wir die Wirkung der Schwerkraft außer acht lassen – ein reines Produkt des Zufalls. Die Ziegel liegen wirr durcheinander und bieten in ihrer Gesamtheit einen Anblick, den wir nicht als schön empfinden.

Nun sehen wir aber am anderen Tag neben dem ungeordneten Ziegelhaufen eine Anzahl der Steine als lange Reihe auf dem Erdboden liegen. Daneben ist sogar auf die gleiche Weise mit den Ziegeln ein Kreis gebildet worden.

Jetzt frage ich: »Sind die Reihe und der Kreis auch zufällig entstanden?« – »Nein«, wird man mir entgegnen, »hier haben zweifellos Kinder mit den Steinen gespielt« (s. Abb. 17). Also handelt es sich dabei, im Unterschied zu dem vom Zufall gestalteten ungeordneten Ziegelhaufen, um eine Schöpfung von Menschenhand.

Hier erkennen wir also als auffallenden Unterschied zwischen einem Zufallsprodukt und einer Schöpfung, daß in der letzteren eine ganz bestimmte *Ordnung* herrscht, während für das Werk des Zufalls das genaue Gegenteil, nämlich die *Unordnung*, charakteristisch ist.

Abb. 17: Das deutlichste Kennzeichen einer Schöpfung ist die Ordnung.

Die drei Hauptkennzeichen einer Schöpfung

Wenn wir dann nach einiger Zeit wieder einmal an dem Bauplatz vorbeikommen, dann finden wir dort vielleicht ein schmukkes Einfamilienhaus vor. Die Maurer, die dort tätig waren, haben die Ziegel nicht wie die Kinder spielerisch geordnet, sondern in eine *zweckvolle Ordnung* gebracht. Fein säuberlich haben sie Stein auf Stein geschichtet, so daß glatte Wände entstanden, in denen sie wohlgeformte Öffnungen für Türen und Fenster einordneten. Das geschah alles nach einem von einem Architekten vorher entworfenen und aufgezeichneten Plan. Dieser ließ sich dabei von einem zuvor ins Auge gefaßten Ziel leiten. Mit diesem Ziel wurde gleichzeitig ein Zweck angestrebt und auch erreicht. Die Gesamtheit der Bausteine sollte nämlich am Ende eine Behausung für Menschen bilden, die darin im Schutz vor den Unbilden der Witterung wohnen wollten.

Nun sind die Häuser, die gebaut werden, aber nicht alle gleich. Die Bauherren stellen unterschiedliche Ansprüche und sind nicht alle gleich finanzkräftig.

Wer wenig Geld hat, baut sein Haus einfach. Bei ihm steht die Zweckmäßigkeit im Vordergrund. Der Wohlhabende gestaltet sein Wohnhaus nicht nur *zweckvoll*, sondern gleichzeitig auch *schön*. Ihm liegt daran, daß bei dem Betrachter auch das ästhetische Empfinden angesprochen wird.

Menschliche Schöpfungen können also im wesentlichen drei charakteristische Merkmale aufweisen: *Ordnung, Zweckmäßigkeit* und *Schönheit*. Der Zufall bringt dagegen nur das genaue Gegenteil, *nämlich Unordnung, Zwecklosigkeit* und *Häßlichkeit*, zustande.

Wenn wir uns nun nach den an menschlichen Schöpfungen gewonnenen Beobachtungen in der uns umgebenden Natur umsehen, machen wir dort ganz ähnliche Feststellungen. Ob wir diese Untersuchung im Mineralreich, im Pflanzen- oder Tierreich oder in der Sternenwelt vornehmen, überall begegnen uns bekanntlich die gleichen drei Kennzeichen, nämlich Ordnung, Zweckmäßigkeit und Schönheit.

Vom Zustandekommen einer Schöpfung

Fast alles menschliche Schaffen hat schöpferischen Charakter. Ob das Kind in der Schule einen Aufsatz schreibt, ob die Mutter ein schmackhaftes Essen kocht oder der Vater in der Fabrik eine Maschine baut – sie alle *schaffen* und sind deshalb *Schöpfer im kleinen*. Fragen wir jetzt einmal, wie eine solche Schöpfung zustande kommt und wie sie sich zu denen des Baumeisters der Welten verhält. Um uns das klarzumachen, können wir sehr gut bei dem Bild vom Hausbau bleiben.

Bekanntlich ist der allererste Anfang eines solchen Vorhabens der Wunsch oder die Idee. Da ist vielleicht einer Familie die bisherige Wohnung zu klein, und sie wünscht deshalb, aus der Beengung herauszukommen. Als verantwortliches Oberhaupt erwägt der Vater die Möglichkeit, ein Haus zu bauen. Ist er finanziell dazu in der Lage, verbindet sich eines Tages dieser erste *Gedanke* mit seinem *Willen* zu einem *Entschluß*, mit dem sogleich die Verwirklichung einsetzt.

Diese beginnt zwar nicht schon mit dem eigentlichen Bauen, sondern zunächst nur mit Überlegungen und Beratungen über Größe, Art und Stil des Hauses. Ist dem Bauherrn klar, was er will, dann ist eine weitere Stufe der Verwirklichung seines Vorhabens erreicht. *Sein Haus steht bereits mit allen Einzelheiten vor seinem geistigen Auge.*

Weil er aber diese seine innere Vorstellung den Bauarbeitern nicht zeigen kann, läßt er sie von einem Architekten als *Plan* aufzeichnen und berechnen. Damit bekommt das Haus erstmals sichtbare Gestalt. Diese ist jedoch immer noch erst eine *Vorstufe*, denn in dem gezeichneten Eigenheim kann die Familie nicht wohnen.

Wenn man dann endlich mit der eigentlichen Arbeit beginnt, dann geschieht nichts anderes, als das die Bauleute das Baumaterial in Form von Ziegelsteinen, Zement, Kalk, Sand, Holz usw. an die Stellen des vorher leeren Raumes über dem Baugrundstück bringen, die der im Geist des Architekten entstandene Plan dafür vorsieht. Verallgemeinert ausgedrückt bedeutet das, daß *ein kleiner Teil von Materie der Erdoberfläche auf Befehl eines Geistes*

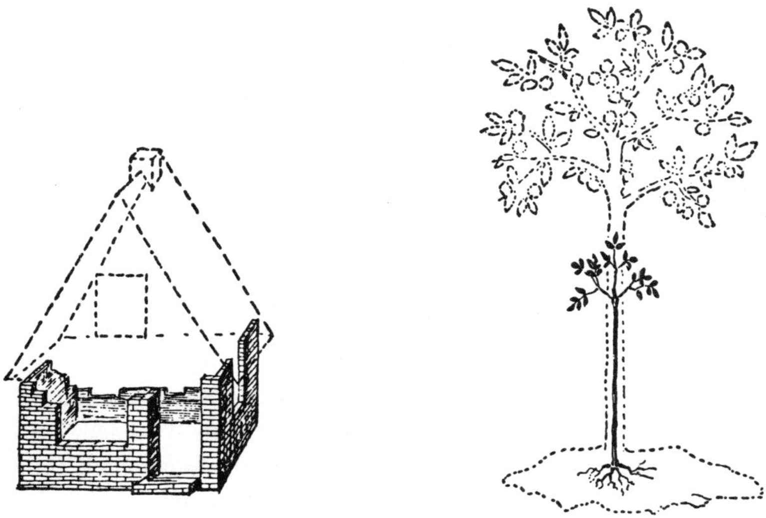

Abb. 18 links: Eine unvollendete menschliche Schöpfung ist eine Ruine.
Abb. 18 rechts: Ein von Gott geschaffenes Lebewesen stellt in jedem Stadium seines Wachstums einen lebensfähigen Organismus dar.

seinen Platz wechselt. Durch diese Neuordnung der Materie wird ein *Ziel* angestrebt, das letztlich einen *Zweck* erfüllt.

Nun wollen wir noch einen Schritt weitergehen und uns vorstellen, alle Bauarbeiter sowie alle zum Bauen benötigten Geräte und Hilfsmittel würden während der Arbeit plötzlich unsichtbar. Dann sähen wir nur noch, wie sich das Material Stück für Stück an die ihm vom Plan bestimmten Stellen bewegt. Das aber wäre ein ganz ähnlicher Vorgang, wie er sich in allen Bereichen der belebten Natur in jedem Augenblick millionenfach vollzieht. Wir sähen das Haus wachsen, wie wir dies bei den Körpern von Menschen, Tieren und Pflanzen fortwährend beobachten.

Auch die Lebewesen werden wie jedes menschliche Bauwerk ganz allmählich aus Materie aufgebaut, nur daß man die dabei schaffenden und ordnenden Hände nicht sieht. Allerdings werden die Baustoffe hier nicht in Form grober Steine usw. herangebracht, sondern in wäßriger Lösung durch die Wurzeln aus dem Boden gesogen oder als unsichtbares Kohlendioxidgas durch die Blätter aus der Luft aufgenommen. Ebenso werden sie auch bei

Mensch und Tier aus der Nahrung und der Luft bezogen und vom Blut unmerklich zu den Baustellen transportiert.

Weil der göttliche Schöpfer unendlich viel weiser und mächtiger ist als sein winziges Ebenbild, sind natürlich auch seine Schöpfungen unendlich viel vollkommener. So ist z. B. ein halbfertiges Haus eine unbrauchbare Ruine (s. Abb. 18 links), während die Lebewesen in jedem Stadium ihrer Entwicklung funktionsfähig, also lebensfähig sind (s. Abb. 18 rechts).

Betrachten wir nun einmal ein kleines Stückchen irgendeines lebenden Organismus unter dem Mikroskop, dann machen wir eine erstaunliche Entdeckung. Mit wenigen Ausnahmen ist alles Lebendige aus kleinsten Bausteinchen, den Zellen, aufgebaut. Beim Aufbau eines Organismus, also bei seinem Wachsen, wird genau wie beim Hausbau Baustein auf Baustein geschichtet, Zelle an Zelle gereiht, in eine zweckvolle Ordnung hinein.

Das aber bedeutet, daß für das so entstehende stoffliche Gebilde ebenfalls vorher eine Idee und ein Plan vorhanden gewesen sein müssen. Auch diese Idee und dieser Plan können nun unmöglich aus der Stofflichkeit hervorgegangen sein. Wir müssen sie deshalb, ebenso wie bei dem menschlichen Schaffen, als *Produkt eines denkenden und wollenden Geistes, ganz ähnlich dem unsrigen, auffassen.*

Dabei taucht dann sogleich die Frage auf, was das wohl für ein Geist sein könnte, der die unfaßbar großen und vielfältigen Ideen und Pläne zu dieser ständigen Umgruppierung von Materie in der Natur sowie die Kraft und den Willen zu ihrer Durchführung hervorgebracht hat und noch ununterbrochen hervorbringt.

Es kann nur ein Geist sein, der den menschlichen zwar bezüglich seiner Fähigkeiten und Möglichkeiten in einem unendlichen Ausmaß übertrifft, diesem jedoch in seiner Art außerordentlich ähnlich sein muß. Da dieses über alles erhabene Geistwesen nicht nur alle sichtbaren Dinge gestaltet, sondern auch das dazu erforderliche Material aus dem Nichts ins Dasein rief, kann es unmöglich selbst an dieses Material gebunden sein. Aus diesem Grund ist uns unser Schöpfer, als irdisch-materiellen Geschöpfen, für immer unsichtbar. Und weil unser menschlicher Geist infolge seiner Körpergebundenheit in seinem Denken endlich begrenzt ist, vermag er diesen auch in seinem Erdendasein nie zu begreifen.

Scheinbare und echte Unordnung in der Natur

Aus unserer alltäglichen Erfahrung wissen wir, daß nicht alles in der Natur durch die drei genannten Merkmale, nämlich Ordnung, Zweckmäßigkeit und Schönheit, gekennzeichnet ist. Im Gegenteil, auf den ersten Blick kommt uns das meiste sogar recht ungeordnet und vieles zwecklos und häßlich vor. Aber wir werden noch erfahren, daß dieser Eindruck nur bedingt richtig ist.

Daß uns so vieles ungeordnet vorkommt, liegt daran, daß wir selber als verhältnismäßig kleine Wesen zu dieser Natur gehören und dadurch unsere Umwelt gewissermaßen aus der Froschperspektive sehen. Aus diesem Grund vermögen wir nämlich die ungeheure Vielfalt an Gestaltungen in all ihren Bereichen nicht zu überschauen.

Ein typisches Beispiel dafür ist der Sternenhimmel. Wenn die Astronomen ihn nicht gründlich erforscht und uns von der dort vorgefundenen grandiosen Ordnung berichtet hätten, hielten wir ihn für absolut ungeordnet.

Wir müssen schon tiefer in die Natur beobachtend eindringen, wenn sie uns ihre Geheimnisse offenbaren soll. Das gilt in der Hauptsache für die Bereiche, die unterhalb unserer Sichtbarkeitsgrenze liegen. Denken wir nur an den Feinbau der Stoffe und der lebenden Körper. Sie können bekanntlich nur mit wissenschaftlichen Geräten und Forschungsmethoden untersucht werden. Nie würden wir etwas von den dort verborgenen Schöpfungswundern erfahren haben, wäre nicht das Mikroskop und besonders das Elektronenmikroskop mit seiner mehr als 100 000fachen Vergrößerungsmöglichkeit erfunden worden.

Nun haben wir alle aber schon vieltausendfach im Leben erfahren müssen, daß es in unserer natürlichen Umwelt auch sehr viel *echte* Unordnung und mit ihr zusammenhängende Zwecklosigkeit und Häßlichkeit gibt. Ja, bei genauerem Hinsehen entdecken wir sogar, daß die ganze Wirklichkeit, in der wir leben, geradezu in eine positive und eine negative Richtung polar gespalten ist.

Die Bibel sagt uns dazu, daß die von Gott einst vollkommen gut ins Dasein gerufene Schöpfung durch den Einfluß eines bösen Widersachers verdorben worden sei. Diese Heilige Schrift ist die einzige Quelle, aus der wir die ganzen Zusammenhänge über dieses, für die gesamte Menschhheit so unheilvolle Problem erfahren.

Glücklicherweise vermittelt sie uns aber auch die frohe Kunde, daß der allmächtige Gott für die Lösung dieses Problems eine jedem Menschen zur Verfügung stehende Möglichkeit geschaffen habe. Es handelt sich dabei um den in unserem Untertitel genannten christlichen Erlösungsglauben, der erst gegen Ende dieses Buches durch Tatsachen belegt werden soll. Dagegen möchte ich jetzt anschließend meine sehr zahlreichen, in unserer natürlichen Umwelt gesammelten Fakten zur Stützung des Gottesglaubens vorlegen.

Die Schöpfung ist der Vergänglichkeit unterworfen

Des großen Zusammenhangs wegen muß ich hier noch einmal auf ein ehernes Naturgesetz zu sprechen kommen, das ich weiter vorn bereits in einem anderen Zusammenhang erwähnt habe.

Ebenso wie die Theorie von der Urzeugung enthält auch die von der allmählichen Aufwärtsentwicklung der Lebewesen einen Denkfehler. Sie lassen nämlich ein von der Wissenschaft gefundenes Naturgesetz, das man den *zweiten Hauptsatz der Thermodynamik* nennt, unberücksichtigt.

Unsere gesamten naturwissenschaftlichen Erkenntnisse basieren auf einer dreigliedrigen physikalischen Gesetzmäßigkeit, die in den sog. drei Hauptsätzen der Thermodynamik zusammengefaßt ist.

Nach dem zweiten Hauptsatz nimmt im gesamten All die für nützliche Arbeit zur Verfügung stehende Energiemenge ständig ab. Wir wollen uns diese Tatsache an einem Beispiel deutlich machen:

Die in der Steinkohle steckende Energie läßt sich durch die Verbrennung als Wärmeenergie herausholen. Mit dieser können wir dann Dampf erzeugen, der in einer Turbine seine sich als hoher Druck äußernde Energie in mechanische Rotationsenergie umwandelt. Ist die Turbine mit einem stromerzeugenden Generator gekoppelt, setzt dieser die drehende Energie in elektrische um.

Bei jeder Umwandlung einer Energieform in eine andere geht ein kleiner Teil verloren. Wenn wir dann am Ende die Elektizität zur Beleuchtung oder Erwärmung unserer Wohnungen verwenden, ist die ursprünglich der Kohle entzogene Energiemenge für uns unwiderbringlich verloren.

Diese Abnahme der Leistungsfähigkeit der gesamten Energie innerhalb des Kosmos nennt der Naturwissenschaftler *Entropie.* Fachmännisch ausgedrückt besagt also der zweite Hauptsatz der Thermodynamik, daß die Entropie im Naturganzen fortwährend zunimmt. Dieser Prozeß geht nun so lange, bis alle Energie in der Schöpfung verbraucht ist, dann aber ist es aus und vorbei.

Somit hat also die Bibel recht, wenn sie sagt, daß die Schöpfung der Vergänglichkeit unterworfen sei.

Nun ist sie aber doch irgendwann einmal entstanden, und wir können beobachten, daß die Natur in jedem Augenblick neue Organismen aufbaut. Wird dadurch denn nicht der Vergänglichkeit entgegengewirkt? Darauf kann man mit einem eingeschränkten Ja, aufs Ganze gesehen jedoch nur mit Nein antworten. Im nachfolgenden werden wir verstehen, was das bedeutet.

Über offene und geschlossene Systeme

Jedes einzelne Lebewesen ist zwar ein Teil der Gesamtnatur, für sich allein betrachtet aber ein in sich zusammenhängendes, funktionsfähiges *Ganzes.* Wir nennen es einen *Organismus.* Dieser stellt eine Teil der irdischen Materie dar, in dem sich eine großartige, einem ganz bestimmten Zweck dienende *Ordnung* herausgebildet hat.

Wenn wir von den Kleinstlebewesen absehen, beginnt ein solcher hochorganisierter Stoffkomplex seine Existenz im allgemeinen als eine einzelne Zelle, eine *Eizelle.* Diese baut sich dann durch fortwährende Zellteilung als Organismus von der ihm bestimmten Art und Größe auf.

Das geschieht jedoch nur unter Bedingung, daß dem so werdenden Organismus nach Bedarf laufend Nahrung, Licht, Luft und Wasser zur Verfügung stehen. Er nimmt fortwährend Energie enthaltende bzw. Energie spendende Substanzen auf. Die in dem Organismus sich zunehmend bildende Ordnung wird durch die ihm ständig zufließende Energie veranlaßt. Wissenschaftlich ausgedrückt heißt das: *In einem kleinen Teil der irdischen Materie wird hier durch Energiezufuhr die Entropie gesenkt.*

Nun wollen wir das Ganze verallgemeinern und den besprochenen Organismus ein *System* nennen. Darunter verstehen wir immer irgendeine in sich abgeschlossene, funktionsfähige Ganzheit. Wenn einem solchen System zu seinem Aufbau oder zu seiner Funktion laufend Energie zugeführt wird, bezeichnen wir es als *offenes System.* Es kommt ja etwas von außen in es hinein.

Was geschieht nun, wenn wir einem Lebewesen die Zufuhr von Nahrung, Licht, Luft und Wasser sperren? Jeder weiß, daß es dann stirbt. Danach erfolgt dann bekanntlich unweigerlich seine Verwesung. Das ist gleichbedeutend mit der Auflösung der in ihm aufgebauten Ordnung. Die Ordnung der in ihm vorhandenen Organisation zerfällt.

Nun können wir wieder verallgemeinernd sagen, daß ein System, dem die Energiezufuhr abgeschnitten ist, als *geschlossenes System* betrachtet werden muß.

Wenn wir uns jetzt einmal in unserer natürlichen Umwelt umschauen, dann stoßen wir überall auf die verschiedenartigsten, sowohl offenen als auch geschlossenen und deshalb zerfallenden Systeme. Es sind die zahllosen Einzelindividuen von lebenden und toten Pflanzen, Tieren und Menschen.

Bei näherer Betrachtung finden wir sogar, daß manche großen Systeme aus mehr oder weniger zahlreichen kleineren zusammengesetzt sind. So war z. B. das im ersten Kapitel besprochene Blutkreislaufsystem ein *Untersystem* des *Gesamtsystems* eines Menschen- oder Säugetierkörpers. Bekanntlich setzt sich jeder höhere Organismus aus mehreren solcher Untersysteme zusammen. Bei den Körpern von Menschen und Säugetieren gehören dazu z. B. auch noch das Ernährungssystem, das sich aus Mund, Speiseröhre, Magen und Darm zusammensetzt, der Atmungskreislauf, der aus Nase, Luftröhre, Lunge und Zwerchfell besteht, ferner das Entwässerungssystem der Nieren, das Nervensystem, der Seh- und Hörapparat und andere.

Das wohl eindrucksvollste Großsystem ist das System unserer Erde mit der Sonne. Auch dieses ist offen, denn unser Planet bezieht ja zur Aufrechterhaltung seines Organisationsgrades seinen notwendigen Energiebedarf fortwährend von dieser atomaren Energiespenderin.

Ein noch unvergleichlich viel größeres bildet letztere mit unserer Erde und deren Planetengeschwistern, das wir als unser *Sonnensystem* kennen. Die gewaltigsten uns bekannten Systeme dürften schließlich die sog. Milchstraßensysteme oder Galaxien darstellen.

Nun ist interessant, daß wir in den allermeisten Fällen den Zweck all dieser natürlichen Systeme zu ergründen vermögen. Sobald jedoch ihre Größe unseren Erdball überschreitet, ist dies nicht mehr möglich. Selbst von unserem Planeten können wir nur sagen, daß er die Aufgabe von unserem Schöpfer bekam, Heimat *des Phänomens Leben* und speziell des Menschen zu sein.

Vorhin haben wir die Frage aufgeworfen, ob nicht durch die ständige Neubildung von Lebewesen der Vergänglichkeit in der Natur entgegengewirkt würde. Ich hatte sie nur eingeschränkt bejaht, doch aufs Ganze gesehen verneint. Ich nehme an, daß dies jetzt verständlich ist. In den vielen Teilen der irdischen Materie, die wir als Organismen vorfinden, ist die Ordnung vergrößert, also die Entropie gesenkt. Wenn wir aber an den ununterbrochenen, durch die Energiestrahlung verursachten Materieverlust der Sonne denken, erkennen wir, daß die Entropie, aufs Ganze gesehen, ständig zunimmt. *Die Schöpfung ist also insgesamt tatsächlich der Vergänglichkeit unterworfen.*

Auch der Mensch baut Systeme auf

Die Gottebenbildlichkeit des Menschen erweist sich nicht nur darin, daß er ein Schöpfer im kleinen ist, sondern dabei auch nach ganz ähnlichen Prinzipien wie der große Gestalter des Kosmos zu Werke geht. Es gibt nämlich im Bereich menschlichen Schaffens ebenfalls sowohl offene als auch geschlossene Systeme.

Eine Uhr, ein Radiogerät, ein Fernseher, ein Waschautomat, ein Kühlschrank, ein Auto, ein Computer, sie alle und ungezählte andere sind in sich zusammenhängende *Ganzheiten.* Ähnlich wie die göttlichen Systeme stellen auch jene jeweils Teile irdischer Materie dar, die der menschliche Erfindergeist mit Hilfe seines Wollens und Könnens zu bestimmten Zwecken sinnvoll geordnet hat. Ihr Organisationsgrad ist im Gegensatz zu den in der Natur entstandenen Systemen natürlich sehr viel geringer. Demnach ist also auch ihre Entropiesenkung längst nicht so groß.

Genau wie die natürlichen erfüllen auch die von Menschen geschaffenen Systeme nur dann ihren Zweck, wenn ihnen Energie zugeführt wird, also wenn sie offen sind. Dabei kann die Art der ihnen zugeführten Energie sehr unterschiedlich sein. Das kommt z. B. bei den verschiedenen Arten von Uhren zum Ausdruck. Bei der einen wird eine Spiralfeder durch Aufziehen mit Menschenkraft gespannt, eine Abart davon wird durch kleine, im Gehäuse mit Bewegungsspielraum eingebaute Schwinggewichte bei jeder Armbewegung automatisch aufgezogen. Auch große Standuhren laufen mit Menschenkraft, die in hochgezogenen größeren Gewichten gespeichert wurde. Andere werden mit elektrischem Stark- oder Batteriestrom betrieben. Auch sehr viele andere in unseren Häusern verwendete Geräte werden mit Elektrizität gespeist. Dagegen fahren unsere Autos mit der im Benzin oder Dieselöl latent enthaltenen Verbrennungsenergie.

Wenn wir nun einem von Menschen geschaffenen Gerät, ganz gleich, ob es nagelneu oder bereits verbraucht ist, nie mehr Energie zuführen, dann wird auch dieses zum geschlossenen System. Als solches erfüllt es seinen Zweck nicht mehr. Sein hoher Organisationsgrad hat seinen Sinn verloren, und bei Berücksichtigung entsprechend langer Zeiträume wird es sich wieder ganz in Unordnung auflösen. Auf dem Schrottplatz oder der Müllhalde ist das schönste Auto und der beste Fernseher nach vielen Jahrzehnten wieder zu Staub zerfallen. Innerhalb der Materie, aus der sie aufgebaut waren, ist die Entropie wieder bis zum höchstmöglichen Grad angestiegen.

Die Energiespenderin für die Erde

Wenn die Energiearten, die sowohl die natürlichen als auch die menschlichen Systeme aufbauen und erhalten, auch noch so verschiedenartig sind, so haben sie letztlich doch alle den gleichen Ursprung. Alle Kräfte, die die Lebewesen verbrauchen, und auch die, die wir Menschen erzeugen, können fast ausschließlich auf die Sonne zurückgeführt werden.*) Selbst bei der Nutzung der

*) Als Ausnahmen seien die Erdwärme und die Radioaktivität genannt.

Wasserkraft ist dies der Fall. Denn obwohl hier die Erdanziehungskraft die Energiespenderin ist, so mußte doch die Sonne das Wasser zuvor durch Verdunstung in eine höhere Lage gebracht haben.

Es ist etwas Eigenartiges um die Sonne. Während ihr eigener Entropiestand durch den ständigen Massenverlust stetig ansteigt, hält sie den hohen Organisationsgrad des Lebens auf der Erde aufrecht, ja, sie vermehrt ihn sogar noch. Dabei ist es für uns Erdenbewohner ein großes Glück, daß dieses gewaltige Atomkraftwerk noch über so immense Energievorräte verfügt, daß wir uns um ihr Verlöschen keine Sorge zu machen brauchen. Aber wenn dies eines Tages tatsächlich einmal der Fall sein wird – was allerdings nach Ansicht der Gelehrten erst in sehr ferner Zukunft eintritt –, dann ist es auch mit unserem Planeten aus und vorbei. Dann wird auch das gigantische offene System Erde–Sonne zu einem geschlossenen und damit zum Chaos wie die übrigen Planeten unseres Sonnensystems.

Geisteskraft geht über Muskelkraft

Bei der Entstehung des ersten Autos war die dazu erforderliche menschliche *Geisteskraft* das Entscheidende. Verglichen mit der Erfindung, Konstruktion und Fabrikationsplanung ist trotz des größeren materiellen Aufwandes der Serienbau ein Kinderspiel. So ist es beinahe überall im Bereich menschlicher Technik: *Die Kraft des Geistes rangiert weit vor der Muskelkraft.*

Obwohl wir beide scharf voneinander trennen müssen, wirken sie doch zusammen in der gleichen Richtung, nämlich der *positiven:* des Aufbaus. Die Notwendigkeit der Trennung zwischen den Kräften des Geistes und denen zur materiellen Verwirklichung kommt schon dadurch zum Ausdruck, daß die negativen Kräfte der Vergänglichkeit nur für die letztere ein echter Gegensatz sind. *Nur Bau und Zerfall stehen sich echt feindlich gegenüber.* Die erfindende und planende Geisteskraft steht hoch über den beiden, gewissermaßen auf einer höheren Ebene. Folgendes Beispiel soll uns das verdeutlichen:

Wenn ein Auto, ganz gleich, ob neu oder gebraucht, auf dem

Schrottplatz verfällt, berührt dies die Erfindung nicht im geringsten. Das gleiche gilt für eine eventuelle Stillegung des Herstellerwerkes. Während auch dieses dann der Vergänglichkeit anheimfällt, wird durch das alles die Geistesarbeit des Erfinders und Konstrukteurs in keiner Weise betroffen. Solange der Geist des Erfinders auf der Erde existiert, kann nämlich jederzeit eine neue Autofabrik erstellt und wieder beliebig viele neue Wagen gebaut werden.

Eine Automobilfabrik als Vergleich mit der Schöpfung

Wer denkt heute bei der Benutzung seines Autos noch daran, daß er diese Annehmlichkeit der Idee des Ingenieurs Carl Benz verdankt, der diese Idee im Jahre 1883 mit dem Bau des ersten Kraftwagens erstmalig in die Tat umsetzte?! Wenn auch wohl jeder Erfinder seine Erfindung optimistisch betrachtet und oft sogar überbewertet, so dürfte dieser Mann mit Sicherheit nicht geahnt haben, welch ungeheuren Einfluß die seine einmal sowohl in der Weltwirtschaft als auch auf das Leben von Millionen Menschen ausüben würde.

Der eigentliche Siegeslauf des Autos über die ganze Erde begann mit dem Jahr 1890, als Benz mit Gottlieb Daimler die inzwischen weltberühmten Automobilwerke unter dem Namen Daimler-Benz AG gründete. Daimler, der ebenfalls Ingenieur war, hatte nämlich im gleichen Jahr, in dem Benz sein erstes Auto baute, das erste Patent auf einen schnellaufenden Verbrennungsmotor erhalten.

Es ist mit eins der größten Wunder menschlicher Technik, daß sich die geniale Idee eines Erfinders und die Pionierleistung ihrer Verwirklichung in knapp 100 Jahren vielhundertmillionenfach vervielfältigte und immer noch weiter vervielfältigt.

Bietet uns diese erstaunliche Entwicklungsgeschichte des Autos nicht ein treffendes Bild von der der göttlichen Schöpfung?! Läßt uns der Vergleich mit ihr nicht wieder einmal ganz deutlich die Geistesverwandtschaft des Menschen mit seinem Schöpfer erkennen?!

Da hatte Gott in der Urzeit die großartige Idee, die Milliarden mal Milliarden von Gestirnen und darunter auch unsere Sonne mit den sie umkreisenden neun Planeten ins Dasein zu rufen. Dabei gefiel es ihm, einen dieser rotierenden Materiekolosse mit einer unübersehbaren Fülle von Leben ganz besonders schön zu schmücken. Er wählte dazu unsere Erde aus, auf der er daraufhin dann verschieden große Lebewesen in Millionen von Arten entstehen und sich sogleich billionenfach vermehren ließ.

Auswertung des Vergleichs

Die soeben beschriebene Gegenüberstellung stellt gewissermaßen die Ausweitung des im ersten Kapitel geäußerten Grundgedankens auf die gesamte Schöpfung dar. In beiden Fällen handelt es sich um *Aufbau und Funktion von offenen Systemen.* Im ersten Kapitel waren sie verhältnismäßig unkompliziert und leicht überschaubar, während sie jetzt im zweiten in große Räume hinein und zu großen Zahlen ausgeweitet werden.

Bei ihnen allen handelt es sich um die Verwirklichung von Ideen, die irgendwann einmal in geistigen Persönlichkeiten entstanden sind. Es sind also Schöpfungen, die infolge der Artverwandtschaft ihrer Urheber auch die gleichen Grundmerkmale aufweisen, nämlich Ordnung, Zweckmäßigkeit und Schönheit.

Weil nun Gott diese Kennzeichen benutzt, um seinem ihm ebenbildlichen Geschöpf damit sowohl sein Dasein als auch seine ewige Macht und göttliche Größe zu offenbaren, wollen wir uns im nachfolgenden in vielen Bereichen seiner Schöpferwerke gründlich nach ihnen umsehen. Dabei will ich der Reihenfolge meines Vorgehens das Bild von der Automobilfabrik zugrunde legen.

Demgemäß möchte ich zuerst die Werkhallen der Fabrik mit dem noch unbelebten Erdball vergleichen. Sie müssen ja zur Aufnahme und Durchführung der Produktion ganz besonders geeignet sein. Gilt das gleiche nicht ebenso für die Eignung unseres Planeten für die Aufnahme, Erhaltung und Vermehrung des Lebens?

Dann müssen wir uns ebenso wie mit den zur Herstellung der Autos benötigten Materialien auch mit den die Körper der Lebewesen aufbauenden Stoffe beschäftigen. Hier machen wir eine interessante Feststellung, nämlich die, daß in beiden Fällen das verwendete Grundmaterial das gleiche ist. Sowohl der Autohersteller als auch der Schöpfer der Welten benutzt die irdische Materie, um seine Konstruktionsideen zu verwirklichen. Beide tun grundsätzlich genau das gleiche: *Sie bringen Teile der Stoffe des Erdbodens in zweckvolle Ordnungen.*

Schließlich werden wir eine Reihe von Arten der Lebewesen kennenlernen. Sie entsprechen in unserem Bild den zahlreichen verschiedenen Autotypen. Dabei ist im Auge zu behalten, daß es sich in beiden Fällen um größere, aus mehreren Untersystemen bestehende offene Systeme handelt. Wie das Auto sich aus Karosserie, Motor, Antrieb usw. zusammensetzt, so besteht z. B. der Tierkörper aus Blutkreislauf, Atmungssystem, Verdauungsapparat usw.

3. Kapitel
Unsere Erde im grenzenlosen All

Grenzenloser Weltraum

Wenn wir in sternenklarer Nacht zum Firmament aufblicken, dann haben wir als erstes den Eindruck einer grandiosen Unordnung. Mit bloßem Auge vermögen wir dort etwa 2000 bis 3000 Sterne verschiedener Größe und Helligkeit zu erkennen, die willkürlich über die schwarze Kuppel des Nachthimmels verstreut zu sein scheinen (s. Abb. 19). Auch von irgendeinem Zweck, dem sie dienen könnten, ist nichts zu entdecken. Lediglich das dem Blitzen eines Brillanten vergleichbare Gefunkel der vielen, teils farbigen Lichtpünktchen empfinden wir als *schön.* Damit stellen wir also in diesem Teil des Universums wenigstens noch eines der drei Hauptkennzeichen einer Schöpfung fest. Wie aber steht es mit den beiden anderen? Fehlen sie ganz?

Nein, die Astronomen haben wenigstens über eine sehr wichtige weitere, nämlich die *Ordnung*, bereits sehr viel in Erfahrung gebracht. Jedoch über den *Zweck* der Gestirne wissen wir bis heute noch nicht das geringste. Das dürfte in der ungeheuren Ausdehnung des Weltalls und den riesigen Entfernungen der zahllosen Himmelskörper seinen Grund haben. Wenn schon die Ausdehnung des Universums über unser menschliches Fassungsvermögen hinausgeht, wieviel mehr dann erst sein Zweck?!

Als erstes und wichtigstes Instrument zum Eindringen in das uns umgebende All hat den Himmelsforschern schon seit langem das *optische Linsenfernrohr* gedient. Dieses hat man im Lauf der Zeit zunehmend verbessert und vergrößert und schließlich bei den größten Abmessungen die Linse durch einen riesigen *Hohlspiegel* ersetzt. Es war eine aufsehenerregende technische Leistung, als die Amerikaner im Jahr 1949 das damals größte *Spiegelteleskop* mit einem Durchmesser von fünf Metern in ihrem Mount-Palomar-Observatorium in Kalifornien in Betrieb nehmen konnten (s. Abb. 20).

Durch dessen mehr als tausendfache Vergrößerung hat man noch Sternennebel aus einer Entfernung von bis zu zwei Milliarden Licht-

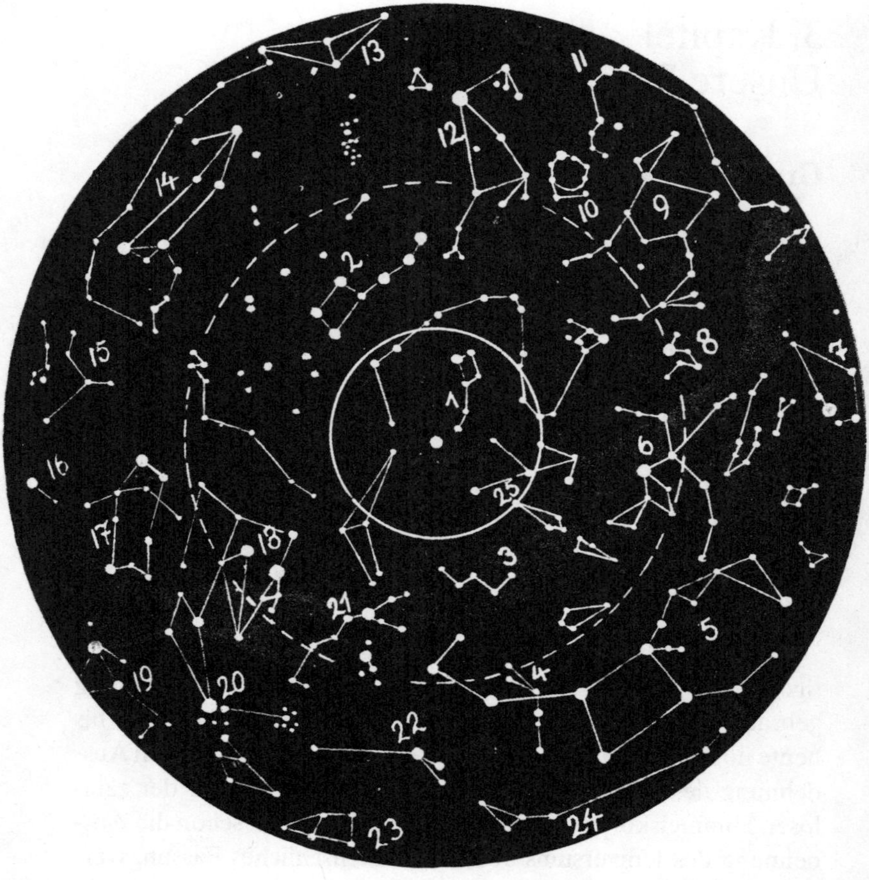

Abb. 19: Der nördliche Sternenhimmel
(Zeichnung von Rudi Bär).

1. Kleiner Bär
2. Großer Bär
3. Kassiopeia
4. Andromeda
5. Pegasus
6. Schwan
7. Adler
8. Leier
9. Herkules
10. Krone
11. Schlange
12. Bootes
13. Jungfrau
14. Großer Löwe
15. Krebs
16. Kleiner Hund
17. Zwillinge
18. Fuhrmann
19. Orion
20. Stier
21. Perseus
22. Widder
23. Walfisch
24. Fische
25. Cepheus

Abb. 20: Eins der größten Himmelsfernrohre der Welt. Es befindet sich auf dem Mount Palomar in Kalifornien in den USA.

jahren auf die fotografische Platte bannen können. Das aber bedeutet, daß das Licht mit seiner jährlichen Wegstrecke von 9,467 Billionen Kilometern diese zwei Milliarden Jahre braucht, um von diesen fernen Weltinseln bis zu uns zu gelangen. Wer könnte sich noch eine Entfernung von

18 934 000 000 000 000 000 000 Kilometern*)

vorstellen?! Und trotzdem ist das – wie wir noch sehen werden – noch lange nicht alles.

Zum Bedauern des wissensdurstigen Menschen haben die optischen Hilfsmittel seinen Augen hier eine vorläufige Grenze gesetzt. Die Fachleute halten nämlich den Bau noch größerer Teleskope für sinnlos, weil sich mit ihnen die Zahl der Fehlerquellen während des Betriebes ins Untragbare steigern würde. Doch sie glauben bereits einen Ausweg für die Zukunft zu sehen. Das dem Elektronenmikroskop verwandte Elektronenteleskop, an dessen Entwicklung man angeblich bereits arbeitet, soll die Schwierigkeiten umgehen.

Aber die Wissenschaft weiß heute schon, daß uns dieses Gerät die Sternenwelt auch nur bis zu etwa 13 Milliarden Lichtjahre Entfernung sichtbar machen kann.

---

*) Angesichts der Unvorstellbarkeit einer so enormen Zahl wird sicher mancher denken: »Was macht dabei schon eine Null mehr oder weniger aus!« Doch folgendes kleine Beispiel soll uns zeigen, wie sehr man sich dabei täuschen kann:

Ich habe mir nämlich einmal eine Million, eine Milliarde und eine Billion in 100-Mark-Scheinen aufgetürmt gedacht und die jeweilige Höhe der einzelnen Säulen berechnet. Die Dicke eines solchen Geldscheins ermittelte ich mit 0,07 Millimeter. Dann ergaben eine *Million*, also 10 000 solcher Scheine, ein Türmchen von »nur« 70 *Zentimetern*. Dieses vergrößert sich bei einer Milliarde schon zu einer gewaltigen Säule von 700 *Metern*, während sie bei einer *Billion* mit 700 *Kilometern* bereits bis in den Weltraum hineinragt.

Die Großzahlen sind Potenzen von einer *Million*. Die *Billion* ist also die *zweite* Potenz, die nächsthöhere, die *Trillion*, stellt die *dritte* Potenz dar. Die Zahlen der vierten, fünften und sechsten Potenz heißen dann Quadrillion, Quintillion und Sextillion usw.

Die obige astronomische Zahl heißt demnach *18 934 Trillionen*.

Kurz nach dem Zweiten Weltkrieg hat man entdeckt, daß eine kleine Zahl von Sternsystemen die Eigenschaft hat, außer Licht auch noch stärkere elektrische Kurzwellen auszusenden. Dabei hat die Radio-Astronomie – so nennt man den dadurch neu entstandenen Zweig der Himmelskunde – erst vor wenigen Jahren eine sensationelle Entdeckung gemacht. Man fand im Weltall eine äußerst seltene Sonderart von Sternsystemen, deren Strahlung im Vergleich zu allen anderen ganz außergewöhnlich groß ist. Sie ist so gewaltig, daß sie noch aus einer Entfernung von etwa zehn Milliarden Lichtjahren zu uns dringt.

Die Radiowellen der Gestirne werden mit dem sog. *Radioteleskop* empfangen, bei dem ein parabolisch geformtes Metallgitter als Auffangfläche dient (s. Abb. 21). Diese Fläche wirft die aus dem All auf sie auftreffenden Kurzwellen auf eine in der Mitte über ihr angebrachte Antenne zurück, die sie schließlich an die Apparate der Forscher weitergibt.

Um immer mehr Wellen einfangen zu können, hat man in den letzten Jahren die Größe der Parabolflächen ständig gesteigert. Die bisher größte in Deutschland hat einen Durchmesser von 25 Metern und steht auf dem Stockert in der Eifel. Dort ist jetzt ein neues Radioteleskop fertiggestellt, dessen Auffangfläche einen Durchmesser von 100 Metern hat. Damit wurde gleichzeitig das größte Gerät Englands mit seinen 90 Metern Durchmesser übertroffen.

Aber ein noch viel gewaltigeres Radioteleskop haben die Amerikaner in Arecibo auf der Insel Puerto Rico. Seine parabolische Auffangfläche hat 305 Meter Durchmesser. Da ein solch riesiger Apparat nicht mehr drehbar aufgestellt werden kann, hat man ihn liegend fest auf dem Erdboden montiert. Dadurch ist mit ihm natürlich nicht mehr jeder Punkt des Himmelsgewölbes anzupeilen. Aber immerhin vermag er – ähnlich einem riesigen Scheinwerfer – mit einem Streufeld von 40 Winkelgraden schon einen ganz beachtlichen Teil des Firmaments abzutasten.

Am 5. Juni 1962 war in der »Frankfurter Allgemeine Zeitung« unter der Überschrift »Ein Riesen-Radioteleskop« folgende Notiz zu lesen:

»Bis auf 30 Milliarden Lichtjahre Entfernung soll das größte Radioteleskop der Welt mit feststehender Antenne in den Welt-

Abb. 21: Radioteleskop

raum vordringen. Die Antennenanlage, die gegenwärtig in der Nähe der australischen Hauptstadt Canberra aufgebaut wird, stellt ein Riesenkreuz dar, dessen einzelne Arme je 1600 Meter lang und 12 Meter breit werden. Die aufgefangenen Ultrakurzwellen werden auf eine Antenne in der Mitte des Kreuzes reflektiert und dort verstärkt und weitergeleitet.«

Also bis 30 Milliarden Lichtjahre weit wollen unsere Astronomen in die Tiefen des Weltalls eindringen! Man bedenke, das ist eine Entfernung, zu deren Durchmessung wir dreißig mal eine Milliarde Jahre nötig hätten, wenn sich unser Raumschiff ununterbrochen mit annähernder Lichtgeschwindigkeit, also rund einer Milliarde Stundenkilometer, fortbewegen würde!

Das ist einfach zuviel für unser kleines Menschenhirn! Eine solche Weite des uns umgebenden Raumes – man bedenke: von unserer Erde als Mittelpunkt nach allen Richtungen gesehen – ist für uns Sterbliche praktisch unendlich.

Aber hält auch die Wissenschaft das Weltall für unendlich? Nein, sie bezweifelt, daß die Unbegrenztheit des Raumes unbedingt ein Beweis für seine Unendlichkeit sein müsse. Doch ob das tatsächlich der Fall ist, wird kaum je ein Mensch schlüssig zu beweisen vermögen. Über diese Frage werden wir übrigens später noch einige interessante Überlegungen anstellen. Eine Schlußfolgerung sollten wir allerdings jetzt schon aus dem Gelesenen ziehen, nämlich daß der, der diese Unermeßlichkeiten ins Dasein rief, noch unendlich viel größer sein muß als seine Schöpfung. Wir haben deshalb allen Grund, uns staunend und anbetend vor ihm niederzuwerfen und ihm für die unerhört hohe Würde der Ebenbildlichkeit zu danken und ihn für unsere Gleichgültigkeit und Rebellion gegen ihn um Vergebung zu bitten.

Unzählbares Sternenheer

Welch großes Rätsel muß für die Menschen in den früheren Jahrtausenden ihrer Geschichte das Heer der Sterne gewesen sein! Kein Wunder, daß sie sich schon früh mit ihm beschäftigt haben.

Dank der unermüdlichen Forschertätigkeit der Astronomen ist

uns bis heute schon sehr viel über die Verhältnisse und Vorgänge innerhalb der Sternenwelt bekannt geworden. Jeder weiß inzwischen, daß der erste Eindruck, den wir beim Anblick des Firmaments haben, trügt. Hier herrscht keine chaotische Unordnung. Im Gegenteil, die Welt der Sterne unterliegt einer so präzisen Ordnung, daß wir darüber ins Staunen geraten.

Sicherlich hat von Anfang an das am Nachthimmel erkennbare, schwach leuchtende Band der *Milchstraße* das ganz besondere Interesse der Erdbewohner erregt. Da das Lichtband der Milchstraße nicht nur an der sich über uns wölbenden nördlichen Himmelshälfte sichtbar ist, sondern sich auch über die ganze südliche fortsetzt, legt es sich wie ein gewaltiger, weitgespannter Ring um unsere Erde. Schaut man es sich durch ein starkes Fernrohr an, dann macht man die verblüffende Feststellung, daß sein Licht von einem Gewimmel unzähliger Sterne herrührt. Man hat ihre Zahl auf 100 Milliarden geschätzt.

Eine unvorstellbare Menge! Dabei ist noch zu bedenken, daß wir nur die selbstleuchtenden Sterne sehen. Es handelt sich bei ihnen also nur um Sonnen, die der Fachwissenschaftler *Fixsterne* nennt. Vielleicht werden viele von diesen aber noch, wie unsere Sonne, von Planeten und diese sogar wieder von Monden umkreist, wie dies bei unserer Erde der Fall ist. Wenn wir diese dann noch alle sehen und mitzählen könnten, um wieviel größer würde dann erst das Sternenheer der Milchstraße sein!

Nun berichten uns die Astronomen, daß alle Himmelskörper der Milchstraße, ganz gleich, ob allein oder zu Sonnen- und Planetensystemen gruppiert, so geordnet sind, daß sie ein gewaltiges, wie eine Linse abgeflachtes Rad bilden, das sich fortwährend um seine Mittelachse dreht. Dieses Rad hat den fantastischen Durchmesser von 100 000 Lichtjahren. Unser eigenes Sonnensystem befindet sich nahezu in der Hauptebene dieser riesigen Linse, und zwar halbenwegs vom Zentrum zum Rand hin.

Das Milchstraßenzentrum liegt von uns aus gesehen in Richtung auf das Sternbild des Schützen. Man kann jedoch dort nichts Genaueres ausmachen, weil sich in diesem Bereich besonders viele gasförmige Ansammlungen befinden, die alles verdecken. Solche unregelmäßigen, teils weiß leuchtenden, teils dunkel erscheinenden Nebelgebilde gibt es sehr viele im Weltall. Es sind riesige

Wolken von Gas und kosmischem Staub, sehr dünn, weit dünner als das dünnste Vakuum, das wir im Laboratorium herzustellen vermögen. An manchen Stellen kann man durch sie hindurchsehen, aber vielfach sind sie wegen ihrer gewaltigen Tiefenausdehnung völlig undurchsichtig und verdecken dadurch alles, was dahinter liegt.

Außer diesen unregelmäßigen Dunstwolken findet man am Nachthimmel eine große Zahl schwacher, regelmäßig geformter *Lichtnebel.* Sie sind teils kreisförmig, teils elliptisch, teils aber auch deutlich als Spiralräder erkennbar. Während die oben erwähnten unregelmäßigen Nebelwolken noch innerhalb unseres Milchstraßensystems liegen, weiß man seit etwa 50 Jahren, daß diese sog. *Spiralnebel* weit außerhalb stehende, selbständige Sternansammlungen sind.

Mit den größten Spiegelteleskopen ist es inzwischen den Astronomen gelungen, viele dieser nebligen Spiralgebilde in einzelne Sterne aufzulösen. Ja, man konnte sogar ihre Entfernung ermitteln. Es handelt sich bei ihnen um gewaltig große, isoliert stehende und nach außen verhältnismäßig scharf begrenzte Sternanhäufungen. In bezug auf ihren Bau und ihre Größe sind sie unserer Milchstraße sehr ähnlich.

Den hellsten dieser Spiralnebel kann man sogar noch mit dem bloßen Auge als einen kleinen, verwaschenen Lichtfleck erkennen. Es ist der bekannte Andromeda-Nebel (s. Abb. 22), dessen Spirale schräg in unserem Blickfeld liegt. Die Aufnahmen solcher *»Galaxien«* – wie sie der Fachwissenschaftler nennt – bieten ein mannigfaltiges Bild. Bei manchen fällt der Blick senkrecht auf das Spiralrad, wobei man dann die Form der Arme sehr deutlich unterscheidet. Diese sind nämlich manchmal weit ausladend und aufgelockert und ein andermal wieder stark konzentriert. Andere Spiralnebel zeigen sich uns nur von der Seite und viele der schwächer sichtbaren als elliptische oder runde Scheiben. Die entferntesten erkennt man auf den Fotos nur daran, daß ein kleines Pünktchen nicht so scharfe Ränder hat wie ein schwacher Stern, sie erscheinen dann ein wenig verwaschen.

Wenn man eine Aufnahme des Andromeda-Nebels genau betrachtet, entdeckt man zwei kleinere elliptische Spiralnebel dicht neben ihm. Diese Nebel gehören räumlich zusammen, und man

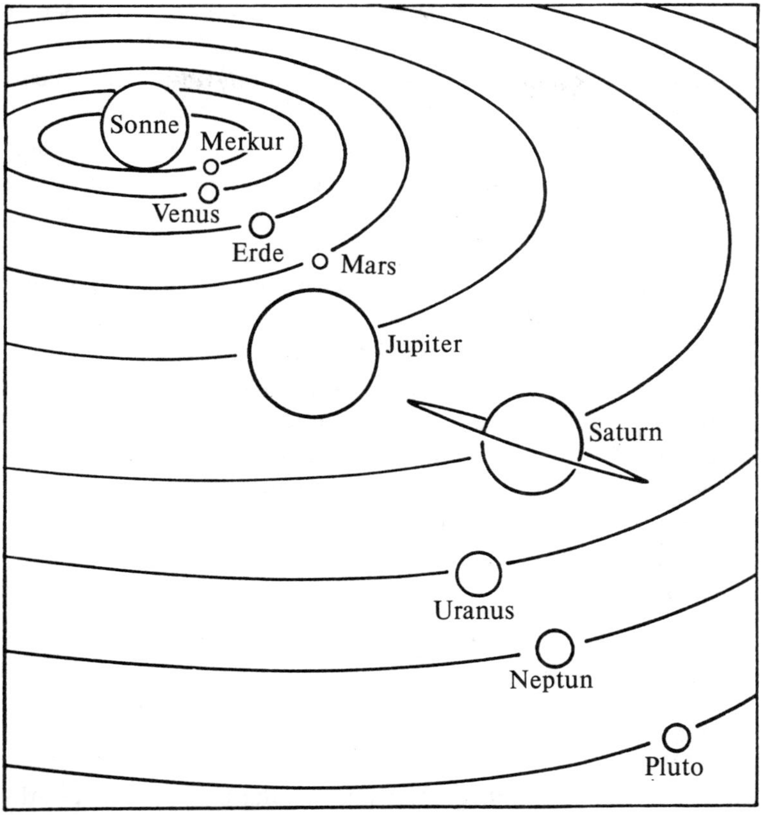

Abb. 23: Schematische Darstellung unseres Sonnensystems.
Unsere Sonne und ihre 9 Planeten in der Reihenfolge ihrer Umlaufbahnen.

◀ **Abb. 22:** Spiralnebel in den Jagdhunden.
Da er senkrecht zum Blickfeld steht, zeigt er seine ganze spiralige Schönheit.

kennt heute 16 von ihnen in der Nachbarschaft unseres Milchstraßensystems, die eine geschlossene Gruppe von Spiralnebeln bilden, zu der wir als ebenbürtiges und etwa gleich großes System gehören. Denn in allerletzter Zeit hat man – hauptsächlich mit Hilfe der Radioteleskope – festgestellt, daß auch unser Milchstraßensystem ganz ähnlich wie der Andromeda-Nebel eine deutliche

Spiralstruktur aufweist. Diese kann man von uns aus nur deshalb optisch kaum erkennen, weil wir uns mitten darin befinden.

Auch an anderen Stellen des Himmelsraums finden sich solche zu einer Gruppe zusammengeschlossene Spiralnebel. Man nennt sie deshalb *»Nebelnester«*. Diese Gruppen sind zwar räumlich sehr weit voneinander getrennt, aber letztlich doch wieder in ein riesiges, übergeordnetes System eingeordnet, das man vielleicht als *»Übermilchstraßensystem«* bezeichnen könnte.

Die Zahl der Milchstraßensysteme wird von den Forschern auf ein bis zwei Milliarden geschätzt. Um von diesen allen einen kompletten Himmelsatlas anzufertigen – so meinte Prof. Pascual Jordan in einem vor einigen Jahren gehaltenen Vortrag –, müßten die Astronomen 5000 Jahre lang Aufnahmen von den Spiralnebeln anfertigen. Demnach liegen sie also alle noch in dem Bereich bis zu zwei Milliarden Lichtjahren Entfernung, der für uns optisch noch erreichbar ist. Wie viele mag es dann aber noch in den dahinter liegenden Räumen geben, die unseren Fernrohren nicht mehr zugänglich sind?!

Auf die Sekunde genau

Jeder einigermaßen Gebildete weiß heute, daß unsere Erde mit dem Mond ein *Planetensystem* bildet, das einer ganz bestimmten *Gesetzmäßigkeit* unterliegt. Der uns ständig begleitende natürliche Satellit hat einen Durchmesser von 3470 Kilometern, während der Durchmesser der Erde 12746 Kilometer beträgt. Der Mond umkreist uns in einem mittleren Abstand von 384000 Kilometern und braucht für jeden Umlauf immer genau die gleiche Zeit von 29 Tagen, 12 Stunden, 44 Minuten und 3 Sekunden. Ist es nicht erstaunlich, wie präzise so gewaltige Materiemassen ihre stets gleichbleibenden Bahnen zeitlich durchlaufen?! Das gilt aber nicht nur für unser Planetensystem, sondern für alle von uns aus beobachtbaren Himmelskörper.

Außer unserer Erde gibt es nun noch mehrere Planetensysteme in unserer Nachbarschaft. So wird z. B. der Neptun von einem, der Mars von zwei, Uranus von vier, Saturn von neun und Jupiter sogar von zwölf Monden begleitet. Auch sie haben alle ganz genaue Umlaufzeiten.

Seit der weltbewegenden Entdeckung des großen Astronomen Nikolaus Kopernikus (1473–1543) wissen wir nun, daß sich unser Planetensystem zusammen mit weiteren Planeten bzw. ihren Systemen um unseren Fixstern Sonne bewegt. Dabei hat die Bahn des Merkur den kleinsten Durchmesser. Dieser Planet steht also der Sonne am nächsten. Dann folgen in zunehmend größeren Abständen der Reihe nach: *Mars, Venus, Erde, Jupiter, Saturn, Uranus, Neptun* und *Pluto.* Der letzte wurde allerdings erst 1930 entdeckt (s. Abb. 23).

Schon bei unserem Sonnensystem gehen die Größenverhältnisse ins Gigantische. Während der Jupiter als größter der kreisenden Planeten mit 143 000 Kilometern schon einen mehr als zehnmal so großen Durchmesser wie unsere Erde aufweist, hat unsere Sonne selbst einen solchen von rund 1 400 000 Kilometern. Wer das aber für außergewöhnlich hält, wird staunen, wenn er hört, daß es Himmelskörper gibt, die mehrere hundertmal größer sind. So hat z. B. ein Fixstern mit dem etwas seltsamen Namen Beteigeuze einen Durchmesser von rund 350 000 000 Kilometern.

Aber immerhin ist unsere Sonne schon so riesig groß, daß unsere Erde mit dem sie umkreisenden Mond in ihr gut Platz hätte. Wäre sie aus festem Stoff, dann könnten mehr als eine Million Erden aus ihr gemacht werden.

Dementsprechend ist natürlich auch unser Bahndurchmesser viel gewaltiger als der unseres Trabanten. So umkreisen wir die Sonne mit ihm in dem fantastischen Abstand von 150 Millionen Kilometern. Das ergibt einen so enormen Kreisbogen, daß wir ein ganzes Jahr nötig haben, ihn zu durchmessen. Auch diese Umlaufzeit ist immer genau die gleiche. Man kann sie messen, indem man auf der scheinbaren Kreisbahn der Sonne einen Fixstern als Start- und Zielpunkt annimmt. Das Ergebnis nennt man dann ein siderisches Jahr oder ein Sternjahr. Es dauert genau 365 Tage, 6 Stunden, 9 Minuten und 9,35 Sekunden.

Wie ungeheuer groß der Abstand zwischen Erde und Sonne ist, mag uns die Tatsache ein wenig verdeutlichen, daß das Licht zum Durchlaufen dieser Strecke $8\frac{1}{3}$ Minuten braucht, wobei es bekanntlich eine Geschwindigkeit von 1,08 Milliarden Stundenkilometern hat! Ein Schnellzug mit nur 100-Stundenkilometer-Tempo würde sie erst in 170 Jahre langer ununterbrochener Fahrt bewältigen. Zum Durchfahren unserer jährlichen Umlaufbahn um die Sonne würde der gleiche Schnellzug nicht weniger als 1000 Jahre benötigen. Unsere Erde schafft diese rund 900 Millionen Kilometer lange Strecke deshalb in der kurzen Zeit von einem Jahr, weil sie sich mit dem sagenhaften Tempo von 100 000 Stundenkilometern fortbewegt.

Da beinahe alle Bahnen der neun um unsere Sonne kreisenden Planeten sehr angenähert in einer Ebene liegen, hat unser Sonnensystem, ähnlich wie unser Milchstraßensystem, in etwa die Gestalt einer Linse. Nach den Berechnungen der Forscher beträgt deren Durchmesser etwa 9 Milliarden und ihre Dicke 200 Millionen Kilometer. Das Licht würde also zu einer einmaligen Durchquerung mehr als acht Stunden benötigen. So ungeheuer groß ist also allein schon unser Sonnensystem!

Staubkorn im All

Ein mir befreundeter Astronom hat mir einmal die außerordentlich dünne Besiedlung und die schon fast lächerliche Winzigkeit unseres Heimatplaneten innerhalb des Sternenheeres an einem *Gedankenmodell* sehr eindrucksvoll vor Augen geführt. Um wenigstens unser Milchstraßensystem einigermaßen in den Bereich unseres Vorstellungsvermögens zu bekommen, hatte er einfach einige Himmelskörper und deren Entfernungen im Maßstab 1 : 100 Milliarden verkleinert.

In diesem Modell entsprachen dann 100 Kilometer einer Länge von nur einem Tausendstel Millimeter. Damit schrumpft unsere Erde zu einem winzigen Kügelchen von einem Zehntel Millimeter zusammen. Dieses Körnchen denken wir uns nun mitten in unserem Zimmer schwebend. Es wird von dem im Durchmesser etwa viermal kleineren Mondkügelchen im Abstand von nur vier Millimetern umkreist.

Dieses unser verkleinertes Planetensystem umläuft nun die einen Zentimeter große Sonne in einem Abstand von eineinhalb Metern. Wenn wir jetzt die Sonne in die Mitte unseres Zimmers rücken lassen, dann bleiben wir mit unserer drei Meter messenden jährlichen Umlaufbahn noch gut in unseren vier Wänden. Der entfernteste Planet unseres Sonnensystems, der Pluto, läge dann aber mit einem Abstand von 32 Metern bereits weit außerhalb unseres Hauses. Bis auf alles in allem kaum 30 winzige Kügelchen ist der Raum innerhalb unseres Mini-Sonnensystems mit einem Durchmesser von 64 Metern also völlig leer.

Doch nun kommt eine große Überraschung, die uns vor Augen führt, daß es sich bei unserem Sonnensystem noch um eine sehr dicht besetzte Stelle des Weltalls handelt. Der nächste Stern außerhalb dieser Insel befindet sich nämlich in unserem Modell erst in 400 Kilometer Entfernung. Das entspricht etwa der Strecke zwischen Köln und Hamburg. Es handelt sich dabei um den Fixstern Alpha Centauri. Erst nach weiteren 400 Kilometern kommt dann erst wieder der Sirius, dann nach 300 Kilometern der Prokyon und weiter der Atair im Sternbild des Adler nach 500 Kilometer Entfernung. In dieser Größenordnung von rund 400 Kilometern bewegen sich durchschnittlich die Abstände zwischen den Sternkügelchen in unserem Gedankenmodell. Bei dieser unvorstellbaren Leere braucht man wahrlich keine Angst vor Zusammenstößen zu haben.

Lange Zeit hindurch hat man geglaubt, diese Sterndichte setzte sich in dieser Art durch das gesamte Universum fort. Jedoch zu Anfang dieses Jahrhunderts stellte man durch sehr mühsame, meist statistische Abzählungen fest, daß nach etwa zehn Millionen Kilometern – in unserem verkleinerten Maßstab, wohlgemerkt! – die Fülle der Sterne ganz plötzlich auf Null absinkt, daß also hinter dieser Grenze der Weltraum praktisch sternenleer ist. Man erkannte somit, daß wir uns mitten in einem abgeschlossenen, endlichen Sternsystem befinden. Ja, man machte sogar die Entdeckung, daß dieses Sternsystem die Form einer Linse besitzt und damit mit unserem Milchstraßensystem identisch ist. Wenn dieses unser Milchstraßensystem nun in unserem Miniaturmodell schon so gewaltig groß ist, wie groß muß es dann erst in Wirklichkeit sein?!

Doch der aufregendste Gedanke kommt erst noch. Wie wir bereits hörten, ist unser Milchstraßensystem nicht das einzige seiner Art im All. Die Astronomen sind auf Grund ihrer Forschungsergebnisse sogar der Überzeugung, daß es allein in dem von ihnen optisch erreichbaren Weltraum schon mindestens eine Milliarde von ihnen gibt. Ein überwältigender Gedanke, wenn man bedenkt, wie viele es dann noch bis in die darüber hinausgehenden Raumtiefen geben mag!

Wie klein und unbedeutend erscheinen wir doch mit unserer Erde inmitten eines so unvorstellbar großen Sternenheeres! Und wie einsam und verloren schweben wir mit ihr durch die fast leeren, grenzenlosen Himmelsräume! Aber ist unser Heimatplanet im Vergleich mit seinen übrigen, von uns erforschbaren Sterngeschwistern wirklich so unbedeutend, wie es scheint? Nein, *soweit wir bisher feststellen konnten, spielt er unter ihnen sogar eine ganz hervorragende Rolle. Unsere Mutter Erde ist tatsächlich einzigartig!*

Mutter Erde und ihre Planetengeschwister

Als die ersten Astronauten auf dem Flug zum Mond unsere Erde aus der Weltraumperspektive sahen, waren sie ebenso überrascht wie entzückt. Unser Heimatplanet bot ihnen einen so großartigen Anblick, wie sie ihn nicht erwartet hatten. Im Gegensatz zu dem gewohnten fahlen Weißgelb des Mondes leuchtete er wie ein hellblauer Saphir auf dem samtschwarzen Hintergrund des Weltalls.

Unsere Mutter Erde bildet innerhalb des gesamten, unseren Astronomen zugänglichen Sternenheeres eine große, einzigartige Ausnahme. Soweit bisher festgestellt werden konnte, ist sie der einzige Himmelskörper, auf dessen Oberfläche es Leben gibt. Wie wir später noch erörtern werden, ist er so beschaffen, daß er einer unübersehbaren Fülle lebender Organismen ausreichende Existenzmöglichkeiten zu verleihen vermag. Pflanzen, Tieren und Menschen bietet er seit sehr langen Zeiten auf vielfältige Weise Schutz und Heimat.

Im krassen Gegensatz dazu herrschen auf den Planeten und Monden unseres *Sonnensystems* (s. Abb. 23 + 24) geradezu lebensfeindliche Verhältnisse. Damit uns das recht deutlich wird, wollen wir uns jetzt einmal unseren Mond und die Planetengeschwister unserer Erde daraufhin ansehen.

Der *Mond* ist uns so nahe, daß man schon mit einem kleinen Fernrohr seine Oberflächenstruktur erkennen kann. Aber wir sind heute schon nicht mehr auf Fernbeobachtung angewiesen.

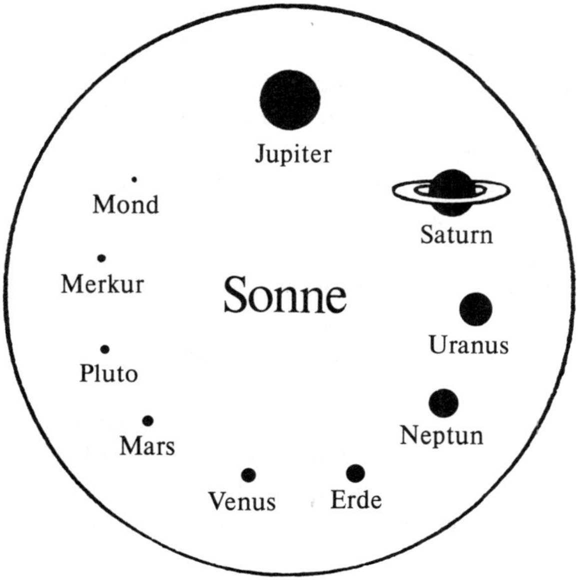

Abb. 24: Größenvergleich zwischen unserer Sonne (äußerer Kreis) und den sie umkreisenden Planeten sowie unserem Mond.

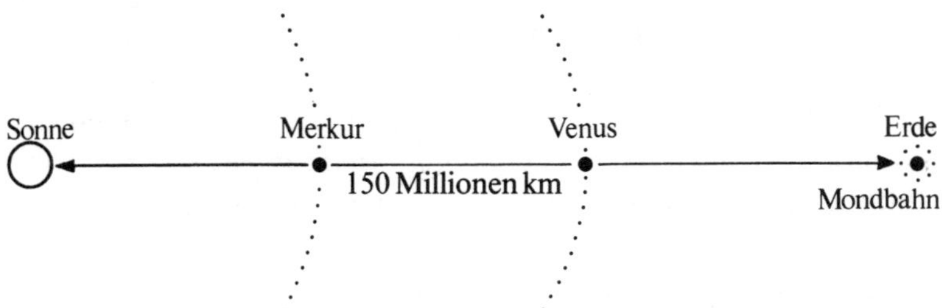

Abb. 25: Wenn schon unsere Entfernung zur Sonne 150 Millionen Kilometer beträgt, war dann des Menschen Flug zum Mond mehr als eine Stipvisite beim Nachbarn von nebenan?!

Seit die ersten Menschen unseren natürlichen Satelliten besucht haben, kennen wir die auf ihm herrschenden Verhältnisse sehr genau. Diese Astronauten haben bestätigt, daß es sich bei ihm um eine einzige kugelförmige Steinwüste handelt mit meist kreisrunden Kratern der verschiedensten Größe und Tiefe, umgeben von Ringwällen, mit tiefen Bodenrillen und sanften Hügeln.

Man nimmt an, daß die Krater von Meteoreinschlägen herrühren, die auch heute noch eine Gefahr für jeden Mondfahrer darstellen. Die Meteore und Meteoriten schießen mit ihrer ganzen Wucht auf den Mondboden, weil sie nicht, wie bei der Erde, durch eine Atmosphäre gebremst, erhitzt und dadurch bis auf die wenigen, ganz großen Brocken verbrannt werden.

Auch die Sonneneinstrahlung wird wegen der fehlenden Lufthülle nicht gehemmt, so daß sich die Tagseite des Mondes jeweils bis auf etwa 120 Grad Celsius erhitzt. Aus dem gleichen Grund kann die aufgenommene Wärme in der Nacht aber auch schnell wieder in den Weltenraum zurückstrahlen, so daß die Temperatur dann bis auf rund minus 150 Grad Celsius sinkt.

Da der Mond gegenüber der Erde einen viermal kleineren Durchmesser hat, ist seine Anziehungskraft natürlich wesentlich geringer. Sie beträgt nur ein Sechstel der irdischen Schwerkraft. Deshalb vermag der Mond auch weder eine Lufthülle noch Wasser festzuhalten. Wer ihn betreten will, muß sich also für die gesamte Dauer seines Aufenthalts alles, was er zum Leben braucht, mitbringen. Dazu gehören nicht nur Nahrung, Kleidung und Behausung, sondern auch die Atemluft und sogar der gewohnte Luftdruck. Sein Raumanzug muß während des Mondtages kühlbar und in der Mondnacht heizbar sein. Auch muß er so beschaffen sein, daß er die gefährliche kosmische Strahlung so weit wie eben möglich abschirmt. Da die Meteoriten nach Angaben der Astronomen mit Geschwindigkeiten ankommen, die zwischen 100000 und 700000 Stundenkilometern liegen, dürfte gegen deren Durchschlagkraft kein Kraut gewachsen sein.

Sehen wir uns nun die übrigen Planeten unseres Sonnensystems einmal näher an.

Der Planet *Merkur* ist mit seinem 4840 Kilometer betragenden Durchmesser nur wenig größer als unser Mond. Der Sonne, die er in 88 Tagen umkreist, steht er um das Dreifache näher als die Erde und empfängt dadurch etwa das Vierzehnfache an Licht und Wärme von ihr. Deshalb herrschen auf ihm tagsüber bis zu 400 Grad Celsius Wärme und nachts eine Kälte von unter minus 100 Grad Celsius. Das sind sogar extrem lebenfeindliche Temperaturen, und da der Merkur ebenfalls wegen seiner unzureichenden

Schwerkraft weder eine Atmosphäre noch Wasser besitzt, kann er von Raumfahrern wohl kaum besucht werden.

Den zweitgrößten Abstand von der Sonne hat mit 108 Millionen Kilometern die *Venus.* Sie durchmißt ihre Umlaufbahn in 225 Tagen. Da ihr Durchmesser 12 200 Kilometer beträgt, ist sie beinahe so groß wie die Erde. Sie ist in eine so dichte Atmosphäre gehüllt, daß sich ihre Oberfläche unserer Beobachtung gänzlich entzieht. Man weiß nicht einmal genau die Zusammensetzung ihrer Wolkenhülle. Allerdings hat man in deren äußeren Schichten viel Kohlensäure und Temperaturen feststellen können, die zwischen plus 100 Grad Celsius und minus 25 Grad Celsius pendeln. Die Anfang 1969 gestarteten sowjetischen Venus-Sonden Venera 5 und Venera 6 sollten unter anderem auch die Temperaturen auf dem Venusboden messen. Sie sind aber wahrscheinlich in 20 bis 30 Kilometer Höhe über dem Planeten verglüht. Man hat jedoch den bis dahin von Venera 5 gemeldeten Temperaturverlauf bis zur Venus-Oberfläche extrapoliert und kam dabei zu dem Ergebnis, daß dort mehr als 500 Grad Celsius herrschen müssen. Wenn man also auch die genauen Verhältnisse unterhalb der Dunstschicht noch nicht kennt, so geben uns diese wenigen Ermittlungen doch die ziemlich feste Gewißheit, daß es auf der Oberfläche der Venus kein Leben gibt. Auch ist den Astronauten schon wegen der dichten Nebelhülle nicht zu empfehlen, sie anzusteuern.

Von den neun die Sonne umkreisenden Planeten folgt als dritter unsere *Erde.* Weil die Verhältnisse auf ihr später noch sehr eingehend besprochen werden, können wir sie hier auslassen.

Als nächster Planet in unserer Reihe folgt dann der *Mars.* Seine mittlere Entfernung von der Sonne beträgt 226 Millionen Kilometer, und seinen Umlauf bewältigt er in 687 Tagen. Sein Jahr ist also nahezu doppelt so lang wie bei uns. Mit 6770 Kilometern hat er annähernd den halben Erddurchmesser. Auch gibt es bei ihm wie bei der Erde eine Eigendrehung, für die er jeweils 24 Stunden, 37 Minuten und 22,7 Sekunden benötigt. Der Tag ist dort demnach fast genauso lang wie bei der Erde.

Der Mars hat eine durchsichtige Atmosphäre, deren Druck auf seine Oberfläche etwa unserem Luftdruck in 15 bis 18 Kilometer Höhe entspricht. Ein Besucher von der Erde könnte ihn also nicht ohne Druckanzug betreten, andernfalls würde er sofort ohnmächtig. Auch müßte er in wenigen Minuten wegen Sauerstoffmangels sterben. Dieses für uns so lebenswichtige Gas soll sich nämlich in der Marsatmosphäre nur in Spuren vorfinden. Im übrigen setzt sich diese aus Stickstoff, Kohlensäure, Wasserdampf und etwas Argon zusammen.

Wenn dieses Gasgemisch auch für Menschen und Tiere tödlich ist, so könnte es bei der zwischen +20 und −40 Grad Celsius schwankenden Oberflächentemperatur doch eine Vegetation mit niederen Moosen und Flechten ermöglichen. Die klimatischen Verhältnisse auf dem Mars entsprechen also in etwa dem des nordöstlichen Sibirien.

Es gibt auf dem Mars Sommer und Winter ähnlich wie auf der Erde. Wo jeweils die warme oder kalte Jahreszeit herrscht, erkennt man an der wechselnden Größe der beiden weißen Polkappen. An diesen Polargebieten sollen von der Erde aus schon bis zu −100 Grad Celsius gemessen worden sein. In Äquatorzonen gibt es Temperaturschwankungen, die während eines einzigen Tages bis zu 60 Grad Celsius betragen können. Außerdem will man mit großen Teleskopen beobachtet haben, wie ungewöhnlich schwere Stürme mit bis zu 360 Kilometer Stundengeschwindigkeit ungeheure Staubmassen in wilde Bewegung versetzt haben.

So wird also der Aufenthalt auch auf diesem Planeten für Erdbewohner wenig erfreulich sein.

Zwischen dem Mars und dem nach ihm folgenden Jupiter befindet sich in unserem Sonnensystem eine Lücke. Nach einer von den Astronomen gefundenen Gesetzmäßigkeit müßte es nämlich in dieser Gegend noch einen Planeten geben, den man auch deshalb lange gesucht hat. Doch anstatt eines Planeten fand man dort an die 50 000 *Planetoiden* von sehr viel kleineren Ausmaßen. Man nimmt an, daß es sich dabei um die Trümmer eines explodierten Planeten handelt. Einer der größten von diesen Planetoiden, dem man den Namen *Eros* gegeben hat, ist etwa 20 Kilometer lang und sechs bis sieben Kilometer dick.

Die genannte Lücke teilt die Reihe der Planeten unseres Sonnensystems in zwei Gruppen. Die vier vorstehend besprochenen sonnennahen, sog. Erdplaneten bilden die erste und die vier übrigen, die Riesenplaneten, die zweite Gruppe. Von dem dann noch fehlenden neunten Planeten muß am Ende noch besonders gesprochen werden.

Von den Riesenplaneten steht *Jupiter* der Sonne am nächsten. Er umläuft sie in einer Entfernung von 778 Millionen Kilometern. Diese Bahn durchmißt er in 11 Jahren und 315 Tagen. Mit einem Durchmesser von 142 700 Kilometern ist er der größte Planet unseres Sonnensystems. An Masse übertrifft er die Summe aller seiner Planetengeschwister. Sie ist 318mal so groß wie die Erdmasse. Dabei hat dieser gewaltige Himmelskörper eine so schnelle Eigendrehung, daß er einen Umlauf in der kurzen Zeit von 9 Stunden und 55 Minuten schafft. Wie wir bereits hörten, wird der Jupiter von zwölf Monden begleitet, von denen ihn der äußerste in 745 und der innerste in 177 Tagen umkreist.

Die Oberflächenbeschaffenheit dieses riesigen Planeten läßt sich wegen der ihn umgebenden sehr dichten Atmosphäre nicht feststellen. Lediglich ist innerhalb der Wolkenhülle eine deutliche Zonenbildung zu erkennen. Es sind ziemlich stabile Wolkenbildungen von weißer, grauer, gelber und rötlicher Färbung und riesigen Ausmaßen. In den der Messung zugänglichen Außenschichten haben die Forscher Ammoniak und Methan festgestellt. Gleichzeitig wurde dort eine Temperatur von −130 Grad Celsius ermittelt. Schon auf Grund dieser Beobachtungsergebnisse kann mit allergrößter Wahrscheinlichkeit angenommen werden, daß es auf dem Planeten Jupiter keine Spur von Leben gibt.

Der zweite aus der Reihe der Riesenplaneten ist der *Saturn*, über dessen wunderbare Ringe man soeben durch eine Raumsonde etwas mehr erfahren hat, als es bisher durch Fernbeobachtung möglich war. Er hat einen Durchmesser von 120 000 Kilometern, ist 1,5 Milliarden Kilometer von der Sonne entfernt und braucht für einen Umlauf rund 30 Jahre. Auch er hat eine schnelle Eigendrehung, die er in wenig mehr als zehn Stunden vollzieht. Im übrigen sollen die Verhältnisse auf dem Saturn denen des Jupiters sehr ähnlich sein. Da wegen seiner größeren Entfernung von der Sonne seine Oberflächentemperatur mit −150 Grad Celsius noch beträchtlich tiefer liegt, wird auf ihm erst recht kein Leben vorhanden sein.

Uranus ist der dritte der großen Planeten. Er kreist um die Sonne in einem Abstand von 2,8 Milliarden Kilometern. Dabei dauert ein einziger Umlauf bereits ein beträchtliches Menschenalter, nämlich 84 Jahre. Mit 48 000 Kilometern hat er den vierfachen Erddurchmesser.

Der letzte der Riesenplaneten ist der *Neptun.* Seine Entfernung von der Sonne beträgt rund 4,5 Milliarden Kilometer und ein Umlauf 164,8 Jahre.

Wahrscheinlich sind die vier großen Planeten alle ähnlich beschaffen. Nur ihre Oberflächentemperaturen werden mit zunehmendem Sonnenabstand niedriger. Man nimmt für den Uranus eine Temperatur von – 170 Grad Celsius und für den Neptun eine solche von – 200 Grad Celsius an. Schon auf Grund dieser Werte ist auch auf diesen Sternen mit Sicherheit kein Leben vorhanden.

Zum Schluß ist nun noch der erst 1930 entdeckte äußerste Planet *Pluto* zu nennen, der sich in dem gewaltigen Abstand von 5,7 Milliarden Kilometern um die Sonne bewegt. Um diese riesige Bahn zu durchlaufen, benötigt er 249 Jahre. Dieser Planet ist selbst durch das größte Himmelsfernrohr nur als außerordentlich schwacher Lichtschimmer zu erkennen. Das ist kein Wunder, denn wir sehen ihn ja nur durch das Licht, das er von der Sonne zu uns zurückwirft. Darin liegt auch der Grund, weshalb wir eventuell noch weiter entfernte Planeten selbst mit noch stärkeren Fernrohren nicht mehr erkennen können.

Neun Planeten bewegen sich also in unterschiedlichen Entfernungen um unsere Sonne als Zentralgestirn. Sie alle empfangen von ihr Licht und Wärme, doch nur ein einziger kann mit dieser Sonnenenergie etwas anfangen. Obwohl auf unsere Erde nur der 500millionste Teil der gesamten von der Sonne ins All ausgesandten Licht- und Wärmemenge fällt, ist sie in der Lage, damit die herrliche, verschwenderische Fülle an lebenden Organismen zu beherbergen. Sie ist wirklich von ihrem Schöpfer ganz besonders bevorzugt, unsere liebe, gute, alte Mutter Erde!

Gibt es nur eine Erde im All?

Gilt unsere Feststellung von der Einzigartigkeit unserer Erde innerhalb unseres Sonnensystems auch noch über dieses hinaus?

Ist unser »blauer Planet« auch innerhalb der Unzahl von Gestirnen im gesamten Universum einmalig?

Die meisten Wissenschaftler sagen nein und behaupten, es müsse deren in den unermeßlichen Weiten des Weltalls sogar noch sehr viele geben. Dabei stützen sie sich auf das »Gesetz der großen Zahl« und die »Wahrscheinlichkeitsrechnung«. So gesehen mußten sie natürlich zu einem positiven Ergebnis kommen. Doch nur in der Theorie.

So soll z. B. ein Naturwissenschaftler berechnet haben, daß von den auf insgesamt zehn Quadrillionen (= 10 000 000 000 000 000 000 000 000) geschätzten Sternen im Universum mindestens 100 Millionen (= 100 000 000) wie unsere Sonne von Planeten umkreist werden, unter denen mit Sicherheit manche Leben tragen könnten. Auf Grund dieser seiner Berechnung stellt er also die Behauptung auf, daß wir mit unserer Erde nicht allein im Weltall seien.

Doch mag diese Berechnung noch so überzeugend scheinen, so hat sie doch nur den Wert einer reinen Vermutung. Warum? Weil die ungeheuren Entfernungen innerhalb der Sternenwelt ein unüberwindliches Hindernis für jede diesbezügliche Forschung darstellen.

Wir haben gehört, daß außer den Planeten unseres Sonnensystems alle sichtbaren Himmelskörper Sonnen sind. Da sie selbst leuchten, müssen sie glühen und deshalb lebenfeindlich sein. Leben kann jedoch nur auf Planeten mit erkalteter Oberfläche bestehen. Da man solche außerhalb unseres Sonnensystems nicht sehen kann, müssen sie mittels Raumsonden besucht und erforscht werden. Aber das ist wegen der unermeßlichen Entfernungen nicht zu schaffen.

Nur um den 5,7 Milliarden Kilometer entfernten letzten Stern unseres Sonnensystems, den Pluto, zu erreichen, würde ein mit 30 000 Stundenkilometer fliegendes Raumschiff gute 20 Jahre benötigen. Diese Reise würde uns aber wenig nützen. Wir müßten dann schon den nächsten Stern außerhalb unseres Sonnensystems ansteuern, den neun Billionen Kilometer entfernten Alpha Centauri. Bei gleicher Geschwindigkeit würde der Flug dorthin aber schon rund 37 800 Jahre dauern.

Weiter vorn habe ich erwähnt, daß man in den ungeheuren

Weiten des Alls Sternsysteme entdeckt hat, die außer Licht auch noch elektrische Kurzwellen aussenden, und daraufhin ein neuer Zweig der Himmelskunde, nämlich die Radio-Astronomie, entstanden sei. Dabei hat sich nun gezeigt, daß einige dieser kurzwelligen Strahlungen nicht pausenlos, sondern in ganz bestimmten Intervallen erfolgen. Da diese dadurch Signalcharakter bekommen, haben sich manche Forscher veranlaßt gesehen, sie als Funkbotschaften intelligenter Wesen zu deuten.

Aber kann uns diese merkwürdige Erscheinung in der Frage nach weiteren Erden im Universum und darauf lebenden menschenähnlichen Geschöpfen weiterhelfen? Ich meine nicht; denn wenn sich Geistwesen durch irgendwelche Zeichen, wie etwa Klopfzeichen, miteinander verständigen wollen, dann müssen sie doch zuvor deren Anzahl und Reihenfolge gemeinsam festgelegt haben.

Empfängt dagegen wie hier einer unaufgefordert solche Zeichen, dann muß doch der Sendende dabei wenigstens hin und wieder eine Pause einlegen und warten, ob der andere mit einem ähnlichen Zeichen antwortet. Erfolgt die Ausstrahlung jedoch wie in unserem Fall mit gleichbleibenden Intervallen pausenlos, dann kann man sie unmöglich auf eine kontaktsuchende Intelligenz zurückführen.

Wir werden deshalb wohl das Geheimnis, ob es im Weltall außer uns noch hochorganisiertes Leben mit menschenähnlichen Wesen an der Spitze gibt, dem Schöpfer des Universums überlassen müssen.

Eine Demonstration göttlicher Größe und Macht

Es ist natürlich völlig unmöglich, für das unermeßliche Heer der Sterne auch nur annähernde Zahlenangaben zu machen. Wir brauchen uns deshalb nicht zu wundern, wenn wir darüber in der Fachliteratur die unterschiedlichsten Schätzungen vorfinden. So las ich in einem Buch über Astronomie die Zahl 10 000 Trillionen. Das ist eine 1 mit 22 Nullen. Ein anderes nannte die bereits erwähnte Zahl zehn Quadrillionen, also eine 1 mit 25 Nullen. Die größte Zahl stand in einem dritten mit 60 Quintillionen, die als 6 mit 31 Nullen als Ziffer geschrieben wird.

Deshalb dürfte wohl die anschauliche Angabe der Bibel berechtigt sein, die die Anzahl der Gestirne mehrfach mit dem *Sand am Ufer der Meere* vergleicht. Hilft sie nicht unserem Vorstellungsvermögen besser als die nackten Zahlen?! Mir ist dieser treffliche Vergleich sogar mit ein Hinweis auf die göttliche Inspiration dieses altehrwürdigen heiligen Buches. Denn zur damaligen Zeit kannte man bekanntlich noch keine Fernrohre, und die mit dem bloßen Auge erkennbaren 2000 bis 3000 Sterne hätten die Schreiber wohl kaum zu einer solchen Gegenüberstellung veranlassen können. Doch der Geist dessen, der sie inspirierte, der weiß nicht nur die genaue Anzahl, der kennt als ihr Schöpfer sogar jedes Glied dieses unermeßlichen Heeres ganz persönlich. Deshalb heißt es in Psalm 147:

»Er zählt die Zahl der Sterne, er nennt sie alle mit Namen. Groß ist unser Herr und reich an Macht, und unbegreiflich ist, wie er regiert!«

Wir haben bisher von den erwähnten drei charakteristischen Kennzeichen einer Schöpfung zwar die Ordnung und die Schönheit dieses Schöpfungswunders, noch nicht aber dessen Zweck kennengelernt. Das wird uns wohl auch kaum je gelingen. Denn wenn wir von etwas noch nicht einmal die Größe ermessen können, wie können wir dann herausfinden, wozu es da ist?! Doch als das an uns Menschen gerichtete göttliche Wort gibt uns auch hierfür die Bibel wieder eine Andeutung. Sie tut es in Psalm 19 mit den Worten:

»Die Himmel rühmen des Ewigen Ehre, und das Himmelsgewölbe verkündet seiner Hände Werk.«

So also, wie menschliche Herrscher oder Regime bei festlichen Gelegenheiten durch Aufmärsche, Truppenparaden und dgl. aller Welt ihre Macht und Größe vor Augen führen, so tut dies der göttliche Allherrscher mit dem unzählbaren Sternenheer in einem grenzenlosen Universum. Er tut dies hier wie ebenso an vielen anderen Stellen seiner Schöpferwerke in verschwenderischer Fülle und in unvorstellbar großen wie kleinen Ausmaßen. Denken wir nur an unsere Sonne, dieses gigantische, seit seiner Erschaffung pausenlos störungsfrei arbeitende Atomkraftwerk, das aus rund 150 Millionen Kilometer Entfernung den Motor allen irdischen Lebens betreibt! Oder halten wir uns die verschwenderische Erzeugung von Blütenstaub oder die Samenvergeudung zur Arterhaltung der Lebewesen und vieles andere vor Augen!

Daß er aber im Weltall einen solch ungeheuren Aufwand betreibt, um uns seine Schöpfermacht zu demonstrieren, beweist, welche unerhörte Würde er uns als seinem Ebenbild zugemessen hat. Sein Wort sagt uns das in Psalm 8 so:

»HERR, unser Herrscher, wie herrlich ist dein Name auf der ganzen Erde,
der du deine Hoheit zeigst am Himmel! . . .
Wenn ich anschaue den Himmel, deiner Finger Werk,
den Mond und die Sterne, die du bereitet hast:
Was ist der Mensch, daß du sein gedenkst,
und des Menschen Sohn, daß du dich um ihn kümmerst?
Denn du hast ihn ein wenig geringer gemacht als Engel,
mit Herrlichkeit und Pracht krönst du ihn.
Du machst ihn zum Herrscher über die Werke deiner Hände;
alles hast du unter seine Füße gestellt.«

Diese Verse weisen aber gleichzeitig allen menschlichen Größenwahn in seine Schranken (s. Abb. 25). Vor ihm, dem Ewigen, Unendlichen, Allweisen und Allmächtigen sind wir endliche, vergängliche Kreaturen, ja, weniger als ein Stäubchen.

Sollte es angesichts dieser Tatsache nicht gefährlich sein, diese allgewaltige Majestät auch nur zu ignorieren, geschweige denn zu leugnen, zu schmähen oder gar den Glauben an sie ausrotten zu wollen?! Nicht umsonst mahnt deshalb die Bibel im Galaterbrief mit den Worten des Apostels Paulus:

»Irret euch nicht, Gott läßt sich nicht spotten, denn was ein Mensch sät, das wird er auch ernten!«

Wir sollten uns deshalb nicht von nur diesseits orientierten, atheistischen Weltanschauungen beeinflussen oder von evolutionistischen Wissenschaftlern irreführen lassen, sondern dem allein die Ehre geben, dem nach einer Vision des biblischen Sehers Jesaja die Engel anbetend zurufen:

»Heilig!, Heilig!, Heilig! ist der HERR der Heerscharen, die Erde ist voll seiner Herrlichkeit!«

4. Kapitel
Warum es nur auf der Erde Leben geben kann

Hilfsmaßnahmen für die »Lebensproduktion«

Um unsere Artverwandtschaft mit dem Konstrukteur und Erbauer der Welten an Hand von Fakten zu verdeutlichen, habe ich unseren Gang durch die göttlichen Schöpfungswerke mit der Besichtigung einer Automobilfabrik verglichen. Dabei möchte ich die Erdoberfläche als die eigentliche *Produktionsstätte* betrachten. So wie in der menschlichen Fabrik Autos, so werden ja hier lebende Organismen »produziert«.

Im vorigen Kapitel hatten wir zunächst den Standort dieser göttlichen »Produktionsstätte« und deren weitere Umgebung kennengelernt. Dabei stellten wir mit Staunen fest, daß sie sich in einer Umwelt mit unermeßlichen Ausmaßen befindet. Wir konnten die Stelle, an der sie sich befindet, weiter eingrenzen, und zwar zunächst in unser Milchstraßensystem, das ich mit dem Land, und schließlich in unser Sonnensystem, das ich mit dem Stadtbezirk vergleichen möchte, in dem sich diese »Fabrik« des Schöpfers befindet.

Bevor wir uns nun in die eigentlichen »Produktionshallen«, also auf die Erdoberfläche, begeben, um dort die »Herstellungsvorgänge« zu verfolgen und deren Endergebnisse zu betrachten, müssen wir uns zunächst erst noch deren nähere Umgebung mit ihren der »Fabrikation« dienenden Einrichtungen ansehen.

Beide Produktionsstätten, sowohl die menschliche als auch die göttliche, hatten wir als offene Systeme kennengelernt, also als solche, die zu ihrer Funktion der ständigen Zufuhr von Energie bedürfen. Das ist auch hier der Fall. Nämlich ganz ähnlich, wie die Autofabrik aus einem Hunderte von Kilometern entfernten Kraftwerk mit elektrischem Strom versorgt wird, so wird unsere Erde zur Hervorbringung ihrer Organismen aus 150 Millionen Kilometer Entfernung ununterbrochen von der Sonne mit Licht- und Wärmeenergie beliefert.

Doch auch in unmittelbarer Nähe des Automobilwerks gibt es

noch allerlei Einrichtungen und Anlagen, so etwa Versuchs- und Prüfstrecken für fertige Fahrzeuge und neue Typen. Auch finden sich dort Lagerplätze für Rohmaterial und zur Auslieferung bereitstehende Wagen usw. Schließlich müssen die Fabrikhallen so konstruiert und gebaut sein, daß sie sich auch tatsächlich gut für die Produktion eignen. Sie dürfen nicht zu groß und nicht zu klein, nicht zu hoch und nicht zu niedrig sein usw.

Ganz ähnliche Fragen spielen auch bei unserer Erdenschöpfung eine wichtige Rolle. Wir wollen uns jetzt einmal mit ihnen beschäftigen.

Kein Leben ohne Licht und Wärme

Wenn der Schöpfer auf der Erde Leben entstehen lassen und über lange Zeiträume erhalten und sich vermehren lassen wollte, mußte er ihre Oberfläche entsprechend beheizen und beleuchten. Dies war eine schwere Ingenieuraufgabe, die nur von einem absolut allmächtigen Konstrukteur bewältigt werden konnte. Man bedenke nur, daß der Erdball mit seinem 12 700 Kilometer Durchmesser mit einer Geschwindigkeit von rund 100 000 Stundenkilometern durch den pechschwarzen Weltraum rast, in dem dazu noch eine Kälte von unter minus 250 Grad Celsius herrscht. Dabei dreht sich diese Riesenkugel noch fortwährend so schnell um die eigene Achse, daß ein auf dem Äquator stehender Mensch dadurch in jeder Sekunde 464 Meter weitergetragen wird.

Noch viel größer erscheint uns das Wunder der Beheizung unseres Planeten, wenn wir uns einmal die engen Temperaturgrenzen vor Augen führen, zwischen denen allein das Leben existieren kann.

Zwar können manche Organismen für unsere Begriffe extreme Wärme und andere sogar außergewöhnliche Kälte aushalten, doch dabei handelt es sich fast ausschließlich um ganz primitive Kleinstlebewesen. Wenn höhere Lebensformen auf die Dauer Bestand haben sollen, dann muß sich die Temperatur ihres Lebensraumes vorwiegend zwischen 0 und 40 Grad Celsius bewegen.

Nun werden an vielen Stellen der Erdoberfläche diese Grenzen zeitweise sowohl nach unten als auch nach oben nicht unbeträchtlich überschritten. Doch der Schöpfer hat dafür gesorgt, daß dies selbst höher organisierte Organismen dann durchaus vertragen können. Alles irdische Leben hängt aber letztlich davon ab, daß die Pflanzen wachsen können, und das ist ihnen nur in dem genannten Temperaturbereich möglich. Folgende biologisch-wissenschaftliche Messungen machen uns das deutlich:

Die Sprosse der meisten Pflanzen nehmen unter den günstigsten Wachstumsbedingungen etwa 0,3 Millimeter in der Stunde an Länge zu. Dieses 100 %ige Wachstum wurde von Forschern für einen Normalfall bei einer Temperatur von 27 Grad Celsius ermittelt. Wie die nachstehende Tabelle zeigt, vermindert sich die prozentuale Längenzunahme sowohl bei abnehmender als auch bei zunehmender Wärme verhältnismäßig schnell. Nach unten hin hörte die Pflanze bei 0 Grad und nach oben hin bei 40 Grad Celsius auf zu wachsen.

Grad C:	0	5	10	15	20	25	27	29	30	35	38	40
%:	0	9	18	41	64	95	100	81	72	14	4	0

Arktisch-alpine Kältepflanzen haben das Maximum ihres Wachstums bei 10 Grad Celsius. Aber unter 0 Grad Celsius können auch sie auf die Dauer nicht existieren, weil dann der wäßrige Zellinhalt gefriert.

Als zweites ist für die Lebensentfaltung und -erhaltung das Vorhandensein von Licht ein unbedingtes Erfordernis. Die Pflanze braucht es, um mit Hilfe ihres grünen Blattfarbstoffs das Kohlendioxid der Luft in Sauerstoff und festen Kohlenstoff*) zu spalten. Der auf diese Weise gewonnene Kohlenstoff liefert ihr fast das ganze zu ihrem Körperaufbau benötigte Material.

So verwandelt die unübersehbare Pflanzenwelt der Erde fortwährend leblose Materie in organische Substanzen, auf die das gesamte Tierreich, das zu einer solchen Umwandlung nicht in der Lage ist, zu seiner Ernährung angewiesen ist. Ohne Licht wäre al-

---

*) Der Kohlenstoff tritt dabei natürlich nicht elementar, sondern sogleich in Verbindung mit Wasserstoff- und Sauerstoff-Atomen als Kohlenhydrat in Erscheinung.

so nicht nur pflanzliches, sondern auch tierisches Leben undenkbar.

Mit diesen hier nur angedeuteten Vorgängen werden wir uns später noch eingehend beschäftigen.

Wie die Erdenschöpfung mit Energie versorgt wird

Wie bereits erwähnt, läßt der Weltenbaumeister die Erde dadurch mit der erforderlichen Energie versorgen, daß er sie in einem Abstand von 150 Millionen Kilometern um ein Atomkraftwerk unvorstellbaren Ausmaßes kreisen läßt. Schon seit undenklichen Zeiten ist dieser gewaltige Reaktor pausenlos in Betrieb. Unsere Sonne stellt einen Feuerball mit einem Durchmesser von 1,4 Millionen Kilometern dar, der zu 90 % seiner Masse aus dem leichtesten aller Gase, dem Wasserstoff, besteht.

In diesem Riesenkraftwerk vollzieht sich laufend der gleiche Vorgang, den der Mensch erst in jüngster Zeit in der Explosion der Wasserstoffbombe nachzuahmen vermag. Es ist die genau umgekehrte Reaktion, wie sie uns von der ersten Atombombe her bekannt ist. Bei ihr werden nämlich nicht wie dort große Atomkerne in kleinere aufgespalten, sondern die kleinsten aller Kerne, nämlich die des Wasserstoffs, zu den doppelt so großen des ebenfalls gasförmigen Heliums verschmolzen.

Bei dieser sog. Kernfusion*) wird eine noch sehr viel größere Energiemenge frei als bei der Kernspaltung. Diese enormen Kräfte entstehen aus einem Teil der Sonnenenergie, die dabei verlorengeht. Hier wird Materie in Energie umgewandelt.

Infolge der ungeheuren Größe der Sonne sind diese Masseverluste natürlich riesengroß. Forscher haben errechnet, daß sie dabei in jeder Sekunde etwa vier Millionen Tonnen ausmachen. Diese Energiemengen werden als Licht- und Wärmestrahlung in

*) Neuerdings wird die Kernfusion im Sonneninnern von einigen Forschern bestritten. Sie nehmen an, daß die Energieanregung durch Kontraktion des Sonnenballs zustande kommt. Eine gewisse Schrumpfung soll tatsächlich gemessen worden sein. Wenn diese Annahme richtig ist, kann die Sonne nur einige Tausend Jahre alt sein.

den Weltenraum ausgesandt, wovon unsere Erde – wie bereits erwähnt – den 500millionsten Teil mitbekommt.

Wir brauchen nun darüber, daß sich die Sonne durch diesen Zerfall ihrer Substanz allmählich selbst aufzehrt, nicht zu erschrecken. Wissenschaftler haben nämlich errechnet, daß sie diesen Verlust infolge ihrer gewaltigen Größe noch mehrere Milliarden Jahre ertragen kann, ehe sie ausgebrannt ist.

Man schätzt die im Sonneninneren herrschende Temperatur auf etwa 20 Millionen Grad Celsius (s. Abb. 26), obwohl auf ihrer Oberfläche »nur« 6000 Grad Celsius gemessen werden. Dadurch

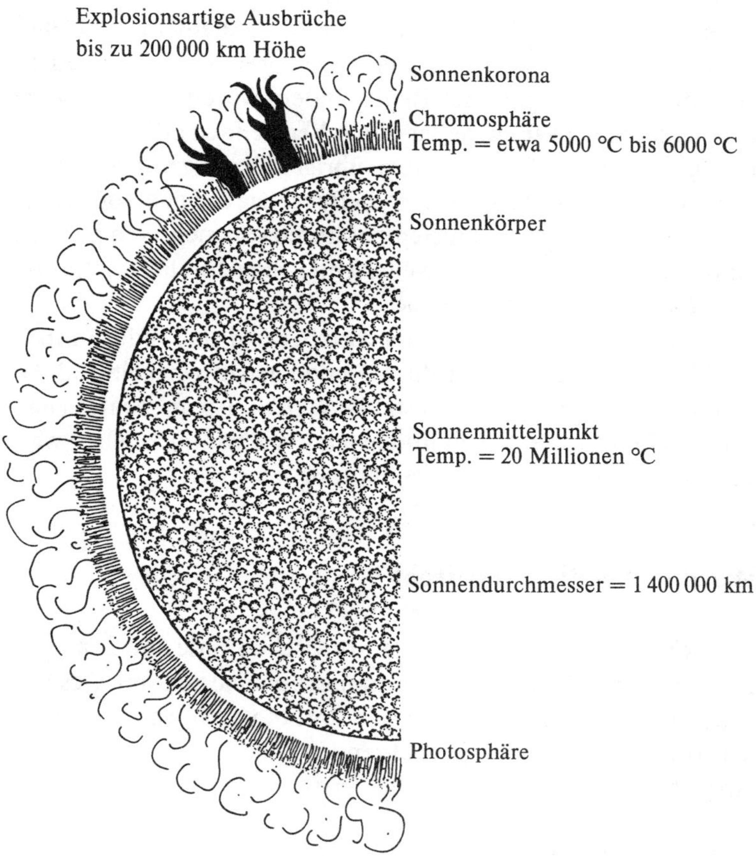

Abb. 26: Der innere Aufbau unserer Sonne.

wird uns verständlich, daß eine so unvorstellbar große Hitze die Gasmassen auf eine derart helle Weißglut bringt, daß sie neben den Wärmestrahlen auch noch das für das Leben auf der Erde unentbehrliche Licht auszusenden vermögen.

Nun ist es mit der einfachen Bestrahlung unseres Globus jedoch keineswegs getan. Die Stärke der Bestrahlung ist nämlich sowohl für das Licht als auch die Wärme von entscheidender Bedeutung. Diese wurde in beiden Fällen mit der gleichen Maßnahme, nämlich der Entfernung, geregelt. *Unser Planet hat wunderbarerweise ganz genau den richtigen Abstand von der Sonne, um die für die Lebensentfaltung notwendigen Temperaturen und die ausreichende Helligkeit zu gewährleisten.*

Es wäre schlimm für uns, wenn die Sonne heißer oder kälter, größer oder kleiner wäre oder wenn sich unsere Entfernung zu ihr auch nur um einen geringen Betrag ändern würde. Der Tod wäre uns sicher, und zwar entweder durch Verbrennen oder Erfrieren. Es erginge unserer Erde wie allen übrigen Planeten unseres Sonnensystems. Wie bereits erwähnt, herrschen ja auf dem sonnennäheren Merkur Durchschnittstemperaturen von mehreren hundert Grad Celsius und auf dem weiter entfernten Jupiter solche von weit unter hundert Grad minus.

Wir können unserem Schöpfer dankbar sein, daß er die Bahnen der Himmelskörper so auf die Sekunde genau geregelt und dadurch auf unserer Erde derart stabile Verhältnisse geschaffen hat. Die gleiche Zuverlässigkeit finden wir – wie wir noch sehen werden – übrigens überall in der Schöpfung.

Warum sich die Erde dreht

Doch der genau richtige Abstand zwischen Erde und Sonne tut es auch noch nicht allein. Würde immer nur eine Seite unseres Planeten bestrahlt, dann steigerte sich dort die Temperatur schließlich bis ins Unerträgliche, während auf der entgegengesetzten ewige Nacht und Weltraumkälte herrschten. Um dies zu verhindern, dreht sich die Erde fortwährend um die eigene Achse. Mit dem dadurch erreichten periodischen Wechsel von Tag und Nacht geht ein ständiges Erwärmen und Wiederabkühlen einher.

Dabei hat die Erde auch wieder genau die richtige Rotationsgeschwindigkeit. Bei langsamerer Drehung würde während des längeren Tages die Erwärmung und in der längeren Nacht die Abkühlung zu stark werden und bei zu schnellem Umlauf beides ungenügend sein. Daß auch hier wieder der Idealfall vorliegt, ist keine Selbstverständlichkeit. Wie wir sahen, haben einige unserer Nachbarplaneten keine und andere wieder größere oder geringere Drehgeschwindigkeiten als unsere Erde.

Obwohl hier wieder eine göttliche Schöpfermaßnahme kosmischen Ausmaßes vorliegt, können wir sie als sein Ebenbild doch sehr leicht verstehen. Wir können sie sogar einem Kind an einem alltäglichen Beispiel klarmachen, nämlich wenn wir ihm zeigen, daß wir ein Hähnchen am Spieß mit einer ganz bestimmten Geschwindigkeit drehen, damit es schön gleichmäßig braun wird.

Warum steht die Erdachse schräg?

Da unsere Erde eine Kugel ist, spielt auch die Stellung ihrer Drehachse eine sehr wichtige Rolle. Stände diese nämlich senkrecht zu ihrer Bahn um die Sonne, dann gäbe es keine Jahreszeiten und keine Milderung des Klimas zwischen dem Äquator und den Polen (s. Abb. 27). Weite Landstriche würden dadurch unbewohnbar sein.

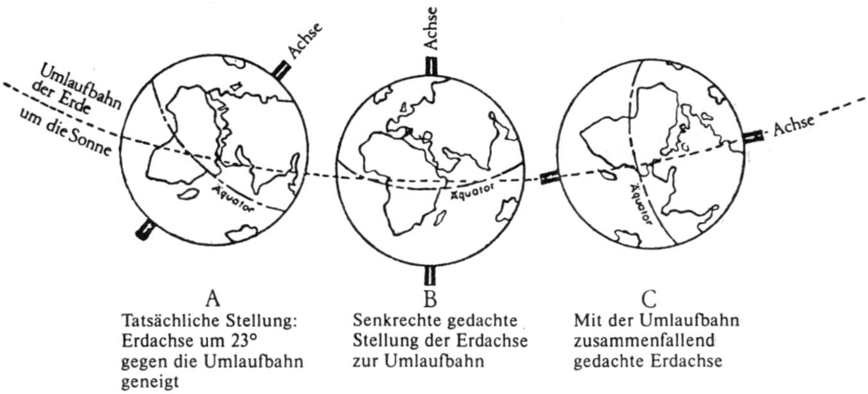

Abb. 27: Die Schrägstellung der Erdachse im Vergleich zu eventuellen anderen Möglichkeiten.

Läge dagegen die Erdachse in der Bahnkurve, dann hätte die eine Hälfte der Erde monatelang fast völlige Nacht und Eiseskälte, während es auf der anderen gleichzeitig unerträglich heiß wäre.

Beide Extreme werden nun durch die Schrägstellung der Erdachse vermieden. Großartigerweise hat sie, wie die Wissenschaft errechnet hat, die günstigste Neigung, die überhaupt möglich ist! Sie beträgt 23,5 Winkelgrade.

Die regelmäßige Aufeinanderfolge der Jahreszeiten ist uns so geläufig und selbstverständlich, daß uns gar nicht mehr zum Bewußtsein kommt, welche Glanzleistung des Schöpfers diese Einrichtung im Naturgeschehen darstellt. Durch die Schrägstellung der Erdachse hat er nämlich erreicht, daß es sogar in den kalten Regionen eine, wenn auch spärliche Vegetation gibt, und in den Tropen kann sich die dort vorhandene immer wieder von der Sonnenglut erholen (s. Abb. 28).

Es sind also insgesamt drei Grundfaktoren, die die Erdoberfläche bezüglich ihrer Erwärmung und Belichtung nahezu überall lebensfreundlich machen: der Umlauf unseres Planeten um die Sonne, seine Eigendrehung und die Schrägstellung seiner Achse. Alle diese grundverschiedenen Umstände wirken so genau auf den für uns erkennbaren Zweck der Lebensentfaltung hin, daß wir sie unmöglich für zufällig halten können.

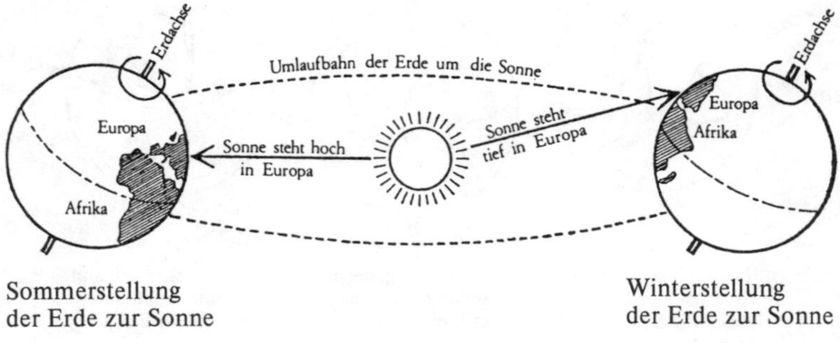

Abb. 28: Durch die Schrägstellung der Erdachse kommen die Jahreszeiten zustande.

Der Luftmantel der Erde

Eine starke Stütze für unseren Gottesglauben sind das Vorhandensein und die Bedeutung des *irdischen Luftmantels* für die Lebensentfaltung und -erhaltung auf der Erde. Ohne ihn könnte kein lebender Organismus auf unserem Planeten existieren. Dabei sind seine Aufgaben so grundverschieden voneinander und jede von ihnen so auffallend zweckdienlich gelöst, daß sie unmöglich alle auf Zufälligkeiten beruhen können. Unsere Atmosphäre ist nämlich für das Leben auf der einen Seite mehrfach in *physikalischer* und auf der anderen ebenfalls mehrfach in *chemischer* Hinsicht von Bedeutung.

Alles Leben kann nur in einem Luftmeer von genügender Dichte gedeihen, das sich aus einem wohlabgewogenen Gemisch ganz bestimmter Gasarten zusammensetzt.

Die Wissenschaft hat festgestellt, daß die Luftart eines Himmelskörpers von dessen eigener Masse und der auf seiner Oberfläche herrschenden Temperatur bestimmt wird. Das hängt mit der Anziehungskraft eines solchen Materiekolosses zusammen.

Wäre unsere Erdmasse kleiner als sie jetzt ist, dann könnte sie weder die erforderliche Menge Luft noch Wasser festhalten. Würde sie dagegen größer sein, dann nähmen unter anderem die Wassermassen für die Existenz des Lebens bedrohlich zu. Es genügte schon nur ein Zehntel mehr Wasser auf der Erde, um alles trockene Land zu überschwemmen. *So genau sind also auch hier wieder die Verhältnisse auf die Möglichkeit einer irdischen Lebensentfaltung zugeschnitten!*

Die physikalische Bedeutung des Luftmantels

Der irdische Luftmantel schützt alles, was auf der Erdoberfläche existiert, wie ein schimmerndes Dach. So läßt er z. B. – ähnlich wie das Glasdach eines Gewächshauses – die hellen Wärmestrahlen der Sonne ungehindert bis zum Boden durchdringen, hindert dann aber die dunklen Strahlen der erwärmten Erde an ihrer Rückkehr in den Weltraum. Diese Wirkung beruht auf einer Eigenart seines Kohlendioxidanteils, den man deshalb als *»Treib-*

haus-Effekt« bezeichnet. Ihm verdanken wir das warme Klima auf dem größten Teil unseres Planeten.

Trotz des noch zu besprechenden, genau funktionierenden Ausgleichsmechanismus in bezug auf die Luftzusammensetzung glauben Wissenschaftler im Verlauf der letzten 80 Jahre eine leichte Gleichgewichtsverschiebung zugunsten des Kohlendioxids feststellen zu können. Das kann bei weiterer Zunahme die Klimaverhältnisse ungünstig beeinflussen.

Ist das ein Wunder? Es ist die eindeutige Schuld des Menschen. Während dieser Zeitspanne sind bekanntlich die von der Zivilisation verbrauchten Energiemengen in unwahrscheinlichem Ausmaß gestiegen. Es ist mit den Vorräten regelrecht so verschwenderisch umgegangen worden, daß Experten für die Zukunft bereits eine katastrophale Verknappung voraussagen.

Nun setzen fast alle Energieerzeuger Kohlendioxid in Form von Abgasen frei. Man braucht sich nur einmal vorzustellen, wo überall Holz, Kohle, Koks, Heizöl oder Erdgas allein zur Wärmeerzeugung, und wieviel Benzin, Benzol und Dieselöl zum Betrieb der Millionen Autos und der übrigen, den tausenderlei Zwecken dienenden Verbrennungsmotoren verbraucht wird.

Weiter stellt unsere Atmosphäre ein geradezu ideales *Filter* dar, das von den energiereichen, gefährlichen *kosmischen Höhenstrahlen* (s. Abb. 29) gerade noch so viel durchläßt, wie es für das Leben auf Erden noch unschädlich ist. Schon eine geringe Verschiebung in der Dichte und Zusammensetzung der Luft würde sich hier katastrophal auswirken. Man hat festgestellt, daß von der in einer Höhe von 30 Kilometern noch herrschenden Strahlung uns durch die Schutzwirkung der Lufthülle nur noch ganze 0,6% erreichen.

Dieser Umstand läßt uns verstehen, daß auch schon aus diesem Grund das Aussteigen eines Astronauten aus einem die Erde umkreisenden Satelliten kein ungefährliches Experiment darstellt.

Nun wird unsere Erde aus dem Weltall nicht nur von den kosmischen Höhenstrahlen getroffen, sondern es schwirren dort oben auch allerhand andere Materiebrocken herum, die zum Teil ebenfalls unsere Bahn kreuzen. Es sind die bekannten *Meteoriten*, deren Größe bei der eines Sandkorns beginnt und über die eines Schwerlastwagens weit hinausgehen kann. Ihre Zahl und Ein-

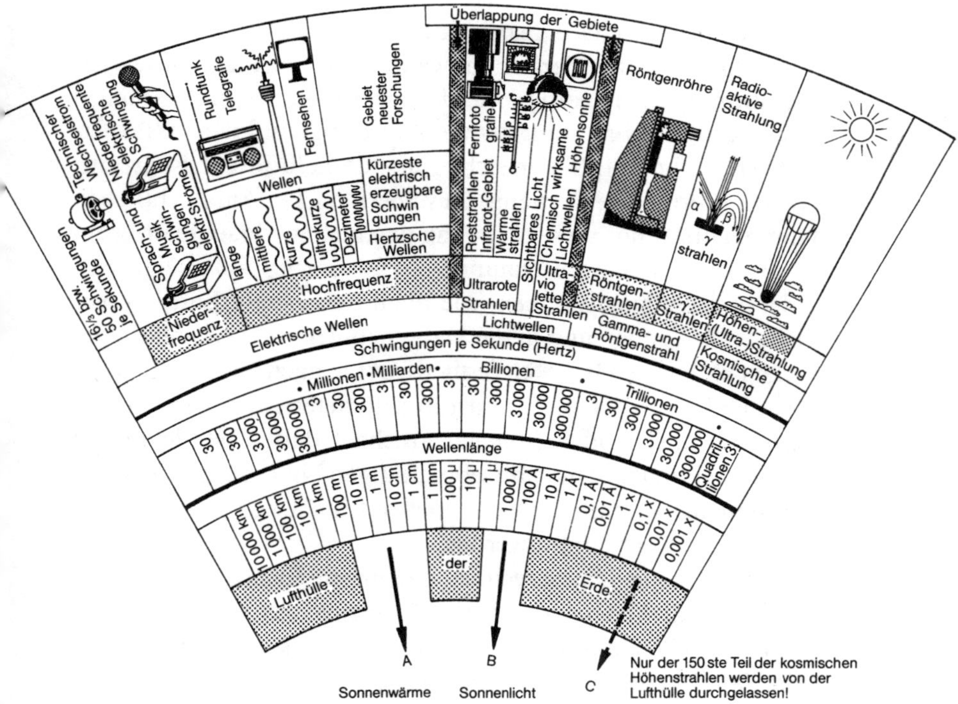

Abb. 29: Das Strahlenband der Ätherwellen, gegen die uns die Lufthülle der Erde fast vollständig abschirmt. Voll durchlässig ist sie für die Wärmestrahlen (A) und die Lichtstrahlen (B) der Sonne. Die schädlichen kosmischen Höhenstrahlen läßt sie nur zu ihrem nicht mehr gefährlichen 150sten Teil durchdringen.

schlagsgeschwindigkeit wird in der Literatur sehr unterschiedlich angegeben. Der eine schreibt, wir würden täglich von 40 000 besucht, während ein anderer von mindestens zehn Millionen spricht. Ähnlich ist es mit ihrer Geschwindigkeit. Der eine sagt, sie rasten mit 70 und andere mit 1700 bis 2800 Kilometern in der Sekunde durch das All. Ganz gleich, welche Schätzung richtig ist, wir brauchen auf jeden Fall vor diesen Weltraumgeschossen keine Angst zu haben. Denn auch vor ihnen schützt uns der irdische Luftmantel besser als eine meterdicke Stahlplatte.

Infolge des Luftwiderstandes werden nämlich diese fliegenden Sterntrümmer schlagartig so stark abgebremst, daß die Reibungshitze sie auf Verbrennungstemperatur bringt und der Luftsauerstoff sie verbrennt. Sie erreichen uns deshalb in der Regel nur noch in Form von ein wenig harmloser Asche. Am nächtlichen Himmel bietet uns dieser Vorgang den immer wieder interessanten Anblick einer Sternschnuppe.

Ist es nicht zum Staunen, wie die unscheinbare Luft, die wir nicht einmal sehen und in die Hand nehmen können, mit diesen dicken und harten Brocken fertig wird?! Je nach Größe macht sie sie in Höhen zwischen 85 und 120 Kilometern über dem Erdboden schon unschädlich. Man hat errechnet, daß selbst Meteoriten aus dem harten und hochhitzebeständigen Nickeleisen von mehr als zehn Kilogramm Gewicht spielend nicht nur geschmolzen, sondern auch verdampft werden.

Forscher haben ausgerechnet, daß unsere Erde im Laufe eines Jahres durch Meteoriten einen Massezuwachs von rund 1000 Tonnen erhält. Das scheint auf den ersten Blick ungeheuer viel zu sein. Doch wenn man sich diese Masse gleichmäßig über die ganze Erdoberfläche verteilt denkt, soll die Schicht nicht einmal ganze zwei Millimeter ausmachen.

Nur in ganz seltenen Fällen sind die »Bomben« aus dem Kosmos so gewaltig, daß sie bis zum Erdboden durchschlagen. Sie werden dann aber doch durch den Luftwiderstand so weit abgebremst, daß sie nur noch mit der Wucht des freien Falls auf dem Boden auftreffen. Immerhin hinterlassen sie dann ihrer Größe entsprechende Einschlaglöcher. Der größte unter diesen Trichtern dürfte der in Arizona in Amerika sein, der einen Durchmesser von 1,5 Kilometern aufweist. Nach den Ermittlungen der Wissenschaft müssen diese Einschläge aber bereits vor Tausenden von Jahren erfolgt sein.

In neuerer Zeit sind nur zwei solche katastrophalen Bombentreffer aus dem All bekannt geworden. Am 30. Juni 1908 schlug ein großer Meteor inmitten der sibirischen Taiga ein. Erst 1947 folgte ein weiterer Einschlag 300 Kilometer nördlich von Wladiwostok. Letzterer explodierte als riesiger Block in der Luft, und seine Sprengstücke hinterließen 103 tiefe Krater.

Obwohl ich mich nun schon rund 50 Jahre mit dem Thema »Die Schöpfung als Gottesoffenbarung« beschäftige, gerate ich angesichts der Wunder, die mir dabei begegnen, immer wieder in staunende Begeisterung. Wenn ich darüber erzählen soll, ist mein größtes Problem stets die Auswahl aus dem unübersehbar zur Verfügung stehenden Material. Meist bringe ich zuviel, weil mir zuviel zu wichtig erscheint. Was müßte ich z. B. jetzt noch alles über die physikalische Bedeutung der Luft erzählen?!

Wie wichtig ist etwa, daß sie den *Schall* überträgt. Nicht nur, daß sie dadurch unsere Sprache ermöglicht, sondern denken wir auch an das wunderbare Reich der Töne, die Musik. Auch wollen wir dabei die Verständigungslaute der Tiere und vor allem den herrlichen Vogelgesang nicht vergessen.

Hier muß ich auch noch daran erinnern, daß auch die Luft es ist, die den Vögeln und Insekten und schließlich auch uns Menschen das *Fliegen* ermöglicht.

Wer hat übrigens den Pflanzen verraten, daß sie außer den Insekten auch den Wind zu ihrer *Bestäubung und zur Verbreitung ihrer Samen* in Anspruch nehmen können? Der Zufall etwa?

Wer denkt schließlich schon darüber nach, daß der Schöpfer dem *Wind* und dem *Sturm* den Auftrag gegeben hat, im Herbst all das welke Laub und die dürren Äste von den Bäumen herunterzuholen und altersschwache, morsche Bäume zu fällen?! Das gehört mit zum jährlichen Großreinemachen in der Natur.

Schließlich noch ein kaum beachteter Fall von liebender Fürsorge des Schöpfers für seine Geschöpfe:

Wir wissen alle, wie schädlich es für uns ist, wenn wir länger mit ungeschützten Augen in die *Sonne* blicken. Es würde unsere Erblindung zur Folge haben.

Doch auch vor dieser Gefahr schützt uns der irdische Luftmantel. Wenn die Sonne hoch am Himmel steht, ist ihre Strahlung bekanntlich am intensivsten. Aber dann scheint sie uns nicht in die Augen und kann uns deshalb nicht schaden. Nun kommt das Erstaunliche. Je näher sie dem Horizont und damit in unser Blickfeld kommt, desto mehr wird ihre Strahlkraft vermindert. Sie muß nämlich beim Niedergehen zunehmend dickere Luftschichten durchdringen, die ihre Strahlen immer stärker absorbieren. Am Ende bleibt schließlich nur noch der rote Glutball der untergehenden Sonne übrig, an dem sich unser Auge, ohne Schaden zu nehmen, erfreuen kann.

Die chemische Bedeutung des Luftmantels

Die uns umgebende Luft stellt ein *Gemisch aus mehr als zehn verschiedenen Gasarten* dar. Den größten Anteil hat darin der Stickstoff mit 78,084%. Nach diesem folgt der Sauerstoff mit 20,946%. In dem letzten Hundertstel kommt das kaum wichtige Edelgas Argon mit 0,934% noch vor dem für die Pflanzenwelt lebenswichtigen Kohlendioxid, das nur mit 0,033% vertreten ist. Das Argon und die restlichen, an der Mischung nur mit millionstel Prozenten beteiligten, für unsere Betrachtung unwichtigen Gasarten können wir hier vernachlässigen.

Das erwähnte Mischungsverhältnis der Gase in der Luft muß unbedingt erhalten bleiben, wenn nicht das irdische Leben gefährdet werden soll. Eine Vergrößerung sowohl des Stickstoff- als auch des Kohlendioxidgehalts würde es nämlich unweigerlich ersticken.

Mensch und Tier benötigen eine ganz genau ausgewogene Sauerstoffkonzentration in ihrer *Atemluft*, um für ihre Körper durch eine Art Verbrennung der Nahrung die erforderliche Wärme sowie die Aktionskräfte erzeugen zu können. Bei zu geringem Sauerstoffangebot würde diese chemische Reaktion zu schwach und bei einem viel größeren zu stürmisch verlaufen.

Das gleiche gilt auch für alle übrigen Arten von *Verbrennung* auf der Erdoberfläche. Unter den jetzigen Verhältnissen übt der Stickstoff bei jedem Brand eine segensreiche Wirkung aus. Ohne Verdünnung der Luft mit diesem unbrennbaren Gas würde der reine Sauerstoff jedes Feuer auf der Erde zu einer Katastrophe werden lassen. Wer etwas vom autogenen Schweißen und Schneiden versteht, weiß, daß eine sauerstoffgespeiste Stichflamme spielend härteste Metalle zum Schmelzen und weichere sogar zum Verbrennen bringt.

Der *Luftstickstoff* hat aber noch eine gänzlich andersartige Bedeutung. Er stellt nämlich beim Pflanzenwachstum einen wichtigen Baustein der Eiweißstoffe, der Alkaloide und der Farbstoffe dar. Die Pflanzen vermögen ihn jedoch trotz des enormen Angebots nicht unmittelbar aus der Luft aufzunehmen.

Sie sind dabei einerseits auf seine im Erdboden vorhandenen chemischen Verbindungen, wie etwa die Nitrate und Ammonsalze, angewiesen. Da diese aber nicht ausreichen, hat der Schöpfer noch einige besondere Maßnahmen ergriffen, um manche, auf stickstoffarmen Böden wachsende Pflanzen trotzdem mit diesem wichtigen Nährstoff zu versorgen.

In einem Fall verlieh er einigen Bakterienarten die Fähigkeit, den Stickstoff ausnahmsweise doch direkt aus der im Boden befindlichen Luft aufzunehmen und in Ammoniak und dann weiter in Aminosäuren – die Bausteine der Eiweißstoffe – zu verwandeln. Da diese Mikroorganismen mehr von diesem Gas binden, reichern sie den Boden in ihrer Umgebung damit an.

Anderen, auf an Stickstoff armen Böden lebenden Pflanzen, gab er die Möglichkeit, sich selbst zu helfen. Er stattete sie zu diesem Zweck mit sinnvollen Einrichtungen zum Fangen und Verdauen von Fliegen, Libellen, Mückenlarven, Wasserflöhen und anderen Kleininsekten aus. Mit den in den Körpern dieser Beutetiere enthaltenen stickstoffreichen Eiweißverbindungen sind sie in der Lage, den standortbedingten Mangel in ihrer Ernährung zu beheben.

Auf diese interessante Eigenart in der Pflanzenwelt werde ich in einem späteren Kapitel noch einmal zurückkommen.

Im übrigen unterliegt der Stickstoff in dem großen Naturgeschehen einem für alle Lebewesen entscheidend wichtigen *Kreislauf.* Menschen und Tiere sind zu ihrer Ernährung neben Wasser und Sauerstoff auf eine laufende Zufuhr von Aminosäuren angewiesen. Diese werden ihnen von den Pflanzen geliefert, ohne die sie also nicht existieren könnten. Durch die Düngung des Bodens mit den tierischen Ausscheidungen und Verwesungsprodukten erhalten diese die Stickstoffverbindungen zu neuem Aufbau zurück.

Wodurch wird nun die genau richtige Gasmischung unserer Luft aufrechterhalten, da ihr doch sowohl jedes Feuer als auch jeder Atemzug von Mensch und Tier Sauerstoff entziehen? Beim Kohlendioxid, das die Pflanzenwelt laufend verbraucht, sieht die Sache noch sehr viel gefährlicher aus, da der Anteil an diesem Gas in unserer Atmosphäre noch unverhältnismäßig viel geringer ist. Man könnte ausrechnen, nach wie vielen Jahrtausenden beide Gase aufgebraucht wären. Warum ist das aber nicht der Fall?

Der Grund dafür gehört mit zu meinen stärksten Stützen für die Annahme, daß der Schöpfer unsere Erde ganz speziell für die Lebensentfaltung hergerichtet hat. Ja, der jetzt zu besprechende ist sogar der zweite Bereich, in dem er die Lebensfunktionen der Pflanzen- und Tierwelt so gestaltet hat, daß sie sich in gegenseitiger Ergänzung ihre Daseinsbedingungen unbewußt selbst aufrechterhalten. Neben dem Stickstoffkreislauf, von dem wir soeben sprachen, hat er nämlich diese beiden Reiche der belebten Natur in einem gegenseitigen Geben und Nehmen so wunderbar aufeinander abgestimmt, daß sie sich in bezug auf die Inanspruchnahme der Atmosphäre gegenseitig ergänzen.

Die diesbezügliche dauernde Wechselwirkung zwischen der Welt der Pflanzen und der der Tiere geht nun folgendermaßen vonstatten:

In der ersteren wird Kohlendioxid eingeatmet und Sauerstoff ausgeatmet, und in der anderen ist es umgekehrt.

Wenn man sich die riesigen Dimensionen unseres Luftraumes vor Augen hält, ist dieses Zusammenspiel mit eins der großen Schöpfungswunder. Im einzelnen sieht es folgendermaßen aus:

In der von uns ausgeatmeten Luft hat sich der Sauerstoffgehalt von rund 21 % auf etwa 16 % verringert und der Kohlendioxidgehalt von 0,033 % auf ungefähr 5 % erhöht. Diese Veränderung der Luftzusammensetzung gleicht die Pflanze wieder dadurch aus, daß sie das Kohlendioxid in seine beiden Bestandteile, nämlich den festen Kohlenstoff und den Sauerstoff, zerlegt. Den Kohlenstoff behält sie zu ihrem Körperaufbau zurück, während sie den Sauerstoff an die Atmosphäre zurückgibt.

Dabei muß ich noch erwähnen, daß es eine der Aufgaben von Winden und Stürmen ist, immer für eine gute *Durchmischung* der einzelnen Gasarten zu sorgen. Man bedenke nur, welche Sauerstoffanreicherung z. B. über den riesigen Waldgebieten der Erde eintreten würde und welche Verarmung an Kohlendioxid, wenn der Schöpfer diese uns nebensächlich erscheinende Maßnahme vergessen hätte!

Der innere Aufbau des Luftmantels

Nun wird mich vielleicht mancher fragen, wie hoch denn eigentlich der unseren Planeten umhüllende Luftmantel sei. Da es zwischen ihm und dem luftleeren Weltraum keine scharfe Begrenzung gibt, rechnet die Wissenschaft mit 2000 Kilometern.

Unsere Atmosphäre ist nun keineswegs in sich einheitlich. Sie wird nicht nur nach oben hin immer dünner, sondern zeigt innerhalb gewisser Zonen ganz bestimmte unterschiedliche Eigenschaften. Von diesen will ich nun hier die wichtigsten kurz beschreiben (s. Abb. 30).

Die unterste ist die am unmittelbarsten auf uns einwirkende sog. *Troposphäre.* Sie reicht bis zu einer Höhe von rund zehn Kilometern hinauf. In ihr spielt sich das gesamte *Wettergeschehen* ab. Ihr typisches Hauptmerkmal ist die Kondensation des an sich in der Luft unsichtbaren Wassergehalts zu *Nebel* und *Wolken* und deren Wasserverteilung über dem Festland durch *Winde* und *Stürme.* Hier geht es meist sehr turbulent zu, was wir in Abstufungen von der angenehmen leichten Brise bis zu den gefürchteten und oft verheerenden Orkanen, Taifunen und Zyklonen auf der Erde zu spüren bekommen.

Die nächst höhere, bis zu rund 50 Kilometer reichende Schicht heißt *Stratosphäre.* Hier gibt es keine Wolken, sondern außer zeitweise starken *Höhenwinden* nur eitel Sonnenschein. In ihr wird es zwar pro 100 Meter Aufstieg um jeweils 0,6 Grad Celsius kälter, doch dieser Temperaturabfall reicht nur bis etwa 30 Kilometer hinauf, wo er bei -50 bis -60 Grad Celsius haltmacht. Von da an steigt die Temperatur allmählich wieder bis ungefähr 0 Grad Celsius an. In dieser Zone, und zwar von 20 bis 50 Kilometer Hö-

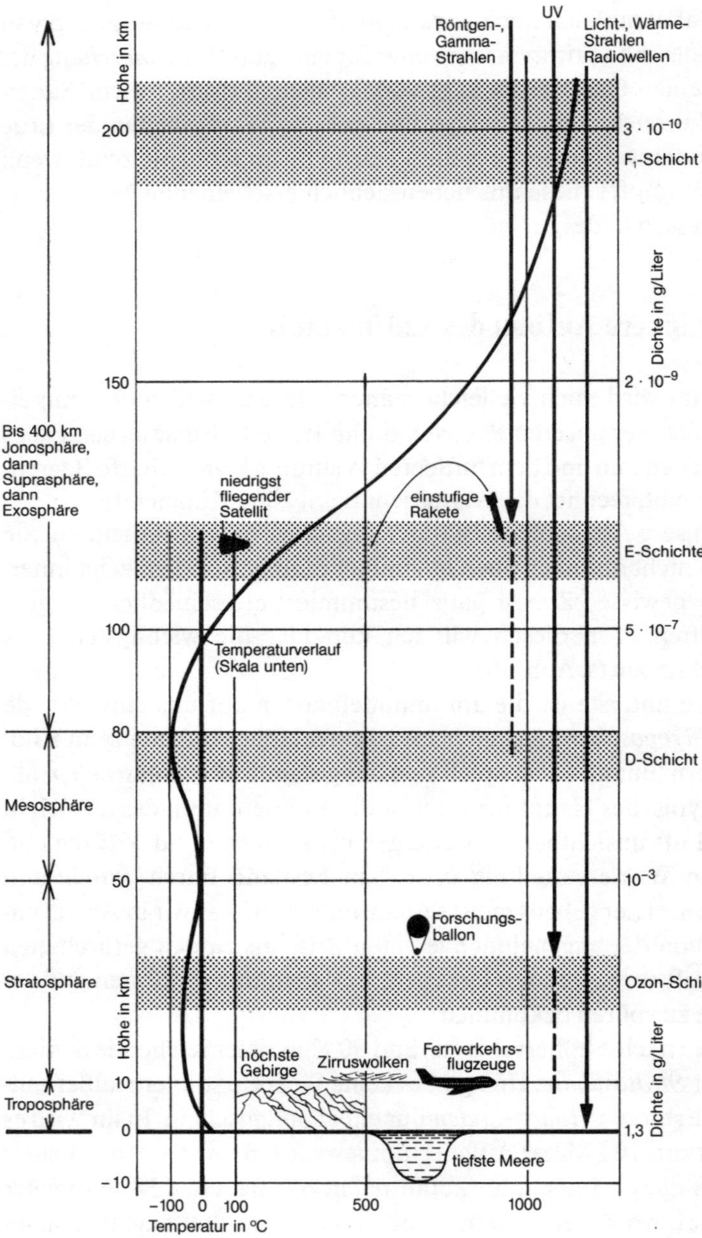

Abb. 30: Der Aufbau des irdischen Luftmantels in seinen unteren Bereichen.

he, haben wir auch die in letzter Zeit so viel besprochene Ozonschicht zu suchen, die angeblich durch das in den bekannten Spraydosen befindliche Treibmittel zerstört werden soll. Diese Schicht weist eine geringe Zunahme des Ozongehalts auf. Sie wird durch ultraviolette Sonnenstrahlen erzeugt und hält dadurch die dem Leben schädlichen kurzwelligen Strahlen der Sonne zurück.

An die Stratosphäre schließt sich bis zur Höhe von etwa 80 Kilometern die sog. Mesosphäre an, in der es wieder bis zu rund 70 Grad Celsius kalt wird.

Von da an beginnt die sich wieder zunehmend erwärmende sog. Ionosphäre, die bis etwa 400 Kilometer hoch reicht. Ab dieser Schicht soll sich die Temperatur schließlich noch einmal stark erhöhen. Man spricht sogar von 1000 Grad Celsius und darüber. Man teilt diesen Bereich in zwei letzte Zonen ein, die man Suprasphäre und Exosphäre nennt.

Was die in diesen Bereichen erwähnte enorme Temperaturerhöhung betrifft, so kann diese Erscheinung nicht mit den Verhältnissen unmittelbar über dem Erdboden verglichen werden. Die Wissenschaftler sagen uns dazu, daß sich die dort oben bereits sehr dünne Luft ganz anders verhielte als die dichte der unteren Schichten. Wenn man nämlich, so erklären sie uns, die Luft, die wir atmen, auf die gleich hohe Temperatur brächte, dann würde sie glühen. Erführe die Luft der unteren Ionosphäre eine solch starke Erhitzung, dann hätten wir einen glutfarbenen Himmel, und auf der Erde gäbe es keine Nacht.

Aber unser Himmel glüht nicht. Auch haben wir nicht die wie von einem Scheinwerfer beleuchtete Nacht ähnlich der auf dem Mond, sondern einen herrlich blauen Himmel und eine erholsame Dunkelheit in der Nacht. Unser allmächtiger Schöpfer hat es so eingerichtet, daß der Luftozean über uns, in dem wir uns wie Fische im Wasser bewegen, aus unzähligen Molekülen zusammengesetzt ist, die durch ihre abgestufte Dichte, Temperatur und Bestrahlung uns dieses freundliche, azurfarbene Zeltdach bieten müssen. Dafür sollten wir ihm dankbar sein!

Fragen wir endlich noch, wie *dicht* die Luft in den verschiedenen Höhen ist. Diese Frage läßt sich am besten mit der Anzahl von Molekülen beantworten, die sich in einem Würfel von einem Zentimeter Kantenlänge, also in einem Kubikzentimeter, befindet.

Hier unten sind in unserer Atemluft nicht weniger als zehn Trillionen Moleküle enthalten. Als Ziffer geschrieben ist das eine 1 mit 19 Nullen.

In 100 Kilometer Höhe, also in der unteren Stratosphäre, sind es noch zehn Billionen, das ist eine 1 mit 13 Nullen.

Steigen wir 200 Kilometer hoch, dann haben wir in der Luft nur noch eine Milliarde Moleküle zur Verfügung.

In der 1000 Kilometer hohen Suprasphäre sind es schließlich nur noch 100, und in der darüber befindlichen Exosphäre bleibt in jedem Kubikzentimeter nur noch ein einziges Molekül übrig. Das ist dann ein so hohes Vakuum, wie es auf der Erde nicht hergestellt werden kann.

5. Kapitel
Das Wasser – eine geniale Erfindung des Schöpfers

Eine außergewöhnliche Eigenschaft des Wassers

Wir kennen alle das allgemeine Naturgesetz, daß sich die Körper mit zunehmender Erwärmung ausdehnen, also bei gleichbleibender Raumgröße leichter werden, und daß sich dieser Vorgang beim Abkühlen umkehrt (s. Abb. 31). Von dieser Gesetzmäßigkeit macht nun das Wasser eine *Ausnahme.* Worin besteht sie?

Wenn man Wasser von Zimmertemperatur abkühlt, dann zieht es sich zunächst wie andere Körper zusammen. Dies jedoch nur bis +4 Grad Celsius (s. Abb. 32). Von da bis zum Gefrierpunkt, also bis 0 Grad Celsius, dehnt es sich wieder so stark aus, daß aus zehn Liter Wasser elf Liter Eis werden. Also bei gleichem Rauminhalt ist das Eis jetzt um 10% leichter als das +4 Grad Celsius kalte Wasser. Der Physiker sagt dazu, beim Wasser habe nicht –

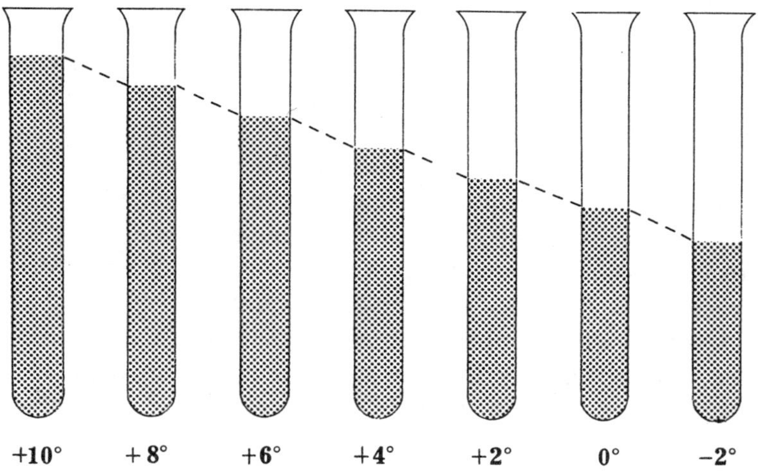

Abb. 31: Normalerweise ziehen sich Flüssigkeiten mit abnehmender Temperatur zusammen. Dadurch nehmen sie einen gleichmäßig kleiner werdenden Raum ein.

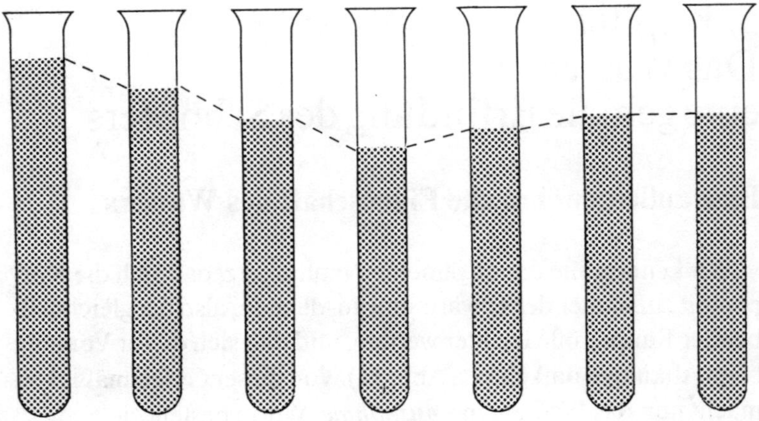

Abb. 32: Das Wasser macht von dem allgemeinen Naturgesetz eine Ausnahme. Beim Abkühlen zieht es sich nur bis + 4 °C zusammen, um sich dann bis zu seiner Erstarrung bei 0 °C allmählich wieder um 10 % seines Volumens auszudehnen.

wie bei allen anderen Stoffen – die *feste* Phase die größte Dichte, sondern dieser Punkt liege bei + 4 Grad Celsius bereits in der *flüssigen* Phase.

Die durch die Ausdehnung hervorgerufene Sprengkraft des gefrierenden Wassers kann man leicht nachweisen, indem man eine mit ihm gefüllte Flasche bei Frost ins Freie stellt. Man wird am anderen Morgen feststellen, daß das Eis das Glas zersprengt hat.

Das ist der gleiche Vorgang, den wir in der Natur als *Verwitterung* kennen. Man kann ihn überall dort beobachten, wo Felsen aus dem Erdboden herausragen. Im Gebirge bildet er sogar ein besonderes Gefahrenmoment, vor dem durch die bekannten Straßenschilder »Vorsicht, Steinschlag!« gewarnt wird.

Um ein – allerdings bereits einige hundert Jahre zurückliegendes – diesbezügliches Ereignis größeren Ausmaßes dreht sich auch der bekannte Roman von Ludwig Ganghofer »Die Martinsklause«. Es handelt sich dabei um das Abrutschen der riesigen Spitze eines Alpenberges, des bekannten »Watzmann« im Allgäu (s. Abb. 33). Dessen zweizackige Form läßt heute noch den ungeheuren Umfang der für die Alpenbewohner verheerenden Naturkatastrophe erkennen.

Abb. 33: Der Watzmann bei Berchtesgaden.
Der vor dem Massiv liegende kleinere haldenartige Berg dürfte aus dem Material entstanden sein, das beim Herausbrechen einer früher vorhandenen großen Spitze herabgestürzt ist.

Warum die Meerestiefen eisfrei bleiben

Das vom Normalen abweichende Verhalten des Wassers sollte dem Schöpfer aber noch zu einem anderen, außerordentlich wichtigen Zweck dienen, nämlich zur Ermöglichung von Leben in den Weltmeeren. Wie diese Möglichkeit zustande kommt, kann man leicht durch ein einfaches Experiment deutlich machen.

Man stellt zu diesem Zweck einige Glasbecher mit den verschiedenartigsten Flüssigkeiten nebeneinander. Nehmen wir an, es handle sich um Benzin, Alkohol, Äther und Wasser. Dann bringt man von jeder dieser Flüssigkeiten eine kleine Portion in der rund 200 Grad Celsius kalten flüssigen Luft zum Erstarren. Alle vier Proben sehen dann wie gewöhnliches Eis aus. Werfen wir aber jede in die entsprechende Flüssigkeit, dann *schwimmt nur das Eis oben, während alle anderen untersinken* (s. Abb. 34).

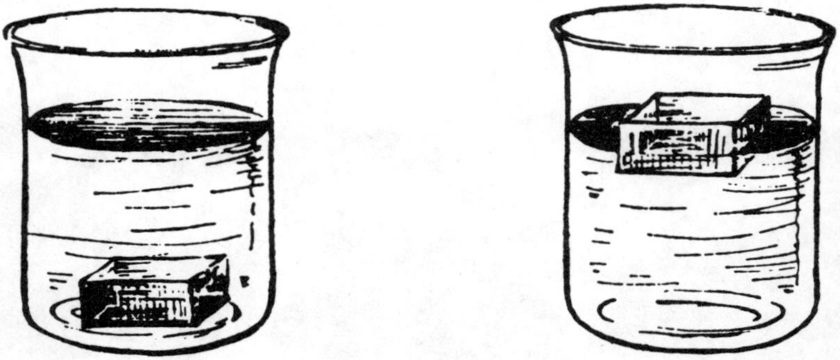

Abb. 34: Läßt man Benzol, Alkohol, Äther oder dergleichen durch starke Abkühlung erstarren, dann sinkt ein Stück davon in der noch flüssigen Phase des gleichen Stoffes unter (links). Daß dagegen ein Stück Eis auf dem Wasser schwimmt, ist eine große Ausnahme von diesem allgemeinen Naturgesetz.

Bei dieser Gelegenheit kann man gleichzeitig nachweisen, daß das allgemeine Naturgesetz auch für die Metalle gilt. Man braucht dazu nur ein Gefäß mit dem bei Zimmertemperatur flüssigen Quecksilber zur Verfügung zu haben. Dieses interessante Metall erstarrt nämlich ebenfalls in der Kälte der flüssigen Luft. Die Probe sieht dann aus wie etwa ein Stück Nickel und hat eine ähnliche Festigkeit, so daß man mit ihr einen Nagel in die Wand schlagen kann. Auch hier wird der feste Teil in dem flüssigen zu Boden sinken.

Würde dies auch beim Eis im Wasser der Fall sein, dann wären alle Weltmeere schon seit der Urzeit von unten herauf zugefroren. Gegen eine solch gewaltige Kältespeicherung wäre selbst die intensivste Sonnenbestrahlung machtlos. Von den im Mittel vier Kilometer, an manchen Stellen sogar bis zu elf Kilometer tiefen ozeanischen Wassermassen könnte die Sonne im Sommer nur einen geringen Bruchteil auftauen. Darin hätten aber keine Lebewesen eine auf die Dauer ausreichende sichere Existenzmöglichkeit. Sie würden ja in jedem Winter einfrieren. Weil aber das Eis auf dem Wasser schwimmt, kann die Sonne die verhältnismäßig dünne Eisschicht nach jeder Kälteperiode wieder zum Schmelzen bringen. Auf diese Weise bleiben die von der Sonnenwärme unerreichbaren Tiefenregionen dauernd eisfrei.

Die in den großen Wassertiefen herrschenden Verhältnisse werden darüber hinaus auch noch vom *Druck* beeinflußt. Auch in dieser Hinsicht würde sich ein normales Verhalten des Wassers lebensfeindlich auswirken.

Bekanntlich stehen die tieferen Schichten der Ozeane stets unter dem ungeheuren Druck der über ihnen lastenden Wassermassen. Einer solchen Belastung geben die Flüssigkeiten in der Regel so weit nach, bis sie ihre größte Dichte erreicht haben. Für gewöhnlich ist das der Erstarrungspunkt. *Bei normalem Verhalten würde das Wasser deshalb in den großen Tiefen schon durch den gewaltigen Druck zu Eis werden. Dadurch aber, daß es bereits bei +4 Grad Celsius, also noch im flüssigen Zustand, seine größte Dichte hat, ist dieser Fall ausgeschlossen.*

Demnach müßte nun in den unteren Meeresgründen stets eine Temperatur von +4 Grad Celsius herrschen. Das ist jedoch nicht der Fall. Sie liegt meist um ein bis eineinhalb Grad niedriger, weil der Salzgehalt des Meerwassers den Gefrierpunkt und damit den Punkt seiner größten Dichte um diesen Betrag senkt.

Unter der weißen Schlafdecke

Nun ist es geradezu faszinierend, wie der Schöpfer das Wasser auch noch benutzt, um das Leben in den kalten und gemäßigten Zonen der Erde über die Frostperioden zu erhalten. Er verwandelt es in Schnee und deckt damit den Erdboden wie mit einer wärmeisolierenden Schlafdecke sorgfältig zu. So wie die Decke, mit der wir uns nachts zudecken, unsere Körperwärme zurückhält, so sorgt auch die Schneedecke dafür, daß der Boden seine Wärme nicht durch zu starke Abstrahlung verliert.

Obwohl der Schnee nichts anderes als kristallisiertes Wasser darstellt, ist er doch so fein und locker zusammengesetzt, daß er viele mit Luft gefüllte Zwischenräume enthält. All die winzigen Eiskriställchen lagern sich locker übereinander, so daß er durch seine Lufthaltigkeit ähnlich isolierend wirkt wie Schaumstoff, Porenbeton oder Glaswatte. Auf diese Weise ist er in der Lage, Wald und Flur vor der winterlichen Eiseskälte zu schützen.

Besonders praktisch ist dabei auch noch der Umstand, daß die himmlische Schlafdecke vor Beginn der warmen Jahreszeit nicht erst umständlich weggeräumt werden muß. Sie schmilzt still und unbemerkt dahin und tränkt dabei die Pflanzenwelt mit ihrem jederzeit begehrten Naß.

Wie kommt nun der nur aus glasklaren Eiskriställchen bestehende Schnee zu seinem dekorativen, herrlichen Weiß? Es ist eine Folge der Lichtbrechung. An jeder Grenzfläche von Eis zu Luft und wieder von Luft zu Eis bricht sich das Sonnenlicht und strahlt mit vollem Spektrum zurück.

Obwohl die Natur im Winter wie erstorben aussieht, geht doch das Leben unter der Schneedecke, wenn auch verlangsamt, weiter. Viele Tiere halten unter ihr in Erdhöhlen, unterirdischen Gängen oder an anderen geschützten Stellen ihren Winterschlaf. Andere bereiten sich als Puppen, Eier oder Larven auf den Neuanfang im Frühjahr vor. Auch die Pflanzen warten in einer Art Leerlauf des Lebensmotors auf den neuen Start.

Es versetzt uns immer in eine eigenartig feierliche Stimmung, wenn im Winter die Schneeflocken in wirbelndem Tanz zur Erde schweben. Das liegt mit an der ungewohnten Stille, die selbst bei heftigem Schneefall herrscht. Sie hat in der sehr stark schalldämpfenden Eigenschaft des Schnees ihren Grund. Diese Wirkung ist ja auch für andere wärmeisolierende Stoffe charakteristisch.

Faszinierende Mikrowelt

Wenn wir nun einmal einzelne Kriställchen einer Schneeflocke unter der Lupe oder einem Mikroskop betrachten, dann sind wir entzückt über ihre *wunderbaren regelmäßigen Formen.*

Abb. 35: Ein kleiner Ausschnitt aus dem faszinierenden Formenspiel der Schneekristalle.

Diese winzigen Gebilde geben uns wieder einmal einen so recht handgreiflichen Beweis für die Schöpferherrlichkeit Gottes. Zwei Dinge sind es, die uns bei der vergrößernden Betrachtung einzelner Schneekristalle in Bewunderung versetzen: *die Schönheit jedes einzelnen Kristalls und die unerschöpfliche Mannigfaltigkeit ihrer Formgebung* (s. Abb. 35).

Trotz ihrer Verschiedenartigkeit sind alle Schneekristalle doch nach dem gleichen Bauprinzip, nämlich dem *sechseckigen oder hexagonalen System,* gestaltet. Darüber kann auch der überwältigende Formenreichtum das geübte Auge nicht hinwegtäuschen.

Einige wenige Forscher haben sich mit dem wissenschaftlichen Studium dieser faszinierenden Mikrowelt beschäftigt. Sie entwikkelten ein Verfahren, die Form eines einzelnen Schneekristalls dauerhaft festzuhalten. Es besteht darin, daß man den Kristall mit einem Tropfen von einer bestimmten Kunststofflösung betupft. Dieser hüllt dann sofort das ganze Gebilde gleichmäßig ein, so daß nach dessen Verdunstung ein feiner Plastikfilm von ihm zurückbleibt. Da er hauchdünn ist, kann nämlich das Schmelzwasser durch ihn verdunsten. Die so gewonnenen dauerhaften Abdrücke kann man sammeln und in ein Album kleben.

Die Grundform der Schneekristalle dürfte uns sowohl von den Weihnachtsdekorationen als auch von dem Verkehrsschild »Vorsicht, Glatteisgefahr!« her geläufig sein. Aber fasziniert von dieser Welt des Schönen werden wir erst, wenn wir einmal eine Vielzahl dieser sechseckigen Sternchen nebeneinander sehen. Die Arme dieser Sternchen sind dann mehr oder weniger verästelt oder auch flächig ausgefüllt bis hin zur vollen sechseckigen Fläche. Eine der erstaunlichsten Feststellungen, die die Naturforscher bei ihren Studien gemacht haben, ist die, daß sie trotz eifrigen Suchens noch keine zwei völlig gleichgestaltete Schneekristalle gefunden haben.

Der verstorbene Amerikaner Bentley hat mit 19 Jahren begonnen, Aufnahmen von den verschiedensten Schneekristallen zu machen und zu sammeln. Er hinterließ lange Reihen aufgestapelter Kästen voll fotografischer Platten, von denen jede das Bild eines wunderbaren Filigrangebildes zeigt.

»Unter Mitarbeit von Dr. Humphrey vom Amerikanischen Staatlichen Wetteramt wurden davon viele tausend ausgewählte

Fotos in einem Band veröffentlicht. Dieser ist inzwischen zu einer Fundgrube von Anregungen für Textilzeichner, Künstler, Wissenschaftler und viele andere geworden, die alle über die Vielgestaltigkeit und erlesene Schönheit dieser winzigen Juwelen der Schöpfung staunten.«*)

---

*) Aus »Verborgene Schätze« von F. A. Everest, R. Brockhaus Verlag, Wuppertal 1958.

6. Kapitel
Über die Wasserwirtschaft in der Natur

Vom Wassergehalt lebender Körper

Die Körpersubstanz eines jeden Lebewesens besteht bekanntlich zum allergrößten Teil aus Wasser. Das gilt auch für unseren eigenen Körper. Aber nicht nur das; zur Aufrechterhaltung seiner Lebensfunktionen müssen ihm täglich sogar 35 Gramm pro Kilogramm Körpergewicht zugeführt werden. Werden sie unserem Organismus versagt, dann meldet er sich mit dem Durstgefühl. Letzteres entsteht durch die Abnahme des Wassergehalts im Blut. Der Tod durch Verdursten tritt ein, wenn unser Körper 12 bis 20 % seines gesamten Wassergehalts verloren hat.

Am meisten Wasser enthält unser Körper am Beginn unseres Lebens. So beträgt er z. B. bei einem Embryo von drei Monaten noch 94 %. Später werden wir wesentlich »trockener«. Der neugeborene Mensch weist nämlich schon nur noch 74 % und der erwachsene schließlich 67 % Körperwasser auf. Letztere stellen je nach Körpergröße zwischen 40 und 60 Liter dar. Diese Menge ist natürlich nicht dauernd flüssig in uns, sondern fast ausschließlich chemisch gebunden.

Den höchsten Wassergehalt in der Welt des Lebens finden wir im Körper der Quallen, nämlich 97 % und mehr. Diese blaß gefärbten, beinahe durchsichtigen Hohltiere schwimmen durch rhythmisches Pulsieren ihres Schirms im Meer herum. Nach einem Sturm ist manchmal der Strand weithin von ihnen bedeckt. Legt man ein solches Lebewesen auf Löschpapier, dann trocknet es zu einem papierdünnen Selbstabdruck ein.

Es gibt Quallen in sehr verschiedenen Arten, Größen und mancherlei Form. Die größte Art soll bis zu zweieinhalb Meter Schirmdurchmesser aufweisen, deren Fäden bis zu 50 Meter tief ins Meer hinabreichen. Sie kommen in den kalten arktischen Gewässern vor.

Das Wunder der Kontinente

Der weitaus größte Teil der Erdoberfläche ist mit Wasser bedeckt. Die Weltmeere enthalten unermeßliche Mengen von diesem nassen Element. Doch das kommt zunächst nur den darin beheimateten Lebewesen zugute. Wie werden aber die auf dem Land lebenden mit ihm versorgt? Für sie muß es erst aus diesen riesigen Becken über die weiten Landflächen der Kontinente verteilt werden. Wie wir uns denken können, bedurfte dieser Transport einer weisen Planung des Schöpfers von ungeheuren Ausmaßen. Bevor ich darauf näher eingehe, möchte ich noch auf eine Eigentümlichkeit unserer Erdoberfläche aufmerksam machen. Das Vorhandensein von Festland auf ihr ist keine Selbstverständlichkeit.

Wäre der Zufall der Urheber der Welten gewesen, dann hätte es leicht passieren können, daß unser Planet heute aus einem ganz von Wasser umspülten festen Kern bestanden hätte. Es ist nämlich eine so gewaltige Menge Wasser auf der Erde vorhanden, daß sie diese bei gleichmäßiger Verteilung über ihre gesamte Oberfläche in einer Höhe von sage und schreibe dreieinhalb Kilometern bedecken würde. Es ist bis heute selbst für die Wissenschaft ein Rätsel, wie der Schöpfer es fertiggebracht hat, dies durch die Schaffung der riesigen, im großen Durchschnitt vier Kilometer, an den tiefsten Stellen bis zu elf Kilometer hinabreichenden Meeresbecken zur Aufnahme der Wassermassen zu verhindern. Da er außer den Meerestieren auch Land bewohnende Lebewesen erschaffen wollte, mußte er dieses Vorhaben bereits weit vorher, in der Urzeit bei der Bildung der Erdkugel, berücksichtigt haben. Manche Forscher sind allerdings der Ansicht, daß die Meeresbecken erst durch die Sintflut zustande gekommen sind.

Wie die Wolken entstehen

Wenn uns die großartige Lösung der Festlandbewässerung nicht infolge dauernder Gewöhnung zur Selbstverständlichkeit geworden wäre, würde sie uns in höchstes Staunen versetzen.

Wer denkt schon darüber nach, daß der göttliche Planer dazu

die kosmischen Kräfte des 150 Millionen Kilometer von uns entfernten Atomkraftwerks Sonne eingesetzt hat?! Die von dort ausgestrahlte Wärme bringt das Wasser der Ozeane, Seen und Flüsse sowie die Feuchtigkeit des Erdbodens zum Verdunsten. Der so von der Luft aufgenommene Wasserdampf ist unsichtbar wie ein Gas. Die Menge hängt dabei von der Temperatur ab. Sie kann im Höchstfall 4 % betragen.

Wird warme, mit Wasserdampf gesättigte Luft abgekühlt, dann scheidet sie den für die niedrigere Temperatur zu hohen Wassergehalt in Form allerfeinster Tröpfchen ab. Diesen Vorgang nennen wir *Kondensation.*

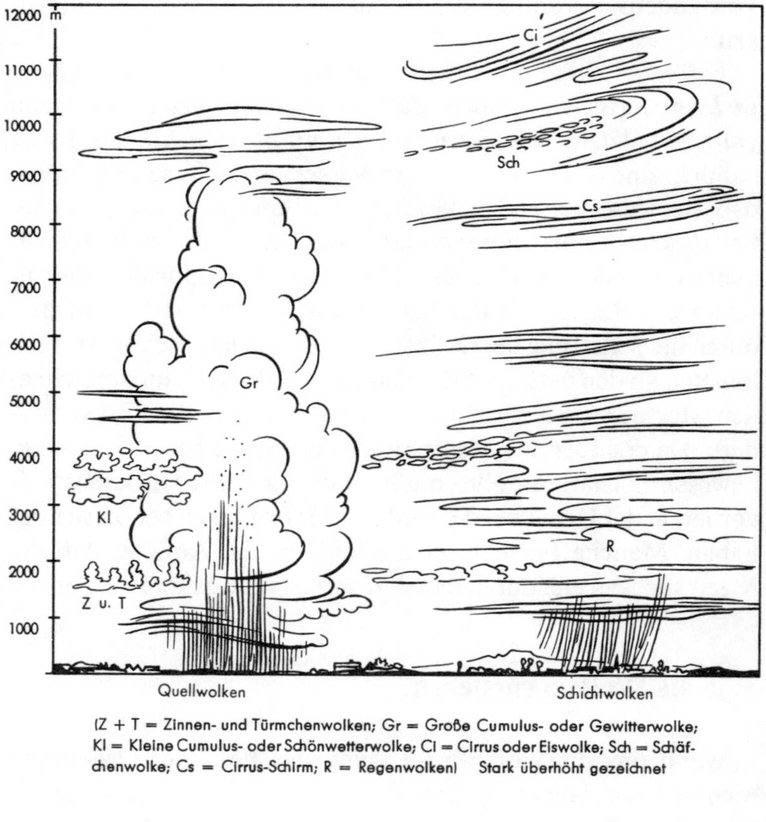

Abb. 36: Einige Wolkenformen und ihre Höhenlage.

Die Wassertröpfchen im Nebel sind übrigens so außerordentlich klein, daß fünf Milliarden von ihnen erst einen Teelöffel füllen würden.

Da warme Luft infolge von Wärmeausdehnung leichter ist als kalte, hat sie das Bestreben, nach oben zu steigen. Wenn sie dort kältere Zonen antrifft, kondensiert sogleich ihr überzähliger Wasserdampf zu den riesigen bekannten Wolkenballen (s. Abb. 36). Diese werden infolge der Winzigkeit ihrer Wassertröpfchen durch nachströmende Luftmassen hochgehalten und von Winden und Stürmen über die ganze Erdoberfläche und damit auch über das Festland verteilt. Dort können sie dann bei geeigneten Bedingungen an jeder beliebigen Stelle als Regen niedergehen.

Würde aller in der Atmosphäre enthaltene Wasserdampf kondensieren und zur Erde fallen, dann bildete er auf dem Erdboden eine Wasserschicht von nur etwa zweieinhalb Zentimetern.

Wie sich Regen bildet

Der Vorgang der *Regenbildung* vollzieht sich jedoch nicht so einfach, wie wir uns das meist vorstellen. Obwohl jede Wolke aus Wassertröpfchen besteht, muß aber nicht aus einer jeden irgendwann einmal Regen fallen. Die Tröpfchen sind ja zu klein und leicht, um herabfallen zu können, und werden deshalb, wie gesagt, von der aufsteigenden Luft im Schwebezustand gehalten.

Es bedarf ganz besonderer Vorbedingungen, wenn sich mehrere dieser Tröpfchen zusammenschließen sollen. Tun sie das, dann sind sie vielleicht schwer genug, um herabzufallen. Dabei handelt es sich dann aber nur um den so unbeliebten Nieselregen.

Der eigentliche, aus großen Tropfen bestehende Regen hat damit jedoch wenig zu tun. Er entstammt sehr hohen Wolken, in denen unter Umständen Temperaturen von weit unter 0 Grad Celsius herrschen. In diesen gefrieren die Wassertröpfchen je nach den sonstigen physikalischen Verhältnissen zu Schneeflocken oder gröberen Eiskristallen. Sobald diese dann schwer genug sind, rieseln sie nach unten. Im Sommer, wenn die Luft, durch die sie fallen, warm ist, tauen sie wieder auf und landen als Regen auf dem Erdboden. Im Winter bleibt ihr Erstarrungszustand erhalten, und deshalb schneit oder graupelt es dann bei uns.

Diese Art der Berieselung mit Regentropfen stellt die beste und wirksamste Form dar, die Pflanzenwelt der Erde mit dem segensreichen Naß zu versorgen. Wir wissen alle von der verheerenden Wirkung eines Wolkenbruchs her, wie ungünstig es wäre, wenn bei Regen immer solche Wassermassen vom Himmel stürzen würden.

Wie wunderbar der göttliche Segen der Wasserversorgung Jahr für Jahr funktioniert, wissen wir alle erst zu schätzen, wenn der Regen einmal ungewöhnlich lange auf sich warten läßt und dann große Gebiete unseres Planeten von Trockenperioden mit Mißernten heimgesucht werden. Es ist deshalb ein schöner Brauch, wenn dem Schöpfer im Herbst für den Erntesegen im Gottesdienst gedankt wird.

Nun ist für alles, was auf der Erde lebt, von größtem Vorteil, daß sich Gott die Zeiten und die Mengen für den Regen selbst vorbehalten hat. Hätte der Mensch maßgeblichen Einfluß darauf, dann gäbe es laufend Interessenkollisionen. Wer Schirme und Regenmäntel verkauft, möchte, daß es möglichst oft und viel regnet. Der Urlauber wünscht sich dagegen ununterbrochenen Sonnenschein. Nur Gärtner und Landwirte würden das für die Natur zuträgliche Maß einhalten.

Wenn wir hin und wieder von geglückter Wetterbeeinflussung durch den Menschen hören, dann handelt es sich immer nur um sehr kleine örtliche Bereiche. Um das Wetter großräumig zu verändern, sind unsere Mittel trotz Atomkraft noch viel zu beschränkt. Selbst die Gewalt einer Wasserstoffbombe würde nicht entfernt dazu ausreichen, um auch nur eines jener Tiefdruckgebiete zu erzeugen, wie sie für unser Wetter hier in Westeuropa charakteristisch sind. Ob die radioaktive Verseuchung der Atmosphäre für die Wetterbildung von besonderer Bedeutung ist, konnte bisher wissenschaftlich noch nicht exakt geklärt werden.

Vom Kreislauf des Wassers

Das Wasser unterliegt auf unserem Planeten einem fortwährenden *Kreislauf.* Ist es als Regen auf den Boden gefallen, dann sammelt es sich wieder, und das, was nicht verbraucht wird, strebt wieder *durch Bäche, Flüsse und Ströme dem Meer zu.*

Dabei wurde es vom Schöpfer so eingerichtet, daß dieser Rücklauf so langsam wie möglich erfolgt. Das kostbare Naß soll der Vegetation so lange wie möglich zur Verfügung stehen. Da ferner die Vorgänge im Naturgeschehen nicht mit der Exaktheit von Laboratoriumsverfahren ablaufen, muß sowohl mit Überschwemmungen als auch mit Trockenzeiten gerechnet werden. Es ist deshalb zweckmäßig, wenn bei Dauerregen oder Schneeschmelze möglichst viel Wasser gespeichert wird.

Für solche Sonderfälle ist die natürliche Landschaft weitgehend eingerichtet. Bäche, Flüsse und Ströme durchziehen das Land nicht in geraden, sondern vielfältig gewundenem Lauf. Die seichten, langsam fließenden oder stehenden Gewässer sichern die nötigen Grundwasservorräte. Das Wurzelwerk der Wälder und Prärien, die Moose, der lockere Humusboden, Sümpfe und Moore wirken wie Schwämme, die sehr viel Wasser aufsaugen und lange festhalten können. Das Torfmoos kann z. B. das 34fache seines Eigengewichts an Wasser aufnehmen. Das alles sind natürliche Wasserspeicher, die eine dauernde Fruchtbarkeit der Vegetation auf dem Erdboden sichern helfen.

Leider hat man diese wichtigen Zusammenhänge erst in letzter Zeit erkannt. Erst durch die großen Schäden, die durch die vielfältigen Eingriffe in das natürliche Geschehen entstanden sind, ist man auf sie aufmerksam geworden.

Es begann mit dem Abholzen der Wälder. Dadurch flossen jetzt Regen und Schmelzwasser von den Bergen und Hügeln wild und ungehemmt zu Tal und nahmen wertvolle Erde mit. Die Folge war, daß in weiten Gebieten Quellen und Brunnen versiegten. Gleichzeitig aber wurden Bäche und Flüsse bei Sturzregen und Tauwetter übermäßig belastet.

Später ging man daran, die Moore und Sümpfe trockenzulegen. Beseitigt man diese Katastrophensicherung der Natur, dann müssen Bäche und Flüsse bei lang anhaltendem Regen und Schneeschmelze noch mehr Wasser verkraften. Dadurch treten diese dann über die Ufer und richten in Dörfern und Städten großen Schaden an. Um dies zu verhindern, macht der Mensch den nächsten großen Fehler. Er reguliert die Wasserläufe, d. h., er begradigt sie und dämmt sie ein. Auf diese Weise wird ihr Weg durch die Landschaft noch kürzer und schneller. Der Erfolg ist schließlich das Absinken des Grundwasserspiegels und damit der Rückgang der Ernteerträge und im schlimmsten Fall eine Versteppung der Landschaft.

Ein typisches Beispiel für diese Vorgänge ist die um die Mitte des vorigen Jahrhunderts erfolgte *Regulierung* des Rheins zwischen Basel und Mainz. Sein Lauf wurde dadurch um nicht weniger als 100 Kilometer verkürzt und seine Strömungsgeschwindigkeit um 30% vergrößert. Dadurch tritt zwar seitdem das Hochwasser nicht mehr über die Ufer, und die Schiffahrt hat kürzere Wege, aber der Rheinspiegel sinkt jährlich um vier Zentimeter. In Basel sank der Grundwasserspiegel um 3 Meter und an anderen Stellen bis zu 24 Meter. Als Folge davon sind in den entsprechenden Gebieten die landwirtschaftlichen Erträge bedrohlich zurückgegangen.

Wodurch bleibt das Meerwasser frisch?

Nun mußte auch dafür gesorgt werden, daß das Wasser in den Ozeanen immer frisch bleibt. Wir wissen ja alle, daß stehende Gewässer mit der Zeit stinkend werden, weil darin abgestorbene Lebewesen allmählich in Fäulnis übergehen. Wer ein Aquarium hat, wird dies aus eigener unangenehmer Erfahrung bestätigen können. Wodurch hat nun der Schöpfer eine solche Verschmutzung der Meere dauerhaft verhindert?

Zur Lösung dieses Problems hat er wieder einmal eine Meisterleistung vollbracht. Zunächst mischte er so, wie wir zum Konservieren unserer Speisen Kochsalz verwenden, dem Meerwasser einen *Salzgehalt* von durchschnittlich 3 bis 4% bei. Das macht 30 bis 40 Gramm pro Liter. Dazu waren natürlich unvorstellbare Mengen nötig.

Würden alle Weltmeere austrocknen, dann bliebe so viel Salz zurück, daß es aufgeschichtet eine Halde von 300 Kilometer Höhe, eineinhalb Kilometer Breite und einer Länge ergäbe, die einmal um den Äquator reicht. Wie diese riesigen Salzmengen in die Ozeane gekommen sind, das hat die Wissenschaft bisher noch nicht ergründen können. Es ist noch das Geheimnis des Weltenbaumeisters.*)

Einen Extremfall bildet das 920 Quadratkilometer große Tote Meer. Es ist bis zu 395 Meter tief, und sein Wasser enthält 33% Salz. Man hat ausgerechnet, daß dies eine Gesamtmenge von 11 Milliarden und 600 Millionen Tonnen ausmacht. Doch dieser Fall bildet eine Ausnahme.

Doch der Salzgehalt würde das Meerwasser auf die Dauer nicht gesund erhalten können. Dazu müßte es zum mindesten zusätzlich in ständiger *Bewegung und Durchmischung* gehalten werden. Aber wie kann diese ungeheure Kräfte erfordernde Arbeit bewältigt werden?

Man denkt da vielleicht an die *Winde und Stürme.* Doch die bewegen nur die Oberfläche. Auch von dem stärksten Orkan ist in etwa 30 Meter Tiefe kaum noch ein Hauch zu verspüren. Sturm und Wind können es also allein nicht schaffen.

Doch da finden wir in den Ozeanen überall die sog. *Meeresströmungen.* Eine sehr merkwürdige Erscheinung: Flüsse und Ströme im Wasser! Es sind Strömungen, die tatsächlich schon seit Jahrtausenden wie die Flüsse auf dem Festland ununterbrochen ihre ganz bestimmte Bahn durch die Meere ziehen. Es sind Ströme von einer ungeheuren Mächtigkeit und Stärke. Der uns allen bekannte Golfstrom allein, der im Nordatlantik fast vom Äquator bis zur Eisgrenze kreist, verfrachtet beinahe zwanzigmal mehr Wasser als alle Flüsse des Festlandes zusammengerechnet. In 300 Meter Tiefe hat er noch eine Strömungsgeschwindigkeit von 3,7 Kilometer in der Stunde. Wie gewaltige Pflugscharen durchwühlen diese Strömungen unausgesetzt die Weltmeere und mischen so ihre ungeheuren Wassermassen durcheinander.

Aber auch die Meeresströmungen reichen nur einige hundert Meter tief hinunter, und was ist das gegen die bis zu elf Kilometer reichenden Tiefen der Ozeane?! Welche Kraft will denn bis in diese gewaltigen Abgründe hinabreichen?!

---

*) Von manchen Stoffen ist der prozentuale Anteil in den Ozeanen so gering, daß dafür nur eine *junge* Erde eine Erklärung bietet.

Doch die Möglichkeiten des Schöpfers kennen keine Grenzen. Er ist auch mit diesem Problem spielend fertig geworden. Er hat nämlich unserem guten alten *Mond* diese Aufgabe übertragen.

Wir wissen alle, daß dieser eine Kugel wie unsere Erde darstellt, die aber nur ein Fünfzigstel von deren Masse besitzt. Dieser natürliche Satellit umkreist unseren Planeten in einer mittleren Entfernung von 380 000 Kilometern.

Nun kennen wir vielleicht das allgemeine Naturgesetz, daß sich die Körper gegenseitig anziehen. Bei kleinen Stoffmengen ist diese Anziehung so gering, daß sie normalerweise nicht wahrgenommen wird. Die Wissenschaft hat jedoch herausgefunden, daß sich z. B. zwei im Abstand von zwei Metern nebeneinander stehende Personenautos mit einer Kraft anziehen, die einem Gewicht von 1,7 Milligramm gleichkommt. Die Anziehung zwischen 200 Meter voneinander entfernten Wohnblocks soll dagegen schon 25 Gramm entsprechen.

Wenn aber die Massen sehr groß sind, dann ergeben sich hier unvorstellbare Kräfte. Wir haben ja alle schon unsere Erfahrungen mit dem freien Fall gemacht und dabei festgestellt, mit welch ungeheurer Wucht die Riesenmasse unserer Erde andere Körper anzieht. Was wir mit Fallen bezeichnen, ist ja letztlich nichts anderes als die Anziehung unserer Erdmasse.

Weil nun das Wasser auf der Erde beweglich ist, *zieht der Mond bei seinem Umlauf jedesmal die ihm zugewandten Wassermassen der Weltmeere mit Riesenkräften auf sich zu.* Er hebt sie dabei stets fünf bis sechs Meter in die Höhe, um sie beim Weiterziehen langsam wieder zurücksinken zu lassen. So heben und senken sich also alle zwölf Stunden die Spiegel der Weltmeere, wodurch ihre Wassermassen bis in große Tiefen durcheinandergewühlt werden. Was sind doch unsere menschlichen Kraftwerke für Kinderspielzeuge gegen die Energien, die hier am Werk sind?!

Bei diesem ganzen rhythmischen Spiel von *Ebbe und Flut* ist noch zu beachten, wie wunderbar ausgewogen diese Riesenkräfte berechnet sind. Wäre der Mond nur halb so weit entfernt oder ein paarmal größer – was naturwissenschaftlich durchaus denkbar wäre –, dann würde seine Anziehungskraft zur fortgesetzten Katastrophe für unsere Erde. Im entgegengesetzten Fall könnte er seine Aufgabe nicht oder nur ungenügend erfüllen.

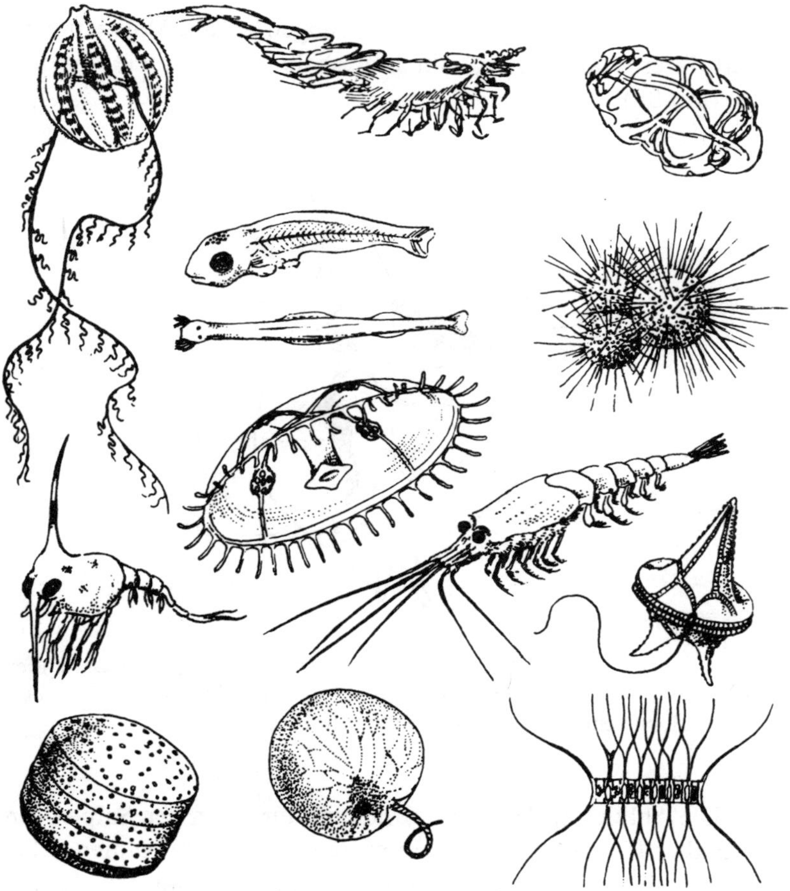

Abb. 37: Meeresplankton. Winzige im Wasser schwebende Kleinstlebewesen (stark vergrößert).

An dem großen *Reinigungsprozeß* des Meerwassers beteiligen sich auch fast alle seine Bewohner. Es stirbt in den Tiefen der Ozeane kaum ein Lebewesen, das nicht sogleich einem anderen als willkommene Nahrung dient. Doch wie steht es mit den Verunreinigungen, die nur eine Trübung des Wassers zur Folge haben?

Diese werden von den verschiedenartigsten Muscheln, Würmern, Schnecken und vor allem der unter dem Sammelbegriff Plankton zusammengefaßten Gruppe der kleinen und kleinsten Schwebetierchen beseitigt (s. Abb. 37). Sie filtrieren alle im Wasser schwebenden Teilchen und Trübungen heraus. Man nennt die Art ihrer Nahrungsaufnahme deshalb auch Filterernährung (s. Abb. 38).

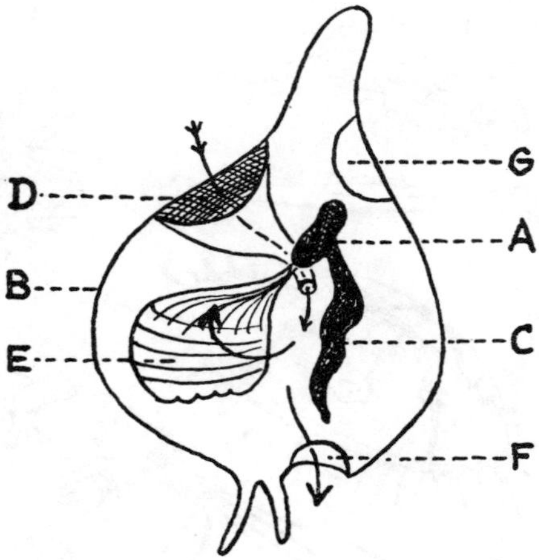

Abb. 38: »Das etwa erbsengroße Gehäuse mit dem ihm innewohnenden Planktontier im Schnitt«, Aus: John S. Colman »Wunder des Meeres«, Union Deutsche Verlagsanstalt, Stuttgart, 1952.

Die Abbildung 38 zeigt den Schnitt durch ein den Salpen verwandtes Planktontier mit dem wissenschaftlichen Namen Oikopleura. Es ist ein etwa erbsengroßes Gehäuse mit dem in ihm wohnenden Lebewesen. In der Zeichnung ist das eigentliche Tier schwarz dargestellt. Sein Kopfende A scheidet das blasenartige Gehäuse aus. Die Bewegungen des Schwanzes C erzeugen eine Strömung, die dem eingezeichneten gebogenen Pfeil in die Filteranlage E folgt. Dabei werden gröbere Teilchen durch die in der Eintrittsöffnung bei D befindlichen Reusen zurückgehalten. Nur allerkleinste Lebewesen können eindringen und werden als Nahrung festgehalten. Das überflüssige Wasser tritt bei F wieder aus. Wird die Filteranlage verstopft oder ist sie abgenutzt, dann gibt das Tier sein Haus auf. Es entweicht dann durch den »Notausgang« bei G und scheidet danach in ein bis zwei Stunden ein neues Haus aus.

7. Kapitel
Über die Landwirtschaft in der Natur

Der Regenwurm als Landarbeiter

Der *Regenwurm* hat vom Schöpfer den Auftrag erhalten, den Erdboden fortwährend *aufzulockern* und zu *düngen* (s. Abb. 39).

Zu diesem Zweck bohrt er seinen tastenden Kopf still, aber kraftvoll in den Boden hinein. Dazu macht er sein Vorderende möglichst dünn und sucht mit ihm in einen feinen Erdspalt oder eine lockere Stelle einzudringen. Ist ihm dies gelungen, dann läßt er seinen Körper stark anschwellen und treibt so das Erdreich auseinander. In die dabei entstandenen Röhren, die wir in fruchtbarem Ackerboden bis zu Metertiefe in großer Zahl vorfinden, zieht er pflanzliche und tierische Abfallstoffe wie Laub und Dung mit hinein. Diese bilden zum Teil seine Nahrung, und die Reste helfen mit bei der für das Wachstum der Pflanze so überaus wichtigen Humusbildung.

Unterstützt wird dieser Vorgang noch dadurch, daß der Regenwurm, sobald er auf festere Stellen im Boden stößt, diese durch seinen Speichel aufweicht und dann regelrecht auffrißt. Das ist für ihn überhaupt die Methode, in tiefere Erdschichten einzudrin-

Abb. 39: Regenwürmer. Daneben mehrere von ihnen ausgeschiedene Erdhäufchen und einige in ihre Erdröhren teilweise hineingezogene Pflanzenteile.

gen. Weil er die Erde nicht wie ein Maulwurf beim Graben seiner Gänge herausschaffen kann, läßt er sie einfach durch seinen Darm gleiten. Die Erdröhren des Regenwurms sind dadurch an der Oberfläche oft durch wurmartig gewundene Erdhäufchen abgedeckt. Dieser Verschluß soll das Eindringen von Feinden, Regenwasser und vielleicht auch von Kälte verhindern.

Prof. R. Heim gibt an, daß die Regenwürmer auf einem einzigen Quadratmeter Gartenland im Lauf eines Sommers etwa drei Kilogramm Erde durch ihren Körper schleusen. Das scheint auf den ersten Blick nicht viel zu sein. Aber derselbe Forscher sagt weiter, daß die gesamte Erdmasse bis zu 40 Zentimeter Tiefe in 300 bis 400 Jahren durch den Darm der Regenwürmer gewandert sei, wenn jedes Erdteilchen nur einmal an die Reihe käme.

Wir machen uns überhaupt von der Bedeutung der Regenwürmer im Haushalt der Natur erst die rechte Vorstellung, wenn wir von dem genannten Wissenschaftler einige weitere Zahlen darüber hören. Er gibt an, daß in einem Hektar guten Bodens etwa 133 000 Regenwürmer leben. Diese haben zusammen das ansehnliche Gewicht von 400 Kilogramm und können in 24 Stunden ungefähr 113 Kilogramm Humus erzeugen. Das sind pro Jahr gute 40 Tonnen bester Erde, die sie gleichmäßig auf der Oberfläche verteilen.

Weitere Landarbeiter des Schöpfers

Ähnlich wie der Regenwurm beschäftigen sich mit den abgestorbenen Pflanzenresten, die es besonders im Wald in Hülle und Fülle gibt, die *Schnecken*, die *Asseln*, die *Tausendfüßler*, die *Band- und Schnurfüßler*, die *Spinnen, Milben, Ameisen, Käfer* und die verschiedenartigsten *Insektenlarven.* In unermüdlicher Kleinarbeit zerstückeln, zerraspeln, zerfasern und zerkauen sie alles, was sie finden, so daß es schneller verrottet und so wieder zu Baumaterial für neues Leben werden kann.

In ebenso nützlicher Weise betätigen sich auch die *Mist-* und *Dungkäfer*, ohne sich der Wichtigkeit ihrer Arbeit bewußt zu sein. Hören wir nur einmal, wie zweckdienlich sie den Boden lockern und düngen.

Da ist z. B. unser *gewöhnlicher großer Mistkäfer* (s. Abb. 40). Er legt unter einem Kothaufen ein ganzes Bergwerk an. Dabei gräbt er zuerst einen senkrechten Schacht in die Tiefe, von dem er dann zahlreiche Seitenstollen in das Erdreich treibt. Dann holt er von dem Dunghaufen mit unermüdlichem Eifer Stückchen für Stückchen zwischen seinen Vorderbeinchen herunter und stopft damit die Seitengänge prall voll. An das Ende eines jeden Ganges legt dann das Käferweibchen jeweils ein Ei. Wenn aus diesem nun eines Tages die einem Engerling ähnliche Larve schlüpft, dann hat sie in der Mistmasse Wärmeschutz und Nahrung zugleich. Da ihr Futtervorrat aber immer viel größer ist als ihr Bedarf, bleibt davon noch reichlich für die Bodendüngung übrig.

Ein Berufskollege unseres gewöhnlichen Mistkäfers ist der *Mondhornkäfer.* Er hat seinen Namen von dem Horn, das er auf seinem tief gesenkten Kopf trägt. Dadurch hat er das gefährliche Aussehen eines angreifenden Miniaturnashorns.

Bei diesem Tierchen graben Männchen und Weibchen in gemeinsamer Arbeit unter einem Kuhfladen oder anderem Dung eine schön kuppelförmig gestaltete Höhle. Da hinein tragen sie den Mist, den sie zu einem eiförmigen Ballen zusammenstampfen und unermüdlich glätten, bis er wie poliert aussieht.

Abb. 40: Kuhdung mit Mistkäfer-Bergwerk.

Dann fangen sie plötzlich an, ihr Kunstwerk zu zerteilen und mehrere kleinere Pillen daraus zu formen. Wenn auch diese dann fein geglättet sind, legt das Weibchen an jede der Pillen ein Ei, das es mit ein wenig Mist überdeckt.

Alles, was das Mondhornkäfer-Ehepaar tut, hat seinen tiefen Sinn. Da die Tierchen weder überlegt noch aus Erfahrung handeln können, ja, nicht einmal je den Erfolg ihres Tuns zu sehen bekommen, muß ihnen der Drang dazu angeboren sein. Wir nennen das – ohne es bisher wissenschaftlich genau erklären zu können – Instinkt. Die Konzeption für diesen vernünftig erscheinenden inneren Trieb kann deshalb nur von dem stammen, der auch seine Träger entworfen und gebaut hat.

Bekanntlich verleiht die Kugelform einem Körper die geringstmögliche Oberfläche. Rauheit würde sie wieder etwas vergrößern. Deshalb ist sie bei Hochglanzpolitur am kleinsten. Für die Mistkugel ist eine möglichst kleine Oberfläche deshalb wichtig, weil sie dann am wenigsten schnell austrocknet.

Die äußerste Schicht wird zwar immer etwas antrocknen, doch dann schützt sie das Innere erst recht gegen Austrocknung. Aus diesem Grund muß sie möglichst lange unverletzt bleiben. Um dies zu gewährleisten, wird das Ei außen angeklebt, so daß die ausschlüpfende Larve die Kugelhaut nur einmal zu durchstoßen braucht. Diese frißt sich dann von oben nach unten ins Innere hinein. Durchstößt sie dabei doch einmal die Außenhaut, dann dreht sie sich um und verschließt das Loch wieder mit ihrem eigenen Kot.

Was geschieht nun mit dem Dung, der auf harten oder gar felsigen Boden fällt? Hier kann natürlich kein Untergraben stattfinden. Auch das hat der Schöpfer bei seiner großen Planung berücksichtigt. So wertvolles Aufbaumaterial für die Pflanzen durfte natürlich nicht verlorengehen. Deshalb erfand er einen Käfer, den wir den *Pillendreher* nennen (s. Abb. 41). Dieses an trockenen, warmen Stellen lebende Insekt besitzt den Instinkt, den Dünger dorthin zu transportieren, wo er von Nutzen ist.

Zu diesem Zweck formt er den Dung jeweils zu einer kleinen, etwa erbsengroßen Kugel, die vom Männchen in gemeinsamer Arbeit mit seinem Weibchen mühevoll dahin gerollt wird, wo sie

Abb. 41: Pillendreher-Ehepaar bei der Arbeit.

eingegraben werden soll. Diese Tätigkeit hat dem Tierchen seinen netten Namen eingebracht.

Der Transport der Mistkugel geht nun so vor sich, daß das Weibchen auf den Hinterbeinen aufgerichtet rückwärts geht, während es mit den Vorderbeinen die Kugel auf sich zurollt. Dabei schiebt dann das Männchen von der entgegengesetzten Seite in genau umgekehrter Stellung nach.

An Ort und Stelle angelangt, fängt das Weibchen sogleich an, eine unterirdische Höhle zu graben, während das Männchen die Kugel bewacht und dabei ständig hin- und herrollt. Auch darin zeigt sich wieder ein wunderbarer Instinkt. Das Bewachen und Bewegen der Kugel hat den Zweck, etwa herzufliegende Insekten davon abzuhalten, ihre Eier an die Mistkugel zu legen. Dadurch könnten nämlich deren Larven der Pillendreherlarve später gefährlich werden.

Ist schließlich die Höhle gegraben, dann rollen die Tierchen ihre Kugel hinein. Das Weibchen heftet noch ihr Ei an sie, worauf Herr und Frau Pillendreher ihren Nachwuchs seinem Schicksal überlassen.

Ein in Ägypten vorkommender, etwas größerer Verwandter unseres Pillendrehers war unter dem Namen Scarabäus schon im Altertum eine heilige Berühmtheit. Man hatte ihm den wissenschaftlichen Namen scarabäus sacer beigelegt. Im Deutschen nennt man ihn deshalb den *Heiligen Pillendreher.*

Man verehrte das Tierchen, weil den Ägyptern die kleine Kugel als Sinnbild für die ewig jugendliche Sonne galt. Auch weil man das aus dem Mist hervorgehende Larvenleben mit dem jenseitigen Weiterleben des ins Grab versenkten Toten verglich. Schließlich haben die Altertumsforscher herausgefunden, daß das ägyptische Wort »chepre« sowohl mit »Käfer« als auch mit »werden« oder »leben« übersetzt werden kann.

Man trieb damals einen regelrechten Skarabäus-Kult. Man trug Nachbildungen des Käfers als Amulett oder gab sie den Verstorbenen mit ins Grab. Auch wurde er zur ornamentalen Verzierung aller möglichen Gegenstände verwendet, von welch letzteren noch viele in den Museen zu finden sind.

Den Mistkäfern beruflich verwandt ist der sog. *Totengräber.* Ein schwarzer, rotgebänderter Käfer, der Leichen von Mäusen und Vögeln in die Erde eingräbt. Er häutet oder rupft diese Kadaver, bevor das Weibchen seine Eier daranheftet.

Es sieht ordentlich unheimlich aus, wenn wir einen toten Vogel im Garten sich plötzlich heben und wackeln sehen, als ob er wieder lebendig werden wollte. Aber es sind nur die unter ihm schuftenden Käfer, die die Bewegung verursachen. Bei der gemeinsamen Tätigkeit sinkt der tote Vogel oder die Maus langsam tiefer und tiefer, bis er bzw. sie regelrecht begraben ist. Man hat festgestellt, daß die Tierchen eine Spur sozialen Verhaltens an den Tag legen, indem oft mehrere Männchen einem Weibchen bei dieser Arbeit helfen. Wenn sie mit dieser fertig sind, bleibt immer nur eins von ihnen bei dem Weibchen zurück.

Die kleinsten unter Gottes Landarbeitern

Doch was Würmer, Schnecken, Käfer und all die anderen kleinen Aufbereiter des Ackerbodens leisten, ist nur grobe Vorarbeit für die verschiedenartigsten *mikroskopisch kleinen Lebewesen,* die den Abfall des Lebens chemisch aufbereiten. Sie gehören zu den aus nur einer oder wenig mehr Zellen bestehenden sog. *Urtierchen.* Es sind die *Wechseltierchen,* die *Wurzelfüßler,* die *Räder-* und *Pantoffeltierchen,* die *Glockentierchen* und viele andere. Auch ebenso winzige, zu den Pflanzen zählende Lebewesen betätigen sich auf diesem Gebiet. Zu diesen gehören die *Kiesel-* und *Grünalgen*, die *Fäulnispilze*, die *Bakterien* und viele, viele andere. Auch die weiter vorn schon erwähnten Stickstoffbakterien kann man zu diesen Landarbeitern rechnen, wenn sie auch eine ganz spezielle Düngung vornehmen.

All diese unscheinbaren Arbeiter sind so klein, dabei aber unvorstellbar zahlreich. Es genügt nämlich nur eine Handvoll Walderde, um Billionen von ihnen Heimat und Arbeitsfeld zu bieten. Könnte man sie in einem Hektar alle zusammenlesen und auf die Waage bringen, dann würden sie das stattliche Gewicht von einer Tonne ergeben.

Diese alle sind es, die die Abfallstoffe der Lebewelt in ihre Grundbestandteile zerlegen und auflösen. Als Miniaturchemiker machen sie das Erstorbene den Pflanzen wieder mundgerecht. Aus ihnen bauen diese ihre Körper auf, die sie dann Mensch und Tier als Nahrung zum Opfer bringen. Dieser Nahrungskreislauf ist so vollkommen, daß praktisch nichts verlorengeht. Alles ist brauchbar und wird wieder verwertet, *ein »Recycling« vollkommenster Art.*

All diese verschiedenartigen Landarbeiter des Schöpfers, die Würmer, Mistkäfer, die Fäulnisbakterien und -pilze und die sonst noch zu dieser Zunft gehörenden Lebewesen, folgen ihren Ernährungs- und Fortpflanzungsinstinkten und erfüllen dabei eine entscheidend wichtige Aufgabe im Naturganzen, von der sie nicht die geringste Ahnung haben. Uns Menschen wurde aber die Fähigkeit verliehen, den Zweck ihres Handelns zu durchschauen und sie als Selbstoffenbarung des großen Schöpfergottes zu erkennen und uns mit ihm über die Wunder seiner Werke zu freuen.

8. Kapitel
Des Schöpfers Baumaterial

Einstieg in den Mikrokosmos

Bei unserem Vergleich zwischen dem Gang durch Gottes Schöpfung mit der Besichtigung einer Automobilfabrik sind wir jetzt an dem Punkt, wo wir uns einmal etwas näher mit dem für die Produktion benötigten *Material* beschäftigen müssen. Dabei machen wir die interessante Feststellung, daß dieses Material in beiden Fällen genau das gleiche ist.

Es ist die *Materie*, die sich aus den in der Natur vorkommenden Grundstoffen oder Elementen zusammensetzt und deren Feinbau von der Naturwissenschaft schon sehr weitgehend erforscht worden ist. Wenn wir da hineinsehen wollen, müssen wir uns bis tief hinunter in die Grenzenlosigkeit des Mikrokosmos begeben.

Ist es nicht zum Staunen, welch hohe Würde der Schöpfer uns Menschen verliehen hat, daß wir fähig sind, seine Schöpferherrlichkeit sowohl bis in die unvorstellbaren Weiten des Makrokosmos als auch bis in die unermeßlichen Tiefen des Mikrokosmos erforschen und bewundern zu können?!

Baustoff der Welten

Alle Welt spricht heute vom *Atom.* Früher kannte es nur der Naturwissenschaftler oder allenfalls noch der über eine hohe Allgemeinbildung Verfügende. Aber im Jahr 1945 machte sich dieses winzige Ding mit der bis dahin gewaltigsten und folgenschwersten Explosion schlagartig auf der ganzen Erdoberfläche bekannt. Damit beendete es zwar erfreulicherweise ein fast sechsjähriges Völkermorden, aber gleichzeitig legte es eine lähmende Angst auf die gesamte Menschheit, die seitdem noch niemand und nichts zu bannen vermochte.

Wehe uns, wenn ein Unverantwortlicher es aus Machtgier eines Tages als Waffe benutzt! Dann könnte es nämlich passieren, daß kein Sterblicher mehr Herr darüber wird. Ja, Forscher von höchstem Rang halten es sogar für möglich, daß unser ganzer Erdball dabei vernichtet werden kann.

Aber wenn andererseits die im Atom verborgenen Kräfte nur für friedliche Zwecke verwendet werden, dann wird es einmal einer der wichtigsten Helfer der Menschheit sein.

Was ist eigentlich ein Atom?

Die Wissenschaft hat durch ungezählte Experimente die schon von dem griechischen Gelehrten Demokrit um 460 v. Chr. geäußerte Vermutung bestätigt gefunden, daß alle Stoffe aus allerkleinsten Teilchen bestehen, die, ohne daß ihre chemischen und physikalischen Eigenschaften sich ändern, nicht weiter geteilt werden können. Diese allerkleinsten Materiebausteinchen nannte man schon damals Atome (»atomos« ist griechisch und heißt unteilbar).

Weiter haben die Forscher, ohne jemals in ein Atom hineingesehen zu haben, festgestellt, daß es sich im wesentlichen aus drei verschiedenartigen, noch viel kleineren Teilchen zusammensetzt. Es sind dies die negativ elektrisch geladenen Elektronen, die positiv elektrischen Protonen und die elektrisch neutralen Neutronen. Allerdings sprechen die Atomphysiker davon, daß sich auch die den Atomkern zusammensetzenden Protonen und Neutronen wiederum aus noch kleineren Elementarteilchen, den sog. Quarks, aufbauen. Doch weil hierüber die Forschung noch lange nicht abgeschlossen ist, möchte ich darauf nicht näher eingehen.

Die Beantwortung dieser Frage ändert nämlich nichts an dem sich unserer Vorstellungskraft entziehenden, rätselhaften Charakter dieser unvorstellbar kleinen Atombausteinchen. Während sie sich anfangs als feste Materieteilchen erwiesen, offenbarten sie sich eines Tages als Energie. Der Physiker deutet sie heute deshalb als auf einzelne Punkte konzentrierte Ballungen von Energie oder, fachmännisch ausgedrückt, als Energieballungen im Raum.

Das ist zwar eine treffende Formulierung, aber keines Menschen Hirn vermag das, was sie aussagt, im letzten Grund zu begreifen. Alles, was wir mit unseren Sinnen wahrnehmen und als handfeste Materie erkennen, soll letzten Endes nichts anderes sein als eine Ansammlung unsichtbarer Energien?! Ja, so ist es in der Tat. Die Atomphysiker haben es unwiderleglich nachgewiesen. Den Stoff, wie wir ihn uns bisher immer vorgestellt haben, gibt es überhaupt nicht. Alles Stoffliche, auch der härteste Diamant oder Stahl, besteht im Grunde aus nichts anderem als Energie.

Doch wo bleiben bei dieser Feststellung die Menschen, die ihr ganzes Weltbild auf die Materie gegründet haben, die der Ansicht sind, die Materie sei etwas unerschütterlich Feststehendes, das von Ewigkeit zu Ewigkeit existiere und sich nie verändere? Rutscht ihnen nicht der Boden unter den Füßen weg, wenn sie hören, daß die Wissenschaft die Identität von Materie und Energie einwandfrei nachgewiesen hat?

Der Glaubende war mit der Heiligen Schrift schon immer der festen Gewißheit, daß »alles Sichtbare aus Unsichtbarem hervorgegangen ist« (Hebr 11,3). Er ist überzeugt, daß alle Energien, auch die, aus der alle Materie besteht, ununterbrochen aus der Urquelle aller Kraft, nämlich von dem allmächtigen Schöpfer Himmels und der Erden, kommen. Er weiß, daß alles Geschaffene nichts anderes als Gottes Gedanken darstellt, das nur so lange Bestand hat, wie er diesen denkt. Und dieser Glaube hat in der modernen Naturwissenschaft einen starken Verbündeten bekommen.

Wir können fest damit rechnen, daß, je weiter die Atomforschung in ihren Erkenntnissen fortschreitet, dieses Bündnis immer sicherer und fester wird. Wir werden zunehmend zu der Überzeugung gelangen, daß das Geschöpf Mensch niemals seinen Schöpfer, ja, sogar nicht einmal seine Werke mit seinem Verstand zu erfassen vermögen wird. Das wird schon überzeugend deutlich, wenn wir uns jetzt einmal den inneren Aufbau der Atome ansehen.

Das Atom – ein Mini-Sonnensystem

Alles im Atom ist rasende und wirbelnde Bewegung. Wir können es mit einem unfaßbar kleinen *Sonnensystem* vergleichen, in dem die *Protonen* mit den *Neutronen* zusammen als traubenartiges Ganzes die Sonne darstellen, um die die einzelnen *Elektronen* wie winzigste Planeten mit ungeheurer Geschwindigkeit kreisen.

Merkwürdigerweise sind die Größenverhältnisse dabei denen

des kosmischen Sonnensystems ebenfalls ähnlich. Wir wollen sie uns jetzt einmal an dem einfachst gebauten Atom, dem des Wasserstoffs, veranschaulichen. In ihm kreist nur ein einziges Elektron als »Planet« um ein einziges Proton als »Sonne«. Neutronen enthält es nicht.

Dieses kleine »Sonnensystem« denken wir uns jetzt einmal so vergrößert, daß das Proton die Größe einer Apfelsine hat. Das Elektron wäre dann etwa nur so groß wie ein Stecknadelkopf und umkreiste diesen im Abstand von einem Kilometer mit einer Geschwindigkeit von 2 160 000 Stundenkilometern. Ist das nicht gewaltig?! Und großartig zugleich?! Eine auf einen Durchmesser von zwei Kilometern vergrößerte Atomkugel enthielte nur eine Handvoll Masse! Alles übrige ist leerer Raum!

In Wirklichkeit sind die Atome so unvorstellbar klein, daß z. B. ein Gramm des erwähnten Gases Wasserstoff 600 000 Trillionen Atome enthält. Wollte man diese Zahl in Ziffern schreiben, dann müßte man an eine 6 nicht weniger als 23 Nullen hängen. Angesichts der unfaßbaren Kleinheit dieser Materiebausteinchen ist leicht einzusehen, daß sie selbst mit den stärksten Elektronenmikroskopen nicht sichtbar zu machen sind.

Die 92 natürlichen Elemente

Etwa 99% aller Dinge auf der Erdoberfläche bestehen aus kaum einem Dutzend verschiedener Atome. Die wichtigsten von

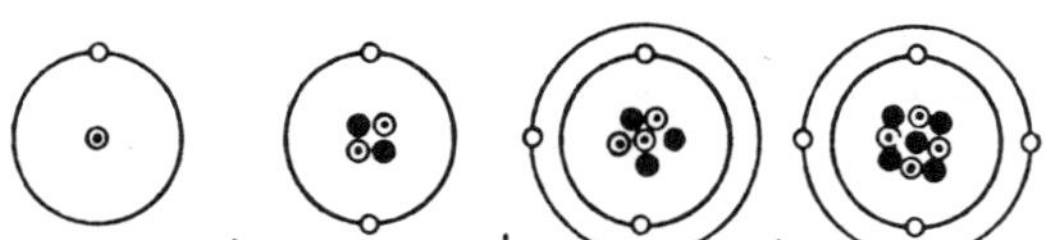

Wasserstoff	Helium	Lithium	Beryllium	Anzahl der
1	2	3	4	Elektronen o
1	1	2	2	Elektronen-Schalen
1	2	3	4	Protonen im Kern ⊙
0	2	3	5	Neutronen im Kern ●

Abb. 42: Schematischer Aufbau der ersten vier Glieder der natürlichen Atomreihe.

ihnen sind die des *Sauerstoffs*, des *Siliziums*, des *Aluminiums*, des *Natriums*, des *Magnesiums*, des *Eisens* und des *Kalziums*. Das ist erstaunlich, denn es kommen in der Natur insgesamt *92 Arten* vor.

Die verschieden gearteten Atome unterscheiden sich durch die unterschiedliche Anzahl von Elektronen, Protonen und Neutronen, aus denen sie zusammengesetzt sind (s. Abb. 42).

Das am einfachsten gebaute Atom ist, wie schon angedeutet, das des Wasserstoffgases, dessen Kern nur aus einem einzelnen Proton besteht, um den sich auch nur ein Elektron bewegt.

Bei dem nächst schwereren Stoff, dem ebenfalls gasförmigen *Helium*, setzt sich der Atomkern aus zwei Protonen und zwei Neutronen zusammen. Dieser wird von zwei Elektronen umkreist, die dabei auf der gleichen Bahn laufen.

Nach dem Helium folgt das metallische, sehr leichte *Lithium* mit je drei Protonen und Neutronen im Kern und ebenfalls drei um diesen schwirrende Elektronen. Von den letzteren bewegen sich dabei zwei auf einer inneren und das dritte auf einer etwas größeren äußeren Bahn.

An das Lithium schließt sich das ebenfalls metallische *Beryllium* an. Sein Kern enthält vier Protonen und fünf Neutronen, um den auf einer inneren Bahn zwei und auf einer äußeren ebenfalls zwei Elektronen kreisen.

So könnten wir die Reihe fortsetzen, bis wir zu dem größten und zugleich schwersten natürlichen Atom, dem des Metalls *Uran*, anlangten. Dieses enthält 92 Protonen und 146 Neutronen im Kern, der auf sieben Bahnen von insgesamt 92 Elektronen umlaufen wird.

Die *Zahl* der in einem Atom enthaltenen Elektronen kann also zwischen einem und 92 betragen. Diese Zahl ist gleichzeitig die *Ordnungszahl*, die dem Fachmann angibt, wo eine Atomart in der langen Reihe ihren Platz hat. Sie sagt ihm aber auch gleichzeitig etwas über deren Größe und Gewicht aus. Die Stoffe, die nur aus einer einzigen Atomart aufgebaut sind, nennt man Grundstoffe oder Elemente.

Die Bedeutung der Neutronen

Elektron und Proton unterliegen elektrostatischer Anziehung. Dabei stellt das Elektron eine negative und das Proton eine positive Ladung dar. Da beide gleich groß sind, heben sie sich gegenseitig auf, so daß die Atome nach außen hin neutral sind. Da es sich hier um die kleinstmöglichen elektrischen Ladungen überhaupt handelt, hat man sie jeweils willkürlich gleich 1 gesetzt.

Die in den größeren Atomkernen außerdem noch vorhandenen *Neutronen* sind ebenfalls neutral, so daß sie das elektrische Verhalten des Ganzen nicht beeinflussen. Wie wir gesehen haben, wächst ihre Anzahl mit zunehmender Atomgröße stetig an. Man vermutet, daß sie die Aufgabe haben, den in den größeren Kernen vereinigten Protonen den Zusammenhalt zu ermöglichen, und zwar aus folgendem Grund:

Von der Physik her wissen wir ja, daß gleichnamige elektrische Ladungen einander abstoßen. Man hatte sich deshalb immer gewundert, daß die gleichartig gearteten Protonen im Kern überhaupt zusammenhalten. Die Wissenschaft ist heute der Ansicht, daß die in allen größeren Atomkernen gleichzeitig vorhandenen, nicht geladenen Neutronen diesen Zusammenhalt bewirken. Allerdings glaubt man seit 1935 mit dem japanischen Forscher Yukawa, daß dabei noch andere Teilchen eine Rolle spielen, die man Mesonen benannt hat.

Die Verteilung der Masse im Atom

Weil das Gewicht eines jeden Stoffes von der Erdanziehung verursacht wird und diese infolge einer geringen Abflachung an den Polen ein wenig anders ist als am Äquator und außerdem die Höhenlage einen Einfluß auf sie hat, hat man beim Atom dasjenige Gewicht zugrunde gelegt, das es genau auf Meereshöhe am Äquator haben würde.

Zwecks Vereinfachung aller Berechnungen hat man die *Masse* eines Protons gleich 1 gesetzt. Wenig größer ist die Masse eines Neutrons. Dagegen beträgt sie beim Elektron nur $\frac{1}{1837}$ der Masse 1. Das ergibt einen so kleinen Wert, daß man ihn praktisch vernachlässigen kann.

Daraus folgt gleichzeitig, daß bei jedem Atom 99,95 % seiner Masse im Kern konzentriert ist. Das setzt uns in höchstem Maß in Erstaunen, wenn wir dabei die Größenverhältnisse innerhalb des Atoms in Betracht ziehen. Wenn man nämlich die Elektronenbahn, die man sich ja als Hohlkugel vorstellen muß (man nennt sie auch Elektronenschale), bis auf den Umfang eines Fußballs vergrößern würde, dann hätte der Kern erst einen Durchmesser von drei Tausendstel Millimeter. Das Innere des Atoms besteht nun, wie wir bereits hörten, zum allergrößten Teil aus leerem Raum. Wie klein aber der in dessen Mittelpunkt schwebende Kern in Wirklichkeit ist, können wir uns überhaupt nicht vorstellen; sind doch die Atome selbst schon so klein, daß 100 Millionen aneinandergereiht erst einen einzigen Zentimeter ergeben.

Deshalb ist auch verständlich, daß eine Menge nackter Atomkerne, so groß wie ein Wassertropfen, viele Millionen Tonnen wiegen würde. Man hat ausgerechnet, daß alle Atomkerne der Erdmasse zusammengenommen eine Kugel von nur 1500 Meter Durchmesser ergeben würde, die jedoch dann genauso schwer sein würde wie der ganze Erdball.

Was sind Isotope?

Alle Stoffe, die aus der gleichen Atomart zusammengesetzt sind, nennen wir *Grundstoffe* oder *Elemente.* Nun haben die Naturforscher gefunden, daß manche Elemente aus einem Gemisch zwar gleichartiger, aber doch verschieden schwerer Atome bestehen. Diese zeigen auch alle dasselbe chemische Verhalten, unterscheiden sich jedoch voneinander durch eine etwas verschieden große Masse. Das liegt an dem Umstand, daß die Atome zwar die gleiche Anzahl von Elektronen und Protonen, aber eine unterschiedliche Neutronenzahl aufweisen.

Wir wollen uns diese Besonderheit der Atome am Beispiel des Kupfers deutlich machen. Das Kupferatom hat bekanntlich je 29 Protonen und Elektronen in seinem Atomkern. In diesem können aber entweder 34 oder 36 Neutronen enthalten sein. Und zwar ist der Anteil dieser beiden Arten in jedem Stück Kupfer im ersten Fall 69 % und im zweiten 31 %. Da nun die Protonen und Neutronen zusammen die Masse eines Atoms ausmachen, hat die eine Atomart die Masse 63 und die andere die Masse 65. Man nennt solche unterschiedlich schweren Atome eines Elements *Isotope.* Die Wissenschaft spricht deshalb von den Isotopen des Kupfers als von Kupfer 63 und Kupfer 65. Die abgekürzte Schreibweise der Fachleute ist $_{29}Cu^{63}$ und $_{29}Cu^{65}$.

Was ist Radioaktivität?

Die Naturwissenschaftler waren noch im ganzen vorigen Jahrhundert der Meinung, daß trotz aller chemischen Umwandlungen nicht die geringste Menge Stoff verlorenginge. Ebenso glaubten sie felsenfest, daß Energie zwar aus einer Form in die andere verwandelt werden könne – wie etwa Wärme in Elektrizität –, daß sie dabei aber in ihrer Menge voll erhalten bliebe. Sie hatten deshalb die beiden Fundamentalgesetze von der Erhaltung der Energie und von der Erhaltung der Materie aufgestellt, die sie für unumstößlich hielten. Die intensive Atomforschung hat dann aber später gezeigt, wie unzulänglich unser menschliches Erkennen ist. Die Wissenschaft hatte sich geirrt.

Es zeigte sich nämlich, daß es Elemente gibt, die mit unterschiedlicher Geschwindigkeit *in Energie zerfallen.* Die Forscher nannten diesen Vorgang *Radioaktivität.* Wann, wo und wie kommt dieser Zerfall nun zustande?

Besteht ein Atomkern, wie der des Wasserstoffs, nur aus einem einzelnen Proton, dann braucht dieser für seinen Zusammenhalt keine Neutronen. Da gleichnamig elektrische Ladungen jedoch einander abstoßen, wird diese Abstoßung in den größeren Kernen durch zwischen den Protonen befindliche Neutronen verhindert. Bei Kernen bis zu 20 Protonen genügt im allgemeinen die diesen entsprechende, jeweils gleiche Neutronenzahl, um sie zusammenzuhalten. Sind mehr vorhanden, dann muß die Zahl der Neutronen größer sein als die der Protonen. Mit zunehmender Protonenzahl wird die Sache aber immer schlechter. Der größte stabile Kern ist der des Elements Wismut mit 83 Protonen und 126 Neutronen. Bei allen größeren hat man radioaktiven Zerfall festgestellt.

Man beobachtete die Radioaktivität zum ersten Mal 1896 an dem schwersten in der Natur vorkommenden Element Uran. Sein Kern enthält bekanntlich 92 Protonen und 146 Neutronen. Durch geeignete Experimentiermethoden stellte man nun fest, daß dieser Atomkern fortwährend drei verschiedene Arten von Strahlen aussendet. Man nannte sie Alpha-, Beta- und Gammastrahlen.

Bei näherer Untersuchung ergab sich, daß die erste Strahlenart aus mit großer Geschwindigkeit weggeschleuderten Heliumkernen bestand, die sich bekanntlich aus je zwei Protonen und Neutronen zusammensetzen. Die Betastrahlen konnte man als mit großer Wucht fortfliegende Elektronen deuten. Bei den Gammastrahlen handelte es sich dagegen um reine Energiestrahlung.

Sie besteht aus elektromagnetischen Wellen, die mit denen des Lichts nahe verwandt sind. Sie bewegen sich auch mit Lichtgeschwindigkeit, nämlich mit 300 000 Kilometern in der Sekunde, fort. Die Alphateilchen haben dagegen nur ein Zehntel und die Betateilchen neun Zehntel dieser Geschwindigkeit.

Was geschieht nun mit dem Rest des zerfallenden Urankerns? Durch den Masse- und Energieverlust wird er natürlich kleiner. Er wird dann folgerichtig zu einem Kern eines Elements mit niedrigerer Masse, und zwar geschieht dies stufenweise über eine Reihe von etwa zehn Elementen. Da ja die großen Atome alle radioaktiv sind, zerfallen nämlich auch sie wieder, bis der Prozeß endlich bei dem stabilen Blei zum Stillstand kommt. Dieses Metall steht in der Atomreihe mit seinen je 82 Elektronen und Protonen unmittelbar vor dem erwähnten stabilen Wismut, das von diesen Elementarteilchen je 83 aufweist.

Ich sagte schon, daß der Materiezerfall außerordentlich langsam vor sich geht. Das wird uns erst recht deutlich, wenn wir hören, daß ein Kilogramm Uran in einer Milliarde Jahren so viel Energie abstrahlt, wie bei der Verbrennung von 500 Kilogramm Benzin entsteht. Wir halten das für unerhört viel und fragen, wieviel Energie denn überhaupt in der Materie steckt. Die Atomphysiker haben errechnet, daß in einem einzigen Kilogramm Uran so viel Energie enthalten ist, wie bei der Verbrennung von rund 2000 Tonnen Steinkohle frei wird. Zu deren Transport wären 67 Eisenbahnwaggons zu je 30 Tonnen erforderlich. Damit verglichen ist der natürliche Atomzerfall und die damit frei werdende Energie sehr gering.

Auch dürfen wir nicht meinen, wir könnten heute schon die in den Atomen steckenden Energien restlos aus ihnen herausholen. In einem Leichtwasserreaktor liefert ein Kilogramm Uran nur die gleiche Energie, wie sie durch Verbrennen von 30 Tonnen Steinkohle gewonnen werden kann. Doch davon später mehr.

Woher kommt die Atomkraft?

Die Naturwissenschaft hat sich nun in jahrzehntelanger Forschungsarbeit darum bemüht, in den Atommechanismus künstlich einzugreifen und ihn so zu verändern, daß ein Element in das andere umgewandelt wird. Dazu war es unerläßlich, an den Atomkern selbst heranzukommen. Dieser wird aber durch die ihn umgebenden Elektronenschalen äußerst stark geschützt.

Man kam deshalb auf den klugen Gedanken, ihn mit den *Alphateilchen* zu beschießen, die beim radioaktiven Zerfall von Uran mit großer Energie fortgeschleudert werden.

Als man auf diese Weise *Stickstoff* mit der Masse 14 mit den bekanntlich aus *Heliumkernen* bestehenden Alphateilchen bombardierte, erhielt man tatsächlich Sauerstoff mit der Masse 17 und Wasserstoff mit der Masse 1. Dies geschah erstmalig im Jahr 1919.

Das war eine *echte Stoffumwandlung*, wie sie sich die Alchimisten im Mittelalter erträumt hatten. Schreibt man die Reaktion in einer Gleichung auf, dann sieht man, daß dabei keine Masse verlorengeht. Die Summe der Massezahlen ist auf beiden Seiten 18. Solche und ähnliche Stoffumwandlungen hat man seitdem in großer Zahl durchführen können.

Nun hat man aber bei solchen Kernbeschießungen die Erfahrung gemacht, daß ungeheure Mengen Alphateilchen oder ähnlicher Geschosse angewendet werden müssen, um nur wenige Kerne zu treffen. In dem genannten Fall trifft durchschnittlich von 300 000 nur ein einziges sein Ziel. Ferner stellte man fest, daß sich Protonen für den Beschuß weniger eignen. Weil sie positiv elektrisch geladen sind, werden sie von den gleichnamigen Ladungen der Kerne, die sie treffen sollen, abgestoßen. Aus diesem Grund müssen sie schon eine sehr große Geschwindigkeit haben, wenn sie dieses Hemmnis überwinden sollen. Als man deshalb zu dem gleichen Zweck einmal die elektrisch neutralen Neutronen verwendete, stellte man sofort eine unvergleichlich viel bessere Wirkung fest.

In der zweiten Hälfte der dreißiger Jahre machten die Atomforscher *Professor Otto Hahn* und sein Mitarbeiter *Professor Fritz Straßmann* eine folgenschwere Entdeckung. Bei der Suche nach neuen, schwereren als den bisher bekannten 92 natürlichen Elementen *beschossen sie Uran mit Neutronen. Dabei stellten sie fest, daß der große und schwere Urankern in zwei Stücke zerbrach.* Die beiden Trümmer aber stellten die Kerne von zwei anderen Elementen mit den entsprechend kleineren Massezahlen dar. Je nach der Geschwindigkeit der angewendeten Neutronengeschosse erhielten sie sogar Kernbruchstücke verschiedener Größe.

Schon bald erkannte man, daß diese Spaltung nur an einem einzigen *Uran-Isotop*, dem $_{92}U^{235}$, auftritt, das zu 0,7 % in dem in der Natur gefundenen Uran enthalten ist. Die Forscher sagen sogar, daß dieses Uran 235 den einzigen spaltbaren Kern hat, der in der Natur vorkommt.

Warum ist dieser Spaltvorgang nun von so besonderer Bedeutung? Weil er die Voraussetzung für die in der *Atombombe* sich vollziehende Atomexplosion bildet.

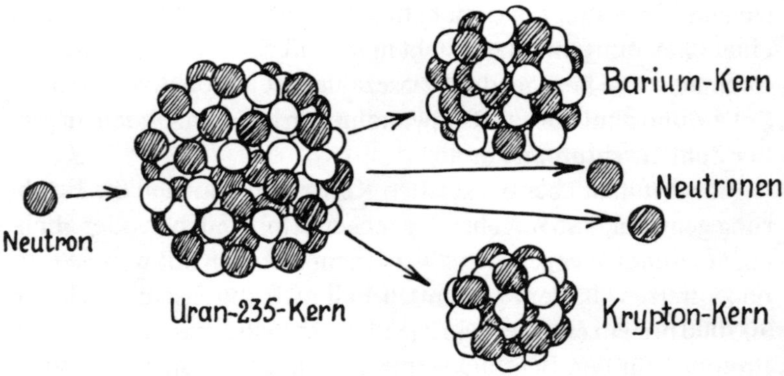

Abb. 43: Durch Neutronenbeschuß sich spaltender Urankern.

Wenn ein Kern von Uran 235 von einem Neutron getroffen wird, dann zerspringt dieser in zwei Teile, beispielsweise in einen Kern von *Barium 142* und einen solchen von *Krypton 91* (s. Abb. 43). Weil nun die schweren Kerne mehr Neutronen haben müssen, um deren Protonen zusammenzuhalten, werden bei ihrer Spaltung in zwei kleinere Bruchstücke immer einige Neutronen frei, die ebenso wie diese mit großer Energie weggeschleudert werden. Die obengenannten beiden Spaltstücke beweisen dies.

Die Summe ihrer Masse beträgt 233. Der Urankern hatte aber die Masse 235. Folglich müssen bei der Reaktion zwei Neutronen frei geworden sein. Diese beiden Teilchen sind in der Lage, genau wie die anfänglichen Neutronengeschosse, zwei weitere Urankerne zu spalten. Diese geben dann zusammen vier Neutronen frei, durch die wieder vier weitere Atome zertrümmert werden, die acht freie Neutronen ergeben. Dadurch, daß das dann durch die ganze Uranmasse so weitergeht, steigert sich die Zahl der zersprengten Atome in kürzester Zeit ins Unermeßliche. In Bruchteilen einer Sekunde werden alle greifbaren Uran 235-Atomkerne zerbrochen, und weil sich die Spaltung kettenartig von Atom zu Atom fortpflanzt, nennt man den Vorgang eine Kettenreaktion.

Fluch und Segen der Atomkraft

Dieses schlagartige Zerbrechen der Urankerne ist mit einer explosionsartigen Freisetzung ungeheurer Energiemengen verbunden. *Mit ihr vermag der Mensch die gewaltigsten, ihm bisher möglichen Zerstörungen anzurichten.*

Wenn eine Atombombe explodiert, dann entsteht zunächst ein gleißender Feuerball, der heller ist als die Sonne. Sie entsendet Energiestrahlen und schnelle Teilchen nach allen Richtungen, und die Temperatur in ihrem Inneren steigt auf mehr als zehn Millionen Grad Celsius.

Die Atombombe hat dreifache Wirkung. Ihre Explosion erzeugt in der Luft gewaltige, sog. *Druckwellen*, die gleichzeitig erdbebenartig wirken und im Umkreis von vielen Kilometern alles zusammenstürzen lassen. Die *ungeheuren Temperaturen* verursachen in der ganzen Umgegend zahlreiche Brände. Die gefährlichste Wirkung hat aber die *unsichtbare Energiestrahlung*, die jedes lebende Gewebe durchdringt und verletzt. Tod oder langes Siechtum sind die Folge.

Diese Strahlung hält unglücklicherweise noch lange nach der Explosion an. Sie wird von den radioaktiven Spaltprodukten fortgesetzt. Diese Teilchen werden als radioaktiver Staub hoch in die Luft gewirbelt, vom Wind weitergetragen und fallen unter Umständen erst nach Tausenden von Kilometern zur Erde. Darin liegt das Heimtückische einer solchen Atomexplosion.

Es wäre geradezu grauenvoll, wenn die Atomforscher jetzt dauernd von dem Gedanken verfolgt würden, ihre ganze mühevolle Lebensarbeit hätte der Menschheit nur die Atombombe zu ihrer Selbstzerstörung beschert. Aber glücklicherweise ist es ihnen auch bereits gelungen, die explosionsartige Kettenreaktion der Atomkernspaltung zu bremsen. Dies geschieht in den inzwischen allseits bekannten Atomreaktoren, von denen es ja heute schon eine Reihe verschiedener Konstruktionen gibt. Hunderte von diesen sind an vielen Stellen der Welt sogar schon in Betrieb.

Auf ihre Wirkungsweise näher einzugehen, würde hier zu weit führen. Es mag die Bemerkung genügen, daß sie es ermöglichen, die *Atomkraft gezähmt* und in solchen Mengen kontinuierlich in Freiheit zu setzen, wie sie für nur *friedliche Zwecke* als Helfer des Menschen verwendet werden kann. In erster Linie wird sie zur Erzeugung elektrischer Energie genutzt, die dann ja weiter verzweigte Anwendungsmöglichkeiten bietet.

Ich habe vorhin bereits erwähnt, wie gewaltig groß der Energieinhalt eines Kilogramms Uran ist und daß wir davon bisher nur etwas mehr als den tausendsten Teil herausholen können. Immerhin ist diese Menge aber schon so groß, daß sie alle bisher bekannten Energiequellen weit übertrifft. Da wir mit den natürlichen fossilen Brennstoffen Raubbau betrieben und die Nutzung der übrigen Möglichkeiten wie Sonnen-, Wind-, Wasserenergie sowie der Erdwärme vernachlässigt haben, wird uns wohl in Zukunft nichts anderes als die Ausbeutung der Atomenergie übrigbleiben.

Wenn wir jetzt noch einmal die Erfolge der Atomwissenschaft an uns vorüberziehen lassen, dann stehen wir staunend vor einer *Glanzleistung menschlichen Forschergeistes*. Wie hoch steht doch das »Ebenbild des Schöpfers« über aller anderen Kreatur?! Kein

Tier hat je auch nur das primitivste Werkzeug oder Kunstwerk zu schaffen vermocht. Aber der Mensch ist sogar imstande, Zusammenhänge zu ergründen und auszunutzen, die in einem so unvorstellbar kleinen Bereich liegen, daß sie selbst mit den raffiniertesten Mitteln der Technik wohl nie werden sichtbar gemacht werden können. Er ist vorgedrungen bis an die Quelle der Kraft, die »die Welt im Innersten zusammenhält«. Ja, er hat es sogar fertiggebracht, diese Quelle anzuzapfen und sich die ihr entströmenden Kräfte nutzbar zu machen. Wahrlich ein Triumph der denkenden und forschenden Vernunft!

Doch ist diese unsere Vernunft wirklich so vernünftig, wie es auf den ersten Blick erscheint? Müßte sie dann nicht schon längst dem Menschengeschlecht zu einem friedlichen Zusammenleben verholfen haben?! Aber alles Streben und Bemühen in dieser Richtung hat dieses ersehnte Ziel durch alle Jahrtausende der Menschheitsgeschichte hindurch noch nicht zu erreichen vermocht. Und so wurde auch die Atomkraft als erstes zur Zerstörung und Vernichtung verwendet, bevor man daranging, sich mit ihr das Leben angenehmer zu gestalten. *Wie so oft im Leben der Menschen triumphierte auch hier die Unvernunft. Die These, daß der Mensch im Kern seines Wesens gut sei, muß also wohl auf einem Irrtum beruhen.*

Atome vereinigen sich zu Molekülen

Die meisten Atomarten können sich nun untereinander zu größeren Gebilden vereinigen, die man *Moleküle* nennt. Die aus ihnen aufgebauten, sog. chemischen Verbindungen zeigen in der Regel nichts mehr von den Eigenschaften der in ihnen enthaltenen Einzelatome.

Den Molekülen liegt stets ein systematischer Aufbau zugrunde, den wir jetzt einmal an dem Beispiel unseres gewöhnlichen Kochsalzes kennenlernen wollen (s. Abb. 44).

Wenn auch dieses Salz als einheitlicher Stoff, ähnlich wie ein Element, anmutet, den wir in Wasser auflösen und wieder auskristallisieren können, ohne daß er seine Eigenschaften verändert, so ist er dennoch durch Zusammenschluß zweier, in ihrem Einzelverhalten grundverschiedener Atomarten entstanden.

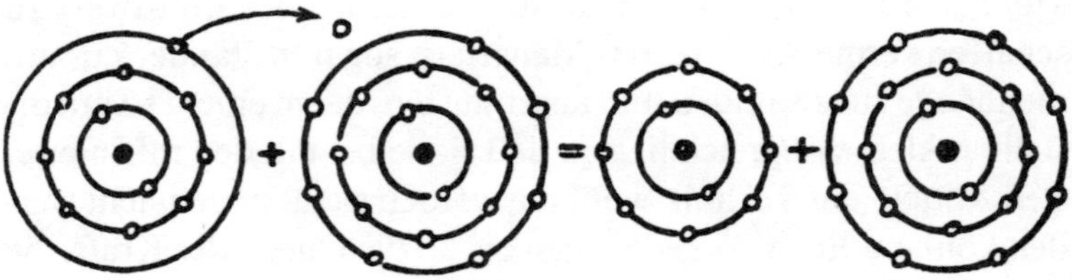

Abb. 44: Der chemische Vorgang der Entstehung des Kochsalzes.

Das Kochsalzmolekül ist zusammengesetzt aus je einem Atom der Elemente Natrium und Chlor. Das Natrium ist ein Metall, das noch weicher ist als Blei, sich in Wasser sofort zersetzt und an der Luft augenblicklich oxidiert. Das Chlor dagegen ist ein grünlichgelbes, stechend riechendes, sehr giftiges Gas. Würden wir ein Stückchen Natrium schlucken oder Chlorgas einatmen, wäre unser Tod die Folge. Aber das aus beiden zusammengesetzte Kochsalz, das der Chemiker jederzeit in beide Bestandteile zerlegen kann, nehmen wir täglich ohne Schaden zu uns. So völlig kann die Verbindung zwischen den Atomen ihren Eigencharakter verschwinden lassen. Jetzt interessiert uns natürlich die Frage, wie sich die Elektronen, Protonen und Neutronen bei einer solchen Atomvereinigung verhalten.

Wie eine chemische Reaktion verläuft

Wir haben vorhin von Elektronenbahnen gesprochen. Diese legen sich wie die Schalen einer Zwiebel als übereinandergelagerte Hohlkugeln um den Atomkern. Diese sog. Elektronenschalen können jeweils nur eine begrenzte Anzahl von Elektronen enthalten, die sich von innen nach außen in einer interessanten Gesetzmäßigkeit steigert. Die innerste Schale vermag nur 2, die beiden nächsten je 8, die dann folgenden je 18 und die letzte vollständige Schale 32 Elektronen aufzunehmen. Das größte Atom beginnt noch eine siebte Schale, die aber infolge der Radioaktivität nicht mehr zur Vollständigkeit gelangt.

Die angedeutete Gesetzmäßigkeit kommt erst zum Ausdruck, wenn wir die obigen Zahlen folgendermaßen mathematisch zergliedern:

2 mal 1^2	2 mal 2^2	2 mal 2^2	2 mal 3^2	2 mal 3^2	2 mal 4^2
= 2	= 8	= 8	= 18	= 18	= 32

Da die Elektronenzahl von einem Atom zum nächsten immer nur um eins steigt, die Auffüllung der Schalen dabei normalerweise*) von innen nach außen erfolgt, ist verständlich, daß die äußerste Schale bei den wenigsten Atomarten voll besetzt sein kann. Wo dies nicht der Fall ist, hat das Atom das Bestreben, seine Außenschale bis zur Höchstzahl an Elektronen zu vervollständigen.

Ist die dort vorhandene Elektronenzahl gering, dann werden diese gern abgestoßen. Ist sie jedoch nahe der Vollzahl, dann werden lieber die fehlenden Elektronen aufgenommen.

Jedes Elektron entspricht einer negativ elektrischen Ladung, die man mit -1 bezeichnet. Im Gegensatz dazu ist jedes Proton mit der gleich großen, entgegengesetzten positiven Elektrizitätsmenge geladen. Sie trägt das Kennzeichen $+1$. Da die in einem Atom vorhandenen Elektronen- und Protonenzahlen normalerweise einander entsprechen, ist das Ganze nach außen hin elektrisch neutral.

Wie geht nun die Vereinigung der beiden das Kochsalzmolekül bildenden Atome vor sich?

Das *Natrium-Atom* hat drei Elektronenschalen, von denen die äußerste nur mit einem Elektron besetzt ist. Deshalb wird dieses gern abgestoßen. Dadurch überwiegt eine positive Ladung des Kerns, so daß das Restatom, das man jetzt Ion nennt, einfach positiv geladen ist.

Beim *Chlor-Atom* sind die Verhältnisse genau umgekehrt. Ihm fehlt auf seiner äußersten Schale, die ebenfalls die dritte ist, gerade noch ein Elektron.

Ist es da verwunderlich, daß sich die beiden Elemente gern zusammentun, um sich ihre Wünsche gegenseitig zu erfüllen?! Das

---

*) Einige Elemente machen eine Ausnahme (die Lanthaniden u. Actiniden).

Natrium-Atom gibt also ein Elektron ab, wodurch seine dritte Schale ganz in Fortfall kommt. Und das Chlor-Atom nimmt dieses verstoßene Teilchen zur Vervollständigung seiner dritten Schale mit Freuden auf. Es wird dadurch zu einem einfach negativ geladenen Ion.

Da nun bekanntlich entgegengesetzte elektrische Ladungen einander anziehen, können die beiden Ionen ohne äußeren Einfluß nicht mehr voneinander lassen. Sie schließen sich so fest zusammen, daß dadurch aus ihnen ein ganz neuer Stoff entsteht, eben unser Kochsalz.

So kommt ein Kristall zustande

Die beiden Ionen kleben nun in dieser Verbindung nicht so ungeordnet aneinander wie etwa Eisenspäne an einem Magneten. Sie *ordnen sich vielmehr in ein ganz bestimmtes System ein.* Dieses ist bei den verschiedenen chemischen Stoffen sehr unterschiedlich, aber bei ein und derselben Verbindung stets genau das gleiche. Man nennt diese Art der Ionen-Anordnung *Kristallgitter.*

Wenn an sich zu einem Kochsalzmolekül auch nur je ein Natrium- und ein Chlor-Ion gehört, so baut sich das Kristallgitter doch erst durch den Zusammenschluß mehrerer Moleküle auf (s. Abb. 45).

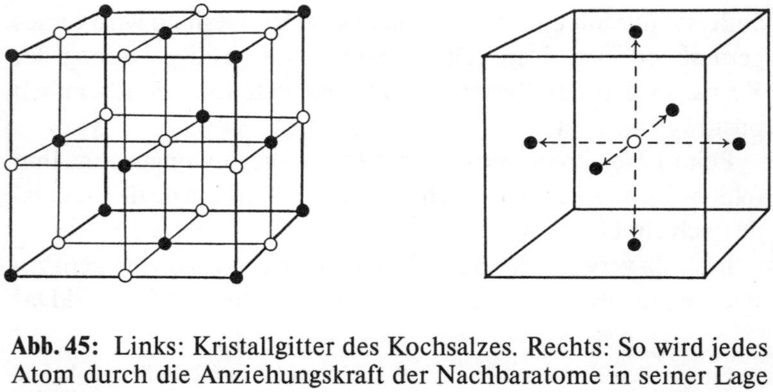

Abb. 45: Links: Kristallgitter des Kochsalzes. Rechts: So wird jedes Atom durch die Anziehungskraft der Nachbaratome in seiner Lage gehalten.

Dem *Kochsalzgitter* liegt ein für allemal die *Würfelform* zugrunde. Seine kleinste Einheit stellt einen Quader dar, dessen Ekken immer abwechselnd mit Natrium- und Chlor-Ionen besetzt sind. Die einzelnen Ionen befinden sich in einem ganz bestimmten Abstand voneinander, und jedes einzelne wird durch die Anziehungskraft der entgegengesetzt elektrisch geladenen Nachbar-Ionen in der Schwebe gehalten.

So beginnt also die Gruppierung der beiden Atomarten zu Würfeln im Bereich des Allerkleinsten, in den bisher noch nie ein Mensch unmittelbar hat hineinsehen können. Aber sie setzt sich aus ihm heraus bis in die Sichtbarkeit fort. Ein unvorstellbar kleines Gitter baut sich auf das andere auf, bis das Ganze so groß ist, daß wir es mit unseren Augen wahrnehmen können.

Das im Haushalt verwendete Kochsalz ist künstlich zerkleinert. Wir haben es hier deshalb nur mit zerschlagenen Bruchstücken von Würfeln zu tun. Im grobstückigen Rohsalz findet man jedoch leicht schön gewachsene Würfel, die sich bequem in kleinere spalten lassen.

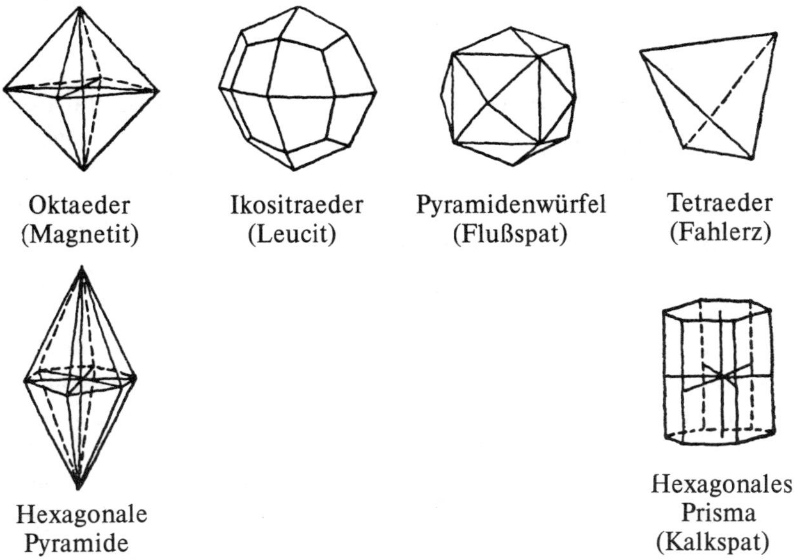

Abb. 46: Einige wenige Beispiele von Kristallformen.

Die weitaus meisten anorganisch-chemischen, das heißt: nicht von Organismen stammenden Stoffe haben *Kristallstruktur*. Wegen des unterschiedlichen Feinbaus ist ihre Kristallform ebenfalls sehr verschieden, aber, wie gesagt, für den einzelnen Stoff stets genau die gleiche.

In der Technik spricht man, wenn sich aus nur wenigen Grundelementen die verschiedenartigsten Möbel, Apparate, Maschinen oder dgl. zusammenbauen lassen, vom sog. Baukastenprinzip. Hier haben wir wohl das großartigste und vollkommenste Baukastensystem vor uns. Aus nur drei Urbausteinchen lassen sich 92 Atome und aus diesen wieder Hunderttausende von Molekülen kombinieren, die wiederum die herrlichsten *geometrischen Formen der Kristalle* und mit ihnen das gewaltige Mineralreich aufbauen (s. Abb. 46). Welch ein grandioses und faszinierendes Werk des genialen, vorausplanenden göttlichen Erfinders!

Das Wunder des Kohlenstoffatoms

Zu den außergewöhnlichen Umständen, die das Leben auf unserem Planeten erst möglich machen, zählen auch die vom Normalen stark abweichenden Eigenschaften des *Kohlenstoffatoms*. Diese Sondereigenschaften sind wieder einmal so beeindrukkend, daß man sie geradezu als Wunder ansprechen kann. Dabei brauchen wir nicht einmal zu erwarten, dieses Atom paßte dadurch nicht mehr in die besprochene Reihe der 92 Elemente, die die Wissenschaft »Das Periodische System der Elemente« nennt, hinein. Keineswegs. Wie kann es sich dann aber so ganz anders verhalten als alle anderen?

Der Kohlenstoff ist in der Reihe der 92 natürlichen Elemente das sechste Glied. Sein Kern ist dem systematischen Aufbau aller übrigen entsprechend ganz normal von zwei Elektronenschalen umgeben. Von diesen enthält, wie ebenfalls zu erwarten ist, die innere zwei und die äußere vier Elektronen. Da die letztere also genau die Hälfte der dort möglichen Elektronenzahl aufweist, können diese unter Bildung chemischer Verbindungen ebenso leicht an andersartige Atome abgegeben werden, wie die fehlenden vier von solchen aufgenommen werden. Das bedeutet wiederum, daß das Kohlenstoff-Ion ebensogut vierfach positiv als auch vierfach negativ elektrisch geladen betrachtet werden kann. *Darauf gründet sich seine Fähigkeit, sich ebensogern mit anderen negativen Ionen, wie denen des Wasserstoffs und der Metalle, wie mit anderen positiven, wie denen des Sauerstoffs, des Stickstoffs, des Schwefels und des Chlors, zu verbinden.*

Soweit benimmt sich also das Kohlenstoff-Atom ganz normal, es hat nur durch die günstige Besetzung seiner äußersten Elektronenschale mehr Möglichkeiten der Verbindung mit anderen Atomen. Sein eigentlich außergewöhnliches Verhalten wird jedoch durch eine zusätzliche Eigenschaft hervorgerufen, über die kein anderes Atom im gleichen Ausmaß verfügt. *Es ist die Fähigkeit, mit sich selbst Verbindungen einzugehen.* Das Atom des Kohlenstoffs ist in der Lage, sich nicht nur zu mehreren, nein, zu Hunderten und Tausenden aneinanderzuhängen. Auf diese Weise kommen Moleküle zustande, die, im Gegensatz zu den in der anorganischen Chemie üblichen, Riesengebilde darstellen. Die Zahl der Kombinationsmöglichkeiten ist so gewaltig groß, daß man das Gebiet der Kohlenstoffverbindungen als Spezialgebiet von der allgemeinen Chemie abtrennen mußte. Man hat ihm die Fachbezeichnung *Organische Chemie* gegeben, weil sich die Körper aller Organismen aus den Verbindungen des Kohlenstoffs aufbauen.

Wie groß die organischen Moleküle oft sein können, zeigt uns z. B. das des Kautschuks. In ihm sollen nicht weniger als 26 000 Atome enthalten sein. In diesem bilden etwa 8000 Kohlenstoff-Atome eine einzige Kette. Die Moleküle der in der Baumwolle enthaltenen Zellulose sollen sogar ungefähr 42 000 Atome in sich vereinigen.

In diesen riesengroßen Molekülen bilden die miteinander verbundenen Kohlenstoff-Atome das tragende Gerippe. Dieses hat durchweg einen sehr systematischen Aufbau, der sich in der Hauptsache auf zwei Grundformen zurückführen läßt: die bereits erwähnte Kette und der aus sechs Atomen gebildete Ring. Die auf diesen Grundformen beruhenden *Ketten-* und *Ringverbindungen* bilden in der Organischen Chemie wieder zwei spezielle Teilgebiete.

Am liebsten verbindet sich der Kohlenstoff mit den Elementen Wasserstoff und Sauerstoff. Deren Atome kommen deshalb in seinen Verbindungen weitaus am meisten vor. Mit dem Wasserstoff allein bildet er schon Reihen sowohl von Ketten- als auch von Ringverbindungen, die sog. *Kohlenwasserstoffe.* Solche Kohlenwasserstoffreihen gibt es mehrere.

Die ersten drei Glieder der am einfachsten gebauten Reihe sind die wohl allgemein bekannten Gase Methan, Äthan und Propan. Ihre Konstitutionsformeln seien hier als typische Beispiele für die *Kettenverbindungen* des Kohlenstoffs wiedergegeben:

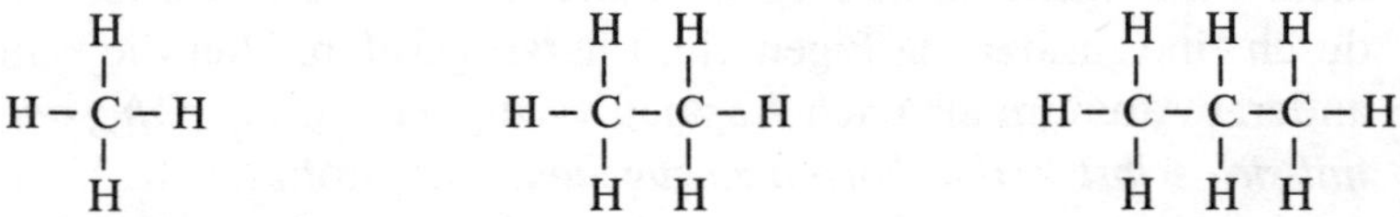

Methan CH_4 | Äthan C_2H_6 | Propan C_3H_8

Abb. 47: Die ersten drei Glieder der kettenförmigen Kohlenwasserstoffreihe.

Diese Reihe läßt sich nun bis zu sehr langen Kettenverbindungen fortsetzen. Je länger diese werden, desto größer sind naturgemäß dann auch ihre Moleküle und desto kompakter und spezifisch schwerer die betreffenden Stoffe. So haben die Anfangsglieder, die gasförmigen Verbindungen, bereits zunehmend höhere spezifische Gewichte. Von einem bestimmten Punkt an werden sie von zunächst leichten, dann aber immer schwereren Flüssigkeiten abgelöst, um schließlich in feste Stoffe überzugehen. Auch die letzteren haben mit zunehmender Molekülgröße steigende spezifische Gewichte. Ein ebenfalls sehr bekannter Vertreter dieser einfachen Kohlenwasserstoffreihe ist das Paraffin.

Es ist leicht zu verstehen, daß viele Kohlenwasserstoffverbindungen infolge der Kettenstruktur ihrer Moleküle faserige und dabei mehr oder weniger elastische Stoffe darstellen. Besonders bei den ungewöhnlich langen Ketten, wie ich sie schon vom Kautschuk und der Zellulose erwähnte, ist dies der Fall. Man hat z. B. berechnet, daß in der Zellulose ein Molekül 1500mal so lang ist wie breit.

Für den Bau der Stoffe, aus denen der Schöpfer seine Organismen herstellt, hat er sich wieder einmal ein faszinierendes Baukastensystem ausgedacht. Von den 92 in der Natur vorkommenden Elementen braucht er in der Hauptsache den Kohlenstoff, den Wasserstoff und den Sauerstoff, um daraus in Kombination mit wenig Stickstoff, Phosphor, Schwefel und Eisen die Tausende und Abertausende von biegsamen und schmiegsamen, festen und harten Substanzen herzustellen, die ganz genau die Eigenschaften haben, wie er sie zur Bildung von Haut und Haaren, von Muskeln und Knochen, von Sehnen und Nerven und den unzähligen anderen Teilen der Menschen-, Tier- und Pflanzenkörper nötig hatte.

Das ist wahrlich ein Wunder, dessen sich inzwischen auch des Schöpfers Ebenbild bemächtigt hat. Er ist dem göttlichen Erfinder hinter sein Fabrikationsgeheimnis gekommen und pfuscht ihm jetzt laufend ins Handwerk. Es hat verhältnismäßig lange gedauert, bis die Chemiker in das Gebiet der Organischen Chemie eindringen konnten. Der erste, dem dieser Vorstoß gelang, war Friedrich Wöhler. Als erste organische Synthesen konnte er 1824 die Oxalsäure und 1828 den Harnstoff künstlich herstellen. Die heutige umfangreiche Kunststoffindustrie ist allerdings erst wenige Jahrzehnte alt.

Blattgrün und roter Blutfarbstoff

Die einfachste von den ringförmigen Kohlenstoffverbindungen ist das uns allen bekannte Benzol. Weil ihr Molekül gewissermaßen die kleinste Einheit aller Ringverbindungen darstellt, nennt man ihre sechs miteinander verbundenen Kohlenstoff-Atome in der Fachwelt den Benzolring.

In größeren Molekülen können sich nun wiederum auch von diesen Ringen eine mehr oder weniger große Zahl aneinanderhängen. Ähnlich wie die erwähnte kettenförmige Kohlenwasserstoffreihe gibt es auch eine einfache ringförmige. Ihr erstes Glied ist das bereits erwähnte Benzol. Jedes weitere Glied unterscheidet sich von dem vorhergehenden durch einen weiteren, angelagerten Benzolring. Demgemäß zeigen also die ersten drei Glieder dieser *ringförmigen Kohlenwasserstoffreihe* folgenden inneren Aufbau:

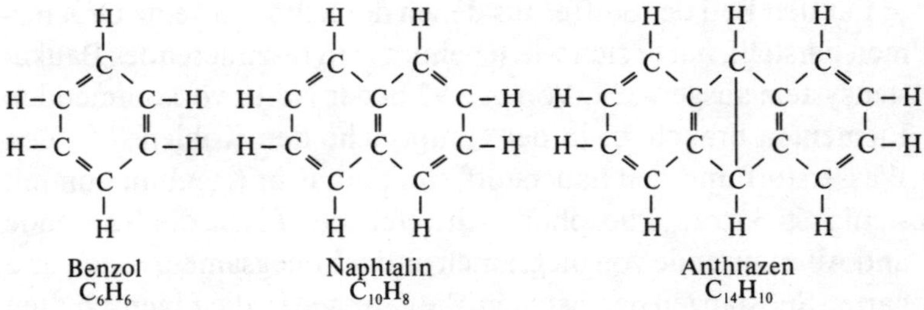

Abb. 48: Die ersten drei Glieder der ringförmigen Kohlenwasserstoffreihe.

Aber schon beim dritten Vertreter dieser Reihe gibt es eine Variante. Sie entsteht durch die Möglichkeit einer andersartigen Anlagerung der Benzolringe. Bei der einen Art erhält man das Anthrazen und bei der anderen das Phenantren. In vereinfachter Darstellung sieht der Unterschied im inneren Aufbau der beiden Verbindungen folgendermaßen aus:

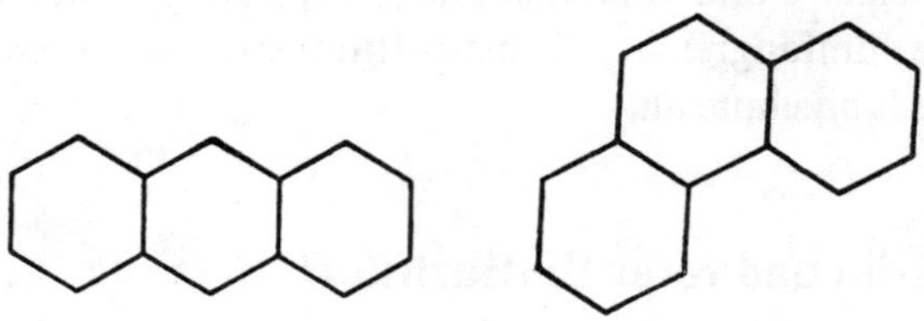

Abb. 49: Zwei verschiedene Arten der Anlagerung von Benzolringen.

Von den ringförmigen Kohlenstoffverbindungen leiten sich viele Farbstoffe ab, die aber häufig eine Kombination zwischen Ring- und Kettenverbindungen darstellen. Zu solchen äußerst kompliziert aufgebauten Stoffen gehören auch das Blattgrün der Pflanzen und der rote Blutfarbstoff. Sie tragen die wissenschaftlichen Namen Chlorophyll und Hämoglobin.

Ein einziges Molekül des *Chlorophylls* (s. Abb. 50), setzt sich aus nicht weniger als 137 Atomen zusammen. In einer ähnlichen Größenordnung liegt diese Zahl auch beim Hämoglobin.

An dieser Stelle stoßen wir nun wieder an eine interessante Besonderheit in der Schöpfung, nämlich die, daß das Blattgrün und der Blutfarbstoff bezüglich ihrer chemischen Zusammensetzung beinahe gleich sind. Der Hauptunterschied besteht darin, daß beim Chlorophyll in der Mitte ein Magnesium- und beim Hämoglobin ein Eisen-Atom steht. Deutet diese nahe Verwandtschaft der beiden so kompliziert gebauten, lebenswichtigen Stoffe nicht stark darauf hin, daß sie vom gleichen Planer entworfen worden sind?!

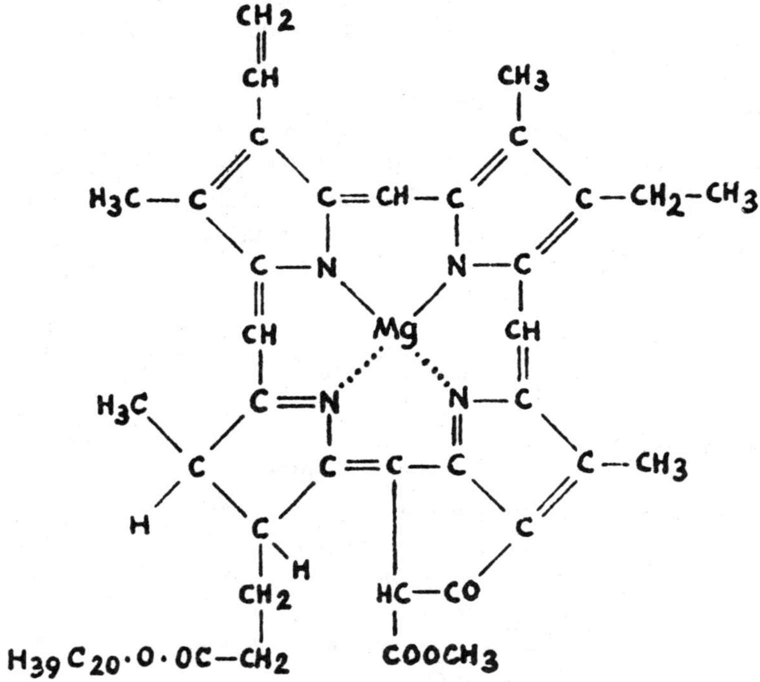

Abb. 50: Die chemische Grundstruktur des Blattgrüns.

9. Kapitel
Vom Geheimnis des Lebens

Wir begegnen dem Phänomen Leben

In unserem Bild von der Besichtigung einer Automobilfabrik kommen wir jetzt wieder einen Schritt weiter. Im vorigen Kapitel beschäftigte uns das für die Schöpfung verwendete Rohmaterial, wobei wir die interessante Feststellung machten, daß es im Grunde mit dem vom Autohersteller benötigten identisch ist.

Dieses Kapitel soll uns nun zeigen, wie der Schöpfer das Grundmaterial zu größeren Einheiten zusammensetzt, wobei wir dann zum ersten Mal dem *Phänomen Leben* begegnen. Dank der Ergebnisse genialer Forschertätigkeit werden wir schon vieles von dem Verhalten dieses *Phänomens* in den Bereichen des Mikrokosmos kennenlernen. Aber wir dürfen nicht zu viel erwarten, denn sein letztes Geheimnis hat es bisher noch nicht preisgegeben. Doch schon das, was wir erfahren werden, ist so gewaltig, daß wir unseren herrlichen Schöpfer nur staunend anbeten können.

Das Leben bewahrt sein Geheimnis

Tatsächlich ist eins der größten Wunder im Naturgeschehen das Leben mit seinen ungeheuer vielfältigen Erscheinungsformen. Aus der toten irdischen Materie baut es Millionen und Abermillionen verschiedenartigster *Gestaltungen* auf, die eine Zeitlang Bestand haben, um dann wieder zu vergehen. Alles, was lebt, hat den unersättlichen Drang in sich, sich auszubreiten, und, bevor es stirbt, seine Art in einer möglichst größeren Zahl von Nachkommen fortzusetzen. Die Gestaltungen sind fortwährenden Veränderungen unterworfen, aber das Leben bleibt.

Dieser Prozeß ständigen Werdens und Vergehens der Organismen ist nun schon seit Schöpfungsbeginn auf unserem Planeten in Gang.

Was ist nun eigentlich das Leben? Wir wissen es nicht. Es hütet sein Geheimnis, das ihm der Mensch trotz jahrtausendelangen, stets zunehmenden Mühens bisher noch nicht abzuringen vermochte. Noch selten ist der menschliche Wissensdurst auf so unüberwindliche Schranken gestoßen wie bei dem Forschen nach dem Wie und Woher des Lebens.

Leben aus Schmutz und Fäulnis?

Seit Beginn des menschlichen Fragens nach dem Ursprung des Lebens bis weit in das vorige Jahrhundert hinein hielt man die *Theorie von der ständigen Urzeugung* für eine bewiesene Tatsache. So lehrten griechische Denker schon mehr als 200 Jahre vor Christi Geburt, daß Lebewesen aus Schmutz, Holz, Fleischbrühe, Blut und vielen anderen, zum Teil recht merkwürdigen Stoffen entständen. Der große Philosoph Schopenhauer schrieb am Anfang des vorigen Jahrhunderts noch: »Daß aus dem Unorganischen die untersten Pflanzen, aus den faulenden Resten dieser die untersten Tiere und aus diesen stufenweise die oberen entstanden sind, ist der einzig mögliche Gedanke.«

Doch ehe noch das 19. Jahrhundert zu Ende ging, wies der große Naturforscher *Pasteur* nach, daß die für so gesichert erachtete Theorie unhaltbar sei. Zum Beweis schloß er Fleischbrühe, die er durch Erhitzen keimfrei gemacht – heute würden wir sagen *»pasteurisiert«* – hatte, in einem Glasgefäß luftdicht ab, und siehe da, es entstand in ihr kein Leben!

Damit hatte sich zwar Pasteur das große Verdienst erworben, einen jahrtausendealten Irrtum ausgeräumt zu haben, aber war man dadurch der Aufklärung des Lebensursprungs näher gekommen? Im Gegenteil, dieses Problem war jetzt ungelöster als je zuvor.

Leben von anderen Sternen?

Aber diese Tatsache rief die Forscher erst recht auf den Plan. Es begann unter ihnen ein fieberhaftes Grübeln und Experimentieren. Eine der ersten wichtigen Annahmen, auf die sie dabei verfielen, war sie sog. *Kosmozoentheorie.* Wäre es nicht möglich – so fragten sie sich –, daß in der Urzeit ein erster Lebenskeim von einem anderen Stern zu uns gelangt ist? Ein Meteor könnte ihn mitgebracht haben. Manche meinten sogar, er sei mikroskopisch klein gewesen, und deshalb habe ihn ein Lichtstrahl auf die Erde schießen können.

Diese Theorie fand bald eine begeisterte Aufnahme in der Gelehrtenwelt. Selbst der erst 1927 verstorbene Naturwissenschaftler Arrhenius hat sie noch vertreten.

Doch was hatte man mit ihr gewonnen? Das Problem wurde durch sie nur in die unermeßlichen Weiten des Weltalls verlegt und seine Lösung dadurch schier unmöglich gemacht. Wollte man auf diese Weise vielleicht nur der Schwierigkeit aus dem Weg gehen?

Wer so dachte, hatte den menschlichen Wissensdurst falsch eingeschätzt. So leicht konnte der nicht zufriedengestellt werden. Und so wurden denn auch schon sehr bald von allen Seiten schwerste Bedenken gegen die neue Theorie angemeldet. Man hatte nämlich bereits ausgerechnet, daß die Reise eines solchen Lebenskeims trotz eines mit außerordentlicher Geschwindigkeit erfolgten Transports unter Umständen viele Jahrtausende gedauert haben müßte. Dabei wäre er dann ununterbrochen extremer Kälte, absoluter Trockenheit und vor allem den tödlich wirkenden kosmischen Strahlen ausgesetzt gewesen. Bei der bekannten großen Empfindlichkeit jeder Art von lebender Substanz hätte das aber kein Lebenskeim je überstanden.

Wer an einen Meteor als Beförderungsmittel für ihn gedacht hatte, mußte außerdem noch berücksichtigen, daß sich dieser beim Eintritt in unsere Atmosphäre infolge der Reibung mit der Luft bekanntlich so hoch erhitzt hätte, daß er geschmolzen und verdampft wäre. Wo da der Lebenskeim geblieben wäre, läßt sich leicht denken.

So war man also gezwungen, auch die Kosmozoentheorie wieder aufzugeben. Damit war man aber wieder einmal »so klug wie zuvor«.

Grundbaustoff Protoplasma

Weiter vorn habe ich bereits erwähnt, daß grundsätzlich alle lebenden Organismen aus allerkleinsten lebenden Einheiten, den Zellen, aufgebaut sind. Ich verglich dabei diese Bauweise mit der, die auch bei der Errichtung menschlicher Bauwerke ihre Anwendung findet. Während wir Menschen für unsere Zwecke große, feste, grobe Steine verwenden, bedient sich der Schöpfer für die seinen submikroskopischer Gebilde, in denen sich äußerst verwikkelte, neben- und durcheinander verlaufende Vorgänge von allerhöchster Präzision und Zielstrebigkeit abspielen.

Seine Lebensbausteine bestehen aus einer von einer zarten Hülle umgebenen, durchscheinenden, gallertartigen Masse, die der Fachmann *»Protoplasma«* nennt, was soviel bedeutet wie *Urbildungsstoff.* Diese Masse ist nun keineswegs so homogen, wie es noch unter dem Lichtmikroskop bei rund 1000facher Vergrößerung den Anschein hat. Zwar bemerkt man auch hier schon ein größeres Körperchen darin, den sog. Zellkern und einige Bläschen, aber die eigentliche Feinstruktur läßt sich erst unter der noch mindestens 100mal stärkeren Vergrößerung des Elektronenmikroskops erkennen.

Chemisch besteht das Protoplasma zu 60 bis 90% aus Wasser, in dem Eiweißstoffe, Fette und fettähnliche Stoffe, Kohlehydrate, verschiedene Zuckerarten, Salze und andere kolloidal gelöst sind.

Das Protoplasma hat eine sich ständig ändernde Waben- oder Schaumstruktur. In ihm bilden oft fadenförmige Eiweißmoleküle eine Art Gitterwerk, zwischen dem gröbere und feinere Flüssigkeitsbläschen eingelagert sind. Dank dieser Feinstruktur ist es möglich, daß in der winzigen Zelle die vielen Lebensvorgänge ohne gegenseitige Störung ablaufen können.

Nach unserer heutigen Erkenntnis ist also das Leben ein in seinen Grundbausteinen sich vollziehendes, ständig wechselndes Geschehen. Dieses äußert sich in einem sich fortwährend ändernden Aufbau des Protoplasmas. Die das Leben in ihm tragenden Stoffe sind in einem ununterbrochenen Zerfallen und Wiederaufbauen begriffen. Deshalb kann man auch die lebende Substanz nicht greifen und untersuchen. Sobald man sie nämlich aus dem Organismus herausnimmt, bringt man das sich in ihr abspielende

Geschehen zum Stillstand. Das aber ist nichts anderes, als daß das Leben in ihr erstirbt.

Zur Zeit Darwins und Haeckels war es nicht schwer, an die Urzeugung zu glauben. Damals hielt man das Leben ja noch für die spezifische Eigenschaft eines ganz bestimmt zusammengesetzten einheitlichen Stoffes. Wem es gelingen würde, so meinten die Gelehrten, das Rezept für dieses Stoffgemisch herauszufinden, der könne dann nach Belieben lebende Substanz herstellen. Die Erschaffung künstlichen Lebens sei also nichts anderes als eine Laboratoriumsaufgabe. Mit ihrer Lösung sei man dann der Natur hinter die Schliche gekommen und habe damit den Vorgang rekonstruiert, der in prähistorischer Zeit durch zufälliges Zusammentreffen vieler glücklicher Umstände zur Entstehung der Urzelle geführt habe.

Bei den noch lückenhaften Erkenntnissen der damaligen Zeit waren solche Überlegungen nicht einmal so abwegig. Daß aber heute noch unzählige Wissenschaftler und Laien an ihnen festhalten, ist angesichts der ihnen entgegenstehenden gesicherten Forschungsergebnisse der letzten Jahrzehnte kaum zu fassen. Vor allem ist es unverantwortlich, daß diese mehr als zweifelhafte Theorie unserer Jugend auch hier im Westen in den Schulen und an Universitäten wie eine wissenschaftlich gesicherte Erkenntnis vermittelt wird!

Die Zelle – Baustein alles Lebendigen

Die größte Überraschung, die die Erfindung des Mikroskops um die Mitte des 17. Jahrhunderts mit sich brachte, dürfte die Feststellung gewesen sein, daß alle lebenden Organismen aus *Zellen* aufgebaut sind. Mit ihr eröffnete sich den Naturwissenschaftlern ein völlig neues und unübersehbar weites Arbeitsfeld, dessen Erforschung seitdem faszinierende Erkenntnisse erbracht hat.

Wer die auf diesem Gebiet bisher gewonnenen Erkenntnisse mit der Art menschlicher Ingenieurtätigkeit vergleicht, kann das Leben unmöglich auf eine rein zufällige Entstehung und allmähliche Aufwärtsentwicklung zurückführen. Gleichzeitig liefert uns die Tatsache, daß wir die Lebensvorgänge innerhalb der Zelle im

Prinzip weitgehend durchschauen, ein überzeugendes Argument für unsere Geistesverwandtschaft mit dem Erfinder dieser Vollkommenheit an Zweckmäßigkeit und Präzision.

Fragen wir nun zunächst einmal nach dem äußeren Erscheinungsbild dieses winzigen, aber in unvorstellbaren Mengen und verschiedenen Variationen auf unserer Erde vorkommenden Schöpfungswunders (s. Abb. 51).

Da ist zunächst zu sagen, daß sämtliche Zellarten sich durchweg in drei Hauptteile zergliedern lassen: die *Zellmembran* als Außenhaut, den *Zelleib* als Zellinhalt und den *Zellkern.*

Die *Zellmembran* stellt eine feine, gazeartige Haut von erstaunlich zweckmäßiger Beschaffenheit dar. Durch sie können nämlich kleine Moleküle als Nahrung in das Zellinnere eindringen und Abfallstoffe wieder austreten. Für die großen Zucker-, Stärke- und Eiweißmoleküle, die aus den kleinen Nahrungsmolekülen aufgebaut werden, ist sie dagegen undurchlässig. Der in der Hauptsache aus solchen bestehende Zellinhalt, über den wir bereits sprachen, wird durch diese Haut zusammengehalten.

Der wichtigste Teil einer jeden Zelle ist ihr *Kern.* Er spielt bei der Fortpflanzung und dem damit zusammenhängenden Erbgeschehen die Hauptrolle. Überhaupt steuert er alles, was in und mit der Zelle geschieht. Darüber werden wir uns später noch eingehend unterhalten.

Wie ich bereits sagte, stellt das *Zellinnere,* das *Protoplasma,* keine homogene Masse dar. Sie wird von einem äußerst komplizierten und weitverzweigten Kanalsystem durchzogen, in dem sich der Stoffwechsel vollzieht. Dieser wiederum geht in Form von verschiedenartigsten chemischen Prozessen vor sich, die sich nach der jeweiligen Aufgabe der betreffenden Zelle richten. Wir haben hier die kleinste, vollautomatisch arbeitende chemische Fabrik der Welt vor uns.

Und wie klein diese Fabrik ist! Ihre Größe schwankt je nach ihrer Aufgabe zwischen zehntel und tausendstel Millimetern.

Die Zellen eines größeren Pflanzen- oder Tierkörpers sind nun keineswegs alle einander gleich. Jedoch bestehen die unterschiedlichen Gewebearten aus jeweils gleichartigen Zellen. Ihr Bau entspricht immer genau der Aufgabe, die sie in dem Gesamtorganismus zu erfüllen haben.

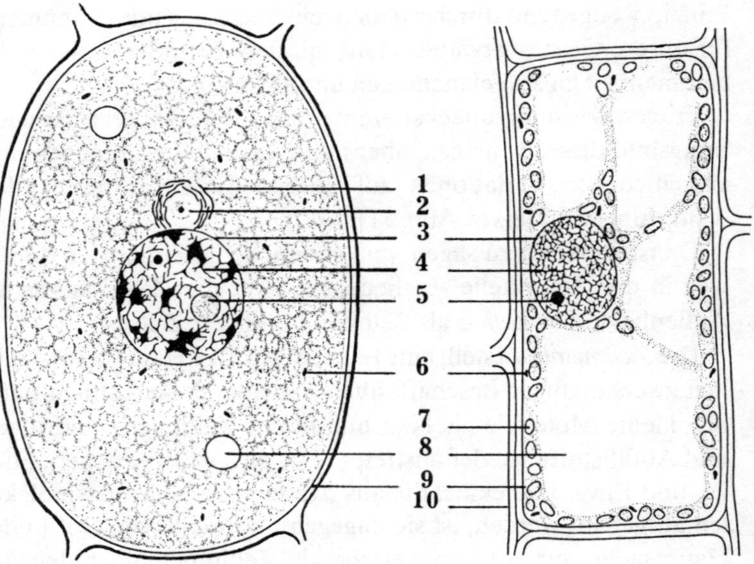

Abb. 51: Innerer Aufbau einer tierischen und einer pflanzlichen Zelle, wie er sich unter dem Lichtmikroskop sichtbar machen läßt.

1. Der sog. **Golgiapparat,** ein Ort hoher Aktivität.
2. Das Zentralkörperchen oder **Centrosom.**
3. Der Zellkern oder **Nukleus.**
4. Die **Chromosomen** in Ruhestellung.
5. Der **Nukleolus.**
6. Die Mitochondrien.
7. Die **Plastiden,** in der Hauptsache als **Chloroplasten** Träger des Blattgrüns oder **Chlorophylls.** Können auch Farbstoffträger oder Nahrungsspeicher sein.
8. Die **Vakuolen** sind in der tierischen Zelle nur klein, während sie in der Pflanzenzelle beinahe den ganzen Innenraum einnehmen. Sie sind von einer dünnen Membran umschlossen und dienen als Speicherräume, Ausscheidungsorgane oder Verdauungsbläschen.
9. Die **Außenhaut** oder **Membran** der Zelle.
10. Die Pflanzenzelle wird zusätzlich noch von einer **Zellwand** aus **Zellulose** umhüllt.

So ähneln unsere *Muskelzellen,* die sich bei Bedarf zusammenziehen oder strecken müssen, in ihrer Form einem Grashalm. Ebenfalls langgestreckt sind auch die *Nervenzellen,* weil sie lange

Leitungen zu bilden haben. Die *Zellen der Schleimhäute*, wie etwa in der Nase oder Luftröhre, können an ihrer Oberfläche kleine *Wimperhärchen* tragen, mit deren Hilfe Staub, Schmutz oder Schleim aus dem betreffenden Organismus entfernt werden. Die *Drüsenzellen* haben die Aufgabe, besondere Flüssigkeiten zu erzeugen und abzusondern. *Die Bindegewebszellen* füllen den Raum zwischen den verschiedenartigen Geweben aus und binden diese dadurch aneinander. Und die *Hautzellen* bilden schließlich die widerstandsfähige *Schutzhülle,* die den ganzen Körper umgibt und zusammenhält.

Man hat die Tätigkeit der Zellen mit dem rastlosen Schaffen der Einwohner einer Riesenstadt verglichen. Dieser Vergleich erscheint auf den ersten Blick sehr zutreffend; denn auch hier hat jeder seine Spezialaufgabe, auf die die Gesamtheit angewiesen ist. Auch eine Großstadt ist eine Art Organismus.

Aber dennoch bleibt dieser Vergleich weit hinter der Wirklichkeit zurück. Es ist ein unvergleichlich viel verwickelterer Prozeß, der sich ohne Unterbrechung vollautomatisch in unserem Körper lebenslang abspielt. Pausenlos wird hier von den Zellen fabriziert, gespeichert, befördert, ausgebessert, Schutt abgefahren, überwacht, gemeldet, gesteuert, verwaltet, Nahrung beschafft, Temperatur geregelt und vieles, vieles andere mehr.

Und wenn wir dabei bedenken, wie unbemerkt und reibungslos das alles vor sich geht, dann geraten wir über dieses Wunder vollkommen harmonischer Zusammenarbeit in höchstes Staunen.

10. Kapitel
Des Schöpfers Baumethoden

Wie unser Körper wächst

Die körperliche Existenz eines jeden Menschen nimmt – genau wie bei den Tieren und Pflanzen – ihren Anfang mit nur einer einzigen Zelle, der weiblichen Eizelle. Bevor sich diese jedoch zu vermehren und somit ein Körper daraus zu wachsen beginnt, muß sie zunächst befruchtet werden. Das geschieht durch ihre Verschmelzung mit einer männlichen Samenzelle. Letztere ist etwa 200 000mal kleiner als sie, weil sie fast nur aus dem Zellkern besteht. Dadurch stellt sich uns der Befruchtungsvorgang beinahe nur als eine Vereinigung der beiden Zellkerne dar. Ist diese vollzogen, dann bekommt die dadurch äußerlich kaum veränderte Eizelle den ungestümen Drang, sich durch *Teilung* zu vermehren.

Diese *Vermehrung* nimmt ihren Anfang damit, daß sich die Zelle in der Mitte einschnürt und dort eine *Scheidewand* bildet. Dadurch geht sie mit ihrer ganzen Körpermasse in zwei *Tochterzellen* auf. Diese haben natürlich zunächst nur ihre halbe Größe, aber durch Nahrungsaufnahme werden sie schon sehr bald so groß wie die Mutterzelle. Dann teilt sich jede von ihnen aufs neue, und so geht der Teilungsprozeß ununterbrochen weiter, bis wir erwachsen sind.

Es ist eine unerhört zweckmäßige Methode, die Organismen durch Zellteilung wachsen zu lassen. Auf diese Weise kann nämlich ein Körper sowohl in seiner Gesamtheit als auch bei Bedarf an einzelnen Stellen sehr schnell vergrößert werden. Man macht sich im allgemeinen davon überhaupt keine Vorstellung. Um so überraschter ist man deshalb, wenn man sich einmal die entsprechenden Zahlen vor Augen führen läßt. Da sich jede Zelle immer in zwei Tochterzellen teilt, brauchen wir zu diesem Zweck nur die Zahlenreihe niederzuschreiben, in der jede Zahl doppelt so groß ist wie die vorhergehende. Diese Zahlenreihe sieht dann folgendermaßen aus:

1 – 2 – 4 – 8 – 16 – 32 – 64 – 128 – 256 – 512 – 1024 – 2048 – 4096 – 8192 – 16 384 – 32 768 – 65 336 – 131 072 – 262 144 – usw.

Aus einer einzigen Zelle werden also nach nur 20 Teilungen schon mehr als eine Million ihresgleichen gebildet. Bei der 30. Teilung wird bereits die Milliarde und bei der 40. die Billion überschritten.

In welchen Zeitabständen sich eine Zelle teilt, hängt davon ab, wie sie der Körper zum Wachsen gerade nötig hat. Wir tragen auch abgestorbene Zellen, wie etwa die der Hornhaut, an uns. Diese können sich nicht mehr teilen. Andere befinden sich im Ruhezustand. Das ist dann der Fall, wenn der Körper oder ein Teil desselben seine endgültige Form und Größe erreicht hat. Aber im Notfall können auch ruhende Zellen wieder die Teilungsfähigkeit bekommen. Das passiert vor allem dann, wenn es eine Wunde zu schließen gilt.

Am Anfang unseres Lebens wachsen wir am schnellsten. Das gleiche gilt durchweg für alle Lebewesen. Schon nach unserer Geburt geht es langsamer, um schließlich mit etwa unserem 20. Lebensjahr ganz aufzuhören. Aber immerhin nimmt ein gesunder Säugling pro Tag bis zu 30 Gramm zu. Man hat daraus errechnet, daß hier in jeder Sekunde bis zu 300 000 Zellen gebildet werden. Eine genaue Zahl läßt sich verständlicherweise dafür nicht angeben.

Wie geht die Zellteilung vor sich?

Die *Zellteilung* ist nun keineswegs ein so einfacher Vorgang, wie ich ihn soeben andeutete. Wie er sich in Wirklichkeit vollzieht, läßt sich am besten an einer Bildreihe veranschaulichen (s. Abb. 52), wie wir sie nebenstehend in schematischer Darstellungsweise vorfinden. Es gilt hier in erster Linie auf das zu achten, was dort in und mit dem Kern geschieht. Deshalb ist dieser auch im Verhältnis zur Zelle vergrößert gezeichnet.

Vor Beginn der Teilung befindet sich der Kern im Ruhezustand (1). Der Vorgang beginnt damit, daß sich sein Inneres zu einem Haufwerk feiner, langer Fäden umformt (2). Diese Fäden nennt man *Chromosomen.* Sie sind die Träger des gesamten Erbgeschehens. Sie spalten sich der Länge nach und verkürzen und verdikken sich dann (3), indem sie sich wie eine Spiralfeder aufdrehen.

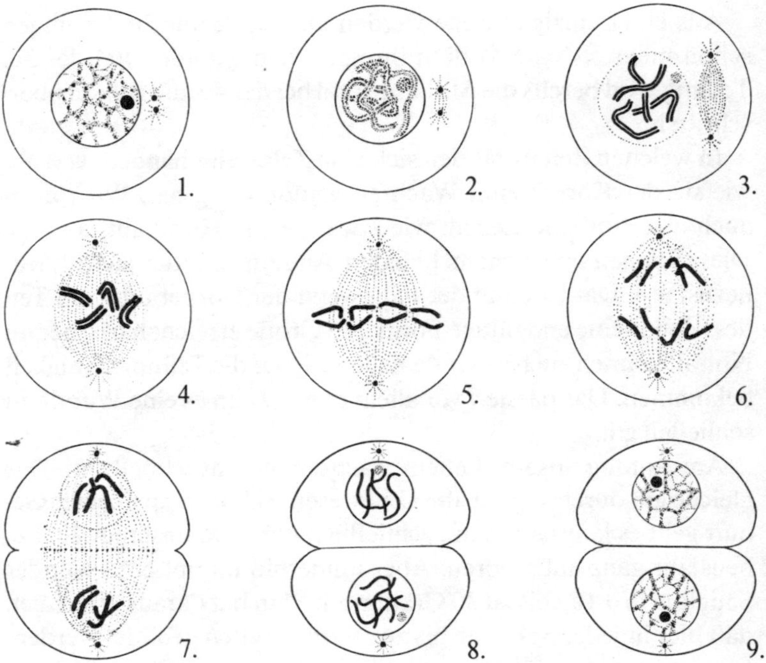

Abb. 52: Schema der Zellteilung.

1. = Zelle vor der Teilung. Neben dem Kern liegt das Zentralkörperchen.
2. = Teilung des Zentralkörperchens. Aus dem Chromatin des Kerns formen sich die Chromosomen.
3. = Auflösung der Kernmembran. Auseinanderweichen des zweigeteilten Zentralkörperchens mit Spindelbildung – die Chromosomen haben sich längsgeteilt.
4. = Die Chromosomen rücken in die Mitte der Kernspindel. Die Zentralkörperchen bilden zwei Pole in der Zelle.
5. = Die beiden Spalthälften der Chromosomen beginnen auseinanderzurücken.
6. = Die Spalthälften der Chromosomen werden zu den Polen hin gezogen.
7. = Um die beiden Chromosomengruppen bildet sich eine neue Kernmembran. Die Teilung des Protoplasmas beginnt.
8. = Die Chromosomen lockern sich auf. Es bilden sich die Ruhekerne der beiden Tochterzellen.
9. = Die Teilung des Protoplasmas ist beendet. Die ursprüngliche Zelle hat sich in zwei ihr genau entsprechende Tochterzellen geteilt.

Danach verschwindet die Kernwand, und innerhalb des Zellplasmas bildet sich eine Fadenstruktur. Diese nimmt die Form einer Spindel, der sog. Kernspindel an, in deren Mitte sich die Chromosomen senkrecht zu ihr paarweise ordnen (4). Wie von unsichtbaren Kräften gezogen, wandern nun die Chromosomenhälften auseinander (5) und begeben sich an die Enden der Zelle (6). Hier formiert sich jede Gruppe zu einem Knäuel (7). Indem sich schließlich um die letzteren je eine Kernhülle bildet und eine trennende Zellwand aus der Mutterzelle zwei Tochterzellen macht, ist der Teilungsvorgang abgeschlossen (8). Die Kerne der beiden neuen Zellen verfallen dann sogleich in den Ruhezustand. Die Tochterzellen wachsen nun, indem sie Nahrung aufnehmen, bis zur Größe der Mutterzelle heran, um sich dann ihrerseits erneut zu teilen.

Jede Pflanzen- und jede Tierart hat eine ganz bestimmte, für sie typische Chromosomenzahl in ihren Zellen. Die des Menschen (s. Abb. 53 + 54) enthalten alle deren 46. Das sind zwei Sätze zu je 23. Der Doppelsatz tritt ja bei der Teilung dadurch in Erscheinung, daß sich alle Chromosomen, wie wir sahen (5), der Länge nach spalten. Dadurch ist gewährleistet, daß jede Tochterzelle stets wieder die gleiche Anzahl erhält wie die Mutterzelle.

Das Wunder der Fortpflanzungszellen

Wenn wir uns jetzt daran erinnern, daß sich bei der Befruchtung die weibliche Eizelle mit einer männlichen Samenzelle vereinigt, dann erkennen wir hier ein schwerwiegendes Problem. Die Verschmelzung der beiden Kerne, von denen ja jeder einen doppelten Chromosomensatz mitbringt, müßte zu einem vierfachen Chromosomensatz in der befruchteten Eizelle führen. Aber man höre und staune, der Schöpfer hat auch das bedacht und durch eine Sondermaßnahme verhindert.

Wenn in den *Fortpflanzungsorganen* sowohl des Menschen als auch durchweg aller übrigen Organismen *Geschlechtszellen*, also *weibliche Eizellen* oder *männliche Samenzellen*, entstehen, dann machen diese nicht die normale Zellteilung, sondern die sog. *Reduktions- oder Reifeteilung* (s. Abb. 55) durch. Es handelt sich dabei um eine Art doppelter Zellteilung.

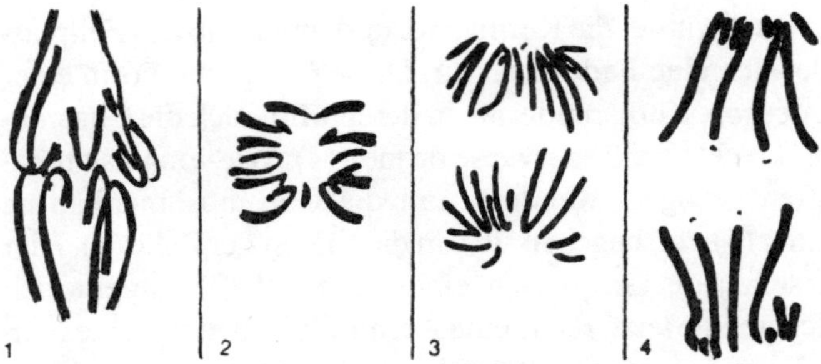

Abb. 53: Maßstabgerechte Größe und Form von Chromosomen verschiedener Pflanzen- und Tierarten.

1. Grünalge; 2. Heuschrecke; 3. Axolote (Molchart); 4. Aloe

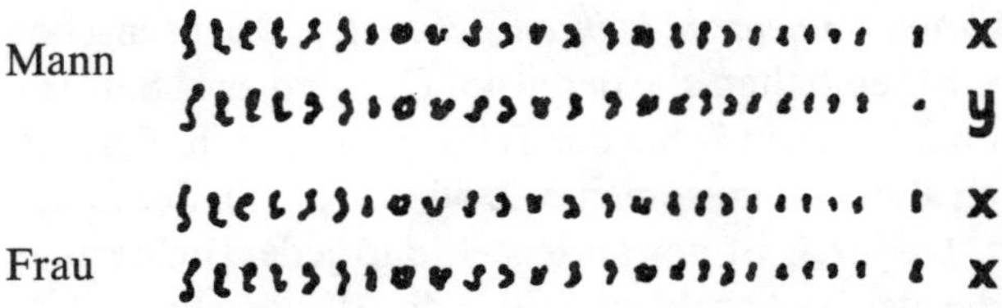

Abb. 54: Die Chromosomenpaare des Menschen
Jeder Mensch besitzt in seinen Körperzellen zwei Chromosomensätze zu je 23 Chromosomen. Das Geschlecht wird durch die beiden mit x und y bezeichneten Chromosomen bestimmt. Die Frau hat am Ende jeder Reihe ein x-Chromosom. Im Gegensatz dazu weist beim Mann eine der beiden Reihen an ihrem Ende ein y-Chromosom auf.

Es spielen sich dabei zunächst die in unserer Bildreihe mit (1) bis (6) gekennzeichneten Vorgänge ab. Dann aber ändert sich das Geschehen dadurch, daß sich in der Mitte zwischen den an die Zellenden gewanderten Chromosomenhälften eine Trennwand bildet, so daß zunächst zwei Tochterzellen entstehen. In jeder von diesen kommt dann sofort eine neue Kernspindel zustande, die in jeder Tochterzelle die Chromosomen wie bei (4) ordnet und wie bei (5) auseinanderzieht. Dann teilen sich die beiden Zellen jeweils wieder in der Mitte, so daß aus der ursprünglichen Mutterzelle schließlich vier neue Zellen geworden sind. Jede von diesen

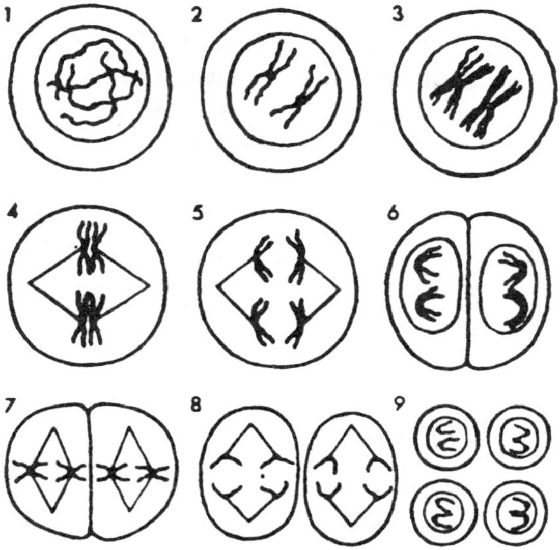

Abb. 55: Schema der Reduktions- oder Reifeteilung.

Da die Zellen der Organismen stets zwei Chromosomensätze aufweisen, würde sich diese Zahl bei der Verschmelzung einer weiblichen Eizelle mit einer männlichen Samenzelle verdoppeln. Dies zu verhindern ist die Aufgabe der Reifeteilung, die nur bei der Bildung von Keimzellen stattfindet. Sie verläuft gemäß obiger Abbildung in neun Stufen:

1. Die Chromosomen werden sichtbar, sind jedoch im Gegensatz zur normalen Zellteilung nicht gespalten.
2. Die Chromosomen legen sich paarweise zusammen.
3. Jedes Chromosom spaltet sich, die Teile bleiben aber noch zusammen.
4. Die vier gespaltenen Chromosomenpaare ordnen sich wie bei der normalen Teilung spindelförmig senkrecht zu den beiden Polen der Spindel.
5. Die Chromosomen wandern auseinander.
6. Es entsteht sowohl je eine Zellmembran als auch eine Zelltrennwand.
7. bis 9. Danach schließt sich dann sofort eine normale Zellteilung an, wodurch am Ende jede der vier neu entstandenen Zellen die *halbe* Chromosomenzahl der Ausgangszelle aufweist. Von diesen vier Zellen sind aber immer nur zwei befruchtungsfähig.

hat dadurch nur einen einfachen Chromosomensatz erhalten. Bei männlichen Tieren und Menschen können alle vier dieser Zellen der Fortpflanzung dienen, während sich im weiblichen Körper immer nur eine von ihnen zu einer Eizelle entwickelt.

Man nennt diese Art der Zellteilung deshalb Reifeteilung, weil die Geschlechtszellen durch sie erst zur Befruchtung reif werden. Wenn nun die Kerne einer weiblichen Eizelle und einer männlichen Samenzelle miteinander verschmelzen, dann hat die befruchtete Eizelle wieder den normalen doppelten Chromosomensatz.

Ein wenig Erbbiologie

Ob aus einer befruchteten Eizelle ein Neger oder ein Weißer wird, kann man äußerlich selbst mit dem schärfsten Mikroskop nicht feststellen. Diese Eizellen gleichen sich alle aufs Haar. Dennoch ist in jedem von ihnen der Menschentyp, der aus ihnen hervorgehen soll, schon mit allen Einzelmerkmalen hundertprozentig festgelegt. Obwohl eine solche Zelle nur einen Durchmesser von etwa zwei Zehntel Millimetern hat, enthält sie einen Steuermechanismus, der dafür sorgt, daß aus ihr ein Geschöpf entsteht, das seinen Eltern gleicht.

Ist es nicht zum Staunen, daß in diesem winzigsten Materiepartikelchen der genaue Plan und der Impuls zur Bildung eines aus vielen Billionen Zellen bestehenden Menschenkörpers steckt?! Wie mag der dafür verantwortliche Steuermechanismus nur beschaffen sein?! Trotz seiner Kleinheit muß er zum mindesten eine unerhörte Präzision und Funktionstüchtigkeit aufweisen!

Als wir über die Zellteilung sprachen, hörten wir, daß der Zellkern eine für das betreffende Lebewesen charakteristische Anzahl mikroskopisch feiner Fäden enthält, die man Chromosomen nennt. Diese Chromosomen kann man sich nun aus einer Menge winzigster Teilstücke, den sog. Genen, zusammengesetzt denken. Sie lassen sich mit dem Bild von einer Perlenkette anschaulich machen. Diese Gene sind es, die bestimmen, ob aus der befruchteten Eizelle ein weißer oder schwarzer Mensch, ein Affe, ein Elefant, eine Taube, eine Eidechse, ein Floh oder auch eine Bohne, ein Apfelbaum, eine Kartoffel oder eine Tanne werden soll. Wie sie die Steuerung im einzelnen vornehmen, wissen wir noch nicht. Aber das *Erbgeschehen*, mit dessen Erforschung der österreichische Mönch *Gregor Mendel* vor fast genau hundert Jahren begann, wurde inzwischen sehr weitgehend aufgeklärt.

Nun wissen wir, daß die Chromosomen in einer normalen Zelle paarweise auftreten. Deshalb sind für jedes *Erbmerkmal* immer *zwei* Gene vorhanden. Die beiden können in einer Zelle gleich oder auch verschieden sein. Dieser Umstand hat erbbiologisch schwerwiegende Folgen. Ich möchte diese an einem einfachen Versuch veranschaulichen, den Mendel damals an Erbsensträuchern durchführte. Seine Ergebnisse lassen sich aber ebenso auf Tiere und Menschen übertragen.

Mendel verfolgte den Erbgang eines Paares einfacher Merkmale bei der Züchtung von Gartenerbsen. Durch sorgfältige Auslese erhielt er *»reinerbige« hoch*wüchsige und *»reinerbige« niedrig*wüchsige Sträucher. Reinerbig bedeutet, daß aus den Samen der beiden Sorten bei der Weiterzüchtung immer wieder die gleiche Sorte entsteht.

Nun kreuzte er die hochwüchsige mit der niedrigwüchsigen Erbse. Zu seinem Erstaunen waren alle aus dieser Kreuzung hervorgegangenen Pflanzen hochwüchsig. Erst als er von diesen wieder zwei miteinander kreuzte, erhielt er neben hohen auch niedrige Pflanzen. Die Erbfaktoren für niedrigen Wuchs hatten also noch in den Sträuchern der zweiten Generation gesteckt, sie waren aber von denen für hohen Wuchs zurückgedrängt worden. Mendel nannte daher die ersteren »dominant«, das bedeutet vorherrschend und die anderen »rezessiv«, das heißt zurücktretend.

Heute beschreiben wir diese Vorgänge folgendermaßen: Die Zellen der Erbsenpflanzen enthalten in ihrem Chromosomensatz je ein Gen-Paar für die Höhe des Wuchses. In der einen Sorte treibt dieses den Strauch hoch und in der anderen hält es ihn niedrig. Der Wissenschaftler kennzeichnet die Gene mit Buchstaben, und zwar diejenigen für dominante Eigenschaften mit Großbuchstaben und die für rezessive mit kleinen.

Bezeichnet man also das Merkmal für hoch mit groß A, dann bekommt das für niedrig den Buchstaben klein a. Das Chromosomenpaar der reinerbigen hochwüchsigen Sträucher hat demnach die Bezeichnung AA und das der reinerbigen niedrigen wird mit aa gekennzeichnet. Jede dieser beiden, mit sich selbst befruchtet, bringt immer wieder die gleiche Art hervor.

Kreuzt man die beiden jedoch miteinander, dann bekommen die Tochterzellen von jeder der beiden elterlichen Geschlechtszellen, die ja immer nur einen Chromosomensatz und damit für jedes Erbmerkmal nur ein Gen enthalten, das Gen-Paar Aa. Da A dominant ist, werden in der ersten Generation alle Töchter hochwüchsig. Anders ist es aber bei der Kreuzung dieser »mischerbigen« Pflanzen.

Hier sind vier Gen-Kombinationen möglich, und zwar AA, Aa, aA und aa. Welche gerade auftritt, hängt davon ab, welches Gen bei der vorhin besprochenen Reifeteilung der beiden Geschlechtszellen, die sich miteinander vereinigen, zurückgeblieben ist. Ob eine Pflanze rein- oder mischerbig ist, kann man nur durch Weiterzüchtung feststellen.

Der geschilderte Mendelsche Erbsenversuch und seine heutige Beschreibung lassen uns das Erbgeschehen als sehr einfach erscheinen. Das ist aber durchaus nicht der Fall. Denn bei der Entstehung eines neuen Lebewesens, ganz gleich, ob Pflanze, Tier oder Mensch, spielen viele Tausende von Erbfaktoren eine Rolle. Es ist deshalb leicht einzusehen, daß dadurch eine Unzahl von Kombinationsmöglichkeiten gegeben ist, die das Gebiet der Vererbungslehre ungeheuer verkomplizieren. Gleichzeitig versteht man aber auch, warum sich die Kinder in so vielen Einzelmerkmalen von den Eltern unterscheiden und sogar Eigenschaften und Merkmale von irgendwelchen Vorfahren bei ihnen wieder erscheinen.

Nun kommt es hin und wieder vor, daß bei einem sich entwikkelnden Lebewesen plötzlich ganz neue Merkmale auftreten, die bei keinem seiner Vorfahren je vorhanden waren. Sie sind die Folge einer Störung beim Chromosomenaustausch oder einer Verletzung einzelner Gene. Diese können sowohl bei der Reifeteilung, also der Bildung der Geschlechtszellen, als auch bei der Verschmelzung der männlichen Samenzelle mit der weiblichen Eizelle vorkommen (s. Abb. 56).

Auch durch äußere Einflüsse können Chromosomen verändert werden. Zu diesen zählen die radioaktiven Strahlen, wie sie die

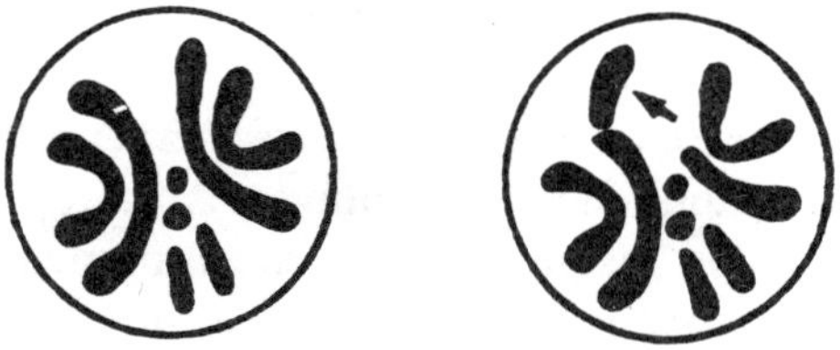

Abb. 56: Chromosomen-Mutation bei der Fruchtfliege.

Links: Normale Chromosomen im Kern. Rechts: Ein Chromosom verliert ein Stück und lagert sich an ein anderes in Pfeilrichtung an.

Elemente Radium und Uran aussenden oder wie sie bei der atomaren Kernspaltung auftreten. In gleicher Weise wirken die Röntgenstrahlen und die sog. Gen-Gifte, von denen hier nur Nikotin, Coffein und Tein als die bekanntesten erwähnt seien. Die Wissenschaft nennt solche plötzlich auftretenden Veränderungen im Erbgeschehen *Mutationen* (von lateinisch »mutare« = verändern). Auf solche sprunghaften Änderungen ist die Entstehung unzähliger Abarten und Rassen in der Welt des Lebens zurückzuführen. Sie kommen jedoch immer nur innerhalb einer Art vor. Denken wir nur an die vielen Tauben-, Kaninchen- und Hunderassen. Daß aber aus einem niedrigeren Tier ein ganz neuartiges höheres wird, wie es die Evolutionstheorie annimmt, ist bisher auch nicht einmal in halbfertigen Vorstufen beobachtet worden. Deshalb lassen sich auch niemals Vertreter zweier verschiedener Rassen, wie etwa eine Kuh mit einem Pferd oder eine Katze mit einem Hund, kreuzen.

Das Bauprinzip der Chromosomen

Wie bereits erwähnt, stellen die *Chromosomen* gewissermaßen Ketten dar, die sich aus winzigsten Einheiten nach Art einer Perlenkette zusammensetzen. Jede dieser Einheiten, die wir *Gene* nannten, ist Trägerin einer ganz bestimmten Erbanlage.

Trotz der Kleinheit dieser Gene ist es den Forschern bereits gelungen, eine ganze Anzahl von ihnen zu identifizieren, so daß man heute schon die für manche Eigenschaften und Ausprägungen eines Organismus verantwortliche Stelle auf dem zuständigen Chromosom kennt.

Bei der chemischen Untersuchung dieser Erbsubstanzen machte man höchst erstaunliche Feststellungen. Anfangs hatte man gemeint, sie bestünden aus unterschiedlich zusammengesetzten Eiweißarten. Heute weiß man dagegen, daß es sich dabei um riesige Molekülverbände handelt, deren chemische Zusammensetzung *Nukleinsäure* heißt.

Diese Makromoleküle können aus Tausenden, ja, bis zu Millionen von Atomen aufgebaut sein, die aber alle einen grundsätzlich einheitlichen *Bauplan* erkennen lassen.

Chemisch betrachtet lassen sie sich auf drei Grundbestandteile zurückführen, die jeweils immer zu einer größeren Einheit miteinander verbunden sind. Eine solche *Dreier-Einheit* setzt sich aus einem *Phosphorsäure-Molekül*, einem *Zucker-Molekül* und einer Base zusammen. Dabei sind die ersten beiden zu einem Ester miteinander verknüpft, an dem die Base hängt. Man nennt diese Dreier-Einheit ein *Nukleotid* (s. Abb. 57a), das sich nun zu mehr oder weniger zahlreichen seinesgleichen zu einer Kette aneinanderreiht. Man kann deshalb dieses so gebildete Nukleinsäure-Riesenmolekül auch als Polynukleotid bezeichnen. Die nebenstehende Schemaskizze soll zeigen, wie man sich diesen etwas kompliziert erscheinenden Bauplan vorzustellen hat (s. Abb. 57b).

Nun gibt es bekanntlich viele verschiedene Zuckerarten, die alle eine unterschiedliche Zusammensetzung haben. Die in den Nukleinsäuren der Chromosomen vorkommenden sind zwei, die man sonst recht selten findet.

Die eine nennt der Chemiker *Desoxyribose* und die andere *Ribose*. Dementsprechend gibt es auch zwei verschiedene Typen von Nukleinsäuren, nämlich die *Desoxyribonukleinsäure* und die *Ribonukleinsäure*. Um mit diesen Wortmonstren besser hantieren zu können, haben die Forscher dafür die Abkürzungen DNS und RNS eingeführt.

An jedem Zuckermolekül kann nun das Molekül einer von vier Stickstoffbasen hängen. Bei der DNS heißen diese Basen *Adenin*, *Guanin*, *Cytosin* und *Thymin*, und bei der RNS kommt an die Stelle der letztgenannten das *Uracil*. Adenin und Guanin sind chemisch sog. *Purinbasen* und die anderen *Pyrimidinbasen*.

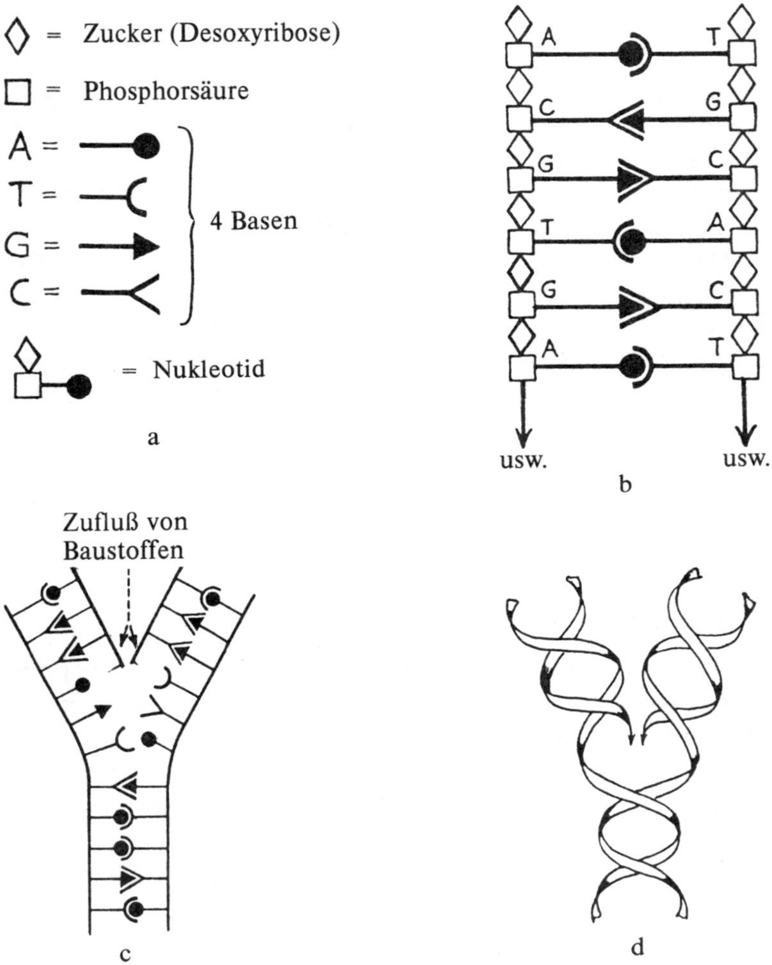

Abb. 57: Schematische Darstellung des Aufbaus und der Verdopplung eines Chromosoms.

a: Ein Nukleotid und seine Bausteine; darunter die 4 Basen: A = Adenin; T = Tymin; G = Guanin; C = Cytosin.

c: Der Verdopplungsvorgang bei einem Chromosom.

b: Die aus Nukleotiden zusammengesetzte Leiter. Sie stellt damit das Bauschema eines Chromosoms dar.

d: Die in Wirklichkeit spiralige räumliche Gestalt eines in der Verdopplung begriffenen Chromosoms.

Die in den Genen enthaltenen *Erbinformationen* beruhen auf der verschiedenartigen Anordnung der Basen an den einzelnen Nukleotiden. Wie gesagt, reihen sich die letzteren zu langen Strängen aneinander, wobei die Phosphorsäure-Gruppe und das Zucker-Molekül einander abwechseln. Wenn man sich nun an jedem Nukleotid seitlich eine der Basen herausragend denkt, dann erhält man das Bild einer *halben Leiter.*

Die DNS setzt sich nun aus zwei dieser Hälften zusammen, wobei sich die Sprossen in der Mitte durch den lockeren Zusammenschluß der sich gegenüberstehenden Basen vervollständigen (s. Abb. 57c). Diese Leiter muß man sich jetzt *gewendelt* (s. Abb. 57d) vorstellen, um ein der Wirklichkeit nahekommendes Abbild der DNS zu erhalten.

Diese gewendelte Leiter hat eine Breite von nur 20 millionstel Millimeter, und ihre Sprossen sind 3,4 millionstel Millimeter voneinander entfernt.

Das Alphabet des Lebens

Man kann jede DNS-Spirale mit dem *Speicherwerk* eines *Computers* vergleichen. Wie in diesem, sind auch in den Chromosomen eine große Anzahl von *»Kommandos«* gespeichert, die ganz bestimmten Stellen in den Zellen Anweisungen für ihre Aufbauarbeit erteilen. Man nimmt an, daß es in der menschlichen Zelle mindestens 250 000 sind.

Bei diesem Vorgang interessiert uns natürlich sogleich die Frage: »Wie sind eigentlich diese Kommandos zustande gekommen? Sind sie von selbst entstanden, oder steht ein geistig planender Befehlender dahinter?« Nach unserer alltäglichen Erfahrung kann die tote Materie weder das Leben selbst noch irgendwelche damit zusammenhängende Aufbautätigkeit aus sich selbst hervorbringen. Ich will zu zeigen versuchen, warum:

Wenn wir jemand einen Auftrag geben wollen, irgend etwas zu tun, dann können wir dies in Form einer schriftlichen Anweisung tun. Das Schreiben dieser Anweisung erfolgt dadurch, daß wir ganz bestimmte *Zeichen*, nämlich *Buchstaben*, in einer bestimmten Auswahl und Reihenfolge zu *Wörtern* und *Sätzen* aneinanderreihen und aufschreiben.

Für die normale Schrift stehen uns dazu die 26 Buchstaben unseres *Alphabets* zur Verfügung. Wir können aber auch mit weniger Zeichen auskommen, wenn wir für unsere Mitteilung das *Morse-Alphabet* benutzen. Bekanntlich verwendet dieses nur zwei verschiedene Zeichen, nämlich den *Punkt* und den *Strich*, um mit ihnen durch geschickte Kombinationen die Buchstaben zu ersetzen. Dabei werden natürlich die Wörter und Sätze wesentlich länger.

Wir haben es nun bei jeder derartigen Anweisung mit einem Auftraggeber und einem Auftragnehmer zu tun. Nun muß der Auftragempfänger bekanntlich nicht unbedingt ein Mensch sein. Es gibt ja auch *Maschinen*, wie etwa ein Waschautomat oder ein Geschirrspüler, die auf eine Anweisung eines mechanischen *Schaltwerks* oder eines *Computers* ihre Arbeit völlig *selbsttätig* verrichten. Woher kommen aber die in dem Schaltwerk und dem Computer enthaltenen Anweisungen, die diese an die Maschine weitergeben? Haben diese Steuergeräte sie selbst hervorgebracht? Nein, *sie sind durch einen Menschen, also einen denkenden und wollenden Geist, in sie hineingegeben.*

Wenn nun die Chromosomen das gesamte Aufbauprogramm mit den entsprechenden Arbeitsanweisungen enthalten, dann kann dieses unmöglich von selbst in ihnen entstanden sein. Es muß von einem Denker und Planer in sie hineingegeben worden sein, eine Tatsache, die uns wieder einmal einen unmißverständlichen Hinweis auf die Existenz des göttlichen Schöpfers gibt.

Darüber hinaus bestätigt uns gleichzeitig die Art, wie er dies alles zuwege gebracht hat, und vor allem unsere Möglichkeit, diese zu durchschauen, unsere Geistesverwandtschaft mit ihm. Ja, wir sehen mit Staunen, daß auch er für seine Programmanweisungen eine Art von Schriftzeichen verwendet, die er zu »Wörtern« und »Sätzen« zusammengefügt hat.

Die von ihm verwendeten »Buchstaben« kommen nämlich durch die unterschiedliche Anordnungsmöglichkeit der vier Basen zustande, wie sie die ersten vier Sprossen der in Abb. 57b + c schematisch dargestellten DNS-Leiter veranschaulichen. Alle sechs Sprossen dieser Leiter könnten Teil einer Bauanweisung, wie etwa für die Wuchshöhe eines der Mendelschen Erbsensträucher, sein.

Wenn wir uns noch einmal die Kombinationsmöglichkeiten, die schon mit den zwei Morsezeichen möglich sind, vor Augen halten, dann brauchen wir uns nicht zu wundern, wenn uns die Forscher die Zahl der Einzelbausteine bei den einfachsten Lebewesen, den Viren, schon mit 8000 bis 500 000 und bei den Säugetieren mit bis zu drei Milliarden angeben.

In den Produktionsstätten des Lebens

Ich habe bereits die Zelle als die kleinste und vollkommenste, vollautomatisch arbeitende chemische Fabrik der Welt bezeichnet. Auch sprach ich schon davon, daß es von diesen Bausteinchen des Lebens zwei Grundtypen gebe, nämlich die *Ei-* oder *Samenzelle*, mit der die körperliche Existenz eines jeden Lebewesens beginnt, und die eigentliche *Körperzelle.* Dabei haben wir gleichzeitig deren jeweilige Aufgabe beim Körperaufbau kennengelernt.

Nachdem wir schließlich auch von den Chromosomen als dem Speicherwerk für alle zu diesem Aufbau nötigen Anweisungen sprachen, wollen wir jetzt einmal sehen, wie die Entstehung eines Organismus vom Zellkern aus betrieben und gesteuert wird.

Wenn wir auch die Antriebskräfte für dieses Geschehen nicht unmittelbar zu fassen und zu untersuchen vermögen, so haben unsere Forscher doch schon viele Einzelheiten über deren Wirkungsweise aufklären können.

Um auch dem naturwissenschaftlich ungeschulten Leser wenigstens einen Eindruck von diesen faszinierenden Forschungsergebnissen zu vermitteln, möchte ich mich an die von dem Engländer *E. K. Victor Pearce* in seinem Buch »Wer war Adam?«*) dargebotene und durch eine bildliche Darstellung (s. Abb. 58) unterstützte allgemeinverständliche Beschreibung halten. Dieser Autor vergleicht die einzelne Zelle ebenfalls mit einer *chemischen Fabrik* und darüber hinaus deren Gesamtheit mit einem *industriellen Großkonzern.*

*) R. Brockhaus Verlag, Wuppertal 1974, S. 117.

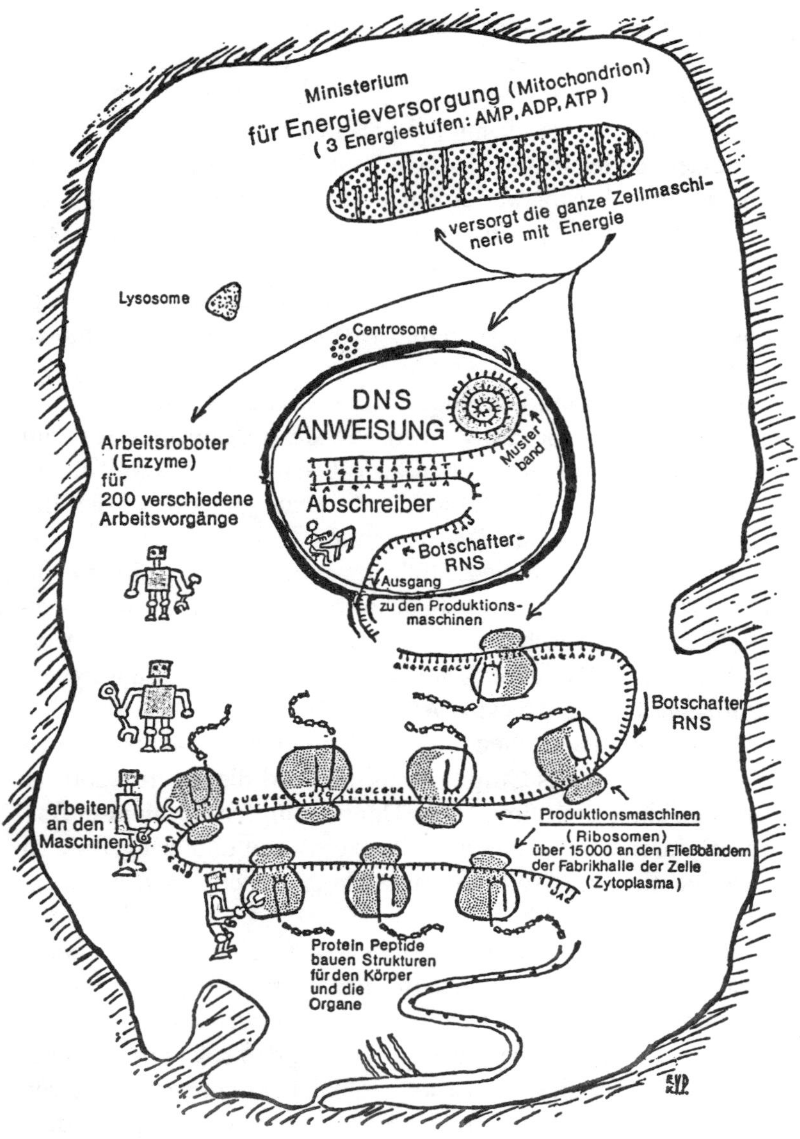

Abb. 58: Bildliche Darstellung der vollautomatisierten Zellen-Fabrik.

In jeder Zelle stellt deren *Kern das »Zentralbüro«* dar, von dem alle Fertigungsanweisungen an die »Fabrik« erteilt werden. In diesem Büro gibt es eine riesige *Bibliothek*, die alle diesbezüglichen Informationen enthält. Es sind die Chromosomen. Würde man deren Inhalt in gewöhnliche Schrift übertragen, ergäbe das mindestens 1000 Bände mit je 500 Seiten.

Besser vergleichen wir jedoch die Aufbewahrung dieser Texte mit der Speicherung auf einem Computerband. Das paßt auch besser zu der Tatsache, daß der Zellmechanismus in der Lage ist, diesen Rieseninhalt in 20 Minuten originalgetreu zu kopieren. Dieses Kopieren ist bei der Zellteilung notwendig, weil dabei ja aus einer Zelle zwei werden und jede einen eigenen Chromosomensatz braucht.

Nun stellt bekanntlich jede Fabrik etwas her. Bei der Zellfabrik sind das chemische Substanzen, die der Organismus für sein Wachstum und für seine Lebensaufgaben benötigt. Es sind dies in der Hauptsache *Eiweißstoffe* und deren Vorstufen, die der Chemiker *Proteine* und *Peptide* nennt.

Wie bekommt nun die Zellfabrik vom Zentralbüro die jeweiligen Anweisungen, solche Stoffe zu produzieren? Durch *Botenstoffe*, die es ihr zuschickt. Es handelt sich dabei um die schon erwähnten, der DNS chemisch nahe verwandten, ebenfalls riesengroßen und langgestreckten *RNS-Moleküle*.

Diese Fäden entstehen in Sekundenschnelle als Kopie von einem Teilstück eines Chromosoms. Sie sind die Information für den Bau eines Eiweißmoleküls. Dann schlüpfen sie mit ihrer Botschaft durch eine Lücke in der Zellkernwand und bringen sie zu den eigentlichen »Produktionsmaschinen«, den sog. *Ribosomen*, in die »Fabrik«.

In jeder Zelle soll es mindestens 15 000 solcher sehr komplex gestalteter Ribosomen geben, die alle zu einem Fließband hintereinandergereiht sind. Diese »Maschinen« werden von »Robotern« in Gestalt von besonderen Stoffen, den sog. *Enzymen*, bedient. Diese haben dafür zu sorgen, daß die richtigen *Aminosäuren* zu den richtigen *Eiweißkörpern* zusammengebaut werden. Über diese Aminosäuren und die Art der Eiweißzusammensetzungen werden wir uns im übernächsten Abschnitt noch unterhalten.

Die Tätigkeit der Enzyme ist *katalytischer* Art. Unter einem *Katalysator* versteht man einen Stoff, der eine chemische Reaktion durch seine bloße Gegenwart in Gang zu setzen scheint. Man nimmt aber an, daß er doch an der Reaktion teilnimmt, am Ende jedoch wieder voll zurückgebildet wird.

Wie in Abb. 58 vermerkt, verrichten die Enzymroboter etwa 200 verschiedene Arbeitsvorgänge, die *peinlichst genau* ausgeführt werden müssen. *Schon der kleinste Fehler könnte sich katastrophal auswirken.*

Jedes Enzym ist ein Spezialarbeiter, dem auch besondere »Werkzeuge« und für manche Aufgaben sogar ein *Ko-Enzym als Assistent* zur Verfügung stehen. Die Enzyme sind sehr eifrige Arbeiter, denn jedes stellt in jeder Minute bis zu 500 000 neue Großmoleküle her. Dennoch können sie nicht einfach darauf losproduzieren. Auch stellen nicht alle Zellfabriken die gleichen Substanzen her. Die einen liefern den Baustoff für das Herz, die anderen für das Gehirn, wieder andere für die Nieren usw. Ja, für Bildung eines jeden Haares, jedes Fingernagels, jedes Zahns stellen andere das Material her. Und um all die einzelnen Teile an der richtigen Körperstelle einzubauen, müssen alle Zellfabriken wie die Zweigwerke eines riesigen Großkonzerns zusammenarbeiten.

Für diese Zusammenarbeit gibt es darum wieder andere Botenstoffe, die wie Kuriere mit dem Blutstrom durch den ganzen Organismus eilen, um hier entsprechende Anweisungen zu geben, dort einen Betrieb stillzulegen oder an einer anderen Stelle einen neuen in Gang zu setzen. *Es ist schon ein unfaßbares Wunder von Organisation*, daß jedes Glied, jedes Organ, jeder Zahn und jedes Haar genau richtig ausgebildet wird und auch an der richtigen Stelle entsteht und damit seine zum Wohl des Ganzen dienende Aufgabe zu erfüllen vermag.

Und das soll alles rein zufällig aus sich selbst entstanden sein? Wer das annimmt, wird sehr viel Mühe haben, sein logisches Denkvermögen in Narkose zu halten!

Über die Weitergabe der Erbinformationen

Wir haben soeben gehört, wie wichtig es ist, daß die in den Zellen tätigen »Arbeiter« die ihnen von den »Boten« überbrachten Anweisungen genauestens befolgen. Wie sollte auch sonst ein wohl ausgebildeter und voll funktionsfähiger Organismus entstehen. Was würde diesen »Arbeitern« jedoch die vorbildlichste Zuverlässigkeit nützen, wenn das in den Chromosomen gespeicherte Gesamtprogramm nicht in allen der bis in die Billionen zählenden Körperzellen haargenau das gleiche wäre. Käme nicht andernfalls die ganze komplizierte Organisation des Wachstums und der Lebensfunktionen in ein heilloses Durcheinander? Damit das nicht vorkommen kann, muß die Vervielfältigung der Kernfäden bei der Zellteilung mit absoluter Genauigkeit erfolgen. Wie aber hat der Schöpfer diese Präzision bei der Übertragung der Erbinformationen von einer Generation auf die andere zu gewährleisten verstanden?

Wenn aus einer Zelle durch Teilung zwei werden, muß natürlich am Ende jede von diesen *einen kompletten Chromosomensatz* besitzen. Um dies zu erreichen, spaltet sich schon vor der Zellteilung zunächst jeder dieser Fäden der Länge nach, wobei schon während der Halbierung jeder der beiden Hälften ihr Gegenstück unmittelbar entgegenwächst (s. Abb. 57c + d).

Letzteres muß man sich so vorstellen, daß Nährstoffe zur Bildung der neuen Nukleotide laufend in den Teilungsspalt befördert werden und sich dort entsprechend einordnen. Die Abb. 57c zeigt schematisch in flacher und in Abb. 57d in räumlicher Darstellung, wie aus der ursprünglichen DNS-Spirale zwei ganz genau gleiche neue werden.

Auf diese wunderbare Weise kann also normalerweise bei der Weitergabe der Erbinformationen kein Irrtum vorkommen. Dies ist jedoch durch gewaltsame Eingriffe von außen oder Beschädigungen im Inneren möglich.

Zu solchen Schädigungen gehören in erster Linie *radioaktive* oder *Röntgenstrahlen* sowie *Stoffwechselgifte*. Solche *Gen-Schädigungen* führen immer zu körperlichen Veränderungen oder gar Mißbildungen bei der Nachkommenschaft. Der Fachmann bezeichnet solche Veränderungen als *Mutationen*, und zwar je nach der Art ihrer Entstehung als spontane oder künstliche Mutationen.

Lebensträger Eiweiß

Zum Baustoff der lebenden Zellen gehört in erster Linie das *Eiweiß*. Dieses tritt dabei in einer Unzahl verschiedener Arten in Erscheinung. Diese Verschiedenartigkeit ist so gewaltig groß, daß beinahe jeder lebende Organismus sein individuelles Eiweiß hat.

Von den Organtransplantationen ist ja bereits allgemein bekannt, daß sich jeder Körper gegen fremdes Eiweiß energisch zur Wehr setzt. Dies geschieht durch spezielle Abwehrstoffe, die jeder Organismus in seinem Blut bereithält.

Die verschiedenen Eiweißarten haben in den Lebewesen die unterschiedlichsten Aufgaben.

Da gibt es z. B. die beim Körperaufbau eine Rolle spielenden sog. *Gerüsteiweiße*, die man wegen ihrer faserigen Struktur auch *Fasereiweiße* nennt. Da sie an dem Lebensprozeß keinen direkten Anteil haben, können wir sie hier vernachlässigen.

Anders ist es mit den kugelig auftretenden, sog. *Kugel-* oder *Globulareiweißen*. Sie sind als *Enzyme* und *Hormone* an den *Steuervorgängen* des Lebens unmittelbar beteiligt.

Zu ihnen gehören z. B. die im *Blutserum*, in der *Milch*, den *Eiern* und in manchen Pflanzen enthaltenen Eiweißarten *Globulin* und *Albumin*. Ein anderes mit dem Namen *Prolamin* kommt in manchen Getreidekörnern vor. Auch das Hormon *Insulin* und der *rote Blutfarbstoff* gehören zu ihnen.

All diese hochkomplizierten Eiweißsubstanzen sind ebenfalls Informationsträger und steuern mit ihrem Wissen die Lebensfunktionen der Organismen. Auch ihre Moleküle sind aus einer ungeheuren Menge einzelner Atome zusammengesetzt, deren Zahl zwischen einigen Tausend und vielen Millionen betragen kann. Sie werden deshalb ja auch *Makromoleküle* genannt.

Auch die Eiweißmoleküle stellen lange Ketten dar, deren Einzelglieder in diesem Fall die sog. *Aminosäuren* darstellen. Obwohl letztere in ungezählten Arten auftreten, kommt in den informationstragenden Lebenseiweißen nur ein ganz bestimmter Typus vor. Der Chemiker nennt sie l-α-Aminosäuren.

Dabei bezieht sich das l (es bedeutet linksdrehend) auf das optisch aktive, sog. asymmetrische Kohlenstoff-Atom und das α (Alpha) auf die Stellung der Seitengruppe in der chemischen Formel.

Das Bauschema der Aminosäuren ist in Abb. 59 wiedergegeben. Das asymmetrische Kohlenstoff-Atom ist durch einen Punkt im Inneren des Buchstabens C und die Seitengruppe durch ein R gekennzeichnet.

Die Abb. 60 zeigt einige Beispiele dafür, wie sich die einzelnen Typen der l-α-Aminosäuren durch Austausch der Seitengruppen voneinander unterscheiden. Dabei sind diese Seitengruppen der besseren Übersicht wegen nicht in ihrer Struktur auseinandergezogen dargestellt.

Die Aminosäuren haben nun die Eigenschaft, daß sie sich durch Abspaltung eines *Wasserstoff-Atoms* (H) und einer *OH-*

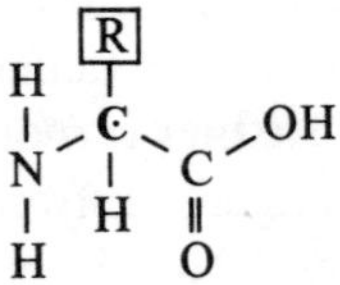

Abb. 59: Bauschema der l-α-Aminosäuren.

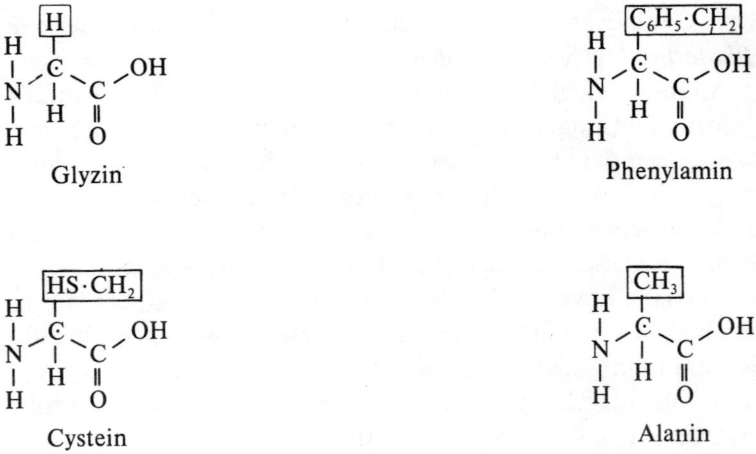

Abb. 60: Vier Beispiele, wie das obige Bauschema durch die verschiedensten Seitengruppen in immer wieder neue Substanzen umgewandelt wird.

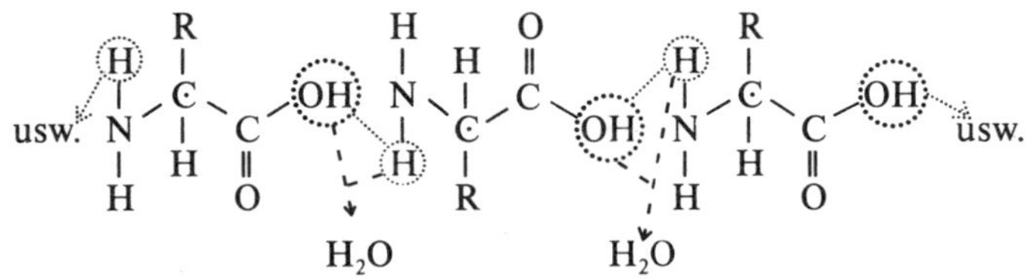

Abb. 61: Polymerisations-Vorgang.

Durch Wasserabspaltung sich vollziehende Verkettung der einzelnen Aminosäure-Moleküle zu einer Polypeptid-Kette.
Die mit „R" bezeichneten Seitengruppen können gemäß den 4 Beispielen in Abb. 60 verschieden sein. Dadurch unterscheiden sich die verschiedenen Eiweißarten voneinander.

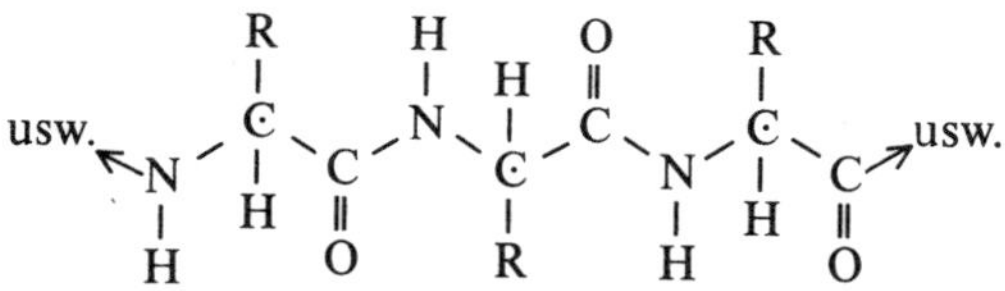

Abb. 62: Fertige Polypeptid-Kette.

Gruppe, die sich zu *Wasser* (H_2O) vereinigen, zu *langen Ketten* aneinanderhängen können (s. Abb. 61).

Man nennt einen solchen Vorgang in der Chemie *Polymerisation*, und da die Art der Bindung in diesem speziellen Fall *Peptid-Bindung* heißt, trägt das Endprodukt den Namen *Polypeptidkette* (s. Abb. 62).

Es dürfte in diesem Zusammenhang interessieren, daß ein einziges Molekül des roten *Blutfarbstoffs* eine Kette aus rund 300 Aminosäure-Gliedern bildet.

Irrige Vermutungen über die Lebensentstehung

Schon allein unsere heutigen Erkenntnisse vom Wesen der Materie sind geeignet, dem weltanschaulichen Denkgebäude des Materialismus den Boden zu entziehen. Auch ist die beste Antwort, die die Evolutionisten auf die Frage nach dem Ursprung des

Lebens zu geben haben, nicht haltbar. Sie ging erst vor wenigen Jahren als Sensationsmeldung durch die Weltpresse. »Neue Vermutungen über den Ursprung des Lebens«, so war sie überschrieben. Und wie lautete sie?

Die Evolutionisten nehmen an, daß die Atmosphäre unserer Erde in der Urzeit noch keinen Sauerstoff, wohl aber Kohlendioxid und Ammoniak enthielt. Durch ein solches Gasgemisch hat ein junger Chemiker elektrische Funken schlagen lassen und dabei einige Moleküle der im lebenden Eiweiß enthaltenen Aminosäuren bekommen. Daraus vermutet man, daß in der urzeitlichen Lufthülle Blitze die gleiche Wirkung hervorgerufen und damit die Voraussetzung für die Lebensentstehung geschaffen haben könnten.

Das ist zwar ein recht interessantes Experiment, doch über die Entstehung des Lebens besagt es uns so gut wie nichts. Es entspricht nämlich in etwa der Herstellung einiger Ziegelsteine, von denen man erwartet, daß sie sich von selbst zu einem Haus zusammensetzen. Dazu braucht man aber nicht nur noch andere Materialien, sondern vor allem einen zielstrebig denkenden Planer und Erbauer. Das Vorhandensein des *Baumaterials* ist zwar unbedingt notwendig, aber ohne seine Überführung in eine *zweckvolle* und *zielgerichtete Ordnung*, hat es für die Lösung unseres Problems kaum Bedeutung. Das gleiche gilt für die Aminosäuren als Bausteine des Lebens. Von diesen bis zu den lebenden Eiweißen ist noch ein weiter Weg. Wir haben diesen ja in den vorigen Abschnitten in groben Zügen kennengelernt und gesehen, daß die Aminosäuren nur das tragende Gerüst für die unerhört kompliziert zusammengesetzten lebenden Substanzen darstellen.

Aber das nicht allein. Bei der Überführung der Aminosäuren in die höhere Ordnung von Grundbausteinen des Lebens steht dem Zufall nämlich ein unüberwindliches Hindernis im Weg. Ich will den Grund dafür so einfach wie möglich zu erklären versuchen.

Wir haben gehört, daß das Leben von den sehr viel mehr möglichen Aminosäurearten nur 20 verschiedene zum Aufbau seiner Organismen verwenden kann. Auch habe ich bereits angedeutet, daß das Grundschema des Aminosäure-Moleküls räumlich *unsymmetrisch gebaut* ist. Es sind also von ihm zwei spiegelbildliche Formen möglich, die es auch tatsächlich gibt. In den entsprechenden Abbildungen hatte ich das diese Asymmetrie verursachende Kohlenstoff-Atom durch einen Punkt im chemischen Symbol C gekennzeichnet.

Schickt man durch die Lösung der einzelnen Formen polarisiertes, das heißt nur in einer Ebene schwingendes Licht, dann dreht die eine Spiegelbildform diese Ebene nach rechts und die andere nach links. Man spricht deshalb bei der einen von der d-Form (dextra = rechts) und bei der anderen von der l-Form (laevis = links). Die Drehung wird aufgehoben, wenn man ein Gemisch aus beiden Formen vorliegen hat.

Obwohl die beiden spiegelbildlichen Formen chemisch völlig gleich zusammengesetzt sind, würden sie beim Aufbau der nächsten Stufe zum Eiweiß, nämlich der erwähnten Polypeptidketten, ganz verschiedene Ergebnisse erbringen.

Nun aber kommt das angedeutete unüberwindliche Hindernis für eine Lebensentstehung durch den Zufall. *Das Leben kann für den Aufbau seiner Organismen nur die reine Linksform verwenden.* Da jedoch bei dem obigen Experiment stets nur eine Mischung aus beiden Formen entsteht, würde auch bei deren Polymerisierung daraus wieder ein Gemisch aus zweierlei Polypeptid-Ketten zustande kommen.

Für die Entstehung lebender Substanz aus diesem Gemisch hätte der Schöpfer also unbedingt eine Vorrichtung vorschalten müssen, die die unbrauchbare Aminosäureform aussortiert. Das aber hat er nicht getan und damit dem Glaubenden ein schwerwiegendes Argument gegen den Unglauben geschenkt.

Die verachtete Menschenwürde

Obwohl die heutigen Wissenschaftler all die erwähnten Einwände gegen den Zufallsglauben und die Zurückführung unserer Abstammung auf einen mit den Affen gemeinsamen Urahn genau kennen, verbreiten sie ihre unhaltbaren Lehren dennoch wie gesicherte Forschungsergebnisse ungeniert weiter. Mit welchem Fanatismus dies sogar teilweise geschieht, hat das 1968 erstmals ins Deutsche übersetzte Buch »Der nackte Affe« von Desmond Morris noch einmal so recht deutlich gemacht.

Sein Inhalt stellt eine unerhörte Beleidigung der ganzen Menschheit dar. Schon der Titel sagt genug. Der Verfasser meint damit nämlich den Menschen, dem er »wissenschaftlich« nachzuweisen versucht, daß er keineswegs Gottes Ebenbild, sondern nur das letzte Glied in der Reihe der 193 Affen-, Tieraffen- und Menschenaffenarten sei. Von diesen seinen übrigen Artgenossen unterscheide er sich eigentlich nur durch seine Nacktheit.

Nun ist es nichts Besonderes, daß ein Wissenschaftler einmal ausgefallene Gedanken und Theorien von sich gibt. Aber es ist zutiefst beschämend, wie die Öffentlichkeit auf diesen speziellen Fall reagiert hat. Anstatt diese Entwürdigung des gesamten Menschengeschlechts mit Empörung zurückzuweisen, wurde das Buch sogar zum Bestseller. Man verschmäht also die dem Menschen von seinem Schöpfer verliehene hohe Würde, indem man sein Dasein lieber auf einen affenartigen Vorfahren zurückführt.

Daß das erwähnte Buch von der offiziellen Wissenschaft sehr ernstgenommen wurde, war vorauszusehen.

Wir werden später noch sehr eingehend auf die in der Bibel enthaltenen und bereits wörtlich genau erfüllten Weissagungen zu sprechen kommen. Wie so vieles andere hat sie auch dieses menschliche Irren in bezug auf seine Herkunft bereits vor nahezu 2000 Jahren eindeutig vorausgesagt. Wir können es im ersten Kapitel des Römerbriefs, und zwar in den Versen 21 und 22, nachlesen. Dort heißt es nämlich, und zwar in der Vergangenheitsform, weil es schon immer so war:

» . . . obwohl sie (die Menschen) Gott kannten, gaben sie ihm nicht die Ehre, die ihm zusteht, und dankten ihm nicht. So kam es, daß ihre Gedanken in die Irre gingen, und in ihren Herzen wurde es finster. Sie bildeten sich etwas auf ihre Klugheit ein, aber in Wirklichkeit wurden sie zu Narren.«

11. Kapitel
Schöpfungswunder in unserem Körper

Untersysteme der Lebewesen

Wie ich weiter vorn bereits darlegte, setzen sich viele größere *»offene Systeme«* aus mehr oder weniger zahlreichen *Untersystemen* zusammen. So etwa das *Auto* aus dem *Motor*, dem *Getriebe*, der *Karosserie*, dem *Brems-System*, dem *Kühl-System*, dem *Heiz- und Belüftungs-System* und vielen anderen.

Wenn wir jetzt unseren Gang durch die Welt des Lebens fortsetzen, dann stoßen wir schnell auf die Tatsache, daß auch die Körper der lebenden Organismen aus mehr oder weniger zahlreichen Untersystemen, die wir zum größten Teil als *Organe* bezeichnen, aufgebaut sind. Da die wichtigsten unter diesen nach dem gleichen oder zum mindesten ähnlichen Prinzip funktionieren, kann ich mich zu ihrer Beschreibung auf einige wenige Beispiele beschränken. Es ist naheliegend, daß ich diese Beispiele unserem eigenen Körper als dem höchstorganisierten Organismus der irdischen Schöpfung entnehme.

Dabei habe ich sogar bereits die erste Beschreibung eines solchen Organsystems im 1. Kapitel mit dem des *Blutkreislauf-Systems* vorweggenommen. Als nächstes möchte ich hier nun mit unserem *Nervensystem* und dann weiter mit unserem *Gehirn* als der *Hauptsteuerzentrale unseres Körpers* und einigen anderen fortfahren.

Das Nachrichtennetz unseres Körpers

Die Lebewesen haben die Möglichkeit, ihr Verhalten auf die Einwirkungen ihrer Umgebung hin so zu regeln, wie es für sie vorteilhaft ist. Der Naturwissenschaftler nennt solche Einwirkungen *Reize.*

Wenn das einzellige, mikroskopisch kleine *Wechseltierchen* mit der Spitze eines seiner Scheinfüßchen eine winzige Alge berührt, dann wird es zum Fressen gereizt. Dieser Reiz überträgt sich dann sogleich auf seine ganze Körpermasse, die ihn durch Umfließen und Verdauen der Beute beantwortet.

Ähnliches läßt sich beim *Glockentierchen* beobachten, das ebenfalls ein Einzeller ist. Unter dem Mikroskop bietet es das Bild einer an einem langen Stiel sitzenden Glockenblume. Wird dieser Stiel durch irgend etwas berührt, dann ringelt er sich blitzschnell spiralig zusammen.

In beiden Fällen lassen sich in einer einzigen Zelle drei schnell hintereinander ablaufende Vorgänge unterscheiden: die *Aufnahme*, die *Weiterleitung* und die *Beantwortung* eines von außen kommenden Reizes.

Leider können wir dieses Verhalten bei den *Mikroorganismen* nur beobachten, aber noch lange nicht erklären. Das zeigt uns wieder einmal sehr deutlich, wie schwierig es ist, die Lebensentstehung von einer Urzelle her zu deuten.

Die genannten drei Vorgänge vollziehen sich bei den vielzelligen Organismen auf eine andere Weise. All die vielen Zellen, aus denen sie zusammengesetzt sind, müssen zur *Reizaufnahme* und *-beantwortung* ständig miteinander in Verbindung stehen. Während bei den Pflanzen ein solches Zusammenwirken auch ohne die Bildung besonderer, nur hierzu dienender Zellverbände erreicht wird, finden wir bei den Tieren von einer gewissen höheren Organisationsstufe an ein besonderes Organsystem vor, das wir das *Nervensystem* nennen.

Die einzelne *Nervenzelle* (s. Abb. 63) besteht aus dem eigentlichen Zelleib mit wenigstens zwei mehr oder weniger langen und verzweigten fadenförmigen Fortsätzen. Der Fachmann nennt sie *Ganglienzelle* und ihre Fortsätze *sensorische*, das heißt reizempfindliche Fasern. Zur Weiterleitung der von ihr aufgenommenen Reize ist einer ihrer Fortsätze als sog. *motorische*, also weiterleitende Nervenfaser ausgebildet. Wenn diese Faser mit einer *Muskel-* oder *Drüsenzelle* direkt verbunden ist, stellt sie die kleinste Einheit des Nervensystems dar.

Die Empfangsfasern einer Nervenzelle sind im allgemeinen *stark verästelt* und *kurz*. Die Fäden, die die Weiterleitung besorgen, können dagegen bis zu einem Meter lang sein. Sie sind wie elektrische Leitungsdrähte zur Isolierung in *Fettzellen* eingebettet und hauchdünn. Die feinsten unter ihnen haben nur einen Querschnitt von einem tausendstel Millimeter.

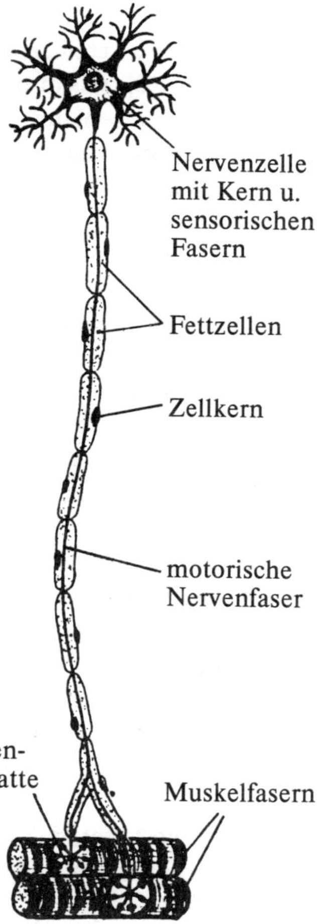

Abb. 63: Nervenzelle mit motorischer Nervenfaser zu einem Muskel.

Die *Leitungsgeschwindigkeit* ist bei den dünnsten Fasern gering. Sie beträgt nur etwa 30 Zentimeter in der Sekunde. Haben sich dagegen die motorischen Fasern vieler Nervenzellen zu einem zehnmal dickeren, von uns als *Nerv* bezeichneten Strang vereinigt, dann leitet dieser den Reiz mit einer Schnelligkeit, die bis zu 120 Meter in der Sekunde betragen kann. Das ergibt dann schon das enorme Tempo von 430 Stundenkilometern.

Nun sind die Verhältnisse in unserem Nervensystem natürlich nicht so einfach, wie ich sie hier geschildert habe. Zahlreiche Nervenzellen sind in der Regel zu Zentralstationen als *Ganglien-* oder *Nervenknoten* zusammengeschlossen. Im extremsten Fall bilden sie in ungeheuer großer Zahl das *Rückenmark* und das *Gehirn.* Diese üben dann die Funktionen von *Zentralorganen* aus, auf die ich noch später zu sprechen komme.

Da diese Zentralen *Befehlsgewalt* haben, gehen die unzähligen Nerven zwischen ihnen und allen Stellen unseres Körpers hin und her. Über sie werden die Reize von den *Sinneszellen* zunächst zu den Zentralen geleitet, wo sie ausgewertet und als Befehl dann an die *Beantwortungsstellen* weitergegeben werden. Die von den Sinnesorganen, wie *Auge, Ohr* usw. zum Zentralorgan, also dem Gehirn, verlaufenden Nerven nennt man *Empfindungs-, Sinnes-* oder *sensorische Nerven.* Die von dort zu den Reizbeantwortern führenden heißen je nachdem, ob es sich dabei um *Muskeln* oder *Drüsen* handelt, *motorische* oder *sensorische* Nerven.

Nun darf man sich die durch die *Nervenbahnen* eilenden *Impulse* nicht als gleichmäßig fließende elektrische Ströme vorstellen. Weil solche leicht gestört werden können, wäre mit ihnen das Problem der Reizübermittlung und -beantwortung nur unvollkommen zu lösen. Um sie dennoch zur vollendeten Funktion zu bringen, hat der Schöpfer einen interessanten Kunstgriff angewendet.

Er hat die Nervenzelle so gestaltet, daß man sie mit einem *galvanischen Element* vergleichen kann. Als solches bringt sie in schneller Folge *elektrische Impulse* hervor, die sie weiterleitet. Bei Bedarf können die Reizimpulse so rasch aufeinanderfolgen, daß mehrere Hundert pro Sekunde zustande kommen. Die Stromerzeugung vollzieht sich auf einer komplizierten *Zucker-Sauerstoff-Basis*, wobei sich die Zelle nach jedem abgegebenen Impuls immer sofort wieder auflädt. Obwohl diese Ströme äußerst schwach sind, lassen sie sich doch nachweisen. Andererseits zeigen auch die Experimente, bei denen man Muskeln mit schwacher Elektrizität zum Zusammenziehen reizt, daß die Nervenimpulse elektrischer Natur sind.

Aber bei diesen Vorgängen ist auch die *Chemie* beteiligt. Man weiß heute, daß die Erregung eines Muskels dadurch hervorgerufen wird, daß sich an der Eintrittsstelle des motorischen Nervs *Acetylcholin* bildet. Das ist eine chemische Verbindung, die immer sofort nach der Entspannung des Muskels wieder abgebaut wird.

Wenn wir uns mit einer Nadel in den Finger stechen, dann wird dabei mit Sicherheit eine von den zahlreichen, in unserer Haut eingebetteten *Tastfasern* getroffen. Durch die erwähnten chemischen Vorgänge entsteht in der dazugehörigen druckempfindlichen Sinneszelle sofort ein der Stärke des Stichs genau entsprechender elektrischer Strom, den diese schnellstens auf die Reise zum Gehirn schickt. Dabei aber geschieht etwas Wunderbares. Ist der Strom auf diesem Wege etwa einen halben Millimeter weit gewandert, dann verwandelt er sich unter uns heute noch völlig rätselhaften Umständen in eine schnelle Folge kurzer *Stromstöße.* Diese folgen um so schneller aufeinander, je stärker der Reizstrom war. Und aus der Schnelligkeit erkennt das Gehirn die Wichtigkeit der ankommenden Meldung. Die Umwandlung des Reizstroms in eine der Schwere der Verletzung entsprechend schnelle Folge von Stromstößen stellt also eine Art *Chiffrierung* der Meldung dar, die uns sogleich an das Morsen erinnert.

Wenn dann die Stromstöße die Nervenbahnen entlangjagen, dann passieren sie alle drei Millimeter eine Art *Verstärkerstation,* die die *Leitungsverluste* ersetzt. Der in unserem Finger durch den Nadelstich ausgelöste Reiz durchläuft bis zum Gehirn rund 800 solcher Verstärkerstationen. Trotzdem kann eine Nervenfaser bis zu 1000 Stromstöße in der Sekunde übertragen.

Durch das unendlich verzweigte Leitungsnetz unseres Nervensystems empfängt und beantwortet das Gehirn ununterbrochen eine unvorstellbare Zahl von Reizen aus allen Teilen unseres Körpers. Vor allem die treuen Wächter unseres Lebens, die *Sinnesorgane,* halten es Tag und Nacht auf dem laufenden. Außer unseren *Augen, Ohren,* der *Nase* und der *Zunge* verfügt unser Körper noch über drei bis vier Millionen *Schmerzpunkte,* über eine halbe Million *Tast-* und *Druckpunkte* und über nahezu eine Viertelmillion *Temperaturmeßpunkte.* Alle diese Reizaufnahmestellen kontrollieren die Verhältnisse und Vorgänge in unserer Umwelt.

Dazu kommen dann aber noch all die Stellen, die den Ablauf der unzähligen *Körperfunktionen* in unserem Inneren überwachen und steuern. Durch sie empfängt und beantwortet das Gehirn alle Meldungen über *Hunger, Durst, Übelkeit* und *Muskelspannung*. Sie sind es, die selbst im *Schlaf* unsere *Herz- und Lungentätigkeit*, die *Verdauung* und die Arbeit der *Nieren* sowie der zahlreichen *Drüsen* in Gang halten.

Wird der Empfindungsnerv eines unserer Gliedmaßen abgequetscht, dann ist die Reizleitung unterbrochen. Der betreffende Körperteil fühlt sich dann taub an. Wir sagen dazu, das Glied sei »eingeschlafen«. Kann sich der Nerv danach allmählich wieder erholen, dann sendet er zunächst verstümmelte Meldungen zum Gehirn, die wir als ameisenartiges Kribbeln empfinden.

Die Steuerzentrale unseres Körpers

Das bei den höher organisierten Tieren und dem Menschen vorhandene *Gehirn* bildet in allen Fällen mit dem gesamten Nervensystem eine untrennbare Einheit. Es besteht sogar selbst im wesentlichen aus Nervenzellen, deren Zahl man in ihm auf mehr als zehn Milliarden schätzt. Dabei ist jede von diesen nicht nur mit einer, sondern mit zahlreichen ihresgleichen verbunden. Ihre an die hundert Milliarden fadenförmigen, baumartig verzweigten Fortsätze sind, obwohl sie den Anblick einer chaotischen Verfilzung bieten, außerordentlich sinnvoll zu einem unvorstellbar verwickelten Leitungsnetz zusammengefügt.

Da es sich bei dem menschlichen Gehirn um ein äußerst empfindliches und wichtiges Organ handelt, wurde es mit besonderen *Schutzeinrichtungen* versehen. So ist es einmal zum Schutz gegen Stoß und Druck fest und genau passend in die harte Knochenkapsel des Schädels eingebettet (s. Abb. 64). Zum anderen wird es von drei Häuten eingehüllt, deren äußerste besonders stark ist. Zwischen den beiden inneren befindet sich ein schmaler Raum, der mit dem sog. Gehirnwasser ausgefüllt ist. Es handelt sich dabei um etwa 250 Kubikzentimeter Flüssigkeit, in der das Gehirn regelrecht schwimmt. Diese Maßnahme dient einer möglichst erschütterungsfreien Lagerung. Zu dem gleichen Zweck ist auch unser ganzer Körper durch die Wölbung der Füße, durch die mehrfache Biegung der Wirbelsäule und die zwischen den einzelnen Wirbeln angeordneten, gummiartigen Bandscheiben beim Gehen und Laufen abgefedert.

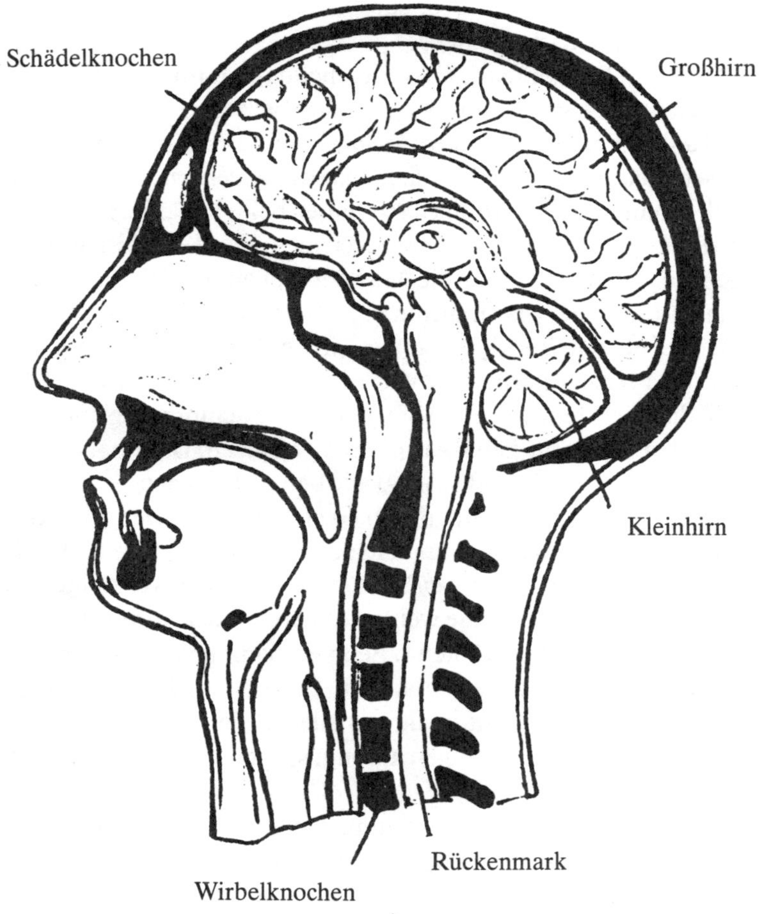

Abb. 64: Die Schnittzeichnung durch den Kopf eines Menschen veranschaulicht die sichere Lagerung des Gehirns in der Schädelkapsel.

Das Gehirn kontrolliert und dirigiert unseren Körper nicht allein. Es gibt, wie wir im vorigen Abschnitt hörten, neben ihm noch andere Zentralstellen, die ihm einige der vielen Routineaufgaben abnehmen. Eine davon ist bei allen Wirbeltieren, mit Ausnahme der niedersten Fische, das sog. sympathische Nervensystem. Man nennt dieses auch Eingeweide-Nervensystem, weil es für die automatische, also nicht dem Willen unterworfene Tätigkeit der in der Brust- und Bauchhöhle befindlichen Organe zuständig ist. Es handelt sich bei ihm um zwei parallele Reihen von Nervenzellen beiderseits der Wirbelsäule.

Auch das Rückenmark übt weitgehend die Funktion einer solchen Zentralstelle aus. Vor allem ist dies bei seinem obersten Teil der Fall, den man den *Gehirnstamm* nennt. Dieser sitzt noch ganz im Schädel. An ihn schließt sich das sog. *Kleinhirn* an, und über beide wölbt sich das Großhirn mit seinen beiden Hälften, die man als *rechte* und *linke Hemisphäre* bezeichnet. Das Kleinhirn ist vorwiegend das Zentrum für die Muskeltätigkeit, wobei es aber die Befehle für Willenshandlungen vom *Großhirn* bekommt.

Dieser oberste Bezirk ist das wesentlichste Merkmal, durch das sich der Mensch körperlich von den Tieren unterscheidet. Obwohl die höchstentwickelten Säugetiere wie Schimpanse und Gorilla ihn auch in stärkerer Ausprägung besitzen, ist er bei diesen doch nur etwa ein Drittel so groß wie beim Menschen.

Macht man einen Schnitt durch *Gehirn* und *Rückenmark*, dann erkennt man deutlich zwei unterschiedliche Gewebearten. Die eine ist *grau* und die andere *weiß*. Die graue besteht aus den eigentlichen Nervenzellen und die weiße aus deren fadenförmigen Fortsätzen, den »Leitungsdrähten«. Beim Rückenmark liegt die graue Masse innen und die weiße außen. Das entspricht ganz seiner Aufgabe, denn es nimmt ja die aus allen Teilen des Körpers ankommenden Nervenleitungen auf, um sie gebündelt dem Gehirn zuzuführen.

Beim *Großhirn* ist die Anordnung von grauer und weißer Masse gerade umgekehrt. Hier bilden die grauen Nervenzellen die äußeren Gewölbe der beiden Gehirnhälften, während sich die weiße Substanz als unvorstellbar verwickeltes Gewirr von Nervenfasern darunter befindet. Man könnte sie mit den zahllosen Kreuz- und Querverbindungen in einem der modernen Elektronenrechner vergleichen.

Die zwischen den mehr als zehn Milliarden Nervenzellen des Gehirns bestehenden Verknüpfungen werden auf mindestens eine Billion geschätzt. Schon von diesen gewaltigen Zahlen haben wir kaum noch eine Vorstellung. Wollten wir nun noch die zwischen den einzelnen Gehirnzellen dadurch möglichen Schaltungen ausrechnen, dann würde sich das Ergebnis für unser Fassungsvermögen schon im Unendlichen verlieren.

Wenn man alle Nervenfasern unseres Gehirns aneinanderreihen könnte, dann bekäme man einen Faden von einer halben Million Kilometern Länge. Das ist ein Drittel mehr als die Entfernung zwischen Erde und Mond. Kein Wunder, daß man die Leistung unseres Gehirns mit der Tätigkeit von 1000 auf Hochtouren arbeitenden Telefonzentralen einer Weltstadt vergleicht.

Wenn wir hören, daß allein unsere Augen pro Tag eine halbe Million Bildeindrücke aufnehmen und dem Gehirn zur Verarbeitung zuleiten, dann ahnen wir ein wenig, welche Unzahl von Meldungen und Befehlen während unseres ganzen Lebens durch unser Nervensystem jagt und von dem Hauptsteuerzentrum verarbeitet werden muß.

Ausschlaggebend für diese erstaunliche Leistung unseres Gehirns sind die bereits erwähnten mehr als zehn Milliarden Nervenzellen, die die etwa fünf Millimeter dicke oberste graue Schicht der *Großhirnrinde* bilden. Von dieser Rindenschicht werden alle bewußten und unserem Willen unterworfenen Körperfunktionen gesteuert. In dieser Befehlsstelle hat jede unserer Lebensäußerun-

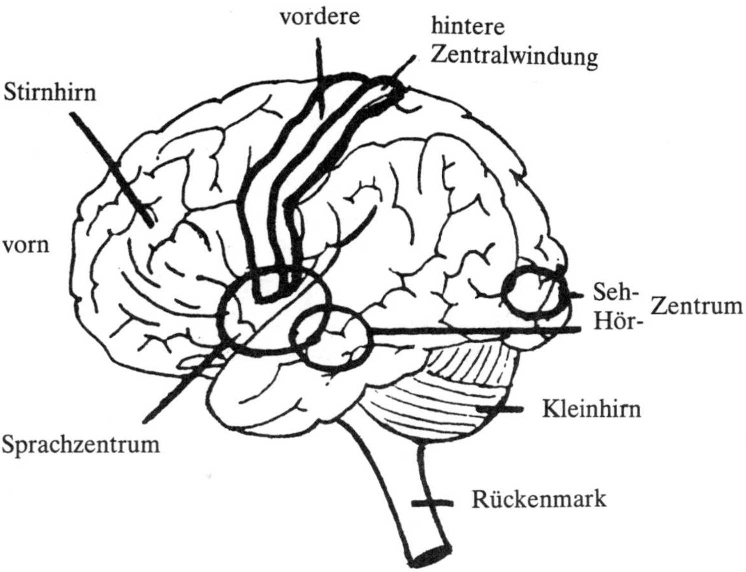

Abb. 65: Die Lage einiger Wahrnehmungszentren im Gehirn des Menschen.

gen ihren festen Platz. So geht z. B. der Befehl an die Muskeln des kleinen Fingers, sich zusammenzuziehen oder sich zu entspannen, von einer kaum stecknadelgroßen Stelle des Gehirns aus, die etwa handbreit über dem Ohr liegt. Über beide Hälften der Großhirnrinde sind Hunderte solcher Steuerzentralstellen verteilt (s. Abb. 65).

Man kennt nicht nur die für die Hauptfunktionen wie *Sehen, Hören, Sprechen, Gehen* usw. zuständigen, sondern z. B. auch solche, in denen das *Musikverständnis* zu Hause ist. Ja, es gibt dabei so feine Differenzierungen wie etwa die Aufteilung zwischen dem *Wortlaut-* und *Wortsinnverständnis.* Von manchen Stellen kennt man nur die negative Auswirkung, die sich durch deren Verletzung ergibt. So weiß man z. B., welche Partien bei einer Beschädigung zu Sprachstörungen, zu Farbenblindheit, zu Reizbarkeit und zu Charakterstörungen führen.

Die Größe des einer bestimmten Funktion zugeordneten Hirnbezirks richtet sich nach dem Umfang der dazu notwendigen Steuerung. So benötigen Hände und Finger mit ihren komplizierten Bewegungen einen viel größeren Bereich als etwa die Füße und Zehen. Das ist leicht einzusehen, wenn man die Bewegungsfolgen der Finger eines Klaviervirtuosen mit denen der Zehen beim Gehen vergleicht.

Wie die einzelnen Nervenzellen erzeugt auch das Gehirn bei seiner Tätigkeit einen schwachen *elektrischen Strom.* Diesen kann man mit einem sehr empfindlichen Gerät sogar messen. Es liefert ein Kurvenbild, das man *Enzephalogramm* nennt. Mit ihm vermag der Fachmann gestörte Hirnpartien ausfindig zu machen.

Umgekehrt ist man auch in der Lage, mit schwachem elektrischem Strom die verschiedensten Stellen der Großhirnrinde zu reizen und dabei festzustellen, welcher Körperteil dann darauf reagiert. Hört etwa die Versuchsperson beim Reizen einer bestimmten Stelle Geräusche, die in Wirklichkeit nicht da sind, dann weiß man, daß dort das Hörzentrum liegt. Durch derartige Experimente hat man bereits an die 500 Funktionsfelder im Menschenhirn nachweisen können.

Aber merkwürdigerweise hat man dabei auch größere Partien gefunden, bei denen keine Körperstelle eine Reaktion zeigte. Diese *»leeren Felder«* waren lange Zeit ein Geheimnis. Sie befinden sich hauptsächlich in der Stirnpartie der Großhirnrinde, die man deshalb *Stirnhirn* nennt. (Daneben spricht man vom *Schläfen-, Scheitel-* und *Hinterhaupthirn.*) Man kann verstehen, daß gerade dieses *»stumme«* Stirnhirn bald zu einem äußerst wichtigen Forschungsobjekt für die Wissenschaft wurde.

Doch bei ihren Bemühungen kamen die Gelehrten schon durch einen einfachen Größenvergleich zwischen Menschen- und Tierhirnen auf eine »heiße« Spur. Man stellte nämlich fest, daß bei den verschiedenartigen Lebewesen das Stirnhirn von der Gesamtoberfläche des Gehirns sehr verschieden große Teile in Anspruch nimmt. So sind es z. B. beim Kaninchen nur 2%, beim Hund 7%, beim Schimpansen dagegen bereits 17% und beim Menschen schließlich fast 30%. Schon diese Zahlen ließen vermuten, daß das Stirnhirn der Sitz derjenigen Eigenschaften ist, die die »Krone der Schöpfung« so hoch über das Tier hinausheben.

Daß dem so ist, läßt sich sogar experimentell nachweisen. Man kann nämlich, wie es bei Hirnverletzungen schon notwendig war, das »stumme« Stirnhirn durch eine Operation von dem übrigen Gehirn weitgehend abtrennen. Dadurch werden die normalen Körperfunktionen wie Sehen, Hören, Schmecken, Gehen usw. nicht beeinträchtigt. Der Mensch kann ohne diesen Hirnteil weiterleben, aber er ist dann nur noch Körper wie ein Tier. Er hat sein Menschsein verloren. Es fehlt ihm das, was wir die Geistseele nennen.

Hier im Stirnhirn ist die Schaltstelle, wo hin und her und kreuz und quer in dem unermeßlichen Gewirr von Nervenfasern diejenigen Stromkreise geschlossen werden, die mit dem Selbstbewußtsein und der Gedankenwelt zu tun haben. Hier werden die großen Ideen erzeugt, durch die die gewaltigen Leistungen von Wissenschaft und Technik erst möglich wurden. In diesem Teil unseres Gehirns treten die höheren Empfindungen und Gefühle wie Treue, Mitleid, Nächstenliebe zutage, leider aber auch die negativen gegenteiligen Regungen.

Darüber hinaus ist das Stirnhirn mit allen übrigen Teilen des Gehirns eng verbunden. Das hat nicht nur den Zweck, daß von ihm alle von den Sinnesorganen aufgenommenen Eindrücke sofort ausgewertet und bearbeitet werden, sondern daß sie gleichzeitig in dem großen Archiv unseres Gedächtnisses gespeichert werden können. Alles, was wir je gedacht und erlebt haben, ist in unserem Gehirn registriert und kann wieder in unser Bewußtsein zurückgerufen werden. Wir nennen diesen Denkvorgang Erinnerung. Die Zahl der Einzelheiten, die wir behalten und an die wir uns wieder erinnern können, ist unvergleichlich viel größer als die Zahl der Nervenzellen in unserem Gehirn. Man hat geschätzt, daß das menschliche Gedächtnis im Lauf eines 70 Jahre langen Lebens bis zu 15 Billionen einzelne Erfahrungen zu speichern vermag.

Wovor wir uns alle während unseres ganzen Lebens mit am meisten fürchten, ist der *Schmerz.* Dennoch müssen wir dankbar sein, daß es ihn gibt. Er stellt die wichtigste Schutzmaßnahme für unseren Körper dar. Er entsteht dadurch, daß ein Empfindungsnerv an irgendeiner Körperstelle gereizt wird und darüber eine Meldung zum Gehirn schickt. Nicht an der betreffenden Stelle, sondern hier im Gehirn empfinden wir in Wirklichkeit den Schmerz. Von hier aus ergeht auch die Anweisung, was z. B. die Hand zur Behebung der Störung tun soll. Für besonders dringende Fälle gibt es aber noch einen besonderen Nachrichten-Schnelldienst. Dieser funktioniert folgendermaßen:

Reiz und Befehl laufen, wie bereits erwähnt, nicht über eine zusammenhängende Direktleitung zwischen Gehirn und Körperstelle. Die oft lange Bahn setzt sich aus den Fasern vieler Nervenzellen zusammen, und immer wo eine Faser endet und eine neue beginnt, wird der weiterzuleitende Impuls verstärkt. Ich sprach schon davon, daß eine solche Verstärkung notwendig sei, weil die Meldung sonst auf der langen Strecke zu viel Energie verlieren und dadurch zu schwach ankommen würde. Aber die größeren Zwischenschaltstellen haben noch einen anderen Zweck. Durch sie können wir in Gefahrenmomenten dadurch blitzschnell reagieren, daß der Reiz gar nicht erst bis zum Gehirn zu laufen braucht. Wenn uns etwa eine Wespe ins Bein sticht und wir sie im Bruchteil einer Sekunde schon mit der Hand totschlagen, dann ist bei dieser sog. Reflexreaktion der Alarm gar nicht erst zum Gehirn gelangt. Er ist bereits im Rückenmark vom Empfindungsnerv des Beines auf den Bewegungsnerv der Hand übergesprungen und hat so die Zeit der Gefahr wesentlich verkürzt.

So nützlich auch die Möglichkeit einer solchen Blitzreaktion für unseren Körper ist, so verhängnisvoll kann sie aber unter gewissen Umständen wieder sein. Wenn uns nämlich jemand beleidigt oder ärgert, haben wir von Natur aus das triebhafte Verlangen, uns sogleich »handgreiflich« zu rächen. Kleine Kinder und solche, die aus irgendeinem Grund nicht Herr ihrer Sinne sind, tun das auch hemmungslos. Daß wir das nicht alle tun, liegt an den sog. Hemmungsfasern, die sich durch unsere Erziehung in unserem Gehirn gebildet haben. Wenn wir als kleines Kind im Fall, daß man uns ärgerte, gleich zuzuschlagen pflegten, wurden wir jedesmal ermahnt oder bestraft. Dadurch bildeten sich in unserem Gehirn jedesmal Hemmungsfasern, die im Lauf der Zeit schließlich das ganze Gehirn durchziehen und uns in besonderen Reizsituationen vor unbedachten Handlungen schützen.

Es ist leicht einzusehen, daß sowohl ein Zuviel als auch ein Zuwenig dieser Fasern zu Charakterschäden oder gar zu Geisteskrankheiten führen können. Im letzteren Fall wird die schützende Tätigkeit der Hemmungsfasern durch eine Erkrankung des Gehirns unterbunden.

Warum atmen wir?

Von der Betrachtung des Blutkreislaufs her wissen wir, daß unser Körper die erforderliche Wärme aus der langsamen Verbrennung eines Teils der aufgenommenen Nahrung bezieht. Da nun jede Art von Verbrennung eine chemische Vereinigung des Brennmaterials mit Sauerstoff darstellt, so müssen alle Körperzellen ununterbrochen mit diesem gasförmigen Element versorgt werden. Aber nicht nur das. Es ist erforderlich, daß auch die Verbrennungsprodukte wieder aus dem Organismus entfernt werden. Zu den letzteren gehört vor allem das auf die Dauer giftig wirkende *Kohlendioxid*, das ebenfalls ein Gas ist.

Diesen ganzen Komplex von Aufgaben erfüllt das Blut im Zusammenhang mit den *Atmungsorganen.* Es ist eine Tätigkeit, an der unser Leben hängt. Sie muß Tag und Nacht ohne Unterbrechung erfolgen. Da eine mehr als sechs Minuten währende Pause schon lebensgefährlich für uns ist, hat es der Schöpfer so eingerichtet, daß wir mit unserem eigenen Willen den Atem kaum eine einzige Minute anzuhalten vermögen.

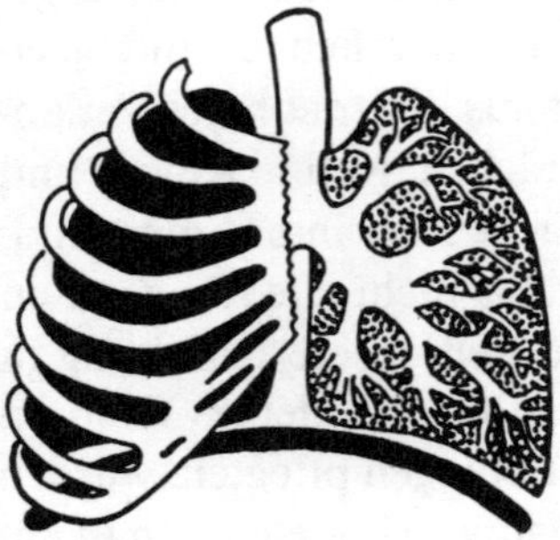

Abb. 66a:
Links: Lage eines Lungenflügels im Brustkorb.
Rechts: Lungenflügel im Schnitt. Bronchien und Lungenbläschen sichtbar.

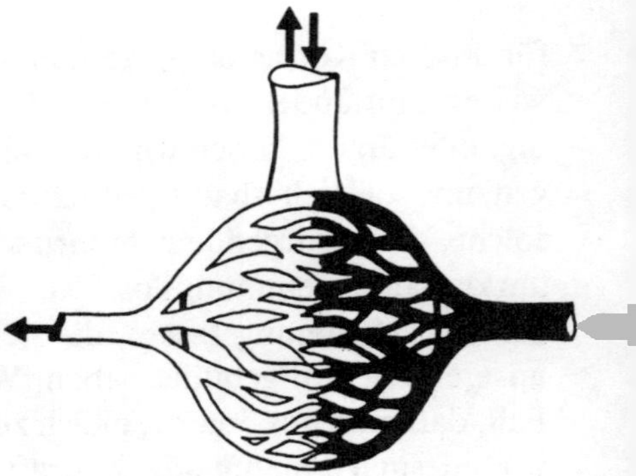

Abb. 66b:
Lungenbläschen stark vergrößert.
Rechts: Eintritt von dunklem venösem Blut.
Links: Austritt von neu mit Sauerstoff beladenem, hellem, arteriellem Blut.
Farbwechsel von dunkel- in hellrot etwa in der Mitte.
Oben: Ein- und Austritt der Atemluft.

Die *Atmung* selbst ist ein komplizierter Vorgang, der unsere volle Bewunderung verdient. Sie nimmt mehrere Teile unseres Körpers in Anspruch. Da ist zunächst der von den Rippen gebildete *Brustkorb* (s. Abb. 66a), der sich trotz seiner Stabilität weiten und verengen läßt. Dadurch kann er wie ein Blasebalg wirken. In seinem Inneren sind die beiden genau passenden Lungenflügel lose aufgehängt. Sie sind von einem, an die Rippen angewachsenen weiten Gewebelappen wie in einen Sack eingehüllt. Dieser wird unten durch das *Zwerchfell*, einem flachen, kuppelförmigen Muskel, luftdicht abgeschlossen. Die Lungenflügel werden im Inneren dieses Sackes von einem annähernd luftleeren Raum umgeben.

Wenn sich der Brustkorb weitet, werden die *Lungen* durch das sich vergrößernde Vakuum auseinandergezogen. Da der Innenraum des Brustkorbs jedoch durch die Atemwege mit der Außenluft in Verbindung steht, wird das Vakuum durch einströmende Luft sofort wieder ausgefüllt.

Die Weitung des Brustkorbs kann auf zweierlei Weise erfolgen. Einmal durch das Absenken des Zwerchfells und zum anderen dadurch, daß sich die an die Wirbelsäule beweglich angebrachten Rippen nach außen drehen. Im ersten Fall sprechen wir von Bauch- und im zweiten von Brustatmung. Beide können sich sowohl einzeln als auch zusammen auswirken.

Die Lungen gehören zu den kompliziertesten Organen unseres Körpers. Im Schnitt machen sie etwa den Eindruck eines Gummischwamms. Das kommt daher, daß sie sich, wie dieser, aus unzähligen winzigen *Bläschen* zusammensetzen. Diese haben einen Durchmesser von etwa sieben hundertstel Millimetern. Ihre Gesamtzahl schätzt man auf 750 Millionen. Dadurch haben sie zusammen die enorm große Oberfläche von 56 Quadratmetern. Das ist 25mal mehr als die Gesamtoberfläche unserer Haut.

Diese Oberflächenvergrößerung ist von allergrößter Bedeutung, denn sie ermöglicht den notwendigen schnellen Gasaustausch mit dem Blut. Zu diesem Zweck ist jedes Bläschen mit einem mikroskopisch feinen Netzwerk von Äderchen umhüllt.

Diese Blutgefäße, die wir bereits im ersten Kapitel als sog. Kapillaren kennenlernten, haben einen so geringen Querschnitt, daß nur so eben ein rotes Blutkörperchen hindurchschlüpfen kann. Wie die Abb. 66b veranschaulicht, sind diese Äderchen jeweils an zwei gegenüberliegenden Stellen zu einem Hauptäderchen zusammengefaßt, wovon eins den Einlaß und das andere den Austritt des Blutes darstellt. Diese Ein- und Austrittsöffnungen werden immer wieder mit denen der Nachbarbläschen zusammengeführt, und so geht die Vereinigung weiter, bis wir wieder bei den großen Hauptadern anlangen, die die Lungen mit dem Herzen verbinden.

Durch eine dieser großen Adern strömt das dunkle, kohlendioxidhaltige, sog. *venöse* Blut, das aus dem Körper kommt, in die Lungen hinein. Dort gibt es in den Bläschen das Kohlendioxid ab und wird dafür wieder mit frischem Sauerstoff beladen. Dadurch wechselt es seine Farbe zu einem hellen Kirschrot. Als solcher, jetzt *arterielles* Blut genannter Lebensstrom, verläßt es durch die andere Hauptader die Lunge, um zum Herzen zurückzufließen, das es dann wieder in den Körperumlauf pumpt.

Nun muß aber unsere Atemluft, wenn sie für die Lungen

brauchbar sein soll, ganz bestimmte Voraussetzungen erfüllen. Es ist unbedingt erforderlich, daß sie warm, feucht und frei von Verunreinigungen ist. Würde aller Rauch und Staub ungehindert in die feinen Lungenbläschen gelangen, dann wären diese innerhalb kurzer Zeit verstopft und unbrauchbar. Und wäre den unzählig eingeatmeten Bakterien nicht der Eintritt in die Lungen verwehrt, dann gingen wir eines Tages an gefährlichen Infektionen zugrunde.

Vor all diesen Bedrohungen sind wir durch eine vollautomatische Klimaanlage weitgehend geschützt. Diese setzt sich aus der Nase, dem Kehlkopf und der Luftröhre zusammen. Die innere Nasenwand ist mit zahlreichen feinen Härchen besetzt, die als erstes die gröberen Staubteilchen zurückhalten. In den tieferen Nasengängen wird die Luft dann erwärmt und befeuchtet. Die Erwärmung erfolgt durch die nahe an den Wandungen liegenden Blutgefäße, die sich je nach der Außentemperatur zur Verstärkung ihrer Wärmeabgabe erweitern oder zu deren Verringerung zusammenziehen.

Die Befeuchtung der Atemluft geschieht einmal durch Drüsen, die fortwährend Flüssigkeit absondern, und zum anderen durch das Tränenwasser, das bekanntlich dauernd die Augen umspült und durch den hinteren Nasenraum in Nase und Mund abgeleitet wird.

Diese flüssigen Ausscheidungen führen auch den Kampf gegen die eindringenden Bakterien. Sie enthalten ein *Lysozym* genanntes Ferment, das eine äußerst starke, bakterientötende Wirkung ausübt.

Die von den Nasenhärchen und den Flüssigkeiten bewirkte Vorreinigung der Atemluft wird schließlich noch durch den Schleim vervollständigt, der von anderen, ebenfalls in den Nasenräumen befindlichen Drüsen abgesondert wird. An ihm bleiben auch die letzten Schwebeteilchen der eingeatmeten Luft kleben.

Damit nun weder Flüssigkeit noch Schleim in die Lungen hinabfließen, ist die Luftröhre innen noch mit mikroskopisch feinen Flimmerhärchen besetzt. Diese flimmern 12mal in der Sekunde hin und her, und dadurch, daß sie nach oben stark und nach unten schwach ausschlagen, befördern sie alles Eingedrungene nach oben.

Werden die Flimmerhärchen jedoch mit einem Eindringling nicht allein fertig, dann hilft sich der Körper mit dem Husten. Dieser kommt so zustande, daß eingeatmete Luft zunächst im Kehlkopf abgesperrt und unter Druck gesetzt wird. Dann wird der Verschluß schlagartig geöffnet, so daß die Luft mit einem plötzlichen Stoß entweicht. Dabei reißt sie dann das Störende mit hinaus. Handelt es sich dabei um etwas Flüssiges, dann wird dieses durch den Mund in den Magen abgeleitet, wo weder mitgeführter Staub noch Bakterien Unheil anrichten können.

Die Zahl der minütlichen Atemzüge ist sehr unterschiedlich. Unter normalen Umständen beträgt sie:

beim Mann	14–16
bei der Frau	16–20
beim 1jährigen Kind	40–44
beim 10jährigen Kind	20–24

Dabei sind sie aber auch noch je nach Körperlage unterschiedlich. Beim Erwachsenen machen sich diese Unterschiede folgendermaßen bemerkbar:

im Stehen	14–20
im Sitzen	12–16
im Liegen	10–14
im Schlaf	8–12

Bei alledem nutzen wir das Fassungsvermögen unserer Lungen nur etwa zu einem Achtel aus. Die dadurch vorhandene große Reserve in der Leistungsfähigkeit unseres Atemapparats ist dringend erforderlich. Gäbe es sie nicht, würde uns jede körperliche Anstrengung lebensgefährlich. Wir brauchen bloß einmal einen Wettlauf zu machen, um festzustellen, um wieviel schneller unser Atem dabei und auch noch danach geht. Dadurch kann dann mehr als zehnmal soviel Sauerstoff in die Lungen befördert werden wie im Normalzustand.

Bei ruhigem Atmen ziehen wir nur ungefähr einen halben Liter Luft ein. Das macht im Verlauf eines mittleren Lebens die stattliche Menge von 250 Millionen Litern, während wir dabei unsere Brust 500 Millionen mal heben und senken.

Die vielfältigen Aufgaben der Nieren

Wer meint, unsere *Nieren* hätten nur die Aufgabe, überflüssiges Wasser aus unserem Körper zu entfernen, der irrt sich sehr. Diese Tätigkeit ist nur eine von den vielen. In Wirklichkeit sind diese beiden Organe regelrechte Laboratorien, die sowohl den *Wassergehalt* des Blutes als auch den *Mineralhaushalt* sowie das *Säure-Basen-Gleichgewicht* des gesamten Organismus regulieren. Alles höchst wichtige Aufgaben, die um so mehr unsere Bewunderung verdienen, als wir von diesem Dienst in unseren gesunden Tagen überhaupt nichts spüren.

Innerhalb von 24 Stunden wird die etwa sechs Liter betragende Blutmenge unseres Körpers nicht weniger als 300mal durch die Nieren geleitet. Das sind 1800 Liter mit einem Gewicht von mehr als eineinhalb Tonnen. Was uns aber noch mehr in Erstaunen versetzt, ist die Tatsache, daß die Leistungsfähigkeit dieser noch verhältnismäßig kleinen Organe in Wirklichkeit neunmal größer ist, als zu unserer Gesunderhaltung notwendig wäre.

Hier haben wir wieder eine der bekannten Reserven vor uns, die der Schöpfer unserem Körper für den Fall von Überbeanspruchungen oder Störungen eingebaut hat. Wer das für eine Selbstverständlichkeit hält, möge bedenken, daß nur ein vorausdenkender Planer einen solchen Eventualfall für möglich halten konnte.

Es darf also ohne weiteres eine Niere ganz ausfallen, ohne daß der Gesamtorganismus deshalb zugrunde gehen müßte. Tatsächlich wird ja auch manchen eine kranke Niere entfernt, und der Patient lebt danach ganz normal weiter.

Jede unserer Nieren ist etwa so groß wie eine Faust. Sie haben beide die Form einer Bohne und sind von rotbrauner Färbung. Sie liegen im Körper zu beiden Seiten der Wirbelsäule unterhalb des Zwerchfells. Ihr Gewicht beträgt je 120 bis 160 Gramm.

Die Konstruktion und Arbeitsweise der Nieren ist außerordentlich interessant. Man weiß heute zwar ziemlich genau, wie sie funktionieren, aber woher sie veranlaßt werden, ihre vielfältigen Aufgaben so präzise zu erfüllen, ist noch weitgehend ihr Geheimnis.

Schneidet man eine Niere durch, dann erkennt man in ihrem Inneren eine bräunlich-rote äußere *Rindenschicht* und eine innere helle *Markschicht* (s. Abb. 67). Die gesamte Nierensubstanz erweist sich unter dem Mikroskop als ein sehr kompliziertes System feinster Röhrchen. Jedes dieser sog. Harnkanälchen nimmt seinen Anfang in der erwähnten Rindensubstanz. Es beginnt dort mit einer winzigen Kapsel. Von diesen Nierenkapseln, die man mit bloßem Auge für feine Sandkörnchen halten könnte und in denen sich die Harnbereitung vollzieht, enthält jede Niere etwa 100 Millionen. Würde man alle von diesen Kapseln ausgehenden Harnkanälchen aneinanderreihen, dann ergäbe das eine Strecke von sage und schreibe 25 Kilometern. Die Gesamtlänge des Röh-

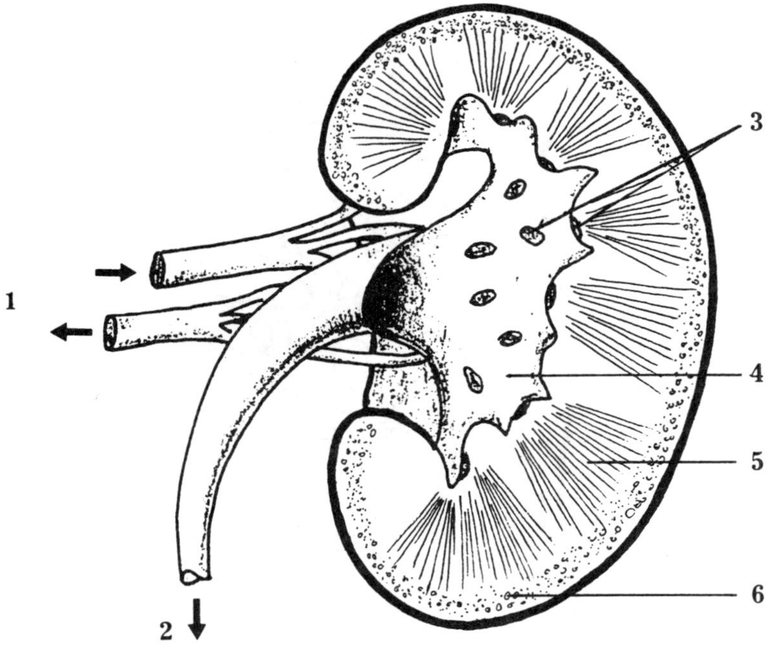

Abb. 67: Menschliche Niere im Schnitt.

1. Ein- und Austritt der Blutgefäße
2. Harnaustritt zur Blase
3. Einmündungen der Harnsammelkanälchen
4. Nierenbecken
5. Harnsammelkanälchen
6. Nierenkapseln

rensystems beider Nieren soll nicht weniger als 100 Kilometer und ihre gesamte Filtrationsfläche etwa zwei Quadratmeter betragen.

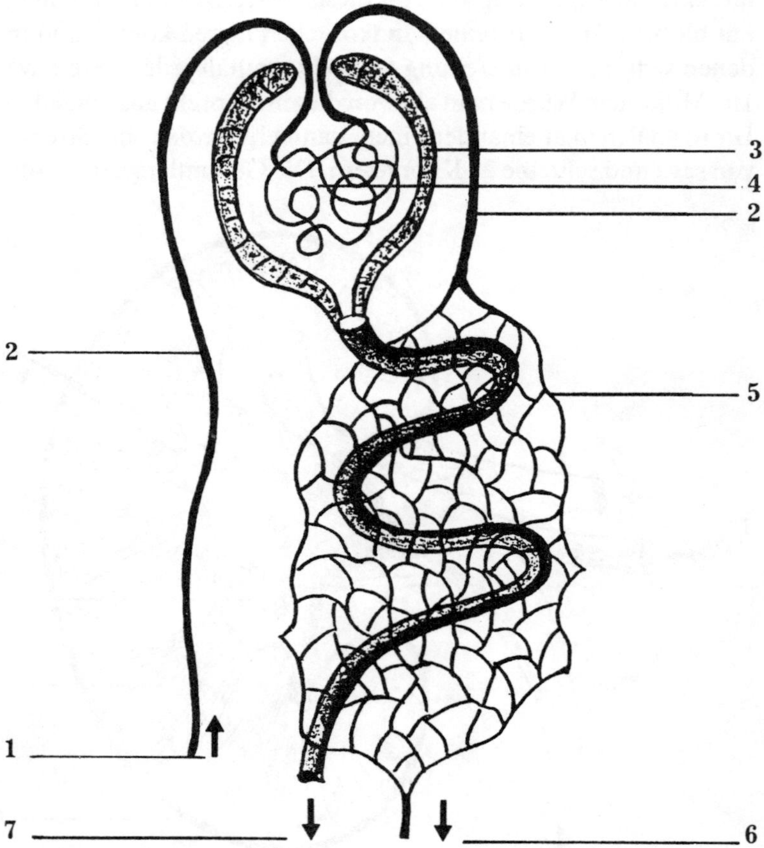

Abb. 68: Einzelne Nierenkapsel mit den ihr zugehörigen Blutkapillaren.

1. Blutzufluß
2. Äderchen
3. Nierenkapsel
4. Knäul von Blutkapillaren innerhalb der Kapsel
5. Netz von Kapillaren um die Blutflußader
6. Blutabfluß
7. Harnabfluß zum Harnleiter

Bau und Funktion der *Nierenkapseln* lassen sich am besten an Hand nebenstehender Abbildung begreifen (s. Abb. 68). Wie erwähnt, beginnt jedes Harnkanälchen mit einer solchen Kapsel. Diese kommt dadurch zustande, daß der winzige Schlauch an seinem oberen Ende geschlossen und muldenförmig eingestülpt ist. Dadurch entsteht ein doppelwandiges Näpfchen, in dem sich ein unregelmäßiges Knäuel feinster Blutgefäße befindet. Man muß sich das etwa so vorstellen, wie wenn man einen langen Zwirnsfaden wahllos zusammenrafft und in einen Fingerhut steckt. Die beiden herausragenden Enden entsprechen dann den Ein- und Austrittsleitungen für das Blut. Durch diese äußerst feinen Kapillaren wird nun fortwährend der Strom unseres Blutes geleitet.

Da diese winzigen Äderchen aus nur einer einfachen Zellschicht bestehen, kann durch die feinen Spalten zwischen den einzelnen Zellen ununterbrochen Blutserum austreten. Das ist bekanntlich die gelblich-klare Blutflüssigkeit, in der die roten Blutkörperchen schwimmen. Für die letzteren sind die Zwischenräume zu eng, so daß sie zurückgehalten werden. Das Blutserum sammelt sich in den Kapseln, aus denen es wie aus einem Trichter in die Harnkanälchen abfließt.

Diese Kanälchen vollführen nun eine staunenerregende Tätigkeit. Sie saugen alle für den Körper noch brauchbaren Stoffe wie Eiweiß, Traubenzucker, Mineralien und auch benötigtes Wasser wieder auf, indem sie sie dem sie umgebenden Netz von Blutkapillaren weiterleiten. Dieses bringt sie in die Hauptblutbahn zurück. Auf diese Weise werden 98 % der Serumflüssigkeit wieder zurückgewonnen. Nur die aus Abfallstoffen bestehende Restmenge von 2 % wird in dem Hohlraum des Nierenbeckens gesammelt und von dort in den Harnleiter abtransportiert.

Dieser elastische Schlauch treibt sie dann durch eine alle 10 bis 30 Sekunden erfolgende Muskelzusammenziehung in die Harnblase. Die täglich ausgeschiedene Harnmenge beträgt bei normaler Lebensweise etwa eineinhalb Liter, wenn einer viel trinkt, kann sie auch bis zu dreieinhalb Liter betragen.

12. Kapitel
Vom Sehen mit vieltausend Augen

Können die Pflanzen sehen?

Die Besprechung des menschlichen Auges gehörte eigentlich noch in das vorige Kapitel, denn es ist wohl das erstaunlichste Organ unseres Körpers. Da es aber vielerlei Arten in der Natur zu sehen gibt, für die der Schöpfer jedesmal ein besonderes Sehorgan konstruiert hat, und weil uns diese ein besonders überzeugendes Argument für den Gottesglauben liefern, möchte ich dem Sehvermögen der Organismen ein besonderes Kapitel widmen.

Obwohl die Pflanze nicht wirklich sehen kann, müssen wir bei der Behandlung unseres vorliegenden Themas sogar schon bei ihr beginnen. Weil sie sich nicht fortbewegt, braucht sie ja auch nicht zu sehen. Doch ihr Schöpfer hatte Gründe, auch ihr die Fähigkeit zu verleihen, auf Licht zu reagieren.

Jeder weiß, daß die Pflanze das Licht zum Leben unbedingt nötig hat. Es gehört geradezu zu ihrer Ernährung. Mit seiner Hilfe verarbeitet sie nämlich das Kohlendioxid der Luft zu Aufbaustoffen für ihren Körper.

Es ist deshalb für sie lebensnotwendig, daß sie sich stets auf die für sie günstigsten Beleuchtungsverhältnisse einstellen kann. Das aber erfordert für sie die Möglichkeit, daß sie sich im Raum zu orientieren und auf ihrem Standort sogar in geringem Umfang zu bewegen vermag. Das tut sie, indem sie ihre Sprosse dem Licht zuwendet und ihre Blätter so dreht, daß sie genügend, jedoch bei starker Sonneneinstrahlung nicht zuviel von ihm bekommen. In den Blattzellen findet unter Umständen sogar durch Verlagerung der Chlorophyllkörperchen noch eine Art Feineinstellung der Lichtaufnahme statt.

Um all das bewerkstelligen zu können, muß die Pflanze zunächst hell und dunkel unterscheiden können. Weiter muß sie in der Lage sein, auch die Richtung zu ermitteln, aus der das Licht kommt. Wie bringt sie das aber fertig?

Wie ein guter Ingenieur eine universell anwendbare Konstruktionsidee in den unterschiedlichsten Bereichen seines Fachgebiets anwendet, so hat der Schöpfer zur pflanzlichen Lichtorientierung die gleiche Substanz wie im Auge von Mensch und Tier zur Anwendung gebracht.

Es handelt sich dabei um den in deren Netzhaut befindlichen, sog. Sehpurpur. Das ist ein chemischer Stoff, dessen wichtigsten Bestandteil das *Karotin*, der gelbe Farbstoff der Karotte, darstellt. Diese Substanz hat die ungewöhnliche Eigenschaft, daß sie durch Licht zerstört wird und sich im Dunkeln wieder aufbaut. Bei diesem Aufbau spielt das *Vitamin A* eine wichtige Rolle. Dessen Fehlen bewirkt bei uns bekanntlich die unangenehme Nachtblindheit, bei der man gewisse Farbunterschiede, meist zwischen rot und grün, nicht empfindet.

Dieser gelbe Farbstoff ist in beinahe allen Pflanzenzellen vorhanden, und Naturforscher haben festgestellt, daß es nur die vom Karotin aufgenommenen Lichtstrahlen sind, die die Pflanzen veranlassen, sich beim Wachsen zum Licht hin zu krümmen. Nach ihren Angaben arbeitet dieser Mechanismus so empfindlich, daß er bereits auf einen Lichtblitz von 1/2000 Sekunde reagiert.

Die einfachsten Augenformen

Bei Mensch und Tier stellen die Sinnesorgane die eigentliche Brücke zu ihrer Umwelt dar. Nur mit ihrer Hilfe können sie sich in ihr orientieren und die für ihre Existenz notwendigen Bedingungen finden und nutzen. Das freilebende Tier braucht sie zum Nahrungserwerb, zur Entdeckung und Umgehung von Gefahren, zum Finden des Geschlechtspartners und anderem.

Wohl das wichtigste Orientierungsmittel für das menschliche und tierische Leben dürfte das *Licht* sein. Von einer gewissen Organisationsstufe an finden wir als das dafür bestimmte Sinnesorgan das Auge. Dieses ist bei den höchstorganisierten Lebewesen von ungewöhnlich komplizierter, aber unerhört zweckvoller Konstruktion.

In ihnen wie auch in den niederen Augenarten spielen die *Lichtsinneszellen* die ausschlaggebende Rolle, denn sie sind es, die die Helligkeitsreize aus der Umwelt aufnehmen und weitergeben.

Je weiter wir innerhalb der Tierwelt die Organisationsstufen hinabsteigen, desto einfacher wird auch das Sehorgan.

Den einfachsten Lichtsinn finden wir bei den einzelligen Lebewesen. Bei ihnen weist das Zellplasma eine allgemeine Lichtempfindlichkeit auf. Einen solchen Fall haben wir ja bereits beim *Wechseltierchen* kennengelernt, das stets auf die Lichtquelle zu kriecht.

Bei manchen anderen Einzellern wird diese Empfindlichkeit durch eine punktförmige Einlagerung aus dem erwähnten Karotin an irgendeiner Stelle ihres winzigen Körperchens noch gesteigert. Man hat diese Stelle deshalb auch Augenfleck genannt. Einer von diesen Einzellern trägt von daher sogar den Namen *Augentierchen.*

Man kann diesen *Augenfleck* als Vorstufe der Lichtsinneszellen auffassen, die bei manchen primitiven Vielzellern einfach irgendwo in der Haut eingelagert sind. Als Beispiele seien *Regenwurm, Seeigel* und einige *Muschelarten* genannt.

Diese Lichtsinneszellen ermöglichen ihren Trägern auch nur ein *Helldunkelsehen.* Sie vermögen also nur ein plötzliches Zu- oder Abnehmen des Lichts zu erkennen. Weil das für sie meist Gefahr bedeutet, reagieren sie darauf durch die Flucht oder treffen andere Schutzmaßnahmen.

Der im Dunkeln lebende *Regenwurm,* bei dem die lichtempfindlichen Zellen an seinem Vorderende in der Haut eingebettet liegen, braucht ja nur zu merken, daß er zur Erdoberfläche durchgestoßen ist. Wenn es dann draußen hell ist oder man ihn mit einer Taschenlampe anstrahlt, dann zieht er sich sofort in sein Bohrloch zurück.

Als nächste Stufe zum Auge hin findet sich bei *Quallen, Seesternen, Ringelwürmern* und anderen der sog. *Sehfleck,* den man auch als *Flachauge* bezeichnet. Er stellt nichts weiter als eine Ansammlung vieler Sehzellen an einer bestimmten Körperstelle dar.

Eine weitere Verbesserung der Sehleistung tritt ein, wenn sich dieser flache Sehfleck, wie bei manchen Schneckenarten, als pigmentumhüllte Vertiefung in die Haut einsenkt und eine Art Becherform annimmt. Damit haben wir dann das sog. *Becherauge* vor uns (s. Abb. 69).

Das Becherauge verkleinert zwar das Gesichtsfeld, das ohne-

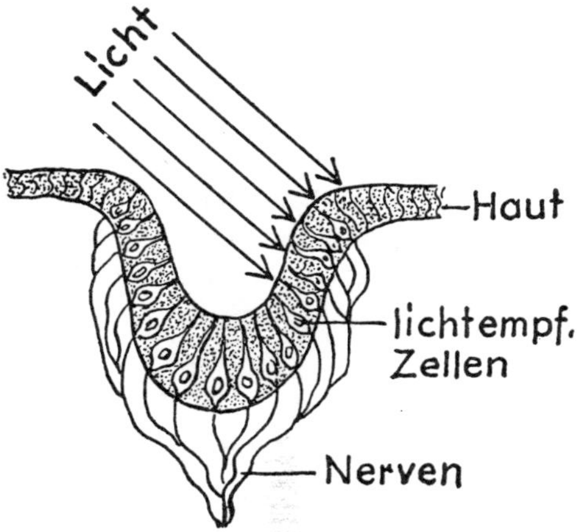

Abb. 69: Becherauge im Schnitt.
Mit lichtempfindlichen Zellen ausgekleidete Hautvertiefung. Es kann außer hell und dunkel nur die Richtung feststellen, aus der das Licht kommt.

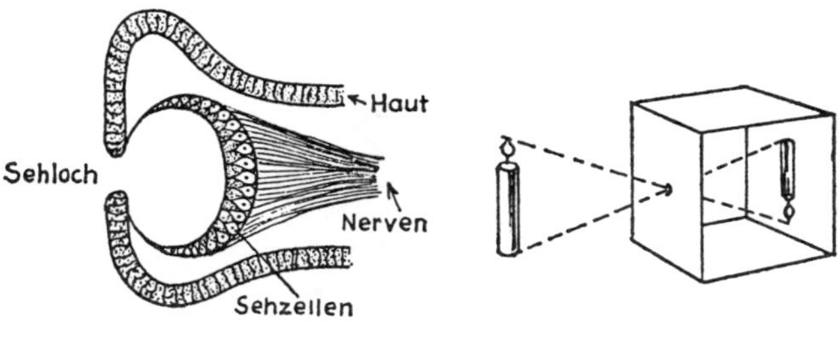

Abb. 70: Das nach dem Prinzip der Lochkamera gebaute Grubenauge.

hin kein Bild ergibt, ermöglicht aber schon ein deutliches *Richtungssehen.* Der Blutegel trägt an seinem Vorderende nicht weniger als zehn solcher Sehorgane.

Wieder eine große Verbesserung des Sehsinnes stellt das sog. *Grubenauge* (s. Abb. 70) mancher *Würmer, Schnecken* und *Tintenfischarten* dar. Bei diesem ist die Einsenkung in die Körperoberfläche so ausgedehnt, daß sie eine blasenartige Höhlung bildet und nach außen nur noch ein kleines Loch offenläßt. Dieses

Sehorgan hat der Schöpfer nach dem Prinzip der aus den Anfängen der Fototechnik bekannten *Lochkamera* konstruiert.

Bei diesem Augentyp wirft das Sehloch bereits ein richtiges, allerdings auf dem Kopf stehendes Bild auf den Augenhintergrund. Dieses wird jedoch nur dann als ein solches wahrgenommen, wenn die hintere Innenwand der Höhlung eine genügende Anzahl von Sinneszellen aufweist, und diese gleichzeitig in der Lage sind, viele einzelne Lichtpunkte aufzufangen und weiterzuleiten.

Das Linsenauge und seine Vorstufen

Die beste Sehleistung vermag schließlich das Linsenauge zu erbringen. Es kommt in der Tierwelt in verschiedenen Vollkommenheitsgraden vor. Das einfachste unter diesen könnte man als verbessertes Grubenauge betrachten. Bei ihm ist nämlich nur der Innenraum mit einer klaren, lichtbrechenden Substanz ausgefüllt und das Sehloch mit einer lichtdurchlässigen Haut verschlossen.

Von diesem Augentyp an nähert sich das tierische Sehorgan

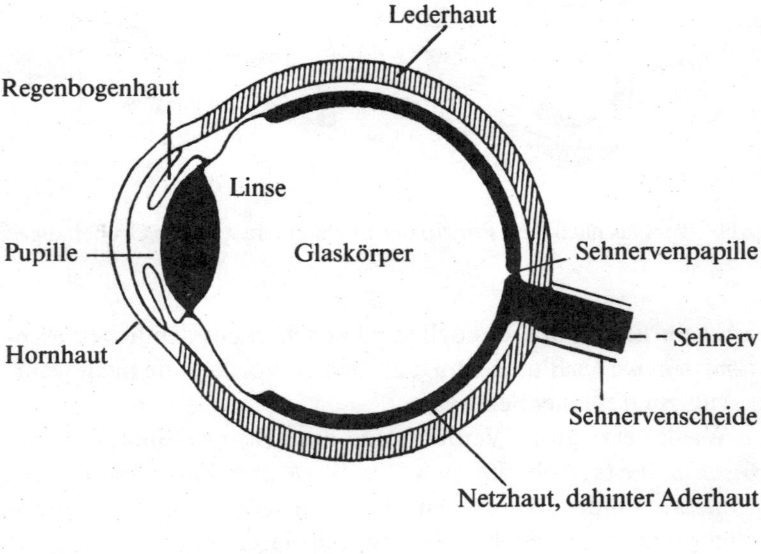

Abb. 71: Bau des menschlichen Auges.

schrittweise dem der Wirbeltiere. Zunächst wird an ihm die durchsichtige Haut vor dem Sehloch zur Vorstufe von einer Linse verdickt.

Mit seiner weiteren Vervollkommnung wird die durchsichtige Haut vor dem Sehloch durch eine echte Linse ersetzt, deren Wölbung und damit die Brennweite durch einen Ringmuskel verändert werden kann. Bei all diesen Verbesserungen bleibt aber die Gestalt des Auges als bloße Körperhöhlung erhalten.

Erst beim *Wirbeltier* wird das Auge zu einem selbständigen Organkörper (s. Abb. 71), der nur noch durch einige wenige Muskel- und Nervenfasern mit dem Gesamtorganismus verbunden ist. Als solches hat es damit seine höchste Vollkommenheitsstufe erreicht. Dabei kommt das Auge der höchstorganisierten Tiere, der Menschenaffen, schon sehr nahe an das des Menschen heran. Wie dieses ist auch das Tierauge mit schützenden und seine Leistungsfähigkeit steigernden Nebeneinrichtungen versehen.

So ist zum Beispiel der kugelige *Augapfel* in eine genau seiner Form entsprechenden Knochenhöhle des Schädels eingebettet, die außerdem noch mit einem weichen Fettgewebe ausgepolstert ist. Um ihn gegen das Herausfallen zu sichern, sind an ihm sechs kleine Muskeln befestigt, die so an der äußeren weißen Augenhaut angewachsen sind, daß sie den Augapfel gleichzeitig zum Zweck des Sehens in verschiedene Richtungen hin und her bewegen können.

Zu seinem weiteren Schutz dienen dem Augapfel ferner die *Lider*, die *Irisblende*, der *Tränenapparat* und die *Bindehaut*.

Die Augenlider, die nicht nur gewollt, sondern bei irgendeiner Gefahr auch unwillkürlich geschlossen werden, schützen das wertvolle Sehorgan vor dem Eindringen von Fremdkörpern und zu grellem Licht.

Die vorn, im äußeren oberen Teil der Augenhöhle liegenden *Tränendrüsen* halten den Augapfel ständig feucht und geschmeidig. Gleichzeitig wäscht die von diesen abgesonderte Flüssigkeit beim Augenzwinkern die *Hornhaut* immer wieder sauber und verhütet damit auch, daß sich dort irgendwo Bakterien häuslich niederlassen. Dabei wird die *Tränenflüssigkeit* ununterbrochen zu den inneren Augenwinkeln hin gespült, wo sie durch den Tränenkanal in die Nasenhöhle abgeleitet wird.

Ein Scheinargument für den Entwicklungsglauben

Wenn ich jetzt ein Vertreter des Entwicklungsglaubens wäre, würde es mir nicht schwerfallen, diese Lehre unter Hinweis auf die soeben beschriebenen Stufen im Bau der tierischen Sehorgane zu erhärten. Dabei würde ich mit der allgemeinen Lichtempfindlichkeit des Wechseltierchens beginnen, danach auf den Augenfleck des Augentierchens und schließlich auf die verschieden großen Ansammlungen von Lichtsinneszellen und deren Anordnung in den Tierkörpern zu sprechen kommen. Das wäre der erste Schritt der »Aufwärtsentwicklung«.

Dann ließe ich die als echte Augentypen anzusprechenden Formen folgen, nämlich das Flachauge, das Becherauge, das Grubenauge, das Vorlinsen- und endlich das Linsenauge mit dem gesonderten Augapfel. Also eine stattliche Reihe sich zielstrebig steigernder »Entwicklungsstufen«, die noch durch zahlreiche unterschiedliche Vollkommenheitsgrade weiter unterteilt werden könnte. Wäre das nicht eine überzeugende Beweisführung für diese Theorie?

Doch so einfach hat es der Schöpfer den Evolutionisten nicht gemacht. Im Gegenteil, er hält für die, die nicht gewillt sind, ihm zugunsten des blinden Zufalls die Schöpferehre streitig zu machen, noch einige gewichtige Argumente bereit, die den Entwicklungsglauben glatt über den Haufen werfen. Auf sie werde ich später zu sprechen kommen. Vorerst müssen wir uns noch ein wenig mit dem Menschenauge beschäftigen.

Wie ist der Augapfel gebaut?

Der Augapfel stellt eine nicht mit dem Körper verwachsene Hohlkugel dar, deren Wandung sich aus vier übereinanderliegenden Schichten zusammensetzt.

Die äußerste von diesen, die weiße Augenhaut, gibt ihm den Halt und die Gestalt. Ihr vorderer Teil, die *Hornhaut*, muß das Licht ins Innere hineinlassen und ist deshalb glasklar.

Unter dieser äußeren Schicht liegt die gefäßreiche *Aderhaut*, die das Auge ernährt. Sie besitzt in der Mitte hinter dem durchsichtigen Teil der Hornhaut ein kreisrundes Loch, die *Pupille.* Diese Öffnung kann wie die Blende eines Fotoapparats durch *Muskelfasern* erweitert oder verengt werden. Auf diese Weise wird der Lichteinfall ins Auge, sowohl zu dessen Schutz, als auch zur Erreichung höchstmöglicher Bildschärfe reguliert.

Auf die Aderhaut folgt als dritte die schwarze *Pigmenthaut.* Ihre Zellen sind mit dunklen Farbstoffkörnern angefüllt, die die Reflexion des eingefallenen Lichts im Augeninneren verhindern.

Die letzte, innerste Schicht bildet die *Netzhaut* oder *Retina.* Sie hat ein eigenes Netz von Blutgefäßen und kleidet als die eigentliche lichtempfindliche Schicht den *Augenhintergrund* aus.

Genau hinter der Pupille liegt die kristallklare *Linse.* Sie ist von einem *Ringmuskel* umgeben, mit dem sie durch Bänder verbunden ist. Dieser Muskel kann sie flacher ziehen oder sich durch Nachlassen des Zuges stärker wölben lassen. Dieser Vorgang dient der *Scharfeinstellung* des auf die Netzhaut fallenden Bildes.

Das Innere des Augapfels ist mit einem gallertartigen *Glaskörper* und dem *Kammerwasser* ausgefüllt.

Die Netzhaut hat bei nur vier Millimeter Dicke einen unerhört komplizierten Aufbau. Ihre Hauptbestandteile sind zwei Arten von Sehzellen und außerdem Nervenzellen. Die eine Sehzellenart ist schlank und zylinderförmig, man nennt sie *Stäbchen,* und die anderen, die dickbauchiger und etwas kürzer sind, heißen *Zapfen.* Auf einen Zapfen kommen 18 Stäbchen. Jeder Quadratmillimeter Netzhaut enthält 400 000 dieser Sehzellen, die Gesamtzahl beträgt 125 Millionen.

Die Sehzellen geben die Reizerregungen an sog. Schaltzellen und diese wiederum an Nervenzellen weiter. Insgesamt führt eine Million Nervenleitungen vom Auge zum Gehirn.

Die Stäbchen sind für das *Helldunkelsehen* und die Zapfen in der Hauptsache für das *Farbensehen* zuständig.

Die Stäbchen enthalten den schon mehrfach erwähnten *Sehpurpur.* Wenn dieser durch die Einwirkung des Lichts abgebaut wird, dann entstehen dabei Zerfallsprodukte, die Nervenerregung und damit den Sehvorgang hervorrufen. Da die Zapfen eine geringere Lichtempfindlichkeit aufweisen, ist das Farbensehen nur bei hellem Tag möglich. Das ist auch der Grund, weshalb »bei Nacht alle Katzen grau« sind.

Der rätselvolle Sehvorgang

Der Vorgang unseres Sehens ist so überaus kompliziert, daß er bis heute noch nicht endgültig aufgeklärt werden konnte. Seine Erforschung ist deshalb so unerhört schwierig, weil ja erst das Gehirn die bei ihm ankommenden Nervenimpulse in die Bildempfindung übersetzt. Optisch betrachtet, soll sogar das von der Kamera unseres Auges auf die Netzhaut projizierte Bild sehr unvollkommen sein. Außerdem steht dieses Bild sogar auf dem Kopf. Daß wir trotzdem richtig sehen, verdanken wir der erstaunlichen Leistung unseres Gehirns.

Interessant ist, daß man den Vorgang des Farbensehens heute noch weitgehend mit einer Theorie zu erklären versucht, die der Engländer *Thomas Young* mit Hilfe zahlreicher Experimente um 1800 entwickelt hat. Nach dieser gibt es drei verschiedene Arten von Zapfen, nämlich solche, die jeweils für die Farben Rot, Grün und Violett empfindlich sind. Man kann tatsächlich nachweisen, und das hat Young getan, daß sich Licht von diesen drei Farben zu praktisch allen Farbnuancen, einschließlich weiß, mischen lassen. Das gilt aber nur für farbiges *Licht*, nicht für deckende Anstrichfarben sowie Schwarz und Nichtspektralfarben wie Braun. Unser Auge führt also die ganze Farbskala auf einige wenige *Grundfarben* zurück, die es dann mischt.

Noch etwas Wichtiges für unser Thema. Die Wissenschaft will beinahe mit Sicherheit festgestellt haben, daß neben dem Menschen unter den Säugetieren nur noch die Affen die Fähigkeit des Farbensehens besitzen. Zum mindesten soll sie bei den übrigen hochorganisierten Tieren nur sehr unvollkommen ausgebildet sein. Das ist sehr eigenartig, denn viele niedere Tiere verfügen demgegenüber sogar über ein ausgezeichnetes Farbensehvermögen. Zu ihnen gehören z. B. die Vögel, die Fische, die Reptilien und Insekten, wie etwa die Bienen und die Libellen. Wenn nun schon das Menschenauge so kompliziert gebaut ist, wieviel mehr muß dies dann erst bei dem winzigen, grundsätzlich anders konstruierten Bienenauge der Fall sein, mit dem wir uns im nächsten Abschnitt beschäftigen wollen.

Das Facettenauge

Eins der von mir in einem der vorigen Abschnitte angekündigten, gegen die Evolutionslehre sprechenden Argumente, stützt sich auf einen Augentyp, dessen Konstruktion so völlig von den bisher besprochenen abweicht, daß er sich unmöglich aus diesen entwickelt haben kann. Nur ein vorausdenkender Intellekt ist in der Lage, eine Konstruktionsaufgabe nach zwei voneinander grundverschiedenen Methoden zu lösen.

Der von den bisher besprochenen so stark abweichende Augentyp ist das *Facettenauge* der Krebse, Spinnen, Tausendfüßler und Insekten.

Bei diesen Tieren sind die Augen aus mehr oder weniger zahlreichen keilförmigen und optisch voneinander isolierten Einzelaugen zusammengesetzt (s. Abb. 72). Ihre Gesamtoberfläche bildet dadurch eine kleine, aus dem Tierkörper hervorstehende Halbkugel. Das ganze Sehorgan bekommt so das Aussehen eines in vielen sechseckigen Facetten angeschliffenen Brillanten. Durch die Lupe betrachtet, wirkt es unheimlich starr und fremdartig.

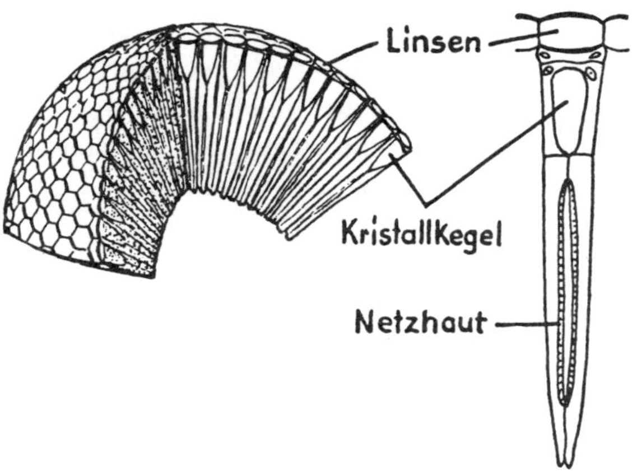

Abb. 72: Bau des Facettenauges.
Aufgeschnittenes Facettenauge (links) und eine einzelne Facette im Schnitt (rechts).

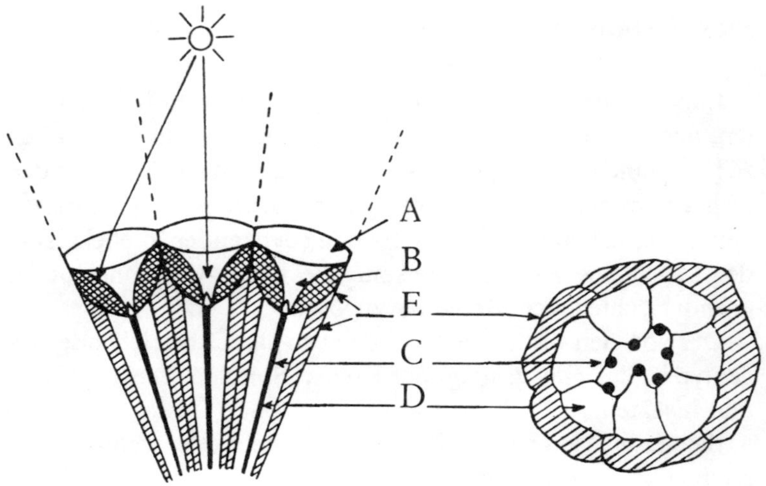

Abb. 73: Drei von tausend Einzelaugen eines Facettenauges. Das Licht fällt durch die Linse (A) und den Kristallkegel (B) auf die Sehstäbe (C), die es wie eine Glasfaseroptik nach unten in den Schacht und gleichzeitig seitlich in die Sehzellen (D) leiten. Jedes Einzelauge ist durch Pigmentzellen (E) lichtdicht gegen die Nachbarn abgeschirmt. Rechts ein Querschnitt durch ein Einzelauge, in dem sich also mehrere Sehzellen befinden.

Die Hornhaut jedes dieser Teilaugen ist als glasklare Linse ausgebildet (s. Abb. 73). Hinter dieser ist eine zweite Linse, der sog. Linsenzylinder, angeordnet. Danach folgt zum Inneren hin gewöhnlich ein Bündel von sieben doldenartig um ein einzelnes Sehstäbchen gruppierten Sinneszellen, die den von oben kommenden Lichtreiz als Erregung an eine am unteren Ende befindliche Schicht von Nervenfasern weiterleiten.

Die Facettenaugen haben einen interessanten Mechanismus für die Helligkeitsangleichung. Dazu sind die Einzelaugen durch dunklen Farbstoff enthaltende Pigmentzellen gegeneinander lichtisoliert. Bei schwachem Licht wandert das Pigment nach unten, so daß sich die Helligkeit zu ihrer besseren Ausnutzung auch seitlich zu den Nachbaraugen ausbreiten kann. Auf diese Weise wird die Leistung des Gesamtauges beträchtlich erhöht.

Die Anzahl der Einzelaugen in dieser Art Sehorgan ist sehr unterschiedlich. Naturforscher haben bei der Libelle 10 000, bei der

Biene 9000, bei der Hummel 4000 und bei dem geflügelten Leuchtkäfer-Männchen 2500 ermittelt. Das sind alles fliegende Tiere. Bei Nichtfliegenden sind die Zahlen wesentlich kleiner. So zeigt das Auge des ungeflügelten Leuchtkäfer-Weibchens nur 300, der Ameisenarbeiterin 600 und das mancher Läuse nur ein einziges Teilauge.

Was mag das wohl für ein Grund gewesen sein, aus dem der Schöpfer für die genannten Tiere ein so gänzlich anderes Auge konstruiert hat?

Man ist zunächst geneigt, anzunehmen, daß das aus so vielen Teilaugen zusammengesetzte Facettenauge ein aus ebenso zahlreichen Ausschnitten wie ein Puzzle zusammengesetztes Gesamtbild liefert. Das mag wohl stimmen. Vielleicht gestattet es infolge seiner halbkugeligen Form einen besonders weiten Rundblick. Aber sollte das der einzige Grund sein? Nein, wie schon aus dem Vergleich der Anzahl von Einzelaugen in den Facettenaugen der verschiedenen Tierarten hervorgeht, scheint es besonders für das Bewegungssehen im schnellen Flug erdacht worden zu sein.

Infolge der tiefen, röhrenartigen Form der Einzelaugen wird ein markanter Punkt, wie etwa die Sonne oder eine besonders helle oder dunkle Stelle im Gelände, immer nur von einem von ihnen wahrgenommen. Aus der Zeit nun, in der ein solcher Punkt von einem Teilauge zum nächsten überwechselt, berechnet das Gehirn des Insekts die Fluggeschwindigkeit. Auch die Flugrichtung ist dadurch von dem Tierchen leicht einzuhalten, da dieser Punkt auf die gleiche Weise gewissermaßen über eine in sechseckige »Planquadrate« aufgeteilte Landkarte wandert.

Weitere Sonderarten von Augen

Auf den inneren Feinbau und den Sehvorgang in den unterschiedlichen Wirbeltieraugen näher einzugehen würde zu weit führen. Dieses Gebiet zu erforschen dürfte außerdem sehr schwierig sein, weil wir von der Aufklärung des menschlichen Sehens wissen, daß dieses neben der rein optischen vor allem auf einer komplizierten Art von Computerleistung des Gehirns beruht. Wir müssen daraufhin annehmen, daß die Art zu sehen bei den einzelnen Tierarten so unterschiedlich ist wie deren Körperbau und Lebensweise.

So wissen wir z. B., daß sich das *Pferd* sehr leicht vor etwas sich unverhofft Bewegendem erschreckt, und sei es bloß ein plötzlich auffliegendes Blatt Papier. Als ehemals flüchtiges Steppentier ist sein Sehvermögen so programmiert, daß es jeden Augenblick damit rechnet, von einem Raubtier angesprungen zu werden. Deshalb befinden sich auch seine Augen so ungewöhnlich weit seitlich am Kopf. Es ist nämlich dadurch in der Lage, das weite Steppengelände in möglichst großem Umkreis überblicken zu können.

Die Augen der *Tagraubvögel* sind so zweckvoll ihrer Lebensweise angepaßt, daß sie soviel zu leisten vermögen wie der Feldstecher eines Jägers. So hat zum Beispiel das Auge des Habichts auf seiner Netzhaut zwei Stellen besonders scharfer Weitsicht. Diese verleihen ihm die Fähigkeit, sich bewegende Beutetiere schon aus beträchtlicher Höhe zu entdecken. Die beiden scharfsichtigen Felder überschneiden sich in der Mitte, so daß der Räuber dadurch die Entfernung bei seinem Sturzflug genau abzuschätzen vermag.

Der *Turmfalke* ist durchaus in der Lage, eine über den Boden huschende Maus schon aus 30 Meter Höhe zu erkennen.

Der *Geier* soll ein so scharfes Auge besitzen, daß er aus über 1000 Meter Höhe jeden Kadaver schneller entdeckt und früher bei ihm zur Stelle ist, als seine vierbeinigen Konkurrenten, die von ihrem Geruchssinn hingeleitet werden.

Da die *Eulen* Nachträuber sind, fehlen in ihren Augen die Felder schärfsten Sehens.

Auch ist ihr Sehorgan kaum auf Farben-, dafür aber um so mehr auf Helligkeitswahrnehmung eingestellt. Diese nur im Dunkeln jagenden Vögel können sich noch bei dem geringsten Lichtschimmer genauestens orientieren. Im übrigen besitzen sie aber ein unwahrscheinlich empfindliches Gehör, mit dessen Hilfe sie auch beim Beuteanflug die Entfernung ermitteln.

Eine ungewöhnliche Besonderheit finden wir bei den sog. *Plattfischen.* Die Hauptvertreter dieser Tiergattung sind die *Butten, Schollen, Flundern* und *Seezungen.* Ihr Körper stellt bekanntlich eine flachrunde oder ovale Scheibe dar, die platt auf dem

Meeresboden aufliegt. Sie haben im erwachsenen Zustand eine meist farblose und blinde Unterseite und eine der Färbung des Gewässergrundes oft täuschend angepaßte obere Augenseite. Ihre Tarnung wird noch dadurch vervollständigt, daß sie sich so weit in den Sandboden einbuddeln, bis nur noch ihre teleskopartig vorgestellten Augen herausschauen.

Mit diesen, sogar unabhängig voneinander beweglichen Augen überwachen sie ständig ihre Umgebung. Nähert sich ihnen ein Beutetier, dann schnellen sie sich plötzlich hoch und bemächtigen sich des ahnungslosen Opfers. Auf die gleiche Weise erschrecken und verscheuchen sie auch ihre Feinde.

Was ist nun an diesen merkwürdigen Fischen außer der ungewöhnlichen, aber ihrer Lebensweise großartig angepaßten Augenstellung sonst noch Besonderes? Es ist der Umstand, daß diese Tiere wie alle anderen Fische ihren Eiern mit einem ganz normalen, symmetrisch gebauten Körper entschlüpfen. Während der ersten Lebenstage bleibt ihre Körperform auch so bestehen.

Doch ehe zwei Wochen verstrichen sind, fängt bei dem Jungfisch eins seiner Augen an, aus seiner Höhlung zu treten und langsam nach vorn und oben zu wandern. Es verschiebt sich so über das Stirnbein hinweg auf die andere Körperseite. Damit es auf diesem Weg nicht durch die sich bildende Rückenflosse behindert wird, fängt diese erst mit ihrer Entwicklung an, wenn das Auge deren Körperstelle überschritten hat. Mit dieser erstaunlichen Veränderung geht noch eine Reihe anderer Umgestaltungen an *Kopf, Flossen, Skelett, Eingeweiden* und *Muskeln* einher, bis seine endgültige Gestalt als Plattfisch erreicht ist.

Zum Schluß möchte ich noch auf ein ganz besonderes Kuriosum unter den Fischen hinweisen. Es ist der sog. *»Vieräugige«* mit dem wissenschaftlichen Namen *Tetraophthalmus*, der in Südamerika beheimatet ist.

Zwar hat man auf den ersten Blick den Eindruck, als habe dieses Tier auch nur zwei Augen im Kopf. Bei näherer Untersuchung stellt man aber fest, daß jedes von diesen eine Doppelfunktion hat. Der Fisch ist also tatsächlich vieräugig.

Jedes seiner Augen hat nämlich zwei Pupillen, eine oben und eine unten. Beide werden durch einen über die Hornhaut verlaufenden Wulst und eine von der Regenbogenhaut über die Augenmitte gebildete Brücke voneinander getrennt.

Was hat nun den Schöpfer zu dieser seltsamen Augenkonstruktion veranlaßt?

Der »Vieräugige« lebt in den Sümpfen des Amazonas und schwimmt dort ständig an der Wasseroberfläche. Sein Kopf ragt dabei stets so weit heraus, daß die Wasserlinie mitten zwischen der oberen und unteren Pupille seiner Augen verläuft. Der Fisch hat also ständig seine Umgebung sowohl über als auch unter der Oberfläche des Stromes unter Kontrolle.

Auch ist noch zu erwähnen, daß für den über der Wasserlinie befindlichen Augenteil keine Tränendrüsen vorhanden sind. Damit dieser aber dennoch stets feucht und geschmeidig bleibt, muß der Fisch fortwährend in kurzen Abständen eine nickende Kopfbewegung ins Wasser hinein machen.

Merkwürdig ist noch, daß das bis zu 30 Zentimeter große und in Schwärmen auftretende Tier lebende Junge zur Welt bringt.

Auch für die Wissenschaft ein Wunder

Es ist erfreulich, daß es auch noch Wissenschaftler gibt, die ehrlich zugeben, daß viele Gestaltungen und Vorgänge in dem großen Naturgeschehen unmöglich durch Zufall aus sich selbst entstanden sein können, und wenn sie die Existenz Gottes nicht anerkennen wollen, sie wenigstens als Wunder bezeichnen. Das tut z. B. der Naturwissenschaftler *Dr. Heinz Woltereck* in seinem Buch »Das unwahrscheinliche Leben«.*) In diesem Buch wird der Schöpfer zwar mit keinem Wort erwähnt; dennoch heißt es dort vom Auge:

»Die Empfindlichkeit des menschlichen Auges erwies sich bei neueren Untersuchungen als so groß, daß die Grenze des überhaupt Möglichen erreicht wird: Die unendlich schwache Einwirkung von wenigen ›Lichtquanten‹ auf unsere Netzhaut genügt, um bereits eine Lichtempfindung hervorzurufen. Das ist also die absolute Gipfelleistung, da es ja eine geringere Lichtmenge nicht

---

*) Erschienen im Heering-Verlag in Seebruck am Chiemsee 1950, S. 9.

geben kann. Das Auge gehört überhaupt zu den größten Wundern, die von der Natur geschaffen worden sind.

Der bekannte Gelehrte *Prof. Bleuler* hat sich einmal die Mühe gemacht, nach den Regeln der *Wahrscheinlichkeitsrechnung* die Frage zu prüfen, wie dieses Organ aller höheren Lebewesen entstanden sein könnte. Er hat genau ausgerechnet, wie groß die Wahrscheinlichkeit dafür ist, daß sich zu irgendeinem Zeitpunkt die verschiedenen Teilorgane eines Wirbeltierauges durch Zufall so kombinieren, daß ein funktionsfähiges Sehorgan entsteht. Das Ergebnis dieser ›Mathematik des Wunders‹ wollen wir lieber nicht in Zahlen hinschreiben. Bleuler stellte nämlich fest, daß sich diese Wahrscheinlichkeit wie eine 1 zu einer Zahl mit wenigstens 40 Nullen verhält! Durch Zufall kann das Auge also nicht entstanden sein, durch Selektion (Auslese, natürliche Zuchtwahl) auch nicht, ja, wir können seine Entstehung überhaupt nicht ›erklären‹ – es bleibt ein Wunder.«

13. Kapitel
Das Leben in den Tiefen der Weltmeere

Das schwerst zugängliche Reich der Natur

Die am schwersten zugänglichen Gebiete auf der Erdoberfläche sind dort, wo der Boden seit der Urzeit mit den gewaltigen Wassermassen der Weltmeere bedeckt ist. Es ist die geheimnisvolle Welt der Tiefsee, die nicht weniger als zwei Drittel der Oberfläche unseres Planeten einnimmt.

Diese fremde Welt beginnt nicht etwa kurz hinter dem *Meeresstrand.* Von ihm ab senkt sich nämlich der Meeresboden erst einmal 30 bis 50 und gelegentlich auch mehr Kilometer weit hinaus bis auf höchstens 200 Meter ab. Es handelt sich bei dieser Zone um den sog. *Kontinentalschelf* oder *Festlandsockel,* von dem die Kontinente in der Regel eingerahmt sind. Hier kann man noch nicht von Tiefseeboden reden. Dennoch liegt hier das großartige Reich der Meeresforscher.

Der Festlandsockel gehört eigentlich noch zum Kontinent. Erst an seinem äußersten Rand fällt er als *Kontinentalhang* bis zu den gewaltigen Tiefen von im großen Durchschnitt 4000 Metern steil ab. Durch Lotungen hat man festgestellt, daß der Meeresboden zum großen Teil aus riesigen Ebenen besteht, aus denen die Kontinente wie ungeheure, steil aufragende Granitblöcke herauswachsen.

An den Rändern dieser *Tiefsee-Ebenen,* und zwar oft unmittelbar vor dem Festland, finden sich hin und wieder eigenartige, grabenartige Rinnen. Sie sind durchschnittlich 30 Kilometer breit und Hunderte von Kilometern lang. Meist haben sie steil abfallende Wände und Tiefen von rund 7500 Metern. Der tiefste dieser Gräben, der bisher entdeckt wurde, liegt im Pazifik. Er heißt *Marianengraben,* weil er die Inselkette der Marianen als bogenförmige Tiefseerinne umzieht. Er weist die bisher als größte ermittelte Meerestiefe von fast genau 11 000 Metern auf.

Dennoch müssen die im Durchschnitt 4000 Meter tiefen Ebenen als der eigentliche Grund der Weltmeere betrachtet werden. Hier unten gibt es keinen Wechsel von Tag und Nacht. Es herrscht ewige, absolute Finsternis, denn die Sonne ist trotz ihrer stärksten Energiestrahlung nicht in der Lage, mit ihrem Licht oder mit ihrer Wärme bis in solche Tiefen durchzudringen. Ihr Einfluß bleibt für immer auf die oberen Regionen beschränkt.

Steigt ein Taucher in diese Wassernacht hinab, dann erfährt seine Farbenwahrnehmung eine nach unten allmählich zunehmende Veränderung. Das Spektrum löst sich auf, indem eine Farbe nach der anderen verschwindet. Als erstes fällt das Rot fort. Dann folgen nacheinander das Orange, das Grün und das Blau. Schließlich bleibt nur noch eine schwache Spur von Violett und danach ein kaltes Weißgrau übrig. Bei 245 Metern Tiefe sind alle Farben des Spektrums verschwunden. Trotzdem folgt dann noch ein Schwärzlichblau, das immer dunkler wird, bis nach 600 Metern auch die letzte Spur von Dämmerlicht endgültig verlöscht.

Wegen des fehlenden Lichts können in den Tiefen der Ozeane keine Pflanzen existieren. Und da alles Tierleben auf die Vorarbeit der Pflanzenwelt angewiesen ist, hielt man früher das Dasein von Leben jeglicher Art in dieser Finsternis für absolut unmöglich.

Doch der Baumeister unseres Planeten wollte auch diese finstere Welt mit Leben füllen. Wie sein genialer Erfindergeist dies trotz aller entgegenstehenden Schwierigkeiten fertiggebracht hat, habe ich bereits im 5. Kapitel ausführlich dargelegt. Ich will hier nur noch einmal daran erinnern, daß er dem Wasser bei seiner Erschaffung in der Urzeit schon eine ganz ungewöhnliche Sondereigenschaft verliehen hat. Es ist sein im Gegensatz zu allen anderen Flüssigkeiten höchst merkwürdiges Verhalten, sein Volumen während der Abkühlung von + 4 Grad bis 0 Grad Celsius wieder um 10% zu vergrößern.

Diese Eigenart des Wassers hat zur Folge, daß das Eis auf dem Wasser schwimmt und immer wieder von der Sonne aufgetaut werden kann. Verhielte es sich wie alle übrigen Flüssigkeiten, würde das Eis zu Boden sinken und in den Tiefen nie wieder aufgetaut werden können.

Über die Anfänge der Tiefseeforschung

Die Flora und Fauna der Weltmeere, so wie wir sie aus Büchern, Zeitschriften und Fernsehsendungen kennen, ist nur das uns wegen seiner Fremdartigkeit und Farbenpracht immer aufs neue faszinierende Leben auf den Festlandsockeln der Kontinente. Es spielt sich also bloß in den Tiefen bis höchstens 200 Metern ab. Die Bewohner dieser oberen Lichtregionen konnten schon immer durch freies Tauchen und solches mit Atemgeräten nicht allzu schwer besucht und erforscht werden.

Als die *Meeresbiologen* jedoch vor etwas mehr als 100 Jahren erstmalig auch die größeren Meerestiefen systematisch zu erkunden begannen, war die Überraschung groß. Man entdeckte nämlich wider alles Erwarten eine überaus vielfältige und ganz ungewöhnliche Tierwelt. Zahlreiche Arten von Fischen, Krebsen, Asseln und Polypen förderten die ausgeworfenen Tieffangnetze zutage.

Aber so reichhaltig diese Fänge auch sein mochten, so gaben sie über die Art des Lebens in der ewigen Wassernacht doch nur spärliche Auskunft. Den Tieren ging es nämlich beim Verlassen ihres Lebensbereichs ähnlich, wie wenn ein Astronaut den Mond ohne Raumanzug betreten würde. Ihr auf den hohen Wasserdruck eingestellter Körper ging immer sofort zugrunde. Er platzte gewissermaßen auseinander.

Wer also die finstere Tiefsee erforschen will, muß in sie hinabsteigen. Dabei steht dann der Tauchende vor dem schwierigen Druckproblem. Die Tiefseeforschung ist demnach ähnlich wie die Weltraumforschung in erster Linie eine Frage der Technik.

Ich entsinne mich noch genau des großen Aufsehens, das der Amerikaner *William Beebe* erregte, als er 1934 mit seiner *Taucherkugel* die damalige Rekordtiefe von 923 Metern erreichte. Sein Buch, in dem er seine Pionierleistung bis in alle Einzelheiten beschreibt, habe ich bereits kurz nach seinem Erscheinen mit großer Begeisterung gelesen.

Die von Beebe verwendete Tiefseekugel war eine hohle Tauchkammer aus Gußstahl. Sie besaß eine Wanddicke von knapp vier Zentimetern und ein Gewicht von rund zwei Tonnen. Das runde Einstiegloch war mit einem fast 300 Kilogramm schweren Stahldeckel verschlossen. Die zwei runden Beobachtungsfenster hatten einen Durchmesser von je 20 Zentimetern und bestanden aus 7,5 Zentimeter dickem Quarzglas. Die lichte Weite des Innenraums betrug nur ganze 1,44 Meter.

Diese Stahlkugel wurde an einer gut 1000 Meter langen und schon für sich allein über zwei Tonnen schweren Stahltrosse von einem Schiff aus in die finstere Tiefe hinabgesenkt. Dies geschah erstmals vor den Bermuda-Inseln. In dieser engen Behausung hat Beebe mit seinem Begleiter und einer Fülle von Prüfapparaten damals rund drei Stunden ausgehalten und dabei die Tierwelt mit Scheinwerfern beobachtet. Die Versorgung mit Atemluft und die Aufrechterhaltung irdischer Druckverhältnisse erfolgten ebenfalls vom Begleitschiff aus.

Erst ganze 15 Jahre später, also 1949, brach der Forscher *Barton* diesen Rekord, indem er mit einer ähnlichen Tauchkugel 1372 Meter in die Finsternis hinabstieg. Damit endete wohl die Möglichkeit, einen bemannten Hohlkörper von einem Schiff aus an einem Stahlseil in die Tiefe zu senken. Doch der Wissensdurst läßt den Forschern keine Ruhe.

Der schweizerische Physiker, *Professor Auguste Piccard*, der schon 1932 mit einem Stratosphären-Ballon einen Höhenrekord von 17 Kilometern erreicht hatte, besaß den Ehrgeiz, nun auch in die tiefsten Tiefen des Ozeans hinabzutauchen. Er konstruierte dazu ein Tauchgerät, das er Batyscaphe nannte und mit dem er zunächst 3150 Meter bezwang. Im Auftrag der italienischen Marine baute er dann ein zweites, verbessertes Tauchboot, das 1958 von der amerikanischen Marine gekauft wurde. Es handelte sich dabei um eine Art gegen höchsten Druck stabiles Unterseeboot mit eigenem motorischem Antrieb. Es war eine außerordentlich interessante Konstruktion, deren nähere Beschreibung hier jedoch zu weit führen würde.

Mit diesem Gerät, das den Namen *»Trieste«* führte, senkte sich *Jacques Piccard*, der Sohn von Prof. Piccard, mit dem amerikanischen U-Boot-Offizier Donald Walsh am Anfang des Jahres 1960 in dem bereits erwähnten Marianengraben bis auf den Grund. Da es sich hier wohl um die tiefste Stelle innerhalb der Weltmeere, nämlich 11 Kilometer unter dem Meeresspiegel, handelt, haben die beiden damit einen Rekord aufgestellt, der nicht mehr gebrochen werden kann.

Das ist in etwa die geraffte Geschichte der Tiefsee-Tauchrekorde. Heute bedient man sich bei der Erforschung der unteren Meeresgründe vielfach gegen hohen Druck gepanzerter Kameras, die zusammen mit Beleuchtungseinrichtungen in die Tiefe hinabgesenkt werden.

Über das Leben in der Tiefsee

Trotz der großen technischen Schwierigkeiten bei der Erforschung der Tiefsee haben die Meeresbiologen inzwischen bereits eine ganze Menge sehr interessanter Ergebnisse zu verzeichnen. Schon Beebe brachte eine solche Fülle von Beobachtungsmaterial mit nach oben, daß ich hier im einzelnen nicht darauf eingehen kann. Ich will nur ein Zitat aus einem seiner Forschungsberichte wiedergeben, um dem Leser einen Eindruck von dem seltenen Erlebnis solch einer Tauchfahrt zu vermitteln. Es heißt dort:

»Als wir mit unserer Tiefseekugel 204 Meter erreichten, zuckten die ersten tierischen Blitze auf. Es war wie das Erscheinen der ersten Sterne an einem warmen, klaren Sommerabend.«

Der Forscher hatte also bereits die oberen Lichtregionen hinter sich und tauchte jetzt in die ewige Finsternis. Was er da erlebte, beschreibt er folgendermaßen weiter:

»Ich schaute hinaus in eine bisher noch ungeahnte Welt, wo Sternbilder sich immerzu neu zusammensetzten und vergingen. Bei 610 Metern stellte ich eine sorgfältige Zählung an und fand, daß nicht weniger als zehn Lichter, blaßgelbe und blaßblaue, vor dem kleinen Rundfenster sichtbar wurden. 15 Meter tiefer sah ich wieder ein Netzwerk von Feuerfunken, die diesmal, vorsichtig geschätzt, eine Fläche von 60 mal 90 Zentimetern einnahm. Masche um Masche konnte ich im Dunkel verfolgen, doch nicht die leiseste Vermutung über die Ursache wagen. Es muß sich wohl um ein wirbelloses Lebewesen von solcher Zartheit und Vergänglichkeit handeln, daß es völlig verlorengeht, wenn man es je mit dem Netz an die Oberfläche zöge. 30 Meter weiter sah mein Begleiter Barton zwei Lichter abwechselnd aufblitzen und verlöschen. Offenbar waren sie von der Willkür eines Fisches abhängig.

Zwischen Tiefen von 625 und 655 Metern sah ich verhältnismäßig wenig Tiere mit Leuchtorganen. Doch bei 670 Metern wurde die Lichterfülle sinnverwirrend. Das Pechschwarz des Wassers wurde durch Funken und Blitze und stetig glühende Lampen von beträchtlicher Größe erfüllt. In unendlicher Mannigfaltigkeit tauchten die verschiedensten Farben in immer neu zusammengesetzten Mustern auf. Ständig boten sich ungeahnte Bilder dem Blick, bis unser Wortschatz erschöpft und unser Geist betäubt war.

Immer, wenn ich inmitten des märchenhaften Lichtgefunkels unerklärter Leuchtentladungen und allzu früh abreißender flüchtiger Blicke auf merkwürdige Lebewesen eines genauer beobachten wollte, wurde ich abgelenkt durch einen plötzlich auftauchenden Tierkometen oder ein ganz in der Nähe aufblitzendes lebendes Sternbild.

Das ist die Welt, in der zweierlei seltsame Lebewesen existieren: die einen mit Augen, die für das Steuern durchs Leben auf das Aufglühen der Lampen anderer Tiere angewiesen sind, die anderen vom Tag der Geburt bis zum Tod blind, im Kampf um Nahrung und Ehepartner und gegen Feindestücke nur auf tastende und riechende Sinnesorgane angewiesen.«

Soweit das Zitat aus Beebes Buch. Nun möchte sicher mancher Leser gern wissen, ob sich das Reich des Tiefseelebens auch bis zum Boden der rund 4000 Meter unter dem Meeresspiegel befindlichen Ebenen fortsetzt. Das scheint tatsächlich der Fall zu sein, wie aus einer Bemerkung hervorgeht, die ich in dem Reader's-Digest-Buch »Wunderbare Welt der Natur« fand. Sie lautet:

»Tiefseekameras haben auf dem festen Schlick der Tiefsee-Ebenen und am Boden der Gräben Lebewesen aufgenommen – zumeist kleine, sich einwühlende Geschöpfe: Würmer, Seewalzen, Weichtiere. Durch einen besonderen Glücksfall gelang einer Kamera die eindrucksvolle Aufnahme eines ein Meter langen Eichelwurms. Er fraß Schlick, verdaute die darin enthaltenen organischen Stoffe und schied den Rest auf seinem Weg in modernen Spiralmustern wieder aus.«

Da es in den tiefsten Meeresgründen weder Wellen noch Strömungen, weder Tag noch Nacht, noch Temperaturveränderungen gibt, hat die dort lebende Tierwelt nur solche Ereignisse zu

Abb. 74: Mit Leuchtorganen, Lichtköder, langen Fühlfäden und Teleskopaugen versehene Fische der lichtlosen Welt der Tiefsee.

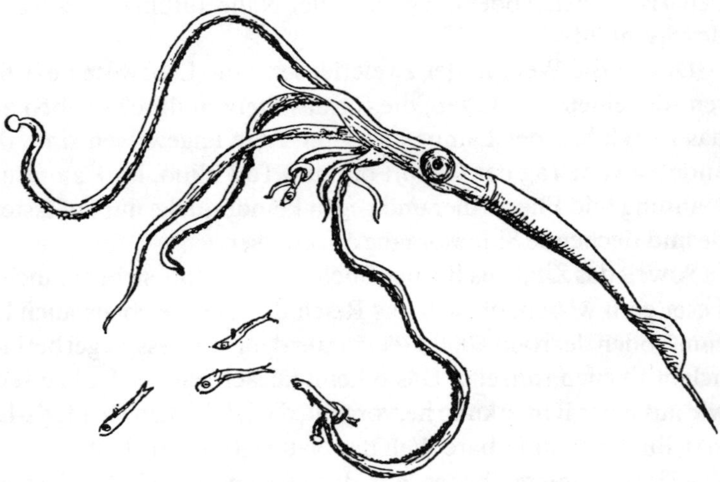

Abb. 75: Gespenstisch aussehender Tiefsee-Polyp mit großen leuchtenden Augen und Leuchtorganen an den Enden seiner langen Fangarme.

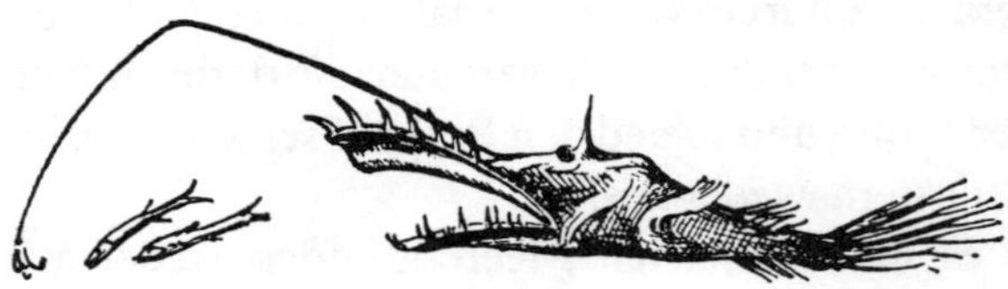

Abb. 76: Tiefseefisch mit Riesenmaul und Angelrute.

erwarten, die sie selbst veranlaßt. Dennoch gibt es ein fremdverursachtes Ereignis, an dem ihre ganze Existenz hängt. Es ist ihre automatische Fütterung von oben. Das Futter regnet ihnen nämlich buchstäblich vom Himmel herunter. Alles, was in den oberen Lichtregionen des Meeres abstirbt, sinkt nach unten, und die Tiefseebewohner brauchen nichts anderes zu tun, als ihr Maul weit aufzusperren. Und das tun sie dann auch zur Genüge. Es ist ihre Hauptbeschäftigung, und der Schöpfer hat sie deshalb auch ganz dafür hergerichtet.

Es gibt Fische dort unten, die beinahe nur aus Maul bestehen, das von ihnen wie ein Sammelsack umhergetragen wird (s. Abb. 74), Polypen mit Leuchtorganen an den Enden ihrer Fangarme und Anglerfische mit Lichtköder an ihrer Angelrute (s. Abb. 75 + 76). Man trifft dort Asseln und Krebse an, die ihre Beine und Scheren unglaublich weit von sich strecken, um nur ja alles in möglichst weitem Umkreis fassen zu können, was von oben herunterkommt. Der Meeresboden in dieser finsteren Welt ist teilweise mit großen Tierwiesen bedeckt. Diese setzen sich aus unzähligen Einzeltieren, den sog. Seerosen, zusammen, die alle ihre Fangarme nach oben strecken. Sie haben in diesem herrlichen Schlaraffenland ihr ganzes Leben nichts anderes zu tun, als zu warten, bis ihnen die Leckerbissen in die Arme fallen.

Polypen bilden weit ausladende Sträucher zu dem gleichen Zweck. Seesterne haben unwahrscheinliche Arme, nur um zu raffen. Seelilien, bekanntlich ebenfalls Tiere, öffnen ihren Blumenkelch, um auch etwas mitzubekommen. Gespenstisch groß sind manche dieser Tiere. Das hat für sie den Vorteil, daß sie möglichst viel von dem Nahrungsregen mitbekommen.

Über die Leuchtorgane der Tiefseetiere

Die auf dem Meeresgrund lebenden Tiere können von dem auf sie herabregnenden Nahrungssegen um so mehr mitbekommen, je besser sie die einzelnen Brocken sehen können. Zu diesem Zweck hat der Schöpfer zahlreichen, dieser in einer ständig absolut dunkeln Umwelt lebenden Geschöpfe eine kleine Lampe mit auf den Lebensweg gegeben. Es sind Leuchtorgane von erstaunlicher technischer Vollkommenheit.

Man hat diese *Tierleuchten* eingehend untersucht und dabei festgestellt, daß in ihnen besondere Leuchtstoffe auf chemischem Wege abgesondert werden, die erst dann aufleuchten, wenn sie mit Sauerstoff in Berührung kommen, entweder mit dem Sauerstoff des Blutes oder dem des Meerwassers. Dadurch können z. B. manche Fische ihre Lampe anzünden und auch wieder auslöschen, je nachdem, ob sie einen Blutstrom in sie hineinschicken oder zurückziehen. Andere Tiere, wie z. B. Krebse oder Bohrmuscheln, scheiden einen Schleim aus, in dem ein Stoff enthalten ist, der leuchtet, wenn er mit dem Sauerstoff des Meerwassers zusammentrifft. Auch manche Arten von Tintenfischen und Garnelen können ihre Verfolger durch das Ausstoßen blendend leuchtender Wolken abschrecken. Diese Waffe wirkt natürlich nur bei solchen Fischen, die Augen haben, um eine solche Wolke wahrnehmen zu können.

Da nun die Schönheit der Schöpfung auch weitgehend auf ihrer Farbenpracht beruht, hat ihr Baumeister diese auch in der Tiefsee nicht fehlen lassen. So ließ er zahlreiche der Tierleuchten auch farbig leuchten. Es gibt dort Fische, deren Leuchtorgane gleichzeitig in unterschiedlichen Farben erstrahlen. Einen besonders schönen unter diesen hat man deshalb »Wunderlampe« genannt. Den »fünfstreifigen Sternbildfisch« hat ein Forscher folgendermaßen begeistert beschrieben:

»Die Körperseiten entlang laufen fünf wirklich schöne Lichtstreifen, einer davon quer durch die Mitte, dazu zwei geschweifte darüber und zwei darunter. Jeder Streif besteht aus einer Reihe blaßgelber Lichter, von denen jedes zackensternartig von kleinen, aber lebhaft purpurn glühenden ›Edelsteinen‹ umgeben ist. In meinem Gedächtnis wird er als eine der prächtigsten Erscheinungen weiterleben, die mir je zu schauen beschieden war.«

Die Zahl der unterschiedlichen Lichtmuster ist ungeheuer. Schon allein die Familie der Laternenfische besteht aus rund 150 verschiedenen Arten, von denen jede ein anderes Anordnungsmuster zeigt.

Manch langgestreckter Fisch, wie z. B. der »Seedrache«, sieht aus wie ein nächtlich erleuchteter Passagierdampfer. Während bei einem anderen ebenfalls an den Seite eine Reihe von 20 blaßblauen »Bullaugen« entlangläuft, hängen von dessen »Bug« und

»Heck« zwei etwa einen Meter lange »Angelschnüre« herab, an deren unteren Enden sich je eine Köderlampe befindet. Von letzteren ist jeweils die obere rot und die untere blau. Der Träger dieser so friedlich erscheinenden Illumination gehört zu den gefräßigsten Tiefseeräubern. Seine sogar innen beleuchteten Fangzähne reißen gnadenlos jedes Lebewesen, das sich arglos seinen Angelködern nähert (s. Abb. 72).

Wieder andere Fische schwenken eine solch bunte Laterne am verlängerten ersten Strahl ihrer Rückenflosse wie an einer Angelrute vor sich her. Mit ihr suchen sie unablässig ihre Umgebung nach Freßbarem ab.

Das *farbige* Licht all dieser Lampen kommt ähnlich wie bei vielen unserer Reklameleuchten durch farbig durchsichtige Überzüge auf der Außenhaut der Leuchtorgane zustande.

Erstaunlich ist, wie weitgehend der Schöpfer schon viele menschliche Erfindungen der Beleuchtungstechnik vorweggenommen hat. Nach einem Bericht des Forschers Francé wurden bei den Leuchtorganen der Tiefseetiere sowohl die Projektionslinse als auch ganze Linsenreflektorensysteme angewendet. Sie funktionieren nach Art unserer Leuchtturmreflektoren. Manche sind aber auch von solcher Konstruktion, wie sie in unserer Technik noch nicht bekannt ist. Es gibt welche mit Doppeloptik und seitlichen Spiegeln. Fast alle bedienen sich dabei des Kunstgriffs, ihre Scheinwerfer hoch aufzustellen und beweglich zu halten.

Die Tiere sind also vollendete *Beleuchtungstechniker.* Sie könnten für ihre Lebensbedürfnisse nicht vollkommener ausgerüstet sein.

Die *Reflexionsspiegel* kommen übrigens dadurch zustande, daß hinter dem leuchtenden Gewebe mikroskopisch kleine Kristalle eingebettet sind, deren hochglänzende Flächen sich mosaikartig zusammensetzen und so das Licht zurückwerfen.

Man hat anfangs geglaubt, das Leuchten der Tiefseetiere solle nur zur Anlockung der Beute, also gewissermaßen als Lichtköder, wirken. Das trifft für eine ganze Anzahl der Räuber unter diesen Lebewesen durchaus zu. Denken wir jedoch an die Fische, an deren Seiten Lichterreihen leuchten, dann kann man sich schlecht vorstellen, daß diese auch der Beuteanlockung dienen sollen. Das gleiche gilt auch für die unzähligen andersartigen Lichtmuster, deren Anordnung zwar bei jeder Art anders, bei ein und derselben jedoch stets die gleiche ist. Sie sollen zweifellos jeder Art ihr besonderes Gepräge geben. Man weiß heute, daß sie die Kennzeichen ersetzen, die in der oberen Lichtwelt jedes Tier durch seine Form, Farbe und Zeichnung erhält, so daß die Artgenossen einander finden können. Darauf deutet auch der Umstand hin, daß sich manchmal sogar Männchen und Weibchen am Lichtglanz in ähnlicher Weise unterscheiden wie männliche und weibliche Vögel am Federschmuck.

So tragen z. B. bei einem häufig vorkommenden Laternenfisch die Weibchen fünf leuchtende Plaketten auf der unteren Bauchseite und die Männchen drei Lichtpunkte auf der Oberseite des Schwanzstiels.

Auf diese Weise beschränkt sich also das Finden der Geschlechtspartner bei den sehenden Tiefseebewohnern einzig und allein auf das Erkennen und Verstehen abstrakter Lichtmuster.

Weitere Argumente für den Gottesglauben

Nachdem wir nun eine ganze Reihe naturwissenschaftlicher Fakten über das reiche Tierleben in dieser ungewöhnlichen Umwelt kennengelernt haben, wollen wir jetzt versuchen, einige weltanschauliche Schlußfolgerungen daraus zu ziehen. Sowohl im vorigen Kapitel als auch im vorliegenden drehte es sich um die Frage, wie sich die verschiedenartigsten Lebewesen mit Hilfe von Lichtsinnesorganen in ihrer natürlichen Umwelt zu orientieren vermögen. Dabei fanden wir bereits mehrere für den Gottesglauben sprechende Argumente, denen wir nach dem zuletzt Gesagten jetzt noch einige besonders überzeugende hinzufügen können.

Da wäre als erstes der Umstand zu nennen, daß die Tiefseetiere *überhaupt* Augen haben. Nach der Entwicklungslehre müßten sie eigentlich alle blind sein. Warum?

Weil sie besagt, daß Organe, die ein Lebewesen nicht mehr gebraucht, allmählich verkümmern und über lange Zeiträume schließlich ganz verschwinden. Damit haben sie weitgehend recht, denn es gibt dafür viele Beispiele. Diese liefern uns vor allem die sehr zahlreichen, in immer stockdunklen Erdhöhlen und Grotten lebenden Tiere.

In solchen oft jahrtausendelang von der Außenwelt völlig abgeschnittenen Hohlräumen in der Erdkruste fand man nämlich wider alles Erwarten eine große Zahl kleiner und allerkleinster Lebewesen, die bis heute noch gar nicht alle erforscht sind.

Die größeren unter ihnen kennt man schon länger. Es gibt in dieser finsteren Welt einige Schnecken- und Muschelarten, Fische, Spinnen, Käfer, kleine Krebsarten und andere. Sie tragen alle das gemeinsame Merkmal an sich, daß sie blind sind. Die Vermutung, daß sie die Augen infolge des immerwährenden Nichtgebrauchs verloren haben, wird durch das größte unter diesen Tieren bestätigt. Es ist der bis zu 30 Zentimeter messende Grottenolm, der zwar ebenfalls blind ist, dessen Junge aber funktionsfähige Augen mit auf die Welt bringen. Die letztgenannte Tatsache spricht aber gleichzeitig dadurch gegen die Entwicklungslehre, daß sich hier keine augenlose Art dieses Tieres gebildet hat.

Nun ergibt sich für uns die Frage: Wenn diese Höhlentiere durch die ewige Finsternis ihrer Umwelt ihr Augenlicht verloren haben, warum dann die in ebensolcher Nacht lebenden Tiefseebewohner nicht? Im krassen Gegensatz zu den erstgenannten, fand man bei den anderen sogar nicht nur ganz normale, sondern auch ihren Umweltverhältnissen ganz besonders gut angepaßte Augen. Augen mit allerlei, ihre Aufgabe technisch unterstützenden Hilfseinrichtungen. Mich beeindruckt dabei immer ganz besonders die Tatsache, daß unsere Augen auf der Erde durch Lichtstrahlen sehen, die von der 150 Millionen Kilometer entfernten Sonne kommen, während die Tiefseetiere das Licht für ihre Sehorgane selbst erzeugen. Das ergibt für die Vertreter der Entwicklungslehre die Schwierigkeit, daß sich das Auge in zwei grundverschiedenen Umweltbereichen in ganz genau der gleichen Bauweise und Funktion entwickelt haben müßte. Das aber dürfte völlig unmöglich sein.

Es ist ferner ein gewaltiger Unterschied, ob der Schöpfer ganze zwei Drittel der Erdoberfläche, die ja die Weltmeere bedecken, oder nur ein paar Erdhöhlen mit Leben erfüllen wollte. Für ein milliardenfach kleineres Schöpfungsprojekt lohnte sich eben nicht der gleiche Aufwand wie für das große. Im übrigen sind die

Höhlen ja nur Begleiterscheinungen von Erdverwerfungen bei der Gebirgsbildung, die vom Menschen überhaupt nur zum allerkleinsten Teil entdeckt werden.

Schließlich zeigen uns auch die Leuchtorgane der Tiefseetiere wieder einmal unsere nahe Geistesverwandtschaft mit unserem Schöpfer. Handeln wir nicht ganz genauso wie er, wenn unsere Bergleute an ihren Schutzhelmen batteriegespeiste Lampen tragen, um im finsteren Schoß der Erde arbeiten zu können?!

14. Kapitel
Über die kleinsten und größten Wunderwerke des Lebens

Organismen sind Gottes Kunstwerke

Bisher hatten wir unseren Gang durch die Schöpfung ziemlich gleichlaufend mit der Besichtigung einer Automobilfabrik verglichen. Nun sind wir dabei bei dem Endprodukt angelangt, dem fertigen Auto. So wie dieses das Ergebnis menschlichen Geistesschaffens darstellt, so sind es in der Schöpfung die Menschen, Tiere und Pflanzen als Einzelindividuen. Und wie das Auto die Fertigungsstätte verläßt und danach gewissermaßen eine Art »Eigenleben« führt, so tun es die Geschöpfe Gottes in ähnlicher Weise. Sie sind des Schöpfers Fertigprodukte, ja, im krassen Gegensatz zu der groben Unvollkommenheit des menschlichen Machwerks großartigste Kunstwerke.

Indem wir jetzt das Bild von der Fabrikbesichtigung verlassen, wollen wir uns nun einer Reihe dieser göttlichen Endprodukte zuwenden und deren Körperbau, deren Funktionsweise sowie deren Verhalten und Aufgabe im Gesamtverlauf des großen Naturgeschehens etwas genauer ins Auge fassen.

Dabei möchte ich mit den allerkleinsten Organismen beginnen und, indem ich diesen danach gleich die größten gegenüberstelle, die Streubreite abstecken, innerhalb der sich das Leben auf unserer Erde kundgibt.

Von den allerkleinsten Lebewesen

Die *Streubreite*, in der sich das Leben auf unserer Erde kundgibt, ist enorm. Wir wissen, daß es nicht nur Organismen gibt, deren Körper aus nur einer einzigen Zelle besteht, und solche, bei denen dieser aus vielen Billionen zusammengesetzt ist, sondern daß vor den selbständigen Einzellern noch ein Riesenreich von Kleinstlebewesen existiert. Es ist das Reich der *Viren, Phagen*

Abb. 77: Grundformen der Bakterien.

und *Bakterien* (s. Abb. 77 + 78), in das uns die nebenstehende Abbildung einen anschaulichen Einblick gibt.

Da wir uns jetzt mit den Lebewesen selbst beschäftigen wollen, fangen wir am besten ganz unten an. Das hieße dann, daß wir bei den *Viren* beginnen, denn sie sind von allen lebendigen Wesen die allerkleinsten. So unvorstellbar winzig sind sie, daß sie der Größenordnung nach genau in den Raum zwischen den größten Eiweißmolekülen und den kleinsten Bakterien eingereiht werden müssen.

Die Viren sind weder Pflanzen noch Tiere. Sie sind im Vergleich zu allem höher organisierten Leben so primitiv, daß sie sich in mancher Hinsicht noch wie unbelebter Stoff verhalten. So hörten wir ja bereits, daß manche von ihnen sogar Kristalle bilden. Trotzdem zeigen sie dabei typische Lebensäußerungen, nämlich daß sie wachsen und sich vermehren. Daß sie letzteres nur vermögen, indem sie fremdes Eiweiß in ihr eigenes umwandeln, habe ich auch schon erwähnt. Sie führen eine Art Schmarotzerleben.

Entsprechend sind die *Phagen* Schmarotzer in den Bakterien.

Die Bakterien

Wenn wir etwas von *Bakterien* hören, dann denken wir immer sogleich an ansteckende Krankheiten. Tatsächlich gibt es auch eine große Zahl von Bakterienarten, die Mensch und Tier krank machen. Daneben finden sich aber auch viele, die uns nützlich, ja, lebenswichtig sind. So z. B. die in unserem Dickdarm lebenden Colibakterien, die bei der Verdauung eine Rolle spielen.

Die Bakterien sind *Spaltpilze*, von denen sich die einen durch Teilung und die anderen durch Sporen vermehren. Sie sind wesentlich größer als die Viren. Im Gegensatz zu diesen bilden sie

Vergleich der Größen verschiedener Viren und Bakteriophagen (in der Zeichnung schematisiert).

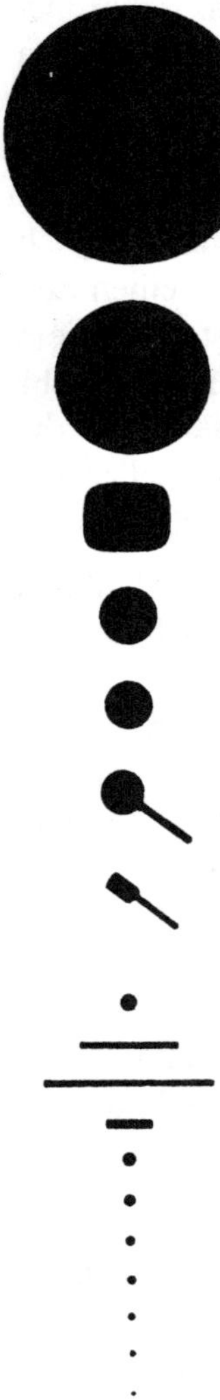

	Durchmesser bzw. Breite × Länge in mμ
Bacillus prodigiosus	750
Rickettsien (Fleckfiebererreger)	475
Pockenvirus	210 × 260
Erreger der Bronchopneumonie (Lungenentzündung)	150
Influenza-Virus	115
Bakteriophage der Staphylokokken	100
Bakteriophage des Bacterium coli (Darmbakterien)	60 × 80
Pulmonie-Virus der Maus	40
Tabakmosaik-Virus	15 × 280
Mosaik-Virus der Kartoffel	10 × 525
Gene	ca. 20 × 125
Bohnenmosaik-Virus	31
Gelbfieber-Virus	22
Erreger der Drehkrankheit der Schafe	19
Nekrose-Virus der Tabakpflanze	16
Maul- und Klauenseuchen-Virus	10
Hämoglobin-Molekül des Pferdes	3 × 15
Eieralbumin-Molekül	2,5 × 10
(Zum Vergleich: rote Blutkörperchen	7500

Ein solches ist also zehnmal so groß wie das oberste Glied dieser Reihe, hat demnach den Durchmesser eines Fußballs.)

Abb. 78: Einfachste Formen des Lebens.

Zellen, in denen sich aber kein deutlich ausgeprägter Kern vorfindet. Man hat jedoch in ihrem Zellinhalt Fäden mit körniger Struktur erkannt, die man den Chromosomen der höheren Organismen gleichsetzt und die das Fortpflanzungs-Erbgeschehen steuern.

Die *Gefährlichkeit* der Bakterien besteht in ihrer ungeheuer schnellen Vermehrung. Nach der Teilung des Cholerabazillus können sich z. B. die beiden Tochterzellen schon nach 20 Minuten erneut teilen. Man braucht nur einmal die Vermehrungsmöglichkeit für ein einziges dieser winzigen Lebewesen über einen Zeitraum von zwölf Stunden auszurechnen, um zu verstehen, wie es möglich war, daß die Cholera in den Zeiten, als man noch nichts über Bazillen und moderne Hygiene wußte, so grausam unter den Menschen wüten konnte. Bei günstigen Verhältnissen hat ein einziger Cholerabazillus

nach 1 Stunde	8 Nachkommen
nach 2 Stunden	64 Nachkommen
nach 3 Stunden	512 Nachkommen
nach 4 Stunden	4096 Nachkommen
nach 5 Stunden	32 768 Nachkommen
nach 6 Stunden	262 144 Nachkommen
nach 7 Stunden	2 097 152 Nachkommen
nach 8 Stunden	16 777 216 Nachkommen
nach 9 Stunden	134 217 728 Nachkommen
nach 10 Stunden	1 073 741 824 Nachkommen
nach 11 Stunden	8 589 934 592 Nachkommen
nach 12 Stunden	68 719 476 736 Nachkommen

Ein einziger dieser Mikroorganismen bringt es also von morgens 8 bis abends 20 Uhr auf sage und schreibe über 68 Milliarden Nachkommen. Aber bei diesen großen Zahlen angelangt, geht die Vermehrung geradezu explosionsartig weiter in die Höhe, weil ja in jeder Stunde eine dreimalige Verdoppelung stattfindet. Ich habe die Vermehrung des Cholerabazillus bis zur 24. Stunde verfolgt und kam dabei auf 4216 Trillionen, die genaue Zahl ist:

4 216 018 551 221 516 701 696 Nachkommen.

Wem es Spaß macht, der mag noch beliebig weiterrechnen. Doch was sagen uns schon so gewaltige Zahlen?! Sie liegen bereits weit außerhalb unseres Fassungsvermögens.

Wesentlich langsamer vermehrt sich der *Tuberkelbazillus.* Er teilt sich unter günstigen Bedingungen nur alle 48 Stunden. Das ist der Grund, weshalb die Tuberkulose längst nicht so schnell voranschreitet. Ähnlich verhält es sich mit dem Tetanusbazillus, der sich nicht durch Teilung, sondern durch Sporen vermehrt. Er kann sich nur alle 24 Stunden fortpflanzen.

Nun noch ein Beispiel aus der *Nahrungsmittelhygiene.* Bei einer Untersuchung fand man in einem Kubikzentimeter Kuhmilch zwei Stunden nach dem Melken 9000 Bakterien. Eine Stunde später waren es bereits 32 000 und nach einem Tag 5 500 000. Da die Bakterien durch Abkochen getötet werden, ist leicht einzusehen, wie wichtig diese Haltbarmachung für unsere Gesundheit ist.

Wir können unserem Schöpfer dankbar sein, daß er unserem Körper die Fähigkeit verliehen hat, sich gegen eindringende Bakterien zu schützen und sich sogar zur Wehr zu setzen. Unsere Umwelt ist nämlich erfüllt von diesen für uns unsichtbaren Lebewesen. So enthält z. B. schon ein Liter Großstadtluft bis zu eineinhalb Millionen Bakterien. In einem Liter Trinkwasser finden sich durchweg 100 000 von ihnen und in dem verschmutzten Abwasser pro Liter eine Milliarde und mehr.

Aber wir dürfen jetzt nicht denken, daß es sich hier nur um für uns schädliche Bakterien handelt. Sehr viele von ihnen sind sogar von großer Wichtigkeit für den Lebensprozeß in der Natur. Denken wir nur an die anfangs erwähten *Fäulnis-* und *Gärungsbakterien,* die tote Organismen zerlegen und so in Nährstoffe für neues Leben verwandeln. Für den großen Kreislauf des Stickstoffs sind ferner die *Nitratbakterien* von größter Bedeutung, weil sie allein in der Lage sind, den höheren Pflanzen den Luftstickstoff »mundgerecht« zu machen.

Methanbakterien oxidieren Sumpfgas, das sich bei der Zellulosevergärung bildet.

Milchsäurebakterien spielen bei der Herstellung von Sauerkraut, sauren Gurken und Gärfutter für das Vieh eine Rolle.

Essig wird von *Essigsäurebakterien* gebildet.

Auch bei der Herstellung von Käse und Sauerteig sowie bei der Fermentierung von Tabak wirken gewisse Bakterien mit.

Die meisten draußen in der freien Natur vorkommenden Bakterien gedeihen am besten zwischen 20 und 35 Grad Celsius. Dagegen brauchen die Krankheitserreger die Temperatur des warmen Blutes, also 37 bis 40 Grad Celsius. Manche Arten vertragen extrem hohe, wieder andere ungewöhnlich niedrige Temperaturen. Wir hörten ja bereits, daß einige sogar vorübergehend eine Kälte von minus 235 Grad Celsius aushalten können.

Kunstwerke in der Mikrowelt

Der Größenordnung nach folgen auf die Bakterien die selbständigen *einzelligen Lebewesen**), die wir bereits kennengelernt haben.

Die Fachzoologen ordnen allerdings zwischen die beiden Unterreiche der Ein- und der Vielzeller noch das merkwürdige Unterreich der sog. *Nichtzelligen* ein. Es sind dies, ähnlich wie die Amöben, nur wenige Zehntel Millimeter große Kleinlebewesen, die dadurch bereits höher organisiert sind, daß ihr Körper mit einer Fülle von Einrichtungen und Apparaten ausgestattet sind, die man im Unterschied zu den Organen der höheren Tiere als *Organellen* bezeichnet.

Zu diesen Nichtzellern zählen 1350 Arten von sog. *Wimpertierchen*, die ihren Namen von den ihren Körper ganz oder teilweise bedeckenden Wimpern bekommen haben, die durch ihr wellenartiges Schlagen oder Strudeln der Fortbewegung dienen. Zu diesen Tierchen gehört auch das bekannte Pantoffeltierchen.

Auch die *Einzeller* kommen in vielen Arten und Formen vor. Sie leben fast alle im Wasser und treten dort in unvorstellbaren Mengen auf. Unter ihnen findet man ebenfalls solche, deren Körper mit *Wimpern* oder *Geißeln* besetzt sind, mit denen sie sich fortbewegen. Man hat sie deshalb auch *Geißeltierchen* genannt.

Unter ihnen ist das sog. *Panzergeißeltierchen* für den Biologen besonders interessant. Bei ihm hat man nämlich nie das sonst übliche Stoffwechselprodukt Stärke oder Zucker gefunden, sondern nur ein fettes Öl.

---

*) Man unterscheidet heute zwischen den Zellkernlosen, den Prokaryonten, und den Zellkernhaltigen, den Eukaryonten. Beide Arten gelten als Einzeller.

Auch das uns bereits bekannte *Augentierchen* zeigt unter den Einzellern eine beachtenswerte Besonderheit. Zu seiner Ordnung gehört nämlich eine Art, die »Grünes Schönauge« heißt. Diese kleinen, massenhaft in kleinen, faulenden Wasseransammlungen auftretenden Lebewesen sind nur etwa 0,05 Millimeter groß, haben einen mit nur einer längeren Geißel ausgestatteten fischförmigen Körper, der in seiner Mitte einen grünen Blattgrünkörper aufweist. Durch dieses Chlorophyllkörperchen kann dieses kleine Wesen im Licht als Pflanze leben, aber das Besondere dabei ist, daß es im Dunkeln nicht zugrunde geht, sondern sich dann wie ein Tier ernähren kann.

Mancher hat sicher auch schon mal Wassertümpel angetroffen, die rot gefärbt waren. Man spricht dann vom *»Blutregen«*. Diese Rotfärbung rührt von einem dem grünen Einzeller verwandten »Roten Schönauge«, das sich dort in riesigen Mengen angesammelt hat, her.

Die wohl interessantesten und gleichzeitig schönsten Arten unter den einzelligen Tieren dürften die Familien der *Strahlentierchen* oder *Radiolarien* und der *Globigerinen* sein. Daß sie die Weltmeere über Jahrtausende hinweg in unvorstellbaren Mengen belebt haben, läßt sich heute noch an Teilen feststellen, die sie von ihren Körpern hinterlassen haben.

Bei diesen Tierfamilien wohnt das eigentliche einzellige Lebewesen in einem Stützskelett, das sich die eine aus Kieselsäure und die andere aus Kalk verfertigt. Diese winzigen, nur unter dem Mikroskop zu erkennenden Gehäuse, sind siebartig durchbrochen, so daß ihre Insassen Zipfelchen ihrer Körpersubstanz durch die Löcher stecken und als »Füßchen« oder »Ruder« zur Fortbewegung benutzen können.

Wie die nebenstehenden Abb. 79 + 80 veranschaulichen, stellen die noch lange nach dem Tod ihrer Bewohner erhalten bleibenden Stützskelette ein wahres Wunder an Formenreichtum und Schönheit dar. Man findet sie in riesigen Mengen im Bodenschlamm der Ozeane. Auch die bekannten Kreidefelsen auf der Insel Rügen an der deutschen Ostseeküste sind aus ihnen entstanden.

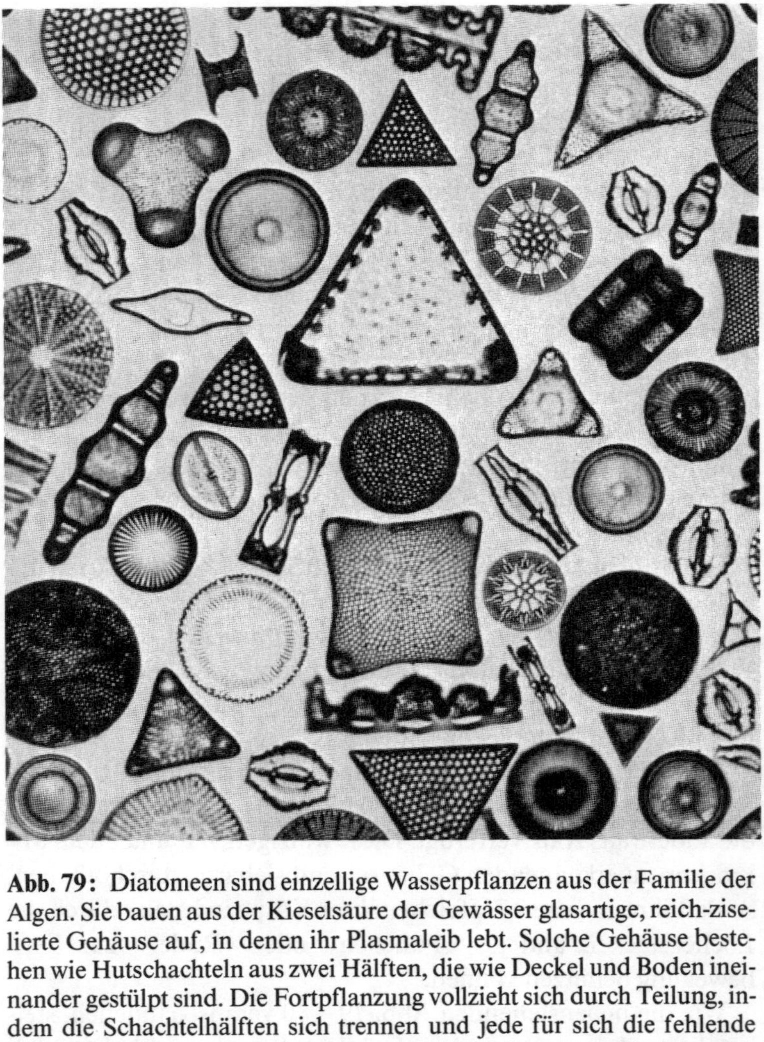

Abb. 79: Diatomeen sind einzellige Wasserpflanzen aus der Familie der Algen. Sie bauen aus der Kieselsäure der Gewässer glasartige, reich-ziselierte Gehäuse auf, in denen ihr Plasmaleib lebt. Solche Gehäuse bestehen wie Hutschachteln aus zwei Hälften, die wie Deckel und Boden ineinander gestülpt sind. Die Fortpflanzung vollzieht sich durch Teilung, indem die Schachtelhälften sich trennen und jede für sich die fehlende Hälfte neu erbaut. Nach dem Absterben der Diatomeen, die Schwebepflanzen sind, sinken die Schalen auf den Grund der Gewässer, wo sie in erdgeschichtlichen Zeiträumen gewaltige Ablagerungen bilden. Etwa 4000 Arten dieser überwiegend individualistisch lebenden Wesen sind bekannt. Sie gehören zum Schönsten der Kleinwelt. Viele sind staunenswerte Beispiele dafür, was der Schöpfer auf winzigen Körpern an Konstruktion, Präzision und zartgläserner Materialschönheit unterzubringen gewußt hat. (Aus: Carl Strüwe »Formen des Mikrokosmos«, Prestel-Verlag, München, 1955.

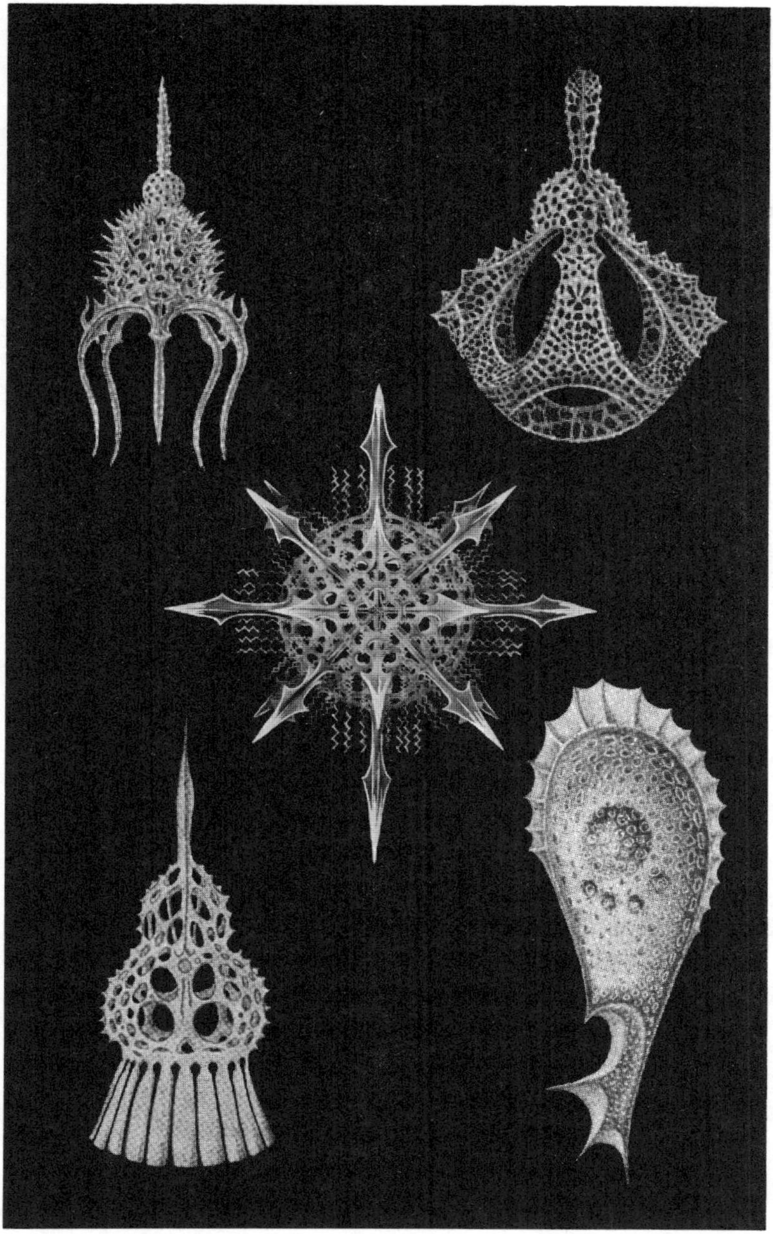

Abb. 80: Wie Kleinodien aus Goldfiligran wirken die Kieselskelette der Radiolarien unter dem Mikroskop.

Das größte Tier aller Zeiten

Der Wal ist nicht nur das größte Tier, das heute lebt, sondern gleichzeitig auch eines der gewaltigsten, die es nach unserer Kenntnis je auf unserem Planeten gegeben hat. Das gilt in erster Linie für den *Blauwal*, der von all seinen Verwandten der mächtigste ist.

Der längste unter diesen Giganten der Ozeane soll mit 30,5 Metern ermittelt worden sein und das Gewicht des schwersten 136,4 Tonnen betragen haben.

Gegen den Blauwal ist selbst der *Elefant* ein wahrer Waisenknabe. Er müßte schon mit mehr als 30 seiner Artgenossen in die Waagschale steigen, wollte er nur einen einzigen von ihnen aufwiegen. Selbst den *Sauriern* der Vorzeit macht er ernsthafte Konkurrenz (s. Abb. 81).

Wie klein und unbedeutend nimmt sich erst der *Mensch* gegen den riesigen Wal aus! Wenn wir unser Körpergewicht mit durchschnittlich 70 Kilogramm veranschlagen, dann wiegt jener soviel wie eine schon ganz beträchtliche Volksmenge, nämlich wie rund 2000 Menschen.

Und wie gewaltig ist dann erst der Größenunterschied zwischen diesem allergrößten und dem kleinsten, dem einzelligen Lebewesen. 60 Billionen mal sind wir schon größer als solch ein Einzeller, wenn es stimmt, daß unser Körper aus so vielen Zellen zusammengesetzt ist. Und nun ist dieser Blauwal noch 2000mal größer als wir! Bei gleicher Zellengröße müßte der dann nicht weni-

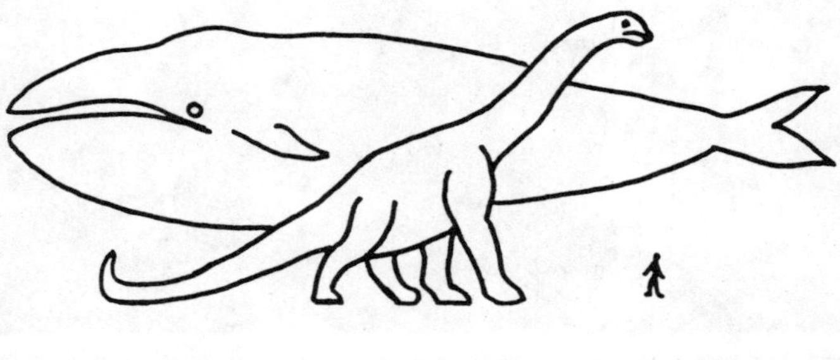

Abb. 81: Größenvergleich zwischen Blauwal, Brachiosaurus und Mensch.

ger als 120 000mal eine Billion dieser kleinsten Bausteinchen des Lebens aufweisen. So gewaltig ist also der Streubereich zwischen den rund fünf Millionen Tierarten auf unserer Erde!

Der gewaltigen Größe der Wale entspricht auch ihre Kraft. Darüber fand ich im »Großen Reader's Digest Tierbuch« zwei eindrucksvolle Tatsachenberichte, die ich gern wörtlich wiedergebe:

»Kapitän Melsom, mit dem ich« – das ist der Schreiber des Kapitels »Riesen im Ozean« in diesem Buch – »befreundet bin, erzählte mir, wie er auf einer Fangreise vor der sibirischen Küste einen Blauwal harpunierte. Der nahm 900 Meter Leine mit und schleppte das Schiff, während die Maschinen ›voll zurück‹ liefen, sieben Stunden lang durch die See – bei einer Durchschnittsgeschwindigkeit von rund 8 Knoten, das sind 15 Kilometer in der Stunde.

Ein ähnliches Erlebnis hatte er einige Jahre zuvor in norwegischen Gewässern. Auch damals handelte es sich um einen Blauwal. Gegen 5 Uhr nachmittags wurde er getroffen, und bis 11 Uhr nachts schleppte er das Schiff bei ›voller Fahrt zurück‹ durchs Wasser. Um 2 Uhr morgens, also nach neun Stunden, wurde der Wal erlegt.«

Obwohl man den Wal meist Walfisch nennt, ist er doch kein Fisch, sondern ein Säugetier. Aber als solches ist es trotzdem vom Schöpfer ganz speziell für das Wasserdasein geschaffen. So war es z. B. für eine so ungeheure Fleischmasse schon deshalb besonders vorteilhaft, ihrem Träger das Wasser als Lebensraum zuzuweisen, weil darin jeder Körper infolge des Auftriebs wesentlich leichter ist. Was für Beine müßte sonst ein solcher Koloß haben, und wie schwerfällig würde er sich fortbewegen, wenn er auf dem Land leben sollte!

Man hat sich oft gewundert, daß gestrandete Wale so schnell sterben. Bei einer so riesigen Körpermasse kann solch ein Tier doch unmöglich in so kurzer Zeit verhungern, so sagte man sich. Und Luft hat er außerhalb des Meeres doch auch genügend zur Verfügung.

Doch als man sich des in den unglücklichen Tieren des öfteren gehörten, durch das Brechen der Rippen verursachten Knackens erinnerte, hatte man die Lösung. Die Last des gewaltigen Körpers hatte nicht nur die Knochen zerbrochen, sondern auch die Gefäßsysteme für das Blut und die Atemluft zusammengedrückt und dadurch den schnellen Tod herbeigeführt.

Wegen seiner ungewöhnlichen Ausmaße sind auch die inneren Organe der Wale für menschliche Maßstäbe außergewöhnlich groß. So soll die Niere eines Blauwals das stattliche Gewicht eines ausgewachsenen Ochsen und das Herz mit 600 bis 700 Kilogramm das eines Pferdes haben. Seine großen Blutgefäße sind so dick wie starke Wasserleitungen. Allerdings sind seine Augen verhältnismäßig klein, nämlich nur faustgroß.

Auch die Körperform der Wale ist ganz auf das Leben im Wasser zugeschnitten. Sie ähnelt der eines Fisches oder eines Bootes und ist deshalb strömungstechnisch für die Fortbewegung besonders günstig.

Ein Pottwal soll bei ruhigem Dahinschwimmen etwa so schnell vorwärtskommen wie ein gehender Mensch, also rund fünf Kilometer in der Stunde. Ist er dagegen aufgeregt, wie etwa, wenn ihm die Harpune des Jägers im Leib steckt, dann rast er wie ein Schnellboot durch die Fluten. Dann kann er es bis auf 50 Stundenkilometer Geschwindigkeit bringen.

Dazu verhilft ihm seine gewaltige, im Gegensatz zu den Fischen quergestellte Schwanzflosse. Auch das ist von besonderer Bedeutung. Sie arbeitet nämlich ganz ähnlich wie eine Schiffsschraube, indem sie eine Art Drehbewegung macht, deren Achse in der Verlängerung der Wirbelsäule liegt. Sie kann natürlich keinen vollen Kreis, sondern nur Teile davon beschreiben.

Besonders praktisch ist die Stellung der *Schwanzflosse* für das Ab- und Auftauchen. Im ersten Fall braucht sie nur nach oben und im anderen nach unten zu schlagen. Beides hilft dem Wal in große Tiefen zu tauchen. Die Kraft dieses Antriebsorgans ist so enorm, daß es mehr als einmal ein Walfängerboot mit einem einzigen Schlag völlig zertrümmert hat.

Nun ist das Tieftauchen für jeden Bewohner der oberen Meeresregionen nicht ungefährlich, denn im Ozean stehen die unteren Bereiche mit zunehmender Tiefe unter einem steigenden Druck. Er wird durch die Last der darüber befindlichen Wassermassen verursacht. Außerdem ist es bekanntlich dort unten zunehmend kalt.

Auch für diese ungewöhnlichen Umweltverhältnisse ist der Walkörper auffallend zweckvoll gestaltet. So trägt er anstatt des wärmenden Pelzes der Landsäugetiere unter seiner aus strömungstechnischen Gründen glatten Haut eine bis zu 40 Zentimeter dicke Speckschicht. Da Fett ein schlechter Wärmeleiter ist, ist es für den Kälteschutz aller Wassertiere bestens geeignet.

Und wodurch schadet der Wasserdruck?

Wenn schon bei einem gestrandeten Walkörper das Gefäßsystem durch die über ihm liegenden Fleischmassen abgesperrt wird, wieviel mehr dann erst unter dem Druck hoher Wassermassen. Wichtig ist beim Wal auch die Anordnung des *Zwerchfells.* Dieses verläuft in ebenfalls ungewöhnlicher Weise von unten nach oben schräg durch den gewaltigen Tierkörper. Dadurch kann sich die Lunge besonders weit ausdehnen und so einen übergroßen Luftvorrat aufnehmen. Dies gibt dem Tier die Möglichkeit, eine Stunde und länger unter Wasser zu bleiben, ohne zwischendurch Luft holen zu müssen. Normalerweise kommt es nämlich alle drei bis vier Minuten zum Atmen an die Oberfläche.

Hierfür sind die beiden schlitzförmigen *Nasenlöcher,* von denen die noch zu besprechenden Zahnwale nur eins besitzen, besonders günstig angeordnet. Sie treten aus einem kleinen Hügel auf dem Kopf und damit an der höchsten Körperstelle heraus. Der Wal braucht dadurch nur ganz wenig aufzutauchen.

Wenn dies geschieht, dann bläst er zuerst die verbrauchte Luft aus. Dabei wird das Wasser, von dem trotz der Verschließbarkeit der Nasenöffnungen immer etwas eingedrungen ist, so fein zerstäubt, daß man den Eindruck eines fünf bis sechs Meter hohen Dampfstrahls hat. Dazu paßt auch das mitfolgende, stark zischende Geräusch. Danach atmet das Tier ein paarmal kräftig aus und ein, um dann schnell wieder in der Tiefe zu verschwinden.

Die *Nasenlöcher* bleiben unter Wasser stets verschlossen. Zur weiteren Sicherung stehen sie, wieder im Gegensatz zu allen anderen Säugetieren und zum Menschen, nicht mit der Mundhöhle in ständig offener Verbindung. Sie dienen dem Wal nur als Luftweg zur Lunge. Dieser kann deshalb getrost sein Maul unter Wasser weit aufmachen, ohne Gefahr zu laufen, daß ihm Wasser in die Luftwege gelangt.

Die Wale leben in Einehe. Zeugung und Geburt der Jungen finden im Wasser statt. Das Junge des Blauwals ist bei seiner Geburt schon so hoch entwickelt, daß es der Mutter sofort folgen kann. Es kommt mit einer Länge von sieben Metern und einem Gewicht von zwei Tonnen zur Welt. Am Anfang seines Lebens nimmt es täglich bis zu vier Zentimeter an Länge und bis zu 200 Kilogramm an Gewicht zu, so daß es nach zwei Jahren bereits 24 Meter mißt.

Interessant und unmöglich dem Zufall entsprungen ist auch die *Milchversorgung* des Kleinen. Weil das Säugen unter Wasser vor sich gehen muß, bedurfte es dazu einer sinnvollen Einrichtung. Diese besteht darin, daß die Mutter ihr Gesäuge in mehreren taschenförmigen Vertiefungen ihres Fells trägt. An eines von diesen saugt sich das Junge fest, wobei sich seine Lippenränder wasserdicht aufeinanderlegen. Dann wird ihm die dicke, kremige Milch von der Mutter mit Druck ins Maul gespritzt. Letzteres hat, ebenso wie die hohe Konzentration der Milch, den Zweck, daß die Fütterung möglichst schnell vonstatten geht, da das Junge ja noch nicht so lange unter Wasser bleiben kann, ohne zwischendurch Luft zu holen.

Die Räuber unter den Walen

Obwohl die Wale einem ziemlich einheitlichen Typus anzugehören scheinen, gliedern sie sich doch bezüglich ihrer Ernährungsweise in zwei grundverschiedene Unterordnungen. Nach der Art ihres Gebisses werden sie in die Gruppe der Zahnwale und die der Bartenwale eingeteilt.

Die Zahnwale sind regelrechte *Raubtiere* und haben deshalb stark bezahnte Kiefer. Ihr mächtigster Vertreter ist der bis zu 20 Meter lange Pottwal. Dieser ernährt sich vornehmlich von großen *Tintenfischen*, denen er bis in viele hundert Meter Meerestiefe nachstellt. Dazu vermag er senkrecht nach unten zu tauchen. Zwischen ihm und seinen Opfern soll es oft zu blutigen Schlachten kommen, mißt doch der *Riesenkalmar* bei ausgestreckten Fangarmen bis zu 18 Meter Länge. Dieser umgreift den Wal im Kampf mit seinen mit vielen Saugnäpfen bewehrten Armen und wehrt sich verzweifelt. Der Räuber muß deshalb alle Kraft anwenden, um das Beuteltier zu überwältigen (s. Abb. 82). Tellergroße Narben, die man häufig auf dem Körper erlegter Pottwale antrifft, legen von solchen Kämpfen ein beredetes Zeugnis ab.

Der gefährlichste unter den *Zahnwalen* ist der *Schwertwal*, der auch *Mordwal* genannt wird. Er ist ein fürchterlicher Räuber, der sogar Jagd auf seine eigene Verwandtschaft macht. Wenn er sich in einer größeren Gruppe stark genug fühlt, wagt er sich sogar an größere Bartenwale heran. Das Opfer wird dann gemeinsam getötet, und von dem riesigen Fleischvorrat kann die Gesellschaft dann viele Tage gut leben. Auf sich selbst gestellt, sind vielfach *Robben, Seehunde* und kleinere *Delphine* die Beute des Schwertwals. Diese verschluckt er in der Regel ganz.

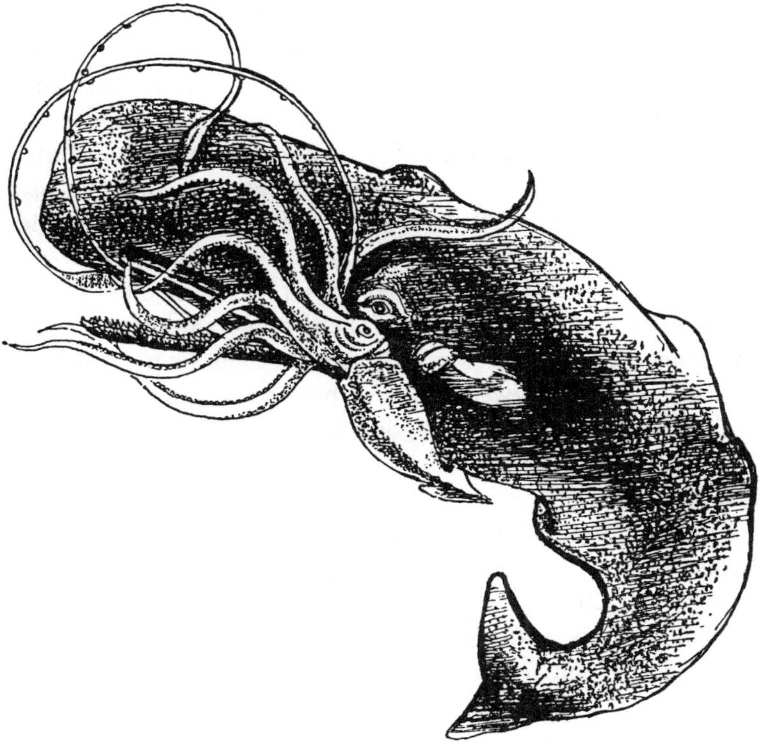

Abb. 82: Pottwal im Kampf mit einem Riesentintenfisch.

Die Zahnwale haben nämlich eine Art Vormagen, der das Verschluckte aufweicht und zerreibt. Die Tiere haben deshalb auch keine Speicheldrüse. Es wird berichtet, daß man im Magen eines erlegten Schwertwals einmal 13 Delphine und 15 Seehunde gefunden habe, die bis auf einen alle unzerbissen waren.

Bartenwale mit Sammelmaul

Die *Bartenwale* haben in bezug auf ihre Ernährung keine Not. Sie sitzen gewissermaßen im »Fettopf« und dabei »fliegen« ihnen sogar noch die »gebratenen Tauben« von selbst ins Maul. Sie ernähren sich nämlich von den vieltausendfältigen kleinen und kleinsten Lebewesen, die sich in den Weltmeeren schwebend umhertreiben lassen. Die Biologen haben ihnen den Sammelnamen *Plankton* (s. Abb. 37) gegeben. Die meisten Arten und Formen finden sich unter den mikroskopisch kleinen Tieren. Aber auch bei den etwas größeren ist die Vielfalt riesengroß. Besonders die letzteren, die zu Millionen und Abermillionen in den Ozeanen umhertreibenden winzigen *Meeresschnecken* und *Krebschen*, bilden den größten Teil der Nahrung der »größten Tiere aller Zeiten«. Diese Leckerbissen der Bartenwale nennt man *»Krill«*.

Nun wird mich sicher mancher fragen, wie denn diese Giganten bloß diese Mikro-Fleischportionen zu einer ihrer Größe angemessenen Mahlzeit zusammenbringen können. Es ist zum Staunen, wie wunderbar zweckmäßig sie hierfür konstruiert sind.

Dazu ist zunächst zu sagen, daß die Bartenwale, von denen ja der Blauwal der größte und der Grönlandwal der bekannteste ist, nicht nur ein riesengroßes, sondern sogar ein erweiterungsfähiges Maul haben. Beim Blauwal ist es so geräumig, daß 20 Menschen bequem Platz darin hätten. Man könnte sogar mit einem Boot hineinfahren. Dabei brauchte man sich nicht einmal vor dem Verschlucktwerden zu fürchten, denn der Schlund dieser Meeresriesen hat nämlich kaum den Durchmesser eines normalen Ofenrohrs.

Man kann sich gut vorstellen, daß die Bartenwale zum Zerkauen ihres Krillfutters keine Zähne brauchen. Sie haben deshalb auch keine. Statt dessen hängen aber in ihrem Maul zwischen 300

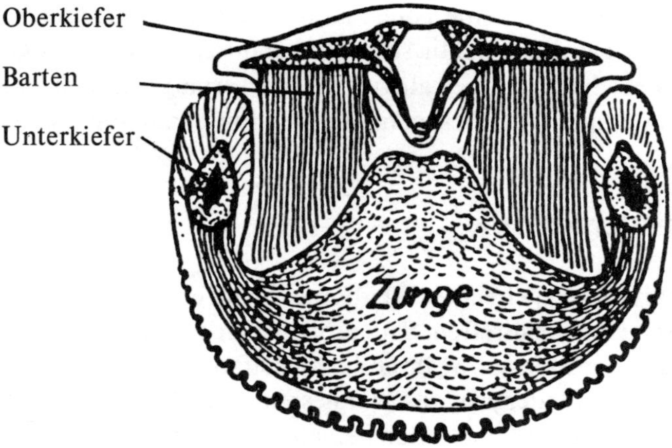

Abb. 83: Querschnitt durch den Kopf eines Blauwals bei geschlossenem Maul.

und 600 hornartige Fischbeinplatten, die sog. Barten, oben vom Gaumen senkrecht herab (s. Abb. 83). Diese hellen kunststoffähnlichen Platten haben einen flach-dreieckigen Querschnitt und sind bis zu 5 Meter lang und 60 Zentimeter breit. Ihr unterer Rand ist so fein ausgefranst wie eine Vogelfeder. Sie haben die Aufgabe, dem Tier auf folgende Weise als Siebreuse zu dienen.

Wenn sich das große Maul öffnet, wird die an dessen Boden festgewachsene Zunge mit nach oben gezogen. Zur Erweiterung des Mundraums ziehen sich gleichzeitig die an der Unterseite des Kopfes befindlichen Hautfalten wie der Balg einer Ziehharmonika auseinander. In diesen gewaltigen Raum strömt jetzt das Meerwasser mit den unzähligen Beutetierchen hinein. Danach schließt sich das Maul, die Kehlfurchen ziehen sich wieder zusammen, und die Zunge legt sich gegen die ausgefranste Unterkante der Barten, wobei das Wasser durch diese hindurch wieder hinausgepreßt wird. Alles Kleingetier, das mit in den Riesenrachen hineingeschwemmt worden war, wird durch die Siebreuse der Barten zurückgehalten. Es wird anschließend von der Zunge in den Schlund hinuntergedrückt.

Nach Angaben von Forschern soll ein Wal in seinem weiträumigen Schlaraffenland auf die geschilderte Weise aus 10 000 Kubikmetern Meerwasser eine Tonne Krill herausfiltrieren können. Der Gigant ist aber erst richtig satt, wenn er die zehnfache Menge herausgesiebt hat. Sein gewaltiger Magen vermag nämlich bequem zehn Tonnen von diesem nahrhaften Futter aufzunehmen.

Dem Aussterben nahe

Der Wal ist ein regelrechter Weltbürger, denn er ist in allen großen Weltmeeren anzutreffen. Sein größter Feind ist seit mehr als 1000 Jahren der Mensch. Während der Walfang in früheren Zeiten stets ein Abenteuer war, das Mannesmut erforderte, geschieht er mit den modernen Fangflotten beinahe nur noch fabrikmäßig. So soll eine einzige norwegische Flotte in einem Jahr nicht weniger als 1600 Wale erlegt und verarbeitet haben.

Die am meisten gejagte Walart ist der Grönlandwal. Nach Brehm ergibt ein 18 Meter langes Tier mit einem Gesamtgewicht von 70 Tonnen allein 30 Tonnen Speck. Aus diesem werden wieder 24 Tonnen Tran ausgekocht. Außerdem liefern seine Barten 1,6 Tonnen Fischbein, das unter anderem als Bürstenfasern Verwendung findet. Das Fleisch wird von uns zwar nicht, von hochnordischen Völkern und in Japan aber gern gegessen.

Die Wale würden bald dem Aussterben nahekommen, wenn man ihren Fang nicht durch besondere internationale Gesetze eingedämmt hätte. Immerhin wurden bis vor einigen Jahren noch jährlich etwa 30000 dieser Meeresgiganten erlegt.

15. Kapitel
Schöpfungswunder im Pflanzenreich

Jedes Laubblatt ein Wunder

Der naturwissenschaftlich Ungeschulte ist meist der Meinung, die Pflanzen holten sich ihre gesamte Nahrung mit Hilfe ihrer Wurzeln aus dem Erdboden. Daß dies durchaus nicht zutrifft, habe ich bereits an anderer Stelle angedeutet. Was sie aus dem Boden aufnehmen, ist in der Hauptsache das Wasser und dazu noch eine Reihe von Mineralstoffen. Beides zusammen macht aber nur etwa den 10. Teil ihres Gesamtbedarfs aus. Das ganze Baumaterial für ihren Körper, also 90% ihrer Nahrung, beziehen sie aus der Luft. Damit ist nichts Geringeres gesagt, als daß die Pflanze in der Hauptsache aus der für unsere Sinne nicht als feste Materie wahrnehmbaren Luft entsteht. Diese Tatsache setzt nicht nur den Laien, sondern selbst den Naturwissenschaftler in höchstes Staunen.

Fragen wir jetzt einmal, wie dieser Aufbau im einzelnen vonstatten geht. Wie bringt diese stumme und ortsgebundene Kreatur

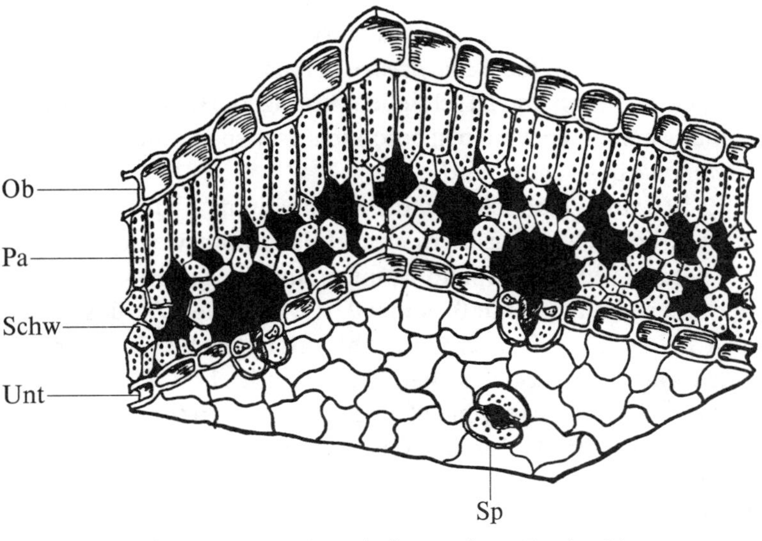

Abb. 84: Stark vergrößerter Ausschnitt aus einem Buchenblatt.

etwas so Unfaßbares nur fertig? Kurz gesagt, durch einen von chemischen Reaktionen begleiteten Atmungsprozeß. Und wo findet dieser statt? In allen Teilen, die an der Pflanze grün sind, also vornehmlich in ihren Blättern.

Wie aus der nebenstehenden Abb. 84 sofort zu erkennen ist, besteht das Blatt wie fast alle Körper von Lebewesen aus Zellen. Diese sind neben- und übereinander geschichtet wie die Steine einer Bruchsteinmauer. Bei der Darstellung handelt es sich um einen winzigen Ausschnitt aus einem Buchenblatt in starker Vergrößerung. Wie viele andere besteht es aus vier Zellschichten.

Die oberste bildet die sog. *Oberhaut* (Ob) und die dieser entsprechende unterste die *Unterhaut* (Unt). Dazwischen liegen noch zwei Schichten, die nicht so deutlich voneinander getrennt sind. Die obere, deren langgestreckte Zellen wie Palisaden nebeneinander stehen, nennt man, eben wegen dieser Anordnung, *Palisadengewebe* (Pa). Die durch zahlreiche Zwischenräume schwammig lockere untere bezeichnet man als *Schwammgewebe* (Schw). Dieses Schwammgewebe ist gewissermaßen die Lunge der Pflanze. Hier vollzieht sich die erwähnte Atmung.

Und wo sind die »Nasenlöcher«, durch die die Luft in diese »Lunge« gelangt? Wir finden sie als winzige Öffnungen in der Unterhaut des Blattes. Da sie spaltförmig sind, nennt man sie *Spaltöffnungen* (Sp). Sie finden sich zwischen zwei entsprechend geformten Zellen, die *Schließzellen* heißen, weil sie die Spaltöffnungen zu öffnen und zu schließen vermögen. Hinter jeder Spaltöffnung bemerken wir einen besonders großen Hohlraum, der als *Atemhöhle* bezeichnet wird.

Es ist kaum glaublich, daß die Atmung in dem für die Pflanze erforderlichen Umfang überhaupt erfolgen kann, wenn man hört, wie winzig klein diese Spaltöffnungen sind. Sie haben nämlich einen Querschnitt von nur 0,04 mal 0,01 Millimeter. Dafür sind sie allerdings in einer riesig großen Zahl vorhanden. So zählt man auf einen Quadratzentimeter Blattfläche durchschnittlich 5000 bis 6000 von ihnen. Das ergibt auf einem Eichenblatt insgesamt nicht weniger als 600 000 und auf einem großen Sonnenblumenblatt runde 13 Millionen. Man hat berechnet, daß eine hundertjährige Buche etwa 200 000 Blätter trägt, die um die 120 Milliarden Spaltöffnungen aufweisen.

Fragen wir jetzt einmal, wie sich die Pflanzenatmung im einzelnen vollzieht.

Da sich die Luft so wie alle Gase in jedem ihr zur Verfügung stehenden Raum gleichmäßig ausbreitet, so dringt sie auch durch die geöffneten Spaltöffnungen bis in alle Hohlräume im Inneren der Blätter ein. Dabei gelangt sie sogar bis in die anliegenden Zellen des Schwamm- und Palisadengewebes, denn die Zellwände sind etwas gasdurchlässig.

In diesen beiden Gewebeschichten lassen sich unter dem Mikroskop eine Reihe winzigster grüner Körnchen, die sog. *Chlorophyllkörperchen,* beobachten. Sie sind es, die der Pflanze nicht nur die grüne Färbung verleihen, sondern der eingedrungenen Atemluft das Kohlendioxid entziehen. Weil nun die Luft auf diese Weise in den Hohlräumen an diesem Gas verarmt, sucht sie durch Nachströmen diesen Verlust wieder auszugleichen. Das allgemeine Naturgesetz, daß jedes Gas stets den Raum gleichmäßig ausfüllt, in dem es sich befindet, kommt übrigens nicht nur den Pflanzen, sondern allen luftatmenden Lebewesen zustatten.

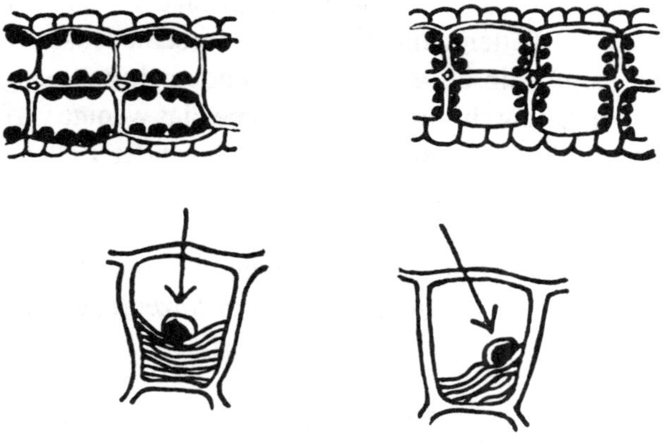

Abb. 85: Feinregulierung des Lichtbedarfs in den Zellen von Laubblättern.
Oben links: Lage der Chlorophyllkörnchen bei schwachem Lichteinfall.
Oben rechts: Ihre Lage bei zu starkem Sonnenlicht.
Unten links: Ihre Lage bei senkrechtem Lichteinfall.
Unten rechts: Bei seitlichem Lichteinfall.

Als wir von den verschiedenen Arten des Sehens sprachen, erwähnte ich auch, daß die Pflanzen nicht nur durch Verdrehen ihrer Blätter, sondern auch durch Verlagerung der Chlorophyllkörperchen innerhalb der Zelle ihren Lichtbedarf zu regulieren vermögen. Das erstere ist dabei gewissermaßen die Grobeinstellung, während letzteres die Feineinstellung darstellt. Diese Feineinstellung läßt sich am besten an der nebenstehenden Abb. 85 verstehen, in der die Chlorophyllkörperchen als schwarze Punkte gekennzeichnet sind.

Der gallertartige, halbflüssige Zellinhalt, den wir als Protoplasma bereits kennenlernten, kann die in ihm eingebetteten grünen Körnchen durch Fließen an jede Stelle tragen. Bei schwacher Beleuchtung schleppt es sie alle so nah wie möglich zur Blattoberfläche hin, wo der Lichteinfall ja am stärksten ist. Bei mäßigem Licht bringt es sie in den unteren Teil der Zelle. Bei direkter, zu starker Sonnenbestrahlung stellt es sie fein der Reihe nach an den senkrecht zur Sonne stehenden Seitenwänden auf, so daß alles überflüssige Licht an ihnen vorbeigleitet.

Die großartigste Idee hat der Schöpfer jedoch für die Lichtversorgung mancher im tiefen Schatten, wie etwa auf dem Waldboden, lebenden Pflanzen gehabt. Bei ihnen hat er nämlich die Oberhautzellen der Blätter manchmal auf die verschiedenste Weise als optische Sammellinsen mit lichtbrechendem Inhalt ausgebildet (s. Abb. 86). Dadurch sind sie in der Lage, das wenige verfügbare Licht wie ein Brennglas auf die darunterliegenden Zellen und deren Blattgrün zu konzentrieren.

Bekanntlich sind manche Gase in Wasser löslich. Daß dies auch für das Kohlendioxid gilt, kennen wir vom Mineralwasser her. Dieser Umstand macht auch das Pflanzenleben im Wasser

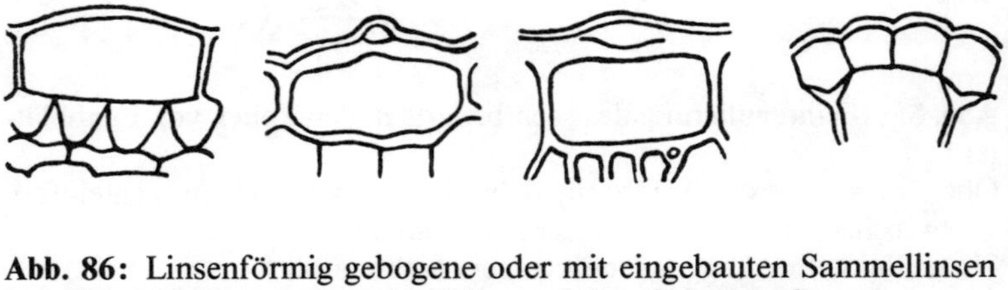

Abb. 86: Linsenförmig gebogene oder mit eingebauten Sammellinsen versehene Oberhautzellen von Blättern einiger Schattenpflanzen.

möglich. Wäre das nicht der Fall, dann könnte es ja auch keine nur tief unter Wasser lebenden Tiere geben, die außerdem nur durch die Wasserlöslichkeit des Sauerstoffs dort existieren können.

Doch das heißt natürlich nicht, daß der Schöpfer sein Ziel der Belebung mancher Lebensbereiche nicht auch auf grundsätzlich andere Weise hätte erreichen können. Wie leicht ihm dies möglich gewesen wäre, hat er uns z. B. an manchen Bakterienarten gezeigt, die überhaupt kein Chlorophyll besitzen und doch organische Kohlenstoff-Verbindungen aufbauen. Er läßt sie nämlich die dazu notwendige Energie nicht wie die grünen Pflanzen aus dem Sonnenlicht, sondern auf chemischem Wege gewinnen. Dieser verläuft über die Oxydation anorganischer, also nicht von Lebewesen stammenden Stoffen mit Sauerstoff. Solche Bakterien können dadurch auch in völliger Dunkelheit und ohne auf organische Nahrung angewiesen zu sein leben.

Eine andere Gruppe chlorophyllfreier, also nichtgrüner Pflanzen bilden die Pilze. Neben den zahlreichen höheren Arten, die man auch echte Pilze nennt, gibt es eine ungeheure Menge von niederen, oft mikroskopisch kleinen Arten. Man schätzt die Zahl der Pilzarten auf weit über 100 000. Wir brauchen uns hier mit ihnen nicht weiter zu beschäftigen, weil sie sich wie die Tiere nur von organischen Stoffen wie faulendes Holz, Brot, Käse sowie am und im lebenden Organismus anderer Lebewesen ernähren.

Die Arbeit des Blattgrüns in Zahlen

Durch zahlreiche Experimente hat die Wissenschaft einwandfrei nachweisen können, daß die Zerlegung des Kohlendioxid-Gases durch den *grünen Blattfarbstoff*, das *Chlorophyll*, erfolgt. Er spaltet das Gasmolekül in seine beiden Bestandteile, nämlich den als Element festen *Kohlenstoff* und den gasförmigen *Sauerstoff*. Diese chemische Arbeit kann das Chlorophyll aber nur leisten, wenn es von der Sonne bestrahlt wird und Wasser zugegen ist. Am produktivsten ist es bei einer Temperatur von 27 Grad Celsius, die ja auch dem bereits genannten Maximum des Pflanzenwachstums entspricht.

Diese Tätigkeit des Blattgrüns trägt den wissenschaftlichen Namen *Photosynthese.* Weil die Pflanze den Kohlenstoff sofort weiterverarbeitet, ist deren erstes greifbares Reaktionsprodukt der *Traubenzucker* mit der chemischen Bezeichnung *Glukose.* Sein Herstellungsprozeß verläuft nach der Grundgleichung:

6 Moleküle Kohlenstoff reagieren unter Einwirkung von 675 Kalorien Sonnenenergie mit 12 Molekülen Wasser zu einem Molekül Traubenzucker und 6 Molekülen Sauerstoff und 6 Molekülen Wasser. In Kurzform:

$$6 \text{ Mole C} + 675 \text{ kcal} + 12 \text{ Mole } H_2O = 6 \text{ Mole } C_6H_{12}O_6 + 6 \text{ Mole } H_2O$$

Ein Mol ist dabei jeweils die Menge der betreffenden chemischen Verbindung, die ihrem Molekulargewicht in Gramm entspricht.

Demnach liefern die 675 Kalorien in der chemischen Gleichung 180 Gramm Traubenzucker. Mit dessen Erzeugung wird also die Lichtenergie der Sonne in chemische Energie umgewandelt. Sie ist in dem Zucker, ähnlich wie die Elektrizität in einer Autobatterie, gespeichert. Sie kann durch weitere chemische Reaktionen, wie etwa die Vereinigung mit Sauerstoff, bei der Verbrennung als Wärmeenergie wieder herausgeholt werden. Daher rührt auch die belebende Wirkung des Traubenzuckers bei körperlicher Abgespanntheit.

Die Energiespeicherung bleibt natürlich auch in den Stoffen erhalten, die die Pflanze durch weitere chemische Reaktionen aus dieser Grundsubstanz anschließend herstellt. Deshalb ist es ganz gleich, ob wir Obst oder Gemüse essen oder Holz oder Laub verbrennen, überall wo aus pflanzlichen Stoffen Wärme oder Kraft gewonnen wird, da handelt es sich stets um zurückgewonnene Sonnenenergie. Und weil die Pflanze auch die Grundnahrung für die Tierwelt darstellt, trifft das gleiche auch für unsere tierische Nahrung zu.

Somit ist also tatsächlich die Photosynthese der Grundvorgang, ohne den weder pflanzliches noch tierisches und menschliches Leben auf der Erde möglich ist. Dabei stellt der Traubenzucker wiederum den Grundbaustoff dar, aus dem die Pflanze all die unzähligen Stoffe herstellt, die sie zu ihrem Aufbau benötigt. Zu diesen zählen im wesentlichen die folgenden Stoffgruppen, in denen man sich viele, beim Eiweiß bekanntlich sogar millionenfach verschiedene Unterarten zusammengefaßt denken muß:

Eiweiße	Stärkearten
Fette	Zellulosen
Öle	Lignin
Zuckerarten	Farbstoffe
Duftstoffe	Fruchtsäuren
Wachse	Fermente
Harze	Vitamine
Kautschukstoffe	Heilstoffe

Bei einer *chemischen Analyse* findet man in der organischen Substanz einer Pflanze durchweg zwischen 40 und 50 % Kohlenstoff und zwischen 40 und 45 % Sauerstoff. Der Rest besteht meist aus 6 % Wasserstoff und 0,5 bis 1,5 % Stickstoff. Die Mineralstoffmenge, die die Pflanze zu ihrem Körperaufbau benötigt, ist so gering, daß ein Kilogramm frischen Kiefernholzes bei restloser Verbrennung nur ein einziges Gramm Asche hinterläßt. Das sind also ganze 0,1 %. Wobei allerdings zu berücksichtigen ist, daß frisches Kiefernholz rund 60 % Wasser enthält.

Weil das Kohlendioxid nur zu drei Hundertstel eines Prozents in der Luft enthalten ist, müssen die Pflanzen zur Gewinnung des für den Aufbau ihres Körpers notwendigen Kohlenstoffs ungeheure Luftmengen verarbeiten.

So verbraucht z. B. eine mittelgroße *Sonnenblume*, deren Blattfläche ungefähr einen Quadratmeter ausmacht, in jeder Stunde 1350 Liter Luft, um daraus nur ein halbes Gramm *Stärke* zu gewinnen.

Wie gewaltig die chemische Arbeit der Pflanzenwelt ist, wird uns erst so recht deutlich, wenn wir hören, daß allein im Jahr 1950 der Stärkegehalt der gesamten bundesdeutschen Kartoffelernte 5,6 Millionen Tonnen betragen hat. Die westdeutsche Getreideernte des Jahres 1951 betrug 11 Millionen Tonnen. Diese enthielt allein 6 Millionen Tonnen Stärke, wofür die Luft 2,5 Millionen Tonnen Kohlenstoff hergeben mußte.

Ein *Baum* von fünf Tonnen Trockengewicht enthält 2,5 Tonnen Kohlenstoff. Um ihn zu bekommen, mußte er im Verlauf von 100 Jahren 16 Millionen Kubikmeter Luft verarbeiten. Diese Riesenleistung hat er als kleines Samenkorn von 0,2 Gramm begonnen, das etwa zur Hälfte aus Kohlenstoff bestand.

Die innerhalb eines Jahres von der gesamten irdischen Pflanzenwelt aufgebaute organische Substanz wird auf 150 bis 200 Milliarden Tonnen geschätzt, die zum größten Teil aus dem Kohlenstoff der Luft besteht.

Von fleischfressenden Pflanzen

Wir wissen bereits, daß die Planzen zu ihrem Körperaufbau unter anderem auch *Stickstoff* benötigen. Sie stellen mit ihm vor allem die *Eiweißstoffe*, ferner auch *Farbstoffe* und sog. *Alkaloide* her.

Es ist uns auch schon bekannt, daß sie dieses zu ca. 80% in der Luft enthaltene Gas nicht unmittelbar aufnehmen und verarbeiten können. Sie sind dazu auf im Erdboden vorhandene Stickstoff-Verbindungen, wie etwa die sich vom Ammoniak herleitenden Ammonium-Salze, angewiesen. Diese werden bei der Verwesung und der Zersetzung abgestorbener Organismen durch Kleinlebewesen erzeugt. Wir haben sicher schon alle die Erfahrung gemacht, daß Pferdemist manchmal so stark nach Ammoniak riecht, daß uns die Augen übergehen.

Da der Ackerboden durch die *Monokultur* unserer Landwirtschaft an solchen Stickstoff-Verbindungen verarmt, führt ihm der Bauer solche in Form der bekannten Stickstoff-Düngung immer wieder zu. In manchen Fällen nimmt er auch die in den Lupinenwurzeln beheimateten sog. *Knöllchenbakterien* hierfür in Anspruch. Er sät dazu diese Pflanzen auf sein Feld und pflügt sie dann unter. Wie ich schon sagte, sind diese Bakterien in der Lage, den Luftstickstoff direkt aufzunehmen und in seine Verbindungen überzuführen.

Doch was geschieht in den Landstrichen, wo sowohl die *Stickstoff-Verbindungen* als auch die *Stickstoff-Bakterien* im Boden fehlen? Um diesen Mangel auszugleichen, hat der Schöpfer manche Pflanzen so gestaltet, daß sie in der Lage sind, sich ihren Stickstoffbedarf durch eine tierische Zusatznahrung selbst zu beschaffen.

Oder sollte etwa der *»Sonnentau«* von sich aus auf die Idee gekommen sein, den Stickstoffmangel des Moorbodens, auf dem er zu Hause ist, durch Fangen und Verdauen von Insekten auszugleichen? War etwa der *»Wasserschlauch«* so klug, seine unter der Oberfläche des Sumpfwassers befindlichen Blätter zu äußerst sinnreichen Tierfallen umzugestalten, um seine Existenzbedingungen zu verbessern?

Hier hat eine auf blinden Zufall gegründete Entwicklungslehre keine Berechtigung. Andernfalls hätten ja die Pflanzen die Fähigkeit besitzen müssen, wie ein Erfinder und Konstrukteur vorausplanen und ihren Körper zielgerichtet aufbauen zu können. Zu so etwas Großartigem sind jedoch nicht einmal wir Menschen als höchstorganisierte denkende Lebewesen in der Lage.

Überlegen wir nun einmal, was diese Pflanzen alles hätten vorauswissen müssen, um sich auf den Tierfang einstellen zu können. Zunächst müßte ihnen bewußt gewesen sein, daß überhaupt außer ihnen noch andere Lebewesen existieren und vor allem solche, die im Gegensatz zu ihnen frei in der Luft umherfliegen können. Ferner hätten sie wissen müssen, daß diese Lebewesen beim Niedersetzen durch eine klebrige Flüssigkeit oder in einem verschließbaren Behälter festgehalten werden können.

Über das alles hinaus hätten sie umfangreiche chemische Kenntnisse für die Produktion des Klebstoffs und der Verdauung der Insekten besitzen müssen.

All dieses umfangreiche Wissen haben nicht die Pflanzen gehabt, sondern ihr Schöpfer. Er hat gewollt, daß auch in Sumpf und Moor Pflanzen wachsen und dazu mit dem nötigen Stickstoff versorgt werden können.

Nun wollen wir uns die beiden kurz erwähnten Pflanzen in bezug auf ihre Tierfang-Einrichtungen einmal etwas näher ansehen. Zunächst den *»Sonnentau«* (s. Abb. 87):

Um ein oder mehrere Blütenstände sind seine löffelförmigen Blätter wie eine Rosette strahlig angeordnet. Sie liegen flach auf dem Boden und sind am Rand und auf der Oberseite mit zarten roten Drüsenhaaren besetzt. Jedes dieser Haare trägt an seiner Spitze ein kristallklar glitzerndes, klebriges Flüssigkeitströpfchen.

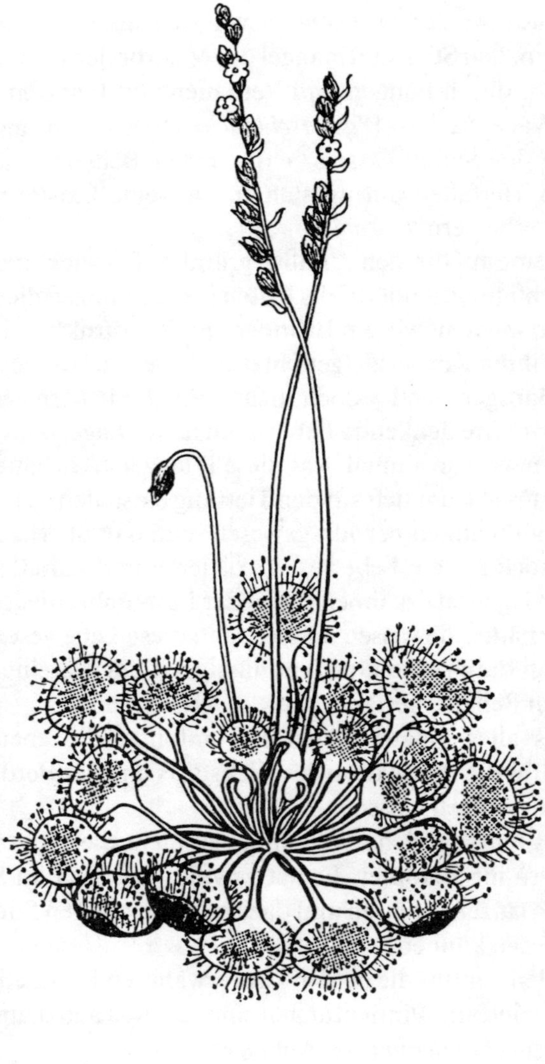

Abb. 87: Der Sonnentau.
An den zahlreichen Haaren seiner Blätter hängen klebrige kristallklare Tröpfchen, die den Insekten Tautröpfchen vortäuschen sollen. Bleibt ein Tierchen an ihnen hängen, dann klappt das betreffende Blatt wie eine Hand zusammen und verdaut es. Damit deckt die Pflanze ihren im Boden fehlenden Stickstoffbedarf.

Glaubt nun ein Insekt, es handele sich hier um Tautropfen und taucht seinen Rüssel hinein, dann bleibt es unweigerlich daran kleben.

Sobald die Pflanze das merkt, biegt sich das betreffende Drüsenhaar der Mitte zu. Alle anderen Haare tun das gleiche, drücken damit das gefangene Tier nach unten und ertränken es in den dabei zusammenfließenden Flüssigkeitströpfchen. Gleichzeitig wölben sich die Ränder des Blattes nach innen und geben diesem dabei die Form einer hohlen Hand. In wenigen Tagen wird die Beute von dem Klebsaft, der praktischerweise zugleich Verdauungssaft ist, zersetzt und von der Pflanze aufgesogen.

Noch sinnreicher ist die Fangmethode beim *»Wasserschlauch«*. Er wächst als Tauchpflanze in Moortümpeln. Seine bis zu 30 Zentimeter hohen rötlichen Stengel halten die goldgelben, larvenförmigen Blüten über den Wasserspiegel. Die Blätter sind dagegen untergetaucht und zu so haarfeinen Zipfeln zerschlitzt, daß sie wie ein Wurzelgeflecht aussehen. Zwischen diesen Fasern befinden sich zahlreiche grüne Bläschen. Jedes von diesen hat eine von steifen, schleimabsondernden Haaren umstandene Mundöffnung. Diese ist mit einem Deckelchen wasserdicht verschlossen.

In all diesen Bläschen herrscht nun stets ein Unterdruck dadurch, daß die Pflanze das in ihnen befindliche Wasser heraussaugt. Berührt jetzt ein winziges Wassertierchen die Borsten, dann öffnet sich blitzartig das Deckelchen, und durch den so entstandenen Sog wird das Tierchen in das Bläschen hineingezogen. Daraufhin werden sofort Verdauungssäfte im Inneren ausgeschieden, die die Beute zersetzen, so daß die stickstoffhaltige Nahrung von der Pflanze aufgenommen werden kann.

Nach Angabe von Naturforschern sollen bereits mehr als 500 verschiedene Pflanzen festgestellt worden sein, die mit Hilfe solcher und ähnlicher, meist sehr sinnreich arbeitender Vorrichtungen Insekten aller Art einfangen und verzehren.

Ein Insektengasthaus

Die meisten Pflanzen vermehren sich über die Blüten. Wenn sich aus diesen die samenbergenden Früchte entwickeln sollen, bedürfen sie bekanntlich der Bestäubung. Um diesen Vorgang zu ermöglichen, hat der allmächtige Schöpfer die erstaunlichsten Wunderwerke erdacht. Auf tausenderlei Weise versteht er es, zu seinem Ziel zu kommen.

Mit dem Transport des Blütenstaubs von den Staubgefäßen einer Blüte auf den Stempel einer anderen, gleichartigen, hat er in der Hauptsache den Wind und die Insekten beauftragt. Dadurch teilen sich die Pflanzen in zwei große Gruppen, die *Wind-* und die *Insektenblütler.*

Der Wind interessiert sich nicht für leuchtende Farben und lieblichen Duft. Für ihn müssen die Blütenstaubteilchen nur möglichst leicht und bequem erfaßbar sein. Zu den *Windblütlern* gehören unsere Brotgetreide. Ihre Blüten sind aus den genannten Gründen ohne auffallende Färbung und ohne Duft. Dafür aber hängen sie aus den Ähren weit heraus, so daß der Wind den Blütenstaub leicht erfassen und auf andere gleichartige Blüten stauben kann.

Anders ist das bei *Insektenblütlern.* Ihre Farbenpracht und ihr Duft sind beides geeignete Mittel, die Insekten anzulocken. Auch der sog. Nektar, den viele Blüten in sich bergen, ist ein solches Lockmittel. Für zahlreiche der kleinen Flieger dienen darüber hinaus Blütenstaub und Nektar als Nahrung. Ist es nicht eine großartige Idee, auf solche Weise beide Teile zu ihrem Recht kommen zu lassen?!

Ein besonders schönes Beispiel für das Zusammenspiel zwischen Pflanze und Insekt ist der bekannte *Aaronstab* (s. Abb. 88). Seine Blüte stellt gewissermaßen ein Gasthaus für Insekten dar.

Den oberen Teil seiner Blüte könnte man die Vorhalle nennen. In ihr steht die rotbraune Keule wie ein Portier. Sie ist warm wie ein Heizkörper und strömt einen besonderen Duft aus. Durch beides lockt er kleine Fliegen und Mücken an. Aus diesem Grund hat die Blüte auch keine besondere Färbung. Sie ist nur weiß, damit sie auch in der Dämmerung noch leicht zu finden ist.

Die Innenwände der Vorhalle sind durch Drüsen »einge-

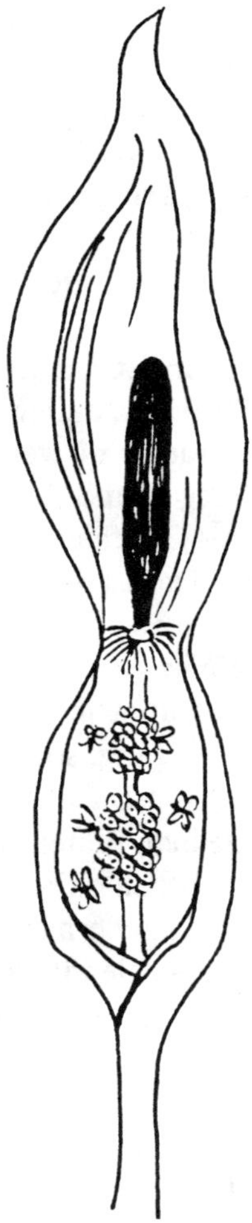

Abb. 88: Die Blüte des Aaronstabs als »Insektengasthaus«. Unterer Teil geöffnet.

wachst« und deshalb schlüpfrig glatt, damit sich die Besucher dort nicht häuslich niederlassen, sondern im Gegenteil, sie sollen nach unten rutschen.

Die engste Stelle des Blütenkelchs ist der Eingang zur eigentlichen Gaststube. Ein Kranz von Borsten verhindert, daß zu große Gäste hineinkommen. Da sie nach unten gerichtet sind, sorgen sie gleichzeitig dafür, daß keiner das Lokal sogleich wieder verlassen kann. Daran ist aber auch niemand interessiert; denn in dem Gastzimmer ist es 14 bis 16 Grad Celsius wärmer als draußen in der maikühlen Umgebung. Die wohlige Wärme löst bei den Gästen sofort Behagen aus, so daß sie nicht merken, daß sie in Wirklichkeit Gefangene sind. Beleuchtet wird das Gastlokal durch dünne, durchscheinende Stellen in der Blütenwand, die »Fenster«, und auch von oben.

In der Wirtsstube sitzt nun meist eine größere Zahl kleiner Fliegen und Mücken herum. Sie haben unbewußt mitgebrachten Blütenstaub auf die Narben gebracht und werden von den Staubgefäßen, die sie beim Herumfliegen und -kriechen berühren, erneut mit Blütenstaub bestreut. Als Gegenleistung treibt der Fruchtknoten Honigtröpfchen hervor. Das ist das Getränk, an dem sich die Gäste weidlich laben. Nach etwa eintägiger Rast sind alle zufrieden, die Besucher und der Wirt.

Doch nun kommt das Erstaunliche. Nach der Bestäubung welken die Borsten am Blüteneingang, so daß die Gäste das Lokal verlassen und in einem anderen Gasthaus weiterzechen können. Ihr ganzer Körper ist mit gelbem Blütenstaub bedeckt, so daß sie auch dort den Met reichlich bezahlen können.

Aber nicht nur die Borsten, sondern auch die Stauborgane und die Narben welken, und die Keule fällt ab. Dafür aber wachsen jetzt die giftig-roten Beeren heran, die den Aaronstab fortpflanzen.

Von Früchten und Samen

Warum sind die *Kirschen* so wunderschön leuchtend rot gefärbt? Aus welchem Grund ist das in ihnen enthaltene Samenkorn zunächst mit einer steinharten Schale und dann noch mit dem schmackhaften Fruchtfleisch umgeben?

Es sind alles Mittel, die der an seinen Standort gebundene Baum anwendet, um die frei beweglichen Vögel zur Ausbreitung seines Samens zu veranlassen. Die rote Farbe stellt die Einladung zu diesem Dienst und das süße Fruchtfleisch die für diesen gezahlte Belohnung dar. Es wird hier also ein doppelter Zweck erreicht: Einmal wird verhindert, daß sich die Nachkommen des Kirschbaums alle auf demselben Fleck ansiedeln, und zum anderen werden die Vögel durch die Früchte ernährt.

Bis in alle Einzelheiten ist das Ganze durchdacht. Die den Samen einhüllende glattrunde Steinschale gewährleistet diesem ein ungehindertes Passieren des Vogeldarms, wobei ihm dessen scharfe Verdauungssäfte nichts anhaben können. Da außerdem die Kerne mit dem Kot der Tiere ausgeschieden werden, sind sie dadurch zu ihrem besseren Wachstum gleich mit einer kleinen Portion Dünger versehen.

Das gleiche Grundprinzip der Samenverbreitung finden wir bekanntlich bei sehr zahlreichen anderen fruchttragenden Pflanzen, die hier nicht genannt zu werden brauchen. Eine völlig andere Art wenden die *Kiefern, Fichten, Ulmen, Ahornarten, Linden* und viele andere an. Sie nehmen nicht andere Lebewesen, sondern den Wind für diesen Dienst in Anspruch. Der braucht dafür keine süße Belohnung, sondern vor allem leichte Erfaßbarkeit und möglichst geringes Gewicht der Samen. Deshalb finden wir hier regelrechte kleine Flugapparate (s. Abb. 89 + 90). Bei manchen Pflanzen hängen die Samenkörner an federartigen, gestielten Haarbüscheln, die wie winzige Fallschirmchen wirken. Ein uns allen bekanntes Beispiel dieser Art ist der *Löwenzahn,* dessen »Pusteblumen« (s. Abb. 90) unsere Kinder immer wieder erfreuen. Aber auch andere Pflanzenarten, wie der Wiesenbocksbart, verschicken ihre Samen mit Hilfe solcher Fallschirmchen.

Wenn wir den Fruchtstand des Löwenzahns näher betrachten, dann erkennen wir an seiner großartigen Konstruktion und Funktion auch wieder sehr deutlich die Hand des göttlichen Erfinders.

Die zahlreichen Samenkörner, die sich aus seiner Blüte entwikkeln, reifen im Schutz eines aus mehreren Blättchen bestehenden Hüllkelchs heran. Die Federhaare der Schirmchen schauen kurz vor der Reife als zusammengefaßtes weißes Büschel oben heraus. Wenn nun eines Tages die Sonne warm scheint, dann klappen sich die Blätter der Hülle nach unten und geben das Bündel von Schirmchen frei. Dabei spreizen sich deren Haare auseinander, wodurch die Kugelform der »Pusteblume« zustande kommt. Die reifen Samenkörner sitzen dann nur noch locker in den kleinen Vertiefungen des Fruchtbodens. Streicht dann ein Windhauch

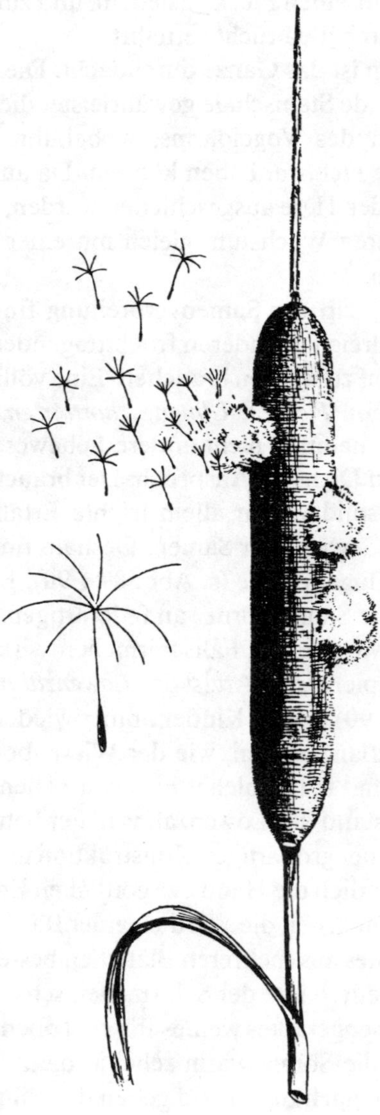

Abb. 89: Fruchtstand des schmalblättrigen Rohrkolbens.
Das Ausstreuen und Verwehen der Samen durch den Wind hat soeben begonnen. Daneben: Vergrößertes Samenkorn mit seinem Fallschirmchen.

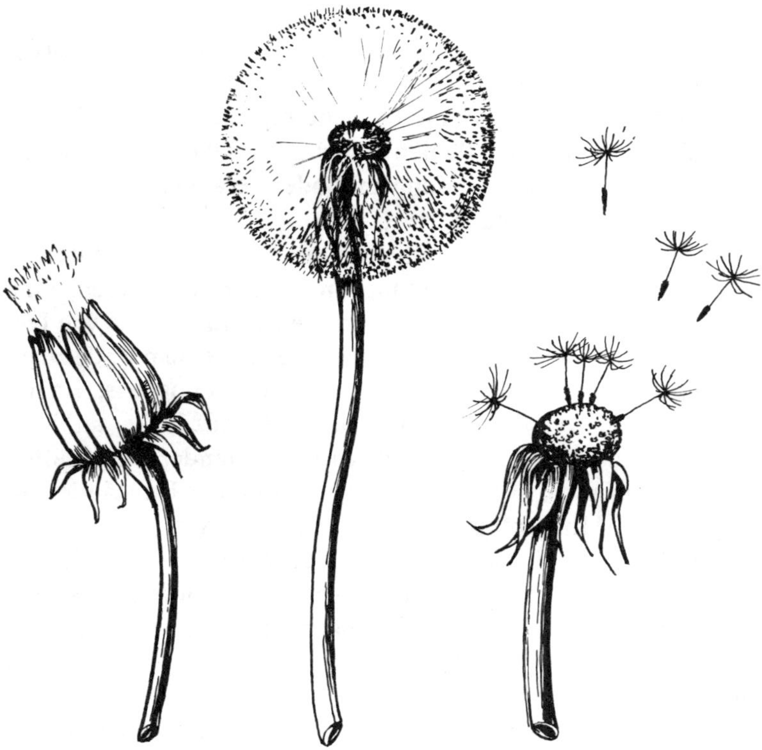

Abb. 90: Fruchtstand des Löwenzahns.

A. Die Samen im Schutz des Hüllkelchs.
B. Die „Pusteblume“.
C. Der reife Fruchtstand, mit wegfliegenden, an ihren Fallschirmchen hängenden Samen. Die Blätter des Hüllkelchs sind nach unten geklappt.

über den Fruchtstand, dann wirbeln die Schirmchen eins nach dem anderen in die Luft und fliegen davon. Sind sie jedoch bis zum Abend noch nicht alle fort, dann legen sich die Haarbüschel wieder fein säuberlich zusammen, und die Blättchen des Hüllkelchs nehmen sie wieder in ihre Obhut. Am nächsten warmen Sonnentag beginnt dann das Spiel von neuem.

Bei feuchtem Wetter öffnen sich die Fruchtstände jedoch überhaupt nicht. Das wäre auch sinnlos, denn die winzigen Segelflieger würden ja in feuchtem Zustand fluguntüchtig sein.

Bemerkenswert ist noch die Tatsache, daß die die Samenkörner umhüllende Schale mit kleinen Häkchen versehen ist, mit denen sie den Samen bei der Landung am Boden verankern, so daß dieser ungestört keimen kann.

Es gibt auch eine ganze Reihe von Pflanzen, die Tiere durch einen kleinen Trick zur Ausbreitung ihrer Samen veranlassen, ohne daß diese es merken. Sie entwickeln kleine Früchte, die wie Igel mit Stacheln besetzt sind, von denen jeder an seinem Ende zu einem winzigen Widerhäkchen nach rückwärts gebogen ist. Im reifen Zustand sitzen diese Früchte nur noch ganz locker an ihren Stielen, so daß sie leicht im Fell vorbeistreifender Tiere haften bleiben. Auf diese Weise werden sie dann unter Umständen an weit von der Mutterpflanze entfernte Orte gebracht.

Eine bekannte Vertreterin dieser Pflanzengruppe ist die Klette, deren Haftfähigkeit ja schon sprichwörtlich geworden ist. Bemerkenswert ist in diesem Zusammenhang noch, daß bei dieser Art von Früchten eine auffällige Färbung überflüssig und deshalb auch weggelassen ist.

Eine weitere interessante Methode der Samenausbreitung findet sich bei den Pflanzen, die ihre reifen Samenkörner in weitem Umkreis von sich schleudern. Auch das geschieht bei den einzelnen Arten wieder auf die verschiedenartigste Weise.

Als erstes Beispiel wollen wir uns zunächst einmal das im Volksmund als *»Kräutchen-rühr-mich-nicht-an«* bezeichnete *Springkraut* (s. Abb. 91) ansehen. Seine länglich, schotenförmige Frucht steht in reifem Zustand unter einer hohen inneren Spannung, die auf Entladung drängt. Unter einer dünnen Außenhaut liegt eine saftstrotzende Schwellschicht, die sich zwar ausdehnen möchte, aber durch eine darunter befindliche Schicht daran gehindert wird. Sobald die Frucht reif ist, kann die dünne Außenhaut dem Druck nicht mehr standhalten. Sie platzt, und die fünf Fruchtblätter rollen sich schlagartig mit so großer Gewalt zusammen, daß die Samen weit fortgeschleudert werden. Forscher haben festgestellt, daß die Flugbahnen dieser kleinen Geschosse einen Aufstiegswinkel von fast genau 45 Grad haben. Gemäß den

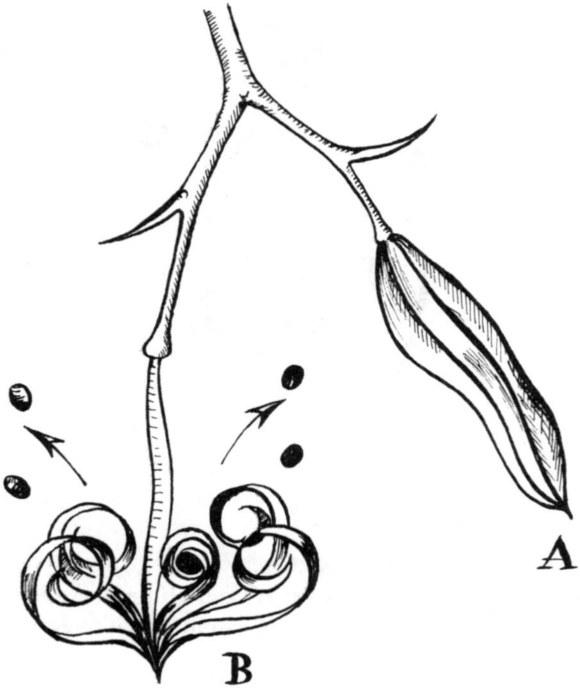

Abb. 91: Zwei Früchte des Springkrauts.
A. geschlossene und
B. aufspringende Frucht mit weggeschossenen Samen.

ballistischen Gesetzen wird dadurch die größtmögliche Wurfweite erreicht.

Beim *Sauerklee* (s. Abb. 92) entsteht die für das Wegschießen der Samen erforderliche Spannung an diesen selbst. Hier liegt die Schwellschicht unter der trockenen Samenhaut. Im Zustand der Reife reißt die Samenhülle und rollt sich zurück. Auf diese Weise verschwindet der Widerstand auf der einen Seite, und der hohe Überdruck treibt die Samen mit großer Wucht aus der Fruchtkapsel heraus.

Bei anderen Pflanzen entsteht die Schleuderspannung dadurch, daß sich ein bestimmter Teil ihres Gewebes infolge Austrocknung verkürzen will. So werden z. B. bei der *Lupine* während

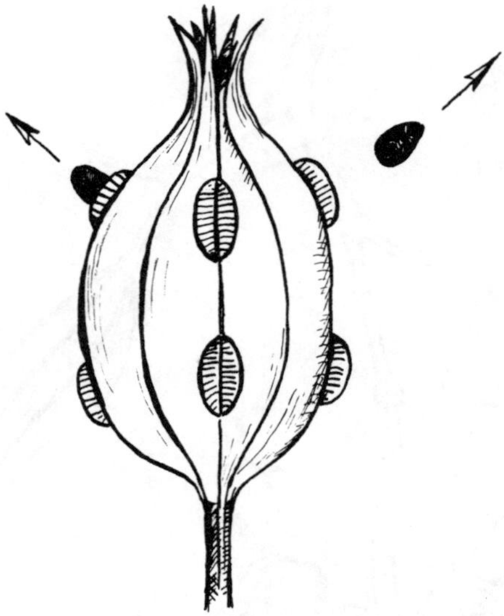

Abb. 92: Fruchtkapsel des Sauerklees.
Links tritt soeben ein Samenkorn aus der Hülle hervor.
Rechts ist ein solches bereits aus ihr herausgeschleudert worden.

der Reifung die verschiedenen Schichten der Fruchthülse durch unterschiedlichen Grad der Austrocknung kürzer. Die äußere Schicht der Hülse hat dabei das Bestreben, sich in der Längsrichtung zusammenzuziehen, während sich die darunter befindliche, anders gebaute Schicht in der Querrichtung zusammenziehen will. Dies ruft natürlich eine starke Spannung hervor, durch die die Schotenhälften schließlich auseinanderplatzen, wobei sich jede schraubenförmig verdreht.

Durch diesen Schleudermechanismus werden bei manchen *Lupinenarten* die Samen bis zu sieben Meter weit weggeschossen. Andere Hülsenfrüchtler haben ähnliche Schießvorrichtungen. Besonders wirksam ist die der *Glyzine*, die ihre Samen bis zu zehn Meter weit fortschießt.

Auch bei den großblütigen *Storchschnabelarten* (s. Abb. 93) finden wir einen Schleudermechanismus, der seine Spannkraft durch einseitige Austrocknung bestimmter Gewebeschichten erhält. Seine Wirkungsweise erinnert an die Schleudermaschinen der mittelalterlichen Artillerie.

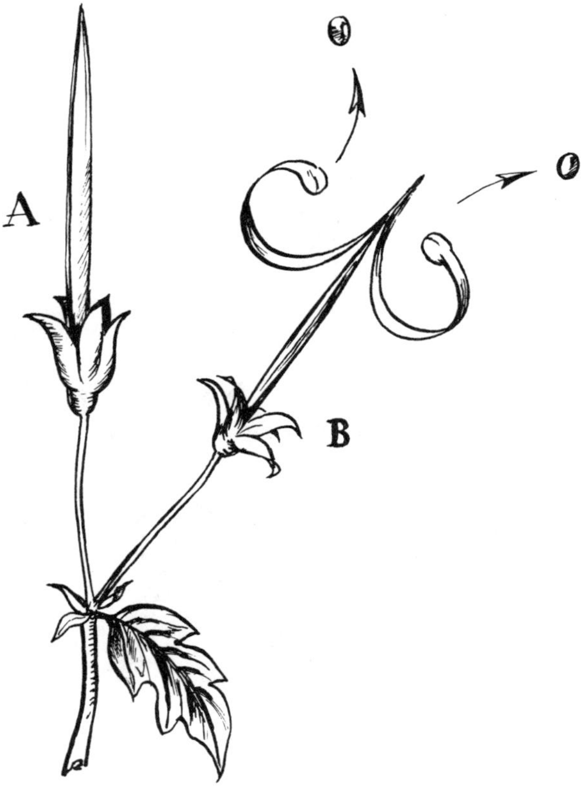

Abb. 93: Zwei Früchte des Wiesenstorchschnabels.
A. geschlossene und
B. aufspringende Frucht mit wegfliegenden Samen.

Gegenüber den bisher beschriebenen samenschießenden Pflanzen ist die in den Mittelmeerländern weit verbreitete *Spritzgurke* geradezu ein Explosivgeschoß. Ihre kleinen, borstigen, gurkenförmigen Früchte lösen sich im reifen Zustand bei der geringsten Erschütterung vom Stiel. Dadurch entsteht an der Abbruchstelle ein Loch, aus dem mit größter Gewalt eine unter hohem Druck befindliche, samenenthaltende, schleimige Flüssigkeit meterweit herausspritzt. Ahnungslos in der Nähe befindliche Menschen oder Tiere können sich dadurch sehr erschrecken.

Abb. 94: Fruchtstand des Reiherschnabels.
Eine Frucht hat sich bereits geöffnet. Ihre fünf Teilfrüchte sind noch mit der Mittelsäule verbunden.

Eine der interessantesten Schleuderfrüchte besitzt der *»Reiherschnabel«* (s. Abb. 94 + 95). Dieser hat seinen Namen von der großen Ähnlichkeit seiner reifen Früchte mit einem langgeschnäbelten Vogelkopf erhalten. Von diesen sitzen immer einige an einem gemeinsamen Stiel. Kurz vor der vollen Ausreifung zerfällt jeder

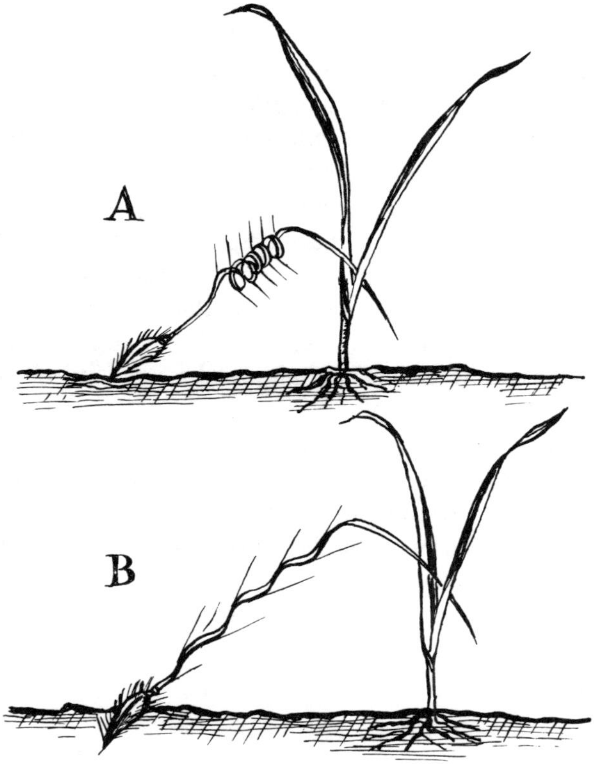

Abb. 95: Wie sich die Frucht des Reiherschnabels in den Boden bohrt. Bei trockenem Wetter ist der mittlere Teil der Granne korkenzieherartig aufgedreht (A). Bei Feuchtigkeit streckt sie sich (B). Wird dabei das rechtwinklig umgebogene Ende der Granne wie hier durch einen Grashalm oder dergl. festgehalten, dann dreht sich die Spitze und bohrt sich dadurch in die Erde. Die Widerborsten verhindert, daß sie bei der durch Wiedertrocknen entgegengesetzten Drehung wieder herausgezogen wird.

dieser Vogelköpfe in fünf Teile, die um eine Verlängerung des Fruchtstiels wie um eine Mittelsäule zunächst angeordnet bleiben. Jeder dieser Teile trägt an seinem äußeren Ende eine Fruchthülle mit dem Samenkorn. Letztere ist an der Mittelsäule durch eine merkwürdig lange Granne befestigt. Sie bleibt dort bis zur vollen Reife des Samens hängen. Eines Tages, wenn dann das Wetter warm und trocken ist, rollt sich die Granne plötzlich von dem Korn her teilweise korkenzieherartig auf, wobei das ganze Gebilde abgelöst und leicht weggeschleudert wird.

Auf dem Erdboden geschieht mit dem kleinen Wurfgeschoß dann etwas Großartiges (s. Abb. 90). Da sich der gerollte Teil der Granne bei feuchtem Wetter streckt und bei Trockenheit wieder aufrollt, wird die mit einer scharfen Spitze versehene Samenhülle durch diese Schwankungen der Umweltverhältnisse regelrecht in den Boden hineingebohrt. Damit nun das Grannenende hierzu den Gegenhalt bieten kann, ist es rechtwinklig abgebogen. Durch Hängenbleiben an einem Grashalm wird es am Mitdrehen gehindert.

Die ganze Bohrarbeit der Grannenspirale wäre jedoch vergeblich, wenn die Samenhülle außen glatt wäre. Sie zöge sich dann nämlich bei der Zusammenziehung der Spirale jedesmal wieder aus dem Boden heraus. Um dies zu verhindern, ist sie außen mit Widerborsten besetzt.

Sicher wird die kleine Bohrvorrichtung nicht besonders wirkungsvoll sein, dennoch ist sie geradezu ein besonderes Beispiel der göttlichen Schöpferherrlichkeit.

16. Kapitel
Ein Blick in des Schöpfers Aquarium

Zwei rätselhafte Wanderfische

Das charakteristischste Kennzeichen für unsere Gottebenbildlichkeit sind unsere schöpferischen Fähigkeiten. Wir bringen sie in unserem Leben täglich in tausendfältiger Weise zur Anwendung. Dabei geht es uns fast immer um die Erreichung eines greifbaren Nutzens.

Es gibt auch ein Schaffen, das keinerlei Nutzen verfolgt. Wir finden es in der ausgeprägtesten Form bei der spielerischen Betätigung der Kinder und Künstler. Ihr Schaffen kennt als Erfolg in erster Linie die Freude am gelungenen Werk. Ihr Tun dürfte dem des Weltenschöpfers am ähnlichsten sein.

Wenn wir nämlich Gottes Schöpfungswerke näher betrachten, dann stellen wir zwar überall lange, auf seine weise Vorausplanung hinweisende Ketten der erstaunlichsten Zweckmäßigkeiten fest, aber am Ende suchen wir vergeblich nach einem greifbaren Nutzen. Das gilt nicht nur für unsere Erde oder gar den Kosmos als Gesamtheit, sondern auch für unzählige einzelne Gestaltungen und Vorgänge im großen Naturgeschehen.

Im nachfolgenden möchte ich einmal zwei ganz typische Fälle dieser Art anführen. Es handelt sich dabei um den Lebensrhythmus von zwei uns allen wohlbekannten und sogar hochgeschätzten Speisefischen, die zwar äußerst zweckmäßig gestaltet und für ihre Lebensaufgabe hervorragend ausgerüstet sind, für deren Verhalten wir jedoch letztlich keine Erklärung finden. Der Schöpfer scheint sie aus reiner Freude am Gestalten ins Leben gerufen zu haben.

Beide Fische machen weltweite Wanderungen durch Bäche, Flüsse und Meere, wobei sie von erstaunlichen Instinkten geleitet werden, aber bis heute hat noch kein Forscher den Grund für diesen riesigen Aufwand finden können.

Der erste von diesen Wanderfischen ist der *Lachs*.

Er beginnt sein Leben als schrotkorngroßes Ei, das seine Mutter in einem schnell fließenden, klaren Gebirgsbach abgelegt hat.

Sie mußte es in dem sandigen oder kiesigen Bachbett einbuddeln, damit es nicht von der Strömung fortgespült würde.

Wenn das kleine Fischchen ausschlüpft, ist es erst zwei Zentimeter lang, durchsichtig und noch nicht ganz entwickelt. Es muß deshalb noch kurze Zeit in seinem dunklen Versteck bleiben. Damit es dort aber weiterwachsen kann, hat es einen Nahrungsbeutel mit auf die Welt gebracht. Es ist der rötliche Dottersack, der ihm unten am Bauch festgewachsen ist.

Ist dieser Proviant aufgezehrt, dann ist das kleine Wesen bereits auf fünf Zentimeter angewachsen. Es hat jetzt schon so viel Kraft, daß es sich aus seinem Verließ herausarbeiten kann.

Dabei befindet es sich sogleich inmitten Tausender von Geschwistern, die alle gleichzeitig mit ihm in einen gnadenlosen Daseinskampf geraten. So, wie diese Jungfischchen sich von noch kleineren Lebewesen ernähren, werden auch sie selbst von größeren, wie etwa Forellen, Barschen, Aalen und anderen gejagt. Dabei verlieren viele von ihnen ihr junges Leben.

Doch bei der Erschaffung des Lachses hat der Schöpfer die Zahl der von ihm zu legenden Eier so groß bemessen, daß bei Berücksichtigung aller Ausfälle von den Jungen immer noch genug zur Erhaltung der Art erhalten bleiben.

Eigenartigerweise wachsen die kleinen Fischchen am Anfang ihres Lebens ungewöhnlich langsam. Wenn sie nämlich bereits zwei Jahre in unmittelbarer Umgebung ihres Geburtsortes zugebracht haben, sind sie erst etwa zehn Zentimeter lang und wiegen nicht mehr als 100 Gramm.

Doch eines Tages wird das kleine Wesen mit vielen seiner Artgenossen von einem geheimnisvollen Wanderinstinkt erfaßt. Die Tierchen lassen sich dann ohne einen ersichtlichen Grund aus ihrem Heimatgewässer dem Meer zu treiben. Dabei machen sie vielfach den Eindruck, als ließen sie dies nur widerwillig geschehen. Sie schwimmen dann nämlich meist mit dem Schwanz nach vorn.

Diese merkwürdige Reise verläuft oft über weit mehr als 1000 Kilometer. Sie bringt viele neue Gefahren mit sich. Denn es geht nicht selten über steile, schäumende Wasserfälle und reißende Stromschnellen. Dieses Mitfortgerissenwerden währt so lange, bis der Flußlauf das offene Meer erreicht hat.

Dann geschieht wieder etwas Seltsames.

Sobald der junge Lachs das Salzwasser schmeckt, dreht er sich um und schwimmt schnurstracks in die Weiten des Ozeans hinaus. Dort verschwindet er, und keiner weiß wohin. Aber nicht für immer. Nach ziemlich genau sieben Jahren kehrt der Ausreißer als ausgewachsener Lachs zu derselben Flußmündung zurück, aus der er einst gekommen ist. In der Zeit seiner Abwesenheit ist aus dem fingerlangen Fischchen ein zehn und mehr Pfund schwerer Fisch geworden.

Man hat sich natürlich immer wieder gefragt, wo sich das Tier wohl während so langer Zeit aufgehalten und womit es sich ernährt haben mag. Aber kein Naturforscher hat dieses Rätsel bisher restlos zu lösen vermocht. Einer von ihnen hat für die im Atlantik verschwindenden Lachse eine einleuchtende Hypothese aufstellen können.

Er meint, daß diese Fische bis hoch zum nördlichen Polarmeer hinaufschwimmen, wo es die unvorstellbaren Mengen von kleinen und kleinsten, im Wasser schwebenden Lebewesen gibt. Es sind das Plankton und der Krill, wovon sich auch das größte Tier aller Zeiten, nämlich der bis zu 135 Tonnen schwere Blauwal und einige seiner Verwandten ernähren. Wie bereits in einem der vorigen Kapitel ausführlich besprochen, seihen diese Meeresgiganten dieses Kleingetier tonnenweise aus dem Wasser. Wenn also der Lachs tatsächlich die vielen Jahre seines spurlosen Verschwindens in diesem Schlaraffenland verbringt, dann kann man sich den Grund für die Körperfülle bei seiner Rückkehr sehr gut erklären.

Aber das wiederkehrende Tier hat nicht nur an Gewicht stark zugenommen, es hat vor allem Kräfte gespeichert, die es für den Rest seines Lebens dringend braucht. Wieder mit vielen seiner Artgenossen begibt sich der Lachs nämlich jetzt erneut auf die Reise. Sein Instinkt treibt ihn mit größter Eile den weiten Weg zurück zur Stätte seiner Geburt.

Dieses Mal ist aber die Wanderung unvergleichlich viel beschwerlicher. Während er damals von der Strömung fortgetragen wurde, muß er jetzt gegen sie ankämpfen. Und die steilen Wehre, die schäumenden Wasserfälle und reißenden Stromschnellen sind nun schwer zu überwindende Hindernisse.

Aber der erwachsene Lachs hat solche Kräfte gesammelt, daß

er vor keinem von ihnen zu kapitulieren braucht. Er ist jetzt in der Lage, drei Meter hohe Wasserfälle mit einem gewaltigen Satz zu überspringen. Bei höheren weiß er stufige Felsvorsprünge geschickt zu nutzen. Auch setzt er über breite Sandbänke mit elegantem Sprung hinweg.

Diese strapaziöse Rückreise, auf der er keine Nahrung mehr zu sich nimmt, ist ein Wettlauf mit dem Tod. Auf der ganzen Strecke drohen vielerlei Gefahren. Schon vor der Flußmündung warten Seehunde, Tümmler und andere darauf, ihn zu fangen. Weiter im Landinnern lauern ihm am Flußufer Fischotter, Nerze und in urwüchsigen Landschaften sogar der Braunbär auf.

Sein größter Feind ist jedoch schon immer der Mensch gewesen, der ihm fortwährend mit Netz und Angel nachstellt. Ja, in lachsreichen Gegenden hat man sogar an Engstellen, an denen die Tiere zu Tausenden den Fluß passieren, Schöpfräder eingebaut, die die Fische erfassen und an Land werfen. Ist es da ein Wunder, daß der edle Lachs allmählich immer seltener wird?

Ein weiterer Beweis für die Leistungsfähigkeit des Rückkehrers ist sein Reisetempo. Es beträgt im Durchschnitt vier Kilometer in der Stunde und in der Spitze sieben Kilometer. Und das ununterbrochen Tag und Nacht, zwei bis drei Wochen lang.

Da das Tier während der ganzen Zeit nichts frißt, ist leicht zu verstehen, daß es bei dieser enormen Anstrengung 95% seines Körperfetts und 53% seiner Eiweißsubstanz einbüßt. Auch ist verständlich, daß es dabei sein schmuckes Aussehen verliert. Sein Silberglanz weicht einem schmutzigen Gelb, und am Ende ist es nur noch olivenfarbig. Das Männchen verändert sogar seine Körperform, indem sich sein Maul verlängert und kneifzangenartig verbiegt. Außerdem erhöht sich sein Nacken zu einem häßlichen Buckel.

Auch im Inneren der Tiere geht eine große Veränderung vor sich. Während sich die Freß- und Verdauungsorgane zurückbilden, wachsen die Geschlechtsorgane stark an.

Am Ende ihrer Rückreise verteilen sich die Lachse zu Paaren genau in die Bachläufe, in denen sie das Licht der Welt erblickten.

Man weiß heute, daß das von einem geheimnisvollen Drang angetriebene Heimfinden der Tiere durch einen hochempfindlichen Geschmackssinn geleitet wird. Auf Grund zahlreicher Versuche und Vergleiche hat man nämlich festgestellt, daß jeder Wasserlauf durch den ihn säumenden Pflanzenwuchs einen ihm eigentümlichen Geschmack aufweist. Wenn dieser auch noch so geringfügig ist, die Fische erkennen ihn wieder und gehen ihm nach.

In der Heimat angekommen, gehen die Lachspaare unverzüglich ihrem Laichgeschäft nach. Diese Lebensaufgabe beginnt das Weibchen, indem es sich auf dem Bachboden auf die Seite legt und durch Schwanzschläge eine 25 Zentimeter tiefe Mulde in den Sand oder Kies wühlt. In diese legt es eine erste Portion von einigen hundert Eiern, die das Männchen unmittelbar darauf mit seinem Samen übergießt. Ist das geschehen, dann wird der Laich von dem Weibchen mit dem Bodenmaterial wieder zugedeckt. Dieser Vorgang vollzieht sich mehrere Male. Nach Angabe von Forschern soll ein einziges Lachsweibchen bis zu 20 000 Eier legen.

In den meisten Fällen gehen die Lachse nach den Anstrengungen der Rückreise und des Fortpflanzungsaktes an Erschöpfung zugrunde.

Damit haben wir den höchst eigenartigen Lebenszyklus des Lachses von seinem Anfang bis zum Ende verfolgt. Alles, was mit dem Tier im Verlauf der einzelnen Lebensabschnitte vor sich geht, erkennen wir als außerordentlich zweckdienlich. Wenn wir aber am Ende fragen, aus welchem Grund der Schöpfer diese Tierart überhaupt zweimal auf Weltreise schickt und die Lachse ihr Leben nicht einfach in der Umgebung ihrer Geburtsstätte verbringen läßt, dann finden wir bis heute dafür noch keine plausible Antwort.

Denselben Eindruck bekommen wir, wenn wir uns jetzt dem zweiten Wanderfisch zuwenden. Auch seine interessante Lebensgeschichte weist eine ganze Reihe von Zweckmäßigkeiten und keinen erkennbaren Endzweck auf. Sie ist wie ein großartiges Gegenstück zu der des Lachses. Auch der *Flußaal* – um den es sich hier handelt – muß während seines Erdendaseins zwei Weltreisen unternehmen, nur verlaufen diese merkwürdigerweise in genau umgekehrter Richtung.

Der Lebenszyklus des Aals konnte erst 1895 durch die wissenschaftliche Forschung aufgedeckt werden. Bis dahin vermochte sich keiner seine Vermehrung zu erklären, da man weder in den

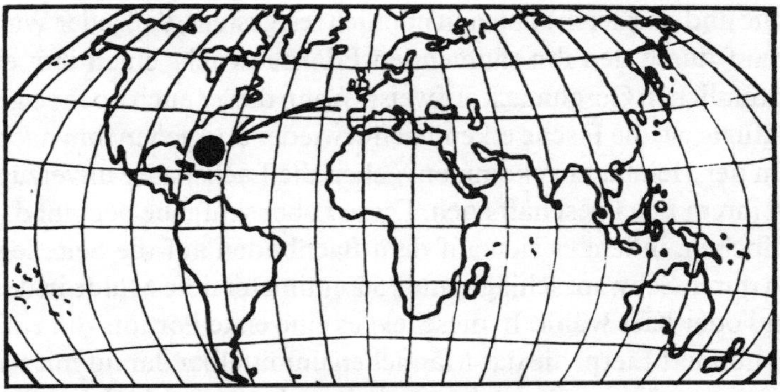

Abb. 96: Die Lage des Sargasso-Meers im Atlantik.

Flüssen noch im Leib der Tiere je Eier gefunden hatte. Bei unseren Vorfahren waren deshalb geheimnisvolle Märchen darüber verbreitet. Man erzählte sich z. B., der Aal entstehe aus Morast, er paare sich mit Schlangen, oder aber man hielt seine Eingeweidewürmer für seine Jungen.

Heute weiß man, daß der in Flüssen und Bächen unseres Kontinents lebende Aal, wenn er ausgewachsen ist, zwei Drittel der Reise nach Amerika zurücklegt, um an einer ganz bestimmten Stelle des Atlantischen Ozeans, dem sog. Sargassomeer (s. Abb. 96), seine Eier abzulegen. Dies geschieht dort in Tiefen bis zu 7000 Metern.

Merkwürdigerweise kommen die amerikanischen Vettern unseres Aals zu dem gleichen Zweck fast an dieselbe Stelle.

Wegen der überaus langen Reise zum Laichplatz legt das Aalweibchen nur einmal in seinem Leben Eier, deren Zahl dann aber ungewöhnlich groß ist. Manche Forscher schätzen sie auf etwa eine Million.

Die den Eiern entschlüpften Jungfischchen, deren man erst habhaft werden kann, wenn sie ungefähr sieben Zentimeter lang sind, haben mit ihren Eltern sehr wenig Ähnlichkeit. Diese sog. *Aallarven* haben nämlich die Form eines Weidenblattes und sind völlig durchsichtig.

Drei Jahre lang wandern diese Fische durch das Meer – wir wollen jetzt die amerikanische Art außer acht lassen – den europäischen Küsten zu. Dabei nehmen sie keine Nahrung zu sich, die in ihrem Innern sichtbar wäre.

In ihrem vierten Lebensjahr verwandeln sie sich dann in die kaum wesentlich größeren, aber bereits schlanken Jungaale, die zunächst immer noch durchsichtig sind. Man nennt sie deshalb *Glasaale*.

In der Zeit dieser Verwandlung haben die Tierchen einen unwiderstehlichen Drang vom Salzwasser zum Süßwasser. Sie schwimmen deshalb in ganzen Schwärmen die Flüsse hinauf, um sich von dort aus bis in die kleinsten Bäche und Rinnsale zu verteilen. Dabei vermögen sie mit erstaunlicher Geschicklichkeit schwierigste Hindernisse, steile Wehre, ja, selbst den Rheinfall zu überwinden.

Zu einem solchem Zweck können Aale sogar vorübergehend das Wasser verlassen und über Land kriechen. Das ist natürlich nur durch nasses Gras oder Laub möglich, damit ihre empfindliche schleimige Haut feucht bleibt. Man will beobachtet haben, daß Aale mehr als einen Kilometer auf diese Weise gekrochen sind, um aus einem See ohne Abfluß wieder in ein fließendes Gewässer zu gelangen. Auch haben Fischer berichtet, daß sie Glasaale angetroffen hätten, die auf einer trockenen Sandbank umhergeschlängelt seien, auf der sie bei der Ebbe zurückgelassen wurden.

Am Ziel seiner Reise angekommen, verspürt der Glasaal sogleich einen ungeheuren Appetit. Dann sinkt er nämlich auf den Boden des Gewässers und setzt hier sein Leben als sehr gefräßiger und räuberischer Grundfisch fort.

Im allgemeinen verbringt er hier sieben bis elf Jahre, während derer er sich in aller Ruhe mästet. Dabei kann das Weibchen bis eineinhalb Meter lang und fünf Kilogramm schwer werden, wogegen das Männchen sehr viel kleiner bleibt.

In dieser Zeit verlieren die Glasaale ihre Durchsichtigkeit. Sie werden jetzt zunächst zu Grün- und schließlich zu Gelbaalen.

Der ausgewachsene Aal wird dann eines Tages aufs neue vom Wandertrieb gepackt, der ihn mit unwiderstehlicher Gewalt wieder zu der Stätte seiner Geburt weit draußen im Atlantik hinzieht.

Dabei verändert er sich auch wieder äußerlich. Sein Rücken wird dunkel und sein Bauch hell. Man bezeichnet ihn jetzt als Blankaal. In seinem Inneren gehen ebenfalls große Veränderungen vor sich.

Die Fortpflanzungsorgane schwellen stark an, während die Verdauungsorgane verkümmern. Letztere braucht er auch tatsächlich für den ganzen Rest seines Lebens nicht mehr. Denn während der weiten, etwa neun Monate dauernden Reise nimmt das Tier keinerlei Nahrung mehr zu sich. Der sonst so gierige Raubfisch kennt jetzt nur noch den Drang hin zu den atlantischen Tiefen der Sargassosee.

Dort verrichtet er mit dem Rest seiner Kräfte sein Laichgeschäft, um dann, wahrscheinlich an Erschöpfung, zugrunde zu gehen. Noch nie hat man nämlich einen ausgewachsenen Aal zu den Binnengewässern zurückkehren sehen.

Damit hat sich auch der Kreislauf im Leben unseres Flußaals geschlossen. Ihn soweit aufzuklären, stellt eine der Glanzleistungen unserer Naturforscher dar. Es war eine mühevolle, zeitraubende und kostspielige Arbeit, all die einzelnen Fakten zu erkunden, zu sammeln und zu dem großen Mosaikbild zusammenzusetzen. Aber keiner ist in der Lage, uns – ebenso wie beim Lachs – den Zweck der beiden Weltreisen dieses Wanderfisches zu erklären.

Aber dennoch sind auch in dem Lebenszyklus dieses interessanten Lebewesens eine Reihe von Zweckmäßigkeiten zu beobachten, die uns auf ein vorausgegangenes Planen eines überragenden Intellekts hinweist. Versuchen wir deshalb jetzt einmal herauszufinden, woran bei der Erschaffung des Aals alles gedacht worden ist.

Sicherlich zuerst daran, daß der gewaltige Ozean voller gieriger Raubfische ist, die die hilflosen, winzigen Aaljungen in den drei bis vier Jahren ihrer Meereswanderung restlos verspeisen würden.

Auf welche Weise wird das verhindert? Zunächst dadurch, daß das Aalweibchen eine ungeheure Menge Eier legen muß, so daß sehr viele von den Jungen verlorengehen können, ohne daß der Nachwuchs gefährdet ist.

Doch diese Vorsorge allein genügt noch nicht. Deshalb sind die Kleinen zu ihrem weiteren Schutz durchsichtig. Das macht sie in der Dunkelheit der Meerestiefen für ihre Feinde unsichtbar. Ja, sie werden sogar auf eine solche Art ernährt, daß sie keine in ihren Körperchen sichtbare Nahrung zu sich zu nehmen brauchen. Ein dunkler Mageninhalt hätte sie andernfalls ja trotz ihrer Durchsichtigkeit verraten.

Interessant ist nun, daß mit dem Durchschwimmen der Flüsse, Bäche und Rinnsale, also beim Nachlassen der größten äußeren Gefahren, die Durchsichtigkeit der Jungaale allmählich verschwindet und sich eine dem neuen Aufenthaltsort angepaßte Schutzfarbe herausbildet.

Ganz besonders wichtig ist die körperliche Ausrüstung des Tieres für die große Rückreise zu seiner Geburtsstätte, während der es keinerlei Nahrung mehr zu sich nimmt. Es bekommt zu diesem Zweck während des 7- bis 11jährigen Aufenthalts in unseren Binnengewässern die Natur eines gierigen und gefräßigen Raubfisches.

Dadurch ist der Aal in der Lage, nicht nur ohne Nahrung die neun Monate seiner Ozeanreise ununterbrochen seinem Ziel zuzustreben, sondern in seinem Leib auch noch die ungeheure Eierzahl zu bilden.

Man will festgestellt haben, daß der Wasserwanderer alle 24 Stunden etwa 13 Kilometer zurücklegt. Das aber ist nur dadurch möglich, daß er sich unterwegs nicht durch Futtersuche aufzuhalten braucht.

Schließlich ist noch hervorzuheben, wie zweckmäßig der Aal auch äußerlich vor seinen Feinden im weiten Meer geschützt ist. Auf seiner Fahrt ist sein Rücken nämlich dunkel und sein Bauch hell gefärbt. Warum? Weil das Wasser, wenn man von oben nach unten blickt, dunkel, und wenn man von unten nach oben, also gegen den Himmel schaut, hell erscheint.

Elektrische Fische

Wer der Meinung ist, die *Elektrizität* sei erst von den Menschen technisch nutzbar gemacht worden, der irrt sich sehr. Der Schöpfer hat sich ihrer schon von Anfang an in vielfältiger Weise bedient. Gleich bei der Erschaffung von tierischem und menschlichem Leben brachte er sie zur Anwendung. Tausenderlei Lebensvorgänge sind ohne Elektrizität überhaupt nicht denkbar.

So wird z. B. jede *Muskelarbeit* bei Mensch und Tier durch elektrische Nervenreize ausgelöst. Auch jeder *Herzschlag* ist die Folge

Abb. 97: Elektrischer Elefantenfisch.

eines elektrischen Stromstoßes. Vor allem aber wird das *Gehirn* als Steuerungsorgan des ganzen Organismus wie ein Super-Computer bei all seiner Tätigkeit mit Elektrizität betrieben.

Doch so interessant und wichtig diese Zusammenhänge auch sind, in diesem Kapitel möchte ich einmal auf eine ganz ausgefallene Konstruktionsidee des Weltenschöpfers zu sprechen kommen, bei der die Elektrizität ganz im Vordergrund steht.

Es handelt sich dabei um einige wenige Tiergattungen, bei denen vereinzelte Arten mit besonderen, Elektrizität erzeugenden Organen ausgestattet sind. Diese Organe dienen ihren Trägern zu ihrer Orientierung in ihrer Umwelt, zum Auffinden und Töten ihrer Beute, zur Revierabgrenzung oder zur Verteidigung. Wir finden sie ausschließlich unter den Fischen, und zwar dort unter den Gattungen der *Welse*, der *Rochen*, der *Messerfische* und der *Nilhechte.* Zu den letzteren gehören auch die sog. *Tapirfische* und die *Elefantenrüsselfische* (s. Abb. 97). Insgesamt sollen bereits an die 500 Arten von elektrischen Fischen bekannt sein.

Den elektrischen Wels kannten schon die alten *Ägypter.* Sie haben ihn bereits um 2750 v. Chr. auf den bekannten Wandbildern ihrer Gräber dargestellt.

Im alten *Griechenland* wußte man von der Existenz des elektrischen Rochens, der auch Torpedo genannt wird.

Diesen benutzten die alten *Römer* sogar zur Heilung von Gicht. Vielleicht haben sie damit unbewußt schon eine Art Elektroschock-Therapie angewandt.

Wie wenig man damals noch vom Wesen der Elektrizität wußte, beweist die Art, wie ein altrömischer Schriftsteller die stark elektrisierende Wirkung dieses Fisches beschrieben hat. Er meint nämlich, den Adern dieses Tieres entströme ein giftiger Ausfluß, der sich im Wasser ausbreite und an der Angelschnur hochkrieche. Dabei habe dieses Gift eine so furchtbar lähmende Wirkung, daß es das Blut des Anglers zum Gerinnen bringe.

Heute wissen wir natürlich, was da vor sich geht, obwohl die Elektrizität als solche auch für uns noch letzte Geheimnisse in sich birgt. Zwar wird sie von der Wissenschaft als Wanderung von Elektronen innerhalb der Welt der Atome erklärt, doch wer kann sich darunter schon etwas Konkretes vorstellen? Dennoch bedeutet das für die moderne Technik kein Hindernis, uns diesen geheimnisvollen Elektronenfluß auf vieltausendfältige Weise nutzbar zu machen. Welch wesentliche Rolle die Elektrizität in unserer heutigen Wohlstandsgesellschaft spielt, merken wir erst, wenn der Strom einmal für längere Zeit ausfällt.

Je nach der *Stromstärke*, die die elektrischen Fische erzeugen und zur Anwendung bringen, lassen sie sich in zwei Hauptgruppen unterteilen, nämlich in *Schwachstrom-* und *Starkstromfische.*

Den Unterschied zwischen den beiden Stromarten macht man sich am einfachsten durch einen Vergleich mit der Wasserleitung klar.

Dabei soll das strömende Wasser den elektrischen Strom und das Wasserrohr den elektrischen Leitungsdraht versinnbildlichen. So wie man beim Wasser dicke und dünne Rohre verwendet, so kann man auch die Elektrizität durch dicke oder dünne Drähte schicken.

Will man in der gleichen Zeit die gleiche Wassermenge, die drucklos durch eine dicke Leitung fließt, durch ein dünnes Rohr hindurchbekommen, dann muß man dazu einen entsprechend hohen Druck anwenden.

Diesem Druck entspricht bei dem elektrischen Strom die *Spannung*, die in *Volt* gemessen wird, und die Wasser*menge* entspricht der Elektrizitäts*menge*, die die *Ampèrezahl* angibt.

So wie ein unter hohem Druck stehender dünner Wasserstrahl uns zu töten vermag, so ist es bekanntlich auch, wenn wir mit einer elektrischen Hochspannungsleitung in Berührung kommen.

Und ebenso, wie uns ein noch so dicker Wasserstrahl nicht schadet, wenn er unter niedrigem Druck steht, so ist für unseren Körper auch ein elektrischer Strom mit noch so hoher Ampèrezahl bei niedriger Voltzahl harmlos.

Indem wir uns diese Zusammenhänge vor Augen halten, wollen wir uns jetzt einige der genannten elektrischen Fische einmal etwas näher ansehen.

Fangen wir mit den *Schwachstromfischen* an. Da wäre als erster der *Nilhecht* zu nennen, der mit einer sehr niedrigen Spannung – nämlich mit 3 bis 10 Volt – arbeitet. Demnach ist er für uns völlig ungefährlich.

Da dieser Fisch in meist trüben Gewässern lebt und deshalb ohnehin nicht viel sehen kann, ist er fast blind. Anstelle seiner Augen wurde ihm deshalb die Möglichkeit gegeben, sich mit Hilfe von Schwachstrom in seiner Umwelt zu orientieren.

Normalerweise finden sich in der dauernden Finsternis unterirdischer Gewässer lebende Blindfische mit einem auf Druckwellen reagierenden Organ zurecht. Dadurch spüren sie Bewegungen im Wasser ähnlich, wie wir uns treffende Luftbewegungen empfinden. Aber ähnlich, wie *feine* Luftbewegungen im Sturm untergehen, so geschieht dies auch mit den Druckwellen in stark strömenden und turbulenten Gewässern.

Weil der Schöpfer aber dem Nilhecht die so gearteten Tiefen des viel Schlamm führenden Nils und ähnlicher Flüsse als Heimat zugewiesen hat, mußte er für ihn eine andere Orientierungsmöglichkeit erfinden. Und dabei ist er dann auf die Elektrizität gekommen.

Es ist nun für den Naturforscher eine faszinierende Aufgabe, der dabei von ihm angewendeten Methode nachzuspüren. Und es wird sogar einen Elektro-Ingenieur in Erstaunen versetzen, wenn er hört, wie der Allmächtige das elektrische Ortungs-System des Fisches geplant und gebaut hat. Vor allem wird ihn die unwahrscheinliche Empfindlichkeit begeistern, mit der die Anlage reagiert.

Wie ein Magnet in einem bestimmten Umkreis unsichtbare, aber mit einer Kompaßnadel nachzuweisende Kraftlinien aussendet, so umgibt sich der Nilhecht mit einem elektrischen Kraftfeld aus selbsterzeugter Elektrizität. Dazu sendet sein elektrisches Organ konstant 300 Stromstöße in der Sekunde aus. Diese verlaufen vom Kopf bis zum Schwanz und haben eine Reichweite von bis zu zwei Metern im Umkreis. Ähnlich dem Herzschlag hören diese Stromstöße während der Lebenszeit des Tieres nie auf.

Für die Dichte und Gleichmäßigkeit seines Kraftfeldes hat der Fisch ein ungewöhnlich feines Gespür. Es kann von den Wellenbewegungen des Wassers nicht gestört werden, wohl aber von festen Gegenständen, die seinen Bereich durchqueren. Dabei merkt der Fisch an Hand der elektrischen Leitfähigkeit und der Art der Bewegung des Eindringlings sofort, ob es sich um etwas Lebendiges oder Totes handelt.

Ein Forscher hat einmal die diesbezügliche Empfindlichkeit des Nilhechts experimentell ermittelt. Zu seinem höchsten Erstaunen reagierte er noch auf ein Spannungsgefälle von drei Hundertsteln von einem millionstel Volt pro Zentimeter.

Um das selbsterzeugte Kraftfeld nicht selber zu stören, dürfen alle Elektrofische, die sich auf die beschriebene Weise orientieren, keine Schlängelbewegungen machen. Sie schwimmen deshalb so steif, als bestünden sie aus Holz. Auch beim Wenden verbiegen sich die Tiere nicht. Für ihre Fortbewegung tragen sie statt dessen meist eine unter der ganzen Länge des Bauches oder über den Rücken verlaufende durchgehende Flosse. Diese macht fortwährend die zum Antrieb notwendigen Wellenbewegungen.

Unter den *Messerfischen* gibt es einige in Südamerika lebende Arten, die in extrem unterschiedlicher Folge funken. Solche, die in dem oberhalb einer Stromschnelle noch verhältnismäßig ruhigen Wasser beheimatet sind, senden sehr langsam, manche nur zwei Stromstöße in der Sekunde. Andere dagegen, die unterhalb in dem reißenden Fluß ihr Leben fristen, bringen es dagegen bis auf 1600 Entladungen in der Sekunde.

Einige gesellig lebende *Tapirfische* benutzen ihre Stromstöße gleichzeitig für das Zusammenbleiben im Schwarm. Andere aus derselben Gattung, die Einzelgänger sind, verwenden sie auch zur Abgrenzung ihres Reviers. Kommt einem solchen ein fremder Artgenosse ins Gehege, dann gibt es zunächst ein elektrisches Funkduell. Ein Forscher hat einmal eine solche Auseinandersetzung mit einem registrierenden Meßgerät aufgenommen. Er berichtet, daß die elektrischen Entladungen immer schneller aufeinandergefolgt seien, bis es schließlich zum Nahkampf mit Schubsen und Beißen gekommen sei.

Zu den Schwachstromfischen gehört auch der *Zitterrochen* (s. Abb. 98). Wie ein großer Vogel schwebt dieser bis zu einem Me-

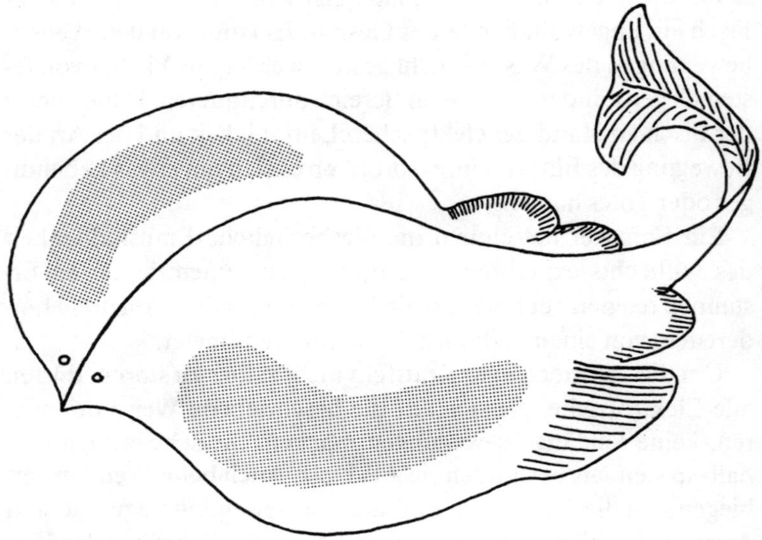

Abb. 98: Zitterrochen
Die Schraffur gibt die Lage der elektrischen Organe an.

ter große Plattfisch durch die Meere. Seine außergewöhnlich verbreiterten Brustflossen beginnen an seinem scheibenförmig abgeplatteten Leib schon unmittelbar hinter dem Kopf. Sie schwingen wie große Flügel im gleichen Rhythmus und bleiben immer ausgebreitet.

Wie alle Rochen lebt er in beachtlichen Meerestiefen, wo er sich – auf Beute lauernd – durch Einbuddeln in den Sand beinahe unsichtbar macht. Alles, was an freßbarem Getier über ihn hinwegschwimmt, wird durch Hochklappen der breiten Flossenflügel vereinnahmt und elektrisch betäubt.

Die Elektrizität erzeugenden Organe liegen bei dem elektrischen Rochen wie zwei große Lungenflügel zu beiden Seiten neben seinem flachen Kopf. Sie erzeugen Stromstärken zwischen 70 und 80 Volt, die zur Betäubung kleiner Tiere zwar ausreichen, dem Menschen jedoch völlig ungefährlich sind.

Nun kommen wir zu den gefährlichen Elektrofischen, nämlich

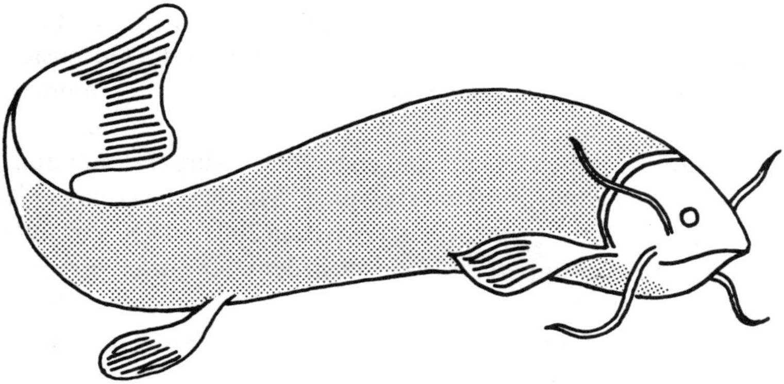

Abb. 99: Zitterwels
Die Schraffur gibt die Lage der elektrischen Organe an.

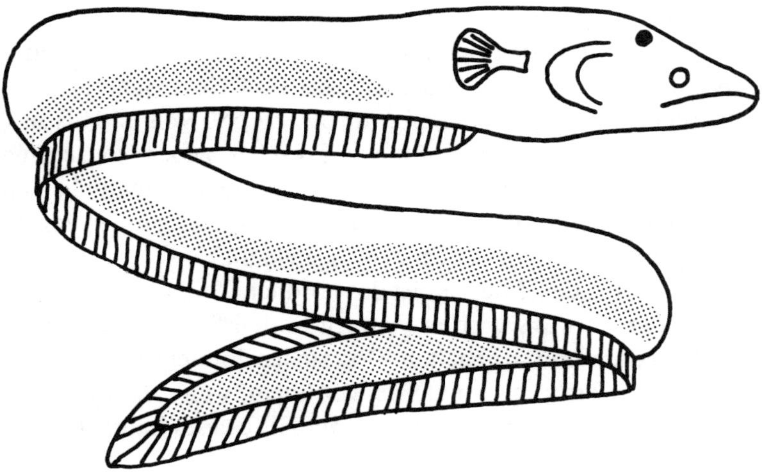

Abb. 100: Zitteraal
Die Schraffur gibt die Lage der elektrischen Organe an.

denen, die mit Starkstrom arbeiten. Die bekanntesten unter diesen sind der *Zitterwels* (s. Abb. 99) und der *Zitteraal* (s. Abb. 100).

Der elektrische Wels hat etwa 1200 nichtelektrische Gattungsgenossen. Während diese die Binnengewässer fast aller Erdteile bewohnen, kommt er nur im tropischen Afrika vor. Im Gegensatz zu jenen, die bis zu drei Meter lang werden, erreicht er nur höchstens einen Meter.

Seine elektrischen Organe umgeben seinen Körper rundherum von den Kiemen bis zur Schwanzwurzel. Mit diesen vermag er je nach seiner Körpergröße Schläge zwischen 200 und 450 Volt auszuteilen. Für die Ampèrezahl fand ich in der Literatur keine Angabe. Aber wenn wir uns noch einmal den Vergleich mit dem Hochdruck-Wasserstrahl vergegenwärtigen, dann wissen wir, daß sie für die verheerende Wirkung der Stromschläge nicht ausschlaggebend ist.

Wohl der gefährlichste Starkstromfisch ist der *Zitteraal.* Er ist weder mit dem echten Aal verwandt, noch zittert er. Vor ihm zittert höchstens der Mensch, der es wagt, in seinen Gewässern zu baden. Wer ihn nämlich berührt, hat das schreckliche Gefühl, an eine Starkstromleitung geraten zu sein, von der er trotz allen Zappelns und Schreiens nicht mehr loskommt.

Dieser gefürchtete Fisch vermag im Abstand von fünf tausendstel Sekunden hintereinander drei bis fünf elektrische Schläge auszuteilen, die eine Spannung von 370 bis 550 Volt und bis zu 1 Ampère haben können. Manche Forscher geben sogar eine Höchstspannung von 800 Volt an. Das ist eine so beachtliche Leistung, daß man mit ihr vorübergehend zwölf Glühlampen von 40 Watt gleichzeitig zum Leuchten bringen kann.

Die Heimat des Zitteraals ist das nördliche Südamerika östlich der Anden. Bei uns wird er vielfach in den Schauaquarien der Zoologischen Gärten gehalten. Dort stellt er immer einen ganz besonderen Anziehungspunkt dar, vor allem, wenn man dort die von ihm ausgesandten Stromstöße mit Hilfe eines Lautsprechers hörbar oder einer Glühbirne sichtbar macht.

Dieser Elektrofisch, der eine Länge von zwei bis drei Metern erreichen kann, ist ein gefräßiges Dämmerungs- und Nachttier. Man vermutet sogar, daß er blind oder wenigstens nahezu blind ist. Damit er aber trotzdem seine Nahrung findet, hat ihm der Schöpfer eine regelrechte Radareinrichtung eingebaut. Diese besteht aus kleinen Erhebungen am Kopf, die mit den elektrischen Organen zusammenarbeiten.

Beim Umherschwimmen sendet das Tier zunächst nur schwache elektrische Stromstöße aus. Treffen diese auf ein Beutetier, dann werden sie zu ihm zurückgeworfen und von den Erhebungen am Kopf wieder aufgenommen. Auf diese Weise merkt der Fisch, wenn sich ein anderes Lebewesen in seiner Nähe befindet. Durch Aussendung erneuter schwacher Stromstöße, deren Richtung er durch Wendung des Kopfes mehrfach ändert, kann er den genauen Standort und vielleicht auch die Größe des Beutetieres ausmachen und es ansteuern. Hat er sich ihm hinreichend genähert, lähmt oder tötet er es durch einen starken elektrischen Schlag und kann es dann mühelos erreichen und verspeisen.

Daß diese Art des Beutefangs den Tatsachen entspricht, haben die von den Naturforschern mit dem Zitteraal angestellten Versuche bestätigt. Man hat beispielsweise die Empfangsorgane am Kopf des Tieres mit Isoliermasse abgedeckt, so daß die elektrische Peileinrichtung ausgeschaltet war. Der Erfolg war, daß der Fisch hilflos umherschwamm und seine Beute nicht mehr finden konnte.

Nun wird man mich sicher fragen, wie denn die Elektrizität in den Spezialorganen der Elektrofische wohl zustandekommt. Eigentlich ist das nur etwas für den Elektrofachmann. Aber einem solchen gegenüber müssen die Naturforscher zugeben, daß sie dieses Schöpfungswunder bisher noch nicht bis in die letzten Feinheiten zu ergründen vermochten. Doch wir wollen sehen, wie weit sie bereits in das Konstruktionsgeheimnis des Schöpfers eingedrungen sind. Dabei soll alles so einfach wie möglich erklärt werden, damit es auch der interessierte Laie versteht.

So verschieden die elektrischen Organe dieser interessanten Fische auch zur Anwendung kommen, im Prinzip sind sie alle etwa gleich gebaut.

Da der Zitteraal die höchste Stromstärke erzeugt, müssen seine diesbezüglichen Organe auch die umfangreichsten sein. Tatsächlich besteht auch sein Körper zu etwa 40 % aus seinem »Elektrizitätswerk«. Es handelt sich dabei um zwei mehrfach unterteilte Streifen muskelähnlicher Fleischmasse, die an beiden Seiten seines Körpers entlanglaufen. Es sind Muskeln, die sich nicht zusammenziehen können, sondern die der Schöpfer zum Zweck der

Elektrizitätserzeugung umgebaut hat. Sie sind so überaus kompliziert und dabei so sinnvoll konstruiert, daß sie selbst einen versierten Elektrofachmann in Erstaunen versetzen.

Daß sie tatsächlich aus Muskelgewebe hervorgegangen sind, hat man am Zitterrochen beobachten können. Im frühen Alter dieses Fisches bestehen die elektrischen Organe nämlich noch aus ganz normalen Muskelfasern. Wenn das Tier dann heranwächst, weiten sich die Vorderenden dieser Muskelzellen ballonartig aus, während sie am anderen Ende kürzer werden. Gleichzeitig verteilen sich die Nerven, die früher dem Muskel dienten, in der inzwischen zu einem sechseckigen Scheibchen (s. Abb. 101) umgestalteten Zelle.

Im fertigen Zustand ist jedes dieser Scheibchen von einer Gallerte umgeben und steckt in einer Hülle aus leitendem Gewebe. Die Gallerte enthält feinste Blutgefäße, die die umgebaute Muskelzelle mit Nahrung und Sauerstoff versorgen.

In diesen mikroskopisch kleinen Einheiten entsteht nun auf bisher im letzten noch rätselhafte Weise die elektrische Spannung. Ihre Funktion ähnelt der eines elektrolytischen Elements, wie wir es alle von der Taschenlampenbatterie her kennen. Infol-

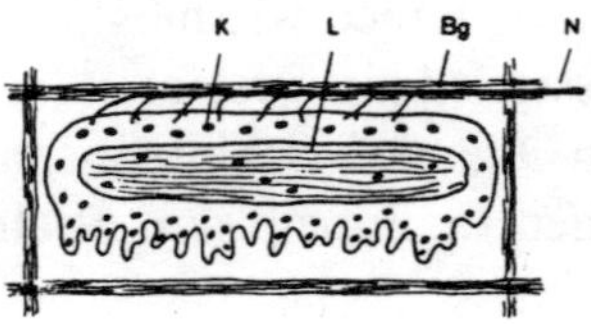

I.

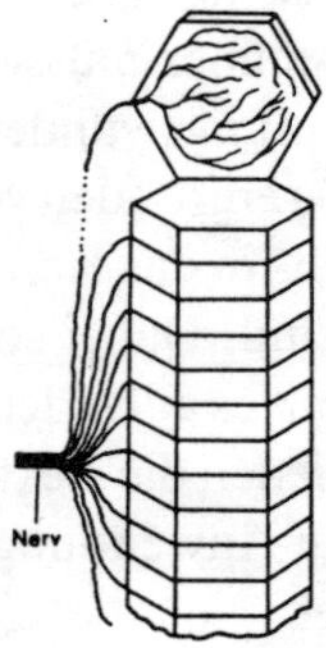

II.

Abb. 101: Das Stromerzeugungs-Organ der Elektrofische.

I. Querschnitt durch eins der sechseckigen Elektroscheibchen. K = Zellkerne, L = Lamellen, Bg = Bindegewebe, N = erregender Nerv.

II. Schematische Darstellung eines der sechseckigen Elektrosäulchen.

ge der Winzigkeit dieses biologischen Elements liefert es aber nur ein zehntel Volt Spannung.

Nun dürfte allgemein bekannt sein, daß man mehrere solcher elektrolytischer Batterien entweder parallel oder hintereinander miteinander zusammenschließen kann. Schaltet man alle Pluspole und alle Minuspole zusammen, dann summiert sich entsprechend die Strom*menge,* während die Spannung gleichbleibt. Verbindet man dagegen hintereinander einen Pluspol mit einem Minuspol, dann addiert sich bei gleichbleibender Strommenge die *Spannung.* Diese beiden Möglichkeiten, die bekanntlich heute in den verschiedenartigsten Elektrogeräten tausendfach angewendet werden, hat auch der Schöpfer bei den elektrischen Fischen genutzt.

Die hohe Spannung, also die hohe Voltzahl, erreichte er dadurch, daß er von den winzigen sechseckigen Batterie-Einheiten jeweils etwa 8000 zu einem sechskantigen Säulchen aufgeschichtet und hintereinandergeschaltet hat. Das ergab dann eine Spannung von über 500 Volt.

Um nun auch noch die Strom*menge*, also die Ampèrezahl, zu erhöhen, vereinigte er immer 150 solcher Batterie-Säulchen und erzielte durch deren Parallelschaltung dann eine Strommenge von ungefähr 1 Ampère. Der Querschnitt durch diese kleinen Batterie-Pakete vermittelt unter dem Mikroskop das Aussehen einer Bienenwabe.

Wenn wir uns jetzt noch von den Naturforschern erklären lassen sollten, mit welch unglaublicher technischer Raffinesse der göttliche Konstrukteur die Wunderbatterie der Elektrofische jeweils zur Auf- und Entladung bringt, dann würde uns das sicherlich überfordern und verwirren.

Wir müssen nämlich bedenken, daß sich hier unter Umständen über eine Million Einzelbatterien bei einem Elektroschlag des Tieres in Bruchteilen von Sekunden nicht allein aufladen, sondern auch ihre Ladung abgeben müssen. Der Zitteraal ist nämlich in der Lage, in Abständen von einer zehntausendstel Sekunde bis zu 1500 Stromstöße pro Sekunde auszuteilen.

Zum Schluß muß noch ein wichtiges Problem angedeutet werden, das der Schöpfer bei den elektrischen Fischen zu berücksichtigen hatte. Es war nämlich zu bedenken, daß auch der Körper dieser Tiere genauso empfindlich gegen elektrische Hochspannung ist wie der unsere. Wie ist es dann aber zu erklären, daß sich diese Fische durch ihre eigene Elektrizität nicht selbst umbringen?

Doch auch diese Schwierigkeit wurde auf eine fachlich höchstqualifizierte Weise bewältigt. Sämtliche der tierischen Minibatterien sind nämlich so isoliert geschaltet, daß der Strom nur durch sie hindurchfließen, dabei aber nicht in andere Körperzellen abzweigen kann. Ähnlich den beiden Erhebungen am Kopf des Zitteraals haben auch die anderen Elektrofische besondere Aus- und Eintrittsstellen für den Strom. Sie sind alle nur mit einer dünnen, leitenden Haut abgedeckt. Im übrigen besteht aber die gesamte Außenhaut dieser Tiere aus einer dicken Isolierschicht, durch die sie vor ihrer eigenen Hochspannung geschützt sind.

Fragen wir jetzt, was uns die Elektrofische im Blick auf die Schöpferherrlichkeit des Weltenbaumeisters wohl zu sagen haben. Soviel ich sehe, sind es sogar mehrere Aspekte.

Zunächst dürfte es sich dabei um die Tatsache handeln, daß der Bau der Elektroorgane dieser Tiere und deren verschiedenartige Anwendungsmöglichkeiten so vollkommen sind und so zweckvoll funktionieren, daß sie unmöglich das Produkt einer jahrmillionenlangen Entwicklung sein können. Unsere alltägliche Erfahrung und unser gesunder Menschenverstand lehren uns, daß eine so vollendete Konstruktion unbedingt der Vorausplanung eines unbegrenzt hohen geistigen Intellekts bedurft haben muß.

Besonders beeindruckend ist hierbei auch die Umwandlung von Muskelgewebe in Elektrizität erzeugende Zellen beim Zitteraal.

Daß wir Menschen, und nur wir allein, das Funktionsprinzip der Elektroorgane durchschauen können und sogar – wenn auch nur stümperhaft – nachzuahmen vermögen, beweist unsere Geistesverwandtschaft mit dem göttlichen Erfinder. Wir sind also tatsächlich – wie uns die Bibel bestätigt – Ebenbilder des Weltenschöpfers.

Schließlich macht die Existenz der elektrischen Fische den Entwicklungsgedanken noch dadurch zunichte, daß sie in mehreren, voneinander sehr unterschiedlichen Fischgattungen als Ausnahmefälle auftreten. Wie wir weiter vorn hörten, hat z. B. der elektrische Wels nicht weniger als 1200 nichtelektrische Gattungsgenossen. Beim Rochen sollen es 150 sein.

Frappierend ist dabei, daß die elektrischen Organe all dieser Außenseiter alle das gleiche Konstruktionsprinzip aufweisen. Ist das nicht ein ganz deutlicher Hinweis auf ein und denselben Erfinder?!

Bei alledem müssen wir immer wieder feststellen, daß die Bibel völlig recht hat, wenn sie uns auf unsere Frage nach der Existenz Gottes auf die denkende Betrachtung der göttlichen Schöpferwerke verweist. Sie tut dies nicht nur im ersten Kapitel des Römerbriefs, sondern auch an vielen anderen Stellen. Einen von diesen finden wir z. B. im Buch Hiob, und zwar in den Versen 8 bis 10 im 12. Kapitel. Sie lauten:

»Frage doch das Vieh, das wird dich's lehren, und die Vögel unter dem Himmel, die werden dir's sagen, oder die Sträucher der Erde, die werden dich's lehren, und die Fische im Meer werden dir's erzählen.

Wer erkennte nicht in dem allen, daß des Herrn Hand das alles gemacht hat, daß in seiner Hand ist die Seele von allem, was lebt, und der Lebensodem aller Menschen?«

17. Kapitel
Staatswesen in der Schöpfung

Vom Wunderbau des Bienenkörpers

Insekten sind für uns in Haus und Garten nichts als lästiges Ungeziefer. Hat sich dagegen eine Biene ins Zimmer verflogen, dann sind wir ihr in der Regel behilflich, daß sie wohlbehalten wieder ins Freie kommt.

Warum behandeln wir dieses Tierchen zuvorkommender als andere Insekten? Wohl in erster Linie, weil es uns Menschen nützlich ist. Doch deshalb nicht allein. Es kommt hinzu, daß es Eigenschaften besitzt, die wir im menschlichen Bereich besonders schätzen. Die Biene ist nämlich außergewöhnlich fleißig und dabei völlig selbstlos. Nur während eines Bruchteils ihrer Zeit arbeitet sie für ihre eigenen Bedürfnisse. Darüber hinaus aber plagt sie sich unermüdlich für die Gemeinschaft, in der sie lebt.

Doch das gilt nur für die weiblichen Tiere des Immenstaates, nämlich die *Königin* und die *Arbeitsbienen.* Die männlichen Bürger dieses Staates sind sogar das genaue Gegenteil. Es sind die *Drohnen*, deren Name von uns sogar für solche Menschen gebraucht wird, die sich auf Kosten der Allgemeinheit durchfüttern lassen.

Der hochklingende Name der *Bienenkönigin* ist irreführend. Sie steht nämlich nicht ihrem Volk als Regentin vor. Vielmehr ist sie das einzige geschlechtsfähige Weibchen des Stockes und dadurch das einzige unter den Zehntausenden von Tierchen, das dessen Bestand sichert. Die Königin ist die reinste Eierlegemaschine, und die Eierproduktion füllt ihr ganzes, vier bis fünf Jahre währendes Dasein aus. Ihr Körper ist so eingerichtet, daß sie in der Zeit des größten Nachwuchsbedarfs bis zu 3000 Eier in 24 Stunden zu legen vermag.

Man fragt sich nun mit Recht, wie ihr Organismus das überhaupt schaffen kann. Wollte ein Huhn die gleiche stoffliche Leistung vollbringen, dann müßte es täglich etwa 20 Eier legen.

Die Eier verlassen den Körper der Bienenkönigin in Abständen von nur etwa 40 Sekunden. Diese Leistungsfähigkeit wird durch

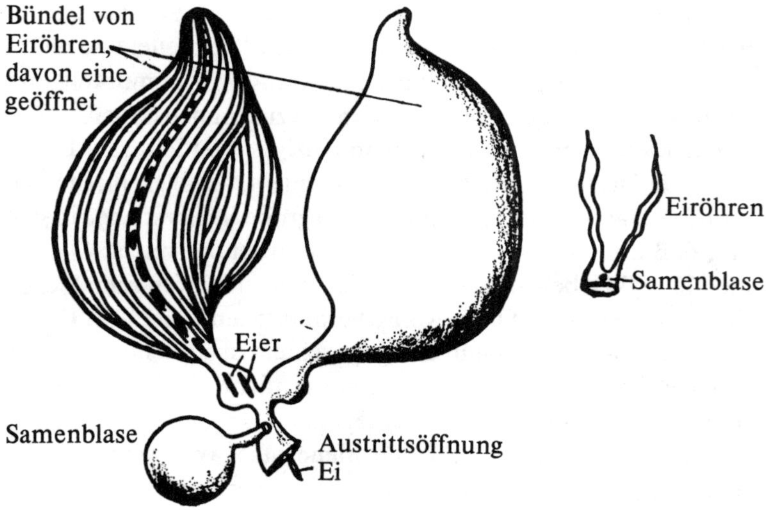

Abb. 102: Eierstöcke der Bienenkönigin (links) **und der Arbeitsbiene** (rechts) **bei etwa gleicher Vergrößerung.**

eine besonders sinnreiche Konstruktion der beiden Eierstöcke des Tierchens erreicht (s. Abb. 102). Diese bestehen nämlich aus einem Bündel von je bis zu 180 einzelnen Röhrchen, an deren hinterstem Ende sich das Ei als Keim bildet. Während dieses jeweils langsam nach vorn gleitet, wächst es allmählich bis zur vollen Reife heran. Es stehen dadurch laufend mehr als 300 reife Eier zum baldigen Verlassen des Körpers zur Verfügung.

Es ist der Königin darum schon zu gönnen, daß sie von jeder sonstigen Arbeit für ihr Volk befreit ist. Nicht einmal für ihre eigene Nahrung braucht sie selbst zu sorgen. Deshalb sind ihre Mundwerkzeuge dafür auch nicht eingerichtet. Sie wird von den Arbeitsbienen aber nicht nur ständig gefüttert, sondern auch in jeder anderen Hinsicht liebevoll gepflegt. In den Zeiten größten Eierbedarfs bekommt sie von ihren Betreuerinnen sogar vorverdautes Futter, damit sich ihr ganzer Organismus völlig auf die Produktion von Eiern konzentrieren kann.

Auch bei den männlichen Bienen, den Drohnen, entspricht der Körperbau ganz und gar ihrer Lebensaufgabe. Diese besteht allein darin, für die Befruchtung einer Königin bereit zu sein. Weil dieser

Vorgang im Flug erfolgt, müssen sie schneller sein und besser sehen können als diese. Aus diesem Grund sind sie breiter und plumper gebaut, haben größere Flügel und kräftigere Flugmuskeln und so große Augen, daß sie an ihrer Stirn fast zusammenstoßen.

Die Bienenkönigin wird nur ein einziges Mal in ihrem Leben von einer Drohne befruchtet. Dies geschieht, bevor sie ihren Staat gründet. Dabei nimmt sie dann eine so große Samenmenge in sich auf, daß diese für ihre gesamte Lebensarbeit ausreicht. Die Samenflüssigkeit bewahrt sie in einer kleinen, mit ihren Eierstöcken durch eine verschließbare Röhre verbundenen Blase auf. Durch diese Einrichtung ist sie in der Lage, einem austretenden Ei eine winzige Samenmenge mitzugeben oder nicht. Sie kann also *befruchtete* und *unbefruchtete* Eier legen.

Diese Möglichkeit ist für den Bienenstaat von weittragender Bedeutung. Weil nämlich aus unbefruchteten Eiern nur männliche und aus befruchteten nur weibliche Bienen entstehen, kann die Königin auf diese Weise die Art des Nachwuchses bestimmen. Ob aus einem befruchteten Ei nun eine Königin oder eine Arbeitsbiene wird, hängt allein von der Art der Fütterung im Larvenzustand ab. Wenn die Pflegerinnen eine Larve mit dem besonderen, dem sog. *»königlichen« Futter* versorgen, wächst aus ihr eine Königin heran.

Woher die Königin nun weiß, wann sie befruchtete und wann unbefruchtete Eier legen muß, oder wer den Arbeitsbienen sagt, wie sie die Larven zu füttern haben, ist bis heute noch des Schöpfers Geheimnis. Zweifellos trifft alle diese Entscheidungen der ihnen von ihm eingepflanzte Instinkt.

Dieser Instinkt veranlaßt auch die Arbeitsbienen, für die Drohnenlarven jeweils etwas größere Wabenzellen zu bauen als für die Larven der Arbeiterinnen, die ja kleiner bleiben. Und wenn aus einem Ei eine Königin herangezogen werden soll, dann machen sie dafür eine so große Zelle, daß diese wie ein kleiner Zapfen aus der Wabe herausragt oder an deren Rand hängt.

Da die *Drohnen* keinerlei Arbeit verrichten, fehlen an ihrem Körper auch jegliche Arbeitswerkzeuge. Sie müssen sogar, ebenso wie die Königin, von den Arbeitsbienen ständig gefüttert werden. Merkwürdigerweise haben sie auch keinen Stachel, so daß man sie getrost in die Hand nehmen kann. Warum haben sie wohl diese Waffe nicht mitbekommen? Weil sie sich im Gegensatz zu den oft schwer beladenen Arbeiterinnen bei Gefahr durch schnellen Flug in Sicherheit bringen können. Doch das scheint nicht der einzige Grund zu sein. Weil die Drohnen im Winter überflüssig sind und dem in dieser Zeit wesentlich kleineren Volk nicht zur Last fallen sollen, werden sie gegen Ende des Sommers von den Arbeiterinnen totgestochen und aus dem Nest entfernt. Verfügten sie bei dieser Gelegenheit ebenfalls über einen Stachel, dann könnten sie infolge ihres größeren und kräftigeren Körperbaus die kleineren Arbeiterinnen leicht überwältigen.

Wenn nun schon die Körper der Königin und der Drohnen wahre Wunder einer zweckdienlichen Bauweise sind, dann ist es der der Arbeiterinnen in noch unvergleichlich viel vollkommenerem Maße. Sehen wir uns jetzt auch ihn einmal genauer an.

Die Bienen ernähren sich von dem in vielen Blüten verborgenen süßen Nektar als *Kraftnahrung* und von dem eiweißhaltigen Blütenstaub als *Aufbaunahrung*. Beides sammeln die Arbeitsbienen im Sommer nicht nur zur direkten Ernährung, sondern speichern beides auch als Vorrat in ihren *Wabenzellen.*

Damit der Nektar dabei auf die Dauer nicht in Gärung übergeht, dicken sie ihn ein, indem sie das Wasser daraus zu einem großen Teil verdunsten lassen. Diesen Vorgang beschleunigen sie, indem sie den Stock durch vereintes Flügelschlagen wie mit einem Ventilator künstlich belüften. Damit ihnen diese Arbeit wiederum nicht zu mühevoll wird, haben sie den Instinkt, nur Nektarflüssigkeiten mit mehr als etwa 15 % Zucker anzunehmen.

Das für den Wabenbau erforderliche *Wachs* wird vermittels *Drüsen* von dem Körper der Arbeiterin produziert.

Alle Bienen haben einen *Rüssel* (s. Abb. 103). Dieser ist bei der Königin und der Drohne kurz, bei der Arbeiterin jedoch wegen ihrer Sammeltätigkeit mit etwa 6,5 Millimeter unverhältnismäßig lang. Wenn sie ihn nicht braucht, trägt sie ihn unter dem Kopf nach hinten geklappt. An seinem Ende befindet sich eine behaarte, allseitig bewegliche Zunge. (Mit ihrem Rüssel vermag die Biene also sowohl zu saugen als auch zu lecken.) Dadurch ist sie in der Lage, die winzigen Nektarbehälter der Blütenkelche zunächst leerzusaugen und dann die letzten Reste noch fein säuberlich auszulecken.

Der süße Saft gelangt aus dem Rüssel in die Mundhöhle der Sammlerin und von dort durch eine Art Speiseröhre in die *Honigblase* (s. Abb. 104). Letztere stellt ein Reservoir, oder besser einen Transportbehälter dar. Er hat ein Fassungsvermögen von 75 bis 90 Milligramm und ist nicht als Magen anzusprechen.

In die Honigblase mündet eine kleine Vorrichtung, die man mit einer *Saugpumpe* vergleichen könnte. Diese steht mit dem verdauenden *Mitteldarm* der Biene in Verbindung. Bei Nahrungsbedarf des Körpers saugt sie eine kleine Menge des Blaseninhalts in den Darm. Diese Verbindung zwischen dem Honigbehälter und dem Darm braucht uns aber keineswegs den Appetit am Honig zu verderben. Die Saugeinrichtung arbeitet nämlich absolut hygienisch. Sie kann nur saugen, aber es ist unmöglich, daß auch nur die geringste Menge zurückfließt.

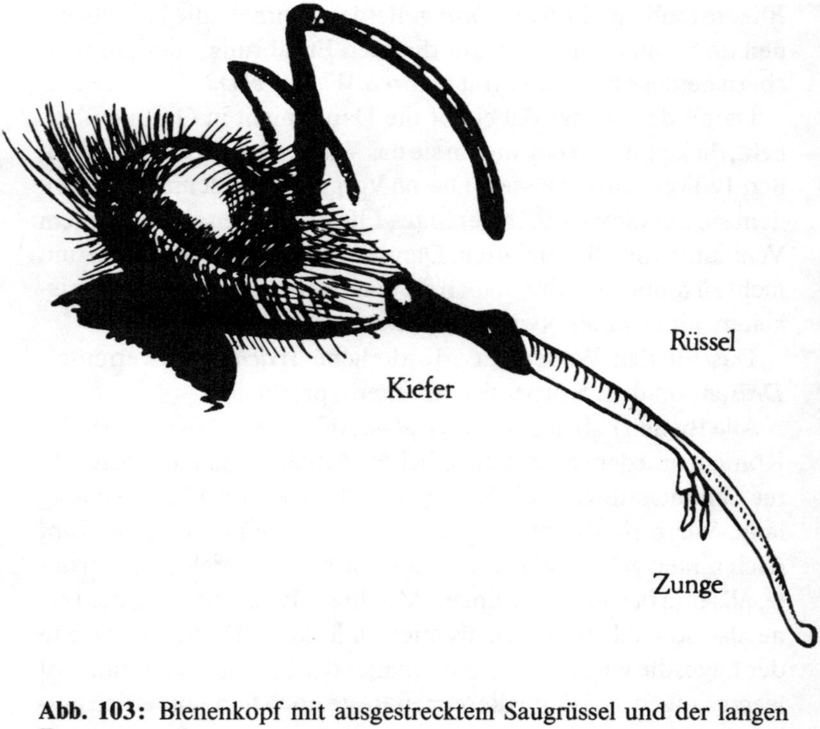

Abb. 103: Bienenkopf mit ausgestrecktem Saugrüssel und der langen Zunge.

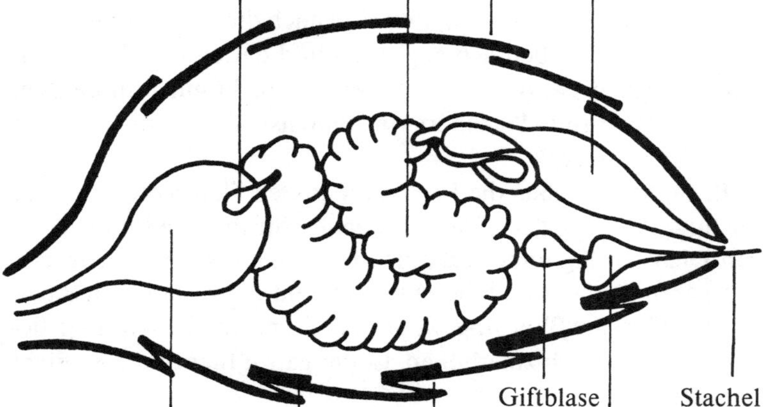

Abb. 104: Hinterleib der Arbeitsbiene.

Wenn die Sammlerin mit gefüllter Honigblase nach Hause kommt, dann würgt sie deren Inhalt in die *Wabenzelle* aus. Auch das braucht uns keineswegs unappetitlich zu sein. Die Natur arbeitet bei solchen Vorgängen sehr viel sauberer, als es bei uns Menschen möglich ist.

Wo die Mundhöhle der Arbeitsbiene in die engere Speiseröhre übergeht, münden die sog. *Futterdrüsen.* Diese scheiden bei Bedarf einen Saft aus, mit dem die Maden in den ersten Tagen ihres Erdendaseins gefüttert werden. Man könnte ihn mit der Muttermilch der Säugetiere vergleichen.

Als weibliches Tier hat die Arbeiterin auch *Eierstöcke,* doch sind diese nicht voll entwickelt. Nur wenn das Volk durch plötzlichen Verlust der Königin einmal in Not gerät, können sich diese so weit entfalten, daß sie Eier hervorbringen.

Weil diese aber nicht befruchtet sind, entstehen aus ihnen nur Drohnen. Auch dieser Umstand scheint auf einer weisen Voraussicht des Schöpfers zu beruhen. Da nämlich aus einem von der Königin noch zuletzt gelegten Ei durch Umstellung des Futters und Vergrößerung der betreffenden Wabenzelle ohne weiteres eine neue Königin herangezogen werden kann und tatsächlich wird, sind dann wenigstens Drohnen zu deren Befruchtung vorhanden.

Von großartiger Konstruktion sind auch die *Beine* der Arbeitsbiene. Sie sind siebenfach gegliedert und dadurch außerordentlich beweglich. Sie dienen dem Tier aber nicht nur zum Laufen, sondern auch zum Transport von Blütenstaub und nicht zuletzt zur Körperpflege.

Bekanntlich haben die Bienen im großen Naturgeschehen die wichtige Aufgabe der *Blütenbestäubung.* Sie tun den Blumen diesen Dienst völlig unbewußt, indem sie sich beim Sammeln den Körper mit Blütenstaub beschmieren und diesen auf dem Stempel der nächsten Blüte ungewollt abstreifen. Um die Wirkung dieses Vorgangs noch zu erhöhen, ist der ganze Bienenkörper dicht behaart.

In dem Haarpelz bleibt der Blütenstaub leichter hängen als auf einem glatten *Chitinpanzer.* Gleichzeitig besteht natürlich durch die Behaarung auch eine erhöhte Verschmutzungsgefahr. Fremder Staub und Schmutz können sich darin festsetzen und die Kör-

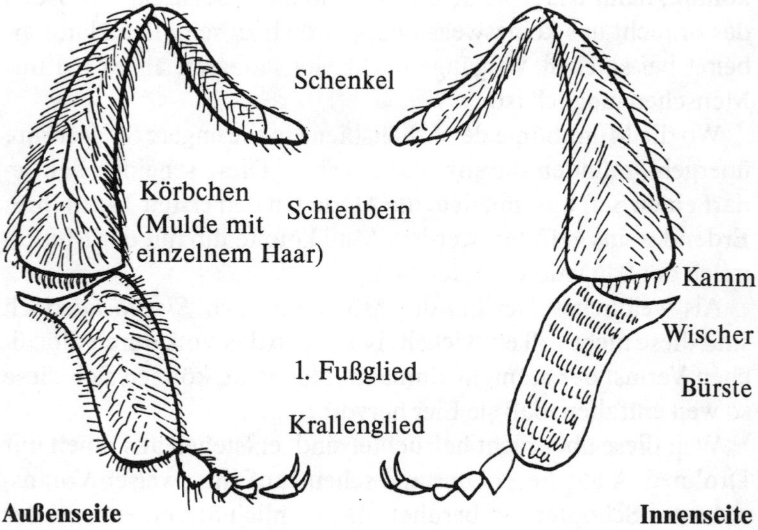

Abb. 105: Hinterbein der Honigbiene.

peroberfläche wieder glätten. Um dies zu verhindern, wurden die Beine der Biene mit einigen sehr praktischen Toilettenwerkzeugen ausgestattet (s. Abb. 105).

So tragen zunächst die *Hinterbeine* auf dem ersten Fußglied innen eine regelrechte Bürste. Diese besteht aus einem dichten Besatz aus kurzen, steifen Haaren, womit sich das Tierchen seinen Pelz gründlich ausbürsten kann. Am Ende des Schienengliedes derselben Beine hat es einen aus einer Reihe harter Zacken bestehenden Kamm, mit dem es die Bürste des jeweils gegenüberliegenden Beines auskämmen und somit wieder reinigen kann.

In diesem Zusammenhang ist noch der an den *Vorderbeinen* angeordnete winzige *Bogenkamm* bemerkenswert. Dieser hat genau den Durchmesser der ebenfalls behaarten Fühler. Um diese zu reinigen, braucht die Biene sie nur durch diesen Rundkamm zu ziehen.

Die Biene putzt sich mit den Vorderbeinen den Kopf und dort besonders die für ihre Orientierung wichtigen Augen und Fühler. Mit dem mittleren Beinpaar reinigt sie ihre Körperseiten und mit den Hinterbeinen den Bauch. Ähnlich wie wir Menschen ist sie aber nicht in der Lage, sich den Rücken selbst zu bürsten. Dazu nimmt sie ihre Artgenossinnen in Anspruch. Wie macht sie ihnen dieses Begehren aber begreiflich?

Die Arbeiterin reinigt ihren Körper meist, wenn sie zweimal zum Sammeln ausgeflogen ist. Ist sie damit – soweit sie es selbst vermag – fertig, dann fängt sie plötzlich am ganzen Körper an zu zittern. Sobald das eine Nachbarin merkt, eilt sie sofort hilfsbereit herbei und fängt an, ihr den Rücken zu säubern.

Das Schienenglied der Hinterbeine ist außen muldenförmig vertieft. Die Mulde ist immer unbehaart, aber von einen Kranz langer Haare umrahmt. Dadurch wird sie zu einem kleinen Körbchen, in das die Biene den in ihrem Haarkleid haften gebliebenen Blütenstaub hineinbürstet. Sie macht dies jeweils im Flug von einer Blüte zur nächsten. Dabei kämmt sie die Bürste des rechten Hinterbeins mit dem Kamm des linken aus und umgekehrt. Mit einem kleinen, dem Kamm gegenüber angebrachten Wischer schiebt sie dann den im Kamm hängengebliebenen Staub, den sie vorher mit etwas Honig aus der Honigblase klebrig gemacht hat, in das Körbchen hinein und drückt ihn dort fest. Man kann die kleine, gelbe Ladung an dem heimkehrenden Tierchen leicht erkennen. Der Imker sagt dann, sie habe »Höschen« an.

Neben der *Sammel-* und *Pflegetätigkeit* obliegt der vielbeschäftigten Arbeitsbiene auch noch der *Wabenbau.* Dazu muß sie sogar das Baumaterial in ihrem Körper selbst fabrizieren. Wie geht das vor sich?

Anstatt eines inneren Knochengerüsts ist der Körper vieler Insekten von einem Panzer aus einer hornähnlichen Substanz, dem Chitin, umgeben. Dieser besteht aber nicht aus einem Stück, sondern ist wie eine Ritterrüstung aus einzelnen Teilen, die gegeneinander beweglich sind, zusammengesetzt.

Einen solchen Panzer trägt auch die Biene. An ihrem Hinterleib besteht dieser aus sechs Ringen, die wie Dachschiefer ein wenig übereinanderliegend angeordnet sind. Hinter vier dieser Überlappungen sind an der Bauchseite je zwei Wachsdrüsen gelagert. Der innere, überdeckte Teil einer solchen Panzerplatte ist porös, so daß das anfangs noch flüssige Wachs durch sie hindurchtreten kann. Es gelangt dadurch in den von den beiden Ringen gebildeten Zwischenraum, die sog. Wachstasche. Dort erstarrt es als winziges Plättchen. Da acht Wachsdrüsen vorhanden sind, können immer acht Wachsplättchen gleichzeitig hergestellt werden. Sie sind so klein, daß 1250 von ihnen ein einziges Gramm Wachs ergeben.

Die Arbeiterin zieht die *Wachsplättchen* jeweils mit ihren Hinterbeinen aus den Taschen heraus und führt sie über die mittleren Beine zum Mund. Dort knetet sie das Material mit Hilfe ihrer Kiefer gut durch und klebt es in solch winzigen Portionen zu den uns wohlbekannten Waben zusammen.

Im Wabenbau ist die Biene eine wahre Künstlerin. Form und Abmessung der einzelnen Zellen sind so gleichmäßig und zweckvoll, wie sie der beste Konstrukteur nicht idealer hätte entwerfen können. Wie das kleine Wesen es fertigbringt, im ständigen Dunkel seines Nestes die Maße immer so präzise einzuhalten, ist trotz intensiver Forschung bis heute noch nicht herausgefunden worden. Es ist mit Sicherheit eine ihr mit ihrer Erschaffung eingegebene Fertigkeit, die sie niemals in ihrer nur vier bis fünf Wochen dauernden Lebenszeit hat erlernen oder ausprobieren können.

Wer regiert den Bienenstaat?

Nachdem wir uns im vorigen Kapitel mit dem wunderbar zweckmäßigen Bau des Bienenkörpers beschäftigt haben, wollen wir uns jetzt einmal dem Verhalten dieses interessanten Insekts innerhalb seines Staatswesens zuwenden.

Was der Schöpfer bei den höheren Tieren durch die hohe Spezialisierung ihres Organismus erreicht, das hat er bei der Biene so geordnet, daß er eine Vielzahl einzelner selbständiger Lebewesen zu einer höheren Einheit zusammenfügt. Dabei ist das Bienenvolk nicht nur ein lockerer Zusammenschluß zahlreicher gleichgearteter Einzelwesen, sondern ein wohl organisiertes Ganzes, das man als einen *Organismus höherer Ordnung* auffassen kann.

Fragen wir zunächst einmal, wie sich dieser Organismus vermehrt.

Das Eierlegen der Bienenkönigin, das während des Winters ganz aussetzt, beginnt im Frühjahr von neuem. Aus diesen ersten Eiern ziehen die Winterbienen eine neue Generation heran. Dann sterben sie.

Während so das Volk in der Zeit reichsten Futtersegens rasch wächst, bauen die Arbeiterinnen in die Waben einige größere Zellen ein. In diesen werden dann aus befruchteten Eiern durch besondere Fütterung neue Königinnen herangezogen. Diese brauchen bis zum Ausschlüpfen 16 Tage.

Ungefähr eine Woche vorher verläßt die alte Königin mit etwa der Hälfte ihres Volkes den Stock, um einen neuen Staat zu gründen. Der Imker nennt diesen, meist im Mai stattfindenden Vorgang *»Schwärmen«*. Es ist sowohl für ihn als auch für die Bienen eine aufregende Angelegenheit.

Wenn den Tierchen das Wetter günstig erscheint, dann füllen alle Arbeitsbienen, die mit ausziehen wollen, ihre Honigblasen aus den Waben mit Reiseproviant. Dann quellen sie in Scharen aus dem Flugloch und folgen ihrer Stammesmutter in die Luft.

Irgendwo – meist in der Nähe des Stockes – setzt sich die Königin an einen Baumast, und sofort versammeln sich all ihre Begleiterinnen in einem dichten Klumpen um sie herum. Der Imker kann dann die in diesem Zustand nicht stechlustigen Tierchen vorsichtig in einen Korb hineinbürsten.

Verpaßt er den Schwarm, dann geht er ihm meist verloren. Dieser sendet nämlich sofort nach dem Niedersetzen »Quartiermacher«, die sog. *»Spurbienen«* aus, die ein geeignetes neues Heim suchen.

Inzwischen geschieht in dem alten Nest außer der normalen Tätigkeit der Zurückgebliebenen nichts Besonderes. Das erste wichtige Ereignis ist das Ausschlüpfen einer jungen Königin. Kaum hat sich diese in ihrer neuen Umgebung zurechtgefunden, dann trifft sie auch schon eine für ihr Volk wichtige Entscheidung. Erscheint ihr der zurückgebliebene Rest groß genug, dann schwärmt auch sie mit dessen Hälfte aus und gründet einen neuen Staat. In diesem Fall schützt sie die in den anderen Zellen heranwachsenden Königinnen. Hält sie jedoch die Teilung des Restvolkes nicht für ratsam, dann sticht sie nachwachsende Rivalinnen tot. Ein Nebeneinander von zwei Königinnen in einem Volk ist unmöglich.

Bevor die junge Stammesmutter nun mit dem Eierlegen beginnt, muß sie erst begattet werden. Dies geschieht durch eine männliche Biene, eine Drohne, von denen jedes Volk im Frühjahr zwischen etwa 300 und 1000 hervorbringt. Diese schwirren zur Schwarmzeit überall in der Luft herum. Wenn sich dann eine junge Königin zum Hochzeitsflug in die Lüfte erhebt, wird sie schnell von einer Menge Drohnen entdeckt und verfolgt. Diejenige, die ihr am weitesten zu folgen vermag, befruchtet sie und fällt dann tot zu Boden.

Im Juli oder August, wenn die Schwarmzeit vorbei ist, sind die Drohnen überflüssig. Die Arbeiterinnen füttern sie dann nicht mehr, sondern setzen sich auf sie und »reiten« sie gewissermaßen zum Nest hinaus. Auf dem Flugbrett stechen sie sie tot und werfen sie zu Boden. Diese sog. *»Drohnenschlacht«* dauert etwa zwei Wochen.

Wenige Tage nach ihrer Befruchtung beginnt die Königin endlich mit ihrer Legetätigkeit. Dann vermehrt sich das Volk schnell bis auf seine zwischen etwa 20000 und 70000 betragende Sommerstärke.

Ich nannte den Bienenstaat am Anfang einen Organismus höherer Ordnung. Er ist tatsächlich so etwas wie ein Körper, der nicht fest zusammengefügt ist, dessen Zellen oder kleinere Zellverbände sich unabhängig voneinander frei im Raum bewegen können. Dadurch kann er sich – wie etwa beim Sammeln von Nektar und Blütenstaub – an vielen Orten gleichzeitig betätigen. Soll dieser Körper aber bestehen und funktionsfähig bleiben, dann muß er einer strengen Ordnung unterliegen, die es fertigbringt, die Zehntausende von Einzelwesen zusammenzuhalten.

Diese Ordnung und diesen Zusammenhalt bringt eine *besondere Art von Instinkt* zustande, den ich als zweistufig kennzeichnen möchte. *Jede einzelne Biene handelt zwar nach dem eigenen, ihr innewohnenden Instinkt, aber das Volksganze wird gleichzeitig durch einen all diesen Einzelinstinkten übergeordneten, höheren Instinkt gesteuert.*

Wir werden das besser verstehen, wenn wir uns jetzt einmal etwas eingehender mit der Tätigkeit der Arbeiterinnen beschäftigen, die die große Masse des Bienenvolkes ausmachen. Auf ihnen lastet alle im Stock anfallende Arbeit. Aber wer teilt jedem einzelnen Insekt seine Aufgabe zu? Merkwürdigerweise niemand. Jedes Tierchen weiß zu jeder Zeit genau, was es zu tun hat. Dabei verrichtet das einzelne aber nicht etwa immer die gleiche Tätigkeit. Jede Arbeitsbiene unterliegt einem vorbestimmten Arbeitsrhythmus. Die ihr innewohnenden Instinkte wechseln in den vier bis fünf Wochen ihres Lebens in einer ganz bestimmten Reihenfolge. Auf diese Weise verrichtet jedes Tier nacheinander alle im Stock vorkommenden Arbeiten. Sehen wir uns sein Lebensprogramm einmal daraufhin näher an.

Wenn die Arbeitsbiene frisch geschlüpft ist, dann ist sie noch feucht und struppig. Deshalb bürstet sie als erstes ihren Pelz und ordnet ihre Flügel. Dann aber fängt sie – ohne daß eine Artgenossin ihr etwas sagt oder zeigt – sogleich an, die Wabenzellen gründlich zu säubern, aus denen soeben junge Bienen ausgeschlüpft sind.

Das ist sehr wichtig, denn darauf achtet ihre Majestät, die Königin, sehr genau. Bevor sie nämlich ein Ei in eine Zelle legt, steckt sie erst den Kopf hinein und prüft, ob sie auch blitzsauber ist. Erst dann dreht sie sich um, steckt ihren Hinterleib hinein und heftet ein Ei auf den Zellenboden. Bei all dem bewegt sie sich sehr bedächtig, wodurch sie der Prozedur den Charakter einer feierlichen Handlung verleiht.

Neben dem Zellenputzen darf sich die junge Arbeitsbiene in den ersten drei Tagen noch oft ausruhen. Ihr Instinkt enthält also sogar eine Art »Jugendschutzgesetz«.

Vom dritten bis zum fünften Lebenstag betätigt sich das neue Wesen als »Jugendfürsorgerin«. Es holt dann aus den Vorratszellen Blütenstaub und Honig, vermischt beides zu dem sog. *»Bienenbrot«* und füttert damit die in den Brutzellen befindlichen älteren Larven. Von derselben Nahrung lebt es zu dieser Zeit auch selbst.

Doch dann schaltet sein Instinkt plötzlich auf »Säuglingspflege« um. Die Arbeiterin wird zur Amme. Jetzt muß sie reichlich von dem Blütenstaub fressen. Dadurch kommt sie in die Lage, mit Hilfe ihrer inzwischen voll ausgebildeten *Futtersaftdrüsen*, einer Art Speicheldrüsen, die sog. *»Bienenmilch«* zu produzieren.

Dieser vorverdaute Futtersaft dient den Bienenlarven in den ersten drei Tagen ihres Erdendaseins als »Säuglingsnahrung«. Diese Aufgabe der Junglarvenfütterung fällt der Arbeiterin von ihrem 6. bis zum 10. Lebenstag zu.

Hier fällt uns der erwähnte übergeordnete Instinkt besonders ins Auge. In der Zeit höchsten Nachwuchsbedarfs wird nämlich auch die Königin mit dieser »*Bienenmilch*« gefüttert. Ja, mit der Menge und Zusammensetzung dieses Futters steuern die Ammen sogar die Zahl der zu legenden Eier.

Aber noch mehr. Ob aus einem befruchteten Bienenei eine gewöhnliche Arbeiterin oder eine Königin hervorgehen soll, bestimmen ebenfalls die Ammen. Wie geht das vor sich?

Wird im Stock eine neue Königin gebraucht, dann stellen die Arbeiterinnen für das dazu auserkorene Ei eine wesentlich größere, sog. *»Weiselzelle«* bereit, und die Ammen füttern die daraus schlüpfende Larve in den ersten drei Tagen mit einem besonderen *»königlichen« Futtersaft.* Forscher haben einigermaßen sicher festgestellt, daß dem hormonartige und vielleicht auch vitaminhaltige Spurenstoffe beigemischt sind, die neben der größeren Futtermenge die Entwicklung der Larve zu einer Königin verursachen.

Um den 10. Lebenstag bilden sich die Futtersaftdrüsen der Arbeitsbienen zurück. Damit hört auch ihre Ammentätigkeit auf. Von diesem Zeitpunkt *bis zum 18. Lebenstag* hat sie die Aufgabe, den heimkehrenden Sammlerinnen Blütenstaub und Honig abzunehmen, die hungrigen Bienen im Stock damit zu füttern und den Rest in die Vorratszellen der Waben zu verteilen.

Diese Vorratshaltung erfordert eine Menge Arbeit. Durch Umwandlung in der Honigblase und Verdunstung des zuviel enthaltenen Wassers muß der eingebrachte Nektar erst zu Honig gemacht werden. Die Wasserverdunstung wird durch künstliche Luftumwälzung, die die Tiere durch vereintes Flügelschlagen über den Waben hervorrufen, beschleunigt. Die über den Zellen von den Sammlerinnen abgeladenen Blütenstaubklümpchen werden von den Stockbienen darin regelrecht festgestampft. Dadurch werden die Behälter voll ausgenutzt. Sobald sie gefüllt sind, wird ihr Inhalt zur Konservierung mit einer dünnen Honigschicht abgedeckt.

In diesem Lebensabschnitt obliegt der Arbeiterin auch das Wabenbauen, denn jetzt erst sind ihre Wachsdrüsen voll ausgebildet.

Vom 18. bis zum 20. Tag ihres Lebens übernimmt die Arbeiterin das *Wächteramt.* Bei jedem Bienenstock wird der Eingang nämlich scharf bewacht. Erscheint eine Artgenossin aus einem fremden Stock am Flugloch, dann merken das die Türhüterinnen sogleich an dem andersartigen Geruch. Sie wird aber nur abgewiesen, wenn sie mit leerer Honigblase erscheint. Woran die Wächterinnen das erkennen, ist ein Rätsel. Führt die Besucherin jedoch Honig mit sich, hat sie freien Zutritt, denn es kann sich bei ihr nicht um einen Honigräuber handeln. Auch die im Stock unschädlichen Drohnen dürfen jederzeit unbehelligt eintreten.

Im übrigen haben die Bienen unter Honigdieben der verschiedensten Art oft schwer zu leiden. Es handelt sich dabei meist um Ameisen, Wespen, fremde Bienenarten und andere, die von den Wächterinnen sofort erkannt und vertrieben werden. Dabei machen sie notfalls rücksichtslos von ihrer Waffe Gebrauch.

Von ihrem 20. Lebenstag bis zu ihrem Tod, also noch etwa zwei Wochen lang, betätigt sich die Arbeitsbiene endlich als *Sammlerin.* Daß ihr diese Aufgabe erst am Ende ihres Lebens zuteil wird, beweist dem denkenden Beobachter auch wieder, daß hier unmöglich der blinde Zufall dahintersteht. Warum?

Durch starken Wind, Regengüsse und insektenfressende Tiere ist die Biene außerhalb ihres Nestes besonders großen Gefahren ausgesetzt. Würde sie ihr Leben mit der Arbeit des Sammelns beginnen, stünde sie bei vorzeitigem Tod für alle übrigen Tätigkeiten im Stock nicht mehr zur Verfügung. Deshalb die mit dem geringsten Risiko behaftete Reihenfolge.

Für die Sammeltätigkeit erwachen in der Arbeitsbiene mehrere sehr wichtige Instinkte. Diese sind so interessant und umfangreich, daß ich ihnen das ganze nächste Kapitel widmen möchte.

So rätselhaft die Instinkte der Tierwelt für uns auch sind, wir sind an die, die uns täglich begegnen, so gewöhnt, daß wir kaum noch darüber staunen. Aber ich glaube doch, daß dieser außergewöhnliche Instinkt, der uns im Zusammenleben der Bienen mehrfach begegnet ist, manchem atheistischen Materialisten zu denken gibt.

Dabei wird sich der wissenschaftliche Forscher als erstes die Frage stellen, wo dieser übergeordnete Instinkt wohl seinen Sitz hat. Etwa in den Arbeitsbienen? Aber diese können in ihrer kaum mehr als fünfwöchigen Lebenszeit unmöglich die Erfordernisse des großen Staatswesens überschauen. Dann vielleicht in den Drohnen? Diese kommen erst recht nicht in Frage, weil sie nur während weniger Sommermonate als verwöhnte Kostgänger im Stock leben.

Also bleibt als letzte Möglichkeit – und diese werden die meisten von uns für die wahrscheinlichste halten – nur noch die Königin übrig. Ist sie nicht die Mutter des Ganzen?! Hängt von ihr nicht der Fortbestand des gesamten Volkes ab?! Lebt sie nicht im Gegensatz zu den Zehntausenden ihrer »Untertanen« mit ihren vier bis fünf Lebensjahren bei weitem am längsten?! Ja, so werden viele sagen, nur die Bienenkönigin kann die Trägerin des ihren Staat zusammenhaltenden übergeordneten Instinkts sein!

Aber ich muß alle, die so denken, enttäuschen. Auch sie ist es nicht. Würde sie es nämlich sein, dann müßte mit ihrem vorzeitigen Tod schlagartig jede Ordnung im Bienenstock und jedes auf ein gemeinsames Ziel zusteuernde Handeln der Tierchen aufhören. Das ist aber durchaus nicht der Fall. Der wohl deutlichste Beweis dafür dürfte folgender sein:

Wird einem Bienenvolk die Königin zu einem Zeitpunkt genommen, an dem noch keine Nachfolgerin heranwächst, dann geraten alle Arbeiterinnen in helle Aufregung. Aber sie laufen dann nicht etwa kopflos durcheinander, sondern tun schleunigst etwas erstaunlich Vernünftiges. Sie suchen eine Brutzelle, in der eine eben erst geschlüpfte Arbeiterinnenlarve liegt und reißen alle diese umgebenden Zellen ein. Die dadurch in der Umgebung obdachlos gewordenen Larven töten sie und benutzen den frei gewordenen Raum, um die eine Zelle zu einer Königinnenzelle zu vergrößern. Liegt dann der zur Prinzessin erhobene Arbeiterinnensäugling in der königlichen Wiege, dann bekommt er sogleich auch königliche Nahrung.

Auf diese Weise haben also die nach außen hin führerlos scheinenden Tierchen durch ihr unerhört sinnvolles Zusammenarbeiten nach nur 16tägigem Interregnum die Thronfolge in ihrem Staat sichergestellt. Doch das ist noch nicht alles.

Die neue Königin muß auch erst noch befruchtet werden. Wie ist das aber möglich, wenn die Drohnenzeit schon vorbei ist? Auch für diesen Fall wissen sich die Bienen instinktiv zu helfen. Die Arbeiterinnen sind bekanntlich weibliche Tiere und haben daher Eierstöcke. Da diese jedoch normalerweise nicht gebraucht werden, sind sie nicht voll ausgebildet. Es ist aber beobachtet worden, daß sie sich in Notfällen so weit entwickeln, um einige Eier hervorbringen zu können. Weil es sich hierbei nun um unbefruchtete Eier handelt, entschlüpfen ihnen nur Drohnen. Auf diese Weise wäre also auch bei einem Ausfall der Königin die Aufzucht der erforderlichen Drohnen möglich.

Wo bringen wir nun den übergeordneten Instinkt der Bienen unter?

Nirgends! Er scheint den Bienenstaat wie ein unsichtbares, an keine Materie gebundenes Magnetfeld zusammenzuhalten und das Handeln der einzelnen Tierchen aus seinem unsichtbaren Bereich zu steuern.

Für mich steht unerschütterlich fest, daß der Wille, die Weisheit und die Kraft des ewigen Schöpfergottes dahinterstehen.

Für den Gottesleugner wird er für immer ein Rätsel bleiben!

Wie orientiert sich die Honigbiene?

Nachdem sich der Tätigkeitsinstinkt der Arbeitsbiene in den ersten drei Wochen ihres Erdendaseins bereits fünfmal grundlegend geändert hatte, schaltet er mit Beginn der letzten zwei Wochen noch einmal gänzlich um. Wie wir schon im vorigen Kapitel hörten, wird sie nun von dem neuen Instinkt als Sammlerin in den risikoreichen Außendienst geschickt. Er tut dies aber nicht, ohne ihr zur Bewältigung dieser schweren Aufgabe eine ganze Reihe wichtiger neuer Fähigkeiten zu verleihen.

So wird sie z. B. in die Lage versetzt, bestimmte Farben und Düfte nicht nur zu erkennen, sondern auch im Gedächtnis zu behalten. Dadurch kann sie immer die richtigen Blüten finden. Auch wird ihr ein Zeitgedächtnis verliehen.

Die meisten Pflanzen bieten nämlich an ihren Blüten den Nektar nur während zwei bis drei Stunden am Tag den Insekten an. Jede Art hat dabei ihre bestimmte Tageszeit. Außerhalb von dieser ist die süße Quelle versiegt. Ohne die genaue Kenntnis dieser Zusammenhänge würden sich die Sammelbienen oft unnötig den großen Gefahren ihrer Umwelt aussetzen und viele Kräfte nutzlos vergeuden. Man bedenke nur, sie würden zu Zehntausenden ein blühendes Rapsfeld vergeblich anfliegen.

Forscher haben festgestellt, daß sich die Arbeitsbiene mit Hilfe ihres *Zeitgedächtnisses* bis zu fünf verschiedene Sammelzeiten merken kann.

In ähnlicher Weise ist die Sammlerin auch in der Lage, sich *Formen*, wie etwa das äußere Aussehen ihres Stockes, einzuprägen. Dadurch findet sie immer dahin zurück. Man kann oft beobachten, wie eine Biene, die erstmalig auf Tracht fliegt, sich das Bild ihres Stockes zuvor genau einprägt. Das tut sie, indem sie, zum Nest gewandt, mehrmals vor diesem auf und ab schwirrt. Danach dreht sie sich plötzlich um und fliegt davon.

Die Honigbiene ist *»blumenstetig«*, das heißt, sie besucht an einem Tag immer nur Blüten der gleichen Pflanzenart. Das beweisen uns ja schon die verschiedenen Honigsorten. So kennen wir z. B. den Lindenhonig, den Akazienhonig, den Kleehonig, den Waldhonig und andere.

Von ganz besonderer Wichtigkeit für den Außendienst der Arbeitsbiene sind noch zwei weitere Fähigkeiten. Die eine gibt ihr die Möglichkeit, sich in der Umwelt zurechtzufinden, und die andere befähigt sie, sich im Stock mit ihresgleichen zu verständigen. Bevor wir uns jedoch eingehender damit befassen, möchte ich noch einige Angaben über den Umfang des Bienenfleißes machen.

Jede Arbeiterin fliegt in der Minute durchschnittlich zwölf Blüten an. Das sind bei einer 10stündigen Flugzeit 7200. Da von einem Bienenvolk durchweg 8000 Sammlerinnen unterwegs sind, werden in der genannten Zeit sage und schreibe 57,6 Millionen Blüten aufgesucht. Dies geschieht in einem Umkreis von vier bis sechs Kilometern vom Stock. Dabei bleibt jede Biene in der Regel 20 Minuten aus.

Wie ich bereits weiter vorn erwähnte, hat die Honigblase der Sammlerin ein Fassungsvermögen von 75 bis 90 Milligramm. Jedoch bringt sie bei einem Rundflug meist nur 40 Milligramm Nektar mit nach Hause. Allerdings kommen unter Umständen noch etwa 12 Milligramm Blütenstaub dazu. Das ist dann für die kleine Fliegerin schon eine ganz ansehnliche Fracht. Kein Wunder, daß sich ihre Fluggeschwindigkeit dadurch von 30 bis 60 Stundenkilometer im unbeladenen Zustand bis auf 12 bis 20 Stundenkilometer vermindert.

Die einzelne Biene muß ungefähr 50mal ausfliegen, um ein Gramm Honig einzubringen. Diese Menge entspricht etwa einer Tagesleistung. Ein Kilogramm erfordert rund 14 Millionen Flugstunden. Die dabei zurückgelegte Strecke ist gleich dem 6fachen Erdumfang. Währenddem mußten etwa 16 Millionen Blüten besucht werden. Dennoch soll die Honiggewinnung allein in Deutschland rund 20 000 Tonnen pro Jahr betragen. Hat man da nicht allen Grund, den Bienenfleiß als Vorbild hinzustellen?!

Jetzt können wir erst in etwa ermessen, welch gewaltige *Flugleistung* eine Biene bei einer derart umfangreichen Sammeltätigkeit zu bewältigen hat. Zwei Wochen lang – bei gutem Wetter vielleicht Tag für Tag – 7000mal starten und landen und dazwischen fortwährend kurvenreiche Kurzstreckenflüge! Welches Flugzeug würde das aushalten? Welcher Pilot wäre überhaupt physisch dazu in der Lage? Aber unsere kleinen Arbeitsbienen schaffen das spielend.

Und wo tragen sie in ihrem Körper die dazu notwendigen komplizierten Navigations- und Flugsicherungs-Instrumente? Es ist der kaum linsengroße Miniatur-Computer ihres Gehirns, der die von ihren fünf Augen und den Fühlern gelieferten Daten ähnlich den Computern der Weltraumschiffe zu Steuerungsbefehlen verarbeitet. Wir wollen jetzt einmal hören, wieviel die Naturforscher bereits über die staunenerregende Orientierungsfähigkeit der kleinen Fliegerin ausgekundschaftet haben.

Sie haben ganz richtig gelesen. Daß die Biene fünf Augen hat, ist kein Druckfehler. Sie hat sie tatsächlich (s. Abb. 106). Von diesen wollen wir uns zunächst einmal die beiden großen, rechts und links an ihrem Kopf sitzenden, vornehmen. Auf die drei übrigen komme ich später zurück.

Schon diese beiden *Hauptaugen* sind von den unseren und den der Wirbeltiere ganz und gar verschieden. Jedes von ihnen ist aus Tausenden von Einzelaugen zu einem – im Verhältnis zur Körpergröße des Insekts – riesigen Komplexauge zusammengesetzt. Von außen macht dieses Komplexauge den Eindruck, als sei es wabenartig aus lauter sechseckigen Teilen zusammengefügt. Es erinnert ein wenig an eine Bienenwabe mit zugedeckelten Zellen. Seinen Namen Facettenauge hat es von seiner Ähnlichkeit mit einem in vielen winzigen sechseckigen Facetten angeschliffenen Brillanten (s. Abb. 72).

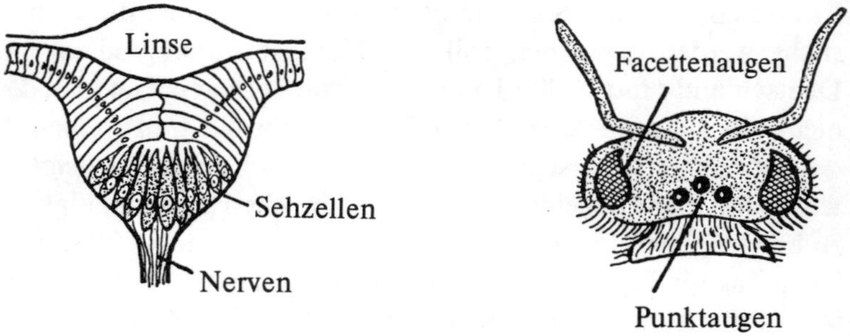

Abb. 106: Kopf der Honigbiene mit seinen zwei großen Facetten- und den kleineren Punktaugen (rechts). Innerer Bau eines Punktauges (links).

Es ist deshalb so besonders groß und gerundet, weil es am Kopf des Insekts unbeweglich festsitzt, dem Tier aber trotzdem ein weites Gesichtsfeld, ja, beinahe einen Rundblick gewähren soll. Ich erinnere in diesem Zusammenhang an die bereits weiter vorn erwähnten, beinahe an der Stirn zusammenstoßenden Augen der Drohnen.

Infolge seiner gerundeten Oberfläche schaut jedes der *Teilaugen*, aus denen sich das Bienenauge zusammensetzt, um zwei bis drei Winkelgrade versetzt in eine etwas andere Richtung als die unmittelbar angrenzenden Nachbaraugen. Das Einzelauge sieht immer nur einen winzigen Ausschnitt aus dem Bild der Umwelt. Das aus all diesen zusammengesetzte Gesamtbild ist dadurch gewissermaßen in Tausende von »Planquadraten« aufgerastert.

Das Facettenauge ist besonders empfindlich für hell und dunkel. So wandern z. B. besonders markante Lichtpunkte beim Flug nacheinander durch eine Reihe hintereinanderliegender Teilaugen. Nehmen wir als Beispiel die Sonne. Da diese immer nur von einem der Einzelaugen gesehen werden kann, hat das Bienenhirn die Möglichkeit, den Kurs nach der Sonne zu steuern (s. Abb. 73).

Tatsächlich ist draußen im Freien die Sonne der Kompaß der Bienen. Auch wenn sie hinter Wolken versteckt ist, können sie sich nach ihr richten. Sie brauchen nur ein noch so kleines Stückchen blauen Himmels zu sehen, um an den dort einfallenden Strahlen den Sonnenstand ganz genau zu erkennen. Wir Menschen können das nur mit Hilfe eines Polarisationsfilters, das uns die Schwingungsrichtung der Lichtwellen anzeigt. Bei den Bienen ist eine entsprechende Einrichtung gleich in ihrem Facettenauge mit eingebaut.

Ebenso wie den Himmel rastern die Bienenaugen auch die Landschaft unter sich auf. Dadurch werden sie für die kleine Fliegerin zum vollendeten Navigations-Instrument. Diese braucht dazu keineswegs ein genaues fotografisches Bild des Geländes zu sehen. Es genügt, wenn die Teilaugen den Wechsel heller und dunkler Stellen registrieren. Aus der Zeit, in der z. B. eine helle Stelle von einem Einzelauge zum nächsten überwechselt, berechnet das Gehirn der Biene wie ein Computer die *Fluggeschwindigkeit.* Diese großartige Erfindung des Schöpfers ist inzwischen bereits von unseren Ingenieuren technisch nachgebaut worden.

Diese eine Art, die Fluggeschwindigkeit zu messen, reicht dem Bienenhirn zur exakten Steuerung aber noch nicht aus. Das Nervensystem des Insekts mißt sie gleichzeitig noch mit Hilfe einiger Sinneszellen an den Gelenken der Fühler. Sie registrieren dazu nichts anderes als die Stärke ihres durch den Gegenwind verursachten Zurückbiegens. Aus diesen und von den Augen ermittelten Daten für die Fluggeschwindigkeit berechnet das Gehirn des Tierchens die Kurskorrektur, die der Seitenwind erforderlich macht, um nicht seitlich abgetrieben zu werden.

Das großartigste Rechenkunststück des Bienenhirns ist die *Bestimmung des Heimflugwinkels* nach dem vielfältigen Hin- und Herfliegen beim Sammeln von Blütenstaub und Nektar. In großen Zügen geschieht das so: Aus allen Flugwinkeln relativ zur Sonne errechnet es einen Mittelwert. Dabei wird jeder Kurswinkel je nach der Zeitdauer, während der er beibehalten wird, entsprechend bewertet. Der so gefundene endgültige Winkel würde die Biene jedoch geradewegs vom Stock wegführen. Für den Heimflug muß er deshalb um genau 180 Grad gedreht werden.

Zum leichteren Verständnis habe ich hier einen scharfwinkeligen Zickzackflug der Sammlerin angenommen. Da sie aber meist Kurven fliegt, wird die ganze Rechnerei noch sehr viel komplizierter. Denn im Kreisbogen hat bekanntlich jeder Punkt gegenüber dem vorhergehenden eine Richtungsänderung, so daß sich deren Zahl bei Kurvenflügen ungeheuer vermehrt. Doch das macht dem Gehirn unserer kleinen Fliegerin keine Schwierigkeiten. In ihm finden sich nämlich – ähnlich wie in einer elektronischen Rechenanlage – Schaltungen, die solche Rechenoperationen in Sekundenbruchteilen durchführen und ebenso schnell den entsprechenden Muskeln auf dem Nervenweg die entsprechenden Befehle erteilen.

Aber damit sind wir mit den Wundern des Bienen-Computers immer noch nicht am Ende. Es bleibt nämlich noch die Frage offen, wer der kleinen Pilotin sagt, wann sie zum Außendienst starten und vor allem, wann sie sich auf den Heimweg zu machen hat. Bei kilometerweiter Entfernung vom Nest könnte sie leicht von der Dunkelheit überrascht werden und sich verirren.

Die für die Errechnung dieser Zeitpunkte notwendigen Daten bekommt das Gehirn von den restlichen drei der vorhin erwähnten fünf Augen. Diese wesentlich kleineren sog. Punktaugen befinden sich in Dreiecksanordnung oben auf dem Bienenkopf. Ihre Aufgabe ist eine ähnliche wie die des Belichtungsmessers der Fotografen. Sie melden dem Minicomputer den Grad der Dämmerung. Morgens geben sie dem Tierchen erst den Startbefehl, wenn draußen etwa die zehnfache Vollmondhelligkeit erreicht ist.

Durch exakte Messungen haben die Naturforscher aber noch feinere Abstufungen festgestellt. Danach fliegt die Biene abends nur dann noch aus, wenn es noch etwas heller ist, als beim morgendlichen Start, und dieser Helligkeitsunterschied ist um so größer, je weiter das Ziel der Sammlerin entfernt ist. Das Bienenhirn ist also so programmiert, daß es die Zeit bis zur Dämmerung jederzeit mit der Flugdauer in das genau richtige Verhältnis zu bringen vermag. Eine erstaunliche Leistung dieses winzigen natürlichen Rechners.

Das Gerhirn der Honigbiene ist nur eins von den unzähligen Schöpfungswundern Gottes. Außerdem stellt das hier darüber Berichtete nur einen sehr kleinen Ausschnitt aus der von den verschiedenartigsten Instinkten gesteuerten Organisation des Bienenstaates dar.

Ähnliche Beobachtungen können wir übrigens auch bei den Wespen, Ameisen, Termiten und zahlreichen anderen Insekten machen. All diese kleinen Geschöpfe bringen das Programm für ihren Körperaufbau, für die Art, ihre Nahrung zu suchen und zu verarbeiten, für ihren Kampf gegen die Unbilden der Umwelt und für die Erhaltung ihrer Art fix und fertig mit auf die Welt. Keins von ihnen wird dazu angelernt, keins braucht irgend etwas auszuprobieren. Darüber hinaus hat auch keins von ihnen je etwas grundsätzlich Neues selbst erfunden oder zustande gebracht. Die Erfindung und der innere Drang und die Richtung für all ihr Tun muß also von vornherein in sie hineingelegt worden sein. Und um eine Erklärung dafür zu finden, kommt der unvoreingenommene Beobachter um die Anerkennung eines denkenden und wollenden Schöpferwillens nicht herum.

Doch zurück zu unserem Thema, nämlich der Frage, wie sich unsere Honigbiene in ihrer Umwelt orientiert. Zu ihr gehört nämlich auch noch das Problem der gegenseitigen Verständigung.

Und gerade die Art, wie die Arbeiterinnen im Bienenstaat miteinander »reden«, ist mit das Erstaunlichste im Zusammenleben von Tieren überhaupt. Ihre sehr genaue Kenntnis verdanken wir dem bekannten Naturforscher Karl Ritter von Frisch, dessen Lebenswerk der Entschlüsselung der Bienensprache gewidmet war.

Die Verständigung der Bienen untereinander geschieht durch ganz bestimmte Tanzbewegungen. Man unterscheidet dabei den *»Rundtanz«*, den *»Schwänzeltanz«* und den *»Sicheltanz«*. Diese Bezeichnungen rühren von den Figuren her, die die heimkehrenden Sammlerinnen tanzend beschreiben, um damit die noch im Nest befindlichen Artgenossinnen über Art und Ergiebigkeit von ihnen entdeckter Futterplätze zu verständigen.

Vitus B. Dröscher beschreibt, wie dies im einzelnen vor sich geht:

»Wenn eine Biene ein neues nektarreiches Blütenfeld erkundet hat, dann kann sie bei der Heimkehr in den Stock und nach Ablieferung der eingesammelten Nektar- und Pollenladungen den dort Wartenden etwa folgendes sagen: ›Achtung! Sofort werden einige, viele oder sehr viele Arbeiterinnen beim Buchweizen gebraucht. Er blüht genau in dieser oder jener Richtung und ist soundso weit vom Bienenkorb entfernt.‹

Eine einfache Folge von Bewegungen und Düften, mit Hinterleibschwänzeln, genau akzentuierten Summtönen und säuberlich abgezirkelten Tanzfiguren ermöglicht es der Biene, sich ebenso exakt verständlich zu machen wie andere Wesen durch die Lautsprache.

Liegt der entdeckte Futterplatz vom Bienenstock aus gesehen direkt in Richtung auf die Sonne, so tanzt die heimkehrende Biene ihren geraden Schwänzeltanz an den senkrechten Wabenwänden genau von oben nach unten. Trippelt sie ihn in umgekehrter Richtung genau senkrecht abwärts, müssen die Kameradinnen mit der Sonne im Rücken fliegen, wenn sie zu dem neuen Blumenfeld gelangen wollen. Aber auch jeden beliebigen spitzen oder stumpfen Winkel rechts oder links der Sonne kann die Biene an den Wabenwänden vortanzen.

Da es im Bienennest stockdunkel ist, folgen die angerempelten Bienen der Vortänzerin im Fühlerkontakt oder so dicht wie möglich als dickes ›Schwanzbündel‹, machen die Tanzfigur ein- bis zwanzigmal mit und fliegen dann auf geradem Kurs zu dem bezeichneten Platz. In direkter Luftlinie zwischen dem Stock und der neuen Nektarquelle wird daraufhin eine Luftbrücke eröffnet, eine Erscheinung, die in den Ameisenstraßen eine erdgebundene Parallele hat. Beobachter können ohne weiteres auf dieser Strecke das Vorbeifliegen der Bienen verfolgen.

Draußen im Freien ist also die Sonne der Kompaß der Bienen. Im dunklen Stock ersetzen sie bei ihren Mitteilungstänzen den Sonnenstand durch ein Symbol: durch die Schwerkraft, ein ganz erstaunliches Abstraktionsvermögen des kleinen Insekts.

Mehr als elf Tanzfiguren können die Bienen in einer Viertelstunde nicht durcheilen. Finden sie Nektar in unmittelbarer Nähe des Stockes, also in einer Entfernung unter 50 Metern, können sie diese Botschaft mit dem ›Schwänzeltanz‹ nicht mehr melden, weil sie nicht schnell genug laufen können. Deshalb bedienen sie sich in solchen Fällen einer anderen Ausdrucksweise.

Ist der Futterplatz nicht weiter als 14 Meter vom Stock entfernt, führen die Entdeckerinnen einen *›Rundtanz‹* auf: einmal links herum im Kreis, einmal rechts herum und so fort. Das bedeutet symbolisch: ›Wenn ihr rings um unseren Stock herum sucht und nicht weiter als 14 Meter fliegt, kommt ihr bestimmt bald zum Ziel.‹ Eine Richtungsangabe erübrigt sich.

Bei Futterfunden zwischen 14 und 50 Metern gibt es als Übergangslösung den *Sicheltanz.* Hierbei trippeln die erfolgreichen Sammlerinnen die Figur eines Halbmondes, dessen Sichelöffnung in die empfohlene Flugrichtung weist.«

Nun wird man sich denken können, daß die offizielle Wissenschaft, die bekanntlich ausschließlich die Lehre von der Aufwärtsentwicklung der höher organisierten Lebewesen aus niederen Formen vertritt, sich alle Mühe gibt, auch das Schöpfungswunder der Bienensprache mit dieser sog. Evolutionstheorie in Einklang zu bringen. Der soeben ausführlich zitierte Verfasser widmet dieser Frage ein ganzes Kapitel unter der Überschrift: »Wie die Bienen sprechen lernten«, das er mit folgenden Worten einleitet:

»Die neusten Forschungsarbeiten Dr. Lindauers beschäftigen sich mit der Frage, wie die Bienensprache im Verlauf der Jahrmillionen entstanden sein kann. Zum Glück für die Forscher gibt es in den Tropen, in Amerika und Indien Bienenarten, die noch auf einer niedrigeren Entwicklungsstufe stehen. An ihnen kann man studieren, wie vor Urzeiten die Bienen möglicherweise ›sprechen gelernt‹ haben und wie aus anfangs primitiven Mitteilungen allmählich eine ›Sprache‹ wurde.«

Können wir uns nach all dem Wunderbaren, das wir jetzt in drei Kapiteln über den Körperbau, das Staatswesen und die Orientierungsfähigkeit dieses unscheinbaren Insekts gehört haben, noch dieser Auffassung anschließen? Sollten die in nur fünfwöchiger Lebenszeit erfolgenden sechsfachen Veränderungen des Tätigkeitsinstinkts der Arbeitsbiene, der rätselhafte, dem Volksganzen übergeordnete Instinkt sowie die unerhörten navigatorischen Leistungen des kaum stecknadelgroßen Bienenhirns allein durch den blinden Zufall zustande gekommen sein? Das anzunehmen, dürfte wohl eine zu große Zumutung für unseren gesunden Menschenverstand sein!

Wer in dem Wunder des Bienenstaates nicht eine der unzähligen Offenbarungen der Schöpferherrlichkeit Gottes erkennt, von dem kann man nur annehmen, daß er den Allmächtigen bewußt ablehnt. Der hat dann aber auch keine Entschuldigung, wenn er sich wegen seines Unglaubens auf des Schöpfers Unsichtbarkeit berufen will.

Der Sozialstaat der Ameisen

Wenn wir in unseren Wäldern hin und wieder einen großen Haufen von Tannennadeln antreffen, dann wissen wir sogleich, daß dieser nicht von Menschenhand, sondern von *Ameisen* zusammengetragen wurde. Wer dann aber glaubt, daß es sich dabei um das eigentliche Nest dieser kleinen Insekten handle, der irrt sich. Dieses befindet sich nämlich darunter, und zwar bis zu zwei Meter und tiefer in der Erde. Es besteht aus einem Gewirr von *Gängen* und *Luftschächten* sowie kleinen und großen *Stuben, Kammern* und *Sälen.*

Der Nadelhaufen dient dem Erdbau nur als *Wärmespeicher* und *Regendach.* Allerdings ist auch er von vielen Gängen und kleinen Räumen durchsetzt, aber diese haben für die Bewohner bei warmem und trockenem Wetter dieselbe Aufgabe wie bei uns die Balkone und die gegen die pralle Sonne geschützten Terrassen.

Nun kann es sehr gut sein, daß der von uns entdeckte Nadelhaufen nicht der einzige in der betreffenden Gegend gewesen ist. Die Ameisen leben nämlich häufig in Hunderte von Einzelvölkern umfassenden Großverbänden. In ausgedehnten Kiefernwäldern erstreckt sich ein solches *Staatswesen* oft über ein weites, viele Morgen großes Gebiet.

In dessen Mitte befindet sich dann meist der Stammsitz, aus dem alle umliegenden Völker hervorgegangen sind. Das Ganze ist wie eine Miniatur-Landschaft mit Städten und Dörfern, die durch zahlreiche belebte, über- und unterirdische Verkehrswege miteinander verbunden sind.

In den Sommermonaten herrscht in diesem riesigen Imperium eine unwahrscheinliche Betriebsamkeit. Da geht keiner gemächlich spazieren, allerdings gibt es da auch kein gehetztes Rennen und Jagen. Es ist zum Staunen, was da alles umhergeschleppt wird. Und dabei scheinen die kleinen Träger unwahrscheinlich stark zu sein. Da sieht man doch tatsächlich manche, die ganz allein mehr als ihr zehnfaches Eigengewicht transportieren.

Bei näherer Beobachtung macht man aber eine noch erstaunlichere Entdeckung, nämlich die, daß der ganze Verkehr ungewöhnlich friedlich und reibungslos vonstatten geht. Nirgends stellt man auch nur die geringste unfreundliche Handlungsweise fest. Im Gegenteil, immer wieder sieht man, wie einer dem anderen zu Hilfe eilt, ihm beispringt, wenn er irgendwie nicht zurechtkommt. Jedes Glied dieser bis zu vier Millionen zählenden Gemeinschaft ist bis zur Selbstaufopferung auf das Wohl des anderen bedacht. Ist das nicht für uns großartige, vernunftbegabte Menschen beschämend und neiderregend zugleich?!

Aber nicht nur das. Die gesamte Bevölkerung dieses Mini-Staates verhält sich in jeder Beziehung wie von allerhöchster Vernunft geleitet. Gemeinsam sorgt man für ausreichenden und bequemen Wohnraum, für baulich gut angelegte Städte und Dörfer, für reichliche und gesunde Ernährung, für lebenstüchtigen Nachwuchs und für sicheren Schutz vor räuberischen Feinden.

Ihr großes Wärmebedürfnis ist den Ameisen beim Bau ihrer

Nester der wichtigste Ratgeber. Forscher, die diese Insekten bis in alle Einzelheiten beobachtet haben, behaupten, sie seien neben dem Menschen die am zweckvollsten planenden Baumeister. Tatsächlich sind sie in der Lage, ihre Nestanlagen so genau den gegebenen Verhältnissen anzupassen, daß ihnen praktisch kein Sonnenstrahl verlorengeht. Man hat wirklich oft den Eindruck, die winzigen Geschöpfchen hätten Verstand.

Im Ameisenstaat herrscht absolute Gleichheit aller Bürger. Egoistische Bestrebungen oder Privilegien einzelner sind völlig unbekannt. Die Arbeit ist der Leistungsfähigkeit des einzelnen genau angepaßt und so gleichmäßig unter alle verteilt, daß jeder seine befriedigende Beschäftigung hat. Dabei ist gleichzeitig auch für jedermanns Bedürfnisse ausreichend gesorgt.

Wie bei den Bienen und manchen anderen Tierstaaten gibt es auch in dem der Ameisen drei verschiedene Kategorien von Bürgern, nämlich *Königinnen, Männchen* und *Arbeiterinnen.*

Im Gegensatz zu dem der Bienen können in einem großen Ameisenstaat zuweilen mehrere Königinnen nebeneinander vorkommen. Wenn die Verhältnisse es jedoch nicht unbedingt erfordern, gibt es auch hier zwischen Rivalinnen einen Kampf auf Leben und Tod.

Die Ameisenkönigin schlüpft immer geflügelt aus der Puppe. Sie braucht ihre Flügel aber nur für den einmal in ihrem Leben stattfindenden Hochzeitsflug. Deshalb bricht sie sie auch nach diesem Ereignis sogleich selbst ab. Dieser Umstand ist wieder einmal ein ganz schwerverdaulicher Brocken für jeden, der uns von der allmählichen Aufwärtsentwicklung aller Lebewesen überzeugen möchte. Ich kann mir jedenfalls nicht vorstellen, daß der Zufall soviel Vorausblick hat, ein erdgebundenes Insekt für eine einzige kurze Gelegenheit zum Fliegen ausrüsten zu können.

Ebenso wie bei den Bienen hat die Königin der Ameisen auch keinerlei Regierungsgewalt über ihr Volk. Sie unterscheidet sich nur dadurch von ihren Nestgenossinnen, daß sie größer ist als sie und als einziges Weibchen Eier legt. Ihre königliche Aufgabe besteht also auch nicht in der Verwaltung, sondern ausschließlich in der Staatserhaltung. Dabei hält sie ihr Volk außerdem durch einen besonderen Geruch zusammen.

Bei ihrem *Hochzeitsflug* nimmt die Ameisenkönigin genau wie die Königin der Bienen in ihrer körpereigenen Samentasche so viel männlichen Samen auf, daß er für ihr bis zu 15 Jahren währendes Leben ausreicht. Die von ihr gelegten Eier sind im Gegensatz zu denen der Bienen jedoch immer befruchtet. Nur in Ausnahmefällen kann auch aus unbefruchteten Eiern hin und wieder Brut entstehen.

Die *Männchen* sind im Ameisenstaat, um ihrer Königin auf dem Hochzeitsflug folgen zu können, natürlich ebenfalls geflügelt. Sie sind etwas größer als die Arbeiterinnen. Sie werden nur im Frühjahr hervorgebracht und haben keine andere Aufgabe, als die Königin zu befruchten. Um letztere heranzuziehen, brauchen die Ameisen keinen so großen Aufwand zu machen wie die Bienen. Mit den Männchen schlüpfen ein paar besonders kräftige Weibchen mit Flügeln. Mit diesen steigen die männlichen Ameisen hoch in die Lüfte, um ihre Lebensaufgabe zu erfüllen und bald danach zugrunde zu gehen. Die befruchteten Königinnen sind dagegen jetzt in der Lage, je einen neuen Staat zu gründen.

Die *Arbeiterinnen* kommen im Ameisenstaat stets ohne Flügel zur Welt. Sie brauchen sie ja auch nicht; denn, obwohl sie ebenfalls Weibchen sind, kennen sie kein Mutterglück. Ihre Eierstöcke sind nicht ausgebildet. Dafür verfügen sie aber über einen sehr ausgeprägten Brutpflegeinstinkt. Darüber hinaus obliegen ihnen auch noch alle übrigen im Nest vorkommenden Verrichtungen.

Der Schöpfer hat die Ameisenarbeiterin für die Bewältigung ihrer Lebensaufgabe in geradezu vollendeter Weise ausgerüstet (s. Abb. 107).

Da ist als erstes ihr Universal-Werkzeug zu nennen. Es besteht aus den beiden Oberkiefern, die den wissenschaftlichen Namen *Mandibeln* tragen. Diese bilden in ihrem Zusammenwirken eine Art Schaufelzange, deren Schenkel an ihrer äußersten Spitze mit zähnchenartigen Auswüchsen versehen sind. Sie dient dem Tierchen sowohl zum Packen von Baumaterial, zum Mauern und Graben, als auch zum Ergreifen und Zerreißen von Beute und Feinden und vielem anderen.

Unter den Oberkiefern befindet sich der Mund mit der Zunge und den Unterkiefern, die die Geschmacksorgane tragen. Außerdem ist dort ein winziger Borstenkamm angebracht, mit dem das

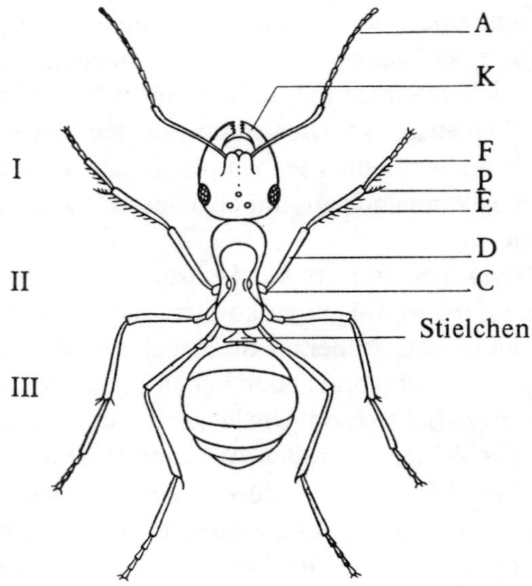

Abb. 107: Bau des Ameisenkörpers.

I. Kopf mit Fühlern (A); mit Oberkiefer (K), zwei großen Facettenaugen und drei Punktaugen auf der Stirn, die nicht bei allen Ameisen vorkommen.

II. Brust mit drei Paar Beinen, die aus Hüftglied (C), Schenkelring, Oberschenkel (D) und Unterschenkel (E) sowie den Fußgliedern (F) bestehen. Bei P befindet sich der Putzapparat zum Reinigen der Fühler.

III. Der Hinterleib ist durch das eingliedrige Stielchen mit der Brust verbunden.

Insekt seine langen Beine reinigt. Wenn diese beschmutzt sind, zieht es sie einfach durch ihn hindurch.

Da die Städte und Dörfer sowie die unterirdischen Verkehrstunnel in ständige Dunkelheit gehüllt sind, wurde ihren Bewohnern ein besonders ausgeprägter Tast- und Geruchssinn verliehen.

Die Forscher fanden schnell heraus, daß die für den Tastsinn zuständigen Organe die Fühler sind. Dagegen hat man nach der Ameisennase lange suchen müssen. Schließlich entdeckte man sie ebenfalls in den Fühlern. Dabei hat man bei unserer roten Waldameise auf jedem ihrer Fühler neben 211 Riechkegeln nicht weniger als 1730 Tastborsten gezählt.

Daß Tast- und Geruchssinn in den Fühlern zusammenwirken, ist für die Orientierung der Ameise sowohl im Dunkeln als auch im Hellen von größter Wichtigkeit. Dadurch können sie nämlich alles, was ihnen begegnet, viel umfassender wahrnehmen als mit ihren Facettenaugen, die ja ohnehin kein scharfes Bild ergeben.

Es ist deshalb nicht zu verwundern, daß sich die Tierchen auch mit Hilfe der Fühler gegenseitig verständigen. Sie tun dies, indem sie damit einander betrillern.

Um diese so überaus wichtigen Glieder stets sauberhalten zu können, hat der Schöpfer den Ameisen an ihrem vorderen Beinpaar je einen Putzapparat angeordnet. Dieser besteht aus einer winzigen Borstenzange, durch die sie die Fühler nur hindurchzuziehen brauchen.

Die Königin legt die Eier schubweise in Paketen. Sie sind so klein wie Salzkörner, weshalb man sie zuweilen auch Ameisensalz nennt. Sie werden von den Arbeiterinnen in Empfang genommen und in dafür vorgesehene untere Erdkammern gebracht. Hier werden sie sorgfältig geprüft, beleckt und aufgestapelt.

Sobald die ersten Maden aus ihnen ausschlüpfen, verwandeln sich einige Arbeiterinnen in Säuglingsschwestern. Da die Larven nämlich völlig hilflose Geschöpfe sind, müssen sie mit aller Sorgfalt betreut werden. Die Ammen füttern sie aus ihrem eigenen Kropf, legen sie trocken und tragen sie bei warmem und trockenem Wetter in die luftigen Kammern des Nadelhaufens hinauf. Bei ungünstiger Witterung und zur Nacht schleppen sie sie wieder nach unten. Haben die Larven schließlich ihre maximale Größe erreicht, dann werden sie von ihren Pflegerinnen in eigens dafür hergerichtete Kammern transportiert.

Die Puppen, die man beim Tierhändler als Fischfutter kaufen kann, werden meist irrtümlich Ameiseneier genannt. Es sind kleine Hüllen aus Seidenfäden, in die sich die Larve selbst eingesponnen hat. In ihnen geht nun eine wunderbare Verwandlung vor sich, die der Naturwissenschaftler *Metamorphose* nennt. Dabei wird aus der Made eine voll ausgewachsene Ameise. Im frühen Stadium ist diese noch weiß und weich. Man bezeichnet sie dann als *Nymphe.* Das dem Insekt zur Stabilisierung seines Körpers dienende hornartige Chitin wird erst allmählich an der Luft hart und dunkel.

Die Puppen werden ebenso wie vorher als Larven von ihren Kindermädchen liebevoll umsorgt und soviel wie möglich nach oben in die Wärme getragen. Dabei wird peinlichst darauf geachtet, daß sie weder zuviel noch zuwenig Hitze abbekommen.

Nach abgeschlossener Umwandlung beginnt die junge Ameise, sich in ihrer Puppenhülle lebhaft hin und her zu bewegen. Das ist dann für ihre Betreuerin das Signal, sich als Hebamme zu betätigen, denn der Säugling kann sich nicht selbst befreien.

Die Geburtshelferinnen schieben dann ihre Kiefer vorsichtig in das seidige Gespinst des Kokons und schneiden es geschickt der Länge nach auf. Danach heben sie das bleiche Geschöpfchen aus der Wiege und füttern es, nachdem sie es saubergeleckt haben.

Ist das Ameisenkind eine ungeflügelte Arbeiterin, dann beginnt es, nachdem es sich in seiner Umwelt zurechtgefunden hat, schon bald mit dem Innendienst. Der ihm innewohnende Instinkt teilt ihm dabei irgendeine Arbeit zu. Er beauftragt es vielleicht mit der Brutpflege, oder er setzt es sogar als Dienerin seiner Majestät der Königin ein. Es kann als Straßenkehrerin mit der Sauberhaltung der Verkehrswege beauftragt oder als Bauarbeiterin zum Innenausbau des Nestes eingeteilt werden.

Die letztgenannte Tätigkeit besteht darin, daß die junge Arbeiterin hilft, Gänge zu graben, Kammern auszubauen, Wände aufzurichten und Decken einzuziehen. Zu alledem braucht sie weder eine Lehre durchzumachen noch eine Fachschule zu besuchen. Alle Kenntnisse für ihr Bauhandwerk und die Architektur bringt sie fix und fertig mit auf die Welt.

Fühlt sich die Jungameise zur Türhüterin beauftragt, dann kennt sie sich auch in diesem Amt sofort bestens aus. Dann hat sie Polizeigewalt, die sie auch sogleich sehr vernünftig ausübt. Sie hat dabei bei Neuankömmlingen die Pässe in Form des Nestgeruchs zu kontrollieren. Fremde, die diese Legitimation nicht nachweisen können, werden unerbittlich zurückgewiesen.

Wie bei den Bienen kommt auch bei den Ameisen die Arbeiterin erst später zum Außendienst. Dann holt sie Baumaterial in Form von Tannennadeln, Holzstückchen und anderem für den Nestausbau herbei. Oder sie sammelt Pflanzensamen oder süße Nahrungsmittel wie Blütennektar oder die zuckerhaltigen Ausscheidungen der Blattläuse, auf die ich im nächsten Kapitel noch eingehend zu sprechen komme.

Gesellt sich die junge Arbeiterin zu den Jägern, dann überfällt sie mit diesen andere Insekten und allerlei Kleingetier.

Schließlich kann sie sich auch als Späherin zur Sicherung der Reichsgrenzen oder als Kundschafterin zum Aufspüren von Nahrungsquellen berufen fühlen.

Meist bildet sich bei einer länger lebenden Arbeitsameise – ihre Lebenszeit kann zwischen einigen Monaten und zehn und mehr Jahren betragen – eine besondere Vorliebe für die eine oder andere dieser vielen Tätigkeiten heraus, so daß sie in diesem Fach zur Spezialistin wird. Sie bleibt dann zwar fortan dauernd bei deren Verrichtung, ist aber jederzeit bereit und in der Lage, dort einzuspringen, wo Not am Mann ist.

Die *Waldameisen* sind die Freunde eines jeden Forstmannes. Dies nicht nur, weil sie ihm mit ihrem weitverzweigten Burgenbau den Boden des Waldes durchmischen, lockern und durchlüften, sondern vor allem wegen der Vertilgung schädlichen Ungeziefers. Ihre Nützlichkeit wird uns erst so recht bewußt, wenn wir uns einmal die von der Wissenschaft dafür ermittelten Zahlen ansehen. Nach diesen soll die Tagesbeute eines großen Volkes der roten Waldameise nicht weniger als 100 000 fremde Insekten, ihre Jahresbeute demnach runde zehn Millionen betragen.

All diese von den kleinen Tierchen unter ständiger Lebensgefahr allein oder gemeinsam erlegten Jagdbeute schleppen die Jägerinnen ganz oder, wenn sie es nicht schaffen, zerteilt als Nahrung ins Nest. Dabei gehen sie völlig selbstlos zu Werke. Sie denken nicht daran, sich an der Beute zuerst einmal selbst gütlich zu tun. Nein, es wird erst einmal nach Hause getragen und unter die Gefährtinnen verteilt, an die Maden verfüttert oder in die Vorratsmagazine abgeliefert. An sich selbst denken sie zuletzt. Sie würden lieber selber hungern als ihre Nestgenossinnen und Pfleglinge darben zu lassen.

Wenn eine Kundschafterin auf eine reiche Nahrungsquelle mit flüssiger oder breiiger, süßer Nahrung stößt, dann läuft sie unter Hinterlassung einer Duftspur schnellstens nach Hause. Hier rennt sie dann aufgeregt umher, rempelt jede Gefährtin, die ihr begegnet, an und betrillert sie mit ihren Fühlern.

Jede von diesen weiß jetzt sofort Bescheid und folgt unverzüglich der Botin. Draußen nehmen sie sofort die Duftspur auf. An der Futterquelle angekommen, füllen sie schleunigst ihre »Einkaufstaschen«, ihren sog. *»sozialen Magen«*. Das ist der vorn in ihrem Hinterleib befindliche *Kropf*. In diesen saugen sie durch Mund und Speiseröhre bis zum Platzen alles hinein, was ihnen nahrhaft erscheint.

Der Kropf hat eine dreifache Bedeutung. Er dient als Behälter für den Transport, zur Aufnahme von Reiseproviant und zur Vorverdauung von Nahrung für die anspruchsvolle Königin und den im Wachstum begriffenen Nachwuchs. Sein Inhalt ist Staatsgut, der sogleich nach der Rückkehr ins Nest an die Mitarbeiterinnen vom Innendienst verteilt wird. Diese geben davon an die Bewohnerinnen der unteren Stockwerke weiter. So wandert die Nahrung von Kropf zu Kropf, und wenn sie schließlich bei den Larven und der Königin ankommt, ist sie schon so bekömmlich verarbeitet, wie es für diese empfindlichen Familienangehörigen nötig ist.

Auf diese Weise herrscht in dem so sozial vorbildlichen Ameisenvolk immer ein voll ausgewogenes Ernährungsgleichgewicht. Jedem steht jederzeit und überall ausreichend Nahrung zur Verfügung. Jeder Hungrige kann jeden um Speise bitten, wann und wo er will. Wenn der Gebetene etwas hat, wird er unverzüglich von Mund zu Mund gefüttert. Bei Eigenbedarf braucht die Ameise nur ein zwischen Kropf und Mitteldarm befindliches Ventil zu öffnen. Die dabei überfließende Nahrung wird dann im eigenen Verdauungssystem zur Selbsterhaltung endgültig verdaut.

Das bisher über die Ameise Berichtete konnte nur ein ganz allgemein gehaltener Überblick über ihren Körperbau und ihre hauptsächlichsten Verhaltensweisen sein. Dabei hatte ich stets die bei uns beheimatete, uns allen bekannte rote Waldameise im Auge. Es gibt aber auf der Erde nahezu 6000 verschiedene Arten von Ameisen, von denen manche die unglaublichsten Gewohnheiten an den Tag legen. Davon soll uns das nächste Kapitel einige Beispiele vor Augen führen.

Auf einen körperlichen Unterschied zwischen den Ameisen unserer Heimat und manchen anderen muß ich allerdings noch zu sprechen kommen. Es handelt sich dabei um die Verteidigungswaffe. Wir kennen sie alle – ihre kleine Giftspritze.

Die Tierchen sind in der Lage, ihrem Gegner oder Angreifer aus der Spitze ihres Hinterleibes einen feinen Strahl scharfer Ameisensäure zielsicher in die Augen zu spritzen. Ist der Feind größer, dann beißen sie ihm mit ihren scharfen Kiefern zunächst eine kleine Wunde, auf die sie dann ihre Giftspritze richten.

Manche Ameisenarten besitzen diese Einrichtung nicht, dafür aber einen Giftstachel wie die Bienen, mit denen sie auch ganz empfindlich stechen können.

Weil die Männchen in den Ameisenstaaten nur ein so kurzes Gastspiel zu geben haben, sind sie immer unbewaffnet.

Die ideale Lebensgemeinschaft der Ameisen hat den Menschen schon seit Jahrtausenden Rätsel aufgegeben. Noch heute zerbrechen sich die Naturforscher trotz ihres enorm gestiegenen Wissensstandes die Köpfe darüber, wie diese allen menschlichen Staatsformen so haushoch überlegene Art von Gemeinwesen wohl entstanden sein kann.

Nun hat man durch Beobachtungen und Experimente festgestellt, daß das einzelne Insekt immer nur in ungestörtem Kontakt mit seinem Staatsverband seinem Instinkt gemäß sinnvoll zu handeln vermag. Wird es von ihm isoliert, indem man es von ihm entfernt oder es sich im Gelände verirrt, dann geht es zugrunde. Es kommt nämlich nicht auf den Gedanken, sich selbst zu helfen. Es stirbt, obwohl es Werkzeuge und Waffe bei sich hat und sich ohne weiteres selbst durchschlagen könnte. Es wäre nämlich durchaus in der Lage, Nektar aus Blüten zu saugen oder irgendwelches Kleingetier zu erlegen.

Das auf sich selbst gestellte Tier tut das alles nicht. Solange es noch Nahrung im Kropf hat, zehrt es davon, aber es beschafft sich keine neue. Wie gelähmt überläßt es sich dem Tod. Es stirbt aus Vereinsamung, weil es aus dem Bannkreis des dem ganzen Staatswesen unsichtbar übergeordneten *Gemeinschaftsinstinktes* geraten ist.

Diese und ähnliche Feststellungen haben die Forscher auf den Gedanken gebracht, daß es sich bei einem Ameisenvolk um eine biologische Einheit handeln könnte, ähnlich, wie ich es bereits bei den Bienen erwähnte. Um einen Organismus, der, anstatt aus fest miteinander verbundenen Zellen, aus frei beweglichen, nur lokker zusammengehörenden Zellverbänden in Gestalt der einzelnen Tierchen besteht. Dieser lockere Gesamtverband wird nun von einem den Einzelwesen übergeordneten Gesamtinstinkt sowohl zusammengehalten als auch gesteuert.

Es handelt sich hier also um die gleiche Theorie, wie man sie auch auf die Staaten der Bienen, Termiten und anderer anwendet. Sie ist sehr einleuchtend und stellt einen der unzähligen Hinweise auf die Schöpferherrlichkeit unseres großen Gottes dar.

Für die Anhänger der Entwicklungstheorie ist sie dagegen eine besonders harte Nuß. Wer sich einer solchen Anschauung verschrieben hat, sollte das für uns so beschämend vernünftige und vorbildliche Verhalten der unscheinbaren Ameisen zum Anlaß nehmen, seinen schwerwiegenden Irrtum einzugestehen, und dem allmächtigen Schöpfer der Welten die Ehre geben.

Handwerklich begabte Ameisenarten

Die Argumente der Evolutionisten erscheinen oft so sehr an den Haaren herbeigezogen, daß sie jedem unvoreingenommen Urteilenden geradezu vernunftwidrig erscheinen. In manchen Fällen haben sie zwar ein gutes Stück weit echte Überzeugungskraft, aber dann macht ihnen der Schöpfer durch irgendeine Besonderheit doch wieder einen dicken Strich durch die Rechnung.

Da denke ich z. B. an einen Fall aus der Erforschung des in vieler Hinsicht rätselvollen Verhaltens verschiedener Ameisenarten. Dabei geht es um ein vermeintlich fortentwickeltes Ernährungsverhalten einer Art, das man als Stütze für die Entwicklungslehre verwendet.

Im vorigen Kapitel erwähnte ich, daß es rund 6000 verschiedene Ameisenarten auf der Erde gebe. Die meisten von ihnen leben in den Tropen. Die Ernährungsweise und die Art, wie sie zu ihrer Nahrung kommen, ist bei den einzelnen nicht nur oft grundverschieden, sondern manchmal sogar staunenerregend.

Unter ihnen gibt es Gemischtköstler, bei denen Blütenstaub, Nektar, Pilze, Körner, Insekten, Würmer, ja, sogar kleinere Wirbeltiere auf der Speisekarte stehen. Das gilt auch weitgehend für die bei uns beheimateten Arten. Obwohl auch sie von gemischter Kost leben, schätzen gerade sie jedoch besonders alles Süße.

Nun las ich einmal die Darstellung eines Naturforschers, wie er sich bei einer Ameisenart die Entdeckung und Nutzbarmachung einer außerordentlichen, ständig fließenden Honigquelle vorstellt. Seine Gedanken, die ein kleines Stück Evolutionsgeschichte darstellen sollten, sind in gekürzter Form etwa folgende:

Da hat eines Tages eine kleine Kundschafterin unter einem Baum eine Unmenge kleiner, süßer Honigtröpfchen auf dem Erdboden entdeckt. Sofort läuft sie zum Nest zurück und alarmiert ihre Mitbewohnerinnen. Alle, die ihr in den Weg laufen, fordert sie auf, ihr zu folgen. Daraufhin ergießt sich sogleich ein Strom von Arbeiterinnen zu diesem reichhaltigen Honiglager. Es wird sogar ein wohlgeordneter, glänzend organisierter Transportverkehr eingerichtet.

Tagelang schwelgt jetzt das ganze Ameisenvolk im Überfluß. Doch allmählich gehen die Vorräte zu Ende. Nun fangen die kleinen Sammlerinnen an, sich für die Herkunft des bisherigen Segens zu interessieren. Einige alte, erfahrene Tierchen erklettern den Baum und entdecken dabei an den Spitzen der dünnen Zweige wieder ganze Lachen des begehrten Zuckersaftes.

Sofort wird die Transportkolonne auf dieses neue, ergiebige Feld angesetzt. Doch auch hier geht der Vorrat eines Tages wieder zu Ende.

Jetzt erst nehmen die Ameisen von den merkwürdigen kleinen Tierchen Notiz, die in ganzen Scharen auf den Zweigen sitzen. Wenn nun schon die süße Schleckerei aufgehört hat, so wären diese als fette Braten sicher auch nicht zu verachten. Sie nähern sich ihnen, stupsen sie an und betasten sie schließlich, um ihre Reaktion zu prüfen. Aber sie lassen sich alles gefallen, sie wehren sich nicht.

Statt dessen geschieht etwas Überraschendes. Die fremden Lebewesen heben plötzlich ihr Hinterteil und lassen einen Tropfen Flüssigkeit austreten. Die Ameisen kosten sie und sind entzückt. Das Tröpfchen ist süß, es ist Honig.

Ungeduldig nehmen sie den Hinterleib der Tierchen zwischen ihre Kieferzangen, und siehe da – bei leichtem Druck quillt ein neuer Tropfen heraus. Die Ameisen haben eine neue Honigquelle entdeckt.

Was sind das nun für seltsame Lebewesen, deren Exkremente

Honig sind? Es sind *Rindenläuse*, die sich von den Säften junger Zweigrinden ernähren. Mit ihrem Saugrüssel, der so lang ist wie ihr ganzer restlicher Körper, stechen sie dünne Ästchen und Blätter an, um den Saft aus ihnen herauszusaugen.

Dieser Saft enthält viel Stärke, die durch ein Speichelenzym der Läuse in Zucker verwandelt wird. Da sie ein Vielfaches von dem aufsaugen, was sie zu ihrer Ernährung brauchen, scheiden sie den Überschuß als reinen Honigsaft wieder aus. Infolge ihrer ungewöhnlich schnellen Vermehrung ist ihre Produktivität dabei so stark, daß die von ihnen befallenen Bäume und Sträucher geradezu von Honig triefen.

Nun tun die Ameisen nach ihrer neuen Entdeckung etwas, das kaum von einem vernunftgesteuerten Handeln zu unterscheiden ist. Sie nehmen eine größere Anzahl der Rindenläuse in ihre Obhut, schützen und pflegen sie und behandeln sie wie eine Herde von Milchkühen, die sie von Zeit zu Zeit melken.

Soweit der Erklärungsversuch des Forschers für das Zustandekommen der »Viehwirtschaft« mancher Ameisenarten. Wir werden später noch feststellen, was wir von ihm zu halten haben.

Zunächst noch einiges über anderes von den Ameisen verwendetes »Nutzvieh«. Manche Arten nehmen nämlich den kleinen, blinden *Keulenkäfer* und wieder andere den *Büschelkäfer* zu demselben Zweck mit in ihr Nest. Auch diese werden, im krassen Gegensatz zu anderen Insekten, von den Ameisen geschont und beschützt, ja, sie werden sogar von ihnen gepflegt und gefüttert. Ihre Fürsorge geht dabei so weit, daß die Gastgeber die Larven der Käfer großziehen. Das alles tun sie jedoch nicht ohne Gegenleistung. Die Käfer halten für ihre Betreuerinnen stets einen süßen Saft bereit, den sie an einigen Haarbüscheln ihres Körpers ausscheiden. Die Ameisen genießen diesen mit einem solchen Behagen und Entzücken, daß sie darüber oft nicht nur ihre Pflichten vergessen, sondern manchmal gar ihnen drohende Gefahren nicht bemerken.

Es ist natürlich für die Evolutionstheoretiker sehr verlockend, solche Beobachtungen mit der Entwicklung des menschlichen Nahrungserwerbs in Zusammenhang zu bringen. Sie weisen deshalb darauf hin, daß sich der Mensch genauso im Verlauf sehr langer Zeiträume auch erst ganz allmählich vom streifenden Nomaden und Jäger zum Bauern und Viehzüchter aufwärts entwickelt und seßhaft gemacht habe.

Aber liegt diesem Vergleich nicht ein ganz großer Irrtum zugrunde? Kann man die Triebe und Instinkte der Tiere mit der menschlichen Vernunft gleichsetzen? Niemals! Wie abwegig dies ist, dürfte schon das im vorigen Kapitel über das Staatswesen der Ameisen Gesagte klargemacht haben. Ich brauche nur an das dort erwähnte Einzeltier zu erinnern, das sich verirrt und damit den Kontakt mit dem Gesamtverband verloren hatte. Wir hörten, daß es sterben würde, obwohl es Werkzeug und Waffe bei sich hätte und sich somit ohne weiteres allein durchschlagen könnte. Es stirbt aus Vereinsamung, weil es aus dem Wirkungsbereich des dem ganzen Staatswesen unsichtbar übergeordneten Gesamtinstinkts geraten ist. Eigeninitiative zu entwickeln, vermag es nicht.

Auf diese Weise beweist uns kaum eine Tierklasse überzeugender, wie sehr die Trieb- und Instinkthandlungen von denen eines denkenden Intellekts verschieden sind, als gerade die staatenbildenden Insekten.

Doch es spricht noch ein weiterer Umstand gegen die Annahme, die »Viehhaltung« der Ameisen habe sich im Verlauf von Jahrmillionen erst allmählich herausgebildet. In einer Königsberger Sammlung soll ein Bernsteinstück ausgestellt sein, in dem eine Gruppe von 13 Ameisen mit einer Blattlausherde eingeschlossen ist. Das aber muß nach Auffassung der Wissenschaft bereits vor 30 bis 40 Millionen Jahren geschehen sein. Denn dieses ehemals flüssige Harz stammt von urweltlichen Nadelbäumen, die, wie die Naturforscher ermittelt haben wollen, im Erdzeitalter des Alttertiär, und zwar in dessen frühester Periode, dem Eozän, existiert haben sollen. Diese »Miniatur-Mumien« beweisen also auch dem eingefleischtesten Verfechter der Entwicklungslehre, daß die Ameisen bereits ihre »Viehwirtschaft« betrieben, als deren Entwicklung eigentlich erst hätte beginnen müssen.

Und schließlich noch ein drittes, gegen die Evolution sprechendes Argument. Es ist die tödliche List der *Mordwanze.* Wenn dieses kleine Insekt schon von weitem eine Ameise auf sich zukommen sieht, scheidet sie aus einer Bauchdrüse eine süße, wohlschmeckende Flüssigkeit aus, für die sich die Herankommende sofort interessiert. Nachdem sie sie gekostet hat, schleckt sie den

Tropfen mit Behagen auf. Danach vergißt sie nicht nur die Wanze anzugreifen, sondern fällt tot zu Boden. Die Flüssigkeit enthält nämlich ein schnell wirkendes, starkes Gift.

Angesichts eines solch zweckvollen Zusammenwirkens von Instinkt und körperlichen Vorgängen, dürfte wohl manchem der Glaube an eine zufällige Entwicklung verlorengehen.

Fragen wir nun einmal nach den Erträgen aus der »Viehwirtschaft« der Ameisen. Forscher haben errechnet, daß eine einzelne *Hügelameise* an einem Tag etwa fünf Milligramm Blattlauszucker – als Trockensubstanz gewogen – ins Nest einbringt. Das macht für ein nur 100 000 Bewohner zählendes Volk die stattliche Menge von zehn Kilogramm im Jahr. Für eine große, aus mehreren zusammenhängenden Nestern bestehende Ameisenkolonie sind das 50 bis 60 Kilogramm. Das ist ungefähr so viel, wie ein Bienenstock an Honig einbringt.

Es ist erstaunlich, wie unterschiedlich die Gewohnheiten und instinktiven Fähigkeiten der einzelnen Ameisenarten sind. Da gibt es außer denen, die Kleingetier erjagen oder Läuse und Käfer melken, auch noch solche, die Brot backen, Pilze züchten und Blumengärten anlegen. Ja, man findet sogar räuberisch umherziehende Wandervölker, Sklavenhalter, die andere Ameisenarten für sich arbeiten lassen, Diebsameisen und viele andere.

Hören wir zunächst etwas über die *brotbackenden* Ameisen, die sog. *Ernteameisen.* Sie beginnen mit dieser Tätigkeit, kurz bevor die heiße, trockene und dadurch nahrungsärmere Jahreszeit beginnt. Dann verlassen sie in langen Zügen ihren Bau, zerstreuen sich in dessen ganzer Umgebung und entwickeln eine fieberhafte Betriebsamkeit. Trotz des scheinbaren Durcheinanders herrscht unter den Tierchen eine streng geregelte Arbeitsteilung. Die eine Gruppe sammelt Samen ein, die bereits von den Pflanzen auf den Boden gefallen sind. Andere klettern an Stengeln und Grashalmen hoch und lösen von den verwelkten Blütenständen und Ähren die samentragenden Teile ab. Diese werden in mehr oder weniger großen Stücken von wieder anderen, den »Schleppern«, ins Nest getragen. Dabei sind diese »Transportarbeiter« in der Lage, Lasten zu bewältigen, die das eigene Körpergewicht um ein Vielfaches übertreffen. Man hat oft den Eindruck, sie könnten darunter zusammenbrechen.

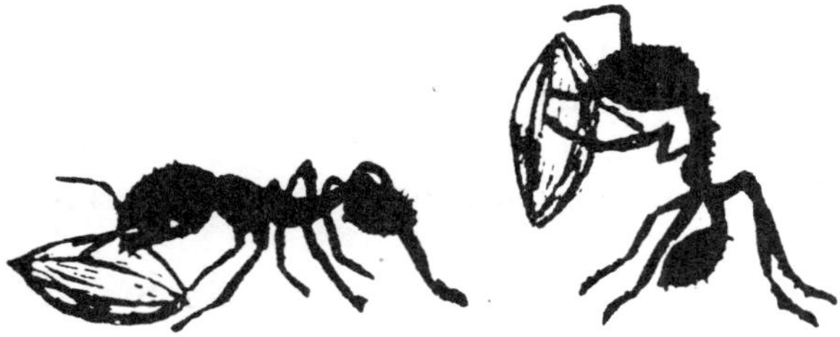

Abb. 108: Ernteameisen beim Entfernen der harten Samenhüllen.

Abb. 109: Sechsbeinige Bäckergesellen beim gemeinsamen Teigkneten.

Am Nesteingang wird jeder ankommende Lastträger von einer Wächterin kontrolliert. Man erkennt sich an dem jedem Nest eigenen Geruch. Auch das, was die Einlaß Begehrende mitbringt, wird auf seine Brauchbarkeit genau untersucht. Alles nicht Verwendbare muß sogleich auf die in der Nähe des Ameisenbaues angelegte »Schutthalde« gebracht werden.

Der Erntesegen wird von den Tierchen zunächst in den oberen Kammern des Nestes verstaut. Das sind also gewissermaßen ihre Scheunen. Aber noch während des Einbringens sind andere Arbeiterinnen schon fleißig beim Dreschen. Mit ihren starken und scharfen Kieferzangen holen sie die Samenkörner aus den Ähren, Schoten, Samenkapseln und Doldenstücken heraus. Wieder andere entfernen die Schalen, Spelzen und harten Häute (s. Abb. 108) und bringen die so peinlichst gesäuberten Körner in Vorratsräume, die sich in einem tiefer gelegenen Stockwerk befinden. Alle bei dieser Reinigungsaktion entstehenden Abfälle werden sofort hinausgetragen und auf den erwähnten Schuttplatz gebracht.

Eine besondere Gruppe hat die Aufgabe, die in den Vorratskammern angesammelten Körner weiterzuverarbeiten. Dies besteht in einem zunächst stundenlangen Zerkauen. Dabei nehmen oft zwei der Tierchen ein Korn zwischen sich und beißen gemeinsam von außen so lange an ihm herum, bis es zu einem Brei geworden ist (s. Abb. 109).

Von diesem verfüttern sie einen kleinen Teil sofort an die von ihnen zu betreuenden Larven. Die Hauptmenge aber formen sie zu etwa senfkorngroßen Bällchen, die sie auf außerhalb ihres Baues eigens dazu angelegten Plätzen zum Backen in die Sonne legen. Dadurch werden sie hart und knusprig wie Zwieback. Die fertigen »Brote« werden von den Ameisen danach wieder ins Nest zurückgebracht und dort als Nahrungsvorrat aufbewahrt.

Der Instinkt des »Brotbackens« der Ernteameisen hat außer der Vorratswirtschaft noch einen tieferen Sinn. Zunächst wird dadurch verhindert, daß die Samenkörner bei längerem Lagern in den feuchten Erdhöhlen zu keimen beginnen. Wichtiger aber ist der Umstand, daß sich deren Inhalt beim Zerkauen mit dem Speichel der Tierchen vermischt. Dieser enthält nämlich ein Ferment, das die in dem Samen enthaltene Stärke in Zucker verwandelt. Es handelt sich also bei den Ameisenbroten um ein bereits vorverdautes und gleichzeitig haltbar gemachtes Nahrungsmittel.

Die Ameisen verarbeiten in ihrer »Bäckerei« etwa 30 bis 40 verschiedene Pflanzensamenarten. Eine kräftige, mehrere Völker umfassende Kolonie soll nach Angaben von Naturforschern an einem Tag gut 25 000 Körner zusammentragen.

Der Forscher Otto Versch berichtet von einer im Amazonasgebiet lebenden Ameisenart, die in Bäumen und Sträuchern kopfgroße Nester baut, die ganz von blühenden Pflanzen durchwachsen und überwuchert sind. Die Pflanzen haben sich aber keineswegs von selbst dort angesiedelt, sondern werden von den Tierchen dort regelrecht angebaut.

Zu diesem Zweck tragen die kleinen Gärtnerinnen zunächst Erde in ihr Nest, in die sie die Blumensamen dann hineinpflanzen. Dabei wählen sie ausschließlich beerenfruchtige Pflanzen, die gleichzeitig ein besonders dichtes Wurzelwerk erzeugen. Letzteres bietet den Tieren einen besonders festen Halt für ihr Nest, was in Anbetracht der außergewöhnlich starken Regengüsse in diesem Gebiet von großem Vorteil ist. Das scheint auch der Hauptzweck des Pflanzenanbaus für diese Ameisenart zu sein.

Die Pflanzen finden ihrerseits wieder besonders günstige Existenzbedingungen in diesen *Ameisengärten*, so daß beide Teile auf ihre Kosten kommen. Besonders bemerkenswert ist an dieser Lebensgemeinschaft, daß die meisten Pflanzenarten dieser Blumengärten außerhalb von diesen überhaupt nicht vorkommen. Die Ameisen betreiben also regelrecht Blumenzucht und tragen dadurch gleichzeitig nicht wenig zur Verschönerung der Landschaft bei.

Zwar ist der Fleiß der Ameisen sprichwörtlich, jedoch sind längst nicht all ihre vielen verschiedenen Arten von demselben Schlage. Manche von ihnen – auch solche, die bei uns heimisch sind – betätigen sich als regelrechte »Sklavenjäger«. Sie überfallen fremde Kolonien, rauben deren Puppen und schleppen sie ins eigene Nest. Sobald diese dort ausgeschlüpft sind, müssen sie in dem fremden Bau für ihre Entführer arbeiten.

Bei der *Amazonen-Ameise* geht das sogar so weit, daß sie von den Geraubten geradezu abhängig sind. Ihre eigenen Arbeiterinnen sind nur noch Krieger, die nichts anderes mehr können als fremde Puppen stehlen. Sie sind nicht einmal mehr in der Lage, allein zu fressen. Neben einem gefüllten Honigtopf würden sie verhungern. Ihre »Sklavinnen« müssen ihnen die Nahrung regelrecht in den Mund stopfen.

Wie bereits im vorhergehenden Kapitel erwähnt, geschieht das Füttern aus dem Kropf, dem sog. sozialen Magen der Arbeiterinnen. Alle Nahrung, die möglichst flüssig oder wenigstens breiig sein muß, gelangt beim Sammeln zuerst in diesen Kropf. Will eine Arbeiterin eine Larve, eine Königin oder eine »Sklavenhalterin« füttern, dann würgt sie ein Tröpfchen des Kropfinhalts hoch, hält ihren Mund an den der Hungernden und läßt es von dieser aufsaugen.

Jede Ameise ist stets darauf bedacht, ihren Kropf möglichst zu füllen. Dieser ist in dem so vorbildlich sozialen Staat dieser Insekten eine nicht für das Einzelwesen, sondern allen jederzeit zur Verfügung stehende Vorratskammer. Sie ist bei den Arbeiterinnen sogar oft sehr erweiterungsfähig. Dieser Umstand wird bei der Wüstenameise, die oft futterarme Zeiten durchzustehen hat, in eigenartiger Weise ausgenutzt.

In manchen *Wüstengebieten* steht nämlich Honig nur ganz kurze Zeit des Jahres zur Verfügung. Die Ameisen müssen ihn deshalb speichern. Wenn die durch eine bestimmte Gallwespenlarve erzeugten Gallen der Zwergeiche ihren Honig ausschwitzen, herrscht für die kleinen Sammlerinnen Überfluß. Dann schaffen sie von dieser wertvollen Nahrung herbei, soviel sie nur können. Und wo sind die Behälter, in die sie diese lagern?

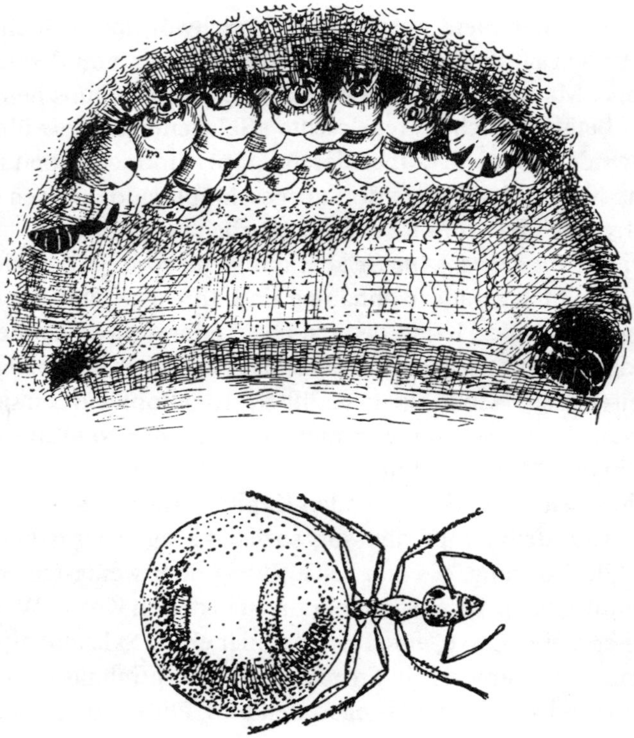

Abb. 110: Zum Zweck der Vorratshaltung für Notzeiten füttern die Wüstenameisen einige Nestgenossen bis deren Hinterleib zu einer Kugel anschwillt und lassen sie sich dann an der Decke einer Nestkammer ankrallen. Dort hängen sie dann als lebende „Konservendosen“ bis sie gebraucht werden.

Man höre und staune – es sind lebendige Mitbewohnerinnen ihres Nestes.

In einer besonderen Nestkammer ist die Decke stark gerauht, so daß sich eine Anzahl Arbeiterinnen gut an ihr festkrallen können (s. Abb. 110). Diese bedauernswerten Geschöpfchen werden dann so lange mit dem süßen Futtersaft gefüttert, bis sie fast zum Platzen voll sind. Ihr Hinterleib wird dadurch kugelrund und so groß, daß der übrige Körper überhaupt nicht mehr dazuzugehören scheint. So hängen dann die lebendigen »Honigtöpfe« im dunklen Vorratskeller, bis sie gebraucht werden. Wahrlich ein eintöniges und nicht wenig anstrengendes Dasein!

Kommt dann später die Zeit des Nahrungsmangels, dann kann jede hungernde Ameise jederzeit in diese Vorratskammer gehen und ein solches »Honigfaß« anzapfen. Dazu reizt sie ihre hängende Kameradin durch Betrillern mit ihren Fühlern so lange, bis sie sich erbricht und von dem gespeicherten Honig etwas abgibt. Forscher wollen festgestellt haben, daß sich von einem einzigen solcher »Honigfässer« nicht weniger als 100 Ameisen zwei Wochen lang ernähren können.

Im tropischen Amerika lebt die verhältnismäßig große *Blattschneider-Ameise,* die von den dortigen Pflanzern sehr gefürchtet ist. Sie wohnt in weitläufigen unterirdischen Bauten, die sie nur verläßt, um auf Bäume und Sträucher zu klettern und mit ihren scharfen Kiefern kleine Stückchen aus den Blättern herauszuschneiden.

In langen Zügen marschieren die Tierchen hinaus, verteilen sich in der ganzen Umgebung ihres Nestes, und wenn sie dorthin zurückkehren, trägt jedes sein Blattstückchen wie ein Schirmchen über dem Kopf.

Wenn ein solches Millionenheer Orangen-, Zitronen- oder andere Kulturen befällt, dann bleiben an den Bäumen meist nur noch die Blattrippen übrig. Forscher haben festgestellt, daß eine einzige dieser Ameisenkolonien an einem Tag etwa zweieinhalb Kilogramm Blätter fortzuschaffen vermochte. Man kann sich deshalb vorstellen, daß die kleinen Geschöpfe auf diese Weise schon ganze Plantagen zugrunde gerichtet haben.

Wer nun glaubt, die eingesammelten Blätter dienten den Ameisen als Nahrung, der irrt sich sehr. Aber wozu brauchen sie denn diese riesigen Mengen Laub? Sie bereiten daraus einen geeigneten Nährboden für ihre *Pilzkulturen.* Das geht folgendermaßen vor sich:

Die eingebrachten Blattstückchen werden von den Arbeiterinnen weiter zerkleinert und schließlich zu Brei zerkaut. Diesen Blattbrei breiten sie in besonderen Kammern aus, impfen ihn mit Keimen einer bestimmten Pilzart und düngen das schnell wuchernde Pilzgeflecht mit Speichel und Kot.

Die Beete werden von besonderen »Gärtnerinnen« betreut. Das sind besonders kleine Arbeiterinnen, die die spezielle Aufgabe haben, als Jäterinnen dafür zu sorgen, daß auf den Beeten kein Unkraut heranwächst. Auch wird die Bildung von Fruchtkörpern durch ständiges Beschneiden der Kulturen verhindert. Dadurch wird erreicht, daß sich an den Pilzfäden kleine, kohlrabiförmige, eiweißreiche Anschwellungen bilden, die den Ameisen als Nahrung dienen.

Die Pilzzucht beruht bei den Blattschneiderameisen auf einem vom Schöpfer tief eingepflanzten Instinkt. Das beweist in ganz besonderer Weise der Umstand, daß jede ihrer jungen Königinnen bei der Gründung eines neuen Staates in einer eigens dafür vorhandenen Mundtasche ein Klümpchen Pilzmycel mitbringt. Das sind gewissermaßen Ableger, mit denen dann auch in dem neuen Volk die Pilzzucht betrieben werden kann.

Das wohl größte Rätsel hat die *Weberameise* den Naturforschern aufgegeben. Man fand sie erstmalig auf der Insel Ceylon. Dort baut sie aus Blättern zusammengesponnene Nester in die Bäume.

Als man die Tierchen daraufhin untersuchte, fand man keinerlei Spinndrüsen an ihrem Körper. Wie aber brachte sie dann das die Blätter zusammenhaltende Gespinst zustande? Die Wissenschaftler waren ratlos.

Doch da entdeckten sie, daß die Larven dieser Ameisen – wie viele andere – über Spinndrüsen verfügen, mit deren Hilfe sie bekanntlich ihre Puppenhülle verfertigen. Aber wie konnten diese nur hilflos in ihrer Kammer liegenden Räupchen ihren Hausgenossinnen beim Nestbau helfen?

Abb. 111: Weberameisen »nähen« den Riß in einem Laubblatt in gemeinsamer Arbeit wieder zusammen.

Ja, sie tun es tatsächlich, allerdings nur in passiver Weise. Der wissensdurstige Mensch hat die kleinen Lebewesen so lange beobachtet, bis er des Rätsels Lösung gefunden hatte. Man fand sie durch folgendes Experiment:

Ein Forscher machte eines Tages in eines der Blätter, aus denen ein solches Nest zusammengebaut war, einen Schnitt. Als die Bewohnerinnen diese Beschädigung ihrer Behausung entdeckten, gerieten sie in Aufregung.

Dann aber taten sie etwas Verblüffendes, das wie eine Vernunfthandlung anmutet (s. Abb. 111). Einige von ihnen stellten sich in einer geraden Reihe längs des Schnittes auf. Dann faßten sie wie auf ein geheimes Kommando alle gleichzeitig mit ihren Beißzangen die gegenüberliegende Schnittkante. Nachdem sie sich dann da, wo sie standen, mit allen sechs Füßen ordentlich festgekrallt hatten, begannen sie behutsam zu ziehen, so daß sich der Riß verengte.

Nun kam eine Gruppe von Arbeiterinnen anmarschiert, von denen jede eine erwachsene Larve zwischen ihren Kieferzangen hielt, und zwar so, daß deren Spinndrüsen nach vorn gerichtet waren. Diese drückten sie dann einmal diesseits und dann wieder jenseits des Spaltes auf das beschädigte Blatt. Dabei preßten sie die Larve jedesmal mit ihren Kiefern ein wenig zusammen und veranlaßten diese dadurch, einen Faden zu spinnen.

Die kleinen Weberinnen benutzten also ihre Larven gleichzeitig als Spinnrocken und als Weberschiffchen. Und nach zahlreichem Hin- und Herfahren hatten sie den Riß des Blattes mit einem feinen Seidengewebe überbrückt.

Hier haben wir einen der außerordentlich seltenen Fälle vor uns, in denen sich ein Tier eines *Werkzeugs* bedient, und hier dazu sogar noch eines lebendigen. Wer kann ihm das anders beigebracht haben als sein und unser aller erhabener Schöpfer?!

18. Kapitel
Des Schöpfers Flugzeugbau

Entwicklung im Flugzeugbau

Ist es nicht zum Staunen, daß der Mensch erst am Anfang dieses Jahrhunderts das Fliegen gelernt hat? Hätte das bei seinem technischen Können nicht schon sehr viel früher der Fall sein können, wo er doch täglich die Vögel als Kleinflugzeuge vor Augen hat?! Sonst ist er doch so schnell bei der Hand, dem göttlichen Erfinder Konstruktionsideen zu stehlen und für seine Zwecke zu verwerten!

Aber früher waren ihm die Hände gebunden, weil ihm die technischen Voraussetzungen für das Fliegen noch fehlten. Es fehlte ihm noch das Material für eine entsprechend leichte und dabei doch stabile Bauweise der Flugkörper. Vor allem waren die erforderlichen Motore noch viel zu unförmig und schwer.

Als jedoch diese Mängel behoben waren, ist dann die Entwicklung auf dem Gebiet des Flugzeugbaus mit atemberaubendem Tempo vorwärts gegangen. Man bedenke nur: Die Gebrüder Wright haben erst im Jahr 1903 den ersten gesteuerten Motorflug unternommen. Und wenn wir uns dagegen den heutigen Flugbetrieb vor Augen halten, können wir nur staunen.

Auch der menschliche Flugzeugbau ist wieder einmal ein schlagender Beweis für unsere Geistesverwandtschaft mit unserem Schöpfer. Wir sind nicht nur in der Lage, seine Konstruktionen zu durchschauen, sondern sie darüber hinaus als Anregung und Vorbild für unsere eigenen flugtechnischen Schöpfungen auszunutzen.

Im folgenden wollen wir uns nun zunächst mit dem allgemeinen Körperbau der Vögel beschäftigen, um dann auf Sonderkonstruktionen und andere Besonderheiten innerhalb der Vogelwelt überzugehen.

Die Zoologen kennen heute rund 8600 Vogelarten, die sie in 28 Ordnungen unterteilen. Die Grundform ihres Körpers ist weitgehend einheitlich. Sie besteht aus einem mehr oder weniger gedrungen spindelförmigen, auf den Hinterbeinen schräg aufwärts gestellten Rumpf, an den anstelle der Vorderbeine rechts und links je ein Flügel angesetzt ist. Viele Vögel sehen sich so ähnlich, daß es selbst für den Fachwissenschaftler oft nicht leicht ist, die einzelnen Typen in sinnvoll geordnete Gruppen und Familien einzuteilen. Desto leichter sind dagegen die Vögel von allen übrigen Tieren zu unterscheiden.

Vom zweckvollen Bau des Vogelkörpers

Ähnlich wie unsere Flugzeugbauer hat auch der göttliche Konstrukteur den gesamten Vogelkörper bei geringstmöglichem Materialeinsatz aus den denkbar leichtesten Stoffen gebaut. Es sind deshalb nicht nur die Schwingen allein, die die Tiere befähigen, sich geradezu spielerisch in den Lüften zu tummeln. Darüber hinaus gibt es in ihrem gesamten Organismus nichts, was nicht im Zusammenhang mit dem Flugvermögen anders gestaltet wäre, als bei den übrigen Wirbeltieren.

So fällt z. B. bei dem den ganzen Körper stützenden und stabilisierenden *Knochengerüst* auf, daß das Becken mit der Wirbelsäule fest verwachsen ist. Dadurch bekommt der Vogelleib eine Starrheit, wie sie auch bei unseren künstlichen Flugmaschinen dringend notwendig ist.

Das *Brustbein* bildet eine vorn keilförmig zulaufende, große, starre Platte und bietet damit eine sehr widerstandsfähige Befestigungsmöglichkeit für die großen *Flugmuskeln.*

Die *Knochen* sind bei den Vögeln nicht wie bei den anderen Tieren mit dem schweren Mark gefüllt, sondern hohl. Der Schöpfer hat also schon in der Urzeit dünnwandige Leichtrohre für den Flugzeugbau verwandt, wie wir das heute immer noch tun.

Auch die *Schädelkapsel* der Flugkünstler ist so leicht und zierlich gebaut, daß sie insgesamt leichter ist als die in ihr eingebetteten Augäpfel.

Der *Vogelrumpf* hat eine hervorragend windschlüpfrige *Stromlinienform.* An ihm sind vorstehende Organteile wie Nase und Ohrmuschel zur Vermeidung von Windwiderstand beim Fliegen weggelassen. Als Eingang für das Riechorgan befinden sich nur zwei kleine Löcher am Schnabelansatz und der für das Gehör besteht ebenfalls nur aus zwei Öffnungen am Kopf.

Die *Beine* der Vögel sind äußerst dünn und leicht. Sie bestehen praktisch nur aus Knochen und Sehnen, die bis einschließlich der Zehen mit einem hornartigen Überzug versehen sind. Sie sitzen sehr nahe am Körper und können im Flug so dicht an diesen angelegt werden, daß sie wie ein eingezogenes Fahrgestell ganz im Gefieder verschwinden.

Sie sind sehr locker im Gelenk und federn, als seien sie aus Stahl, so daß sich das Tierchen beim Start vom Boden abstoßen und hochschnellen kann.

Ähnlich ist es beim *Landevorgang*. Dieser geht so vor sich, daß der Vogel die Beine beim Anflug weit vorstreckt und dann abgewinkelt federnd aufsetzt. Dabei ist es ganz gleich, ob er in schnellstem Sturzflug auf dem Boden niedergeht, ob er sich senkrecht aus der Luft auf eine eng begrenzte Stelle fallen läßt oder sich auf einem dünnen Ast in einer Baumkrone oder im dichten Gebüsch niederläßt. Noch nie haben wir einen Vogel bei einer Bruchlandung beobachtet.

Wenn wir nicht so sehr an die tausenderlei Wunder im Naturgeschehen gewöhnt wären, würde es uns mehr beeindrucken, daß die kleinen Kunstflieger so sicher auf einem wippenden Ästchen oder stundenlang auf einem dünnen Telefondraht sitzen können. Zum mindesten würden wir fragen, wie es möglich ist, daß sie dabei weder nach vorn noch nach hinten herumkippen.

Dieser Umstand beruht auf einem interessanten Konstruktionskniff ihres Schöpfers. Wenn sich die Tierchen nämlich niederhocken, dann werden ihre Zehen ganz automatisch so zusammengekrümmt, daß sie den Zweig fest umklammern. Diese Umklammerung löst sich erst wieder, wenn sich ihr Körper aufrichtet.

Ganz außergewöhnlich ist beim Vogel auch das ihm zur Erfüllung seiner mancherlei Lebensaufgaben zur Verfügung stehende Universalwerkzeug. Ich meine damit seinen *Schnabel* (s. Abb. 112), der in bezug auf seine vielseitige Gebrauchsfähigkeit unserer Hand nicht viel nachsteht. Auch er ist aus hornartigem Material superleicht gebaut, dabei aber selbst den härtesten Beanspruchungen gewachsen.

Mit ihm nimmt das Tier seine Nahrung auf. Je nach der Art, zu

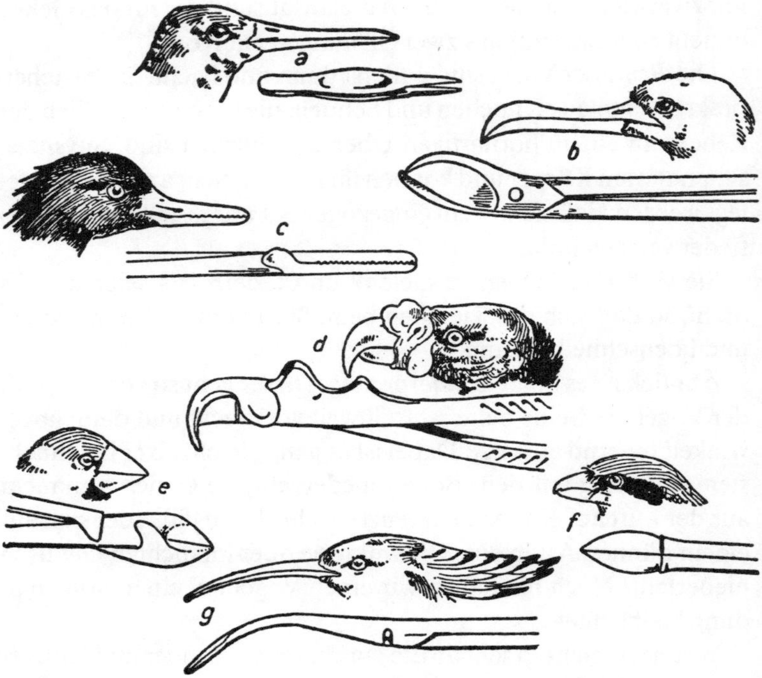

Abb. 112: Vogelschnäbel im Vergleich zu ärztlichen Instrumenten, die jeweils ähnlichen Zwecken dienen.

a = Kampfläufer = Splitterpinzette
b = Fregattvogel = Gipsschere
c = Gänsesäger = Arterienklemme
d = Königsgeier = Rippenschere
e = Kernbeißer = Knochenschere
f = Raubwürger = Perforatorium
g = Wiedehopf = Schlundzange

der er gehört, kann dies geschehen, indem er sie vom Boden aufpickt, sie von Bäumen oder Sträuchern pflückt, sie aus Rinden hackt, aus dem Erdboden zieht, aus dem Schlamm stochert oder aus dem Wasser fischt. Ja, manche – wie etwa die Schwalben – sind in der Lage, Insekten im Flug aus der Luft zu erhaschen.

Für die vielerlei Zwecke sind die Vogelschnäbel natürlich nicht alle einheitlich geformt. Sie sind jeweils der Art der aufzunehmenden Nahrung wunderbar angepaßt. So wirken z. B. manche wie eine Zange, andere wie eine feine Pinzette oder wie ein Saftheber.

Manche lassen sich auch als Löffel, als Fruchtpresse oder gar als Nußknacker gebrauchen. In einem Fall arbeitet der Schnabel eines Vogels als Meißel, im anderen als Hammer oder als Keil. Der Papagei benutzt ihn sogar als Kletterhaken und der junge Kukkuck als Brechstange, um die Eier seiner Stiefgeschwister über den Nestrand zu heben und hinauszuwerfen.

Bei manchen Vogelarten ist der Schnabel weich und feinfühlig, bei anderen dagegen hart. Oft ist er kurz und dick und dann wieder lang und dünn und dabei gerade oder gekrümmt. Ja, es gibt sogar Fälle – wie etwa beim Tukan, dem Pfefferfresser –, wo der Schnabel geradezu unproportioniert groß und klobig ist.

Doch die Ergreifung der Nahrung ist lange nicht die einzige Aufgabe des Schnabels. So kann er z. B. dem Vogel noch wie ein Dolch, ein Spieß, ein Bajonett oder eine Keule als Waffe zu seiner Verteidigung dienen.

Ferner trägt er mit ihm das Material für sein Nest zusammen, das er dann kunstvoll aufeinanderlegt, zusammensteckt, miteinander verfilzt, verwebt oder verpappt. Je nach Art des Nestbaus wird der Schnabel von manchem Vogel auch zum Graben, zum Mauern, Töpfern oder Zimmern benutzt. Auf seine weitere Verwendung zur Schönheitspflege komme ich später zurück.

Letztlich dient dieses großartige Universalinstrument auch noch zur Brutpflege. Schon beim Brüten wendet das Tier mit ihm hin und wieder die Eier, um dadurch die auf dem Dotter lagernde Keimscheibe jeweils mit frischem Eiweiß in Verbindung zu bringen. Später füttert und pflegt es mit ihm seine Jungen.

Bei all diesen so überaus vielseitigen Verwendungsmöglichkeiten kommt dem Vogelschnabel zugute, daß der meist auf einem langen Hals sitzende Kopf des Vogels ungewöhnlich beweglich ist. So können sich z. B. die Eulen nicht nur bequem den Rücken, sondern hintenherum auch noch die andere Schulter betrachten.

Ein ganz besonderes, allen Vögeln eigenes Kennzeichen ist ihr *Federkleid* (s. Abb. 113). Ihr Schöpfer hat es im Hinblick auf ihren notwendigerweise leicht zu haltenden Körperbau eigens für sie erfunden. Es hat tatsächlich ein viel geringeres Gewicht als der zarteste Pelz der übrigen Wirbeltiere.

Die Federn zeigen sich nicht nur gut, um den Vogelkörper

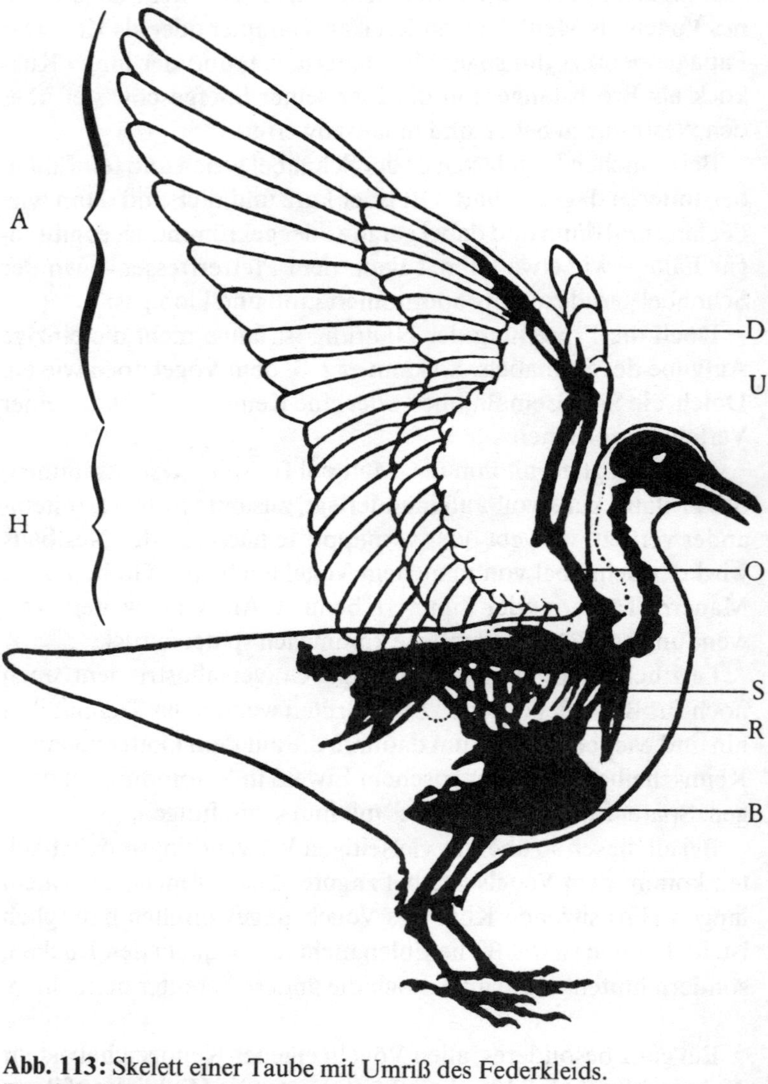

Abb. 113: Skelett einer Taube mit Umriß des Federkleids. Der linke Flügel ist nicht gekennzeichnet.

A = Armfittich
H = Handfittich
D = Daumenfittich
B = Brustbein
U = Unterarm
O = Oberarm
S = Schlüsselbein
R = Rabenschnabelbein

durch eine dachschieferähnliche Bedeckung mit ihnen vor schädlichen Witterungseinflüssen zu schützen, sondern sie lassen sich auch sehr zweckdienlich für die Bildung der Flügel als Hochleistungs-Tragflächen und des Schwanzes als Steuerruder einsetzen.

Der Vogelflügel ist übrigens ein technisches Wunderwerk des göttlichen Erfinders. Er kommt dadurch zustande, daß sich viele Einzelfedern fächerförmig zu einer leicht gewölbten Tragfläche zusammenschließen. Dabei gibt der vordere Rand dem Ganzen als feste Kante den erforderlichen Halt.

Wenn die Flügel nach unten geschlagen werden, sind sie in der Lage, den leichten Vogelkörper in der Luft zu heben. Werden sie stillgehalten, vermögen sie ihn nachhaltig zu tragen oder bei Gegenwind sogar ebenfalls zu heben. Da sie ferner nicht nur genau nach oben und unten, sondern immer ein wenig auch nach hinten schwingen, treiben sie das Tier im Flug stets nach vorwärts.

Es ist letztlich die besondere Form und Befestigung der einzelnen Federn, die die großartige Wirkungsweise des Vogelflügels verursacht und ihn allen künstlichen Flugzeugflügeln überlegen macht. Sie sind nämlich ein wenig drehbar angeordnet, und zwar so, daß sie bei dessen Niederschlagen eine geschlossene Fläche bilden. Jedoch beim Heben der Schwinge drehen sich die Federn wie die Stäbe einer Jalousie so, daß die Luft zwischen ihnen hindurchströmen kann.

Diese sinnvolle Flügelkonstruktion ist nicht nur beim Fliegen hoch in den Lüften, sondern ganz besonders beim Starten von Wichtigkeit. Wenn sich der Vogel nämlich zu diesem Zweck mit den Beinen vom Erdboden abstößt und hochspringt, dann würde ihn das erste Flügelheben wieder nach unten drücken. Dadurch, daß letzteres der Luft jedoch keinen nennenswerten Widerstand bietet, kann das darauffolgende Niederschlagen der Schwingen das Tier sofort weiter in die Höhe tragen.

Nun wissen wir alle, wie wichtig uns als Fluggast die Gewißheit ist, daß unsere Verkehrsmaschinen in bezug auf ihre Flugsicherheit strengster Überwachung unterliegen. Bekanntlich werden sie sogar trotz sorgfältiger täglicher Kontrollen von Zeit zu Zeit generalüberholt. Beides hat der Schöpfer auch für seine fliegenden Geschöpfe angeordnet. Er hat dabei bedacht, daß die Feder, obwohl Teil eines lebenden Organismus, in Wirklichkeit totes Material darstellt. Während sich lebende Zellverbände laufend selbst regenerieren, ist das bei toten nicht der Fall.

Wir müssen bedenken, daß der Vogel viel mehr als die sich oft verkriechenden Landtiere den Unbilden der Witterung ausgesetzt ist. Das gilt ganz besonders für die meist weiten und strapaziösen Flugreisen der Zugvögel. Auch gerät den Tieren bei ihren Kämpfen und ihrem Umherflattern im Gewirr von Ästen, Laub und Dornen das Gefieder nicht selten in arge Unordnung.

Es war deshalb schon ein dringendes Erfordernis, daß dem Vogel von seinem Erbauer eine laufende Kosmetik vorgeschrieben wurde. Jeder von uns hat schon beobachtet, wie sorgfältig manches Vögelchen sein Gefieder pflegte, es puderte, reinigte, badete, kämmte, glättete und einfettete. Dabei waren dann oft die Pfützen ihre Badewanne, Staubansammlungen am Weg ihre Puderdose und die Bürzeldrüse an ihrem hinteren Körperende ihre Cremetube.

Doch alles das hätte für die ganze Dauer eines Vogellebens nicht genügt. Deshalb hat der Schöpfer für seinen gesamten Flugpark eine jährliche *Generalüberholung* angeordnet. Jeder Vogel bekommt auf Grund dieser Verordnung in jedem Jahr einmal ein komplettes neues Federkleid.

Diese Maßnahme bedurfte natürlich eines genau planmäßigen Vorgehens, denn die kleinen Flieger müssen ja zur Aufrechterhaltung ihrer Lebensfunktionen während der Zeit des *Federwechsels* flugtüchtig bleiben. Um dies wenigstens notdürftig zu gewährleisten, erstreckt sich diese Prozedur über viele Wochen. Damit dem Tierchen dabei das Gleichgewicht nicht gestört wird, erfolgt sowohl der Ausfall als auch die Erneuerung der Federn stets gleichmäßig auf beiden Seiten des Körpers.

Zu dem göttlichen Plan gehört auch der Umstand, daß die *Mauser* der Vögel – denn so nennt man bekanntlich den Gefiederwechsel – immer erst nach der Aufzucht der Jungen erfolgt. Da dies durchweg im Spätsommer der Fall ist, fällt sie in eine Zeit, in der den Vögeln der Tisch reichlich gedeckt ist und sie ihr Futter leicht erreichen können. Aber dennoch ist der Umtausch ihrer Garderobe für die kleinen Tierchen eine ziemliche Anstrengung. Es ist deshalb kein Wunder, daß die Sänger unter ihnen in der Sommerzeit meist so schweigsam sind.

Sogar die *Verdauungsorgane* des Vogels sind auf die Möglichkeit des Fliegens zugeschnitten. Er hat nämlich einen außergewöhnlich kurzen Darm, dafür aber besonders scharfe Verdauungssäfte. Dadurch wird der Verdauungsprozeß im Gegensatz zu den übrigen Wirbeltieren sehr stark abgekürzt. Das Tier soll nicht unnütz mit den wertlosen Verdauungsrückständen belastet werden. Deshalb wirft es diesen Ballast auch immer so schnell wie möglich ab, so daß der Darm der Vögel die meiste Zeit leer ist. Da diese Entleerung nicht selten während des Fluges geschieht, gibt uns dieser Vorgang bekanntlich manchmal Anlaß zu persönlichem Ärger. Dies nämlich dann, wenn wir durch den Abwurf bekleckert werden. Dabei bekommen wir in der Regel gleichzeitig einen deutlichen Beweis für die ungewöhnliche Schärfe der Vogelexkremente; denn diese hinterlassen durch die Verätzung der Textilfarben unserer Kleider fast immer einen unauslöschlichen hellen Fleck.

Beinahe unfaßbar ist die *Flugleistung* der Vögel. Nicht nur im Kunstflug, sondern vor allem im Dauer- und Langstreckenflug sind sie unübertroffen. In der Fachliteratur fand ich die Angabe, daß ihre Höchstgeschwindigkeit bei rund 120 Stundenkilometern liege, die von der Krickente erreicht werden soll. Die größte Tagesleistung im Dauerflug erreichen angeblich die zu den Stelzen zählenden Vögel mit 180 Kilometer. Im Langstreckenflug hält wohl die Küstenseeschwalbe die Spitze. Zu der Zeit, wenn sich die ganze Vogelwelt aufmacht, um den Unbilden des nordischen Winters zu entgehen, begibt auch sie sich auf die Reise gen Süden. Sie umfliegt dann tatsächlich den halben Erdball, nämlich von der Arktis zur Antarktis, also praktisch vom Nordpol bis zum Südpol. Dabei führt sie ihr Weg nicht weniger als 17 500 Kilometer über das offene Meer.

Welch ein leistungsfähiger Motor muß doch in einem solch kleinen Naturflugzeug stecken, das doch während solcher Strekken weder landen noch tanken kann! Tatsächlich ist deshalb das Herz eines solchen Tierchens ungewöhnlich stark. Es jagt das besonders sauerstoffreiche Blut mit übernormaler Beschleunigung durch das Körperchen, dessen Temperatur dabei stets etwas höher liegt als bei den Säugetieren. Sie liegt im Durchschnitt bei rund

40 Grad Celsius. Im Vergleich zu uns befindet sich der Vogel demnach dauernd im Zustand hohen Fiebers. Das ist denn auch sicher der Grund, weshalb die kleinen Tierchen immer so regsam und quicklebendig und zu so gewaltigen Kraftleistungen befähigt sind.

Doch das *Herz* würde eine solche Riesenarbeit allein nicht schaffen. Das Blut muß ja bei der schnellen Zirkulation auch schneller mit frischem Sauerstoff beladen werden. Das aber bedingt wiederum eine hochleistungsfähige Lunge. Und gerade sie ist es, die bei dem oft tagelangen ununterbrochenen Flügelschlagen neben dem Herzen am höchsten beansprucht wird. Wir kämen bei einer solchen Dauerbewegung schon nach kürzester Zeit außer Atem. Bei den Vögeln ist dies jedoch keineswegs der Fall. Dies nicht zuletzt dadurch, daß ihnen der Schöpfer eine sinnvolle Einrichtung zur Unterstützung ihres Atmungsapparats eingebaut hat.

Diese Unterstützung bekommt er durch eine ganze Reihe regelrechter Blasebälge. Das sind mehr oder weniger große *Luftsäcke*, die die inneren Organe des Tieres umgeben und die alle mit seiner Lunge in Verbindung stehen. Durch das fortwährende Zusammenziehen und Wiederausdehnen der besonders starken und ausdauernden Flugmuskeln werden diese Luftsäcke im gleichen Rhythmus zusammengedrückt und entspannt, so daß sie wie primitive Luftpumpen wirken.

Weiter vorn habe ich bereits gesagt, daß die *Knochen* der Vögel aus Gründen der Gewichtseinsparung hohl seien. Auch deren Hohlräume müssen dem großen Luftbedarf der kleinen Flieger dienen. Sie stehen deshalb mit den erwähnten Luftsäcken in Verbindung, so daß sie als zusätzliche Luftbehälter wirken können.

Es ist erstaunlich, wie hier eins ins andere greift. Der ständig durch den ganzen Tierkörper pulsierende Luftstrom hat noch die zusätzliche Aufgabe, die hochbeanspruchten Muskeln des Herzens und der Flügel ständig zu kühlen. Dadurch werden sie vor Schäden durch Überhitzung bewahrt.

Abb. 114: Der Urvogel Archaeopterix wie er als fossiler Abdruck im Solnhofener Schiefer gefunden wurde.

Wie sehr es dem göttlichen Konstruktionsgenie gelungen ist, das Gewicht seiner kleinen Kunstflieger niedrig zu halten, mag uns die Tatsache veranschaulichen, daß unser Buchfink nur 20 Gramm und unser Rotkehlchen noch nicht ganz soviel, nämlich 17 Gramm wiegt. Das kleinste Vögelchen unserer Breitengrade ist das nur vier Gramm schwere Goldhähnchen.

Die Arten und ihr Lebensraum

Ob wir wohl heute auch eine so wunderbar gleichmäßige Verteilung der Lebewesen über die ganze Erdoberfläche und einen so großen Artenreichtum vorfinden würden, wenn das Leben auf unserem Planeten seine Entstehung und Entwicklung dem Zufall verdankte? Um das fertigzubringen, hätte dieser »Zufall« wahrlich eine schwere Aufgabe zu lösen gehabt. Man bedenke nur einmal, wo wir überall in der Natur Pflanzen und Tiere antreffen. Wir finden sie in Bächen, Flüssen, Seen und Meeren, in weiten Ebenen, und in den Gebirgen. Sie bevölkern sogar die Eiswüsten mit ewiger Kälte sowie die extrem heißen und trockenen Wüstengebiete. Dabei sind alle Lebewesen körperlich so beschaffen, daß sie in der ihnen zugefallenen Umwelt nicht nur existieren, sondern sich auch wohlfühlen können.

Um nun all die mannigfaltigen Landschaften besiedeln zu können, mußte die Künstlerhand des allmächtigen Schöpfers – denn nur ihm war dies möglich und niemals dem blinden Zufall – eine unermeßliche Zahl von Formen schaffen. Man nennt sie Arten, wovon jede sich in der ihr eigenen Gestalt fortpflanzt. Innerhalb einer Art können zwar in gewissen Grenzen Formveränderungen zum Zweck der Anpassung an veränderte Umweltbedingungen vorkommen, jedoch ist noch nie aus einer Art eine grundsätzlich neue entstanden. Die den Organismen vom Schöpfer gesetzten Artgrenzen werden in der Natur nie übersprungen.

Die Vertreter des Zufalls- und Entwicklungsglaubens führen als Gegenbeweis hier oft den sog. *Urvogel* Archaeopteryx als (s. Abb. 14) Übergangsform zwischen den Reptilien und den Vögeln an. Dieser soll vor 150 Millionen Jahren gelebt haben. Seine im Solnhofener Schiefer gefundenen Fossilabdrücke zeigen tatsächlich als Merkmale eines Reptils Zähne, einen Wirbelschwanz und Krallen an den als befiederte Flügel ausgebildeten Vordergliedmaßen.

Doch haben diese – übrigens bei heutigen Vögeln auch *einzeln* noch vorkommenden – Merkmale in bezug auf die Entwicklungstheorie wirklich Beweiskraft? Mit allergrößter Wahrscheinlichkeit nicht. Dieser Urvogel war mit Sicherheit ein ebenso spezialisiertes Tier, das sich nur »nach seiner Art« vermehren konnte wie alle übrigen.

Seine seltsame Form mag einer ähnlichen »Künstlerlaune« des Schöpfers entsprungen sein wie das heute noch existierende, noch ausgefallenere *Schnabeltier.* Letzteres ist nämlich ein richtiges Säugetier, das aber im Gegensatz zu anderen Pelztieren Eier legt und einen Schnabel hat, der aussieht und funktioniert wie der einer Ente.

Da dieses kuriose Tier noch lebt, kann sich jeder Biologe davon überzeugen, daß es bezüglich seiner Fortpflanzung genauso festgelegt ist wie alle anderen. Es kann also unmöglich eine in der Höherentwicklung begriffene Übergangsform zwischen den behaarten Säugetieren und den befiederten Schwimmvögeln sein.

Damit sich nun der Leser ein Bild von dem Artenreichtum in der Natur machen kann, will ich nur drei Zahlen nennen: Nach Angaben der Fachwissenschaftler kennen wir heute etwa 8600 verschiedene *Vogelarten,* 250 000 *Käferarten,* und ein Insektenforscher schätzt die Gesamtzahl aller auf der Erde vorkommenden *Insektenarten* auf sage und schreibe zehn Millionen.

In einem großen Häuserblock ist jeder Kubikmeter Raum bestens ausgenutzt und seine Verteilung ganz genau geordnet. Jede Familie hat ein ganz bestimmtes Stockwerk und darin wieder ganz bestimmte Zimmer zugeteilt bekommen. Ganz ähnlich ist es auch in der Natur. Hier konnte der Schöpfer ebenfalls die Tiere sich nicht ihren Wohnsitz ohne vorherige Regelung selber suchen lassen. Dann hätte es nämlich mit Sicherheit Zusammendrängung auf den besten Plätzen gegeben, während andere leer geblieben wären. Deshalb hat er in jedes Tier von vornherein einen ganz bestimmten instinktiven Wohnungsanspruch hineingelegt, und jedes Lebewesen gedeiht dort am besten und fühlt sich nur dort befriedigt, wo der Wohnplatz diesem Anspruch gerecht wird. Der

Naturforscher *Prof. Konrad Guenther* gibt uns hierfür ein sehr anschauliches Beispiel, das ich hier wörtlich wiedergeben möchte:

»Mancher mag die *Grasmücke* bedauern, die in einem Garten nur ein durchsichtiges Gebüsch findet und in diesem ihr Nest baut, das die Katze bald herunterreißt, während prächtige Bäume dastehen, die bessere Unterlagen geben, und dann auch vom Fink ausgenutzt werden. Aber die Grasmücke lebt nicht für sich selbst, sie ist ein Teil des Ganzen, in dem nur dadurch Ordnung herrscht, daß jedes an einem ihm zugewiesenen Platz steht. Auch der Wald ist in Stockwerke eingeteilt, und jedes hat seinen besonderen Mieter. Auf dem Boden brüten die *Laubsänger*, schieben ihre Nester wie kleine Backöfen in Moos und Gras hinein. In überhängendes Moos am Wegrande setzt der *Zaunkönig* sein Nest, in die Überwucherung eines Baumtrunkes das *Rotkehlchen*, ins Gebüsch am Waldrande die *Grasmücke*, in die Astquirle auf dem Baum die *Finken*, mitten auf dem Ast baut der *Pirol*, in den Astgabeln sitzt der graue, aus Flechten gearbeitete Nestbeutel der *Schwanzmeise*, im Baum brüten *Specht* und *Meisen*, auf dem Gipfel *Krähe* und *Raubvogel*. Nur so ist die Unterbringung einer großen Zahl von Tieren möglich, denn was von den Vögeln gilt, trifft auch bei den anderen Tieren und ebenso bei den Pflanzen zu, von denen ebenfalls jede Art ihren besonderen Standort hat.«

In der wissenschaftlichen Klassifizierung der Tierwelt gibt es den Unterstamm der *Wirbeltiere*. Die Grundkonzeption für den Körperbau dieser Geschöpfe ist unter anderem das Vorhandensein eines Skeletts als inneres Stützgerüst, eines Herzens als Motor, eines mit der Lungenatmung verbundenen Blutkreislaufs, der seinen Betriebsstoff aus dem Verdauungsapparat und der Luft bezieht und schließlich eines Gehirns nebst Nervenleitungen und Sinnesorganen als Steuereinrichtung.

Nach diesem Grundkonzept gebaute Lebewesen gibt es in einer ungeheuer großen Zahl von Varianten. Die Biologen unterteilen sie in fünf Klassen, und zwar in *Fische*, *Lurche*, *Kriechtiere*, *Vögel* und *Säugetiere*. Sie bevölkern alle Bereiche der Natur, den Erdboden, das Wasser und die Luft.

Im folgenden wollen wir uns nun noch einmal mit den *Vögeln* beschäftigen. Im vorigen Kapitel haben wir bereits ihren ganz auf die Möglichkeit des Fliegens hin konstruierten, sehr einheitlich gebauten Körper und seine Funktionen besprochen. Im folgenden möchte ich nun auf einige von diesem Grundmodell besonders abweichende *Sonderkonstruktionen* zu sprechen kommen, durch die diese kleinen, natürlichen Flugmaschinen von ihrem göttlichen Erfinder ihrer besonderen Lebensaufgabe angepaßt worden sind.

Vögel in Sonderkonstruktion

Unseres Schöpfers Meisterstück innerhalb der Vogelwelt dürfte wohl der *Kolibri* sein. Er ist gleichzeitig der kleinste und einer der schönsten Vögel der Welt. Seine über 300 verschiedenen Arten kommen fast ausschließlich auf dem mittel- und südamerikanischen Kontinent vor.

Seine Ernährungsweise ähnelt mehr der der Bienen und Schmetterlinge als der der übrigen Vögel. Mit den Schmetterlingen steht er auch in bezug auf seine Schönheit in ernsthafter Konkurrenz. Alle Kolibriarten haben nämlich ein so herrlich buntschillerndes Gefieder, daß man sie als »fliegende Juwelen« oder »gefiederte Schmetterlinge« bezeichnet.

Die kleinsten Vertreter dieser bezaubernden Vogelart wiegen gerade soviel wie ein DIN-A4-Blatt dünnen Durchschlagpapiers, nämlich ganze zwei Gramm.

Dieses winzige Geschöpfchen ist nicht nur ein Kunstflieger, sondern geradezu ein Luftakrobat. Seine Flugfähigkeit ähnelt mehr der eines Hubschraubers als der unserer normalen Flugzeuge. Der Kolibri ist nämlich nicht nur in der Lage, in der Luft stillzustehen, sondern auch senkrecht auf- und niederzusteigen, ja, sogar rückwärts zu fliegen. Das kann kein anderer Vogel.

All diese Kunststückchen bringt das kleine Wesen durch den sog. Schwirrflug zustande. Dazu schlägt es bis zu 200mal in der Sekunde mit seinen Flügelchen, deren Spitzen dabei die Form einer liegenden Acht beschreiben.

Um eine so ungeheure Leistung zu vollbringen, hat es ein Herz, das ein Viertel seines gesamten Körpergewichts ausmacht und über 1000mal in der Minute schlägt. Bei dem gleichen Verhältnis müßte das Herz eines 80 Kilogramm schweren Mannes sage und schreibe 20 Kilogramm wiegen. Normalerweise wiegt ein Männerherz aber nur etwa 300 Gramm und schlägt zwischen 60- und 80mal in der Minute.

Diese enorme Beanspruchung des Kolibri-Herzchens hat natürlich einen ungeheuren Energiebedarf zur Folge. Deshalb befindet sich das Tierchen auch ununterbrochen auf Nahrungssuche. Rastlos fliegt es mit einer Geschwindigkeit bis zu 70 Stundenkilometern von Blüte zu Blüte, von denen es 40 bis 50 in der Minute aufzusuchen vermag. Mit seinem langen, nadelartigen Schnäbelchen saugt es – in der Luft stehend – den Nektar aus den Blumenkelchen. Als eiweißreiche Zukost dienen ihm auch Blütenstaub und Kleininsekten. Die allein an einem Tag von ihm aufgenommene Nährflüssigkeit entspricht dem Zwei- bis Dreifachen seines Körpergewichts.

Bei diesem ungeheuren Nahrungsbedarf müßte das Vögelchen eigentlich während der nächtlichen Schlafpause verhungern, wenn der Schöpfer diesen Umstand bei seiner Erschaffung übersehen hätte. Aber der absolut Vollkommene hat ihn berücksichtigt und das Tierchen so gebildet, daß es in dieser Zeit in eine Fastenstarre verfällt. Durch das Absinken von Stoffwechsel und Körpertemperatur über Nacht gerät es in eine tiefe Lethargie. Bei Schlechtwetter oder im Hochgebirge – wo es sich bezeichnenderweise auch aufhält – kann seine Bluttemperatur dann bis auf 14 Grad Celsius zurückgehen.

Der Kolibri baut napfförmige Nestchen, die etwa so groß sind wie eine halbe Walnußschale. In diese legt er zwei erbsengroße, weiße, längliche Eier. Seine Jungen sind kaum so groß wie ein Fingernagel und scheinen nur aus Schlund und nach Futter begehrendem Gepiepse zu bestehen. Tatsächlich müssen sie anfangs alle zwei Minuten von der Mutter mit ausgewürgter, also vorverdauter Nahrung gefüttert werden. Nach etwa drei Wochen sind sie flügge.

Über manche von den vielen, den Luftraum beherrschenden Vögeln wäre noch sehr viel Interessantes zu berichten, aber ihr Körperbau ist grundsätzlich fast immer der gleiche. Die Arten unterscheiden sich voneinander durchweg nur in der Größe, Form und Färbung. Dasselbe gilt sogar auch für die sog. Hühnervögel, die sich fast ausschließlich auf dem Erdboden aufhalten.

Wir wollen uns deshalb jetzt einer weiteren Kategorie von Vögeln zuwenden, und zwar den auf dem Wasser schwimmenden. Sie mußte der Schöpfer nämlich für ihre völlig andere Lebensweise anders gestalten. Ihre bekanntesten Grundtypen sind *Ente, Gans* und *Schwan.*

Im Gegensatz zu ihren fliegenden Artgenossen tragen diese Schwimmvögel ihren Leib waagerecht, so daß er wie ein Boot im Wasser liegt. Ihre Beine sind breitgestellt und nach hinten gesetzt, um beim Schwimmen den Vortrieb – wie bei einem Schraubendampfer – an das Heck als strömungsgünstigste Stelle zu verlegen. Zwischen den Zehen tragen sie Schwimmhäute.

Ferner haben sie einen mehr oder weniger langen und schmalen Hals. Da sie ihren leichten und mit einem luftdurchsetzten Federkleid umschlossenen Körper schlecht untertauchen können, befähigt dieser sie, sich die Nahrung trotzdem ziemlich tief aus dem Wasser zu holen. Die Enten tun es sogar nach dem Sprüchlein, das wir unseren Kleinsten schon vorsingen, bevor sie Papa und Mama sagen können: »Köpfchen in das Wasser, Schwänzchen in die Höh'.«

Auch der Schnabel dieser Wasservögel ist eigens für diese Art der Futtersuche konstruiert. Er ist breit und an den Rändern fein gezähnt, so daß er nicht ganz dicht schließt. Er soll nämlich wie eine Seihe wirken, die das beim »Gründeln« mit aufgenommene Wasser ablaufen läßt, dabei aber die pflanzlichen oder tierischen Nahrungsstoffe zurückhält.

Eine Sonderstellung unter den Schwimmvögeln nimmt der *Haubentaucher* ein. Wie schon sein Name sagt, schwimmt er nicht nur wie Ente, Gans und Schwan auf dem Wasser, sondern taucht auch tief unter. Das tut er ganz ähnlich wie ein Unterseeboot mit Schraubenantrieb von hinten. Während z. B. die Pinguine, auf die ich noch eingehend zu sprechen komme, ihre Flügel wie Flossen benutzen, werden sie vom Haubentaucher während des Schwimmens und Tauchens ganz sorgsam wasserdicht in zwei besonderen tiefen Taschen des Federkleides verstaut. Für die Fortbewegung auf und im Wasser benutzt er dagegen seine weit hinten sitzenden Beine wie eine Schiffsschraube. Will er tauchen, dann stößt er sich mit beiden Beinen gleichzeitig ab.

Für all diese Vorteile im Wasser sind die Füße des Haubentauchers aber auf dem Land nur sehr schlecht zu gebrauchen. Sie kommen nämlich erst von den Fersen ab aus der Körperhaut wie aus einem Sack heraus. Man bekommt die Tiere deshalb auch auf dem Land kaum zu sehen.

Im Wasser sind sie dagegen wahre Kunstschwimmer. Vor dem Tauchen machen sie sich dadurch schwerer, daß sie aus ihrem Körper Luft ablassen. Dazu entleeren sie die im Vogelkörper üblichen Luftsäcke. Sogar die im Gefieder haftende Luft entfernen sie dadurch, daß sie die Flügel fest an den Körper pressen. Oft lassen sie sich auf diese Weise bloß langsam untersinken, bis nur noch der lange, dünne Hals mit dem Kopf wie das Sehrohr eines U-Boots aus dem Wasser ragt.

Ähnlich wie die Unterwasser-Fahrzeuge gehen auch diese Tiere in die Tiefe. Sie schwimmen nämlich schräg nach unten. Dazu pressen sie die Luft aus den vorderen Luftsäcken in die hinteren, um vorn schwerer zu werden und hinten Auftrieb zu bekommen. Bekanntlich machen das die U-Boote genauso. Beim Emportauchen schwimmen sie – ebenso wie auch diese – schräg nach oben.

Nach Angabe von Forschern schwimmt der Haubentaucher in einer Minute über 120 Meter weit, und seine Tauchtiefe soll um die sieben Meter betragen. Beides sind in Anbetracht der geringen Körpergröße des Tieres enorme Leistungen.

Normalerweise bleibt der Haubentaucher nicht länger als dreiviertel Minuten unter Wasser. Im äußersten Notfall soll er es jedoch bis zu 15 Minuten aushalten.

Da dieser interessante Vogel eigentlich nur schwimmen, tauchen und fliegen kann, spielt sich sein Leben ausschließlich im Wasser ab. Das geht sogar so weit, daß er auch auf dem Wasser brütet. Er baut sich dazu ein kleines, schwimmendes Floß, das er zwischen einigen Schilfhalmen verankert.

Sogar sein Gefieder fettet er schwimmenderweise ein, wozu alle anderen Wasservögel an Land gehen. Um diese Prozedur bewerkstelligen zu können, muß sich das Tier erst ganz auf die eine und dann auf die andere Seite legen.

Schließlich wollte der Weltenbaumeister auch noch Vögel haben, die sowohl auf dem Land als auch auf und im Wasser leben können. Diese sollten sogar die allerunwirtlichsten Gebiete unserer Erde bevölkern, die wir kennen, nämlich die Eis- und Schneeregionen um den Südpol. Wir wollen uns jetzt einmal einen ihrer typischen Vertreter etwas näher ansehen – den *Kaiserpinguin.*

Es ist nur zu verständlich, daß der Schöpfer den normalen Vogeltyp für eine so ungewöhnliche Lebensweise gründlich umbauen mußte. Indem er dies tat, hat er erreicht, daß sich der Pinguin, der übrigens in 17 verschiedenen Arten vorkommen soll und sich bereits von der Antarktis (s. Abb. 115) bis hinauf zu den südlichen Teilen der Kontinente Amerikas, Afrikas und Australiens ausgebreitet hat, mit einer solchen Schnelligkeit und Gewandtheit in dem nassen Element tummelt, daß man ihn ohne weiteres mit den Delphinen vergleichen kann.

Um dazu in der Lage zu sein und vor allem tief tauchen zu können, mußte der Pinguin im krassen Gegensatz zu der Erfordernis besonderer Leichtigkeit bei einem flugfähigen Vogel einen möglichst schweren Körper haben.

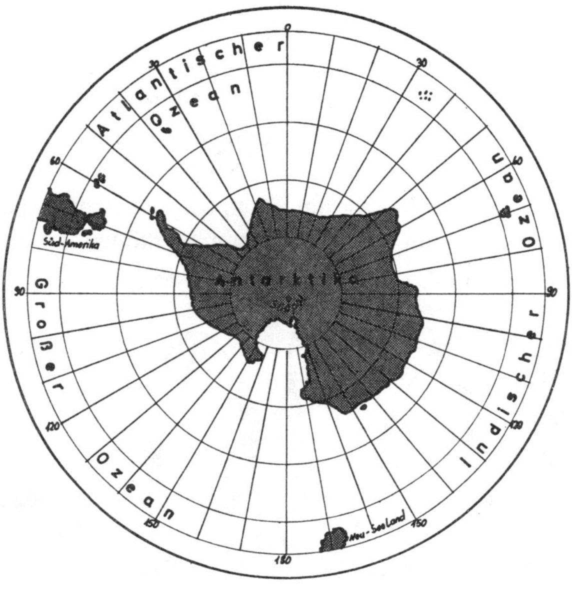

Abb. 115: Der sechste Erdteil, Antarktika.

In seinem Inneren fehlen deshalb die Luftsäcke, und seine Knochen sind nicht hohl, sondern schwer und mit öligem Mark gefüllt. Er hat auch keine leichten und weichen Federn wie andere Vögel, sondern die seinen sind hornig, schuppenartig und liegen wie Dachziegel dicht übereinander. Die Schwere seines Körpers ist auch schon dafür erforderlich, daß das Tier möglichst fest auf dem glatten Eis steht und von den starken Stürmen der Antarktis nicht weggeblasen wird.

Man nennt den Pinguin auch *Flossentaucher*, weil seine Flügel zu einer Art kräftiger und biegsamer Flossen umgestaltet sind. Sie sind mit einer starken Muskulatur verbunden. Mit diesem Antrieb schießt das Vogeltorpedo bei 200 Ruderschlägen mit mehr als 35 Stundenkilometern durch die wildeste See.

Merkwürdigerweise fällt die Fortpflanzungszeit der Kaiserpinguine in den grausigen antarktischen Winter. Ausgerechnet in dieser Zeit, in der ununterbrochene Nacht über der trostlosen Eiswüste liegt, sammeln sich diese eigenartigen Tiere in unübersehbaren Scharen im Roßmeer, das tief in das Festland des Südpols einschneidet. Unter Ausnutzung der anbrandenden Wellen schießen sie mit elegantem Schwung aus dem Wasser und lassen sich auf das weit ins Meer vorspringende Eis fallen. In aufrechter Haltung watscheln sie dann landeinwärts. Dabei wirken sie wie steif vornehme kleine Herren, die nur gut einen Meter groß sind und die einen dunklen Frack und über dem prallen Bauch eine weiße Weste tragen (s. Abb. 116). Einzeln und in mehr oder weniger großen Gruppen ziehen sie dahin wie ein Strom von Menschen , der sich zu einer Großveranstaltung ergießt. Zusammen mögen es wohl 30 000

Abb. 116: Die kleinen Herren im Frack.

und mehr sein. Man kann sie nur schätzen. Denn wer hätte wohl Lust, sie in der finsteren Eiswüste bei tosendem Sturm zu zählen?!

Der aufrechte Gang der Tiere wird durch die eigenartige Form und Stellung der Füße hervorgerufen. Damit sie dabei nicht hintenüberfallen, stützen sie sich auf ihren kurzen, aber kräftigen Schwanz. Weil ihre Füße sehr kurz sind, können sie nicht frei ausschreiten. Sie müssen immer einen Fuß über den anderen setzen, wodurch ihr Körper bei jedem Schritt abwechselnd eine leichte Drehung nach rechts und links macht. Auf diese Weise kommt der drollige, an einen stark plattfüßigen Menschen erinnernde, unbeholfen wirkende Gang zustande.

Aber trotz der vermeintlichen Unbeholfenheit kennen diese sonderbaren Vögel in den Eisregionen des Südpols kaum ein Hindernis. Mühelos überwinden sie sowohl gähnende Gletscherspalten als auch steil aufsteigende Eiswände. Wo die Füße versagen, da helfen Flügel und Schnabel mit, und steile Abhänge rutschen sie einfach auf dem Bauch hinunter.

Die dem Meer entstiegenen Pinguine unterstehen – ähnlich den Zugvögeln – einem instinktiven Zwang. Dieser treibt sie zu ihren gewohnten Brutplätzen, die sich in etwas windgeschützten Tälern der Eisgebirge befinden. Hier, in dieser schaurigen Einöde, finden bei Nacht und Sturm die Geschlechter zueinander.

In dieser Ansammlung von Tausenden und Abertausenden von Tieren werben die Männchen um die Weibchen. Dabei holt sich mancher Freier einen »Korb«. Das merkt er daran, daß seine Angebetete einen Fisch, den er auswürgt und ihr als Geschenk vor die Füße legt, nicht annimmt und sich von ihm abwendet. Geht sie jedoch auf seine Werbung ein, dann singt er sie an, und sie antwortet ihm. Dieser Wechselgesang der großen Tierversammlung, der aus eigenartig schnarrenden Tönen besteht, erweckt von weitem den Eindruck einer eifrig diskutierenden Menschenmenge.

Haben sich die Paare gefunden, dann verbringen sie eine etwa 14tägige »Verlobungszeit«, in der die Partner – wie auch bei den Menschen üblich – sehr zärtlich zueinander sind. Danach findet endlich die Hochzeit statt, und 25 Tage später legt das Weibchen ein Ei. Es läßt dieses zunächst vorsichtig auf das Eis gleiten, um es dann auf seine Pfoten zu nehmen und mit dem Hängebauch wärmend zu bedecken.

Das Erscheinen des Eis versetzt das Pärchen in einen Zustand nicht alltäglicher Aufregung. Das Weibchen zieht seinen Bauch zusammen und läßt das Ei vor den Augen des Männchens abwechselnd auftauchen und wieder verschwinden. Das Männchen gibt dabei seiner Gemütsbewegung durch einen Gesang Ausdruck, den der des Weibchens beantwortet. Die beiden Vögel treten auf der Stelle, machen ein paar kurze Schritte. Wenn seine Neugier den Höhepunkt erreicht hat, neigt das Männchen den Kopf und versucht das Ei mit seinem Schnabel zu berühren. Das Weibchen spannt den Bauch, spreizt die Flügel, bewegt Kopf und Hals von oben nach unten und watschelt auf der Stelle, bis es plötzlich die Pfoten öffnet und sein Ei in den Schnee rollen läßt.

Jetzt bemächtigt sich das Männchen des kostbaren Gegenstandes, läßt ihn zwischen seine eigenen Füße rollen, hievt ihn hoch, was ihm aber nur durch linkische Bewegungen und mit großer Mühe gelingt. Dadurch kommt er zwischen die gewichtige Masse seines Unterleibs und den oberen Teil seiner Pfoten zu liegen.

Nun betrachtet das Männchen das Ei immer wieder voller Stolz und singt. Der majestätische Kaiserpinguin hat sich für die Dauer der Brutzeit in eine brütende Mutter verwandelt. Mit seiner wertvollen Last wird er sich von nun an nur noch mit betonter Langsamkeit und sehr kleinen Schritten fortbewegen.

Das Weibchen weiß nun sein Ei in bester Hut und das sogar für die ganze 52 Tage dauernde Brutzeit. Es verläßt deshalb den treu sorgenden Vater und begibt sich hinaus ins Meer zum Fischfang.

Nach dem allgemeinen Aufbruch der Weibchen schließen sich die brütenden Väter zusammen. Sie kuscheln sich nahe aneinander, um sich gegenseitig vor den peitschenden Schneestürmen zu schützen. Es ist schon eine gewaltige Leistung, die die treuen Tiere hier vollbringen, zumal sie während der gesamten Brutzeit keinerlei Nahrung zu sich nehmen.

Wenn das Junge schließlich nach den 52 Bruttagen dem Ei entschlüpft ist, bleibt es noch drei Wochen in der väterlichen Bruttasche. Es ist zunächst so nackt und zart, daß es in der Eiswüste sofort zugrunde gehen würde. Dann aber krabbelt es heraus und begibt sich sofort instinktiv zu den übrigen Pinguinkindern, die sich nach und nach alle an einer bestimmten Stelle zu einem großen Kindergarten versammeln.

Jetzt kann sich auch der stark strapazierte Vater wieder einmal nach Herzenslust zum Fischfang ins Meer begeben. Währenddessen sind die Kleinen in guter Obhut. Alle Altvögel beteiligen sich nämlich sowohl an ihrer Beaufsichtigung als auch an ihrer Fütterung. Beides ist sehr nötig, denn die Jungen sind noch lange in Gefahr vor räuberischen Seevögeln. Außerdem gibt es ja auch auf dem blanken Eis keinerlei Futter.

Bei der Fütterung stecken die Kleinen ihren Schnabel tief in den der Eltern und Pflegeeltern und saugen die Nahrung heraus, die diese zuvor hochgewürgt haben. Auf diese Weise bekommen die Jungen schon vorverdautes Futter, das sie bereits im frühesten Entwicklungsalter vertragen. Das ist auch der Grund, weshalb sie so schnell wachsen und bereits nach weiteren drei Wochen den Witterungsunbilden ihrer Umwelt gewachsen sind.

Ist der harte Winter vorbei, dann ziehen die Kaiserpinguine mitsamt ihren Jungen in derselben Geschlossenheit wieder ins Meer hinaus, wie sie vor einigen Monaten gekommen waren.

Kinder aus Konservendosen

Das *Hühnerei* ist für uns meist nur noch ein geschätztes Nahrungsmittel. Was es aber in Wirklichkeit darstellt und zu welchem Zweck es hervorgebracht wurde, daran denkt kaum noch einer. Dabei ist es ein Wunderwerk unseres Schöpfers.

Jeder kennt die fix und fertigen Gerichte in der Konservendose. Man braucht ihren Inhalt, der alle Zutaten zu einem Mittagessen in genau abgewogenen Mengen enthält, nur nach Vorschrift in der geschlossenen Dose zu erhitzen – und die Mahlzeit ist fertig.

Ganz ähnlich ist es auch – oberflächlich betrachtet – mit dem *Vogelei.* Es stellt einen nicht nur zweckvoll, sondern auch schön geformten Behälter dar, in dem alle »Zutaten« für ein Vogelkind in wohlabgewogenen Mengen eingeschlossen sind. Unter entsprechenden Bedingungen läßt sich das Ganze wie eine Konserve längere Zeit unbeschadet lagern. Wenn man es dann eines Tages lang genug auf die vorgeschriebene Temperatur erwärmt, dann erhält man nach einer genau festliegenden Zeit als Resultat – ein quicklebendiges Küken.

Es ist eine außerordentlich zweckmäßige Einrichtung für den Vogel, daß er sich über das Ei fortpflanzt. Da ihm die Luft als Lebensraum zugeteilt wurde, wo er sich nur durch Fliegen fortbewegen kann, mußte er nicht nur leicht gebaut sein, sondern auch von jeder Art von Ballast frei bleiben.

Nun haben wir in einem der vorigen Kapitel gehört, daß der Schöpfer die Wohnungen für seine Geschöpfe gleichmäßig über die Erdoberfläche verteilt hat. Als Beispiel führte ich dabei an, daß der Wald für den Nestbau der Vögel sogar in Stockwerke eingeteilt wurde. Es ist nun klar, daß ein auf dem Erdboden brütender Vogel sehr viel gefährdeter ist als einer, der in den Baumkronen nistet. Deshalb muß der erstere auch mehr Nachwuchs bekommen als der letztere.

Noch deutlicher kommt die göttliche Vorplanung beim Adler zum Ausdruck, der hoch auf unzugänglichen Felswänden horstet und daher keine Feinde zu fürchten hat. Er wird nämlich erst nach sechs bis zehn Jahren fortpflanzungsfähig und legt dann sogar nur zwei Eier. Meist findet man nur ein einzelnes Junges in seinem Nest.

Die im Baum brütenden Meisen, die viele Feinde haben, legen, sobald sie erwachsen sind, im Durchschnitt schon sechs bis zehn Eier. Und das Rebhuhn, das auf dem Boden brütet und deshalb noch übler dran ist, muß seine unausbleiblichen Einbußen durch eine sehr viel größere Eierzahl ausgleichen. Von ihm hat man schon Gelege mit bis zu 20 Eiern angetroffen.

Unter solchen Umständen wäre es einem Vogel unmöglich, seine vielen Jungen wie die Säugetiere alle auf einmal in seinem Leib auszutragen. Er wäre dadurch für Wochen fluguntüchtig und bei seiner Nahrungssuche stark beeinträchtigt.

Würde der Vogel seine Jungen einzeln nacheinander bekommen, dann wäre die Brutpflege problematisch. Die Kleinen würden dann ungleichmäßig aufwachsen. Beim Rebhuhn wäre dann z. B. das erste Küken schon mindestens drei Wochen alt, wenn das letzte gerade eben geboren ist.

All diese Nachteile werden durch die Vermehrung mit Hilfe von Eiern vermieden. Ein einzelnes Ei kann die Vogelmutter gut tragen. Sie wird dadurch im Fliegen kaum behindert. Und da die Eier von ihrem Körper losgelöste, selbständige Gebilde sind und längere Zeit frisch bleiben, kann sie sie sammeln und schließlich alle zusammen ausbrüten. Praktischer hätte der Schöpfer das Problem der Fortpflanzung bei den Vögeln nicht lösen können.

Ganz enorm ist die Leistungsfähigkeit der Gefiederten in bezug auf die Eierproduktion. So »produziert« z. B. das Amselweibchen sein bis zu sechs Eiern bestehendes Gelege im 24-Stunden-Rhythmus. Es braucht dazu also nicht einmal eine Woche. Das ist eine gewaltige körperliche Leistung. Da der Vogel etwa 100 Gramm und das einzelne Ei 7,5 Gramm schwer sind, entspricht das Gewicht des Geleges mit 45 Gramm fast der Hälfte des Körpergewichts.

Diese Leistung ist bei anderen, besonders kleineren Vögeln noch sehr viel größer. Z. B. beträgt bei der Schwanzmeise, die selbst nur 8,5 Gramm schwer ist, das Gewicht ihres gesamten Geleges 9,4 Gramm. Dieses Tierchen stellt also 10% mehr Stoff für seine Nachkommenschaft her als seine eigene Körpermasse ausmacht. Bei dem kleinsten Vögelchen unserer Breitengrade, dem nur vier Gramm schweren Goldhähnchen, soll das Gesamtge-

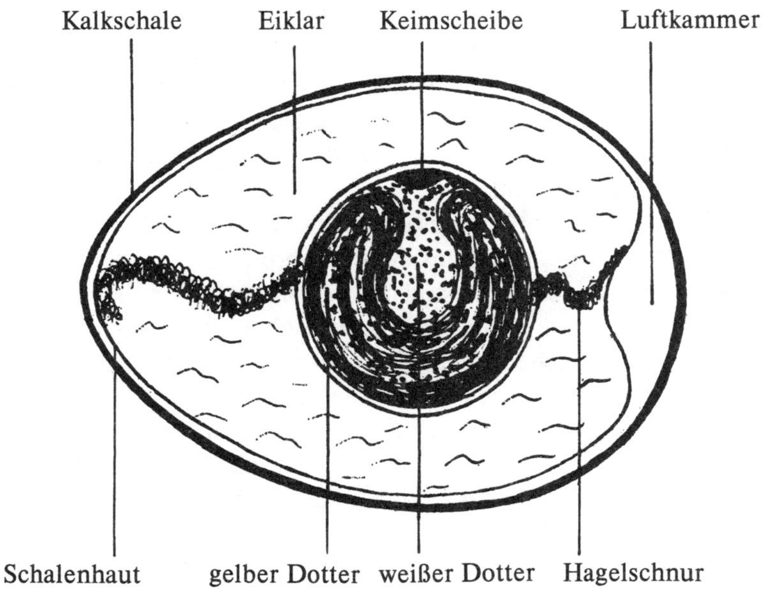

Abb. 117: Innerer Bau des Hühnereis.

wicht der Eier sogar 140% des Körpergewichts des Muttertierchens ausmachen.

Nun wollen wir uns eine solche »Lebenskonserve« einmal etwas genauer ansehen. Wir wählen dazu ein Hühnerei, weil es uns am geläufigsten ist. Seine Beschreibung trifft aber auch auf alle übrigen Vogeleier zu. Unterschiede bestehen ausschließlich in der Größe und äußeren Färbung (s. Abb. 117).

Das Hühnerei ist von einer glatten und meist weißen, harten Schale umschlossen. Diese besteht in der Hauptsache aus Kalk und hat die Aufgabe, nicht nur den Inhalt zusammenzuhalten, sondern vor allem den Entwicklungsprozeß des äußerst empfindlichen, zarten Geschöpfchens vor Störungen von außen zu schützen.

Damit das Ei nicht gleich ausläuft, wenn die zerbrechliche Schale einen Riß bekommt, ist diese innen noch einmal mit einer weißen, elastischen Haut ausgekleidet. Diese hat schon manche schlimme Verschmutzung verhindert, wenn uns ein rohes Hühnerei in einem Paket oder einer Tasche beschädigt wurde.

Der Inhalt des Eis besteht aus dem gallertartigen, klaren Eiweiß, in dem die große, gelbe Dotterkugel schwimmt. Oben auf dieser von einer zähen Haut umschlossenen Kugel erkennt man ein unscheinbares weißliches Fleckchen, die Keimscheibe. Sie stellt die eigentliche Keimzelle dar, die sich mit einer männlichen Samenzelle verschmelzen muß, wenn sich aus dem Ganzen ein Küken entwickeln soll.

Die Dotterkugel bildet zusammen mit der Keimscheibe den eigentlichen Keim des Huhns. Sowohl ihre gelbe Masse als auch das sie umgebende Eiklar sind nur Beigaben, die den Baustoff für das sich aus dem Keim entwickelnde kleine Wesen darstellen.

Der empfindliche Esser entfernt aus dem Ei vor dem Gebrauch oft noch etwas, das wie ein wenig verdicktes, trübes Eiweiß aussieht. Es sind die sog. »Hagelschnüre«. Diese haben die Aufgabe, den Dotter wie zwei Seile in der Längsachse drehbar zu halten. Dabei ist das Gewicht des Dotters genau so verteilt, daß dieser wie ein Stehaufmännchen die Keimscheibe immer oben hält. Dies ist besonders wichtig, denn damit das Ei während des Brütens rundherum gleichmäßig erwärmt wird und das Eiklar gut durchmischt bleibt, wird es von dem Huhn – und genauso machen es auch die anderen Vögel – instinktiv von Zeit zu Zeit gewendet. Auf diese Weise bleibt der Keimling immer möglichst nahe an der Wärmequelle, nämlich dem während der Brutzeit meist federfreien, stark durchbluteten, sog. Brutfleck der Vogelmutter. Der Temperaturunterschied zwischen oben und unten kann ja, besonders wenn man an die Bodenbrüter denkt, nicht unbeträchtlich sein.

Doch bei genauer Untersuchung des Hühnereis fällt uns noch etwas auf, nämlich daß die elastische weiße Innenhaut an seiner stumpfen Seite nicht ganz an der Außenschale anliegt. Haut und Schale bilden hier einen kleinen, luftgefüllten Zwischenraum. Das ist die Luftkammer, die die erste Portion Atemluft für das Küken kurz vor dessen Ausschlüpfen enthält.

Was mich bei den Vogeleiern immer ganz besonders beeindruckt, ist ihre wunderbare äußere Gestalt. Auch sie ist nicht zufällig so, sondern dient zugleich mehreren Zwecken.

Ihre allseitig abgerundete Form hat die Eierschale einmal aus Gründen der Festigkeit. Sie muß so stabil sein, daß sie nicht bei dem geringsten Druck sofort zerbricht. Wiederum muß sie aber auch so dünn sein, daß sie von dem ausschlüpfenden Tierchen leicht durchbrochen werden kann. Das sind zwei einander entgegenstehende Forderungen, die gleichzeitig zu erfüllen waren. Aus diesem Grund und natürlich auch, damit es von dem Huhn leichter ausgeschieden werden kann, wurde die statisch günstigste Form, die Kugel, angestrebt. Aber warum nur angestrebt? Warum ist das Vogelei überhaupt meist länglich geformt?

Das geschah zunächst mit Rücksicht auf seinen inneren Aufbau. Der Dotter kann nämlich nur dann mit der Keimscheibe nach oben in der Schwebe gehalten werden, wenn sich das Ei nur um die Aufhängepunkte der Hagelschnüre, also seine Längsachse, zu drehen vermag. Würde es auch in Richtung über die Spitzen rollen können, dann käme sein Inhalt durcheinander.

Diesen Umstand nutzen die Hühnerzüchter aus, die aus irgend einem Grund nicht wollen, daß die von ihnen verkauften Eier zu Brutzwecken verwendet werden. Sie nehmen dann ein solches Ei in die Hand und schwingen es mit einem kräftigen Ruck über seine Spitzen. Dadurch reißt die Dotteraufhängung ab, und das Innere des Eis gerät in Unordnung. Ein Ausbrüten ist dann nicht mehr möglich.

Nun haben die Eier aber nicht nur eine länglich-runde Form, sondern sie sind auch meist noch an einem Ende spitzer als an dem anderen. Ist das etwa auch von Bedeutung? Ja, das hat sogar einen sehr wichtigen Grund. Ein gleichmäßig längliches Ei würde sich zwar beim Rollen vorschriftsmäßig um die Aufhängepunkte der Hagelschnüre drehen, aber auf einer ebenen Unterlage in gerader Richtung wegrollen können. Dadurch könnte der Vogel in die Verlegenheit kommen, sein Gelege nicht beieinanderhalten zu können. Hiergegen hilft ihm die einseitige Zuspitzung seiner Eier. Weil sie so geformt sind, vermögen sie nämlich nur im Kreis zu rollen. Man kann das leicht nachprüfen, indem man einem anderen auf einem ebenen Tisch ein Hühnerei zuzurollen versucht.

Aus diesem Grund sind auch die Vogeleier um so spitzer ausgezogen, je flacher die Unterlage ist, auf die der Vogel sie zu legen pflegt. Eine Bestätigung dafür geben uns die Eier der *Eulen* und der *Lummen* (s. Abb. 118).

Die Eulen legen sie in Baumhöhlen ab, wo sie nicht wegrollen, ja, kaum gewendet werden können. Sie sind deshalb beinahe kugelförmig. Die Lummen dagegen, auf den steilen Felsen Helgolands brütende Tauchervögel, legen ihre Eier auf schmale Felsvorsprünge. Jeder, der sie dort sieht, meint, sie müßten jeden Augenblick herunterfallen. Aber obwohl die sich ständig zankenden

Abb. 118: Lummen auf einem Felsvorsprung.

Vögel sie oft anstoßen, kommt dies äußerst selten vor; eben weil ihre Eier so spitz ausgezogen sind, daß sie sich nur im engsten Kreis zu drehen vermögen.

Die Bildung von Eiern im weiblichen Vogelkörper wird durch besondere Hormone angeregt und gesteuert. Spezielle *Eierstockhormone* bereiten zunächst den Eileiter auf die ihm bevorstehende Aufgabe vor, indem sie sein Volumen beinahe um das 50fache vergrößern. Dadurch wird er etwa dreimal so lang und sein Durchmesser bis zu zehnmal so groß.

Eine andere Hormonart bewirkt, daß die Knochen schon Tage vor Beginn der Eibildung Kalzium und Phosphor als Baustoff für

Abb. 119: Die »Fließbandanlage«, in der das Hühnerei entsteht.
a = Eierstock, b = reifer Follikel, c = Tubentrichter, d = Ort der Befruchtung, e = Bildung des Eiklars, f = Bildung der Kalkschale, g = Scheide, h = Kloake, i = Harnleiter, k = Darm.

die Eierschale in das Blut abgeben. Dadurch steigt der *Kalkgehalt* des Blutes nachweisbar an.

Die Entstehung des Eis im Leib der Vogelmutter ist ein vielstufiger Vorgang (s. Abb. 119), der stark an eine Fließbandfertigung erinnert. Dieser vollzieht sich ausschließlich im linken Eierstock. Merkwürdigerweise ist bei fast allen Vögeln der rechte verkümmert und außer Betrieb.

Der funktionsfähige Eierstock ist etwa unterhalb der Rückenmitte mit einem Band an der inneren Bauchdecke des Vogelkörpers befestigt. Er ähnelt einer Weintraube mit ungleich großen Beeren.

Jede dieser *»Beeren«* stellt je nach ihrer Größe ein mehr oder weniger reifes Eibläschen dar. In jedem dieser Bläschen befindet sich eine weibliche *Eizelle*, also eine unbefruchtete *Dotterkugel*, im allerersten Stadium ihrer Entstehung.

Indem die Eizelle aus dem stark durchbluteten Bläschen laufend Aufbaustoffe aufnimmt, wächst sie in etwa zehn Tagen bis zur vollen Reife heran. Hat sie auf diese Weise die volle Größe der Dotterkugel erreicht, dann platzt das Bläschen. Diesen Vorgang nennt man den *Follikelsprung*.

Kurz zuvor hat sich schon der an seinem hinteren Ende trichterförmig erweiterte *Eileiter* um das Bläschen gelegt, so daß die Dotterkugel leicht in ihn hineingleiten kann.

Eine Viertelstunde danach finden hier die Befruchtung und wenige Stunden später die ersten Zellteilungen der Keimscheibe statt. Es ist der allererste Beginn der *Embryonalentwicklung*, die man als *Furchung* des Eis bezeichnet.

Während dies geschieht, schieben muskulöse Bewegungen des Eileiters die Dotterkugel weiter, wobei diese aus *Wanddrüsen* schichtweise mit Eiklar umhüllt wird.

Drei bis vier Stunden später wird das noch schalenlose Ei durch eine Engstelle des Eileiters geschoben, wobei sich die elastische Schalenhaut bildet. Mit dieser ersten Umhüllung gelangt es jetzt in die *Gebärmutter*. Indem sich auf dem Weg dorthin die Dotterkugel fortwährend dreht, bilden sich dabei die erwähnten *Hagelschnüre*. Es sind verdrillte verfestigte Eiweißfasern, die sowohl am Dotter als auch an der Schalenwand angeheftet sind.

In der Gebärmutter wird die Furchungsteilung des Keimlings

an einem bestimmten Punkt beendet. Gleichzeitig erfolgt hier erst die Umkleidung des Ganzen mit der harten *Kalkschale.* Der Baustoff dazu wird in noch flüssigem Zustand von speziellen Drüsen aus der Gebärmutterwand ausgeschieden. Infolge ständiger Drehung des Eis erfolgt die Auftragung sehr gleichmäßig. Die Kalkmasse erhärtet sehr schnell.

Hier in der Gebärmutter entsteht auch die für viele Vogeleier charakteristische, leicht *grüne, blaue, gelbe, braune* oder *rötliche Grundfärbung.* Sie kommt durch *Gallenfarbstoff* zustande. Die ebenfalls verschieden gefärbten und geformten Fleckchen werden der Eischale von der Gebärmutter- oder Eileiterwand aus *Blutgerinnseln* regelrecht aufgedruckt.

Die unterschiedliche Form der Vogeleier kommt durch die verschiedenartige Gestaltung des *Vogelbeckens* zustande.

Das fertige Ei rutscht nun in den letzten Abschnitt des mit dem Eileiter verbundenen Darmkanals. Auf diesem Weg wird es äußerlich eingeschleimt, damit es von dem Tier leichter ausgestoßen wird.

Jetzt setzen für das Vogelweibchen die Wehen ein. Sie veranlassen es, sich schleunigst zum Nest zu begeben, um sich hier unter starkem Pressen des Eis zu entledigen.

Nach dieser anstrengenden Prozedur hat die Vogelmutter nicht lange Zeit, sich auszuruhen und zu erholen; denn kaum hat ein Ei nach seiner 24stündigen Entstehungszeit ihren Körper verlassen, setzt schon für das nächste Eibläschen der Reifungsprozeß und damit die Wiederholung des soeben beschriebenen Vorgangs ein.

Die Eibildung hört automatisch auf, wenn der Vogel die ihm vom Schöpfer eingeprägte, zu seiner Arterhaltung notwendige Anzahl in seinem Nest beisammen sieht. Warum ist das eigentlich bei unserem armen, geplagten Haushuhn nicht der Fall?

Weil ihm der Mensch die Eier immer fortnimmt. Sein Instinkt meldet ihm deshalb beim Betreten seines Nestes jedesmal, daß sein Gelege noch nicht vollständig sei, und treibt es dadurch immer wieder zur Fortsetzung der Eierproduktion. Und – es ist kaum zu fassen – das kann bis über 200mal im Jahr der Fall sein.

Die Entstehung eines Vogelkindes in einem so kleinen und engen Behälter, wie ihn das Ei darstellt, veranlaßt uns natürlich zu einer Menge von Fragen. So möchten wir etwa gern wissen, ob das kleine Wesen in dem rundherum fest verschlossenen Raum für seine Entwicklung überhaupt genügend Platz hat. Auch möchten wir erfahren, wie es mit dem völligen Luftabschluß fertig wird, denn irgendwann muß das kleine Geschöpfchen doch schließlich einmal zu atmen beginnen.

Eine weitere Frage wäre die, wie wohl aus dem großen Baustoff-Vorrat immer das gerade Benötigte rechtzeitig an die richtige Stelle kommt. Und weiter: Wird dabei alles restlos aufgebraucht, oder gibt es auch Rückstände und Abfallstoffe?

Ganz am Ende fragen wir schließlich, wie denn das zarte Küken überhaupt aus seinem so fest verschlossenen Kerker herauskommt.

All diese Fragen können uns die Naturforscher schon sehr weitgehend beantworten. Mit ausgeklügelten Methoden haben sie es fertiggebracht, den Entwicklungsprozeß des Hühnchens im Ei von Stufe zu Stufe zu verfolgen.

Eine von diesen bestand darin, daß sie oben in die Kalkschale vorsichtig ein kleines Loch machten, das sie sofort wieder mit durchsichtigem Tesafilm verschlossen. Durch dieses kleine Fenster konnten sie dann den Brutvorgang laufend durch das Mikroskop beobachten.

Dabei mußten sie natürlich stets – genau wie es die brütende Henne tut – das Ei bei 38 Grad Celsius warm halten. Das gleiche gilt selbstverständlich auch für alle anderen Vogeleier.

Wenden wir uns nun den sich im Eiinneren abspielenden Vorgängen zu.

Wie wir bereits hörten, ist die eigentliche Keimzelle während der Entstehung des Eis schon befruchtet worden und durch mehrfache Teilung um einige wenige Stufen seiner Entwicklung vorangeschritten. Letztere hat dann bis zum Beginn der Bebrütung geruht. Durch die Erwärmung kommt sie jetzt wieder in Gang.

Schon nach 12stündiger Bebrütung erkennt man deutlich, daß sich die auf dem Dotter befindliche Keimscheibe zu einem länglichen Fleck vergrößert hat, in dem man einen hellen Längsstreifen mit einem Knoten bemerkt. Die Forscher nennen sie den *Primitivstreifen* und den *Primitivknoten.*

Nach 33 Stunden liegt bereits die *Grundgestalt* des Vogelkörpers fest. Sie zeigt im wesentlichen die Ansätze für das *Gehirn*, die *Wirbelsäule* und das *Herz.*

Auf dem *Dotter* treten in diesem Stadium überall kleine rote *Blutinseln* auf. Diese schließen sich nach und nach zu Blutgefäßen zusammen, die sich an das Herz anschließen.

Nach 38 Stunden haben sie es erreicht, und dann fängt diese winzige Pumpe auch schon – wenn auch erst noch sehr unregelmäßig – an zu arbeiten. Gleichzeitig dreht sich der Kopf des Embryos zur Seite, wobei die Augenblasen in Erscheinung treten.

Indem sich das *Blutgefäßsystem* immer deutlicher ausprägt, wird der Herzschlag nach 44 Stunden regelmäßig.

Nach 53stündiger Bebrütung lassen sich schon die beiden *Kammern* des *Herzens* unterscheiden. Auch sieht man das *Blut* in den Adern fließen. Es strömt auf der einen Seite vom Herzen in den Dotter hinein und von der anderen in umgekehrter Richtung zurück. Es bildet sich also ein *provisorischer Kreislauf* zwischen dem Herzen und dem Dotter.

Daneben entsteht ein zweiter Kreislauf, in dem Blut über Arterien in den *Körper des Embryos* gepumpt und vom Herzen über *Venen* wieder angesaugt wird.

Vom vierten Tag an tritt noch ein dritter Kreislauf in Erscheinung, zu dessen Deutung ich ein wenig ausholen muß.

Der Embryo ist jetzt tiefer in den Dotter eingesunken und dort von einer feinen Haut umgeben worden. In dieser liegt er, in eiweißhaltiger Flüssigkeit schwimmend, wie in einem Sack. Die Wissenschaft nennt diesen Behälter das *Amnion.*

Es hat den Zweck, den Embryo vor Stößen und vor Austrocknung zu schützen. Später wird er darin sogar durch Muskeltätigkeit leicht hin und her geschaukelt, damit er nicht an der Wandung anwächst und auf diese Weise in der Entwicklung behindert wird.

Unterhalb des Amnionbehälters hat sich inzwischen eine weitere sackartige, mit Dotter gefüllte *Ausstülpung* gebildet. Aus diesem Dottersack holt der erwähnte dritte Kreislauf jetzt laufend *Aufbaunahrung* für das sich entwickelnde winzige Wesen. Da dieser Behälter mit dem Eiklar in Verbindung steht, können auch aus diesem die erforderlichen Baustoffe geholt werden.

Außer mit dem Dottersack ist das den Embryo umschließende

Amnion noch mit einem weiteren Behälter, nämlich dem *Harnsack*, verbunden. In diesen werden von einem besonderen Blutkreislauf die flüssigen *Ausscheidungsstoffe* transportiert.

Doch dieses Hilfsorgan, das den wissenschaftlichen Namen *Allantois* trägt, hat noch zwei weitere wichtige Aufgaben. Da es sich mit seinem breiten hinteren Ende eng an die *Kalkschale* anschmiegt, vollzieht sich durch diese die *Atmung*. Die Eischale ist nämlich porös. Sie ist mit rund 7000 feinsten Löchern durchsetzt.

Die zweite Aufgabe des Harnsacks besteht darin, laufend Kalksubstanz von der Schalenwand abzulösen und dem Embryo zur Knochenbildung zuzuführen.

Nun können wir einen großen Schritt vorwärts machen und die Zeit bis zum *19. Tag der Bebrütung* überschlagen. In der Zwischenzeit geht nämlich die Entwicklung des *Kükens* zügig voran, ohne daß etwas Auffälliges geschieht.

Nach 19 Tagen dreht sich das Junge in die *Schlüpflage*. Dabei wird sein Kopf zu dem stumpfen Ende des Eis gerichtet, wo sich die *Luftkammer* befindet. Während jetzt sein Schnabel die Haut zu dieser Kammer durchstößt, beginnt die *Atmung* und der *Lungenkreislauf des Blutes*.

Der Baustofftransport der Hilfsorgane hört damit auf. Ihre Restsubstanz, also was jetzt noch von dem ursprünglich so großen Dotter übrig ist, wird dem fertigen Hühnchen einverleibt. Es dient dem Tierchen für die ersten Lebenstage als Nahrung.

Nach 21 Bruttagen vollzieht sich endlich das große Ereignis der *Geburt* des neuen Lebewesens. Voller Spannung stellen wir nun die Frage, wie es sich wohl aus seinem engen Gefängnis befreit. Für mich ist dieser Vorgang immer einer der stärksten Hinweise auf die weise Vorplanung des Schöpfers gewesen.

Er hat dem Küken einen Dosenöffner mit in die Wiege gegeben. Dieser besteht in einem kleinen, glasharten *Höckerchen*, dem sog. *Eizahn*, den er ihm auf dem Schnäbelchen wachsen ließ (s. Abb. 120). Mit diesem hämmert es jetzt so lange gegen die durch den Kalkentzug dünner gewordene Schale, bis sie Risse und schließlich ein Loch bekommt. Mit den Zehen seiner großen, zum Kopf hin gelagerten Füße greift es in dieses hinein und reißt seine Kerkermauer nieder.

Ich habe selbst schon einmal einige Küken unter einer als Brut-

Abb. 120: Der Eizahn auf dem Schnabel des Kükens.

apparat hergerichteten Glasglocke ausschlüpfen sehen. Dabei fiel mir auf, daß die Tierchen alle ihre Schale so sauber rundherum aufritzten, daß sie einen Teil davon wie einen Deckel abheben konnten.

Wie der Techniker ein Bauelement, wie etwa das Rad, den Hebel oder dgl., auf vielerlei Weise bei seinen Konstruktionen zum Einsatz bringt, so hat es auch der Schöpfer mit dem »Büchsenöffner« des Vogelkükens getan.

Wir finden nämlich diesen Eizahn – der übrigens kurz nach dem Ausschlüpfen des Jungen abfällt – auch bei den Eidechsen, Schildkröten und Krokodilen (s. Abb. 121).

Abb. 121: Eizahn einer Eidechse *(nach Leydig).*

In all diesen Fällen handelt es sich zwar nicht um echte Zähne, sondern um eine Art von Schwielen. Sie sitzen nur so fest, wie es für den einmaligen Gebrauch notwendig ist. Man kann sie mit dem Fingernagel absprengen.

Es gibt allerdings auch echte Zähne zum Öffnen von Eierschalen. Sie wachsen den Embryonen von Eidechsen und Schlangen.

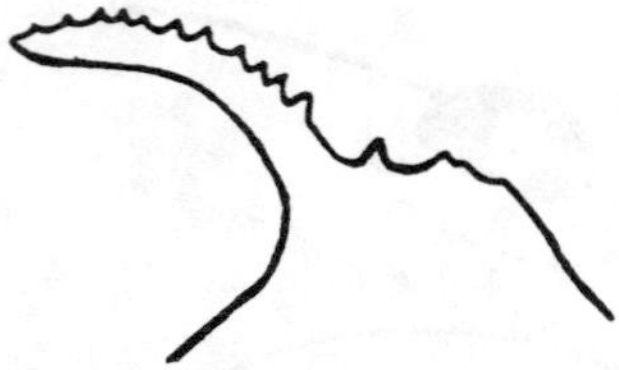

Abb. 122: Eischalenöffner eines der bekannten Florfliege verwandten Insekts. Die winzige Säge wird beim Schlüpfen abgeworfen. Man findet sie an der Eischale hängend.

Da deren Eier von einer elastischen, pergamentartigen Haut umgeben sind, muß deren Öffner hierzu grundsätzlich anders gestaltet sein. Er hat deshalb in diesem Fall die Form einer waagerecht stehenden Brieföffnerspitze. Auch diese Art von Eizähnen fällt kurz nach dem Ausschlüpfen der Jungen ab.

Besonders eindrucksvoll ist nun die Tatsache, daß es auch in der Welt der Insekten ähnliche »Eieröffner« gibt. So hat z. B. eine Mückenlarve zu diesem Zweck ein winziges Dörnchen aus Chitin auf dem Kopf.

Auch die Flohlarve hat an der Stirn ein solches Einmalwerkzeug.

Wie Forscher berichten, bringt der Netzflügler Boryomya, ein der bekannten grünen Florfliege verwandtes Insekt, für das Öffnen der zähen Schale seines Entstehungsbehälters sogar eine winzige *Säge* mit auf die Welt (s. Abb. 122). Sie bleibt nach dem Schlüpfen an der Eierschale hängen.

Wer will angesichts solcher zweckvollen Einrichtungen noch von Zufall und Entwicklung reden?! Jeder der eine solche Art ihrer Entstehung unvoreingenommen und konsequent durchdenkt, muß unbedingt zu der Feststellung kommen, daß sie jeder Erfahrung und Vernunft widerspricht.

19. Kapitel
Weitere Beispiele göttlicher Schöpferherrlichkeit

Vierbeinige Wasserbau-Ingenieure

In alter Zeit, als unser Kontinent noch mit dichtem, undurchdringlichem Urwald bedeckt war und es nur wenige, weit verstreut liegende menschliche Ansiedlungen gab, lebte unser größtes Nagetier, der *Biber* (s. Abb. 123), noch in großer Zahl an den Ufern der Gewässer. Dieses überaus scheue Tier, das die Ruhe mehr als alles liebt, hat sich mit dem Vordringen der lärmenden Zivilisation immer mehr zurückgezogen. Heute findet man es nur noch an der unteren Elbe, in Norwegen, Rußland und Nordamerika.

Abb. 123: Biber
Man beachte den beschuppten, als »Maurerkelle« verwendbaren Schwanz.

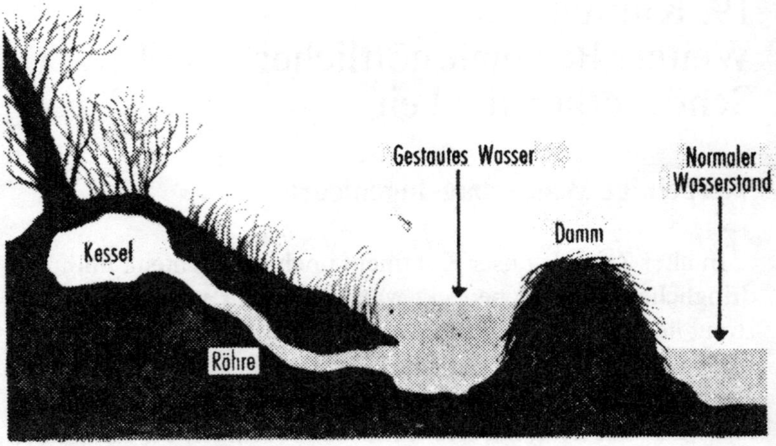

Abb. 124: Uferbau der Biber.

Auch dort lebt es meist nur noch paarweise. Lediglich in stillen Gegenden vereinigt es sich noch zu mehr oder weniger großen Familien.

Wenn sich ein Biberpaar einen Wohnplatz sucht, dann geht es dabei sehr sorgfältig zu Werke. Es wählt einen Bach oder Fluß aus, an dessen Ufer es gleichzeitig Weide und Wald findet. In die Uferwandung hinein baut es sich dann eine einfache Höhle, die so angelegt ist, daß der Eingang unterhalb des Wasserspiegels mündet, die Schlafkammer jedoch darüber liegt (s. Abb. 124).

Leben die Tiere in größeren *Familiengesellschaften* zusammen, dann errichten sie sich regelrechte Hütten mitten im Wasser, die man wegen ihrer sicheren Anlage und soliden Bauweise *Burgen* nennt. Als Baumaterial verwenden sie arm- bis schenkeldicke Bäume, die sie dicht über dem Erdboden abnagen. Dazu haben sie mit ihrem messerscharfen Gebiß ein besonderes Geschick. Sie nagen den Stamm so an, daß er zuletzt einen Einschnitt hat, der der Form einer Sanduhr ähnlich sieht (s. Abb. 125). Diesen verstehen sie so anzubringen, daß der Baum stets in das Flußbett oder zum mindesten auf dieses zu fällt. Damit ersparen sie sich unnütze Transportwege.

Zum Bau der Burg werden die Bäumchen in kürzere Pfähle zerteilt, die zunächst sorgfältig entrindet werden. Die Rinde dient den Bibern nämlich gleichzeitig als Nahrung. Die Hölzer rammen

Abb. 125: Durch diesen sanduhrförmigen Schnitt fällen die Biber die Bäume.

sie dann in Kreisform eins neben das andere in den Boden des Gewässers. Dabei kommt ihnen zustatten, daß die Pfähle durch die Art des Abnagens alle angespitzt sind. Wo dies zum Einrammen in den Boden nicht genügt, wird dieser etwas aufgegraben. Dieser Kreis von Pfählen dient der Burg als Fundament, das sie in der Strömung fest verankert.

Um dieses Fundament herum schichten die Tiere dann weitere Knüppel, Äste und Reisig, die sie mit Schlamm vom Grund sorgfältig zusammenpappen. Nach oben machen sie den Kreis immer enger, so daß ein kuppelförmiger Bau entsteht, der ein bis zwei Meter aus dem Wasser herausragt. Das Ganze sieht schließlich aus wie ein Haufen mit Schlamm durchsetzten Reisigs.

Die Bauweise einer solchen Burg hat bei aller Primitivität ihres Aussehens einige sehr bemerkenswerte Vorteile. Durch die eingerammten Pfähle steht sie, wie gesagt, fest in dem fließenden Wasser. Durch ihre Dicke sind die Wandungen sowohl für die Kälte als auch für jeden Angreifer beinahe undurchdringlich. Selbst der Mensch würde stundenlange Mühe haben, um sich mit Axt und Säge Eingang ins Innere zu verschaffen. Die Schichtung der Äste und des Reisigs wird immer so vorgenommen, daß der obere Teil der Kuppel etwas luftdurchlässig ist. Dadurch kann sich die Atemluft von draußen her erneuern.

Im Innern der Burg befinden sich oberhalb des Wasserspiegels eine Schlafkammer und Nahrungsspeicher, in die Baumrinde und Wurzeln der weißen Seerose als Wintervorräte eingebracht werden. Letztere sind die Lieblingsspeise der Biber. Der Schlafraum wird sorgsam und sauber mit Holzspänen ausgekleidet, die ja beim Bäumefällen in genügender Menge anfallen.

Die Burg hat meist mehrere zwei bis sechs Meter lange Aus- und Eingänge, die ebenso wie bei den Uferbauten alle unter Wasser münden. Der Biber kann also seine Wohnung nur unter Wasser schwimmend erreichen. Auch diese Maßnahme dient dem Tier zur Sicherheit vor Feinden. Daß der Biber auf diesen Schutz ganz besonderen Wert legt, beweist sein Verhalten bei dafür ungünstigen Wasserverhältnissen. In solchen Fällen erweist er sich dann als vollendeter Wasserbau-Ingenieur.

Wenn nämlich aus irgendeinem Grund der Spiegel des Gewässers, in dem die Biberburgen stehen oder in dessen Ufern sich Erdhöhlen der Tiere befinden, sinkt, so daß deren Eingänge freizuliegen kommen, dann stauen die Tiere in gemeinsamer mühevoller Arbeit das Wasser. Dies tun sie durch Anlage von Staudämmen, die sie in so fachgerechter Weise zu errichten verstehen, wie es mit den ihnen zur Verfügung stehenden primitiven Mitteln ein Wasserbau-Fachmann nicht besser könnte.

Wenn sich an dem betreffenden Gewässer größere Biberkolonien befinden, dann kommen zum Dammbau ein paar hundert Tiere zusammen. Obwohl die Biber normalerweise sehr unverträglich sind und die Nachbarn sich oft schlecht leiden mögen und häufig miteinander zanken, arbeiten sie an diesem gemeinsamen Werk doch stets in vorbildlicher Weise zusammen. Alles geht wie von einer unsichtbaren obersten Leitung glänzend organisiert und geführt reibungslos vonstatten.

Die ganze Aktion fängt mit dem Fällen einiger dickerer Stämme an, das in der vorhin beschriebenen Weise vor sich geht. Je nach der Länge des Dammes bilden ein oder mehrere hintereinandergelegte Stämme dessen Grundlage. Andere Tiere fällen inzwischen dünnere Bäume und schleifen sie zur Baustelle. Aus diesen machen sie Pfähle, die sie dicht neben den Hauptstämmen in den vorher aufgegrabenen Boden einrammen, um sie so in ihrer Lage zu befestigen.

Weitere Gruppen von Bibern holen das Bindematerial herbei, das das Ganze miteinander verbinden und verfestigen soll. Dazu wird alles verwandt, was sich dafür eignet: Erde, Schlamm und Rasenstücke werden so geschickt und dicht aufeinandergepackt, daß daraus ein festes Ganzes wird, das vom Wasser nicht mehr weggespült werden kann.

Dabei wird genau auf die Form des Dammes geachtet. Er ist unten meist vier bis sechs Meter und oben nur noch ein bis zwei Meter dick. Und genau nach den Regeln des Baus von Sperrmauern bei Talsperren, fällt er gegen die Strömung allmählich, auf der entgegengesetzten Seite dagegen steil ab.

Wenn ein solcher Staudamm nicht ausreicht, dann werden je nach Bedarf weitere errichtet. Zeigen sich irgendwann an einem Damm schwache Stellen, dann werden sie in gemeinsamer Arbeit sofort ausgebessert.

Die von den Bibern errichteten Staudämme sind so solide gearbeitet, daß viele von ihnen Jahrhunderte überdauert haben. Das Alter von einzelnen wird sogar auf 1000 Jahre geschätzt. Sehr wahrscheinlich haben viele Bibergenerationen daran gebaut und sie sorgfältig instand gehalten.

So ist also alle Arbeit, die die Biber bei der Sammlung von Nahrungsvorräten wie auch beim Nest- und Dammbau verrichten, Gemeinschaftsarbeit. Und diese Zusammenarbeit ist bei genauer Betrachtung ein wahres Wunder. Keins der Tiere plant sie nämlich, keines leitet oder überwacht sie. Dennoch weiß jedes Tier in jedem Augenblick genau, was es zu tun hat. Alle richten sich nacheinander und arbeiten sich gegenseitig in die Hände.

Wenn auch der Burgen- und Dammbau im Grunde stets die gleiche Art der Arbeit darstellt, so ist doch die Einzelverrichtung eines jeden Bibers immer wieder eine andere. Daß sich dabei jede Tätigkeit so harmonisch in das Gesamtwerk einfügt, daß am Ende etwas höchst Vernünftiges herauskommt, ist kaum zu verstehen. Vor allen Dingen, wenn man bedenkt, daß keins der Einzeltiere je eine Belehrung oder Schulung erfahren hat, ja, nicht einmal selbst den Sinn seines Tuns begreift.

Deshalb wird auch niemand annehmen, daß die Gemeinschaftsarbeit der Biber letztlich den Gehirnen dieser Tiere entspringt. Es hat den Anschein, daß sie von einer übergeordneten, unsichtbaren Macht beherrscht werden, die die Stelle eines Planers und Bauführers unter ihnen vertritt. Die Gesamtheit einer Gruppe arbeitender Biber betätigt sich wie ein großer Organismus, dessen Glieder nicht fest miteinander verbunden sind. Wie bei den Bienen und Ameisen ist jedes für sich frei beweglich, gehorcht bei seinem Tun jedoch dieser geheimnisvollen Macht des übergeordneten Instinkts.

Trotz aller Forschertätigkeit ist der Wissenschaft sowohl die Herkunft als auch die Wirkungsweise solcher Gruppeninstinkte letztlich ein Rätsel geblieben. Da sie aber stets etwas zweckdienlich Vernünftiges hervorbringen, stellen sie für jeden unvoreingenommen und aufrichtig Denkenden Tatsachen dar, die auf einen allmächtigen Weltenschöpfer hinweisen.

Nächtlicher Luftkrieg im Tierreich

»Mit Speck fängt man Mäuse«, das ist uns allen geläufig. Dagegen dürfte weniger bekannt sein, daß der moderne Schmetterlingssammler viele Arten von *Nachtfaltern* mit Hilfe eines leeren Weinglases und eines nassen Flaschenkorkens fängt.

Das klingt zwar sehr unglaubwürdig, aber es handelt sich hier um eine höchst ernst zu nehmende Sache. Die sonderbare Fangmethode hängt mit dem Ton zusammen, den man durch Reiben des Glasrandes mit dem Korken erzeugen kann. Zahlreiche Nachtfalterarten lassen sich nämlich sofort wie tot zu Boden fallen, wenn sie diesen schrillen Ton vernehmen. Auf diese Weise kann der Sammler ihrer dann leicht habhaft werden.

Jetzt interessiert uns natürlich sogleich die Frage, was die kleinen Tierchen zu einem derart sonderbaren Verhalten veranlaßt. Es beruht auf einem Instinkt, den ihnen der Schöpfer zu ihrem Schutz verliehen hat. Doch wovor sollen sich diese Insekten denn schützen? Das Dunkel der Nacht verbirgt sie doch zur Genüge vor eventuellen Feinden. Dazu haben sie auch noch eine dunkle Färbung, die sie erst recht unauffällig macht.

Doch auch die Nachtfalter dürfen sich nicht bis ins Uferlose vermehren. Deshalb haben auch sie ihre Feinde, die ihre Zahl mit der übrigen Kreatur im Gleichgewicht halten. Der erste unter diesen ist die *Fledermaus*, die ebenfalls ein Nachttier ist.

Diesem geheimnisumwobenen, den meisten Menschen unheimlichen Flattertier nützen zur Orientierung im Dunkeln die Augen kaum etwas. Um so deutlicher »sieht« es dafür aber mit den zu diesem Zweck besonders großen Ohren. Es soll sich damit bei Nacht besser zurechtfinden als wir am Tag mit unseren Augen.

Die Fledermaus verfügt über ein Organ, das mit dem in der Technik verwendeten *»Sonar«* vergleichbar ist. Ein solches, auch *Echopeilgerät* genanntes Instrument, besteht ähnlich wie das allgemein bekannte Radargerät aus einem Sender und einem Empfänger. Anstatt der elektrischen Radarstrahlen sendet es Ultraschallwellen aus. Das ist überaus kurzwelliger Schall, auf den unser Ohr nicht mehr anspricht, der also für uns unhörbar ist.

Treffen die ausgesandten *Ultraschallwellen* auf einen Gegenstand, dann werden sie ähnlich wie beim Echo zurückgeworfen und von dem Empfänger aufgenommen. Die zurückkommende Welle kündet also immer das Vorhandensein eines Gegenstandes an, und aus der Zeit, die sie für ihren Hin- und Rückweg benötigt hat, läßt sich dann leicht dessen Entfernung berechnen.

Nach genau dem gleichen Prinzip orientiert sich auch die Fledermaus in pechschwarzer Nacht. Sie stößt während ihres Fluges ununterbrochen für uns unhörbare *Ultraschall-Schreie* aus. Diese werden von ihrem muskulösen Kehlkopf erzeugt und durch die Nasenlöcher mit 110 000 Schwingungen in der Sekunde herausgeschossen. Ist die Flugbahn des Tieres dabei auf einen nahen Gegenstand gerichtet, dann werden die Schallwellen von diesem zurückgeworfen und von den dafür aufnahmefähigen Fledermausohren aufgenommen.

Letztere sind so wunderbar gebaut, daß sie nicht nur den Ultraschall zu hören, sondern mit Hilfe des Gehirns sogar den Zeitunterschied zwischen dessen Sendung und Empfang auszuwerten vermögen. Die Fledermaus weiß also jedesmal sogleich, wie weit der von ihr angesteuerte Gegenstand entfernt ist.

Das Ortungsorgan des nächtlichen Fliegers ist geradezu unwahrscheinlich empfindlich. Es reagiert schon auf einen Draht von nur 0,2 Millimeter Dicke. Wir würden am hellichten Tag mit Sicherheit gegen einen solchen laufen. Aber mehrere Forscher haben Fledermäuse in völlig abgedunkelten Räumen fliegen lassen, in denen kreuz und quer zahlreiche solcher Drähte gespannt waren. Dabei machten sie die erstaunliche Feststellung, daß nicht einmal einer von ihnen von den Tieren auch nur berührt wurde.

Man kann sich also gut vorstellen, wie leicht es dann für die Fledermaus ist, einen so dicken Brocken wie einen Nachtfalter anzupeilen. Allerdings wird es ihr nicht möglich sein, ihn zu erwischen, wenn er über die erwähnte Schutzeinrichtung verfügt.

Ein solches Warngerät besteht aus einem kleinen Loch, das sich etwa in der Taille des Falterkörpers befindet und das mit einem dünnen Häutchen als »Trommelfell« verschlossen ist. Im Inneren des Hohlraums befinden sich einige wenige Nervenzellen, die die von den Ultraschallwellen der Fledermaus erzeugten Reize sofort an das Gehirn weiterleiten. So erklärt es sich, daß sich ein mit dieser Schutzvorrichtung versehener Falter beim Anflug des feindlichen »Fliegers« durch gewollten Absturz in Sicherheit bringt.

Die Fledermäuse jagen aber des Nachts nicht nur nach fliegenden Insekten. Ähnlich wie ein Bombenflugzeug mit seinem Radargerät den Erdboden nach Gebäuden, Straßen und Flüssen abtastet, so können die Flattertiere mit ihrem »Sonar« auch genau feststellen, was auf dem Boden vor sich geht. Krabbelt in der Nacht irgendwo ein Käfer im Gras, so vermag die Fledermaus ihn ohne Schwierigkeiten zu orten. Sie läßt sich dann lautlos zu ihm hingleiten, um ihn zu erbeuten.

Die erstaunlichsten Leistungen vollbringen einige Fledermausarten, die in der Lage sind, mit Hilfe ihres Ultraschallgeräts in rabenschwarzer Nacht sogar *Fische* zu fangen. Hier steht die menschliche Technik vor einem Problem, das sie bisher noch nicht zu lösen vermochte. Sie hat es nämlich noch nicht fertiggebracht, vom Flugzeug aus ein U-Boot direkt zu orten. Aber obwohl die Ultraschallwellen von der Wasseroberfläche fast vollständig zurückgeworfen werden und nur zum tausendsten Teil ins Wasser eindringen und von einem unter der Oberfläche schwimmenden Fisch nur wieder zu einem Tausendstel reflektiert werden, vermag die Fledermaus ihr Opfer zu finden. Sie erreicht also schon ihr Ziel, wenn sie von ihrem ausgesandten Schall nur den millionsten Teil zurückbekommt. Das zeigt uns wieder einmal, wie unendlich der Weltenschöpfer selbst den genialsten menschlichen Konstrukteuren überlegen ist.

Die kleinen Spinnerinnen

So unbeliebt die *Spinnen* bei den Hausfrauen auch sind, so interessant sind sie für den Naturfreund. Wer z. B. zum ersten Mal Gelegenheit hat, einem solchen Tierchen beim Bau seines Netzes zuzuschauen, der ist von dessen Geschicklichkeit geradezu entzückt.

Wenn sie ihr Werk beginnt, setzt sich die Spinne hoch an einen Zweig und spinnt einen langen Faden; dabei preßt sie aus den zu je drei rechts und links ihres Afters befindlichen Spinndrüsen ein Bündel äußerst feiner Fäden einer zunächst dickflüssigen Masse heraus, die an der Luft sogleich erstarren. Diesen ersten, langen Faden läßt die Spinne so lange im Wind hin und her fliegen, bis sie merkt, daß er sich an einem gegenüberliegenden Ast festgehakt hat. Dann macht sie ihn fest, läuft auf ihm hinüber und zieht ihn mit den Vorderbeinen wie ein Seil stramm. Von der Mitte dieses jetzt waagerecht hängenden Fadens läßt sie sich, nachdem sie ihn noch verstärkt hat, an einem neuen Faden hinunter. Dieser bildet später den senkrechten Durchmesser des radförmigen Netzes. Danach spannt sie nach den Seiten Rahmenfäden, die das Ganze straffen und verankern. Nun geht die Spinne zur Mitte des senkrechten Fadens, befestigt dort einen neuen Faden, läuft spinnend nach oben und auf dem ersten Querfaden ein wenig zur Seite und befestigt ihn dort. Das ist dann gewissermaßen eine Speiche des späteren Netzrades. Auf die gleiche Weise stellt sie die anderen Radien her. Zum Schluß verbindet sie diese mit zahlreichen Querfäden, und das Fangnetz ist fertig (s. Abb. 126).

Jetzt setzt sich das Tierchen mit ausgestreckten Vorderbeinen in den Mittelpunkt seines Netzes und wartet, bis sich eine Fliege oder dergleichen darin verfangen hat. Das spürt sie sofort an der Erschütterung, die das Zappeln des Opfers verursacht. Es läuft sofort darauf zu, betäubt es durch einen giftigen Biß, spinnt es ein und schleppt es zum Fraß in die Mitte.

Der *Netzbau-Instinkt* der Spinnen und die dazu nötige Körper-

Abb. 126: Kreuzspinne im Netz. Die Spinne sitzt in der Warte. Von dieser ziehen die Speichen zum Rahmen des Netzes. Zwischen Rahmen und Warte liegt die klebrige Fangspirale.

ausrüstung ist wieder einmal ein sehr schweres Problem für die Vertreter des Zufalls- und Entwicklungsglaubens. Der Spinnapparat als spezielles Organ der Radnetzspinnen ist so außerordentlich kompliziert und zugleich sinnreich und zweckvoll, daß er unmöglich über zahlreiche unvollkommenere Vor- und Zwischenstufen entstanden sein kann. Dabei ist besonders sein Zusammen-

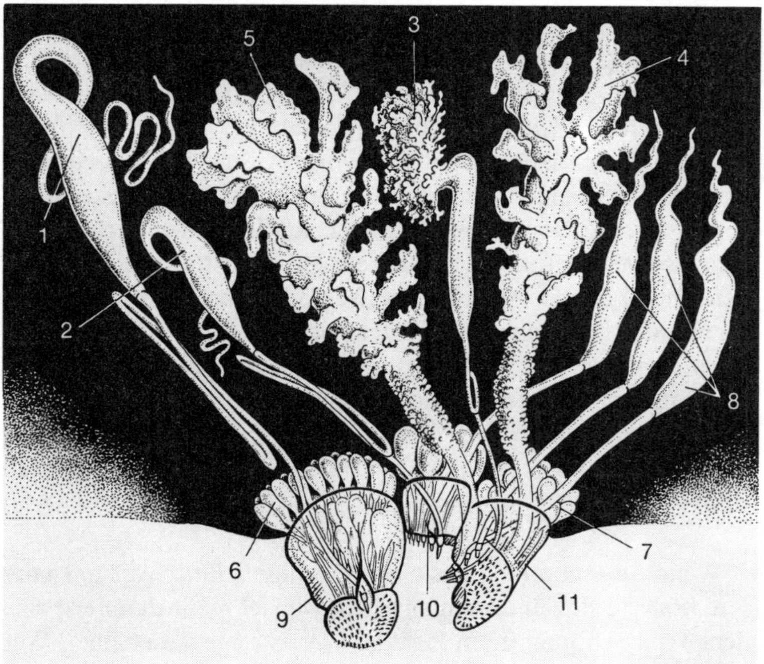

Abb. 127: Spinndrüsen einer großen tropischen Spinne (Nephila madagascariensis). Es sind nur die Drüsen der rechten Körperseite dargestellt, der ganze Spinnapparat ist also doppelt so groß. Die Ampullendrüsen (1, 2) liefern den trockenen Faden, an dem sich die Spinne im Netz bewegt oder an dem sie sich abseilt und wieder hinaufklettert. Der Klebfaden entsteht durch das Zusammenwirken von zweierlei Drüsen: die Fadendrüse (3) gibt den Grundfaden ab, der gleichzeitig von den Leimdrüsen (4, 5) mit Klebstoff überzogen wird. Von den übrigen Drüsen liefert: 6 Klebstoff für die Befestigung trockener Fäden an einer Unterlage, 7 einen Schwall allerfeinster Fäden zum Einwickeln und Fesseln der Beute, 8 das Gespinst für den Eikokon, 9, 10 und 11 sind die vordere, mittlere und hintere Spinnwarze der rechten Körperseite.

wirken mit dem Instinkt des Netzbaus zu bedenken, den jedes Tier fix und fertig mit auf die Welt bringt.

Daß Spinnapparat und Netzbau-Instinkt der Spinnen ihre Entstehung unmöglich dem blinden Zufall und einer allmählichen Aufwärtsentwicklung verdanken, hat mir die Abbildung und die dazugehörige Erklärung in einem Buch des Nobelpreisträgers Prof. Karl von Frisch ganz besonders deutlich gemacht. Es sind dort nur die Drüsen der rechten Körperseite der großen tropischen Spinne Nephila madagascariensis dargestellt. Das gesamte Spinnorgan ist also doppelseitig, die abgebildete Hälfte natürlich stark vergrößert wiedergegeben*) (s. Abb. 127).

Wie aus dieser Darstellung hervorgeht, sind die den eigentlichen Faden erzeugenden Drüsen von einer Art Leim ausscheidender Drüsen begleitet. Von letzteren kann der Faden nach Bedarf gleich bei seiner Entstehung mit diesem Klebstoff versehen werden. Dieser Leim ist so geartet, daß er sich sofort zu Tröpfchen zusammenzieht, die dann wie Perlen aus einer Kette aussehen. Auf diese Weise wird bei möglichst geringem Materialverbrauch die Wirkung einer dicken Schicht erreicht.

Um nicht selbst durch den Klebstoff behindert zu werden, spinnt das Tierchen besondere Lauffäden, die frei von diesem sind.

Wenn nun schon die uns allen bekannten *Radnetzspinnen* unsere höchste Bewunderung erregen, wieviel mehr dann erst die, denen der Schöpfer ihren Platz im Wasser zugewiesen hat?! Wer von uns kennt schon das Leben der *Wasserspinnen*?! Schauen wir uns einmal an, welch wunderbare Instinkte ihnen die Existenz in dem nassen Element überhaupt möglich machen.

Auch die Wasserspinne ist ein Luft atmendes Tier, also von Hause aus als Landtier gebaut. Trotzdem verbringt sie die meiste Zeit ihres Lebens unter Wasser. Ihr Leib und ihre Beine sind mit dichtem Haarwuchs bedeckt. Dadurch ist sie in der Lage, ihren Körper mit einem Lufthäutchen zu umgeben. So kann sie sich lange unter Wasser aufhalten, ohne die Luft zu erneuern. Sie ist eine

---

*)»Tiere als Baumeister«, Ullstein-Verlag, 1974, S. 35 von Karl von Frisch.

ausgezeichnete Schwimmerin und Taucherin und macht als solche Jagd auf allerlei kleine Wassertiere.

Was tut nun die Wasserspinne mit ihrer Fähigkeit, Fäden zu spinnen? Vielleicht könnte man annehmen, sie würde auch dort zwischen Wasserpflanzen oder dgl. ein Radnetz herstellen. Aber weit gefehlt, sie baut sich damit eine Taucherglocke.

Dazu spinnt sie zwischen Wasserpflanzen einen waagerechten, ganz dichten, aber nicht besonders stramm gespannten Schirm. Dann steigt sie zur Wasseroberfläche empor, streckt den Hinterleib aus dem Wasser heraus, kreuzt darüber die Hinterbeine und reißt so beim schnellen Untertauchen eine Luftblase mit nach unten. Diese gibt sie dann unter ihrem Schirm frei, so daß sie hochsteigen kann. Dabei wird sie aber von der Schirmfläche festgehalten, die sich nach oben wölbt. Dieses Spiel wiederholt sie so lange, bis der Schirm wie ein hochgestülpter Sack prall mit Luft gefüllt ist (s. Abb. 128).

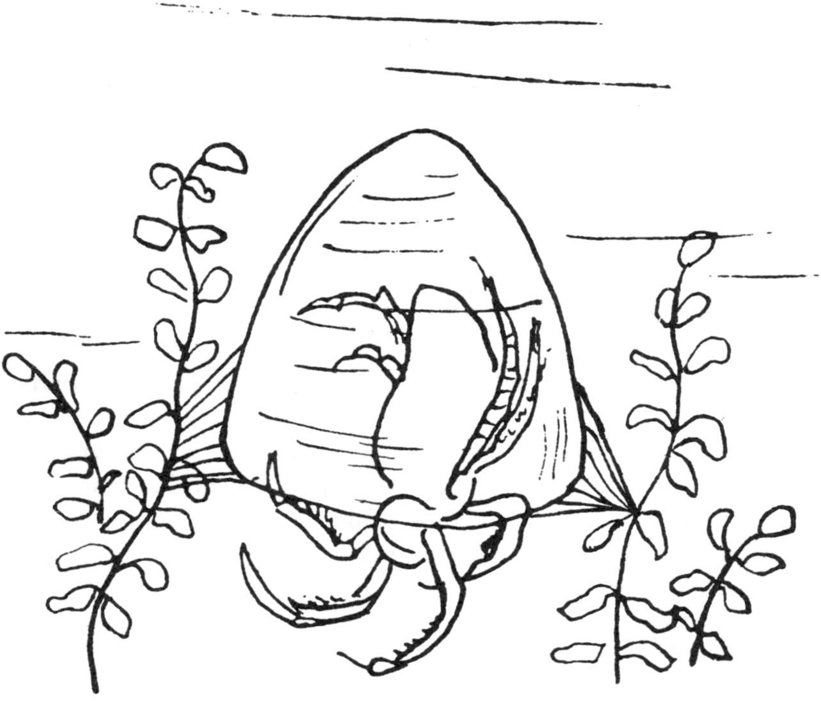

Abb. 128: Wasserspinne in ihrer Taucherglocke.

Bei diesem Lufttransport wendet die Wasserspinne noch einen ganz interessanten Trick an, den man nur bei sehr genauer Beobachtung bemerkt. Man wundert sich nämlich, daß das Tierchen immer so blitzschnell untertaucht und dabei seine Taucherglocke so zielsicher ansteuert. Das kommt daher, daß es sich eine Art Leitseil gesponnen hat. Diesen an der Glocke befestigten Faden nimmt es mit zur Wasseroberfläche, und an ihm tastet es sich beim Untertauchen entlang. Es hat ihn absichtlich ein wenig zu kurz gemacht, so daß es oben beim Luftholen unter Spannung steht. Letztere nutzt die Spinne beim Niedergehen aus, indem sie sich wie an einem gespannten Gummiseil nach unten schnellen läßt. Damit erleichtert sie sich gleichzeitig das Herunterholen der Luft, wozu ja bekanntlich wegen der Wasserverdrängung eine Kraftanstrengung notwendig ist. Um das festzustellen, brauchen wir nur einmal ein umgekehrtes Gefäß unter Wasser zu drücken.

Die Taucherglocke ist nun die Operationsbasis der Wasserspinne. Von hier aus macht sie ihre nächtlichen Raubzüge. Hier verzehrt sie ihre Beute, und hier legt sie auch ihre Eier ab. Ist die Luft in ihrem Unterwasserhaus verbraucht, dann macht sie einfach ein Loch in die Spitze des Daches und läßt sie entweichen. Die Auslaßöffnung webt sie danach wieder zu und holt auf die beschriebene Weise neue frische Luft herunter.

Straßenbauer im Urwald

Es ist mit ziemlicher Sicherheit anzunehmen, daß die Kontinente in der Urzeit noch mit dichtestem Pflanzenwuchs bedeckt waren. Undurchdringliche Urwälder hätten vielen Tieren zu dieser Zeit jeden Ortswechsel nahezu unmöglich gemacht, wenn der Schöpfer nicht auch die Kolosse unter diesen geschaffen hätte, die ihnen mit ihrem massigen und kraftvollen Körper Wege durch das Dickicht bahnten.

Inzwischen sind diese Urwälder bis auf wenige Gebiete verschwunden. Aber auch in diesen Resten gibt es heute noch ein Tier, das den kleineren wie ein großer Räumer Wege bahnt. Es ist das größte Landtier, das es heute auf der Erde gibt: der *Elefant*.

Dieser Riese unter den Tieren ist so recht für das Durchqueren des Urwalddickichts gebaut. Schon rein äußerlich wirkt er auf uns wie ein mächtiger Betonklotz. Aber er ist keineswegs so schwerfällig, wie es auf Grund seiner Plumpheit den Anschein hat. Sein Körperbau ist bis in die Einzelheiten hinein nichts als reine Zweckmäßigkeit. Er ist ein Musterbeispiel für die Anpassung eines Lebewesens an seinen Lebensraum, und dieser ist für den Elefanten weitgehend das Waldesdickicht.

Wenn sich der drei bis vier Tonnen schwere Koloß durch das undurchdringliche Gewirr von Bäumen und Sträuchern bewegt, dann walzt er mit seinen säulenartigen Beinen alles nieder, was sich ihm in den Weg stellt. Dabei braucht er auf seinen Körper kaum Rücksicht zu nehmen. Seine Haut ist geradezu sprichwörtlich dick, und auch seine großen, hornartigen Fußsohlen sind kaum zu verletzen.

In »Brehms Tierleben« ist über die Elefanten zu lesen: »Sie arbeiten sich ohne Mühe durch den dicksten Urwald ... auf festem Boden förmlich Straßen herstellend, weil sie bei ihren Zügen nicht allein geschlossene Gesellschaften bilden, sondern sich auch in langen Reihen zu ordnen pflegen, welche dann verhältnismäßig schmale Wechsel hinterlassen. Solche Straßen bemerkte ich in allen dichten Waldungen Innerafrikas, die noch von Elefanten bewohnt werden ... In allen größeren Urwaldungen zu beiden Seiten des oberen Blauen Nils konnte ich nur auf diesen Wegen in den Urwald eindringen: Dort waren die Elefanten geradezu als Straßenbauer anzusehen« (Safari-Verlag, Berlin, 1961).

Trotz ihrer Dicke und Schwerverletzlichkeit ist die Elefantenhaut viel berührungsempfindlicher als man annehmen möchte. Das kommt daher, daß die Tastzellen, die die Berührungsreize aufnehmen, dicht unter der Oberfläche liegen.

Dadurch können Insekten das Tier sehr belästigen, die es durch häufiges Baden in Wasser, Staub und Schlamm loszuwerden versucht. Aus dem gleichen Grund duldet es auch gern, wenn einige bestimmte Vogelarten, wie in Afrika der kleine Kuhreiher, sich auf seinem breiten Rücken niederlassen, um ihm das Ungeziefer abzupicken.

Im dunklen Gestrüpp des Urwaldes kann man mit scharfen Augen wenig anfangen. Deshalb ist das Sehorgan des Elefanten wenig entwickelt und sein Gesichtsfeld sehr beschränkt. Viel ausgeprägter sind dagegen Geruchssinn und Gehör. Das Brechen eines kleinen Zweiges genügt schon, um das Tier aufmerksam zu machen, und der Jäger darf sich ihm niemals mit dem Wind nahen.

Der Elefant ist für seinen plumpen Körperbau recht schnell und geschickt. Wenn er sich in Trab setzt, hat ein Reiter alle Mühe, ihm nachzukommen. Außerdem versteht er es, so leise durch den Wald zu schleichen, daß man ihn kaum hört. Auf seinen unermüdlichen Wanderungen wagt er sich sogar ins Gebirge. Hier sucht er sich stets die günstigsten Wege aus. Große Steigungen vermag er durch regelrechtes Klettern zu überwinden. Schwierig ist für ihn jedoch ein steiler Abstieg. Der Gefahr, dabei infolge seiner riesigen Körpermasse das Gleichgewicht zu verlieren, begegnet er in geschickter Weise dadurch, daß er am Rand des Abhangs niederkniet und dann sehr vorsichtig hinunterrutscht.

Auch hinsichtlich seiner Nahrungsaufnahme wäre der Elefant durch seine körperliche Plumpheit sehr behindert, hätte ihm der Schöpfer nicht zum Ausgleich den Rüssel geschenkt. Wie hätte er sonst mit seinem so eng mit dem Rumpf verbundenen Kopf zum Fressen oder Saufen auf den Boden kommen können?! Die Verlängerung seiner Nase gleicht diesen Mangel aber in vielfacher Hinsicht aus.

Diese verlängerte Nase ist sowohl Geruchs-, Tast- als auch Greifwerkzeug. Sie zeichnet sich durch große Beweglichkeit, Empfindlichkeit und vor allen Dingen durch einen fingerartigen Fortsatz an ihrem Ende aus.

Nach Cuvier soll der Rüssel aus etwa 40 000 Bündeln von Ring- und Längsmuskeln zusammengesetzt sein. Dadurch ist er nicht nur äußerst beweglich, sondern kann sogar in bestimmten Grenzen verlängert und verkürzt werden.

Mit dem Rüssel vermag der Elefant die erstaunlichsten Arbeiten zu verrichten. Mit ihm ist er in der Lage, sowohl starke Bäume umzubrechen, als auch kleine Münzen vom Boden aufzuheben. Er benutzt ihn, um seinen Körper gegen Insekten mit Staub einzupudern oder mit Wasser zu bespritzen. Mit seiner Hilfe kann er bequem trinken oder Gras vom Boden und Laub von den Bäumen rupfen, um es ins Maul zu stopfen. Der Rüssel hat ein Fassungsvermögen von sechs bis sieben Litern Wasser.

Auch das Gebiß des Elefanten ist in besonderer Weise entwikkelt. Nicht alle Arten tragen Stoßzähne; bei manchen nur die männlichen Tiere. Die mächtigsten Stoßzähne findet man wohl beim afrikanischen Steppenelefanten. Bei diesen Bullen kann der einzelne Zahn zweieinhalb bis drei Meter lang werden und dann über 100 Kilogramm wiegen. Das Tier braucht diese Zähne auch zu manchen Arbeiten. Es hebt damit Lasten auf, wälzt Steine, wühlt Löcher und benutzt sie schließlich auch zu seiner Verteidigung.

Interessant ist, daß der Schöpfer dem Elefanten eine ganz bestimmte Lebenszeit verordnet hat. Sie beträgt ähnlich wie beim Menschen 70 bis 80 Jahre. Das kann man sehr genau an seinen Backenzähnen ablesen, von denen das Tier nur vier besitzt: auf jeder Seite oben und unten je einen. Von diesen ist jeder etwa so groß wie ein Ziegelstein und durch zahlreiche Riffelungen quer gefurcht. Ein solcher Backenzahn hat eine Lebensdauer von zehn bis zwölf Jahren, dann ist er bis auf einen kleinen Rest abgenutzt, der ausfällt. Wenn dies geschieht, ist jedoch der Ersatz im hinteren Teil des Kiefers schon vorgebildet, der sich dann nach vorn schiebt. Da dieser Wechsel sich in einem Elefantenleben nun 6- bis 7mal wiederholt, ist dessen Gesamtdauer ziemlich genau festgelegt.

Der Elefant ernährt sich in der Hauptsache von Blättern und Zweigen. Äste von mehr als Armdicke werden von ihm ohne Schwierigkeit verspeist. Der Nahrungsbedarf des Tieres beträgt pro Tag etwa drei bis vier Zentner. Dazu kommen an heißen Tagen noch bis zu 200 Liter Wasser. Das wird aber nicht nur zum Trinken, sondern zum großen Teil auch zum »Duschen« gebraucht.

Wie Brehm berichtet, lebt der Elefant mit jedem Geschöpf in Freundschaft und Frieden. Nicht einmal ein Raubtier würde es wagen, ihn anzugreifen. Tiere aber, die keine Feinde haben, brauchen sich auch nur spärlich zu vermehren. Deshalb bekommt die Elefantenmutter im günstigsten Fall nur alle fünf bis sechs Jahre ein einzelnes Junges. Dieses ist bei der Geburt bereits einen Meter hoch und wiegt schon zwei Zentner. Es wird von der Mutter mehrere Jahre treu gepflegt und erzogen, und wenn es besonders ungezogen ist, bekommt es Prügel mit dem Rüssel.

Tiere im Winterquartier

Eines der großen, noch ungelösten Rätsel für die naturwissenschaftliche Forschung ist das wunderbar zweckvolle Sich-Vorbereiten der Tierwelt auf den jährlich bevorstehenden Winter.

Da es der Baumeister der Welten so eingerichtet hat, daß in den gemäßigten und kalten Zonen unserer Erde auf einen lebens*freundlichen* Sommer ein lebens*feindlicher* Winter folgt, mußte er für die Überbrückung der Notzeit eine Lösung finden, wenn ihm dort an der Erhaltung des Lebens gelegen war.

Wer aber hätte dieses Problem besser lösen können, als er es getan hat?! Das gilt nicht nur für die Welt der *Tiere*, sondern auch für die der *Pflanzen*. Weil alle Lösungen zu besprechen jedoch viel zu weit führen würde, wollen wir uns hier nur mit einigen Beispielen aus dem Reich der Tiere beschäftigen, und zwar mit solchen unter ihnen, die sich schon vor Beginn der kalten Jahreszeit innerlich gedrungen fühlen, irgend etwas für ihr Überleben zu unternehmen.

All diese Tiere können wir in zwei große Gruppen unterteilen. Auf der einen Seite gibt es nämlich die, die noch vor dem Winter ihre dann unwirtliche Heimat verlassen und wärmere und nahrungsreichere Gegenden aufsuchen, und auf der anderen solche, die zu Hause bleiben und sich dort auf die Kälteperiode vorbereiten. Wir wollen mit der ersten, der Gruppe der *Auswandernden*, beginnen.

Wenn der Winter naht, dann wandern die Rentiere der nordischen Tundra bis zu 750 Kilometer weit nach Süden.

In Nordamerika zieht der mächtige Wapiti-Hirsch, der sowohl eine Schulterhöhe als auch eine Geweih-Spanne von 1,65 Metern hat, bei Einbruch der kalten Jahreszeit von den Höhen der Rocky-Mountains in die wärmeren Täler hinab.

In Asien sammeln sich vor Beginn des Winters die Rehe und Saiga-Antilopen in windgeschützten und schneefreien Gegenden.

In den Alpen wandern Steinbock, Gemsen und Fuchs schon im Herbst aus dem alpinen Gürtel in die Waldgebiete.

Geläufiger als das vorwinterliche Auswandern der erdgebundenen Tiere ist uns das der Zugvögel. Gerade sie haben den Naturforschern schon immer Rätsel aufgegeben, deren Lösung diesen bis heute noch nicht restlos gelungen ist. Zwar haben sie durch systematische Beringung weitgehend die Reiserouten und Winterquartiere ausfindig machen können, doch wodurch sie das Signal für Aufbruch und Rückkehr erhalten, weiß man immer noch nicht genau.

Schon im Monat August, wenn wir uns noch des schönsten Sommerwetters erfreuen, denken die Stare an den bevorstehenden Winter. Sie schlüpfen noch einmal in ihre Nistkästen, um Abschied zu nehmen und sich ihren Brutraum für die Rückkehr einzuprägen. Dann verlassen sie uns, um zur Überwinterung in südlichere Breiten zu ziehen.

Die Mauersegler fliegen ebenfalls schon um diese Zeit weg. Ihnen folgen unmittelbar der Kuckuck, der goldgelbe Pirol und andere. Auch die Störche sammeln sich in großer Zahl in einem feuchten Wiesengrund, wo sie eine regelrechte Musterung vornehmen, um dann im großen Verband zum Flug in den Süden zu starten.

Im September werden Drosseln, Schwalben und Nachtigallen vom Drang in die wärmeren Gegenden ergriffen. Auch Rotschwänzchen, Lerchen und Wildtauben erfaßt das Reisefieber.

Sie alle und viele, viele andere fliehen im Herbst weniger vor den bevorstehenden Unbilden der Witterung als vor dem zu erwartenden Nahrungsmangel.

Ihr Schöpfer weiß nämlich, daß es z.B. für den Mauersegler schon in wenigen Wochen nach seinem Abflug keine Fliegen mehr zu fangen gibt, weil auch diese dann in Erwartung des Winters ein Versteck aufgesucht haben. Die insektenfressenden Vögel haben ohnehin schon einen langen Sommertag nötig, um sich ausreichendes Futter sammeln zu können. Deshalb würde sie allein schon die Kürze der Wintertage dem Hunger ausliefern. Sobald es kalt wird, fände auch der Kuckuck keine Raupen mehr, weil diese sich ebenfalls verkrochen haben. Und wie sollte der Storch noch Frösche aufstöbern, wenn diese sich in den Schlamm der Teiche eingebuddelt haben?

So gerät, noch ehe der Winter seine Boten vorausschickt, die ganze Vogelwelt in Bewegung. Zu ungezählten Millionen machen sich die fliegenden Geschöpfchen unserer Breiten auf den Weg.

Die einen fliegen ans Mittelmeer oder nach Vorderasien, andere an den Nil und wieder andere ins Innere oder gar bis an die Spitze des afrikanischen Kontinents im äußersten Süden.

Die weiteste Reise von allen unternimmt die Küstenseeschwalbe. Sie umfliegt den halben Erdball, nämlich von der Arktis bis zur Antarktis, also vom Nordpol bis zum Südpol. Dabei führt sie ihr Weg nicht weniger als 17 500 Kilometer über das offene Meer.

Es ziehen aber nicht nur unsere einheimischen Vögel von uns fort, sondern es setzt mit ihrem Abflug gleichzeitig eine Einwanderung aus dem Norden bei uns ein. Saatgänse, Wildenten, Kraniche und andere sind im Winter bei uns zu Gast.

Die Flugleistungen der Zugvögel sind enorm. Einer der langsamsten Flieger ist mit rund 40 Stundenkilometern der Sperber. Möven, Finken, Krähen und Rotkehlchen schaffen schon um die 50, Wanderfalken bereits 60, und die Krickente hält mit sage und schreibe 120 Kilometern in der Stunde die Spitze.

Dabei nehmen sich die Tiere für den Hinflug mehr Zeit als für den Rückflug. Letzteren bewältigen sie, weil sie der Paarungstrieb vorantreibt, durchweg in der halben Zeit. Beim Storch ist der Unterschied sogar noch viel größer. Sein Winterquartier in Südafrika erreicht er durchweg in 80 Tagen, während er bei uns im Frühjahr schon nach knapp 25 Tagen wieder erscheint.

Die Zahl der in unseren Breitengraden lebenden Tiere ist natürlich viel zu groß, als daß sie alle vor dem Winter auswandern könnten. Für die vielen, die während der kalten Jahreszeit in ihrer Heimat bleiben, hat sich der Schöpfer die verschiedenartigsten Schutzmöglichkeiten ausgedacht. Bei einer ganzen Reihe von Tieren betreffen diese ihre *körperliche* Zurüstung für die Winterzeit. So etwa ihre Bekleidung mit Pelzen und Federn, die Isolierung ihres Körpers mit einer Speckschicht, eine besondere Regulierung ihres Blutkreislaufs oder Konzentrationsveränderungen im Protoplasma ihrer Körperzellen. Auf all diese Möglichkeiten werde ich im nächsten Kapitel eingehend zu sprechen kommen.

Wie bereits angedeutet, fürchten viele Tiere den Winter weniger wegen des Frostes als wegen des Nahrungsmangels. So würden manche Zugvögel z. B. die Kälte leicht ertragen. Es bleiben ja sogar ganz kleine Vögelchen wie der Zaunkönig und das Goldhähnchen im strengsten Winter bei uns, weil sie im Gegensatz zu den fortziehenden auch in dieser Zeit hier noch ihr Futter finden.

Vielen der Tiere aber, die während der jährlichen Kälteperiode in eine bittere Hungersnot geraten würden, hat der gütige Schöpfer ein ganz außergewöhnliches Geschenk gemacht. Es ist das Wunder des *Winterschlafs*. Dieser Zauberschlaf trägt ihr Leben über die nahrungsarme und deshalb so lebensfeindliche Zeit hinweg.

Von diesen Winterschläfern seien der Igel, die Fledermaus, das Murmeltier, der Siebenschläfer und der Hamster als einige wenige Beispiele erwähnt. Solche Tiere ziehen sich bereits im Herbst in einen frostsicheren Schlupfwinkel zurück. Die einen benutzen dazu Felsspalten, andere Baumhöhlen, und wieder andere legen sich sehr zweckmäßige und gut ausgestattete Erdbaue an. Letztgenannter Arbeit gehen sehr sorgfältige Vorbereitungen voraus.

Ist die Höhle gegraben, dann wird diese mit Blättern, Moosen oder Flechten weich ausgepolstert. Das alles geht z. B. beim *Murmeltier* folgendermaßen vor sich:

Bereits Ende August, also im schönsten Bergsommer, verlassen diese uns aus den Alpen bekannten Nagetiere die Hochkare und wandern bis zum Saum der Hochwälder hinunter, um sich hier vom Zustand ihrer vorjährigen Winterhöhlen zu überzeugen. Bis zu zehn Meter tief haben sie in unermüdlicher Wühlarbeit die Stollen in die Bergflanken getrieben, diese an den Enden zu geräumigen Kammern erweitert und sogar blinde Gänge als Aborte geschaffen.

Doch das ist noch nicht alles. Jetzt beginnen sie regelrecht zu heuen, indem sie saftige Gräser abbeißen, sie in Schwaden niederlegen und sie hin und wieder sachkundig wenden, bis sie zu Heu geworden sind. Dieses tragen sie dann in ihren Bau, um damit die Schlafhöhle zu polstern und außerdem noch einen Futtervorrat anzulegen.

In derselben Weise sind ebenfalls schon während des Sommers die Hamster und Ziesel im Flachland unermüdlich dabei, sich einen besonders tief gelegenen Winterbau zu wühlen und ihn mit einigen weiträumigen Vorratskammern zu umgeben. Diese Kammern füllen sie dann mit Hafer, Weizen, Erbsen und Bohnen – oft bis zu 100 Pfund. Dabei verstehen sie diese Feldfrüchte so zu behandeln und zu lagern, daß sie weder keimen noch verderben können.

Sind alle Vorbereitungen abgeschlossen, dann ziehen sich die Tiere, je nach ihrer Art einzeln, in Gruppen, manche auch zu verschiedenen Arten gemischt, in ihr Winterquartier zurück. Dort rollen sie sich eng zusammen, und wenn es mehrere sind, rücken sie dicht aneinander. Manche ziehen sogar noch eine schützende »Bettdecke« aus Blättern über sich. Andere decken sich mit ihrem eigenen buschigen Schwanz zu. Dann fallen sie in einen tiefen Schlaf.

Bei den kleineren winterschlafenden Säugetieren ist eine monatelange Lebenspause nur möglich, wenn ihre Körperfunktionen während dieser Zeit auf ein Mindestmaß herabgesetzt werden. Andernfalls wäre nämlich das in ihrem Körper aufgespeicherte Fett oder die zusammengetragenen Futtervorräte viel zu früh verbraucht. Bei den Langschläfern verlangsamt sich deshalb der Herzschlag, die Atemzüge werden seltener, und die Bluttemperatur sinkt stark ab.

Ehe sich die Murmeltiere in ihrer Winterburg zur Ruhe begeben, verschließen sie die kaum faustgroße Eingangsröhre mit einem fast meterlangen Verschlußpfropfen aus Erde, Steinen und Heu, den sie steinhart pressen. Haben sie sich dann dicht aneinandergekuschelt, dann sinkt ihre Bluttemperatur von normalerweise 37,5 Grad Celsius allmählich bis auf 4,5 Grad ab. Ihr Herz schlägt dann nur noch 3- bis 4mal in der Minute, und die ebenso wenigen Atemzüge sind kaum noch zu merken. Ihr Verdauungsapparat ist völlig außer Betrieb, Magen und Därme leer und zusammengeschrumpft. Dabei kann die Temperatur im Bau getrost bis auf 4 Grad absinken. Damit haben die Tiere aber auch ihre tiefste Schlaftiefe erreicht.

Die Murmeltiere schlafen nicht die ganzen sechs Wintermonate pausenlos durch. Auch erreichen sie den Zustand gänzlicher Bewußtlosigkeit und hypnotischer Schlaftiefe erst allmählich. Außerdem wachen sie in regelmäßigen Abständen (etwa alle drei bis vier Wochen einmal) auf. Sie taumeln dann ein wenig im Bau umher und legen sich schließlich wieder hin.

Aber selbst im scheintodartigen Tiefschlaf, wenn auch ihre Glieder steif und klamm sind, sind sie nicht so unempfindlich wie die in der Winterstarre befindlichen Lurche und Kriechtiere. Sie fühlen dann immer noch jede Berührung. Vor allem erwachen sie sofort, wenn die Kälte so tief in die Erde dringt, daß die Temperatur im Bau unter 4 Grad absinkt. Dann stehen sie auf, verschaffen sich etwas Bewegung und fressen ein wenig von ihrem Heuvorrat.

Die Temperatur von plus 4 Grad scheint überhaupt für alle kleinen Winterschläfer die unterste Lebensgrenze zu sein. Sinkt die Temperatur noch tiefer, dann bekommen sie trotz aller Schläfrigkeit ein inneres weckendes Warnsignal. Das trifft nicht nur für die Murmeltiere, sondern in gleicher Weise auch für die *Hamster*, die *Bilche* wie auch den *Igel* zu. Ob dieser Weckruf damit zusammenhängt, daß das Wasser bei plus 4 Grad seine größte Dichte hat und sich von da ab bis zum Gefrierpunkt wieder bis zu 10% seines Volumens ausdehnt? Obwohl diese Vermutung naheliegt, habe ich in der diesbezüglichen Literatur darüber nichts finden können.

Der *Hamster*, der von seiner gewohnten täglichen Schlafpause direkt in den Winterschlaf hinübergleitet, kann nur eine Abkühlung bis zu 6 Grad vertragen. Er schläft überhaupt unruhiger, wacht anfangs alle vier bis fünf Tage auf, frißt sich dann noch einmal rundherum satt und legt sich wieder langgestreckt auf den Bauch. Die geringfügigste Störung macht ihn dann sofort hellwach und verteidigungsbereit, obwohl seine Glieder auch zunächst noch steif und unbeholfen sind. Er fällt überhaupt erst ziemlich spät in einen tiefen und längeren Dauerschlaf.

Der *Igel*, der keine Nahrungsvorräte für den Winterschlaf zusammenträgt, pennt dagegen vier Monate und mehr ohne Pause durch. Er fällt in diesen Dauerschlaf, wenn in seinem mit Blättern ausgepolsterten Schlafgemach 15 Grad Celsius unterschritten werden. Er, der sonst außerordentlich lärmempfindlich ist, schläft dann aber sogleich derart fest, daß ihn sogar ein in seiner Nähe abgefeuerter Schuß nicht aufweckt.

Während der Igel normalerweise auf dem Bauch liegend schläft, rollt er sich für den Winterschlaf zu einer Kugel zusammen. Während für ihn dann die Umwelt nicht mehr existiert, schlägt sein Herz nur noch fünfmal, ja, oft nur noch einmal in der Minute. Aber dennoch wacht auch er bei der unteren Temperaturgrenze auf. Dann erwärmt sich sein Blut schnell bis auf 34 Grad. In diesem Fall verläßt er sogar seinen Bau, um sich etwas Futter zu suchen. Wenn er dann bei strengem Frost nichts findet, kann ihn der Kältetod erwischen.

Auch die *Siebenschläfer, Gartenschläfer, Baumschläfer* und *Haselmäuse* sind *Dauerschläfer.* Sie fallen schnell in Tiefschlaf und wachen nur alle acht Wochen auf, um etwas von ihren Vorräten zu futtern. Sie liegen alle dicht aneinandergeschmiegt da, das Schnäuzchen fest auf den Bauch gedrückt, die Vorderpfötchen an der Backe und mit ihrem buschigen Schwanz regelrecht eingewikkelt. Sie sind dann im Schlaf nur mit Gewalt aus dieser Verpakkung auszuwickeln.

Die *Haselmaus* kennt keine Warntemperatur. Auch unter 4 Grad wacht sie also nicht auf. Ihr schenkte der Schöpfer statt dessen einen wunderbaren inneren Regulator, der selbsttätig ihren Herzschlag beschleunigt und die Atemzüge so lange vertieft, bis die Gefahr des Erfrierens vorüber ist.

Dachs und *Bär* ziehen sich zwar im Winter ebenfalls in eine Höhle, einen hohlen Baum oder ein ähnliches frostsicheres Versteck zurück, aber auch sie legen sich keine Vorratskammer an.

Da die Bärin sogar mitten im Winter wirft, muß sie sich noch vor dem Frost und Schneefall um eine warme Stube kümmern. Liegt diese unter der Erde, dann beklopft sie die Wände sorgfältig mit ihren Tatzen und drückt sie mit dem Rücken fest. Sie sorgt sogar für Tapeten aus großen Rindenfetzen, schleppt Moos herbei, um ihr Heim möglichst behaglich zu gestalten.

Ebenso wie der *Dachs* fällt auch der *Bär* nicht in einen bewußtlosen Tiefschlaf. Beide ruhen nur und dösen vor sich hin. Ihre Körperwärme verändert sich auch nicht. Sie sind kräftig genug, um die winterliche Fastenzeit unbeschadet zu überstehen. Sie haben sich nämlich noch gerade rechtzeitig einen Speckwanst angefressen.

Der Dachs hat sich vor dem Kälteeinbruch so gemästet, daß er seinen Bauch über die Erde schleift. Dennoch kann es vorkommen, daß ihn gegen Ende des Winters so sehr der Hunger plagt, daß er seinen Bau verläßt, um nach Wurzeln und kleinem Getier zu suchen.

Die Bärin verläßt ihre Wohnstube kaum. Im Januar bringt sie ihre Jungen zur Welt, die sie dann liebend und treu versorgt. Diese sind zunächst klein wie Ratten und öffnen erst nach drei Wochen die Augen. Sie liegen zwischen den Pranken der Mutter wie in einer mit Pelz ausgekleideten Wiege. Die Bärin ist also den ganzen Winter über mit der Betreuung ihres Nachwuchses beschäftigt, zumal die Kleinen erst nach drei bis vier Monaten in der Lage sind, der Mutter zu folgen.

Ebenso unterschiedlich wie bei all den genannten Tieren die Vorbereitungen und das Verhalten während des Winterschlafs sind, so verschieden ist auch ihr Erwachen, wenn die Zeit der Not vorbei ist.

So haben z.B. die Naturforscher beim *Hamster* festgestellt, daß sein Körper gewissermaßen zonenweise aus dem winterlichen Scheintod erwacht. Während er bei einer ihrer Untersuchungen am Anfang zwei Stunden lang röchelte, fauchte und quiekte, stieg die Bluttemperatur in seiner Brust bis auf 19 Grad Celsius. Zwischen seinen Hinterfüßen wurden zur gleichen Zeit jedoch erst 8,5 Grad gemessen. Nach der nächsten halben Stunde zeigte das Thermometer vorn schon 32 Grad, hinten dagegen erst 14 Grad. Im allgemeinen ist er dann erst nach insgesamt vier Stunden in der Lage, normal umherzulaufen.

Eine ähnliche Erscheinung wurde auch beim *Murmeltier* beobachtet, nur geht bei ihm die Erwärmung wesentlich schneller vonstatten. Sein bis auf 4 Grad abgekühltes Blut erwärmt sich in jeder Minute um 8 Grad.

Noch sehr viel schneller überwindet der *Gartenschläfer* seine Winterschlaf-Trunkenheit. Er schafft den Übergang in einer Viertelstunde. Das hat seinen Grund. Dieses Tier empfindet nämlich beim Erwachen in der Regel kannibalische Gelüste. Wehe dem Schlafgenossen, der am Ende der Kälteperiode den inneren Weckruf überhört! Für ihn kann es dadurch ein fürchterliches Erwachen geben, daß er von seinen Mitbewohnern rücksichtslos überfallen und verspeist wird.

Im Gegensatz dazu kann sich der allein überwinternde und durch sein Stachelkleid geschützte *Igel* für sein Aufwachen aus seinem fast zwanzigwöchigen Dauerschlaf sehr viel Zeit lassen. Weil sein Gehirn fast blutleer und Herz und Lunge voll von aufgespeicherter Kohlensäure sind, döst er, fortwährend gähnend, stundenlang vor sich hin, bis er wieder sicher auf den Beinen steht.

Ähnlich ergeht es auch den *Fledermäusen.* Auch sie müssen

durch fortwährendes Zittern, Beben, Schaukeln und Schwingen ihren Lebensmotor erst wieder auf Touren bringen. Dann kriechen sie zunächst lange unbeholfen umher, wobei sie versuchen, in die wärmende Sonne zu kommen, ehe sie die ersten Flatterversuche unternehmen.

Während so gegen Ende März und Anfang April das Aufwachen der *Winterschläfer* in vollem Gang ist, kehren auch die *Zugvögel* und alle sonstigen Auswanderer zurück. Und weil dann auch die zahllosen Insekten aus Eiern und Puppen auferstehen, gibt es für alle wieder so reichliches Futter, daß das vielfältige Leben schnell voll in Gang kommt.

Ist dieses gewaltige, durch vieltausendfältige, unerhört zweckmäßige Einzelvorgänge, schon seit unvorstellbar langen Zeiträumen reibungslos ablaufende Lebensdrama nicht geradezu faszinierend?! Und das soll alles nur durch Zufall und ohne vorausschauende Planung zustande gekommen sein? Wenn ich das glauben sollte, dann müßte ich meinen gesunden Menschenverstand in allerhöchstem Maß vergewaltigen. Mich jedenfalls kann auch der berühmteste Wissenschaftler mit noch so ausgeklügelten Hypothesen und Theorien angesichts solcher Wunder nicht von dem felsenfesten Glauben an den erhabenen Schöpfer der Welt abbringen. Laßt uns deshalb ihm die gebührende Ehre nicht versagen.

Wie das Leben die Kälte bezwingt

Einer der ärgsten Feinde allen Lebens ist die *Kälte.* Gegen ihn haben in weiten Teilen der Erdoberfläche Menschen, Tiere und Pflanzen alljährlich einen harten Kampf zu bestehen. Zu diesen Bereichen gehören nicht nur die Polargebiete, sondern auch die Gletscher und die schneebedeckten Spitzen hoher Berge.

Wir wollen uns nun im nachfolgenden einmal fragen, worauf diese Lebensbedrohung beruht und wie der Schöpfer seine Lebewesen für diesen Kampf ausgerüstet hat.

Worauf die Gefahr für das Leben zurückzuführen ist, läßt sich leicht erklären. Wir hörten ja bereits weiter vorn, daß die Körper aller Organismen zu einem hohen Prozentsatz aus Wasser bestehen. Deshalb darf deren stark wasserhaltiger Zellinhalt nicht unter den Gefrierpunkt des Wassers abgekühlt werden, weil dieser andernfalls zu Eis erstarrt. Glücklicherweise liegt der Erstarrungspunkt jedoch nicht bei genau 0 Grad Celsius, sondern wegen der in der Zellflüssigkeit gelösten Stoffe etwas tiefer, so daß wir einen gelinden Frost noch kurzzeitig ertragen können.

Es ist wieder einmal eine Bestätigung unserer Gottebenbildlichkeit, daß wir Menschen als das höchstorganisierte Lebewesen den geringsten körperlichen Schutz gegen die Kälte mitbekommen haben. Gott hat uns zugemutet, daß wir auf Grund unserer geistigen Fähigkeiten uns selbst zu schützen vermögen. Und tatsächlich tun wir das ja auch in vollkommenem Maße. Wir haben uns Schutzeinrichtungen ausgedacht, die uns sogar einen jahrelangen Aufenthalt in sturmgepeitschten Eiswüsten der Polarregionen unbeschadet überstehen lassen.

In einem normalen Winter unserer gemäßigten Zonen ist das Überleben für uns eine Selbstverständlichkeit. Wir haben uns Häuser gebaut, die wir mit Öfen und den verschiedenartigsten, teils vollautomatischen Zentralheizungen erwärmen können. Wir hüllen unsere nackten, hochempfindlichen Körper in warme Kleider und Pelze, so daß wir sogar Eis und Schnee zu Sport und Vergnügen auszunutzen vermögen.

Das ist jedoch bei allen übrigen Lebewesen wesentlich anders. Sie haben die Gabe des Geistes nicht mitbekommen. Sie sind darauf angewiesen, daß ihr Schöpfer für sie vorausgedacht und gesorgt hat. Wir wollen sehen, in welch liebevoller Weise er das auch tatsächlich getan hat.

Der Zoologe teilt die Tierwelt in bezug auf deren Körpertemperatur in zwei Gruppen. Da gibt es auf der einen Seite die Tiere, deren Blut durch eine besondere Körperfunktion immer gleich warm gehalten wird, und auf der anderen solche, deren Blutwärme von der Temperatur ihrer Umgebung abhängig ist.

Beginnen wir mit den *Warmblütern.* Zu ihnen gehören die Säugetiere und die Vögel. Auch der Mensch ist in dieser Hinsicht mit diesen Tieren gleichgeartet. Bei all diesen warmblütigen Lebewesen trotzt das Leben der Kälte durch die Erzeugung von Wärme.

Das geschieht auf grundsätzlich die gleiche Weise wie in einem Ofen. So wie in dessen Feuerung durch die chemische Vereinigung des Brennstoffs mit dem Luftsauerstoff Wärme freigesetzt wird, so entsteht die Körperwärme durch die Verbrennung der Nahrung mit dem Sauerstoff der eingeatmeten Luft. Der letztgenannte Vorgang – den wir ja bereits ausführlich besprachen – vollzieht sich natürlich nicht mit Flammenglut, sondern in stark gebremster Form.

Allerdings muß hier noch bemerkt werden, daß diese chemische Reaktion neben der Erwärmung des Blutes auch der Energielieferant für die vielen anderen Körperfunktionen wie Wachstum, Bewegung und andere darstellt.

Da die Geschwindigkeit chemischer Reaktionen mit steigender Erwärmung zunimmt, und zwar mit je 10 Grad Steigerung um das zwei- bis vierfache, muß sie im Körper einer ständigen Kontrolle und Regulierung unterworfen sein. Dabei sind die Temperaturgrenzen sehr eng gezogen. Jeder weiß, daß unser Blut unter normalen Verhältnissen durch eine Art Thermostat ständig auf ziemlich genau 37 Grad Celsius gehalten wird. Auch bei den anderen warmblütigen Lebewesen darf es nicht viel wärmer sein, weil das Eiweiß in den Körperzellen schon bei 45 Grad gerinnt. Wir fühlen uns ja schon bei einem Grad Temperaturerhöhung krank, und ab 42 Grad bricht unsere Lebenskraft völlig zusammen.

Zu ihrem weiteren Schutz für die kalten Zeiten und Zonen der Erde hat der Schöpfer die warmblütigen Tiere vielfach in wärmende Kleider aus *Haaren* und *Federn* gehüllt. Wir machen es mit unserem nackten und daher sehr kälteempfindlichen Körper ja genauso.

Diese Mäntel haben bei den Tieren eine doppelte Aufgabe. Auf der einen Seite sollen sie das betreffende Geschöpf gegen den Verlust von Eigenwärme *nach* außen und auf der anderen gegen das Eindringen der Kälte *von* außen nach innen schützen. Ihre Wirkung wird bei vielen Tieren vor der Kälteperiode noch dadurch verstärkt, daß ihnen rechtzeitig eine Art Unterrock dazuwächst. Bei den Vögeln besteht dieser Unterrock aus den besonders zarten Daunen, die sich unter den Deckfedern bilden und bei den Pelztieren aus den unter den langen Grannenhaaren befindlichen kurzen, weichen Wollhaaren.

Da die Pelzhaare schwach elektrisch geladen sind, stoßen sie sich gegenseitig ab. Auf diese Weise bleiben immer mit Luft gefüllte Zwischenräume erhalten, die wie die Doppelfenster unserer Häuser sowohl die innere Wärme zurückhalten als auch das Eindringen der Außenkälte verhindern. Nach demselben Prinzip wirkt auch das doppelte Federkleid bei den Vögeln.

Hier möchte ich kurz eine Besonderheit einschalten, die der Wissenschaft noch rätselhaft ist, für den Schöpferglauben aber einen um so deutlicheren Hinweis auf den göttlichen Verursacher darstellt. Denn nur Gott kann es sein, der Tiere ihren Sommerpelz ablegen läßt, lange bevor der Winter beginnt.

So fängt z. B. das *Hermelin* bereits im Herbst an, sein glattes Sommerfell mit dem dicken und mit einem dichten Unterkleid versehenen Wintermantel zu vertauschen. Darüber hinaus haben beide Mäntel noch einen der jahreszeitlichen Umwelt genau angepaßte Schutzfärbung. Das Sommerkleid ist nämlich braun und der Winterpelz schneeweiß. Nur ist bei letzterem die Schwanzspitze immer schwarz, die besondere Zierde der Königsmäntel.

Als weiteres wärmeisolierendes Mittel läßt der Schöpfer manches warmblütige Tier vor der jährlichen Kälteperiode oder in den dauernd kalten Regionen der Erde noch eine zusätzliche *Fettschicht* unter der Haut anlegen. Bekanntlich hat Fett auch eine schlechte Wärmeleitfähigkeit. Diese Maßnahme finden wir ganz besonders bei den meist in den kalten Polargewässern lebenden Tieren wie den Walen, Robben, Seekühen und ihren vielen Verwandten. Die Dicke dieser Fettschicht, die die Fischer und Jäger Blubber nennen, beträgt bei den Robben bis zu 5 Zentimeter und bei den Walen bis zu 35 Zentimeter. Sie nimmt gegen den Winter hin zu und dient dann gleichzeitig als Nahrungsreserve. Bei den sehr tief tauchenden Walen hat sie auch noch die Aufgabe, den auf dem Körper lastenden hohen Wasserdruck abzufangen.

Der immer in den lebensfeindlichen Gebieten um den Nordpol lebende *Eisbär* ist auf zweierlei Weise vor der Kälte geschützt. Obwohl er einen sieben Zentimeter dicken Pelzmantel trägt, befindet sich unter seiner Haut auch noch eine dicke Speckschicht. Auch diese Maßnahme war wohlüberlegt. Denn dieser Räuber stellt den Robben, von denen er sich hauptsächlich ernährt, nicht nur auf dem Land, sondern auch in dem eiskalten Meerwasser nach. Im Wasser hat nämlich auch der dickste Pelz keine Wirkung mehr. Warum eigentlich?

Jede Hausfrau weiß, daß Wäsche besser trocknet, wenn man sie in den *Wind* hängt. In stehender Luft bildet sich nämlich über ihr eine Schicht feuchtigkeitsgesättigter Luft, die das Trocknen bremst. Durch den Wind wird diese hemmende Schicht laufend entfernt. Dasselbe gilt für die einem Körper entströmende Wärme. Deshalb blasen wir ja auch über unsere Suppe, wenn sie zu heiß ist. Soll sie jedoch heiß bleiben, dann decken wir sie sogar zu.

Eine ähnliche Wirkung hat auch der *Pelz*. Die Zwischenräume zwischen seinen Haaren halten die Luft fest und ganz in Ruhe. Dadurch kommt deren stark wärmeisolierende Wirkung voll zur Geltung. Werden diese Zwischenräume beim nassen Pelz jedoch mit Wasser angefüllt, dann kommt dessen 25mal schlechtere Wärmeisolierung zur Wirkung. Das bedeutet also, daß selbst die dichteste Wolle praktisch überhaupt nicht vor der Kälte des Wassers schützt.

Haben wir uns eigentlich schon einmal Gedanken darüber gemacht, wie es kommt, daß *viele Tiere ohne Not dauernd mit nackten Füßen in Eis und Schnee umherspazieren*, während uns Menschen dies größte Schmerzen und Erfrierungen verursachen würde? Wir können noch weiter fragen. Wie ist es möglich, daß ein Eisbär bei minus 40 Grad stundenlang im Schnee stehen kann, ohne daß seine Pfoten den Schnee auftauen und schließlich festfrieren? Oder warum friert eine viele Stunden auf dem blanken Eis stehende Möwe nicht fest? Dasselbe gilt ebenso für zahlreiche andere Tiere.

Weil der Schöpfer die *Temperaturregelung* in ihrem Körper ganz genau auf diese Verhältnisse eingestellt hat. Er hat über dieses Problem ähnlich nachgedacht, wie wir es zu tun pflegen, indem wir unsere Heizkörper so einstellen, daß es in unserem Wohnzimmer im Winter mollig warm ist und unsere Schlafräume dagegen nur mäßig und die ungenutzten Räume überhaupt nicht geheizt sind.

So haben Naturforscher einmal eine auf Eis stehende *Möwe* auf die Temperaturverteilung in ihrem Körper hin genau untersucht. Dabei ermittelten sie in Rumpfnähe noch 38 Grad Wärme. Diese Temperatur sank jedoch entlang der Beine nach unten hin so stark ab, daß am Fußgelenk 8 Grad und im Fuß selbst nur noch 5 Grad gemessen wurden. Die mit dem Eis unmittelbar in Berührung stehende Standfläche wies schließlich nur noch 0 Grad auf. Dabei konnte natürlich das Eis nicht schmelzen.

Viele solche Messungen an den verschiedensten Tieren haben die Forscher zu der Überzeugung geführt, daß die kalten Füße dieser Lebewesen nicht etwa dadurch zustande kommen, daß sich durch die Berührung zwischen dem Eis und den Fußsohlen ein Temperaturgleichgewicht einstellt, sondern daß es sich dabei um eine genaue Wärmeregulierung von seiten des Körpers handelt.

Beim Eisbär sind übrigens sogar die Fußsohlen seiner Tatzen mit Pelz überzogen.

Wenden wir uns nun den Tieren zu, deren Lebenselement das Wasser ist: den *Fischen.* Können wir dem Sprichwort »Kalt wie ein Fisch« entnehmen, daß sich in deren Körper nicht derselbe Verbrennungsvorgang abspielt wie bei den Warmblütern? Mit Sicherheit nicht, denn sie nehmen ja auch Nahrung auf und verdauen sie in ähnlicher Weise wie die Warmblüter.

Forscher haben festgestellt, daß die Körpertemperatur der Fische immer der des Wassers entspricht, in dem sie leben. Der Körper eines Goldfischs hat demnach im Wasser von 5 Grad ebenfalls eine Temperatur von 5 Grad. Heizen wir dann das Aquarium bis auf 30 Grad auf, dann zeigt derselbe Fisch nach kurzer Zeit auch wieder 30 Grad Wärme. Während also der Mensch, die Säugetiere und die Vögel immer gleich warmes Blut von um die 37 Grad aufweisen, gleicht sich das Fischblut stets der wechselnden Temperatur seiner Umgebung an. Diese Tatsache legt uns die Frage nahe, ob dieser Unterschied auch wieder einen besonderen Grund hat.

Das ist tatsächlich der Fall. Weil den Fischen im Wasser nicht soviel Sauerstoff zur Nahrungsverbrennung zur Verfügung steht wie den Luft atmenden Tieren und sich ihr Körper im Wasser nicht so gut wärmeisolieren läßt wie in der Luft, produzieren sie durch Verbrennung ihrer Nahrung nur soviel Energie, wie sie für ihre Muskelarbeit und die sonstigen Körperfunktionen benötigen.

Während den Warmblütern in der sie umgebenden Luft 21 % Sauerstoff zur Verfügung stehen, sind im Wasser von 15 Grad – die Menge ist temperaturabhängig – rund 30mal weniger von diesem lebenswichtigen Gas gelöst.

Anstelle einer Lunge holen sich die Fische den Sauerstoff mit Hilfe von *Kiemen* aus ihrem nassen Element. Dabei sind die letzteren den Lungen an Leistungsfähigkeit haushoch überlegen. Sie holen nämlich den angebotenen Sauerstoff zu 85% herein, die Lungen dagegen nur zu 20%. Das ist angesichts des so sehr viel geringeren Sauerstoffgehalts im Wasser auch dringend notwendig.

Daß die Kiemen eine so große Leistung aufweisen, liegt an ihrer großartigen Konstruktion. Sie sind im Fischkörper so gelagert, daß das Tier das Atemwasser durch das Maul aufnimmt und es dann durch die meist zu beiden Seiten kurz hinter dem Kopf befindlichen Kiemenspalten wieder herauspreßt. Es streicht dabei über die sehr zahlreichen, stark durchbluteten Kiemenblättchen. Jedes dieser Blättchen ist auf beiden Seiten dicht mit quergestellten Hautfältchen bedeckt, in denen sich die Blutgefäße zu feinsten Kapillaren verästeln. Auf diese Weise wird auf kleinstem Raum eine große Aufnahmefläche für den Sauerstoff erzielt. So hat z. B. ein 650 Gramm schwerer Hecht eine Kiemenoberfläche von 925 Quadratzentimetern.

Übrigens läßt diese besondere Art der Atmung das Fischblut auch schon deshalb noch auf einer konstanten Temperatur halten, weil es durch das in den Kiemen fortwährend an ihm vorbeiströmende Wasser laufend auf dessen Temperatur gehalten wird.

Nicht nur die Fische, sondern auch die *Kriechtiere, Lurche* und *Insekten* bezeichnet man oft als kaltblütig. Das stimmt aber nicht. Sie haben ebenfalls wechselwarmes Blut. Auch ihre Körpertemperatur entspricht immer der ihrer Umgebung.

Dieser Umstand wirkt sich bekanntlich auch auf das Verhalten dieser Tiere aus. An warmen und besonders an heißen Tagen sind die *Eidechsen, Schlangen, Frösche, Schmetterlinge, Bienen* und all ihre näheren und weiteren Verwandten munter und flink. Aber schon in der Kühle der Sommernacht befällt sie eine gewisse Trägheit in ihren Bewegungen, und im kalten Winter geraten sie sogar in einen *Starrezustand.*

So können wir z. B. beobachten, daß der zarte Zitronenfalter einen ganzen strengen Winter hindurch schutzlos unter einem Strauch liegen kann und doch wieder lustig davonflattert, wenn ihn die ersten Strahlen der Februarsonne aufgewärmt haben.

Solche *Anpassung* an tiefe Kältegrade hat die Wissenschaft schon seit langem interessiert. So hat sich der bekannte französische Physiker und Tierforscher Réaumur bereits um 1735 mit der Frage beschäftigt, wie es möglich ist, daß z. B. Käfer und andere Insekten zu Eisklümpchen gefrieren können, um nach vorsichtigem Auftauen und Erwärmen wieder zu vollem Leben zu erwachen. Man hat dieses Problem immer gern an Insekten studiert, weil sich mit ihnen besonders leicht experimentieren läßt. Vor allem aber, weil es nicht wenige Arten gibt, die eine Kälte bis unter minus 30 Grad unbeschadet überstehen.

Bei diesen Experimenten hat man die Erfahrung gemacht, daß es bei diesen Tieren vielfach einen bestimmten *kritischen Punkt* gibt, bis zu dem man sie ohne Schaden abkühlen kann. Es kommt dabei dann lediglich zu der erwähnten Kältestarre. Weil das Wasser in den Körperzellen viel gelöste Salze enthält, wird sein Gefrieren bis dahin verhindert. Dieser kritische Punkt steht also in engem Zusammenhang mit dem Säftegehalt des Tierkörpers. Je trockener sein Zellinhalt ist, desto tiefer liegt er. Diesen Umstand benutzt der Schöpfer bei manchen Tieren, indem er ihren Körper vor dem Winter bis zu einem gewissen Grad entwässern läßt.

So wird z. B. der *Kartoffelkäfer* dadurch winterfest, daß er vor dem Kälteeinbruch bedeutende Mengen Körperflüssigkeit verliert.

Doch damit sind des Schöpfers »Fabrikationsgeheimnisse« noch lange nicht aufgeklärt. Es bleiben immer noch genügend Fragen offen, um seine Erfindergabe zu bewundern. Wie kommt es z. B., daß uns bei einer Wanderung bei grimmiger Kälte durch Eis und Schnee ganze Schwärme von Wintermücken lustig umtanzen? Oder wie ist es möglich, daß die Schneefelder im Hochgebirge oft wie mit Ruß bestreut aussehen, weil sich dort Tausende von Gletscherflöhen munter tummeln?

Ein noch viel größeres Rätsel gibt uns ein kaum ein Millimeter großes *Gliedertierchen* auf. Es erinnert in seiner Form an die Karikatur eines auf acht Stummelbeinchen behäbig daherspazierenden, dickbäuchigen Bären (s. Abb. 129). Wegen der Zahl von acht Beinen könnte es zu den Spinnen gehören. Aber es lebt im Wasser, und zwar in Tropfen, die am Moos hängen, in Dachrinnen oder an anderen Orten, die bald Wasser aufweisen, bald es wieder verlieren. Wegen seiner Form hat man es Bärtierchen genannt. Wenn in seiner Umgebung alles Wasser verdunstet ist, dann trocknet auch das winzige Wesen ein. Alle Körperteile sind dann verschwunden, so daß es eher einem kleinen Steinchen gleicht. Zehn Jahre konnte man es in diesem Zustand aufbewahren. Als man es danach in Wasser setzte, quoll das Körnchen auf, seine Beinchen streckten sich heraus und fingen wieder an, mit täppischen Bewegungen das Wasser zu schlagen.

Mit diesem winzig kleinen Wesen haben die Naturforscher Buchsbaum und Milne Kältetests durchgeführt, die wohl das Äußerste darstellen, was man je einer Kreatur zugemutet hat. Ihre Versuche werden in »Knaurs Tierbuch in Farben« folgendermaßen wiedergegeben:

»Eine Stunde lang hat man *Bärtierchen* einem Heißluftstrom von 92 Grad Celsius ausgesetzt. Als sie danach bei Zimmertemperatur befeuchtet wurden, waren sie nach einer halben Stunde wieder munter! Man hat sie in Gläser eingeschmolzen, denen jeder Sauerstoff fehlte, hat sie monatelang in reinem Wasserstoff-

Körperbau aus nur wenigen Zellen

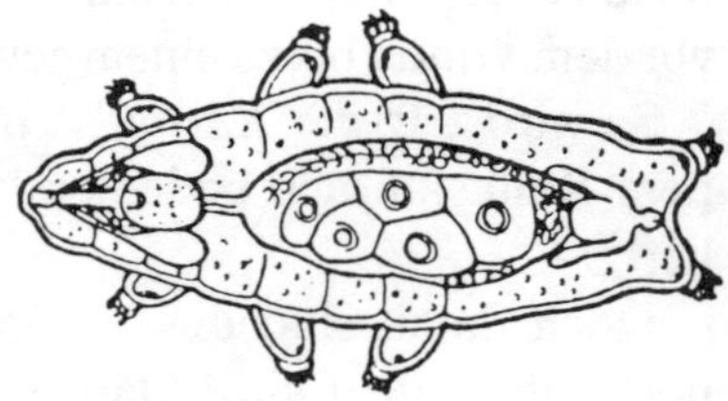

Auf seinen Stummelbeinchen laufend

Eingetrocknet

Abb. 129: Das Bärtierchen (stark vergrößert).

gas, in reinem Stickstoff, in reinem Helium, in Kohlensäure, in Schwefelwasserstoff, in Leuchtgas aufbewahrt – es hat ihnen nichts geschadet. Jedesmal erwachten die eingeschrumpften Mumien wieder, wenn sie nur ihr Lebenselement, Wasser, bekamen. 20 Monate lang ruhten die Tönnchen in flüssiger Luft bei rund *minus 200 Grad*, danach 8½ Stunden in flüssigem Helium bei der *Weltraumtemperatur von minus 271 Grad.* Trotzdem tauten sie wieder auf und waren munter wie zuvor.«

20. Kapitel
Des Schöpfers Ebenbild

Des Menschen Sonderstellung in der Schöpfung

Der *Mensch* nimmt in der Schöpfung eine ganz besondere Stellung ein. Die Bibel bezeichnet ihn als das *Ebenbild des Schöpfers.* Was haben wir uns darunter vorzustellen? Ich will dies zunächst an Hand eines einfachen physikalischen Experiments ein wenig deutlich zu machen versuchen.

Wenn man mit geeigneten Mitteln einen auf Wasser schwimmenden Öltropfen in schnelle Drehung versetzt (s. Abb. 130), dann nimmt dieser zunächst die uns aus der Astronomie bekannte Form eines Spiralnebels an. Der Tropfen bildet dabei strahlenförmige Ausläufer, die den Scheinfüßchen des Wechseltierchens ähnlich, aber alle in dem der Drehrichtung entgegengesetzten

Abb. 130: Schematische Darstellung eines schnellkreisenden Öltropfens auf Wasser. Es bilden sich dabei spiralartige Arme, von deren Spitzen sich bei einer bestimmten Geschwindigkeit kleine Tröpfchen lösen und den großen Tropfen dann ebenfalls umkreisen.

Sinn gebogen sind. Von diesen Ausläufern lösen sich dann von einer ganz bestimmten Rotationsgeschwindigkeit an mehr oder weniger große Teile ab. Sobald diese Teile selbständig sind, nehmen sie Kugelform an und kreisen mit um den rotierenden Öltropfen.

Aus diesem einfachen Vorgang glaube ich – bei aller gebührenden Ehrfurcht – das Abhängigkeitsverhältnis zwischen dem Schöpfer und seinen lebenden Geschöpfen ablesen zu können. Dabei soll die gesamte, zunächst noch ruhende Ölmasse den vor Beginn seines Schöpfungswerkes ebenfalls noch ruhenden, allumfassenden Schöpfergeist versinnbildlichen.

Weil nun ein auf Wasser schwimmender Öltropfen infolge der Oberflächenspannung Kreisform annimmt, hat er einen ganz zentralen Punkt, eben den Mittelpunkt des Kreises. Versetzen wir die Ölmasse in Drehung, was die Schöpfertätigkeit des Weltenbaumeisters symbolisch darstellen soll, dann verharrt dieser Zentralpunkt immer an derselben Stelle. Dieser Punkt kann deshalb bildlich als der Ich-Mittelpunkt der allumfassenden Ur-Person Gottes angesehen werden, auf den wir später noch zu sprechen kommen. Diesem Ich-Mittelpunkt entspringen sowohl alle Ideen für den Bau der Schöpfung als auch der zu ihrer Verwirklichung notwendige Wille. Er ist der einzig ruhende Pol im gesamten All, und zwar nicht nur in der sichtbaren, sondern auch in der unsichtbaren Welt.

Wie der Öltropfen infolge seiner Drehung strahlenförmige Ausläufer bildet, so sandte und sendet der göttliche Geist bei seiner Schöpfertätigkeit die verschiedensten Energiearten in das All. Wie wir von der Atomphysik her wissen, hat er dabei den unvorstellbaren Kräftestrom sich zu Materie formen und diese dann durch andere Energiearten zu der sichtbaren Schöpfung ordnen lassen.

So wie die Ausläufer bei mäßiger Drehung zunächst alle noch mit der Hauptmasse verbunden bleiben, so besteht auch der Zusammenhang zwischen dem Schöpfer und den niederen Organismen weiter. Je länger die Ausläufer jedoch werden, um so mehr verändert sich ihre äußerste Spitze. Diese fängt dann nämlich an, die Lösung eines winzigen Tröpfchens vorzubereiten. Hat sich dort genügend Masse angesammelt, dann reißt plötzlich die Verbindung ab, und das Tröpfchen zieht, nachdem es Kugelform angenommen hat, selbständig seine Bahn. Es umkreist die Urmasse wie der Mond den Planeten. Was hat uns dieser Vorgang zu sagen?

Alle Pflanzen und Tiere stehen noch mit dem Schöpfergeist Gottes in ähnlich fester Verbindung wie die Ausläufer mit der Hauptmasse des Öltropfens. Keins von ihnen hat wie dieses einen eigenen Mittelpunkt. Im übertragenen Sinn heißt das, daß keines dieser Lebewesen einen eigenen Ich-Mittelpunkt und damit auch keine Möglichkeit unmittelbar freier Willensentscheidung besitzt wie wir Menschen. Für sie alle ist und bleibt allein das Ich des Schöpfers zuständig. Sein Wille äußert sich in der Programmierung der Triebe und Instinkte, die das Handeln der Geschöpfe bestimmen. Letztlich ist es also der Schöpfer, der für die Tiere denkt und sie bei ihren Lebensäußerungen lenkt. Deshalb ist auch ihr Handeln von so großer Zweckmäßigkeit.

Die sich in den Spitzen der Öltropfen-Ausläufer sammelnde Masse können wir mit den selbständiger handelnden Tieren vergleichen.

Daher kommt es, daß der Instinkt solcher Lebewesen zwar sehr vollkommen, aber die menschenähnlichen, selbständigen Handlungen noch sehr unvernünftig erscheinen. Wenn die Affen sich auch noch so menschenähnlich benehmen, der Erfolg ihres Tuns beweist uns, welche Kluft sich zwischen ihnen und uns befindet.

Erst wenn die an der Spitze des großen Öltropfens angesammelte Masse abgerissen ist, ist etwas völlig selbständiges Neues entstanden. Indem das abgerissene Tröpfchen sofort Kreisform annimmt, hat es einen ganz unabhängigen, eigenen Mittelpunkt. Damit wird es zum verkleinerten Abbild des Urtropfens.

Läßt uns dieses einfache Bild nicht schon den grundlegenden Unterschied zwischen Mensch und Tier erkennen?! Zeigt es uns nicht gleichzeitig, warum die Instinkthandlungen der Tiere durchweg vernünftiger sind, als noch so wohlüberlegtes und ausgeklügeltes menschliches Handeln?! Wir verstehen jetzt auch, warum der Mensch für sein Tun und Lassen so sehr viel mehr Spielraum hat als irgendein anderes Geschöpf. Doch darauf komme ich noch zu sprechen.

Wie das kleine Tröpfchen von dem großen, so ist auch des Menschen geistige Existenz von seinem göttlichen Ursprung losgelöst.

Der Schöpfer hat in ihm gewissermaßen ein winziges Partikelchen seines allumfassenden Geistes abgetrennt und verselbständigt. Vielleicht ist damit der in der Schöpfungsgeschichte der Bibel erwähnte Lebensodem gemeint, den Gott dem aus dem Stoff der Erde gebildeten Menschenleib einhauchte (1 Mose 2,7). Deshalb wird dabei ja auch ausdrücklich erwähnt, daß dieses Geschöpf ein Ebenbild seines Schöpfers sei.

Dieser Gedanke birgt natürlich die Gefahr menschlicher Überheblichkeit in sich. Man spricht dann gern von dem in uns hineingelegten »göttlichen Funken«, der unser Gutsein begründe. Das dürfte jedoch ein gewaltiger Irrtum sein, wie die gesamte Menschheitsgeschichte zur Genüge bewiesen hat und heute mehr denn je beweist. Woher das kommt, werden wir später noch eingehend besprechen.

Wozu die Ebenbildlichkeit?

Ebenbildlichkeit geistiger Wesen bedeutet: Möglichkeit der *Kommunikation.* Wären wir Menschen einander nicht ebenbildlich, könnten wir uns nicht gegenseitig verständigen. Je übereinstimmender unsere geistigen Interessen sind, desto besser verstehen wir uns.

Musische Menschen sind in der Lage, Schöpfungen ihnen nahestehender *Künstler* nachzuempfinden und sich an ihnen zu erfreuen. Aber auch der künstlerisch unbegabte *Laie* kann sich unter Umständen für ein Kunstwerk begeistern. Mit ziemlicher Sicherheit gilt dies für solche Darstellungen, die der *Natur* weitestgehend nachempfunden sind.

Ist dieser Umstand nicht schon ein Hinweis auf unsere Geistesverwandtschaft mit dem *allmächtigen* Künstler, der all die vieltausend Wunder um uns her geschaffen hat?! Wie könnten wir sonst die unzähligen *zweckvollen Gestaltungen* und *planvollen Ordnungen* in der Natur verstehen und als schön empfinden?! Die Schönheit und der Duft einer Blume, der Gesang eines Vogels und all die anderen großartigen Dinge und Vorgänge in dem vielfältigen Naturgeschehen sind nichts als Geschenke eines liebenden Schöpfers an seine ihm ebenbildlichen Geschöpfe.

Liebe ist sinnlos, wenn sie keinen Gegenstand besitzt, an dem sie sich bezeugen kann. Dieser Gegenstand muß aber nicht nur lebendig, sondern dem Liebenden in seinem Wesen ähnlich sein. Er muß die Liebesbezeigungen begreifen und mit Dankbarkeit erwidern können. Ein solches Gegenüber wollte Gott zweifellos haben. Deshalb verlieh er uns seine Ebenbildlichkeit. Aus diesem Grund hat er uns Menschen einen Geist geschenkt, der dem seinen nicht dem Umfang, wohl aber dem Wesen nach sehr nahe verwandt ist. *Einen Geist, der zu erkennen vermag, daß überall da, wo in der Natur etwas existiert oder entsteht, das ein deutliches Ordnungsprinzip in sich trägt und einen ganz bestimmten Sinn und Zweck hat, ein ihm gleichgearteter Schöpfergeist gewirkt haben muß.* Einen Geist, der sogar selbst ähnliche, wenn auch unvergleichlich primitivere Ordnungen herzustellen vermag.

Mit der Gottebenbildlichkeit wurde dem Menschen eine Stellung und Würde verliehen, durch die er alles übrige Geschaffene unvergleichlich hoch überragt. Er ist des göttlichen Erfinders Meisterstück, ein Erfinder und Schöpfer in unendlich verkleinertem Maßstab. Seine Sonderstellung innerhalb des Schöpfungsganzen hat den Zweck, ihn zum Gesprächspartner seines Bildners zu machen. Er sollte ein zu dankbarer Wiederliebe fähiger Teilhaber seiner Schöpferfreude sein.

Ist es angesichts eines solchen Adels nicht eine herausfordernde Beleidigung Gottes, wenn dieses so hoch geehrte Geschöpf die Existenz seines Schöpfers und Erhalters bewußt verneint und sich statt dessen für den Nachfahren irgendeines in der Urzeit zufällig entstandenen affenartigen Lebewesens erklärt?!

Jedes Ich ein Rätsel

Wie ich bereits andeutete, hat all unser Denken, Handeln und Schaffen seinen Ursprung in einem letzten Punkt unseres Geistes – dem *Ich.* So selbstverständlich sein Vorhandensein auch für uns sein mag, so sehr wird es uns zum Rätsel, wenn wir es zu ergründen versuchen. Alles an und in uns vermögen wir beobachtend und prüfend vor uns hinzustellen und weitgehend zu deuten. Die Tiefenpsychologie ist bereits bis in tiefste Abgründe unseres Unterbewußtseins hinabgestiegen. Doch das Ich als solches hat uns bisher noch keiner zu erklären vermocht.

Das liegt vermutlich daran, daß wir uns trotz unserer Fähigkeit, abstrakt zu denken, nicht ganz vom Körperhaften freimachen können. Es ist uns völlig unmöglich, unser Ich zum Zweck seiner Erforschung vor unser Geistesauge zu stellen. Dann wäre es nämlich Beobachter und zu beobachtendes Objekt zugleich. Das aber käme dem Bemühen gleich, sich ohne Benutzung eines Spiegels selbst in die Augen schauen zu wollen.

All unsere denkenden und handelnden Aktivitäten haben ihren Ursprung in diesem allerletzten geheimnisvollen Punkt unseres Geistes. Auf eine uns bisher noch unerklärliche Weise ist dort unser Wachbewußtsein konzentriert. Dieses läßt uns die Dinge und Vorgänge in unserer Umwelt erkennen, erfassen, beurteilen und die gemachten Erfahrungen speichern und für neues Handeln wiederverwerten.

Dieser Ich-Punkt ist mit einer Quelle vergleichbar, aus der fortwährend Gedanken, Wünsche, Begierden und sogar die für all unser Handeln notwendigen Willensimpulse aus unbekannten Bereichen hervorsprudeln. Charakteristisch ist dabei besonders der Umstand, daß er seine Schöpfungen in seinem geistigen Inneren vorauszuschauen, zu planen und deren Verwirklichung mit Hilfe seines Willens zweckvoll und zielstrebig voranzutreiben vermag.

Wenn ich nun weiter vorn durch einen Vergleich zwischen einer menschlichen Schöpfung mit den Gestaltungen und Vorgängen in der Natur auf ein überdimensionales, artgleiches Ur-Ich schließen konnte, dann muß auch dieses überragende Ich der letzte Punkt unserer gesamten natürlichen Umwelt sein. Ein allerletzter Punkt, hinter den wir – wie bei unserem eigenen Ich – nicht mehr zurückdenken können. So wie es uns unmöglich ist, unser eigenes Ich zu begreifen und zu hinterfragen, so dürfte dies bei dem göttlichen Ur-Ich erst recht der Fall sein.

So wie jeder Künstler außerhalb und in seinem Wesen haushoch über seinen Schöpfungen steht, so müssen wir dies unbedingt auch von dem allmächtigen Weltenbaumeister annehmen. Daß sein göttliches Ur-Ich unsichtbar und von überirdischer Natur ist, dürfte für uns keine besondere Denkschwierigkeit darstellen. Anders ist das bei unserem menschlichen Ich. Wir sind so sehr irdisches Geschöpf und deshalb so sehr an den Stoff dieser Welt gekettet, daß manche atheistisch-materialistischen Naturwissenschaftler sogar den Geist für eine Auswirkung der Materie halten.

Aber es dürfte doch wohl einleuchten, daß unser Geist auf Grund unserer Gottesebenbildlichkeit und Unsichtbarkeit ebenfalls überirdischer Natur sein muß. Und dafür gibt es sogar ein sehr überzeugendes *Indiz*.

Die Ewigkeit im Herzen

Dieses Indiz besteht in der Tatsache, daß unser Denken zwar die Unendlichkeit nicht zu begreifen vermag, sie aber trotzdem gebieterisch fordert. Wir können uns diese Tatsache auf folgende Weise leicht deutlich machen.

Wer behauptet, er könne nur das glauben, was er mit seinen Sinnen wahrnehmen und mit seinem Verstand begreifen könne, der soll sich nur einmal die einfache Zahlenreihe 1, 2, 3, 4, 5, 6 usw. vor Augen halten und sich dabei fragen, wie lange er da wohl zählen muß, um an ein Ende zu kommen. Ist es nicht eigenartig, obwohl uns unsere sichtbare Umwelt als durchaus materiell endlich erscheint, fordert unser Intellekt unbedingt die Grenzenlosigkeit. Und nicht nur zum Großen hin verlangt er sie, sondern auch in Richtung auf das Immer-kleiner-Werdende.

Um uns das letztere klarzumachen, teilen wir eine 1 nacheinander durch die Zahlen der obigen Reihe. Dann erhalten wir bekanntlich eine Folge immer kleiner werdender Brüche, von der wir und ebenfalls kein Ende vorzustellen vermögen. Ihr Anfang sieht bekanntlich so aus:

$$\frac{1}{1}, \frac{1}{2}, \frac{1}{3}, \frac{1}{4}, \frac{1}{5}, \text{ usw.}$$

Obwohl unser Denken auch hier die Grenzenlosigkeit fordert, fällt uns aber ihre Vergegenwärtigung noch unvergleichlich viel schwerer als bei der erstgenannten Reihe. Wir vermögen uns nämlich den an sich schon unvorstellbar gewaltigen Weltraum, mit immer mehr Gestirnen gefüllt, als ein Stück Materie ohne Ende zerteilbar zu denken. Jedoch eine nicht im Nichts endende Unendlichkeit ist unvorstellbar.

Diese Tatsache stimmt genau mit dem Bibelwort in Prediger 3,11 überein, das besagt:

»Er (Gott) hat alles schön gemacht zu seiner Zeit, auch hat er die Ewigkeit in ihr (der Menschen) Herz gelegt ...«

Die Grenzen menschlicher Erkenntnismöglichkeit

Wenn wir jetzt die erste einfache Zahlenreihe rückwärts geschrieben so mit der zweiten zusammenfügen, daß 1 und $\frac{1}{1}$ – was beides ja dasselbe ist – zusammenfallen, dann kann man das Ganze mit einem Seil vergleichen, das auf der einen Seite aus der Unendlichkeit des Großen auf uns zukommt und auf der entgegengesetzten in der Unendlichkeit des Kleinen wieder verschwindet.

Wir befinden uns gewissermaßen beim Punkt 1 und vermögen von ihm aus das Seil in beiden Richtungen ein beträchtliches Stück weit mit unserem Verstand zu verfolgen, doch nach einer gewissen Entfernung entschwindet es dann doch jeweils unserem Fassungsvermögen. Diese Schau ist ein Sinnbild für die Erkenntnismöglichkeit, die uns in die Höhen und Tiefen der Schöpfung gewährt ist.

Und dieses Sinnbild gilt nicht nur für den Raum, sondern auch für die Zeit. Raum und Zeit sind bekanntlich die Hauptmerkmale der materiellen Körperwelt. Beide sind unlösbar mit dem Stoff der Welten verknüpft. Denn wie wollten wir einen Raum definieren, in dem nichts ist und der von nichts begrenzt wird? Und wollten wir der Zeit einen Anfang oder ein Ende setzen, dann würde unser Verstand immer noch fragen, was sich davor oder danach ereignet habe.

Wir sind also mit unserer sinnlich wahrnehmbaren Wirklichkeit in eine nicht erkennbare, übernatürliche Wirklichkeit eingebettet.

Erscheint uns dieses Verhalten unseres Geistes nicht höchst merkwürdig? Leibliche Bedürfnisse wie Hunger und Durst vermögen wir ohne weiteres zu stillen, das geistige Verlangen nach der Unendlichkeit jedoch nicht.

Nun haben wir vorher festgestellt, daß unser Ich der allerletzte Punkt in uns ist, hinter den wir nicht zurückdenken können. Ich sagte bereits, daß wir alles, was wir in und um uns haben, zwecks näherer Betrachtung vor uns zu stellen vermögen. Mit unserem Ich sei dies jedoch unmöglich, denn dann seien nämlich Betrachter und das, was betrachtet werden solle, ein und dasselbe.

Genauso muß es sich dann auch mit dem göttlichen Ur-Ich verhalten, dem wir ja gleichgeartet sind. Dies ist somit als Verursacher des Universums der absolut letzte Punkt für unser Denken hinter aller sichtbaren Schöpfung. Es ist der Punkt, an dem allem menschlichen Denken und Forschen ein unerbittliches Halt geboten wird. Somit hat also unser denkendes Erkennen zwei absolute Grenzen:

Schauen wir in uns hinein, dann stoßen wir als letzten Punkt auf unser Ich. Schauen wir aus uns heraus, dann erkennen wir als letzten Punkt hinter unserer gesamten Umwelt das göttliche Ur-Ich.

Mit dieser Einengung unseres Erkenntnisvermögens müssen wir uns ein für allemal abfinden. Obwohl unser menschlicher Geist übernatürlichen Ursprungs ist, ist er aber in seiner Entfaltung durch seine Stoffgebundenheit wie an eine Kette gefesselt.

Die Ebenbildlichkeit hat zwei Seiten

Die Lebenskräfte in der Natur haben eine ordnende und steuernde Funktion. Diese läßt sich in etwa mit der Wirkung eines Computerprogramms vergleichen. Der *Menschengeist* hat einen gänzlich anderen Charakter. Er hat sehr viel mehr Spielraum als die Naturkräfte.

Wir Menschen können uns sowohl unseres eigenen Körpers als auch der uns zugänglichen Materie wie eines willenlosen Werkzeugs bedienen. Während das Tier bei seinem *Trieb-* und *Instinkthandeln* streng an das ihm innewohnende Programm gebunden ist, vermag sich der Mensch nach völlig freiem Ermessen zu betätigen, und zwar innerhalb unvergleichlich viel weiterer Grenzen, wann, wo und wie er will. Folgendes Beispiel macht uns das deutlich:

Aus meiner Kindheit erinnere ich mich noch eines elektrischen Klaviers, das in einer Gaststätte stand. Man brauchte nur ein Geldstück hineinzuwerfen, um es zum Spielen von drei Musikstücken zu veranlassen.

Dieses Instrument möchte ich mit einem Tier vergleichen, das durch einen von außen kommenden Reiz angeregt wird, immer die gleiche Instinkthandlung zu vollziehen. Wie beim elektrischen Klavier geschieht hier etwas, was nicht auf das Tier, sondern letztlich auf den zurückzuführen ist, der es geschaffen hat.

Grundlegend anders sind dagegen die Verhältnisse bei einem normalen Klavier. Hier hat der Erbauer mit dem Bespielen des Instruments nicht das geringste zu tun. Wenn dieses Instrument einen Sinn haben und seinen Zweck erfüllen soll, muß es einen Könner geben, der es zum Erklingen bringt. Dieser ist nun keineswegs nur an drei Stücke gebunden. Er kann spielen, was ihm beliebt, nicht nur alles, was auf der Welt je von anderen komponiert wurde, sondern auch jedes selbsterdachte Phantasiestück.

Ob dieser Spieler nun gut oder miserabel spielt, das wiederum hat mit der Qualität des Instruments nicht das geringste zu tun. Auch berührt dies das Ansehen des Klavierfabrikanten in keiner Weise.

Im Gegensatz zu den an ihre Instinkte und Triebe gebundenen Tieren wurde uns Menschen ein aus Leib, Seele und Geist zusammengesetztes Instrument in Eigenverantwortung übergeben. Unser Ich ist darin der Spieler, dem für das Spielen seiner Lebensmelodie unbegrenzte Möglichkeiten offenstehen.

Damit wurde uns Menschen eine *Stellung* und *Würde* verliehen, die alles übrige Geschaffene unvergleichlich überragt. Wir sind des göttlichen Erfinders vollkommenste Erfindung. Ein Erfinder und Schöpfer in Kleinformat. Ein winziges Abbild dessen, der das All aus dem Nichts ins Dasein rief und der unter allen übrigen Geschöpfen allein in der Lage ist, die Wunderwerke des Allmächtigen als solche zu erkennen, sich an ihnen zu erfreuen, weitgehend ihren Zweck zu begreifen und sie, wenn auch sehr unvollkommen, nachzuahmen. Damit aber ist er Partner des Allerhöchsten.

So hoch die Gottebenbildlichkeit den Menschen auf der einen Seite auch adelt, so tragisch wirkt sie sich auf der anderen bei jeder dem göttlichen Willen entgegengerichteten *Eigenwilligkeit* aus. Eine der wichtigsten, ihm verliehenen göttlichen Eigenschaften ist ja die Möglichkeit absolut freier Willensentscheidungen. Würde sie durch irgendwelche Beeinflussung von seiten Gottes angetastet, bedeutete das eine Aufhebung der Ebenbildlichkeit. Auf diese Tatsache habe ich ja bereits hingewiesen.

Wir müssen also alle Folgen unserer Willensentscheidungen selbst verantworten und tragen. Es ist deshalb unlogisch, wenn wir den Höchsten für von uns oder anderen Menschen verursachtes Unglück verantwortlich machen wollen. »Warum hat Gott dieses oder jenes zugelassen?« können wir nur bei Naturkatastrophen fragen. Für alles, was Menschen verschuldet haben, ist Gott nicht zuständig.

Anders ist es bei aller übrigen Kreatur. Ihren Notschrei wird der Schöpfer hören und vor allem uns Menschen ankreiden, was wir ihr als seinem Eigentum zuleide getan haben. Wir haben für Gottes Schöpfung eine große Verantwortung. Wenn wir sie zu ihrem Schaden schamlos egoistisch ausnutzen, machen wir uns letztlich an ihrem Eigentümer schuldig.

21. Kapitel
Sind überirdische Welten naturwissenschaftlich denkbar?

Eine schwer zu verdrängende Frage

Als ich weiter vorn von dem menschlichen Ich auf die Existenz des göttlichen Ur-Ichs schloß, wies ich darauf hin, daß dieses über alles andere erhabene Ich ebenso wie das eines irdischen Künstlers hoch über und außerhalb aller Schöpfung angenommen werden müsse. Sowohl das menschliche als auch das göttliche Ich sind beides geistig-unkörperliche Wesenheiten, die sich innerhalb unserer dreidimensionalen Körperwelt nur mit Hilfe der Materie zu offenbaren vermögen. Alles aber, was dann noch außerhalb des stofflichen Universums existiert, muß demnach anderen, sehr wahrscheinlich *höheren Seinsweisen* angehören.

Bekanntlich setzt die Bibel grundsätzlich das Vorhandensein solcher *jenseitiger Welten* als gegeben voraus, ohne allerdings ihr Dasein zu begründen. Da diese Jenseitigkeiten für uns unsichtbar und unanschaulich sind, spricht sie von ihnen stets in Bildern und menschlichen Denkkategorien.

Der nicht an die göttliche Inspiration der *Heiligen Schrift* glaubende atheistische Naturwissenschaftler ist als eingefleischter *Materialist* natürlich nicht bereit, solche überirdischen Sphären als Wirklichkeiten gelten zu lassen. Da ihm Gott jedoch ebenso wie allen Menschen »die Ewigkeit ins Herz gelegt« hat (vgl. Kap. 20) und ihn seine alltägliche Erfahrung lehrt, daß alles in unserer Welt Bestehende und Geschehende eine Ursache hat, steht er mit der *menschlichen Ur-Frage* nach dem Woher und Wohin alles Geschaffenen vor einem *unlösbaren Problem*.

Zwar will ich nicht verschweigen, daß auch ich mich, trotz meines festen, sich auf die in diesem Buch dargelegten naturwissenschaftlichen Fakten gründenden Gottesglaubens, lange Zeit mit der Frage der Unbegreiflichkeit eines Jenseits herumgeschlagen habe. Allerdings stand für mich die Möglichkeit überirdischer Welten dabei außer jedem Zweifel. Aber ich konnte mich lange nicht mit dem Gedanken abfinden, daß es dafür keine logische

Begründung geben sollte. Ich vermochte einfach nicht einzusehen, daß uns der Allmächtige, dessen Ebenbild wir doch sind, mit dieser für unsere Gotteserkenntnis und unserer von dieser abhängigen Lebensverantwortung so völlig im dunkeln lassen würde. Wofür hat er uns dann den *Verstand* und die *Vernunft* geschenkt, wenn wir sie in einer so wichtigen Angelegenheit ständig gewaltsam unterdrücken müssen?!

Um so glücklicher war ich, als ich eines Tages die gesuchten *Denkhinweise* fand. Sie waren so einfach und für mich so überzeugend, daß ich sie gern hier weitergeben möchte. Allerdings erfordert ihr Verständnis ein wenig Denkarbeit und mathematisches Einfühlungsvermögen.

Die Mathematik soll uns weiterhelfen

Wir leben in einer Welt der Körperlichkeit. Alle Dinge in ihr haben drei Abmessungen: eine Länge, eine Breite und eine Höhe. Diese drei sog. Dimensionen beherrschen auch unser Denken, Erkennen und Handeln innerhalb der Stofflichkeit unserer Umwelt.

Dagegen ist der menschliche Geist von einer anderen Qualität. Obwohl er an die Materie so sehr gebunden ist, daß er sich nur mit ihrer Hilfe kundzugeben vermag, steht er doch hoch über ihr. Er hat sogar bis zu einem gewissen Grad Macht über sie, denn er kann ihre Anordnung in unserer räumlichen Welt zerstören. Und was noch erstaunlicher ist, er vermag diese weitgehend zu einer sinnvollen und zweckgerichteten Neuordnung abzuändern. So wie der Schöpfer über seiner Schöpfung, so steht auch er auf einer höheren Stufe als alles von ihm Geschaffene.

Der Menschengeist hat sogar die unerhörte Fähigkeit, seine Körpergebundenheit geringfügig zu überwinden. So kann er z. B. in Gedanken an weit von seinem Körper entfernten Orten weilen.

Seine Möglichkeit, abstrakt zu denken, liegt auf der gleichen Ebene. Hierzu hat sich der Mensch schon vor Jahrtausenden ein großartiges Hilfsmittel geschaffen – *die Mathematik.*

Mit dieser unbestechlichen Denkhilfe vermag er sich sogar aus dem engen Käfig seiner dreidimensionalen Welt hinauszuwagen und ein wenig in niedrigeren und höheren Räumen umherzutasten.

Die Mathematik hat ihm überhaupt erst gezeigt, daß die Wirklichkeit, in der er lebt, nicht die einzig mögliche ist. Dabei ist ihre Beweisführung so einfach und einleuchtend, daß jeder sie mit Hilfe des gesunden Menschenverstandes leicht zu verstehen vermag. Wie wir sehen werden, ist sie auch in der Lage, uns bei der Beantwortung unserer Frage nach der Möglichkeit außerirdischer Welten weiterzuhelfen.

Flächen, für sich allein betrachtet

Bekanntlich lassen sich einfache geometrische Körper durch mathematische Formeln oder Gleichungen beschreiben. So erkennt man z. B. sofort, daß die Gleichung:

$$5\,\text{cm} \times 5\,\text{cm} \times 5\,\text{cm} = 125\,\text{cm}^3 \text{ (Kubikzentimeter)}$$

den Rauminhalt eines Würfel mit 5 Zentimeter Kantenlänge kennzeichnet.

Diesen Würfel können wir uns in Gedanken aus lauter 5 Zentimeter mal 5 Zentimeter großen Scheiben aufgeschichtet vorstellen. Das ist sogar in sechsfacher Weise möglich, denn es ist uns freigestellt, welche der sechs Würfelflächen wir als unterste Scheibe hinlegen wollen, um dann alle weiteren bis zur Höhe von 5 Zentimeter darauf aufzutürmen.

Fassen wir jetzt einmal eine dieser Scheiben näher ins Auge. Dabei stellen wir zunächst fest, daß es sich hier um eine Fläche handelt, die sich durch eine etwas einfachere Gleichung als bei dem Würfel zum Ausdruck bringen läßt. Sie lautet bekanntlich:

$$5\,\text{cm} \times 5\,\text{cm} = 25\,\text{cm}^2 \text{ (Quadratzentimeter)}$$

War der Würfel ein *dreidimensionales* Gebilde, dann muß die Fläche notwendigerweise ein *zweidimensionales* sein.

Theoretisch stimmt das genau. Wie sieht es aber in der Praxis aus? Wir gehen zwar täglich mit Flächen um, aber sie sind stets an irgendeinen Körper gebunden. Kann man sie auch von diesem lösen und für sich allein in die Hand nehmen? Kann man eine Fläche überhaupt für sich allein darstellen?

Wer jetzt meint, wir brauchten dazu doch nur ein Blatt Papier zu nehmen, der irrt sich sehr. Er übersieht, daß auch das Papier eine Dicke hat. Selbst wenn das Blatt nur einen millionstel Millimeter stark wäre, müßten wir korrekterweise diese Dicke mit in die Gleichung aufnehmen. Dann beschriebe diese jedoch keine *Fläche*, sondern wieder einen *Körper.*

Der Trick, eine der drei Dimensionen verschwindend klein zu halten, führt uns noch nicht aus der Körperlichkeit heraus. Hier erweist sich die Mathematik als treue Helferin. Sie bewahrt uns davor, daß wir durch unsere enge Bindung an die drei Raumdimensionen in unserem Denken irregeführt werden.

Eine echte Fläche vermögen wir innerhalb unserer Körperwelt nicht zu isolieren. Lassen wir nämlich die Stärke des Papierblattes ganz fallen, dann ist gleichzeitig auch das ganze Blatt aus der sichtbaren Wirklichkeit verschwunden.

Aber immerhin hat unser Geist die phantastische Fähigkeit, die echte Fläche mit Hilfe der mathematischen Gleichung sogar als unsichtbare Wirklichkeit festzuhalten. Unser abstraktes Denkvermögen ist durchaus in der Lage, sie sich als eine von unserer dreidimensionalen streng zu unterscheidenden niedrigeren Seinsform vorzustellen. Als eine Welt, in der es nur *Länge* und *Breite*, aber keine *Höhe* gibt.

Angenommene Flächenwesen und wir

Wenn wir uns jetzt noch einmal die sechsfach mögliche Aufschichtung des Würfels aus Flächen vergegenwärtigen, dann stellen wir in Gedanken fest, daß die flächige als niedrigere Seinsweise in der Körperwelt als einer höheren eingebettet ist. Dabei gibt es nun nicht nur die bisher besprochene parallel zu den Würfelflächen, sondern im wahrsten Sinne des Wortes unendlich viele kreuz und quer verlaufende Möglichkeiten für ihre Lage.

Nun wollen wir uns einmal eine solche Flächenwelt von ihr entsprechenden Wesen bewohnt denken. Diese würden also keine Höhe, sondern nur Länge und Breite kennen. Dabei müssen wir uns natürlich stets vor Augen halten, daß diese einfachere Welt und ihre Bewohner für uns unsichtbar und unzugänglich sind.

Trotzdem wollen wir so tun, als ob es sie gäbe und wir ihre geheimnisvollen Wesen und ihr Tun in ihrer Umwelt beobachten könnten.

Wem das schwerfällt, der mag sich auf dem Boden eine große weiße Fläche vorstellen, auf der sich schwarze Schatten hin und her bewegen. Sie huschen dort zwar geisterhaft umher, aber in die Höhe können sie nicht. Sie sind und bleiben der Fläche verhaftet. Eine Tatsache, die uns anschaulich zeigt, um wieviel umfassendere Bewegungs- und Wirkungsmöglichkeiten uns in unserer dreidimensionalen Daseinsform geschenkt sind. Für diese Schattenwesen haben wir geradezu *gottähnliche* Fähigkeiten und Möglichkeiten. Ein gedachter Beispielfall soll uns das verdeutlichen:

Wollen die Flächenwesen in ihrer Welt einen Wertgegenstand gegen Diebe sichern, dann brauchen sie um diesen nur einen geschlossenen Kreis zu ziehen. Da es dort ja keine Höhe gibt und deshalb ein Übersteigen der Umfriedung möglich ist, kann keiner an das Wertobjekt heran.

Aus unserer jede Fläche allseitig umschließenden Körperwelt wären wir dagegen ohne weiteres in der Lage, den wertvollen Gegenstand zu entwenden, ohne die schützende Einfriedung aufzubrechen oder auch nur zu berühren.

Das wäre für die Flächler ein ebenso großes Wunder, wie wenn jemand aus unserem fest verschlossenen Panzerschrank etwas herausnehmen würde, ohne diesen zu öffnen.

Eingebettet in höhere Welten

Nun gibt uns unsere Denkhelferin Mathematik die großartige Möglichkeit, nicht nur auf niedrigere, sondern auch auf höhere Seinsweisen als die unsere zu schließen. Sie gestattet uns dies sogar in unendlich vielen Stufen. Als erstes läßt sich mit Hilfe der Gleichung:

$$5\,\text{cm} \times 5\,\text{cm} \times 5\text{cm} \times 5\,\text{cm} = 625\,\text{cm}^4$$

ja ohne weiteres eine solche mit vier Dimensionen beschrieben. Doch wie steht es mit der Sichtbarkeit und Anschaulichkeit einer solchen Daseinsform? Es sind beide völlig unmöglich.

Ebenso wie die Flächenwesen keine dritte Dimension in ihrer Welt haben, so können wir keine vierte in unserer unterbringen. Die uns übergeordnete vierdimensionale Seinsweise ist für uns genauso rätselhaft wie die unsere für die Flächler. Aber auf Grund unserer mathematischen Überlegungen in bezug auf die uns untergeordnete Welt müssen wir annehmen, daß wir mit der unseren in die nächst höhere ebenso eingebettet sind wie die niedrigere in unsere.

Unser mathematisches Denkgebäude gestattet uns, die Reihe der möglichen Daseinsformen bis ins Unendliche gehend anzunehmen. Dabei ist dann jedes Glied dieser Kette mit allen unter ihm befindlichen in die jeweils nächst höhere eingebettet.

Der Vollständigkeit halber müssen wir diese Stufenleiter sogar mit einer Seinsweise beginnen, die keine Dimension aufweist. Es ist der echte Punkt, der keine Ausdehnung hat. Er ist in die eindimensionale Linie, diese in die zweidimensionale Fläche und diese schließlich in die dreidimensionale Körperwelt eingebettet.

Uns Menschen als Geistwesen ist es geschenkt, diese faszinierenden Zusammenhänge mit Hilfe unseres logischen Denkvermögens zu erkennen. Wir sind in der Lage, an den ersten vier Gliedern der Kette möglicher Daseinsformen das *Gesetz der Verschachtelung und deren steigende Vollkommenheit* abzulesen.

Für jede Seinsweise hat immer die nächst höhere übersinnlichen Charakter. Wie wir bereits feststellten, sind wir für die imaginären Flächenwesen eine höhere Macht. Sogar ihr Erkenntnisvermögen in bezug auf die Dinge ihrer Umwelt ist unvergleichlich viel unvollkommener als das unsere. Was wir bei ihnen als Kreise, Quadrate, Rechtecke oder andere mehr oder weniger komplizierte geometrische Figuren überblicken, sehen sie nur als Striche verschiedener Länge. Beim Kreis ist für sie der Strich aus allen Richtungen betrachtet gleich lang, während er beim Rechteck unterschiedliche Längen aufweist. Auch vermögen sie ebensowenig zu ergründen, was sich innerhalb des Kreises oder dergleichen befindet, wie wir auch von außen nicht den Inhalt eines verschlossenen Schrankes erkennen können.

Auf Grund solcher Überlegungen lassen sich für uns Rückschlüsse auf den Überblick ziehen, den eventuelle Wesen aus einer uns übergeordneten Welt über die unsere haben würden. So wie die Flächler erst einen Ring öffnen müssen, um festzustellen, was er umschließt, so können wir den Inhalt eines Schrankes auch erst prüfen, wenn wir ihn öffnen. Bei einer Kugel ist es genauso. Wir können ihr von außen nicht ansehen, ob sie hohl ist oder massiv oder ob eine Hohlkugel mit irgend etwas gefüllt ist. Jedoch, wie wir in den Ring der Flächenwesen ohne seine Öffnung hineinsehen können, so ist das bei einem vierdimensionalen Wesen in bezug auf unseren Schrank oder eine Kugel der Fall. *Für solch »höhere Wesen« liegt also selbst das Eingeschlossenste und Verborgenste innerhalb unserer Körperwelt völlig bloß und aufgedeckt da.*

Der Weltraum kann gar kein Raum sein

Wenn wir uns noch einmal vergegenwärtigen, daß die dreidimensionale Daseinsform, also unsere Welt der Körperlichkeit, nur da erkannt werden kann, wo auch materielle Körper vorhande sind, dann vermögen wir das für unser Erkenntnisvermögen grenzenlose All für sich allein, also ohne Materie, überhaupt nicht mehr als Raum im irdischen Sinn zu definieren. Es ist demnach ein nicht mehr zu beschreibendes *höheres Etwas*. Höher deshalb, weil es nicht nur die Punkt-, Flächen- und Körperwelt, sondern gemäß dem Gesetz der *Verschachtelung* der Seinsweisen auch alle höher dimensionierten Welten in sich aufnehmen kann. So gesehen, ist es kein Wunder, daß das All für uns unendlich und der Weltraum überhaupt kein Raum in unserem Sinn ist.

Auf Grund solcher Überlegungen müssen wir also annehmen, daß alle höheren Welten die unsere genauso unsichtbar durchdringen, wie es auch die niederen tun. Wenn das aber so ist, dann vermögen wir auch ahnend zu verstehen, daß die jenseitige Welt der Bibel keineswegs »hoch über dem Sternenzelt« zu suchen ist, sondern die unsere unsichtbar durchdringt. Wir sind mit der unseren in sie eingebettet. In etwa gilt das gleiche dann auch für die biblische Aussage, daß Jesus den Seinen im Geist immer nahe ist und sogar in ihnen wohnt. Auch daß wir, ohne ihn zu sehen, jederzeit zu ihm beten können, bietet uns dann keine besonderen Verstandesschwierigkeiten mehr.

Geschaffen aus dem Unsichtbaren

Infolge unserer Geschöpflichkeit fällt es jedem naturwissenschaftlichen Laien sehr schwer zu glauben, daß die *Materie* keine feste, in sich homogene Masse darstellt. Aber ich sagte bereits, daß sie sich aus einer unvorstellbaren Menge unvorstellbar kleiner, aus *zusammengeballter Energie* bestehender Teilchen zusammensetzt, die mit unvorstellbarer Geschwindigkeit umeinanderkreisen. *Ein für unseren Verstand unfaßbarer Gedanke!* Aber daß er den Tatsachen entspricht, hat die Wissenschaft unwiderleglich nachgewiesen. Man könnte also die Materie gewissermaßen als dreidimensionale Daseinsform von Energie bezeichnen.

Wenn man die geeigneten Bedingungen dafür herstellen könnte, ließe sich – wie dies bereits bei unserer Sonne laufend geschieht – die gesamte Stofflichkeit in Energie auflösen. Würde so etwas mit allen Himmelskörpern geschehen, dann wäre damit der ganze stoffliche Kosmos verschwunden. Auch würde gleichzeitig keine der übrigen Energiearten wie *Wärme, Licht, Elektrizität, Magnetismus, Schwerkraft* usw. mehr nachweisbar sein; denn sie alle erkennen wir ja nur an ihrem Wirken an und mit der Materie.

So gelangen wir also zu der Feststellung, daß *der gewaltige stoffliche Kosmos nichts anderes als ein gigantisches Schwingungsfeld vieler verschiedener Energiearten darstellt.*

Fragen wir jetzt noch einmal nach dem Wesen einer Kraft. Sie ist für uns ein unbegreifliches, undefinierbares Etwas, das wir für sich allein nicht zu fassen und deshalb auch nicht zu untersuchen, ja, nicht einmal zu beschreiben vermögen. Keiner kann sagen, woher sie stammt und wohin sie entschwindet, wenn sie mit oder an dem Stoff unserer Welt gewirkt hat. Sie ist dann einfach fort, und ob sie dann vielleicht noch irgendwo weiterexistiert, kann keiner feststellen.

Diese rätselhafte Eigenart, die jede Energieart in sich trägt, läßt uns vermuten, daß sie in einer anderen, mutmaßlich höheren Seinsform beheimatet ist. In dieser Annahme bestärkt uns noch der Umstand, daß manche Energieformen sich so verhalten, *als sei die Materie für sie überhaupt nicht vorhanden.* So durchdringen z. B. die *Röntgenstrahlen* sowohl als auch die *Radio-* und *Fernsehwellen* unsere Körper, als ob diese alle nicht existierten.

Wie wir bereits an anderer Stelle hörten, läßt die Lufthülle unserer Erde nur den 150sten Teil der gefährlichen kosmischen Höhenstrahlen bis zu uns durchdringen (s. Abb. 29). Sie prallen dann aber nicht etwa auf dem Erdboden auf, sondern dieser Bruchteil besitzt noch solche Kraft, daß die Strahlung noch Hunderte von Metern tief ins Erdreich eindringt. Keiner hatte je etwas von ihr gewußt, bis die Naturforscher sie mit Hilfe von Spezialinstrumenten zwingen konnten, sich uns zu offenbaren.

Bekanntlich ist ununterbrochen ein Heer von Naturwissenschaftlern auf der ganzen Welt damit beschäftigt, der Materie auch noch die letzten Geheimnisse abzuringen. Wenn sie dabei aber nicht herausfinden, was Energie ist und woher sie kommt, haben sie ihre Aufgabe immer noch nicht endgültig befriedigend gelöst. Wenn sie wirklich, wie man vermutet, beweisen können, daß die bisher bekannten kleinsten Materiebausteinchen, nämlich die Elektronen, Protonen und Neutronen, aus noch kleineren Teilchen zusammengesetzt sind, werden auch diese sich ihnen wieder letztlich in Energie auflösen.

Wenn wir annehmen, daß alle Energie aus der übersinnlichen Welt kommt, dann beruht diese Annahme natürlich im letzten Grund auf Glauben. Doch ist nicht jede Beschäftigung mit den letzten Daseinsfragen auf solchen Glauben angewiesen? Keiner kann hier etwas schlüssig beweisen. Auch der atheistische Forscher ist nicht in der Lage, einen Beweis für seine Theorie von der zufälligen Entstehung und der von lauter Zufällen in Gang gehaltenen Aufwärtsentwicklung der Lebewesen zu erbringen. Auch er muß das glauben. Aber der Gottesglaube hat den großen Vorteil, mit unvergleichlich viel zahlreicheren und überzeugenderen Argumenten untermauert zu sein als alle übrigen Deutungen der Welt- und Lebensentstehung.

Interessant und ein Beweis für die Aktualität der Heiligen Schrift ist, daß auch sie nicht nur von Glauben spricht, sondern genau mit den naturwissenschaftlichen Forschungsergebnissen übereinstimmt, wenn sie z. B. in Hebräer 11,3 sagt:

»Durch Glauben erkennen wir, daß die Welt durch Gottes Wort gemacht ist, so daß alles, was man sieht, aus Unsichtbarem geworden ist.«

Nach meiner Ansicht enthält dieser großartige Satz alles, was wir über den Ursprung des Kosmos je zu erfahren und zu ergründen vermögen. Deshalb sollten wir ihn aus Ehrfurcht vor dem allgewaltigen Erbauer der Welten so stehen lassen. Was die alle Materie aufbauende Energie im tiefsten Grund ist, woher sie kommt und wohin sie geht, werden wir doch niemals herausbekommen. Deshalb halte ich weiteres diesbezügliches Fragen und Erklärenwollen für menschliche Anmaßung. Wir sind zwar Gottes unendlich verkleinertes Ebenbild, aber nicht selbst Götter. Die Bibel weist jeden selbstherrlichen, seine geschöpflichen Grenzen überschreitenden Naturforscher mit folgendem Wort aus Jesaja 29,16 auf seinen Platz zurück:

»Wie kehrt ihr alles um! Als ob der Ton dem Töpfer gleich wäre, daß das Werk von seinem Meister spräche: Er hat mich nicht gemacht! und ein Bildwerk zu seinem Bildner spräche: Er versteht nichts!« Ich jedenfalls möchte, auch als Naturwissenschaftler, nur so weit gehen und sagen:

Der allmächtige und allweise Schöpfer hat irgendwann in der Urzeit einmal die Wand der Unsichtbarkeit zwischen höheren Sphären und unserer dreidimensionalen Daseinsform durchbrochen und unvorstellbare Kraftströme hereinbrechen und sich hier zu den enormen Materiemengen als dreidimensionale Daseinsform verdichten lassen. In dieser sind seitdem ununterbrochen die verschiedensten anderen Energiearten ständig dabei, dieses riesige Baumaterial zu ordnen und in Ordnung zu halten.

Die uns von der Heiligen Schrift empfohlene denkende Naturbetrachtung hat mich auf ein einfaches Beispiel gebracht, an Hand dessen ich mir diesen Sachverhalt ein wenig verständlich machen kann. Es stellt einen einfachen, aus unserer Körperwelt in die nächst niedrigere, die zweidimensionale, wirkenden Vorgang dar. Ich meine die Projektion eines Films auf eine weiße Fläche. Hier kommen bekanntlich verschiedenfarbige Lichtwellen, also Energiestrahlen, aus dem dreidimensionalen Raum und erzeugen ein zweidimensionales Bild auf die reflektierende Wand.

Auch hier erfolgt ein fortwährender Energiezufluß aus einer höheren Sphäre in eine niedrigere und hält dort das damit erzeugte Bild so lange aufrecht, wie der Zufluß anhält. Es verschwindet mit dem Augenblick, wo die Strahlung aufhört.

Daß das gleiche auch für unsere menschliche Existenz gilt, sagt uns die Bibel in Hiob 34,14 mit folgenden Worten:

»Wenn er (Gott) nur an sich selbst dächte, seinen Geist und seinen Odem in sich zurückzöge, so würde alles Fleisch insgesamt verscheiden und der Mensch wieder zu Staub werden.«

22. Kapitel
Über die Gegensätzlichkeit in der Schöpfung

Die Schöpfung hat zwei Gesichter

Wir haben in diesem Buch eine ganze Anzahl von wunderbaren Gestaltungen und zweckvollen Vorgängen in mehreren Bereichen des gewaltigen Naturgeschehens kennengelernt, die uns mehr oder weniger deutlich die Urheberschaft, die Weisheit und den Ideenreichtum des allmächtigen Schöpfergottes erahnen ließen. An vielen Beispielen konnten wir feststellen, daß die Bibel durchaus recht hat, wenn sie behauptet, der Mensch könne sowohl die Existenz als auch die ewige Macht und das göttliche Wesen des Schöpfers an seinen Werken erkennen. Wo wir uns in der Natur auch umschauten, überall stießen wir auf *Ordnung, Zweckmäßigkeit* und *Schönheit* des Geschaffenen, die uns auf das Planen und Wirken dieses unvorstellbar großen Verursachers hinwiesen.

Doch das alles war nur die eine Seite der Schöpfung, ihre *Lichtseite.* Wir wären jedoch unrealistisch, würden wir übersehen, daß sie auch eine *Schattenseite* hat. Und wenn uns nun die Heilige Schrift diesen Gott als den absolut Heiligen, Reinen, Guten, Gnädigen, ja, als den, der »nur Licht und in dem keinerlei Finsternis ist«, beschreibt, dann geraten wir angesichts dieser Schattenseite in gewaltige *Denkschwierigkeiten.*

Ich jedenfalls habe mich lange Zeit nicht mit dem Gedanken an all die viele Zerstörung, das Häßliche und die Not und das oft grausame Getötetwerden hilfloser und unschuldiger Menschen und Tiere abfinden können. Immer wieder mußte ich mich fragen, ob denn wirklich derselbe Schöpfer, der all das wunderbar Geordnete, Zweckvolle und Schöne ins Dasein rief, auch das viele *Negative* erdacht und gewollt haben kann. Es schien mir einfach unmöglich, daß Gott gleichzeitig Schönes und Häßliches, Ordnung und Unordnung, allgemein ausgedrückt: *Positives* und *Negatives*, geplant und verwirklicht haben könne.

Ich denke da z. B. an all die die Funktion des großen Schöpfungsorganismus aufrechterhaltenden Notwendigkeiten. Daß zum Beispiel die Pflanzen dazu bestimmt sind, zerstört zu werden, um Mensch und Tier zu ernähren. Ich denke an die langen *Nahrungsketten*, die dadurch entstehen, daß kleinere Tiere von den nächst größeren gefressen werden. Nicht einmal der Mensch und die größten Tiere, die kaum Feinde haben, bleiben von einem solch grausigen Schicksal verschont, denn sie werden nicht selten, wie etwa bei *Infektionskrankheiten*, sogar von den allerkleinsten Lebewesen, den *Viren* und *Bakterien*, überwältigt.

So herrscht tatsächlich überall in der Welt des *Lebens* ein unerbittlicher Kampf ums Überleben. Schon das war mir unbegreiflich. Aber daß dieses Negative auch überall in der *unbelebten* Natur anzutreffen ist und sogar die Schöpfung als *Ganzes* durch den sog. Wärmetod der Vergänglichkeit unterworfen ist, machte mir das Problem der Schattenseite der Schöpfung nur noch unverständlicher. Überall auf der Erde wüten gelegentlich die Elemente mit schicksalhafter Gewalt. Dabei wird stets ein großer Teil der Ordnung und Schönheit durch *Orkane, Erdbeben, Vulkane, Sturmfluten, Dürreperioden, Regenjahre* und laufend durch *Verwitterung* empfindlich gestört oder zerstört.

Nach vielem Grübeln mußte ich erkennen, daß sich diese schwerwiegende Problematik nicht mit menschlicher Weisheit ergründen läßt. Erst als ich wieder einmal die Bibel zu Rate zog, stellte ich mit Freude fest, daß sie eine befriedigende Anwort für uns bereithält. Auf diese ihre Antwort möchte ich jetzt etwas näher eingehen.

Wo war das biblische Paradies?

Gottes heiligem Wesen als des absolut vollkommen Guten entspricht auch voll und ganz, was uns die Bibel über den Erfolg seiner Schöpfertätigkeit berichtet. Die göttliche Macht ist so unvorstellbar groß, daß ein einziger Befehl genügte, um das gesamte All mit seinem unzählbaren Sternenheer augenblicklich ins Dasein zu rufen. Dabei muß dann sein Werk unbeschreiblich schön gewesen sein. Deshalb sagt auch die Heilige Schrift in 1. Mose 1,31a:

»Und Gott sah alles an, was er geschaffen hatte, und siehe, es war sehr gut.«

Diese selbst von ihrem Erbauer als »sehr gut« beurteilte Schöpfung kann nun unmöglich mit *der* identisch sein, in der wir heute leben. All das, was wir an *Unvollkommenem, Häßlichem, Grausamem, Leidvollem* und überhaupt an *Vergänglichkeit* in ihr vorfinden, kann unter diesen Umständen unmöglich bereits in der *Urschöpfung* vorhanden gewesen sein. Ich halte es deshalb auch für müßig, daß wir Menschen uns um die Erkenntnis ihres Zustandekommens und ihres damaligen Zustandes je bemühen.

Das gleiche gilt dann vor allem auch für den im biblischen Schöpfungsbericht erwähnten *»Garten Eden«.* Dadurch, daß hier zwei Ströme erwähnt und sogar einer davon mit Euphrat bezeichnet wird, sind wir natürlich geneigt, das Paradies trotzdem auf unserer jetzigen Erde zu suchen. Aber das kann aus den erwähnten Gründen unmöglich sein. Wo sollen wir es aber suchen?

Drei Bibelstellen geben uns dafür einen deutlichen Hinweis. Es muß sich in der jenseitigen Welt befunden haben und immer noch dort befinden. Nun zu den drei biblischen Hinweisen:

Der *Herr Jesus* sagt zu einem der beiden mit ihm gekreuzigten Verbrecher kurz vor seinem Sterben:

»Heute noch wirst du mit mir im Paradies sein« (Lk 23,43).

Dann schreibt der *Apostel Paulus* in seinem zweiten Brief an die Christengemeinde in Korinth (Kap. 12,2–4), daß er im Geist bis in den »dritten Himmel« entrückt worden sei. Man beachte, daß darin bereits eine Andeutung von einer Stufung der überirdischen Welten liegt, von der wir im vorigen Kapitel sprachen.

Und schließlich heißt es *in der Offenbarung des Johannes* (Kap. 2,7):

»Wer überwindet, dem werde ich (Jesus) von dem Baum des Lebens zu essen geben, der im Paradies Gottes steht.«

Auch der von der Bibel geschilderte direkte Umgang des Schöpfers mit den ersten Menschen weist deutlich auf die grundsätzliche Andersartigkeit der Verhältnisse in dieser *Urwelt* hin. Ich denke da nämlich an die Bemerkung im *Sündenfall-Bericht:*

»Als sie dann aber das Geräusch der Schritte Gottes des Herrn hörten, der sich in der Abendkühle im Garten erging, versteckten sie sich, Adam und sein Weib, vor Gott dem Herrn unter den Bäumen des Gartens. Aber Gott der Herr rief nach Adam mit den Worten: ›Wo bist du?‹ Da antwortete dieser: ›Als ich das Geräusch deiner Schritte im Garten hörte, fürchtete ich mich . . .‹ « (1 Mose 3,8–10).

So unmittelbar ist also die Gemeinschaft des Schöpfers mit seinen Geschöpfen vor dem *Fall* gewesen, bis ihr Ungehorsam die wunderbare Harmonie zerstörte und sie aus der Gegenwart des Allmächtigen verbannt werden mußten. Und weil jeder Mensch aus einer Zelle seiner Eltern hervorgeht und somit die ganze Menschheit stofflich eine Einheit bildet, hat sich in der Gottesferne die Flucht und das Sichverstecken vor dem Schöpfer bis heute fortgesetzt.

Der Fürst dieser Welt

In dem biblischen Sündenfall-Bericht steht nichts davon, daß das Paradies nach der menschlichen Katastrophe aufgelöst, noch daß es in die Struktur unserer heutigen Erde umgewandelt wurde. Und weil nach der Ausweisung des Menschen kein ersichtlicher Grund für seine Beseitigung bestand, erscheint die Annahme berechtigt, daß der »Garten Eden« auch heute noch in der Jenseitigkeit existiert.

Wie mag es dann aber zu unserer heutigen Erde gekommen sein?

Zu dieser Frage glaube ich zunächst annehmen zu dürfen, daß sie irgendwann in der Urzeit einmal in unverdorbenem Zustand von Gott dem *Satan* als Lehen übertragen wurde. Der Teufel war nämlich bei seiner Erschaffung noch keineswegs der Gegenspieler des Allmächtigen, sondern ein besonders hochgestellter und mächtiger *Engelfürst*, der sich jedoch eines Tages gegen seinen Lehnsherrn empörte und von diesem verstoßen werden mußte.

Dieses schwerwiegende Urereignis wird uns in der Heiligen Schrift an zwei Stellen deutlich geschildert. Danach wurde dieser später so furchtbare Widersacher Gottes als einer der Cherubim erschaffen, der in Hesekiel 28,12b–15 folgendermaßen sinnbildlich beschrieben wird:

»Der du das Bild der Vollkommenheit warst, voll von Weisheit und vollendeter Schönheit. In Eden, dem Garten Gottes, befandest du dich, allerlei Edelsteine bedeckten deine Gewandung: Karneol, Topas und Jaspis, Chrysolith, Beryll und Onyx, Saphir, Rubin und Smaragd, und aus Gold waren deine Einfassungen und die Verzierungen an dir gearbeitet; am Tag deiner Erschaffung wurden sie eingesetzt. Du warst ein gesalbter, schirmender Cherub. Ich hatte dich dazu bestellt; auf dem heiligen Götterberg weiltest du, inmitten feuriger Steine wandeltest du. Unsträflich warst du in all deinem Tun vom Tag deiner Erschaffung an, *bis Unrecht an dir gefunden wurde.*«

Ja, an diesem mit solcher Hoheit, Schönheit, Autorität und Machtfülle ausgestatteten Engelfürsten wurde eines Tages »Unrecht gefunden«. Er wurde hochmütig, selbstherrlich, maßte sich an, selbst Gott zu sein und widersetzte sich dem heiligen, göttlichen Willen. Darüber klagt die Bibel in Jesaja 14,12–15 mit folgenden bewegenden Worten:

»Oh, wie bist du vom Himmel gefallen, du Glanzgestirn, Sohn der Morgenröte! Wie bist du zu Boden geschmettert, du Besieger der Völker, der du dachtest in deinem Sinn: ›In den Himmel will ich hinaufsteigen, hoch über den Sternen Gottes meinen Thron aufrichten, will auf dem Götterberg mich niederlassen im äußersten Norden! Ich will über die Wolkenhöhen hinauffahren, will mich dem Höchsten gleichmachen!‹ *Nun aber bist du ins Totenreich hinabgestürzt, in die äußerste Tiefe.*«

Nun wird mir mancher entgegenhalten, die beiden Prophetenworte seien doch im ersten Fall auf den König von Tyrus und im zweiten auf den König von Babel gemünzt. Das stimmt. Aber bekanntlich benutzt die Bibel uns leicht verständliches Irdisches, um uns Überirdisches, das wir nicht unmittelbar verstehen können, klarzumachen. Deshalb sagt die »Neue Scofield Bibel« zu den beiden Schriftstellen in bezug auf Satan und seinen Fall:

»Hier in den Versen (Hesekiel) 11–17, wie in Jesaja 14,12–17 geht die Sprache über den Fürsten von Tyrus (bzw. Babel, d. Verf.) hinaus bis hin zu Satan, dem Inspirator und dem unsichtbaren Herrscher über allen Glanz und Hochmut, wie er in Tyrus (bzw. Babel, d. Verf.) zu sehen war ... Hier wird Satan in dem *Zustand vor seinem Fall* beschrieben; von seinem *Fall* wird in Jesaja 14 berichtet ... Dazu kommt, daß diese Vision Satan nicht in seiner eigenen Person zeigt, sondern daß er sich selbst darstellt durch einen irdischen König, der göttliche Ehren für sich in Anspruch nimmt ...« (Hervorhebung v. Verf.).

Mit seinem selbstherrlichen *»ich will«* trat also dieser gewaltige Fürst innerhalb der Engelwelt ganz bewußt zu seinem Schöpfer und Lehnsherrn in *Konkurrenz*. Konkurrenz ist aber in jedem Fall gleichbedeutend mit Abbruch der gegenseitigen Beziehungen. Wie aber reagierte Gott auf diesen Treuebruch?

Er hat den Empörer nicht, wie er es verdient hätte, auf der Stelle vernichtet. Als der absolut und unendlich Positive handelt er überhaupt niemals unmittelbar negativ, indem er etwas von ihm Geschaffenes selbst zerstört. Sein Gericht äußert sich immer nur in der Loslösung von ihm als der Quelle allen Lebens und aller Kraft. Er *gibt* den Rebellen *dahin*, indem er ihn sich selbst überläßt. Über dieses Dahingeben fand ich in der Bibel mehr als 20 Stellen. Allein im ersten Kapitel des Römerbriefes findet es sich dreimal.

Und weil der Schöpfer sein Geschöpf nicht unmittelbar zerstört, hat er dem Teufel auch nicht gleich die Lehnsherrschaft über die Erde und auch nicht seine göttähnliche Machtausstattung entzogen. Das geht besonders daraus hervor, daß der Herr Jesus den Satan mehrfach als den »Fürsten dieser Welt« bezeichnet (Joh 12,3; 14,30; 16,11). Das gleiche tun auch Jesu Jünger und seine späteren Zeugen. Unter den letzteren bezeichnet ihn der Apostel Paulus in 2. Korinther 4,4 sogar als den *»Gott* dieser Welt«.

Der überzeugendste biblische Beweis für das Besitzrecht des Teufels an unserer Erde findet sich in der *Versuchungsgeschichte* Jesu in Matthäus 4,8–9. Dort heißt es nämlich:

»Wieder nahm ihn (Jesus) der Teufel mit sich auf einen sehr hohen Berg; er zeigte ihm alle Reiche der Welt mit ihrer Pracht und sagte zu ihm: ›*Das alles will ich dir geben,* wenn du dich vor mir niederwirfst und mich anbetest.‹«

Deutlicher konnte uns die Bibel das satanische Begehren nach Gottgleichheit nicht zum Ausdruck bringen.

Wodurch die Schöpfung verdarb

Die Bezeichnung »Gott dieser Welt« für den Satan ist nicht von der Hand zu weisen. Er ist zwar nur ein *Pseudogott*, der seine gottähnliche Macht von dem wirklichen Gott, *dem Gott, »den die Himmel und aller Himmel Himmel nicht zu fassen vermögen«* (1 Kön 8,27; 2 Chr 2,5; 6,18) verliehen bekam; aber er existiert doch immerhin in einem überirdischen Bereich. Dazu haben wir ja im vorigen Kapitel festgestellt, daß nach dem dort erwähnten »Verschachtelungsgesetz« immer die angenommenen Wesen jeder Seinsform für die unter dieser befindlichen einen übersinnlichen Charakter und damit gottähnliche Fähigkeiten und Möglichkeiten besitzen.

Diese Chance wird der Satan weidlich zu seiner *Selbstverherrlichung* sowie zur Bekämpfung von Gottes Schöpfertätigkeit genutzt haben. Mit seinem Fall riß er nämlich die ganze ihm anvertraute, ursprünglich herrliche Erdenschöpfung mit in die kosmische Katastrophe hinein. Er lehnte sich nicht nur gegen seinen Lehnsherrn auf, sondern fing sogleich an, ihn und alles was er gemacht hatte und noch macht, *systematisch zu verderben.*

So wie wir aus der auf unserer Erde vorhandenen Materie allerlei Mord- und Zerstörungswerkzeuge zu erdenken, herzustellen und einzusetzen vermögen, so muß der Teufel infolge seiner gottähnlichen Machtfülle über sehr viel tiefer greifende Zerstörungs- und Zersetzungsmöglichkeiten verfügen. Wir können nur die Oberfläche unserer Erde verderben und uns gegenseitig quälen und morden. Er muß dagegen jedoch in der Lage gewesen sein, auch in das innere Gefüge des großen Naturgeschehens einzugreifen und so die innere Struktur der Schöpfung zu verändern. Wodurch soll sonst all das viele Negative in und um uns herum zustande gekommen sein? Von Gott als dem absolut und vollkommen Guten und in jeder Hinsicht Positiven kann es doch unmöglich stammen!

Der Teufel muß also die Macht gehabt haben, neben der Ordnung, Zweckmäßigkeit und Schönheit auch das genaue Gegenteil, nämlich Unordnung, Zwecklosigkeit und Häßlichkeit, in Gottes herrliches Werk einzuführen. Ich glaube, nicht fehlzugehen, wenn ich vermute, daß unsere Welt durch den satanischen

Treubruch ihre heutige vergängliche Struktur erhielt. Sie wurde bis tief hinunter in ihr Baumaterial, die Materie, polar aufgespalten.

Die wunderbare göttliche Urschöpfung wurde aus einer höheren Seinsweise in eine niedrigere zurückgestuft. Sie wurde aus der Jenseitigkeit in die dreidimensionale Körperlichkeit gestürzt. Das läßt sich deutlich an dem von unseren Wissenschaftlern erforschten Wesen der Materie erkennen. Aus unkörperlicher, höheren Wirklichkeiten entstammender Energie, wurde durch ungeheure Ballung der mit unseren Sinnen wahrnehmbare Stoff. Die Zerstrahlung von Sonnenmaterie und radioaktiven Substanzen und vor allem die künstliche Atomexplosion stellen diese Einkerkerung der Materie in die diesseitige Körperlichkeit anschaulich unter Beweis. Diese Vorgänge bedeuten ja nichts anderes als eine Befreiung der Energie aus dieser Zwangsjacke.

Satans Macht ist eng begrenzt

Ich sagte bereits, daß der Teufel kein wirklicher Gott ist, wie ihn die Bibel so nennt. Er ist nur ein Scheingott, ein Gott von des ewigen Gottes Gnaden. Der Allmächtige hat ihn ins Dasein gerufen und mit für unsere irdischen Begriffe gottähnlicher Macht ausgestattet. Er ist also nur Geschöpf und gehört damit zu des Allmächtigen Schöpfungswerken.

So wie jeder menschliche Künstler außerhalb und über seinen Kunstwerken, so steht auch Gott außerhalb und hoch über allem von ihm Geschaffenen. Es ist ja unmöglich, daß ein Künstler aus dem gleichen Material besteht, wie er es für seine Gestaltungen verwendet. Ein Töpfer kann niemals aus Ton bestehen. Der Ton ist in seiner Hand, und er kann mit ihm machen, was er will.

Aber im Fall der Erschaffung von Satan und dem Menschen liegen die Verhältnisse anders. Hier hat der Schöpfer im Gegensatz zu all seinen übrigen Werken den »Ton« mit einem eigenen Willen ausgestattet. Und diese Souveränität tastet er nicht an. In seinen Willensentscheidungen ist sowohl der Mensch als auch Satan so frei wie Gott selbst, er hat sie ja als sein Ebenbild erschaffen.

Dennoch hat Luther recht, wenn er sagt, der Teufel sei Gottes Teufel. Einmal ist er als Geschöpf des Ewigen Eigentum. Aber andererseits – und das meint Luther mit dem zitierten Ausspruch – benutzt Gott den Bösen als »Zuchtrute« zur Bestrafung aller Gottlosigkeit der Menschen. Aber dabei beruht letzteres nicht auf Gottes aktivem Handeln, sondern wird vom Menschen selbst hervorgerufen. Wer nämlich des himmlischen Vaters Hand losläßt, geht wie ein unmündiges Kind in die Irre. Er gerät aus dem Bereich des Lichts in die Finsternis und damit in die Orientierungslosigkeit. Dort aber liegt der auf der Lauer, der sich schon vorher von Gott losgesagt hat. Der bemächtigt sich dann des Verirrten und hält ihn fest. Sein Ziel ist, ihn zu quälen und zu vernichten.

Aus diesem Grund können wir niemals unseren Schöpfer für all die entsetzliche Not und das Überhandnehmen der Ungerechtigkeit verantwortlich machen. Wegen ihrer Gottlosigkeit ist die Menschheit an all ihrem Elend selbst schuld.

Nun sagte ich in der Überschrift, daß des Teufels Macht eng begrenzt sei. Diese Tatsache läßt sich an einem einfachen Bild leicht deutlich machen.

Wenn wir zwei kleine, minderjährige Kinder beim Spielen beobachten, dann spielt sich dabei nicht selten folgendes ab:

Während sich das eine Kind mit Begeisterung bemüht, mit seinen Bauklötzen einen möglichst hohen Turm zu bauen, kommt das andere und wirft ihm immer wieder alles durcheinander. Das ist das ganze Bild, in dem wir das *Aufbauen* des ersten Kindes mit der Schöpfertätigkeit Gottes und das *Zerstören* des anderen mit dem Wirken des göttlichen Gegenspielers vergleichen und daraus unsere Schlüsse ziehen wollen.

Dazu ist als erstes festzustellen, daß das positiv handelnde Kind dem Negativen *weit überlegen* ist. Es kann nämlich trotz aller Zerstörung immer wieder *neu* aufbauen. Dagegen kann das zerstörende Kind nur zerstören, was *zuvor* aufgebaut wurde. Wenn nicht aufgebaut worden ist, hat es keine Möglichkeit der Zerstörung.

Wenn wir diese Überlegungen auf den Weltenschöpfer und seinen Gegenspieler anwenden, wird uns sogleich die unendliche Überlegenheit Gottes und die grenzenlose Abhängigkeit des Teufels deutlich.

Nun müssen wir bedenken, daß der unendlich hoch über dem Bösen Stehende bei aller Zulassung von dessen zerstörender Aktivität, letztlich doch das *Gute* will. Während sonst alles göttliche Schaffen absolut vollkommen und von ewigem Bestand ist, wollte der unendlich Liebende den verdorbenen Zustand seiner Schöpfung nicht verewigen. In seinem Erbarmen sollte alles Leid seiner gefallenen Kreatur einmal ein Ende haben. Für die darauffolgende Ewigkeit hat er uns bereits in der Heiligen Schrift seine herrlichen Pläne angedeutet. Doch darauf komme ich später noch zu sprechen.

Damit der Mensch nun während seines Erdendaseins seine und seiner Umwelt Vergänglichkeit und Erlösungsbedürftigkeit stets vor Augen hat, ließ er das eigenartige *Wechselspiel von Werden und Vergehen* in der belebten Natur zu. Hier kommt die göttliche Überlegenheit des ständigen Neuschaffen-Könnens über den Zerstörer besonders sinnfällig zum Ausdruck. Trotz des unzählbar vielfältigen Sterbens und Vergehens läßt er sich die Polarität immer wieder durch Vereinigung von männlichem und weiblichem Samen aufheben und dadurch neues Leben entstehen. Solange der Schöpfer will, läßt er im ständigen Rhythmus von Werden und Vergehen sein positives Schöpfungsprinzip nicht von dem negativen Satans besiegen.

Des Menschen Fall und seine Folgen

Satan hatte das *Nein* zu seinem Schöpfer aus ureigenster *freier Willensentscheidung* hervorgebracht. Deshalb war auch seine Verstoßung aus der göttlichen Gegenwart eine endgültige und unwiderbringliche. Gottes Wunsch nach einem Gesprächspartner war gescheitert. Die Möglichkeit dazu gründete in der dem Geschöpf verliehenen *absoluten Willensfreiheit.* Gott wollte keine Marionetten, deren Wille von ihm selbst beeinflußt werden konnte. Erzwungene Liebe hat bekanntlich keinen Wert. Wenn sie echt sein soll, muß sie aus absoluter Freiwilligkeit hervorgebracht sein.

Aber Gott brauchte es bei diesem Mißerfolg nicht bewenden zu lassen. Ihm stand ja jederzeit die Macht zu einer Neuschöpfung zur Verfügung. Da er nun unbedingt einen ihm gleichgearteten, zu freier Gegenliebe fähigen Gesprächspartner haben wollte, rief er den *Menschen* ins Dasein. Er versetzte ihn in den *Garten Eden*, einen unverdorbenen Ort von unvergleichlicher Schönheit und Harmonie. Es war eine Existenz allerhöchster Glückseligkeit.

Das erregte natürlich sogleich den Neid des gestürzten Engelfürsten. Wie aus dem biblischen *Buch Hiob* hervorgeht, hatte der Satan merkwürdigerweise auch nach seinem Fall noch Zutritt zu *Gottes Thronsaal.* Das ist nach meiner Meinung ein Beweis der *Hoheit* und *Souveränität* des Allerhöchsten. In Offenbarung 12,10 wird der Teufel aus dem gleichen Grund auch der *»Verkläger der Brüder«* genannt. Vielleicht hat er bei einer solchen Gelegenheit, ähnlich wie im Fall Hiob (Kap. 1,9–10), damals zu Gott gesagt:

»Ist der Mensch etwa umsonst so gottesfürchtig? Hast du nicht selbst ihn und sein Haus und seinen ganzen Besitz rings umhegt? Was seine Hände angreifen, das segnest du . . . Aber strecke doch einmal deine Hand aus und lege sie an alles, was er besitzt: dann wird er sich offen von dir lossagen.«

Da mag der Herr auch hier wie bei Hiob dem Satan geantwortet haben:

»Gut! Alles, was ihm gehört, soll in deine Gewalt gegeben sein! Nur an ihn selbst darfst du deine Hand nicht legen!«

Hiob hielt bekanntlich in der dann folgenden *Versuchung* stand. Aber das *erste Menschenpaar* versagte kläglich. Es geriet damit in den Bann des Versuchers und wurde wie dieser sofort aus Gottes Gegenwart verstoßen.

Aber es bestand dabei noch ein entscheidend wichtiger Unterschied. Der Mensch hatte sein Nein zu Gott *nicht* wie der Satan *selbst* hervorgebracht. Er war *verführt* worden. Und wir wissen ja aus unserer Rechtsprechung, daß einem verführten Verbrecher bei der Urteilsfindung mildernde Umstände zugesprochen werden können. Das war auch bei dem Treubruch des Menschen der Fall. Bei ihm bestanden die mildernden Umstände darin, daß *Gott ihm in seiner ewigen Liebe die Möglichkeit der Erlösung zubilligte.* Auf welche Weise dies geschehen sollte, darauf komme ich später noch zu sprechen.

Im Augenblick des menschlichen Ungehorsams geschah aber trotzdem das Furchtbare. Nicht allein, daß die beiden Schuldigen den wunderbaren Ort der Harmonie und Gottesgemeinschaft verlassen mußten. Sie wurden auf den *Acker* geschickt, wo sie in ständigem Kampf gegen *Dornen* und *Disteln »im Schweiß ihres Angesichts«* ihr tägliches Brot erarbeiten mußten.

Doch wo war dieser Acker? Er konnte nirgendwo anders sein, als in dem vom Satan bereits verdorbenen und noch beherrschten Bereich – auf unserer heutigen Erde.

Wenn sich nun das Paradies – wie ich vorhin zu begründen versuchte – in einer überirdischen Welt befand, dann kann ich mir diesen Hinauswurf der ersten Menschen nicht anders denken als die *Umkehrung* unseres heutigen Sterbens. Die vorher geistige Persönlichkeit wurde in einen materiellen Körper versetzt. *Damit wurde der Mensch sterblich.*

Diese Tatsache ist wahrscheinlich mit der göttlichen Warnung vor dem Fall gemeint, die besagt:

» . . . sobald du von diesem (verbotenen Baum) ißt, mußt du des Todes sterben.«

So kam also der erste Mensch – und infolge seines stofflichen Zusammenhangs mit seinen Nachkommen die gesamte Menschheit – durch seine Rebellion gegen den Höchsten in die gleiche Zwangsjacke wie die gesamte polar gespaltene, verdorbene Erde.*)

Der Mensch in Satans Machtbereich

Der so unerhört machtvolle Beherrscher dieser Welt, der selbst ihre Naturordnungen im Innersten zu stören vermag, hat gleichzeitig mit seiner Verführung auch tiefgreifenden Einfluß auf des Schöpfers Meisterstück gewonnen. Er schlug den gottgelösten

---

*) Ich weiß, daß meine Auffassung, unser Leib sei nur Kerker unserer Geistseele, weithin auf Ablehnung stößt. Aber ich kann mir das vom naturwissenschaftlichen Standpunkt nicht anders denken. Bekanntlich werden doch in unserem Körper die vorhandenen Atome fortwährend ausgetauscht. Alle sieben Jahre sollen diese sämtlich durch neue ersetzt sein. Dazu kommt noch die Tatsache, daß unser Körper nach dem Tod wieder zu Erde und damit zu Baustoff für neue Organismen wird. In wieviel verschiedenen Pflanzen-, Tier- und Menschenkörpern mögen dadurch die unseren Leib heute zusammensetzenden Atome wohl schon gewesen sein?!

Menschen völlig in seinen *Bann* und kann ihm seitdem sowohl körperlichen als auch geistig-seelischen *Schaden* zufügen. Er ist in der Lage, den Gottlosen zu den *unmenschlichsten* und *widergöttlichsten Handlungen* zu inspirieren und erniedrigt ihn dadurch oft bis weit unter das Tier. Dazu gibt er ihm *böse Begierden* und *Pläne* ins Herz und stiftet ihn dadurch zu *Neid, Haß, Rebellion, Revolutionen, Folterungen, Mord* und *Totschlag* und weltweiten *Kriegen* an.

Ich habe sogar den Eindruck, daß unsere körperlich-biologische Verwandtschaft mit den höchstorganisierten Tieren auch auf den Einfluß Satans zurückzuführen ist. Er wollte damit die dem Menschen von Gott verliehene hohe *Würde* herabmindern. Auf jeden Fall dürften es von dem Verführer inspirierte Gedanken sein, wenn die offizielle Wissenschaft und zahllose Laien mit ihr lieber von den Affen abstammen, als ein Geschöpf Gottes sein wollen.

All die angedeuteten und täglich zu beobachtenden teuflischen Möglichkeiten und tatsächlichen Geschehnisse lassen sich an Hand vieler Bibelaussagen belegen. Fragen wir zunächst, was uns die Heilige Schrift über den Bereich sagt, aus dem der Teufel mit seinem Gefolge, den mit ihm gefallenen Engeln und Dämonen, sein Reich regiert.

Das erfahren wir aus Epheser 2,2, wo der Apostel Paulus seine Briefempfänger an ihren früheren, gottfernen Zustand erinnert. Dort sagt er:

»Ihr wart einst darin gefangen, wie es der Art dieser Welt entspricht, *unter der Herrschaft jenes Geistes, der im Bereich der Lüfte regiert* und jetzt noch in den (Gott) Ungehorsamen wirksam ist. Zu ihnen gehörten auch wir alle einmal . . .«

Ich sagte bereits an anderer Stelle, Gott sei so über alles erhaben, daß er seinem Widersacher sogar Zutritt zur Himmelswelt gewährt. Ich führte dabei einige Verse aus dem Buch Hiob an. Aus einer Stelle im Propheten Sacharja wird uns gezeigt, daß der Versucher dabei – wie vorhin ebenfalls bereits angedeutet – auch als Ankläger vor Gott auftreten darf.

»Hierauf ließ er (der Herr) mich den Priester Josua schauen, wie er vor dem Engel des Herrn stand, *während der Satan sich zu seiner Rechten stellte, um ihn anzuklagen.*«

Das gleiche geht aus Offenbarung 12,10 hervor. Dort wird von dem prophetisch als bereits gerichtet geschauten Widersacher gesagt:

»... gestürzt wurde *der Ankläger* unserer Brüder, der sie bei Tag und bei Nacht *vor unserem Gott verklagte.*«

Glücklicherweise machen uns die beiden ersten Kapitel des Buches Hiob deutlich, daß wir trotzdem dem Bösen nicht blindlings ausgeliefert sind. Vor allem gilt das für die, die nach Gott und seinem Willen fragen. Für alles, was der Teufel ihnen anzutun gedenkt, bedarf er zuvor der göttlichen Genehmigung. Und das Beruhigende dabei ist, daß der Allmächtige das Zugelassene immer zum Guten ausschlagen läßt. Das wird uns bekanntlich in Römer 8,28 deutlich gesagt:

»Wir wissen aber, daß denen, *die Gott lieben*, alle Dinge zum Besten dienen.«

Zwar erkennen wir dies nicht immer wie Hiob schon im irdischen Leben, aber Jesu Gleichnis vom »Reichen Mann und armen Lazarus« (Lk 16,19 ff) verweist uns auf die Vergeltung des erlittenen Übels im Jenseits.

Wie Satan und seine Dämonen menschliche Körper in Besitz nehmen und quälen und beherrschen können, berichtet uns die Bibel an zahlreichen Stellen.

Als ein Synagogenvorsteher dem Herrn Jesus einmal *Sabbatschändung* vorwarf, weil er eine Frau an einem solchen Ruhetag geheilt hatte, erwiderte er:

»Diese Tochter Abrahams, *die der Satan schon 18 Jahre gefesselt hielt*, sollte am Sabbat nicht davon befreit werden dürfen?«

In Matthäus 15,22 heißt es:

»Da kam eine kanaanäische Frau aus jener Gegend zu ihm und rief: ›Hab Erbarmen mit mir, Herr, du Sohn Davids! *Meine Tochter wird von einem Dämon schlimm gequält.*‹«

Nach Lukas 9,38–39 schrie einmal ein Mann aus der Volksmenge dem Herrn zu:

»Meister, ich bitte dich, hilf meinem Sohn! Er ist mein einziger. *Er ist von einem (bösen) Geist besessen*; plötzlich schreit er auf, wird hin und her gezerrt, und Schaum tritt ihm vor den Mund, und der Geist quält ihn fast unaufhörlich ...«

Da sagte Jesus in den Versen 41–42:

»Bring den Sohn her! Als der Sohn herkam, *warf der Dämon ihn zu Boden und zerrte ihn hin und her. Jesus aber drohte dem unreinen Geist*, heilte den Jungen und gab ihn dem Vater zurück.«

Auch die Heilung des Besessenen in Lukas 8,26 ff. gehört hierher. Nach diesem Bericht wohnten sogar viele Dämonen in einem Menschen. Ich zitiere ab Vers 27:

»Als Jesus an Land ging, lief ihm ein Mann aus der Stadt entgegen, *der von Dämonen besessen* war. Schon seit langem trug er keine Kleider mehr und lebte nicht mehr in einem Haus, sondern in Grabhöhlen. Als er Jesus sah, schrie er auf, fiel vor ihm nieder und rief laut: Was habe ich mit dir zu tun, Jesus, Sohn des höchsten Gottes? Ich bitte dich, quäle mich nicht! . . . Jesus fragte ihn: Wie heißt du? Er antwortete: *Legion! Denn er war von vielen Dämonen besessen.*«

Auch der Apostel Paulus schreibt manche Ereignisse in seinem Leben dem Einfluß des Teufels zu. Z. B. schreibt er an die Thessalonicher (1 Thess 2,18):

»Ja, wir hatten uns fest vorgenommen, zu euch zu kommen, und das wollte ich, Paulus, schon einige Male; aber *der Satan hat uns daran gehindert.*«

Und in 2. Korinther 12,7 teilt er seinen Briefempfängern mit:

»Damit ich mich wegen der einzigartigen Offenbarungen nicht überhebe, wurde mir ein Stachel ins Fleisch gestoßen (gemeint ist ein dauerndes, uns unbekanntes Leiden): *Ein Bote Satans, der mich mit Fäusten schlagen soll*, damit ich mich nicht überhebe.«

In Offenbarung 2,10 schreibt der Seher Johannes an die Gemeinde in Smyrna:

»Fürchte dich nicht vor dem, was du erleiden mußt. *Der Teufel wird einige von euch ins Gefängnis werfen*, um euch auf die Probe zu stellen . . .«

Schließlich noch einige Stellen, die uns erkennen lassen, wie der Teufel Menschen, die ihm willfährig sind, zu bösen Taten zu verleiten vermag.

Das in der ganzen Weltgeschichte wohl tragischste Beispiel hierfür dürfte der *Verrat des Judas* an seinem Herrn sein. Dazu heißt es in Johannes 13,2 folgendermaßen:

»Es fand ein Mahl statt, und *der Teufel hatte Judas*, dem Sohn des Simon Ischariot, *schon ins Herz gegeben*, ihn zu verraten und auszuliefern.«

Und weiter in Vers 27:

»Als Judas den Bissen genommen hatte, *fuhr der Satan in ihn.*«

Nach Apostelgeschichte 5,3 sagt der Apostel Petrus zu einem Gemeindeglied, das nicht aufrichtig gewesen war:

»Ananias, warum *hat der Satan dir das Herz erfüllt*, daß du den Heiligen Geist belogen . . . hast?«

Die Bibel sieht sogar manchmal uns ganz harmlos erscheinende Vorhaben als vom Teufel inspiriert an, weil sie nicht die Handlung als solche, sondern die zu ihm führenden Beweggründe beurteilt. So etwa in 1. Chronik 21,1:

»*Es trat aber der Satan gegen Israel auf* und verführte David dazu, eine Zählung der Israeliten vorzunehmen.«

Hier war des Königs *Stolz* die Veranlassung. Das Ergebnis der *Zählung* sollte ihm beweisen, daß er Herrscher über ein großes Volk war.

Ähnlich lag der folgende Fall aus der Zeit Jesu: Als die Jünger einmal voller Stolz auf ihren Einsatz für ihren Herrn hinwiesen und sich Petrus dabei besonders stark fühlte, sagte der Herr Jesus nach Lukas 22,31 zu diesem:

»Simon, Simon, *der Satan hat verlangt*, daß er euch wie Weizen sieben darf. Ich aber habe für dich gebetet, daß dein Glaube nicht erlischt.«

Von daher betrachtet, war natürlich die spätere Verleugnung dieses Jüngers ebenfalls ein *Werk des Teufels.* Diese bittere Erfahrung dürfte Petrus veranlaßt haben, die Empfänger seines ersten Briefes (Kap. 5,8–9) mit folgenden Worten vor den Verführungskünsten des Bösen zu warnen:

»Seid nüchtern und wachsam! Euer Widersacher, *der Teufel, geht wie ein brüllender Löwe umher und sucht, wen er verschlingen kann.*«

An die Gemeinde in Ephesus schreibt der Apostel Paulus (Kap. 6,12):

»Denn unser Kampf ist nicht gegen Fleisch und Blut, sondern *gegen die Mächte, gegen die Gewalten, gegen die Weltbeherr-*

scher dieser Finsternis, gegen die Geister der Bosheit in den himmlischen Welten.«

Keiner hat die menschliche Erlösungsbedürftigkeit so tief erfaßt und beschrieben wie der Apostel Paulus in Römer 7,18–24. Er schreibt dort:

»Ich weiß, daß in mir, das heißt in meinem Fleisch, nichts Gutes wohnt; das Wollen ist bei mir vorhanden, aber ich vermag das Gute nicht zu verwirklichen. Denn ich tue nicht das Gute, das ich will, sondern das Böse, das ich nicht will. Wenn ich aber das tue, was ich nicht will, dann bin nicht mehr ich es, der so handelt, *sondern die in mir wohnende Sünde* (nämlich die Folge der *Absonderung* von Gott). Ich stoße also auf das Gesetz, *daß in mir das Böse vorhanden ist,* obwohl ich das Gute tun will. Denn in meinem Inneren freue ich mich an Gottes Gesetz; ich sehe aber ein anderes Gesetz in meinen Gliedern, das mit dem Gesetz meiner Vernunft im Streit liegt und *mich gefangenhält im Gesetz der Sünde, von dem meine Glieder beherrscht werden.* Ich unglücklicher Mensch! Wer wird mich aus diesem, dem Tod verfallenen Leib retten?«

Haben wir diese Unfähigkeit zum Guten nicht alle schon vielhundertfach in unserem Leben erfahren?! Wie manche guten Vorsätze haben wir immer wieder gefaßt und bei der geringsten Versuchung dann wieder schmählich versagt?! Am deutlichsten spüren wir diese Unzulänglichkeit, wenn wir an irgendeiner *Bindung* oder *Sucht* leiden. Bekanntlich rütteln und zerren Tausende von *Alkoholikern* und *Rauschgiftsüchtigen* Tag für Tag an ihren Ketten, kommen aber trotzdem niemals frei.

Hier kann uns allein der Herr Jesus helfen, weil er den, *der uns gefangenhält* – wie wir noch sehen werden –, *durch sein stellvertretendes Leiden und Sterben am Kreuz besiegt hat.* Deshalb sagt auch der Apostel Paulus gleich im Anschluß an die obigen Verse:

»Ich danke Gott *durch Jesus Christus,* unsern Herrn« (Röm 7,25) und weiter in Kapitel 8,1–2:

»So gibt es nun *kein Verdammungsurteil* mehr für die, welche in Christus Jesus sind. Denn das *Gesetz des Geistes und das Leben in Christus hat mich frei gemacht vom Gesetz der Sünde und des Todes.*«

Deshalb ruft auch der Herr Jesus gemäß Johannes 8,36 allen Gebundenen zu:

»Wenn euch der Sohn (Gottes) frei macht, dann seid ihr wirklich frei.«

Diese wunderbare Befreiung haben seit Jesu Erlösungswerk auf Golgatha nun schon ungezählte Gebundene und Süchtige erfahren und sind darüber dankbar und froh geworden.

Doch warum kommen meist nur solche zu diesem Retter, die mit ihren eigenen Befreiungsbemühungen am Ende sind? Weil der Teufel den anderen einredet, daß sie ja *überhaupt nicht gebunden seien.* Und selbst die, die ihre Verlorenheit erkennen und fühlen, kommen deshalb nicht, weil sie *zu stolz* sind. Wer läßt sich schon gern helfen, wenn er glaubt, sich selber helfen zu können. Das wäre doch zu *demütigend.* Hier kommt deutlich zutage, was Satan durch seine Versuchung im Menschen angerichtet hat: Er hat in ihm den Wunsch geweckt, *»wie Gott sein«* zu wollen. Seitdem hält sich tatsächlich immer noch jeder für den Mittelpunkt der ganzen Welt.

23. Kapitel
Das allmächtige Wort

Zwei besonders wichtige Fragen

Der uns im Römerbrief (Kap. 1, 19–20) gegebenen Empfehlung folgend, haben wir uns nun bisher in mehreren Bereichen der Schöpfung umgesehen und dabei unter Zuhilfenahme unseres gesunden Menschenverstandes manche für den Gottesglauben sprechende, überzeugende Fakten entdeckt. Schon dieser Umstand stellt *ein gewichtiges Argument für die göttliche Inspiration und Autorität dieses altehrwürdigen Buches dar.* Ein einzelnes Argument wird jedoch manchem kritischen Leser nicht genügen, um auch die übrigen biblischen Aussagen als von Gott an die Menschheit gerichtet anzuerkennen. Wer das aber tun soll, den bewegen in der Hauptsache zwei Fragen.

Die erste lautet: Ist die Heilige Schrift statt Gottes Wort nicht doch nur Menschenwerk?

Und die andere: Ist Jesus Christus statt Gottes Sohn nicht doch nur ein gewöhnlicher Mensch wie wir?

Diesen beiden Fragen wollen wir deshalb im nachfolgenden Kapitel einmal intensiv nachgehen. Dabei werden wir dann – wie ich schon vorgreifend sagen möchte – die Feststellung machen, daß wir sie gar nicht getrennt zu behandeln brauchen. Sie sind so eng miteinander verflochten, daß mit der einen auch gleich die andere beantwortet ist.

Am Anfang war das Wort

Anstelle der logischerweise von vielen Menschen heute vertretenen Zufallsentstehung des Kosmos sagt uns die Bibel schon mit ihrem ersten Satz:

»Am Anfang schuf Gott Himmel und Erde.«

Sie teilt uns anschließend auch mit, wie dies vor sich gegangen ist. Unserem geschöpflich-menschlichen Erkenntnisvermögen angepaßt, wird uns gesagt: Er rief einfach ins Nichts die Worte: »Es werde!« und siehe da, »Es ward also!« (Ps 33,9; 148,5).

Das erscheint uns Menschen natürlich unglaubhaft, weil wir das Können des Schöpfers von unseren eigenen, beschränkten Möglichkeiten des Schaffens beurteilen. Damit verunehren wir den allmächtigen Schöpfer, indem wir ihn auf unsere irdische Ebene herabziehen. Wir machen in erniedrigender Weise den »Töpfer« zum »Ton«.

Demgegenüber wollen wir den über alles Erhabenen dadurch ehren, daß wir jetzt noch tiefer in das Verständnis des ersten Bibelverses einzudringen versuchen. Dazu geben uns die ersten Verse des Johannes-Evangeliums eine gute Möglichkeit. Dort heißt es nämlich:

»Am Anfang war das Wort, und das Wort war bei Gott, und Gott war das Wort... Alles ist durch dasselbe entstanden, und ohne dasselbe ist auch nicht eines entstanden, was entstanden ist.«

Das sind inhaltsschwere Worte von weit umfassender Bedeutung. Sie beziehen sich nämlich nicht nur auf den Schöpfungsakt, sondern lassen schon ein wenig von der göttlichen *Dreieinigkeit* erahnen. Um das nachzuweisen, muß ich ein wenig ausholen.

Das eigentlich *Personhafte* am Menschen ist sein an sich unsichtbarer *Geist*, der sich jedoch durch Kraftwirkungen an und mit dem ihm zugeordneten *Körper* kundzugeben vermag. Man erkennt ihn also in unserer dreidimensionalen Welt nur in engster Verbindung mit der *Materie*. Dieser unser Geist ist auch dann auf die Vermittlung der Materie angewiesen, wenn er sich mit dem Geist eines anderen Menschen verständigen will.

Zu dieser geistigen Verständigung gibt es nun sehr zahlreiche Möglichkeiten. Die einfachste, unmittelbarste und auch den geringsten Aufwand erfordernde ist das *gesprochene Wort. Das Wort ist die von Geist zu Geist geschlagene Brücke.* Sie besteht aus Materie, nämlich aus in Schwingungen versetzter Luft.

Wir können diese Brücke auch aus anderem Material bauen. So etwa beim *gedruckten* Wort aus Druckerschwärze auf Papier, beim *Konstruktionsplan* aus Tuschestrichen auf Papier, beim *Gemälde* aus Farbklecksen auf Malerleinwand, bei einer *Statue* aus behauenem Stein usw. All diese Stoffe und noch viele andere sind geeignet, unsichtbare Geistesaussagen von einem Geistwesen zum anderen zu überbringen.

Bleiben wir zunächst beim gesprochenen Wort. *Ehe ich zu einem Gegenüber zu sprechen anfange, ist das Wort gewissermaßen noch ungeboren in mir.* Dabei kann ich es schon in mir erwägen, wodurch ich ihm bereits eine gewisse *verborgene Selbständigkeit* verleihe.

Wenn ich es dann aber ausspreche, ist etwas Unwiderrufliches geschehen. Es hat den Weg zu meinem Gesprächspartner zurückgelegt und *kann nie wieder zurückgeholt werden. Es ist eigenständig geworden.* Dennoch gehört es für immer zu mir. Es ist und bleibt *mein* Wort; denn ich trage ja auch die Verantwortung für alles, was es anrichtet.

Und mein Wort kann tatsächlich sehr viel anrichten. Es kann nämlich mit Kraft, geistiger Kraft, geladen sein. Wir wissen alle, daß menschliche Worte ungeheure Wirkungen auszuüben vermögen. Sie können *Freude bringen, Frieden stiften,* aber auch *zu Kampf und Streit aufrufen* und dann *schreckliches Unheil verursachen.* Beispiele dafür brauchen wir nicht zu suchen. Wir finden sie massenweise in der Geschichte der Völker und bekommen sie täglich frisch durch die Massenmedien ins Haus geliefert.

Wenn nun schon das geschöpflich-menschliche Wort solche Kräfte in sich birgt, wieviel mehr wird dann erst ein Wort des Baumeisters der Welt auszurichten vermögen! Ist es da ein Wunder, daß ein bloßer Ruf dessen, der die Quelle aller Kraft im Himmel und auf Erden darstellt, genügte, um die ganze stoffliche Schöpfung augenblicklich *aus dem Nichts ins Dasein zu rufen?!*

Das menschgewordene Wort

Nun heißt es in Johannes 1,14 von dem göttlichen Wort weiter:

»Und das Wort wurde Fleisch und nahm Wohnung unter uns, und wir (die Jünger) haben seine Herrlichkeit geschaut, eine Herrlichkeit, wie sie dem einzigen Sohn vom Vater verliehen wird.«

Daraus geht also hervor, daß das Schöpfungswort »Es werde!« nicht nur den Kosmos, sondern vor nunmehr fast 2000 Jahren auch *den leiblichen Menschen Jesus von Nazareth* ins Leben gerufen hat. Ihn bezeichnet die Heilige Schrift auf Grund seiner übernatürlichen Zeugung durch den Heiligen Geist als *Gottes Sohn.*

Daß dieser Mensch Jesus mit dem von Ewigkeit her in Gott verborgen gewesenen Urwort identisch ist, geht aus vier Bibelstellen klar hervor. So sagt der Gottessohn z. B. in seinem sog. Hohenpriesterlichen Gebet in Johannes 17,5:

»Und nun verherrliche du mich, Vater, bei dir selbst mit der Herrlichkeit, die ich bei dir schon besessen habe, *ehe die Welt war.*«

Weiter bittet er in Vers 24 für seine Getreuen aller Zeiten und Zonen mit folgenden Worten:

»Vater, ich will, daß, wo ich bin, auch die bei mir seien, die du mir gegeben hast; denn du hast mich *schon vor Grundlegung der Welt* geliebt.«

Im Hebräerbrief heißt es, daß Gott am Ende der Tage geredet habe »durch den Sohn, den er zum Erben von allem eingesetzt und *durch den er auch das Weltall geschaffen hat.* Dieser ist der Abglanz der Herrlichkeit und das Abbild seines (Gottes) Wesens und trägt das All durch sein Allmachts*wort*« (Hebr 1,2–3).

Schließlich schreibt der Apostel Petrus im 20. Vers seines ersten Briefes:

»*Er war zwar schon vor Grundlegung der Welt zuvorersehen,* ist aber erst *am Ende der Zeiten geoffenbart worden,* euch zugut; denn durch ihn seid ihr zum Glauben an Gott gekommen.«

Wie ein Künstler zu seinem Mitmenschen durch sein Kunstwerk, so spricht Gott heute noch durch seine *Schöpfung* zu uns. Sie bezeugt uns durch unser Forschen und Darüber-Nachdenken nicht nur seine Existenz, sondern gemäß Johannes 1,20 auch *»seine ewige Macht und sein göttliches Wesen«.*

In der Schöpfung vermögen wir Gott jedoch nur als den *Allmächtigen, Allweisen, Unnahbaren* zu erkennen, der für uns winzige, sterbliche Geschöpfe *unendlich gewaltig und unvorstellbar fern ist.* Von daher haben wir ihn nur zu fürchten.

Doch durch die Vermittlung seines Mensch gewordenen »Wortes« konnte er in *menschlicher Sprache* zu uns reden und durch Jesu liebendes und helfendes *Verhalten* die absolute Wahrheit seiner Worte unter Beweis stellen.

In der Person seines Sohnes hat Gott uns die Furcht vor ihm genommen, indem er uns sein liebendes Vaterherz offenbarte. In ihm hat er das uns von ihm trennende Problem der Sünde und

Schuld gelöst, so daß heute jeder durch die Vermittlung Jesu Zutritt zu dem Thron der dreimal heiligen Majestät bekommen kann. Das sagt uns die Bibel in 1. Timotheus 2,4–6 folgendermaßen:

»Gott will, daß alle Menschen gerettet werden und zur Erkenntnis der Wahrheit kommen. Denn es gibt nur einen Gott, und es gibt nur einen Mittler zwischen Gott und Menschen; es ist der Mensch Christus Jesus, der sich selbst für alle zum Lösegeld dahingegeben hat.«

Auf welche Weise unser menschliches Wort vor dem Aussprechen noch mit unserer Person ungeboren in uns ist, wie es bei unserer Erwägung bereits eine geheime Selbständigkeit erlangt und wie es schließlich durch das Aussprechen eigenständig wird und Kraftwirkungen ausüben kann, das sind alles Rätsel unserer geistigen Existenz. Aber es handelt sich dabei um Fakten, die nicht geleugnet werden können.

Wenn dies aber schon bei uns endlichen Kreaturen rätselhaft ist, um wieviel weniger können wir dann erwarten, die *göttliche Trinität, Vater, Sohn und Heiligen Geist,* ergründen zu können. Aber ich hoffe, daß uns unsere diesbezüglichen Überlegungen gezeigt haben, daß es sich hier nicht um drei getrennte Personen, sondern um eine göttliche Einheit handelt.

Die Bibel als Kunstwerk Gottes

So wie alle übrige Schöpfung kann man auch die Heilige Schrift sehr gut mit dem Werk eines menschlichen Künstlers vergleichen. Ich denke dabei etwa an die Arbeit eines Bildhauers.

Nehmen wir an, der geniale *Michelangelo* hat eine künstlerische Idee. Er will die Gestalt eines unglücklichen Sklaven aus weißem Marmor darstellen. Dazu benötigt er einen entsprechend großen *Marmorblock,* den er sich in seine Werkstatt schaffen läßt.

Nur der Künstler allein sieht in diesem Rohblock bereits im Geist den sich windenden Menschenleib vor sich. Um ihn seiner Umwelt ebenfalls sichtbar zu machen, schlägt er nun mit Hammer und Meißel so lange alles überflüssige Material weg, bis seine innere Schau zur Wirklichkeit geworden ist (s. Abb. 131). Eine *gei-*

Abb. 131: Unvollendete Marmorfigur eines Sklaven von Michelangelo.

stige Idee ist damit unter Zuhilfenahme *irdischer Materie* dem Geist anderer Menschen erkennbar gemacht worden.

Auch Gott hatte einen zunächst in ihm *verborgenen Plan*, seine verdorbene Schöpfung und vor allem seine ihm untreu gewordene und von Satan versklavte Menschheit *zu retten.* Um seinen Geschöpfen diesen *anzukündigen*, neigte er sich auf ihre Ebene hinab. Wie in ihrer Welt üblich benutzte auch er *irdisch-materielle Mittel*, um sich ihnen verständlich zu machen.

Das Rohmaterial dieses allmächtigen Künstlers waren ihm ergebene Menschen, die er durch deren Lebensführung und schriftstellerische Begabungen und Interessen so »behauen« hat, daß seine göttliche Geistesschau materiell sichtbar zum Ausdruck kommen konnte. Dabei hat er das Material, ähnlich wie es auch menschliche Künstler oft tun, an ihm wichtigen Stellen besonders sauber und lebenswahr und an ihm unwichtigen nur grob bearbeitet.

So hat er z.B. manche prophetische Schreiber so klar und deutlich inspiriert, daß sie sagen konnten: *»So spricht der HERR . . .!«* Dagegen schreibt der Apostel Paulus an einer Stelle ausdrücklich: »Den anderen aber *sage ich, nicht der HERR . . .«* (1 Kor 7,12).

Es gibt darüber hinaus in der Bibel einige Stellen, die nachweislich erst später von Abschreibern hinzugefügt wurden. Andere können nur schwer oder überhaupt nicht genau übersetzt werden. Wieder andere sind für den heutigen Leser weniger wichtig, wie etwa persönliche Ratschläge oder Anweisungen an Empfänger der neutestamentlichen Briefe. So schreibt z. B. der Apostel Paulus in seinem ersten Brief an seinen Mitarbeiter Timotheus, Kapitel 5,23:

»Trinke nicht länger bloß Wasser, sondern genieße etwas Wein wegen deines Magens und deiner häufigen Schwächeanfälle.«

Ähnlich im zweiten Brief in Kapitel 4,13:

»Den Reisemantel, den ich in Troas bei Karpus zurückgelassen habe, bringe mir mit, wenn du kommst, auch die Bücher, besonders die Pergamentblätter.«

Aber diese Stellen zeigen nur, wie natürlich irdisch das von Gott zu seinem Wort benutzte »Rohmaterial« ist. Sie sind für unser Vertrauen zur Heiligen Schrift völlig belanglos. *Das was Gott uns Menschen mit ihm zu unserem Heil und zu unserer Lebensbewältigung sagen will, kommt göttlich vollkommen zum Ausdruck. Um es zu verstehen, bedarf es keiner besonders hohen Intelligenz, wohl aber unbedingt eines fragenden und demütig aufnahmebereiten Herzens, vor allem aber des jedem echten Gotteskind innewohnenden Heiligen Geistes.*

Und noch eine wichtige Feststellung hat mir das Vertrauen zur Bibel in hohem Maß gestärkt.

Obwohl Gott das Material zu seinem großartigen »Kunstwerk« aus den verschiedenartigsten »Steinbrüchen« herausgeholt hat, fügte er es dennoch zu einem auffallend *einheitlichen Ganzen* zusammen. Das ist in höchstem Grad erstaunlich, denn dieses altehrwürdige Bibelbuch wurde keineswegs von einem einzelnen Menschen verfaßt. Auch nicht von einer Gruppe, die zusammenarbeitete. Nein, die Heilige Schrift enthält 66 Buchteile, die ganz unabhängig voneinander innerhalb eines Zeitraums von über 1500 Jahren von mehr als 40 verschiedenen Verfassern geschrieben wurden. Dabei handelte es sich um Leute der unterschiedlichsten Berufe und Stände, um *Könige, Hofbeamte, Nomadenhäuptlinge, Priester, Hirten, Fischer* und viele andere *namenlose, gottesfürchtige Männer.* Aber das Überraschende dabei ist: Keiner der zahlreichen Verfasser hatte auch nur die geringste Ahnung, daß er an dem göttlichen Werk der Heiligen Schrift schrieb.

Erst sehr viel später wurden die einzelnen Teile von wieder ganz anderen Menschen nach und nach zu einem Ganzen zusammengefügt. Doch das geschah nicht etwa erst am Ende, als der ganze Text zu überschauen war. Nein, die Bibel ist nicht plötzlich entstanden, sondern über einen langen Zeitraum organisch gewachsen. Als der Herr Jesus auf die Erde kam, lag z. B. das *Alte Testament* bereits so gut wie fertig vor.

Die Bibel und ihre Kritiker

Auch das Vorgehen der Bibelkritiker läßt sich sehr gut an der Art erläutern, wie man ein Marmorbildwerk betrachten und untersuchen kann.

Wenn mir ein Chinese einen Brief in seiner Sprache und mit seinen merkwürdigen Schriftzeichen schreibt, dann verstehe ich nichts von dem, was er mir mitteilen will. Mein Geist stimmt mit dem seinen *sprachlich* nicht überein. Mit seinem Brief habe ich dann nur das für mich wertlose, materielle Stück Papier mit seinen »Hieroglyphen« in der Hand.

Ganz ähnlich ist es mit Gottes »Brief« an seine Menschheit. Wenn sein Geist nicht in seinem Leser wohnt oder er nicht wenigstens ehrfürchtig suchend nach seinem Schöpfer fragt, kann er ihn unmöglich verstehen. Dann hat er nur ein Stück irdischer Materie in der Hand. Dann ist die Bibel für ihn bloß ein *literarisches Menschenwerk.* Er gleicht dem Betrachter, der in Michelangelos Bildwerk nicht die Idee des Künstlers, sondern nur das *materielle Stück Stein* sieht.

Als solches kann es ihn natürlich auch interessieren. So möchte er vielleicht gern seine *chemische Zusammensetzung* oder seine *physikalischen Werte,* wie etwa seine *Festigkeit,* seine *Härte* usw., wissen. Auch kann er nach der *geologischen Herkunft* des Marmors fragen. Bei alledem bewegt er sich ausschließlich im stofflichen Bereich. Das Material aber bleibt tot.

Ganz genau so ergeht es auch dem *ungläubigen* und *gottlosen Bibelkritiker.* Ihm gegenüber *bleibt Gottes Wort stumm.*

Doch der göttliche Künstler ist in jeder Hinsicht unendlich viel größer und mächtiger als seine kritischen Verächter. Das hat sich z. B. auch an dem Siegeslauf der Bibel über den ganzen Erdball bewiesen.

»In 100 Jahren wird kein Mensch mehr dieses Buch lesen«, so hat vor mehr als 200 Jahren der französische Spötter Voltaire der Bibel prophezeit. Demgegenüber ist sie heute noch der faszinierendste Bestseller aller Zeiten. Kein anderes Buch ist je so weit verbreitet worden, wie die Heilige Schrift. Sie ist in mehr als 1500 Sprachen übersetzt und wird mit mehr als *zehn Millionen* im Jahr verkauft. »Allein die von den Bibelgesellschaften seit Beginn des vorigen Jahrhunderts in 130 Ländern verbreitete Auflage übersteigt *eine Milliarde* Exemplare.«

Der rote und der schwarze Faden in der Bibel

Es war für mich eine faszinierende Erfahrung, als mir eines Tages die Bibel vom *Menschenwort* zum *Gotteswort* wurde. Als sich vor meinem geistigen Auge aus dem uralten Werk menschlicher Literatur die *Heils-* und *Gerichtspläne* des Allmächtigen herausschälten wie Michelangelos Sklavenfigur aus dem rohen Marmorblock.

Bis dahin hatte ich die Heilige Schrift für eine Sammlung zahlreicher verschiedener *Einzelvorschriften* und *Hilfsangebote* zu einem gottseligen Leben gehalten. Sie schien mir dabei durch Beispiele aus der Geschichte des Volkes Israel und manche Einzelschicksale gut illustriert zu sein.

Jetzt aber entdeckte ich plötzlich in der *Genesis* den Beginn des *roten Fadens* der *göttlichen Heilsgeschichte,* den ich dann durch alle biblischen Teilbücher bis hin zum letzten Blatt der Offenbarung des Johannes verfolgen konnte. Mit einem Mal erkannte ich, daß es sich bei der Bibel trotz der großen Verschiedenheit und der erwähnten belanglosen Unebenheiten in der Textgestaltung um ein großes, *in sich geschlossenes Ganzes* handelt. Gott hat sie aus einer großen Zahl unterschiedlich und manchmal sogar unregelmäßig gestalteter Steinchen zu einem herrlichen Mosaikbild zusammensetzen lassen.

Weiter sah ich die Heilige Schrift einen zweiten, mit dem roten parallel verlaufenden *schwarzen Faden* durchziehen. Es ist der Verlauf der *Unheilsgeschichte der gottlosen und unbußfertigen Menschheit* und deren schließliche Aburteilung.

Durch die Auffindung dieser beiden großen Menschheitslinien ist mein Vertrauen zur göttlichen Herkunft der Bibel ungemein gestärkt worden, und sie hat mich seitdem in zunehmendem Maß als *Gottes untrügliches Wort* konkret angesprochen.

Am Beginn der Heilsgeschichte

Der rote Faden der *Heilsgeschichte* beginnt auf den ersten Blättern der Bibel unmittelbar nach dem sog. *Sündenfall* des ersten Menschenpaares. Was uns über ihn, seine Vorgeschichte und seine Folgen in der Genesis berichtet wird, geschieht in der Hauptsache in einer sinnbildlichen Darstellungsweise.

Es ist nämlich kaum anzunehmen, daß der Schöpfer den Körper des Menschen Adam aus einem Klumpen Ton modelliert hat, wie wir dies von den Bildhauern her kennen. Mit der symbolischen Beschreibung seiner Erschaffung soll uns nur deutlich gemacht werden, daß die »Krone aller Schöpfung« körperlich von Gott aus irdischem Stoff gebildet worden ist (1 Mose 3,19b).

Ähnlich scheint es auch mit der Schilderung vom Sündenfall zu sein. Mir wurde nämlich an ihr klar, daß sie meine eigene notvolle Situation meinem Schöpfer gegenüber, ja, die der ganzen unerlösten Menschheit darstellt. Sind wir nicht samt und sonders dem uns durch unser Gewissen weithin bekannten Willen Gottes ungehorsam?! Verstecken wir uns nicht genau wie die ersten Menschen erfolglos vor dem, der in die geheimsten Falten unseres Herzens hineinzuschauen vermag? Ich muß dabei immer an die kleinen Kinder denken, die sich die Augen zuhalten und dann meinen, sie würden dadurch nicht gesehen.

Außerdem scheint mir alle Gottesleugnung nichts anderes als Flucht vor dem alles durchdringenden Auge des Höchsten zu sein. Denn wäre man tatsächlich von seiner Nichtexistenz überzeugt, dann würde man sich nicht solche Mühe geben, sie bei jeder Gelegenheit immer wieder neu zu »beweisen«. Am deutlichsten kommt dies an der Unterhaltung von Universitäts-Lehrstühlen für den wissenschaftlichen Atheismus in den Ländern mit atheistisch-materialistischer Staatsführung zum Ausdruck. Ist es nicht höchst merkwürdig, daß man einem Forschungsinstitut vorschreibt, was es bei seinen Forschungen zu finden hat?! Normalerweise ist es doch die Aufgabe jeder Art von Wissenschaft, zu erkunden, was ist, und nicht, was sein soll! Hier muß doch etwas nicht stimmen!

24. Kapitel
Fakten für den christlichen Erlösungsglauben

Der Held der Heilsgeschichte

Leider können wir die beiden, die Bibel durchziehenden Fäden nicht im einzelnen verfolgen. Das würde nämlich schon allein ein ganzes Buch füllen. Aber wir sind ja bereits mehrfach auf sie gestoßen, und das wird im nachfolgenden noch des öfteren der Fall sein. Vor allem wird es dann geschehen, wenn wir uns jetzt anschließend etwas eingehender mit dem schon mehrfach erwähnten *Helden der Heilsgeschichte, Jesus Christus,* befassen.

Wir haben weiter vorn davon gesprochen, daß dieser vor aller Welt und Zeit mit Gott identisch gewesen ist. Daß er als das göttliche Wort »Es werde!« Ursprung aller Schöpfung war und schließlich auch noch ihr und aller Heilsverlangenden Retter vor dem Versinken in die ewige Nacht der Gottesferne wurde.

Damit ist der ewige Gottessohn als die *Zentralgestalt des gesamten Universums* auch gleichzeitig die *Hauptperson der Heiligen Schrift.* Deshalb ist er es wert, daß wir jetzt unser ganzes Interesse auf ihn konzentrieren. Seine *Ankündigung* bereits vor seiner *Menschwerdung,* sein *Leben* und *Wirken* als Mensch auf der Erde und die *Verheißung* seiner *Wiederkehr* zur Heimholung seiner Getreuen und zum *Gericht* für alle Gottlosen stellen den wichtigsten Inhalt der Bibel dar.

Weil die *Vorankündigung* des Erlösers eine der überzeugendsten Tatsachen sowohl für seine Göttlichkeit als auch für die göttliche Inspiration der Heiligen Schrift darstellt, wollen wir jetzt mit ihr beginnen.

Über die Einmaligkeit Jesu in der Menschheitsgeschichte

Der bedeutendste Mensch, der je auf unserer Erde gelebt hat, ist *Jesus von Nazareth.* Diese Behauptung wird zwar heute weithin bestritten. Man rechnet ihn nämlich nur noch als gleichrangig zu den übrigen Begründern der *großen Weltreligionen*.

So wird unsere Jugend gegenwärtig dahingehend belehrt, daß es eine große Zahl der verschiedensten *Religionen* gebe, die mit dem Christentum völlig gleichwertig seien. Man sagt ihr, es bestünden neben letzterem auch noch das *Judentum*, der *Buddhismus*, der *Hinduismus* sowie die philosophischen Lehren des *Konfuzius* und des *Laotse*. In der Antike sei ferner noch der *Parsismus* von Bedeutung gewesen, der auf *Zarathustra* zurückgehe. Als jüngste der großen Weltreligionen sei schließlich noch der von dem Propheten *Mohammed* begründete *Islam* zu nennen.

Interessant ist nun, daß neben dem Christentum *Buddha* und *Mohammed* die meisten Anhänger haben. So schätzt man heute die Buddhisten auf rund 500 Millionen und die Mohammedaner auf ungefähr 400 Millionen. Dagegen soll die Zahl der Christen, wenn man die Angehörigen aller Benennungen zusammenzählt, auf etwa eine Milliarde kommen.

Worauf stützt sich nun die Behauptung von der Überlegenheit des Christentums über die anderen Religionen? *Sie beruht auf der Einmaligkeit Jesu im Gegensatz zu den übrigen Religionsstiftern.* Und diese Tatsache läßt sich aus der Bibel, der Heiligen Schrift des Christentums, begründen.

Zwar will man heute auch sie als gleichwertig unter die heiligen Bücher der anderen Religionen einreihen. Dabei haben wir natürlich keinen Grund, diese letzteren geringzuachten. Denn tatsächlich findet sich auch in ihnen vieles, was auf eine hohe *Moral* und hohe *Ethik* hinweist. Auch enthalten sie viel *Humanität, Idealismus, Selbstlosigkeit, Entsagung* und *Demut*. Aber eins gibt es in keinem von ihnen, und das ist das *prophetische Wort*.

Und dieses *Prophetenwort* ist es, das uns den Nachweis für die Einzigartigkeit Jesu von Nazareth zu liefern vermag. Wer es eingehend und unvoreingenommen erforscht, der kann sich davon überzeugen, daß dieser Jesus nicht nur ein moralisch und ethisch hervorragender Mensch, sondern als Gottes Sohn die Zentralgestalt aller Welten und Zeiten darstellt.

Grundsätzliches über biblische Prophetie

Kein Mensch ist in der Lage, uns vorauszusagen, was sich in der *Zukunft* ereignen wird. Dadurch, daß wir als endlich irdische Geschöpfe an *Raum* und *Zeit* gekettet sind, können wir infolge unseres Erinnerungsvermögens wohl auf unseren zurückgelegten, niemals aber auf den vor uns liegenden Lebensweg schauen. Die Zukunft ist uns verschlossen wie durch eine undurchdringliche Wand.

Da unser Schöpfer aber absolut vollkommen ist und unendlich hoch über allem von ihm Geschaffenen steht, kann er unmöglich einer solchen Beschränkung unterliegen. Gott ist deshalb in der Lage, alle Räume und alle Zeitabläufe von Anfang bis Ende gleichzeitig zu überblicken. Diese Tatsache läßt sich für uns nicht erklären oder begreifen, aber auf Grund unserer mathematischen Überlegungen in bezug auf die Möglichkeit überirdischer Welten müssen wir sie bei unseren Vernunftschlüssen stets mit in Rechnung stellen.

Wer nun unvoreingenommen bereit ist, die Bibel als das an die Menschheit gerichtete Wort des lebendigen Gottes anzuerkennen, wird es ohne weiteres für möglich halten, daß dieses uns unter anderem auch Zukünftiges vorauszusagen vermag. Und das ist auch tatsächlich sehr weitgehend der Fall. Man hat festgestellt, daß die Heilige Schrift nicht weniger als 6408 Verse mit prophetischen Aussagen enthält und daß davon fast genau die Hälfte, nämlich 3268, inzwischen bereits erfüllt sind. *) Dabei ist wunderbarerweise nicht ein einziger Fall bekannt, der sich anders als vorausgesagt erfüllt hätte.

Die *alttestamentlichen Prophezeiungen* haben einen unterschiedlichen Charakter. Auch sind sie oft versteckt und nicht immer sogleich als solche zu erkennen. Sie sind über den ganzen biblischen Text verstreut. Die Voraussagen über das erste Kommen Jesu finden sich natürlich nur im Alten Testament, und die über die zukünftigen Ereignisse sind am stärksten im letzten Buch der Bibel zusammengedrängt.

---

*) F. J. Dake: Dake's Annotated Reference Bible, Dake Bible Sales, Inc., P. O. Box 173, Lawrenceville, Georgia 30245, 1961.

Viele Prophezeiungen sind beinahe unmerklich in die geschilderten Lebensvorgänge der Schreiber oder in das Geschehen ihrer Zeit eingebettet. Andere kommen in symbolischen Bildern oder in durch Gefühlsregungen der Seher hervorgerufenen Aussprüchen zum Ausdruck. Daneben gibt es aber auch direkte Voraussagen im Blick auf die Zukunft. Schließlich sind auch manche erst an ihrer Erfüllung als Weissagung zu erkennen. Dies letztere möchte ich an einem Beispiel verdeutlichen:

In den Anweisungen, die Mose dem Volk Israel vor dessen Auszug aus Ägypten bezüglich des zu schlachtenden Passahlammes zu geben hatte, heißt es in 2. Mose 12, 46:

»In einem und demselben Haus muß es gegessen werden; man darf nichts von dem Fleisch aus dem Haus hinausbringen, und *keinen Knochen dürft ihr an ihm zerbrechen.*«

Von der Bedeutung dieser Vorschrift hatten die Israeliten damals natürlich noch keine Ahnung. In den Versen 20 und 21 von Psalm 34 kommt die Voraussage schon klarer zum Ausdruck. Dort wird gesagt:

»Zahlreich sind die Leiden des Gerechten, doch aus allen rettet ihn der Herr. *Er behütet alle seine Gebeine, daß nicht eins von ihnen zerbrochen wird.*«

Wie wunderbar diese prophetischen Worte schließlich in Erfüllung gingen, finden wir in Johannes 19, 3–34 im Zusammenhang mit Jesu Tod am Kreuz:

»Weil es nun Rüsttag (der Tag vor dem Sabbat) war, trugen die Juden, damit die Leichen nicht während des Sabbats am Kreuz blieben – dieser Sabbattag war nämlich ein hoher Festtag –, dem Pilatus die Bitte vor, es möchten den Gekreuzigten die Schenkel mit Keulen zerschlagen und sie dann vom Kreuz herabgenommen werden. So kamen denn die Soldaten und zerschlugen dem ersten die Schenkel, ebenso auch dem anderen, der mit Jesus gekreuzigt worden war. Als sie aber zu Jesus kamen und sahen, daß er bereits tot war, *zerschlugen sie ihm die Schenkel nicht,* sondern einer von den Soldaten stieß ihn mit seiner Lanze in die Seite; da floß sogleich Blut und Wasser heraus.«

Ist es nicht erstaunlich, wie genau das auf Jesu Kreuzestod hinweisende *Schattenbild* mit dem späteren tatsächlichen Geschehen übereinstimmt?! Gott wollte nicht, daß der Leib seines geliebten

Sohnes noch nach vollbrachtem Erlösungswerk zusätzlich geschändet würde.

Entsprechend dem Untertitel zu diesem Buch habe ich in dessen erstem Teil *Fakten* zusammengetragen, die in Verbindung mit entsprechenden Vernunftschlüssen den Glauben an einen persönlichen Schöpfer untermauern sollten. Diese Fakten bestanden aus Beobachtungen, die ich in den verschiedensten Bereichen des großen Naturgeschehens gefunden habe.

Die gleiche Möglichkeit hat uns Gott nun auch für die Stützung unseres Glaubens an die Gottessohnschaft Jesu und damit gleichzeitig für den Nachweis der *göttlichen Inspiration* der Heiligen Schrift geschenkt. In diesem Fall bestehen die *Fakten* aus der großen Zahl biblischer Prophezeiungen und deren wortwörtliche Erfüllung.

In ihrer Gesamtheit unterbauen diese *Weissagungen* unser Vertrauen zu der göttlichen Urheberschaft der Bibel. Daß Jesus von Nazareth tatsächlich der Sohn des lebendigen Gottes ist, belegt uns dagegen nur ein spezieller Teil davon im Alten Testament in Verbindung mit der neutestamentlichen Berichterstattung über das *Leben,* das *Wirken,* das *Leiden* und *Sterben* des Erlösers. Da die *messianischen Prophezeiungen* für unseren Glauben an unsere Erlösung von ganz besonderer Wichtigkeit sind, wollen wir uns mit ihnen auch eingehender beschäftigen. Aus dem übrigen Teil will ich nur einen Fall behandeln, weil er besonders überzeugend ist. Es handelt sich dabei nämlich um die verschiedenen Weissagungen über das sich nach fast 2000jähriger Zerstreuung unter alle Völker wieder im Ursprungsland sammelnde Volk Israel.

Israel – ein Wunder der Menschheitsgeschichte

Wohl der schlagendste Beweis für die göttliche Eingebung der Heiligen Schrift ist die Geschichte des Volkes Israel. Um dies zu verdeutlichen, muß ich ein wenig ausholen.

Gott hatte dieses Volk für sich beschlagnahmt, um ihm zur Rückgewinnung der von ihm abtrünnigen Menschheit eine zweifache Aufgabe zu übertragen. Einmal sollte in ihm der göttliche Retter geboren werden und sein Erlösungswerk vollbringen, und zum anderen sollte es dann die Heilsbotschaft davon in die Völkerwelt tragen. Diese doppelte Aufgabe bedurfte für Israel einer Erziehung Gottes in zwei scheinbar gegensätzliche Richtungen, nämlich zur *Absonderung* und gleichzeitig zur *Weltweite.* Es mußte auf der einen Seite ein *in sich abgeschlossenes* und auf der anderen ein *unter die Heiden verbreitetes Volk* sein.

Gott hat das israelitische Volk geheiligt. Heilig sein aber bedeutet, dem Allerhöchsten allein zu gehören und dabei wegen der Heiligkeit Gottes sich stets dementsprechend zu verhalten. Als Maßstab dafür erhielt es von Mose die *Gesetzesvorschriften,* und weil kein Staubgeborener in der Lage ist, sie stets in allen Teilen zu erfüllen, schenkte ihnen Gott die Möglichkeit, jede Vergehung durch Tieropfer zu sühnen. In bezug auf das Einhalten seiner Gebote hatte der Allmächtige sogar einen Vertrag mit Israel geschlossen. Diesen sog. *Alten Bund* hat das Volk am Berg Sinai dann auch offiziell anerkannt. Die Bedingungen lauteten: *Bei genauer Erfüllung größter göttlicher Segen, aber bei Nichterfüllung strengste Bestrafung.*

Mose mußte dem Volk folgende prophetische Strafandrohung verkünden:

»Wenn du nicht auf die Beobachtung aller Bestimmungen dieses Gesetzes, die in diesem Buch aufgezeichnet stehen, bedacht bist . . ., so wird der Herr über dich und deine Nachkommen außergewöhnliche Unglücksschläge verhängen . . . der Herr wird dich alsdann *unter alle Völker von einem Ende der Erde bis zum anderen zerstreuen* . . . Und du wirst unter jenen Völkern zu keiner Ruhe kommen, und für deine Fußsohle wird es keine Stätte der Rast geben, sondern der Herr wird dir dort ein immer zitterndes Herz und vor Sehnsucht schmachtende Augen und eine verzweifelnde Seele geben. Dein Leben wird dir an einem Faden zu hangen scheinen, so daß du bei Tag und bei Nacht in Angst schwebst und dich deines Lebens niemals sicher fühlst . . .« (5 Mose 28, 58 f).

Wie uns die Bibel berichtet, haben die Israeliten schon während der alttestamentlichen Zeit nicht nur beim Einhalten der Gesetzesvorschriften versagt, nein, sie sind ihrem Gott untreu geworden, indem sie dem Götzendienst der Nachbarvölker anheim fielen. Wie schlimm sie es trieben, sollen uns zwei Bibelzitate zeigen.

In Jeremia 7, 31 steht:

»... und haben die Höhen des Topheth (= Greuelstätte) im Tal Ben Hinnom (Stätte der Verehrung des Götzen Moloch bei Jerusalem) gebaut, um *ihre Söhne und Töchter zu verbrennen*...«

Und in Psalm 106, 37–38 heißt es ähnlich:

»Und *sie opferten ihre Söhne und Töchter den bösen Geistern* und vergossen unschuldiges Blut, das Blut ihrer Söhne und Töchter, die sie den Götzen Kanaans opferten...«

Aber trotz aller Untreue hat Gott sein Volk mit unendlicher Geduld getragen. Es mochte ihn noch so sehr gekränkt haben, sobald es nach kurzer Bestrafung wieder reumütig zu ihm zurückkehrte, hat er ihm immer wieder vergeben. Doch als es dann schließlich auch noch den vielfach prophetisch angekündigten Messias ablehnte und grauenvoll umbrachte, ließ er die mosaische Gerichtsdrohung mit aller Schärfe in Erfüllung gehen.

Unsagbar schrecklich ist dieses Kapitel der jüdischen Geschichte. Die kurz nach der Messiasverwerfung beginnenden Judenverfolgungen bilden durch die seitdem verflossenen, beinahe zwei Jahrtausende eine Kette, von der ich die markantesten Glieder im Anhang zusammengestellt habe. Hier will ich jetzt nur das erste und letzte davon wiedergeben, um dem Leser wenigstens einen Eindruck von der Schwere und Grausamkeit der Pogrome zu vermitteln:

Bereits im Jahr 70 n. Chr. begann die Schreckenszeit für das Volk Israel, als bei der Zerstörung Jerusalems durch die Römer nicht weniger als 1 100 000 Juden getötet und 97 000 in die Gefangenschaft geführt wurden.

Die bisher letzte Verfolgungswelle größeren Ausmaßes ereignete sich in Deutschland während der 1933 beginnenden Hitlerzeit. Nach jahrelanger Entwürdigung begann 1941 die systematische Vernichtung der Juden im Osten durch Einsatztruppen der SS und SA. Die vermutete Zahl der Opfer schwankt zwischen 4 und 5,97 Millionen.

»Aber auch hier ist gerade der Fortbestand des jüdischen Volkes ein Hauptträtsel der Geschichte. Die Gesetze, die das Werden vieler Völker beherrschen, sind zum Teil geschichtsphilosophisch erklärbar. Aber Israels Entwicklung spottet jeder Erklärung. Jeder Jude ist ein wandelndes Geheimnis« (E. Sauer).

Trotzdem wird Gott alle seinem Freund Abraham gegebenen Versprechen einlösen. Er hat sein auserwähltes Volk nicht endgültig von sich gestoßen. Das sagt die Bibel sogar ganz eindeutig in Römer 11, 2 mit folgenden Worten:

»... *Gott hat sein Volk nicht verstoßen,* das er sich von Anfang an zum Eigentum erwählt hat.«

Wegen seines dauernden Ungehorsams gegenüber seinen Weisungen und vor allem wegen der Verwerfung des Messias hat er es nur *vorübergehend* beiseite gesetzt. Diese Zeit aber nutzt Gott aus, um aus allen übrigen Völkern Bürger für sein Reich zu werben und in der *Gemeinde Jesu* zu sammeln.

Das ist eins der vielen Wunder des göttlichen Liebesplanes. Er benutzt das *Unheil,* das Israel z. Zt. widerfährt, den übrigen Nationen der Welt zum *Heil.* Aber, wie gesagt, das bleibt nicht so. Dafür bürgt sogar eine Weissagung, die der Heiland selbst ausgesprochen hat. Sie steht folgendermaßen in Lukas 21, 23b–24:

»Denn große Not wird im Land herrschen und ein Zorngericht über dieses Volk ergehen; und sie werden durch die Schärfe des Schwertes fallen und in die Gefangenschaft unter alle Völker weggeführt werden, *bis die Zeit der Heiden abgelaufen ist.*«

Also auch Jesus prophezeit ganz klar und unmißverständlich, daß Israel ein schweres Gericht treffen und es unter alle Völker der Erde zerstreut werden würde. Dies hat sich bekanntlich bereits alles erfüllt, nur eins steht noch aus, nämlich, *daß einmal die Zeit der Heiden vorbei sein wird.*

Aber doch vermögen wir heute schon ganz deutlich zu erkennen, wie sich seine Erfüllung bereits anbahnt. Nach der biblischen Prophetie wird Gott sich seines Volkes wieder annehmen. Dazu muß es aber erst wieder aus allen Völkern gesammelt und als geschlossenes Volk in seiner ursprünglichen Heimat vereinigt sein. Hierauf weisen einige Weissagungen in der Heiligen Schrift ganz klar hin. Einige von ihnen seien hier angeführt:

In Micha 2, 12 steht:

»Sammeln, ja sammeln will ich dich, Jakob, ja zusammenbringen, was von Israel noch übrig ist; vereinigen will ich sie wie Schafe in der Hürde, wie eine Herde inmitten ihrer Trift, daß sie eine tosende Menschenmenge bilden sollen.«

Der Prophet Hosea weissagt in Kapitel 11, 10–11:

»Sie werden hinter dem Herrn herziehen; der wird mit Löwenstimme brüllen; denn auf sein Gebrüll werden die Kinder vom Meer her zitternd herbeieilen und wie Tauben aus dem Land Assyrien. Dann *will ich sie wieder in ihren Wohnsitzen heimisch machen,* spricht der Herr.«

Eine ähnliche Prophezeiung findet sich in Jesaja 27, 12–13 mit folgendem Wortlaut:

»Aber geschehen wird es an jenem Tage: Da wird der Herr ein Getreidedreschen veranstalten von den Kornfeldern des Euphratstroms bis zum Bach Ägyptens; und ihr werdet einzeln zusammengelesen werden, ihr Kinder Israels. Und geschehen wird es an jenem Tage: Da wird in die Posaune gestoßen; dann werden alle, die sich im Lande Assyrien verloren haben, und die nach Ägypten Versprengten *heimkehren und den Herrn anbeten auf dem heiligen Berge in Jerusalem.«*

Wohl die älteste diesbezügliche Prophezeiung steht in 5. Mose 30, 4–7 so:

»Wenn deine verstoßenen Söhne sich auch am Ende des Himmels befinden sollten, *wird der Herr, dein Gott, dich von dort sammeln und von dort zurückholen*; und der Herr, dein Gott, *wird dich in das Land zurückbringen,* das deine Väter besessen hatten, damit du es wieder in Besitz nehmest, und er wird dich glücklicher und zahlreicher werden lassen als deine Väter. Und der Herr wird dir und deinen Nachkommen das Herz beschneiden, daß du den Herrn, deinen Gott, von ganzem Herzen und von ganzer Seele liebest um deines Lebens willen; und der Herr, dein Gott, wird alle jene Flüche über deine Feinde und deine Widersacher hereinbrechen lassen, die dich verfolgt haben . . .«

Beinahe wie eine Prophezeiung klingen die Worte Erich Sauers, die er in seinem 1946, also kurz vor deren Erfüllung, erschienenen Buch »Der Triumph des Gekreuzigten« über die Heimkehr Israels schrieb: *)

»Dies alles aber . . . wird zunächst noch im Unglauben geschehen. Nicht als ›Volk Gottes‹, sondern als ›jüdische Nation‹ *wird*

*) Verlag Der Rufer, Evangelischer Verlag Gütersloh, Seite 184.

das Volk Israel nach Palästina zurückkehren, nicht aus religiösen, sondern aus politischen Beweggründen.«

Konnte Gott der Menschheit noch deutlicher zeigen, daß die Bibel sein Wort und als solches absolut zuverlässig ist?! Wäre es da nicht ein bodenloser Leichtsinn, es unbeachtet zu lassen oder selbstherrlich zu kritisieren?! In Anbetracht der sehr zahlreichen *wortwörtlichen Erfüllungen seiner Voraussagen* haben wir wahrlich allen Grund, auch mit dem Eintreffen der bisher nicht erfüllten zu rechnen. Schon wegen der vielen Ankündigungen des künftigen Gerichts über die gottlose Menschheit *eilt es, Jesus als unseren Retter in unser Leben aufzunehmen.* Um unser Vertrauen zu ihm als dem Sohn des lebendigen Gottes zu stärken, wollen wir uns jetzt mit der ihn betreffenden biblischen Prophetie etwas eingehender beschäftigen.

Jesus wußte, wer er war

Es gibt viele Christen, die kein Verhältnis zum *Alten Testament* haben. Sie meinen, das darin Mitgeteilte sei längst vorbei und nicht mehr aktuell. Durch die vielen *Geschlechtsregister* und *Gesetzesvorschriften* sei es langweilig und uninteressant. Außerdem gebe es darin so viele Berichte, nach denen Gott den Eindruck eines blutrünstigen *Rachegottes* mache, der ganze Regimenter hinschlachten und die Bewohner ganzer Städte und Landstriche vom Säugling bis zum Greis brutal vernichten ließe.

Leider können wir auf diese Einwände hier nicht näher eingehen. Sie gehören nicht zu unserem Thema. Aber trotzdem bin ich davon überzeugt, daß wir auch in ihnen einen tieferen Sinn vermuten werden, wenn wir im nachfolgenden die vielen Voraussagen über *Jesu Geburt, Leben, Leiden* und *Sterben* sowie deren *Sinn* und *Wert* für die Menschheit nachgegangen sind.

Gerade das Alte Testament ist für unsere *Erlösung* von ganz besonderer Bedeutung. Durch die lange, seit seiner Niederschrift vergangene Zeit können wir nämlich schon sehr viel mehr von den *Prophezeiungen* auf ihre *Erfüllung* hin überprüfen, als dies während Jesu Erdenleben möglich war.

Das Alte Testament lag ja zur Zeit Jesu bereits fast in der heutigen Form vor. Es war das Wort seines himmlischen Vaters, das er sehr eifrig studiert haben muß. Denn schon mit zwölf Jahren wußte er darin so gut Bescheid, daß er mit den Schriftgelehrten, den damaligen Fachtheologen in Jerusalem, diskutieren konnte. Nach Lukas 2,46–47 brachte er diese Herren durch seine Weisheit und Schriftkenntnis in höchstes Staunen.

Wir können sogar annehmen, daß Jesus schon in diesem frühen Alter gewußt hat, wer er war, und die alttestamentlichen Messiasverheißungen auf sich bezog. Dies läßt sich insbesondere aus seiner Antwort schließen, die er seiner Mutter gab, als diese ihn während einer Pilgerreise nach Jerusalem nach tagelangem Suchen unter den Festteilnehmern mit den Worten tadelte:

»Kind, wie konntest du uns das antun, dein Vater und ich haben dich mit Schmerzen gesucht.«

Worauf der Knabe wie selbstverständlich erwiderte:

»Wie habt ihr mich nur suchen können? Wußtet ihr nicht, daß ich im Hause *meines* Vaters (oder: mit den Angelegenheiten meines Vaters beschäftigt) sein muß?« (Lk 2,48–49).

Jesus tritt an die Öffentlichkeit

In diesem Bewußtsein mag der Gottessohn intensives Bibelstudium betrieben haben, bis ihm sein himmlischer Vater eines Tages das *Signal zum öffentlichen Auftreten* gab. Dieses bestand einmal darin, daß er sah, wie *Johannes der Täufer* zu predigen begann und alles Volk ihm zulief. Und zum anderen, als er erfuhr, daß dieser Erweckungsprediger ihn auf Grund einer göttlichen Eingebung als das *»Lamm Gottes, welches der Welt Sünde trägt«* und damit als den *prophetisch erwarteten Messias* öffentlich ausrief. Johannes der Täufer bezeichnete sich selbst sogar als seinen *Herold* (Lk 3,4. 15–16).

Nach Lukas 4,16 hat sich Jesus gleich am Anfang seines Wirkens in der Synagoge seiner Heimatstadt Nazareth als den von Gott gesandten *Erlöser* vorgestellt. Dabei berief er sich auf die Weissagungen von Jesaja 61,1–2 und 58,6. Dort lauten die damals bereits gut 700 Jahre alten Prophetenworte:

»Der Geist des Herrn ist auf mir, weil er mich gesalbt hat, um den Armen frohe Botschaft zu bringen. Er hat mich gesandt, um Gefangenen die Freilassung und den Blinden die Verleihung des Augenlichts zu verkünden, die Unterdrückten in Freiheit zu setzen und ein Gnadenjahr des Herrn auszurufen.«

Seine Auslegung dieser Bibelstelle lautete dann:

»Heute ist dieses Schriftwort, das eure Ohren soeben vernommen haben, zur Erfüllung gekommen.«

Gemäß Johannes 5,39 sagte er zu seinen Zeitgenossen von der theologischen Fakultät:

»Ihr durchforscht wohl die Heiligen Schriften, weil ihr in ihnen schon ewiges Leben zu haben meint, und *sie sind es auch wirklich, die von mir Zeugnis ablegen;* trotzdem aber wollt ihr nicht zu mir kommen, um das ewige Leben zu empfangen.«

Tatsächlich hatten es Jesu Zuhörer nicht leicht, an seine Gottessohnschaft zu glauben. Sie erwarteten im ganzen Volk den *Messias* nämlich als einen *politischen Helden,* der sie vom Joch der römischen Besatzungsmacht befreien würde.

Das galt auch für seine *Jünger.* Sie mußten sich darüber hinaus sogar noch mit seinem *Leiden* und *Sterben* auseinandersetzen, das er ihnen schon lange, bevor es geschah, angekündigt hatte. So heißt es z. B. in Matthäus 16,21:

»Von dieser Zeit an begann Jesus seine Jünger darauf hinzuweisen, daß er nach Jerusalem gehen und von den Ältesten und Hohenpriestern und Schriftgelehrten viel leiden müsse und daß er getötet und am dritten Tag auferweckt werden müsse.«

Die nächsten Verse zeigen, wie sehr sich seine Getreuen gegen dieses schreckliche Geschehen sträubten. Sie konnten es mit ihren *Messiaserwartungen* nicht in Einklang bringen. Deshalb waren sie auch nach seiner erfolgten Kreuzigung so bitter enttäuscht und verschüchtert, daß sie sich regelrecht verkrochen. Aber ihr Herr läßt sie nicht in dieser Not allein. In Johannes 20,19 heißt es nämlich:

»Als es nun an jenem ersten Tag nach dem Sabbat Abend geworden war und *die Türen an dem Ort, wo sich die Jünger befanden, aus Furcht vor den Juden verschlossen waren, kam Jesus,* trat mitten unter sie und sagte zu ihnen: Friede sei mit euch!«

Welche Freude muß diese erste Begegnung mit dem Auferstandenen bei den so maßlos enttäuschten und verzweifelten Jüngern ausgelöst haben! *Die Tatsache seiner Auferstehung hat sie völlig verwandelt.*

Die Tage zwischen seiner Auferweckung und seiner Himmelfahrt benutzte nun Jesus, seine Jünger an Hand der alttestamentlichen Prophetie über die Notwendigkeit und den Zweck seines Leidens und Sterbens genauestens zu unterrichten. Ihr uns im Neuen Testament darüber vermitteltes Wissen stammt also letztlich von dem Herrn selbst.

Lukas, der seine Informationen aus erster Quelle hatte, berichtet uns in Kapitel 24,13–35, wie der auferstandene Herr sich zwei von Jerusalem nach Emmaus wandernden Jüngern anschließt und ihnen – zunächst unerkannt – über ihre Bestürzung hinweghilft. Es heißt dort:

»Während sie sich so miteinander über alle diese Begebenheiten unterhielten, kam Jesus selbst hinzu und schloß sich ihnen auf der Wanderung an. Ihre Augen jedoch wurden gehalten, so daß sie ihn nicht erkannten ... dabei *fing er bei Mose und allen Propheten an und legte ihnen alle Schriftstellen aus, die sich auf ihn bezogen.«*

Als der Herr schließlich seine Jünger kurz vor seinem endgültigen Abschied noch einmal auf dem Ölberg versammelt hat, weist er sie auch wieder ausdrücklich auf die alttestamentliche Prophetie hin, indem er sagt:

»Dies sind meine Worte, die ich zu euch gesprochen habe, als ich noch bei euch war: *Es müsse alles in Erfüllung gehen, was im mosaischen Gesetz, in den Propheten und den Psalmen von mir geschrieben steht. Hierauf öffnete er ihnen den Sinn für das Verständnis der Schriften und sagte zu ihnen: So steht geschrieben: Der Messias muß leiden und am dritten Tag von den Toten auferstehen, und auf seinen Namen muß Buße und Vergebung der Sünden allen Völkern gepredigt werden,* zuerst aber in Jerusalem. Ihr seid Zeugen hierfür« (Lk 24,44–49).

Jetzt waren die Jünger tatsächlich für diesen *Zeugendienst* bestens ausgerüstet. Sie hatten die buchstäbliche Erfüllung der Messiasprophetie nicht nur persönlich erlebt, sondern der Sohn Gottes hatte sie ihnen darüber hinaus auch noch an Hand der Bibel bis in alle Einzelheiten erläutert. Als dann schließlich zu Pfingsten noch der Heilige Geist auf sie kam, haben sie trotz Gefängnis und

Todesdrohungen Gottes wunderbares Heil völlig unerschrocken in Jerusalem verkündigt.

Jetzt konnte der *Petrus,* der kurze Zeit vorher noch seinen Meister schmählich verleugnet hatte, ihn vor Tausenden, die damals das »Kreuzige ihn« geschrieen hatten, todesmutig bekennen, so daß allein durch seine *Pfingstpredigt* nicht weniger als 3000 seiner Zuhörer zum Glauben kamen.

Dieser *Augenzeuge* der herrlichen Heilstat Gottes schreibt deshalb mit Recht in seinem zweiten uns überlieferten Brief:

» . . . wir sind nicht ausgeklügelten Fabeln nachgegangen, als wir die Macht und die Wiederkunft unseres Herrn Jesus Christus verkündigten, sondern *wir sind Augenzeugen seiner wunderbaren Herrlichkeit gewesen*« (2 Petr 1,16).

Und für uns Menschen von heute gilt noch immer, was er in Vers 19 weiter schreibt:

»Um so fester steht nun das prophetische Wort, an das wir uns halten; und ihr tut gut, darauf acht zu geben als auf ein Licht, das an einem dunklen Ort leuchtet . . .«

Ja, *so leuchtet uns tatsächlich die Prophetie des Alten Testaments in der Finsternis unserer Welt, hin zu dem ewigen Heil an Gottes liebendes Vaterherz.*

25. Kapitel
Verankündigung, Erdenleben und Opfertod des Erlösers in der Bibel

Die Ankündigung Jesu in der Thora

Die Juden hatten damals eine etwas andere Aufteilung des Alten Testaments als wir heute. Sein erster Teil war, wie auch jetzt noch, das sog. Gesetz. Dieses bestand und besteht immer noch aus den 5 Büchern Mose, der *Thora*.

Den zweiten Teil der jüdischen Bibel bildeten die *Propheten* und den dritten die *Psalmen*.

Wenn wir nun die prophetischen Ankündigungen des Welterlösers in den 5 Büchern Mose verfolgen wollen, dann können wir dieses Vorhaben mit einem Stafettenlauf vergleichen. Denn ähnlich wie bei diesem sportlichen Wettkampf jeder Läufer einen Holzstab nach Zurücklegen seiner Teilstrecke dem jeweils nächsten im Lauf übergibt, so wird auch hier die Freudenbotschaft von dem kommenden Retter Stück für Stück weitergereicht. Interessanterweise wird auf diesem Weg das Bild des Verheißenen ständig zunehmend deutlicher.

Dieser »Stafettenlauf« beginnt bereits auf den ersten Blättern der Bibel. Die erste, *den göttlichen Heilsplan betreffende Offenbarung* finden wir gleich im Anschluß an den Sündenfall-Bericht. Im Zusammenhang mit dem göttlichen *Fluch* über die satanische Schlange sagt Gott zu dieser:

»Ich will Feindschaft setzen zwischen dir und dem Weibe und zwischen *deinem* Samen und *ihrem* Samen. Derselbe wird dir den Kopf zertreten, und du wirst ihn in die Ferse stechen« (1 Mose 3,15).

Diesen Worten merkt man an, daß hier ein tiefes Geheimnis angedeutet, aber noch nicht klar zum Ausdruck gebracht wird. Immerhin läßt der Text bereits erkennen, daß eines Tages einer aus der Nachkommenschaft der Menschen den Satan besiegen und ihm die Macht entreißen wird. Allerdings wird dieser Held in diesem Kampf sein Leben einbüßen.

Weiter steckt in den Worten von *»ihrem«*, also dem »Samen«

der Frau, schon ein verborgener Hinweis auf die *Jungfrauengeburt* dieses Helden. Wäre der Mann beteiligt gewesen, hätte es ja »von *eurem* Samen« geheißen.

So bekommen also die ersten Menschen mit ihrer Ausweisung aus dem Paradies und damit aus der Gemeinschaft mit Gott eine wunderbare *Verheißung* mit auf den Weg. Gottes absolute *Gerechtigkeit* mußte sie zwar aus seiner unmittelbaren Gegenwart verbannen, doch seine unendliche *Liebe* verspricht ihnen die spätere Möglichkeit, durch einen von ihm gesandten Retter wieder an sein Herz zurückkommen zu können. Mit dieser Hoffnung gehen *Adam* und *Eva* hinaus, und nun beginnt die eigentliche göttliche *Heilsgeschichte,* die sich wie ein gewaltiges, von Gott geplantes Drama liest.

Die *biblische Offenbarung* geht dann schon bald einen Schritt weiter, indem Gott den beiden durch eine symbolische Handlung die Art zeigt, durch die er ihre Erlösung bewerkstelligen wird. Er machte den Ausgestoßenen klar, daß ihnen ihre symbolisch durch die *Schürzen aus Feigenblättern* angedeuteten Bemühungen um *Selbsterlösung* nichts nützen. Diese wenig haltbare und ungenügende Bekleidung war in Gottes Augen völlig unzureichend. Statt dessen schlachtete er Tiere und machte den beiden *Kleider aus* deren *Fellen.*

In dieser sinnbildlichen Handlung liegt bereits der Gedanke der Erlösung durch ein *stellvertretendes, unschuldiges Opfer*. Gott will den gefallenen Menschen damit klarmachen, daß nur dadurch, daß sich ein *unschuldiges* Lebewesen in den Tod gibt, ein *schuldiges* das bekommen kann, was ihm fehlt. In Beziehung zu den Messiasprophezeiungen bedeutet das, daß einmal *der sterbende Erlöser den Menschen sein Kleid der Gerechtigkeit schenken wird,* damit sie dadurch ihre Ungerechtigkeit bedecken können.

Hierher gehört auch das *Opfer Abels.* Dieser opferte bekanntlich Gott ein Lamm, während sein Bruder Kain Früchte vom Feld darbrachte. Der so Angebetete war in bezug auf die *Anerkennung Abels* und die *Ablehnung von Kains Opfer* sicher nicht ungerecht. Denn bestimmt werden beide von ihren Eltern erfahren haben, was Gott ihnen bezüglich der *Tieropfer* klargemacht hatte.

Kain scheint sich über dieses Wissen hinweggesetzt zu haben.

Vielleicht hat er gedacht, Früchte seien genausogut wie ein Lamm geeignet. Es mag auch sein, daß er eine falsche innere Einstellung zu seiner Handlung gehabt hat, indem er sich gewissermaßen *Gottes Gunst mit einer Gabe erkaufen wollte.* In der Darbringung eines stellvertretenden Tieres steckt nämlich eine gewisse *Demütigung des Opfernden.* Er bekennt ja mit ihm, daß er schuldig ist und deshalb eigentlich selbst sterben müßte, jedoch infolge der Stellvertretung frei ausgehen kann.

Eine solch demütige Gesinnung mag Abel bei seiner Opferhandlung gehabt haben, und weil diese innere Haltung und Treue der Heiligkeit des Allerhöchsten Rechnung trug, hat dieser Abels Opfer gnädig angenommen.

Hier also fängt Gott schon an, ihn suchende und ihm ergebene Menschen in dem Bewußtsein zu erziehen, daß sie nur durch *stellvertretend und unschuldig vergossenes Blut* zu ihm zurückgelangen können.

In 1. Mose 9 weissagt *Noah* über seine drei Söhne von dem, was ihnen in der Zukunft begegnen wird, und da heißt es in Vers 26:

»Gelobt sei der Herr, der Gott *Sems*!«

Und weiter in Vers 27:

»Gott breite Japhet aus und lasse ihn wohnen in den Zelten *Sems*!«

Japhet wird sich zwar ausbreiten, *Sem aber ist der Gesegnete.* Noah lobt den Gott Sems, weil er sich seiner besonders annimmt, und aus dem weiteren Verlauf der Heilsgeschichte wissen wir, daß diese Prophezeiung auf den Erlöser als einen *Semiten* hinwies.

Hier werden wir an den *Antisemitismus* erinnert, der seit Jesu Erdenleben in der Menschheitsgeschichte eine so große Rolle gespielt hat und immer noch spielt. In ihm kommt der ganze *Haß Satans gegen den Gottessohn und sein Volk* zum Ausdruck. Der teuflische Widersacher weiß ganz genau, daß die Semiten, also die *Juden*, als Träger der Messiasverheißungen und der noch ausstehenden *Messiashoffnung* von dem Allmächtigen erwählt sind. Diese Bevorzugung ärgert ihn, und deshalb reizt er die Völker immer wieder zum Antisemitismus. Welche Erfolge er dabei stets gehabt hat, brauche ich hier nicht näher zu beschreiben.

In 1. Mose 12, 1–3 wird uns nun geschildert, wie Gott aus den

Semiten einen Mann beruft, um mit ihm die Heilsgeschichte weiter voranzutreiben:

»Der HERR sprach zu *Abram*: *) Geh aus deinem Vaterland und aus deiner Freundschaft und aus deines Vaters Haus in ein Land, das ich dir zeigen werde. Und ich will dich zu einem großen Volk machen und will dich segnen und dir einen großen Namen machen, und du sollst ein Segen sein. Ich will segnen, die dich segnen und verfluchen, die dich verfluchen, und in dir sollen alle Geschlechter auf Erden gesegnet werden.«

Gott will die *Erlösung der Menschheit* ermöglichen, und dazu braucht er, weil dies noch nicht sogleich erfolgen soll, eine *Geschlechterfolge*, und die beginnt er mit *Abraham*. Man muß sich nur einmal vorstellen, was eine solche Aufforderung und Verheißung für diesen Mann bedeutet haben mag. Wie stark muß dessen Gottesglaube und sein Vertrauen zu diesem Unsichtbaren gewesen sein! Und wie deutlich muß er inmitten seiner völlig heidnischen Umgebung die Weisung des Höchsten verstanden haben, daß er sogleich alles verläßt und in bedingungslosem Gehorsam die Reise ins Ungewisse antritt!

Interessant ist, daß wir auf Grund der *archäologischen Forschung* über das Leben und die Verhältnisse zur Zeit dieses *Patriarchen* schon ziemlich genau Bescheid wissen. Allerdings sind sich die Gelehrten noch nicht einig, wann er genau gelebt hat. Das Mittel der diesbezüglichen Schätzungen liegt bei 2000 v. Chr. Da jetzt etwa 2000 Jahre seitdem verstrichen sind, kam Jesus genau in der Mitte der bisherigen Geschichte Israels zu uns auf die Erde.

Folgende Bibelstellen bestätigen noch die dem Abraham gegebenen Verheißungen: 1. Mose 13,14–17; 15,1–7; 17,1.15–19; 22,16–18.

Nach 1. Mose 26,2–5 geht dann die Verheißung des Erlösers auf Abrahams Sohn *Isaak* und nach 1. Mose 28,13–15 auf dessen Sohn *Jakob* über.

Letzterer hatte zwölf Söhne, von denen natürlich nur einer die Messiasverheißung weitertragen konnte. Am Ende seines Lebens

*) Sein ursprünglicher Name Abram = hoher, erhabener Vater, wurde später von Gott in Abraham = Vater einer Menge, umbenannt (1. Mose 17,5).

gibt der Vater in einer Prophezeiung bekannt, *wer* es von diesen sein wird. Dazu heißt es in 1. Mose 49, 1:

»Und Jakob berief seine Söhne und sprach: Versammelt euch, daß ich euch verkünde, was euch in künftigen Zeiten begegnen wird.«

Und in Vers 10 folgt dann der entscheidende Satz:

»Es wird das Zepter von *Juda* nicht weichen, noch der Herrscherstab von seinen Füßen, bis daß der Held komme, und ihm werden die Völker anhangen.«

Der *Verheißungsträger* wird also *Jakobs Sohn Juda* und infolgedessen *der Erlöser ein Jude sein.* Deshalb sagt Jesus ja auch selbst nach Johannes 4, 22:

»Das Heil kommt aus den Juden.«

Aus Jakobs Worten »in den letzten Tagen« läßt sich sogar schließen, daß das Erscheinen des »Helden« erst sehr viel später erfolgen wird.

Etwa um 1400 v. Chr. hat sich die Nachkommenschaft Abrahams schließlich zum *Volk Israel* entwickelt. Und weil in diesem Volk eines Tages der Sohn Gottes zur Welt kommen sollte, hat der göttliche Vater es für sich beschlagnahmt. Es war fortan eine ihm geweihte, geheiligte Nation, deren *König Gott* selbst sein wollte. Sie hatte also die Staatsform einer *Theokratie.* Israels irdischer *Führer Mose* war nur der Mittler zwischen dem himmlischen König und seinem Volk. Alles, was Mose den Israeliten zu verkündigen hatte, geschah ausschließlich im Auftrag des Allerhöchsten. So läßt Gott diesen, seinen Beauftragten z. B. nach 5. Mose 7, 6 – 8a kundtun:

» . . . du (Israel) bist ein dem Herrn, deinem Gott, geweihtes Volk. Der Herr, dein Gott, hat dich aus allen Völkern auf dem Erdboden zu seinem *Eigentum* erwählt. Nicht, weil ihr größer wäret als alle Völker, hat sich der Herr euch zugewandt – ihr seid ja das kleinste unter allen Völkern –, sondern weil der Herr euch liebte und weil er den Eid halten wollte, den er euren Vätern (Abraham, Isaak und Jakob) geschworen hat.«

Dieser Mose gehört auch zu denen, die den prophetischen Stab im »Stafettenlauf der Messiasverheißungen« getragen und weitergereicht hat, obwohl er selbst nicht zur messianischen Geschlechterfolge gehörte. Er sagt nämlich nach 5. Mose 18,15 zu dem ihm anvertrauten Volk:

»Einen Propheten wie mich wird der Herr, dein Gott, dir aus deiner Mitte, aus deinen Volksgenossen, erstehen lassen: auf den sollt ihr hören!«

Und ähnlich sagt Gott nach Vers 18 selbst zu Mose:

»Ich will ihnen einen Propheten wie dich aus der Mitte ihrer Brüder erstehen lassen und ihm meine Worte in den Mund legen. Er soll ihnen alles verkünden, was ich ihnen gebieten werde. Wer aber auf seine Worte, die er in meinem Namen reden wird, nicht hört, den werde ich selbst zur Rechenschaft ziehen.«

In bezug auf diese Verheißung ist für uns zweierlei wichtig: einmal, daß sie nach 1400 Jahren wortwörtlich eingetroffen ist. Jesus sagt nämlich nach Johannes 8,26b und an anderen Stellen im gleichen Sinn:

» . . . der mich gesandt hat, ist wahrhaftig; und was ich von ihm gehört habe, das rede ich zu der Welt.«

Und zum anderen ist erstaunlich, wie die Juden nach dieser langen Zeit diese Prophezeiung noch kannten und sogar auf Jesus anzuwenden versuchten. Von den Zuhörern des Herrn heißt es nämlich in Johannes 6,14:

»Als nun die Leute das Zeichen (Wunder) sahen, das Jesus tat, sprachen sie: *Dieser ist wahrhaftig der Prophet, der in die Welt kommen soll.«*

Wenn wir nun einen Sprung von 400 Jahren vorwärts machen, dann kommen wir in die Zeit, in der der *König David* in Israel regierte. Obwohl sich dieser mehrfach schwer versündigt hatte, war er doch wegen seiner *Gottesfurcht* ein Mann nach dem Herzen Gottes. Im Anschluß an seine Verfehlungen zeigte er jedesmal tiefe Reue, so daß ihm der Allmächtige seine Schuld vergab. Er sollte deshalb auch der Ahnherr Jesu sein in dessen irdischer Geschlechterfolge. Dies geht aus 2. Samuel 7,16 hervor, wo es heißt:

»Dein Haus und dein Königtum sollen durch mich (Gott) ewigen Bestand haben, und dein Thron soll ewiglich bestehen.«

Diese wunderbare Verheißung kann sich natürlich nicht allein auf Davids irdische Nachkommen beziehen, denn nach der Heiligen Schrift bleibt nicht einmal unsere ganze Erde ewig bestehen.

Und gerade das *Neue Testament* beweist uns, daß hier nur die *ewige Königsherrschaft Jesu* gemeint war.

Es ist nämlich interessant, wie oft in den Evangelien betont wird, daß *der Sohn Gottes in seiner irdischen Leiblichkeit ein legitimer Nachkomme des Königs David war.* So sind z. B. die Geschlechtsregister bei Matthäus und Lukas eigens dazu da, um diesen Nachweis zu führen.

Ferner heißt es in der Ankündigung der Geburt Jesu an seine Mutter nach Lukas 1,32:

»Dieser wird groß sein und Sohn des Höchsten genannt werden, und Gott, der Herr, wird ihm *den Thron seines Vaters David* geben ...«

Wie lebendig die Tatsache, daß der erwartete Messias aus dem Geschlecht Davids stammen solle, selbst in dem Bewußtsein des einfachen Volkes damals in Israel verankert war, zeigen Stellen im Neuen Testament wie Matthäus 9,27, wo dem Herrn zwei Blinde nachlaufen und schreien:

»Sohn Davids, erbarme dich unser!«

So haben wir also in der ganzen, *in den 5 Büchern Mose* behandelten Zeit ein stufenweise immer klareres Bild von dem zu erwartenden Messias bekommen.

Aus seiner Ankündigung unmittelbar nach dem Sündenfall erfuhren wir zunächst nur, daß er ein von einer Frau geborener *Mensch* sein würde.

In dem von Noah über seine drei Söhne ausgesprochenen Segen wurde er als Nachkomme Sems, und demnach als *Semit* gekennzeichnet.

Mit Abraham begann dann die Ausweitung der heilsgeschichtlichen Geschlechterfolge zu einem ganzen Volk. Dieser Mann erhielt zwar keine direkte Messiasoffenbarung, sondern nur die Zusage, daß durch seine Nachkommenschaft einmal die ganze Menschheit gesegnet werden solle. Der Fortgang der Heilsgeschichte hat dann gezeigt, daß *Abraham,* sein Sohn *Isaak* und dessen Sohn *Jakob nur Weiterträger* des »Stafettenstabes der Messiaserwartung« gewesen sind.

Von den zwölf Söhnen Jakobs ging dieser »Stab« schließlich auf Juda über. Damit wurde deutlich, daß der verheißene Erlöser ein *Jude* sein würde.

Der letzte Träger der Messiasverheißung war endlich der große israelische König *David.* Mit ihm konzentriert sich die biblische Darstellung des »Stafettenlaufs« wieder auf ein ganz bestimmtes *einzelnes Geschlecht.* Die unmittelbare Ankündigung des Erlösers, die bereits am Uranfang der Menschheitsgeschichte begann, endet in der Bibel um 400 v. Chr.

Der Messias in den Schattenbildern des Alten Testaments

Außer den mehr *direkten Messiasprophezeiungen* finden sich in den 5 Büchern Mose noch *eine ganze Reihe von Bildern,* die ebenfalls auf den kommenden Erlöser hinweisen. Sie wollen uns die verschiedenen Seiten und vor allem die Einzigartigkeit des Verheißenen vor Augen führen. Hinweise zum Verständnis dieser Bildersprache gibt es erst im Neuen Testament, im Hebräerbrief. Dort wird uns nämlich gesagt, daß es sich bei den alttestamentlichen Bildern gewissermaßen um *Schatten von höheren Wirklichkeiten* handelt.

Für die frühen Leser der Thora war es natürlich kaum möglich, von diesen Schatten auf die Wirklichkeit zu schließen. Nachdem Jesus inzwischen gekommen ist, macht uns ihre Deutung jedoch keine große Schwierigkeit mehr. Vor allem seit uns der *Hebräerbrief* dabei hilft.

Es würde nun zu weit führen, wollten wir auch nur die deutlichsten dieser *Schattenbilder* näher erläutern. Ich will zunächst 18 von ihnen mit den entsprechenden Bibelstellen in alphabetischer Reihenfolge angeben und von diesen dann vier kurz erklären. Der interessierte Leser mag sich die anderen dann selbst zu deuten versuchen. Außerdem gibt es Literatur darüber.

1. Aaron, der Hohepriester	2. Mose 28,1 (siehe Hebräerbrief ab Kap. 4,14)
2. Abel	1. Mose 4,4
3. Die Asche einer jungen Kuh	4. Mose 19,1 ff. (siehe auch Hebräerbrief 9,13)

4.	Brandopfer	3. Mose 13
5.	Dankopfer	3. Mose 3, 1
6.	Isaak	1. Mose 21, 3
7.	Der Leuchter	2. Mose 25, 31
8.	Das Manna	2. Mose 16, 35
9.	Melchisedek	1. Mose 14, 18
10.	Die Opfer des AT	3. Mose 16, 5
11.	Das Passahlamm	2. Mose 12, 11
12.	Der Räucheraltar	3. Mose 30, 1
13.	Die Schaubrote	2. Mose 25, 30
14.	Das Speisopfer	3. Mose 21
15.	Die Stiftshütte	2. Mose 25, 9
16.	Das Sündopfer	3. Mose 5, 3
17.	Der Vorhang	2. Mose 26, 31
18.	Das Waschbecken	2. Mose 30, 18

Alle diese Schattenbilder weisen irgendwie auf den *Messias* hin und veranschaulichen eine ganz bestimmte Seite seines *Lebens* und *Dienstes.*

Wir wollen jetzt einmal die Nr. 6, den *Isaak*, herausgreifen und ein wenig näher betrachten:

Er ist der dem Abraham verheißene Sohn, auf den er so lange warten mußte, bis er endlich geboren wurde. Was schattet Gott in ihm nun im Blick auf den Messias vor?

Wir hörten bereits von der Gottergebenheit und dem Gehorsam Abrahams. Diesen Treuen hat Gott nun einmal einer unerhört harten *Glaubenserprobung* unterzogen. Ich habe sie stets als unvorstellbar grausam empfunden.

Da hat dieser gottesfürchtige Mann erst einmal bis zu seinem hundertsten Lebensjahr auf den verheißenen Erben warten müssen, und dann verlangt Gott von ihm, daß er ihm dieses geliebte Kind schlachten und opfern soll. Es schaudert uns bei dem Gedanken, diese Handlung hätte tatsächlich ausgeführt werden müssen. Und wir atmen erleichtert auf, wenn wir lesen, daß der Höchste selbst im allerletzten Augenblick eingreift und das Schlimmste verhindert.

Viele Bibelgegner benutzen diese Stelle als Argument für ihre

Ablehnung des Alten Testaments. Auch ich habe mich lange gegen diesen grausamen göttlichen Befehl innerlich aufgelehnt. Als ich jedoch eines Tages Näheres von den Ausgrabungen in Ur las, wurde ich anderer Meinung. Um sie zu begründen, zitiere ich nachfolgend eine kurze Notiz aus Rieneckers Bibellexikon *). Sie lautet:

»Besondere Berühmtheit erlangten die *Funde aus den Königsgräbern* in Ur um 2500 v. Chr.: der Helm der Königin Mes-kalmschar und ein goldener Dolch, der Kopfschmuck der Königin Schubad, die Mosaikstandarte u. a. In hartem Gegensatz zu dieser hohen Kultur mehrerer Jahrhunderte vor Abraham stehen die *Menschenopfer*, die sich in den Königsgräbern fanden, 6 bis 80 im einzelnen Gräberbereich. Krieger, Musikanten, *Diener* und *Dienerinnen* hatte man ihren königlichen Herren in den Tod nachgeschickt.«

Wenn uns dieser schaurige Brauch auch aus der Zeit »kurz vor« Abraham berichtet wird und aus der seinen keine derartigen Fälle erwähnt werden, so ist damit nicht erwiesen, daß es da keine mehr gegeben hat. Wir müssen immer bedenken, daß Abraham vor seinem Auszug in einer *heidnischen Umwelt* lebte, und bekanntlich sind im Heidentum auch noch sehr *viel später Menschenopfer religiöser Brauch* gewesen.

Trotzdem wird für Abraham die Opferung gerade dieses so lang ersehnten Sohnes eine unerhört schwere Gehorsamsprüfung gewesen sein. Und weil der treue Mann dazu sofort ohne Widerstand bereit war, hat Gott seinen guten Willen für die Tat genommen. Die Bibel sagt, daß er Abraham daraufhin seinen *Freund* nennt.

Mit dem Bericht von Isaaks Opferung will uns Gott in seinem Wort aber nicht nur den beispiellosen Gehorsam Abrahams vor Augen führen. Das zwar auch, aber es steckt in ihm noch eine *tiefe Symbolik* im Blick auf die *göttliche Liebestat von Golgatha*.

Der sinnbildliche Vollzug eines *Tieropfers* ist zwar eine grausig blutige Angelegenheit. Aber immerhin geht das Töten eines Tieres dem Opfernden niemals so nahe, als wenn er sein eigenes, geliebtes *Kind* dafür hergeben müßte. Und eben diesen Gefühlsaufruhr

---

*) R. Brockhaus-Verlag, Wuppertal, 1960.

will das göttliche Wort in seinem Leser hervorrufen. Wir sollen uns in die Gefühle Abrahams hineindenken und dabei ahnend ermessen, was es den Allerhöchsten gekostet haben muß, seinen einzigen, geliebten Sohn *als Sühneopfer für die Schuld seiner selbstherrlichen Menschheit* herzugeben. Ihn dazu noch ausgerechnet von seinen eigenen, treulosen Geschöpfen martern und morden zu lassen, ist der eindrucksvollste Beweis für die *unfaßbare Liebe Gottes* zu uns.

Nun müssen wir bedenken, daß Isaak zu der Zeit schon ein erwachsener junger Mann war. Zwar gibt er anfangs seinem Vater ahnungslos das Geleit zur Opferstätte, aber als ihn der Vater dann band und opfern wollte, hat er sich das auch ohne Widerspruch gefallen lassen. Er hätte sich ja weigern und weglaufen können. Aber er tut das nicht. Es heißt nämlich in 1 Mose 22,9b–10:

» . . . Abraham . . . *band seinen Sohn Isaak, legte ihn auf den Altar oben auf das Holz und reckte seine Hand aus und faßte das Messer, um seinen Sohn zu schlachten.«*

Wenn Isaak auch verschont blieb, so ist er dennoch ein getreuliches Bild auf Jesus, der ja auch *»gehorsam war bis zum Tod am Kreuz«* (Phil 2,8).

Isaak trug auch das Holz auf dem Rücken zum Berg, auf dem er geopfert werden sollte (1 Mose 22,6a). So trug ebenfalls Jesus sein Kreuz zum Hügel Golgatha (Joh 19,17).

Schließlich ist Isaak auch noch ein *Bild auf Christus* im Blick auf seine Gemeinde. Das zeigt sich in der Weise, wie er seine *Braut, die Rebekka*, zugeführt bekommt. Diese wird nämlich erst durch einen besonderen *Boten* gewonnen und dann auf einem langen Weg durch ödes Land dem *Bräutigam* zugeführt.

So bezeichnet die Bibel bekanntlich auch die Gemeinde Jesu als seine *»Braut«*, die auch durch einen *Boten, den Heiligen Geist*, aus der Menschheit angeworben und auf einem langen und beschwerlichen Weg durch die Öde des Erdenlebens dem himmlischen Bräutigam zugeführt wird.

Selbst Paulus argumentiert im Neuen Testament mit Isaak, wenn er in Galater 4,28 sagt:

»Ihr aber, liebe Brüder, seid *wie Isaak* Kinder der Verheißung.«

So sind also in dieser einen Person mehrere göttliche Geheimnisse in bezug auf Gottes großes Erlösungswerk vorgeschattet, die dem gläubigen Leser durch den Heiligen Geist enthüllt werden.

Nun ein anderes Beispiel von einem Schattenbild aus dem Alten Testament, *das Manna.* In 2. Mose 16, 35 steht:

»Die Kinder Israel haben das *Manna* 40 Jahre lang gegessen, bis sie in bewohntes Land kamen; sie haben das Manna gegessen, bis sie an die Grenze des Landes Kanaan kamen.«

Mit diesem Manna hat sich Jesus selbst verglichen, als er damals zu den Juden sagte:

»Eure Väter haben in der Wüste das *Manna* gegessen und sind dann doch gestorben; hier dagegen (er meint damit sich selbst) ist das *Brot, das aus dem Himmel herabkommt,* damit man davon esse und nicht sterbe« (Joh 6, 49–50).

Der Herr will damit sagen, daß Gott zwar sein irdisches Volk Israel in der Wüste auf übernatürliche Weise ernährt hat, aber durch ihn jetzt sogar auch die an ihn Glaubenden vor dem *ewigen* Tod bewahren will. Insofern ist Jesus also tatsächlich das geistliche Brot, das durch seinen Genuß *ewiges* Leben schenkt. Deshalb sagt er mit Recht:

»Ich bin das Brot des Lebens! Wer zu mir kommt, den wird nimmermehr hungern . . .« (Joh 6, 35a).

Ein weiteres, auf den kommenden Gottessohn hinweisendes Schattenbild ist der in 1. Mose 14, 18 erwähnte Priesterkönig *Melchisedek,* der Abraham nach seinem Sieg über vier Könige des Ostens begegnete. Diese Begebenheit wird folgendermaßen in der Bibel berichtet:

»Melchisedek (d. h. König der Gerechtigkeit) aber, der König von Salem (d. h. Friede, hier wohl Jerusalem), brachte *Brot* und *Wein* aus der Stadt heraus; er war aber ein Priester des höchsten Gottes. Er segnete ihn dann mit den Worten: Gesegnet seist du, Abraham, vom höchsten Gott, dem Schöpfer des Himmels und der Erde, und gepriesen sei der höchste Gott, der dir seine Feinde in die Hand geliefert hat!«

Das Neue Testament benutzt diese Begebenheit, um den Herrn mit diesem König zu vergleichen. Das ganze siebte Kapitel des Hebräerbriefes handelt davon. Der Vergleich beruht darauf, daß Melchisedek in der biblischen Schilderung auftaucht, *ohne daß gesagt wird, woher er kommt und wohin er wieder verschwindet.* Sein Leben wird deshalb als *aus der Ewigkeit kommend und in der Ewigkeit wieder verschwindend aufgefaßt.*

Genauso ist es auch mit dem *Königpriestertum* Jesu. So wie Melchisedek ohne Anfang und Ende ist, so ist auch Jesus von *ewigkeitlicher Art.* So betet der Gottessohn z. B. nach Johannes 17, 5 zum Vater:

»Und jetzt verherrliche du mich, Vater, bei dir selbst *mit der Herrlichkeit, die ich bei dir hatte, ehe die Welt war.*

Als nächstes Beispiel für ein besonders deutliches Schattenbild im Blick auf das für uns vergossene Blut Jesu ist das in 2. Mose 12, 3–13 beschriebene *Opfer des Passahlammes.*

In dieser, dem Volk Israel vor seinem Auszug aus Ägypten von Gott befohlenen Handlung steckt eine ganze Menge tiefer *Symbolik.*

Zunächst mußte aus den Häusern aller *Sauerteig, der die Sünde versinnbildlicht,* entfernt werden. Es durfte davon auch nicht der geringste Rest zurückbleiben (2 Mose 12, 15).

Dieses Bild benutzte Jesus, als er zu den Juden sagte (Mt 16, 6):

»Gebt acht und hütet euch vor dem *Sauerteig der Pharisäer und Sadduzäer!«*

Der Apostel Paulus drückt es noch deutlicher aus:

»Wißt ihr nicht, daß *ein wenig Sauerteig den ganzen Teig durchsäuert?* Schafft den alten Sauerteig weg, damit ihr ein neuer Teig seid; ihr seid ja doch frei von allem Sauerteig; denn es ist ja auch unser Passahlamm geschlachtet worden: *Christus.* Darum laßt uns Festfeier halten nicht mit dem alten Sauerteig der Schlechtigkeit und Bosheit, sondern mit dem Süßteig der Lauterkeit und Wahrheit.«

Danach mußte dann das vier Tage zuvor ausgewählte *Opferlamm* geschlachtet werden. Hierfür gilt die bereits für alles Töten unschuldiger Tiere zur Sühnung menschlicher Schuld ausführlich besprochene Sinnbildlichkeit.

Doch bei dieser Gelegenheit mußte mit dem Blut des Lammes noch etwas Besonderes geschehen. Auf Gottes Anweisung sollten die Israeliten damit noch die *beiden Pfosten* und die *Oberschwelle ihrer Haustüren* bestreichen. Gott wollte ja in der Nacht vor ihrem Auszug *alles Erstgeborene* der Ägypter töten lassen, weil sich der

Pharao hartnäckig geweigert hatte, Gottes Volk ziehen zu lassen. Mit diesem Zeichen stand alles, was in den Häusern des Gottesvolkes erstgeboren war, *unter der Deckung des Versöhnungsblutes* (2 Mose 12,13).

Die gleiche, jedoch bis in alle Ewigkeit reichende Rettung bewirkt für uns auch heute noch *das Opferblut des göttlichen Erlösers.* Wenn das über unserem Leben steht, dann sind wir aus dem Machtbereich Satans herausgerettet und bleiben damit vor dem ewigen Tod bewahrt. Daß dieser Loskauf nur durch das Blut Jesu möglich geworden ist, sagt uns Petrus, der Jünger und Augenzeuge des Sühnetodes Jesu, mit folgenden Worten in 1. Petrus 1,18–19:

»Ihr wißt, daß ihr aus eurer sinnlosen, von den Vätern ererbten Lebensweise nicht um einen vergänglichen Preis losgekauft wurdet, nicht um Silber oder Gold, sondern *mit dem kostbaren Blut Christi, des Lammes ohne Fehl und Makel.«*

Das letzte Schattenbild, das ich aus neutestamentlicher Sicht beleuchten möchte, ist der *Vorhang.* In 2. Mose 26,31–33a wird die Art seiner Anfertigung und Aufhängung und in Vers 33b sein Zweck beschrieben. In unserem Zusammenhang interessiert nur dieser Zweck, der darin bestand, daß er die *Wüstenkultstätte Israels,* die sog. *Stiftshütte,* in zwei Teile unterteilte. Die göttliche Vorschrift dazu lautete, er solle *»eine Scheidewand zwischen dem Heiligen und dem Allerheiligsten«* bilden. Gott hat dann den Raum hinter dem Vorhang zu seiner Wohnung erklärt, die von keinem Sterblichen betreten werden durfte. Jeder Unberufene mußte unverzüglich sterben.

Die *Priester,* die im Heiligen Dienst taten, befanden sich zwar stets vor Gott, in seiner hochheiligen Gegenwart, aber sie waren von ihm durch den *Vorhang* getrennt. Die Symbolik dieser Trennung wurde noch dadurch verstärkt, daß auf diesem Behang die Bilder zweier großer *Engel, Cherubim* genannt, als *Wächter* eingewebt waren.

Nur ein einziger durfte das Allerheiligste einmal im Jahr betreten, und zwar der *Hohepriester.* Der Vorhang diente ihm dabei als Tür, die er aber nur nach persönlicher Heiligung *mit einer Schale voll Opferblut* durchschreiten durfte.

Nun ist sehr interessant, wie der Hebräerbrief diese sinnbildliche Kulthandlung nach Jesu Sühnetat deutet. In Kapitel 10, 19–22 heißt es:

»Wir haben also die Zuversicht, Brüder, *durch das Blut Jesu in das Heiligtum einzutreten.* Er hat uns den *neuen* und *lebendigen Weg* erschlossen durch den Vorhang hindurch, das heißt durch sein Fleisch. Da wir einen Hohenpriester haben, der über das Haus Gottes gestellt ist, laßt uns mit aufrichtigem Herzen und voller Gewißheit des Glaubens hintreten, das Herz durch Besprengung gereinigt vom schlechten Gewissen und den Leib gewaschen mit reinem Wasser.«

Die ganze Sinnbildlichkeit des Vorhangs konzentriert sich damit auf die *Person Jesu und sein für die Erlösung vergossenes Blut.* Er ist der *vollkommene Hohepriester, das vollkommene und endgültige Sühneopfer und damit die Tür zum Vater,* durch die jeder Glaubende frei vor Gott hintreten darf. Die Symbolik wird schließlich durch die Tatsache bestätigt, *daß beim Tod Jesu der Vorhang im Tempel zu Jerusalem,* der dem in der Stiftshütte entsprach, *von oben nach unten zerriß.* Dieser Vorgang wird in drei Evangelien angeführt (Mt 27,51; Mk 15,38; Lk 23,45). Es ist großartig, wie genau die Bibel die Geschehnisse darstellt. Menschen hätten den Vorhang *von unten nach oben* zerrissen. Daß dies jedoch umgekehrt geschah, weist darauf hin, daß es *durch Gott veranlaßt worden war.* Mit dem Tod Jesu hat er selbst das ihn von uns Menschen Trennende beseitigt und *damit den unmittelbaren Zugang zu seiner heiligen Gegenwart freigegeben.*

Jesus in den Psalmen

Die meisten sich auf den kommenden Erlöser beziehenden alttestamentlichen Stellen, die im Neuen Testament zitiert werden, stammen aus den *Psalmen.* Es sind insgesamt 186 Zitate, in denen es fast jedesmal heißt, daß von Christus schon in den Psalmen geschrieben stehe. Diese uns im Alten Testament gegebenen Hinweise begannen bereits um 1000 v. Chr.

Von den damals Lebenden wurden diese prophetischen Voraussagen natürlich noch nicht so verstanden, wie das zu neutestamentlicher Zeit möglich war. Aber es ist doch erstaunlich, daß so lange vor Jesu Geburt schon von seiner überaus hohen Stellung gesprochen wurde.

So wird der Messias bereits im 2. Psalm als *der kommende König* geschildert, dessen Wirksamkeit und Autorität bis in die politischen Verhältnisse auf Erden hineinreicht. In ihm sagt der Sänger prophetisch voraus, daß sich die Mächtigen dieser Welt gegen Gott und seinen Sohn empören werden, ihnen dies aber nichts nützen werde. Gott lacht über die ganz und gar in seiner Hand befindlichen sterblichen Kreaturen. Es wird ihnen deshalb geraten, sich dem Sohn zu unterwerfen, da er sie andernfalls vernichten werde. So heißt es im 12. Vers:

»Küßt den *Sohn,* daß er nicht zürnt und ihr umkommt auf dem Wege. Denn sein Zorn wird bald entbrennen, aber wohl denen, die auf ihn trauen.«

Ist es nicht großartig und überzeugend, wie genau diese Voraussage vom Neuen Testament bestätigt wird?! In 1. Johannes 5,12 wird beinahe genau dasselbe, nur mit anderen Worten gesagt, nämlich:

»Wer den *Sohn* hat, hat das *Leben*; wer den Sohn Gottes nicht hat, hat das Leben nicht.«

Am häufigsten werden Stellen aus dem 110. Psalm im Neuen Testament erwähnt. In prophetischer Form enthält dieser eine Botschaft des Allerhöchsten an seinen Sohn als *Priesterkönig*. Der Sänger beginnt ihn mit den Worten:

»So lautet der Ausspruch Gottes des Herrn an meinen Herrn: Setz dich zu meiner Rechten, bis ich deine Feinde hinlege zum Schemel deiner Füße.«

Seine Königswürde kommt im zweiten Vers dadurch zum Ausdruck, daß dort von seinem *Zepter* gesprochen wird, und bezüglich seines *Priestertums* heißt es in Vers 4:

»Geschworen hat der Herr und wird sich's nicht leid sein lassen: *Du sollst ein Priester in Ewigkeit sein nach der Weise Melchisedeks.«*

Der 110. Psalm spielt einmal eine besondere Rolle in der Auseinandersetzung Jesu mit seinen Gegnern. Die Theologen seiner Zeit wußten zwar auf Grund der alttestamentlichen Prophetie, daß der Messias aus dem Geschlecht Davids kommen würde.

Nun wollte der Herr ihnen zeigen, daß er mehr war als das, weil David ihn in diesem Psalm »Herr« nennt. Aber sie verstanden ihn nicht. Sie haben den Erlöser als einen Menschen erwartet, und wenn Jesus sich gleichzeitig als Gottes Sohn bezeichnete, war das für sie eine unerhörte *Gotteslästerung*. Dennoch hätten sie ihn erkennen können, wenn sie guten Willens gewesen wären, denn er hatte seine Zeitgenossen unermüdlich auf die ihn betreffenden *Vorankündigungen im Alten Testament* hingewiesen. Aber daß sie ihn nicht erkennen *wollten*, geht aus der Bemerkung in Matthäus 27, 18 hervor, wo während der Gerichtsverhandlung vor seiner Verurteilung von Pilatus gesagt wird:

»Er wußte nämlich, daß man Jesus nur *aus Neid* an ihn ausgeliefert hatte.«

Daß der Messias tatsächlich als legitimer Nachkomme des großen Königs David geboren werden sollte, beweist Psalm 89 in den Versen 4 und 5 folgendermaßen:

Gott sagt: »Ich habe einen Bund geschlossen mit meinem Erwählten und David, meinem Knecht, geschworen: *Deinem Hause gebe ich auf ewig Bestand, und von Geschlecht zu Geschlecht richte ich deinen Thron auf.«*

Dieser ewige Bestand des davidischen Throns kann sich natürlich nur auf den Herrn beziehen, wie dies ja auch aus dem Neuen Testament deutlich hervorgeht. Aber auch in den Psalmen wird dies immer wieder deutlich, wie z. B. in Psalm 45, 7–8, wo er unmittelbar als Gott angesprochen wird:

»Dein Thron, du Göttlicher, steht für immer und ewig; das Zepter deiner Herrschaft ist ein gerechtes Zepter. Du liebst das Recht und haßt das Unrecht, darum hat Gott, dein Gott, dich gesalbt mit dem Öl der Freude wie keinen deiner Gefährten.«

Besonders eindrücklich wird das *schwere Todesleiden* unseres Herrn im Psalter prophetisch beschrieben. In Psalm 22 durchlebt und durchleidet David bereits das, was sein Nachkomme Jesus von Nazareth 1000 Jahre später in vollkommenster Weise zu erdulden hatte. Erstaunlicherweise beschreibt er dabei Einzelheiten, die sich bei der Kreuzigung wortwörtlich erfüllt haben.

Wenn es z. B. in Vers 17b heißt:

»Sie durchbohren mir Hände und Füße«, dann beweist uns Johannes 20, 25 indirekt, daß dies buchstäblich so geschehen ist.

Dort steht nämlich:

»Die anderen Jünger teilten ihm (dem Thomas) nun mit: Wir haben den Herrn gesehen! Er aber erklärte ihnen: Wenn ich nicht *das Nägelmal in seinen Händen* sehe und meinen Finger in das Nägelmal und meine Hand in seine Seite lege, werde ich es nimmermehr glauben!«

Ähnlich ist es mit Vers 19, der besagt:

»*Sie teilen meine Kleider unter sich,* und um mein Gewand werfen sie das Los.«

In Johannes 19,23–24 wird uns nun nicht nur die Erfüllung auch dieser Vorhersage bestätigt, sondern sogar gleichzeitig auf dieses Psalmwort hingewiesen. Die beiden Verse lauten:

»Als nun die Soldaten Jesus gekreuzigt hatten, *nahmen sie seine Kleidungsstücke und machten vier Teile daraus, für jeden Soldaten einen Teil, außerdem noch das Unterkleid.* Dieses Unterkleid war aber ohne Naht, von oben an in einem Stück gewebt. Da sagten sie zueinander: Wir wollen es nicht zerschneiden, sondern darum losen, wem es gehören soll – so sollte das Schriftwort in Erfüllung gehen: *Sie haben meine Kleider unter sich verteilt und über mein Gewand das Los geworfen.* Auf diese Weise also verfuhren die Soldaten.«

Bemerkenswert ist schließlich auch noch *Jesu Schmerzensruf* an seinen Vater in Vers 2 von Psalm 22:

»Mein Gott, mein Gott, warum hast du mich verlassen?«

Dazu heißt es in Matthäus 27,46:

»Um die neunte Stunde aber rief Jesus mit lauter Stimme: Eli, Eli, lama sabachthani?, das heißt: *Mein Gott, mein Gott, warum hast du mich verlassen?«*

Das für unsere Erlösung wichtigste Wort, das der Herr vom Kreuz herab rief, steht in Vers 32. Es ist sein Siegesruf nach vollbrachtem Werk. Dort heißt es nämlich wieder indirekt:

» . . . seine Heilstat verkündet man dem kommenden Volk; denn *er hat das Werk vollbracht.*«

Dieses prophetische Psalmwort hat sich buchstäblich mit dem uns in Johannes 19,29–30 geschilderten Geschehen erfüllt, wo steht:

»Es stand nun dort ein Gefäß voll Essig. Sie (die Soldaten) aber füllten einen Schwamm mit Essig und legten ihn um einen Ysop und brachten ihn an seinen Mund. Als nun Jesus den Essig genommen hatte, sprach er: *Es ist vollbracht!* Und er neigte das Haupt und übergab den Geist.«

Ja, Jesus hat das große Erlösungswerk für alle, *die ihm vertrauen,* vollbracht, aber sie sind trotzdem noch nicht aus dem Einflußbereich Satans und der Not und Unzulänglichkeit dieser Welt befreit. Wie ist das zu erklären?

Mir ist das während des Zweiten Weltkriegs an meiner Entlassung aus dem Wehrdienst deutlich geworden. Damals war ich vom Gießerei-Institut der Technischen Hochschule in Aachen als Assistent für kriegswichtige Forschungsaufgaben angefordert und von der Wehrmacht dafür auch tatsächlich freigestellt worden. Trotzdem wurde ich zu meiner Enttäuschung nicht auf der Stelle entlassen, sondern mußte für meinen Posten zuvor noch einen Nachfolger einarbeiten. Das nahm drei Wochen in Anspruch.

Dennoch unterschied ich mich während dieser Wartezeit dadurch von meinen zurückbleibenden Kameraden, daß ich *eine frohe Hoffnung im Herzen* hatte, die mich glücklich machte.

Genauso ist es auch mit all denen, die Jesus angehören und auf sein verheißenes zweites Kommen zur Übernahme der Herrschaft über die Erde warten. Und *weil die Voraussagen über sein erstes Kommen zu unserer Erlösung so genau in Erfüllung gingen, haben wir allen Grund, mit dem zweiten ebenfalls fest zu rechnen.* Wie dieses Ereignis stattfinden wird, sagt uns Psalm 24 folgendermaßen voraus:

»Dem Herrn gehört die Erde und was sie erfüllt, der Erdkreis und seine Bewohner ... Erhebt ihr Tore eure Häupter, und erhebt euch, ihr ewigen Pforten, *daß der König der Herrlichkeit einziehe*! Wer ist dieser König der Herrlichkeit? Der Herr, stark und mächtig! Der Herr, mächtig im Kampf (gegen Satan)!« (Ps. 24, 1–8). In den Versen 9 und 10 folgen dann beinahe die gleichen Worte, so wichtig ist diese Aussage, die der Herr Jesus dann in Matthäus 25, 31–32a folgendermaßen wiederholt:

»Wenn aber der Sohn des Menschen (Jesus) kommen wird in seiner Herrlichkeit und alle Engel mit ihm, dann wird er auf seinem Thron der Herrlichkeit sitzen; und vor ihm werden versammelt werden alle Nationen ...«

Jesus in den Prophetenbüchern

Die *Schriften der Propheten* nehmen in der Bibel einen beträchtlichen Raum ein, und es gibt kaum eine darunter, die nicht irgendwie auf den Messias zu sprechen kommt. Das geschieht nicht immer direkt, sondern meist nur hinweishaft oder sinnbildlich. Aber das darin wortwörtlich vom Messias Gesagte ist so reichlich und so deutlich, daß wir in ihm das Bild des Erlösers sehr deutlich erkennen können.

Wie fest Altes und Neues Testament zusammengehören und wie sehr das Alte vom Neuen bestätigt wird, soll uns ein Wort des Petrus zeigen, in dem er den Dienst der Propheten veranschaulicht. Es steht in 1. Petrus 1, 10–12 wie folgt:

»*Nach diesem Heil haben die Propheten gesucht und geforscht,* und sie haben über die Gnade geweissagt, die für euch bestimmt ist. Sie haben nachgeforscht, auf welche Zeit und welche Umstände der in ihnen wirkende Geist Christi hindeute, der die Leiden Christi und die darauf folgende Herrlichkeit im voraus bezeugte. Den Propheten wurde offenbart, daß sie damit nicht sich selbst, sondern euch dienten; und jetzt ist euch dies alles von denen verkündet worden, die euch in der Kraft des vom Himmel gesandten Heiligen Geistes das Evangelium gebracht haben. Das alles zu sehen ist sogar das Verlangen der Engel.«

Petrus handelt hier ganz ähnlich wie sein Meister in der Synagoge seiner Heimatstadt Nazareth. Jesus hatte bekanntlich dort zu seinen Zuhörern gesagt, daß er der sei, den der Prophet Jesaja bereits vor langer Zeit als Messias angekündigt habe. So sagt auch Petrus, daß die von den Propheten vorausgesagte Zeit der Gnade jetzt angebrochen sei.

Wir ahnen ja gar nicht, was es für ein Vorzug für uns ist, in diesem *Zeitalter der Gnade* zu leben. Das ist sogar den Engeln so interessant, daß sie da gern hineinschauen möchten. In ähnlicher Weise sagte auch der Herr nach Lukas 10, 23–24 selbst einmal zu seinen Zeitgenossen:

»Dann wandte sich Jesus zu seinen Jüngern und sagte: Selig sind die Augen, die da sehen, was ihr seht! Denn ich sage euch: *Viele Propheten und Könige haben gewünscht, das zu sehen, was ihr seht,* und haben es nicht gesehen, und das zu hören, was ihr hört, und haben es nicht gehört.«

So haben also die *alttestamentlichen Propheten* von Gottes Geist schon Jahrhunderte zuvor das Zeugnis von dem kommenden Heil erhalten und genauso niedergeschrieben, wie sie es, vielleicht als Vision, gesehen und gehört haben. Und jetzt wollen wir uns einmal die Prophetischen Schriften daraufhin ansehen.

Die Propheten haben ungefähr vom 9. Jahrhundert v. Chr. bis etwa 400 v. Chr., also über einen Zeitraum von rund 500 Jahren, geweissagt. Der älteste unter ihnen soll nach der neueren Forschung *Obadja* sein. Er war angeblich bereits im 9. Jahrhundert aufgetreten.

Sonst wäre *Joel* der älteste Prophet. Er hat etwa 800 bis 750 v. Chr. gelebt. Von ihm haben wir kein direktes Zeugnis vom Messias, sondern nur von dem göttlichen Geschehen in der Gnadenzeit. In Joel 3 sagt der Seher nämlich im Auftrag Gottes:

»Und danach wird es geschehen, daß ich meinen Geist auf alles Fleisch ausgieße.« In Vers 1a und dann in Vers 5:

»Ein jeder aber, der den Namen des Herrn anruft, wird gerettet.«

Nach der zeitlichen Reihenfolge kommt dann der Prophet *Jona.* Ihn muß ich anführen, weil ihn Jesus auch erwähnt. Er vergleicht nämlich das Schicksal dieses Mannes teilweise sinnbildlich mit dem seinen, indem er sagt:

»Denn wie Jona drei Tage und drei Nächte im Bauch des Riesenfischs gewesen ist, so wird der Menschensohn drei Tage und drei Nächte im Innern der Erde sein.«

Zeitlich folgen dann *Amos* und *Hosea.* Auch von diesen haben wir kein unmittelbares Christuszeugnis, wohl aber eine Erwähnung des *Neuen Bundes,* den Gott durch das Opfer Jesu stiften wird. Sie geißeln in der Hauptsache die Untreue Israels ihrem Gott gegenüber und was sie über die Umkehr dieses Volkes sagen, ist nur sinnbildlich auf die *neutestamentliche Heilszeit* anwendbar. Wenn Hosea z. B. im 5. Vers seines 14. Kapitels von Gott sagt: »Ich will ihren Abfall heilen, ihnen bereitwillig Liebe erweisen, denn mein Zorn hat sich von ihnen abgewandt«, *dann gilt dies auch für alle Menschen, die Gottes Heilsangebot in seinem Sohn Jesus Christus annehmen.*

Dann kommt der Reihe nach der Prophet *Micha,* der um 740 v. Chr. gelebt hat. Durch ihn wird den Israeliten bereits der *Geburtsort* des kommenden Messias genannt. Er verkündet dem Volk nämlich in Kapitel 5, 1:

»Du aber, *Bethlehem-Ephrata,* bist zwar zu klein, als daß du zu den Gaustädten Judas gehörtest, aber aus dir wird mir der hervorgehen, der in Israel Herrscher sein soll und *dessen Herkunft der Vergangenheit, den Tagen der Urzeit, angehört.*«

Kurz nach Micha, also etwa um 700 v.Chr., trat dann *Jesaja* auf, der die umfassendste Schau vom Messias erhalten hat.

Ebenso wie die anderen Propheten hat auch er schwere Probleme mit seinem Volk. Es ist von seinem Gott abgefallen und dient weithin den Götzen seiner Nachbarvölker. Es ist unzüchtig geworden und mißachtet die ihm durch Moses von Gott gegebenen Gebote und Vorschriften. Er muß es ermahnen, ihm Strafreden halten und das göttliche *Gericht* über sein Unrecht ankündigen.

Aber dann werden ihm die Augen darüber geöffnet, daß es nicht immer so bleiben soll. Gott zeigt ihm, daß die *den Urvätern gegebenen Heilsverheißungen noch volle Gültigkeit haben,* daß über dieser dunklen Welt einmal ein helles Licht aufgehen wird. Im 1. Vers des 9. Kapitels gibt er diese Schau mit folgenden Worten weiter:

»Das Volk, das im Dunkel lebt, sieht ein *helles Licht*; über denen, die im Land der Finsternis wohnen, *strahlt ein Licht auf.*«

Im 5. Vers wird er dann deutlicher mit den Worten:

»Denn ein Kind ist uns geboren, *ein Sohn* ist uns geschenkt.«

Wichtig ist, daß hier schon vom »Sohn« gesprochen wird. Heute wissen wir vom Neuen Testament her, daß damit *Gottes* Sohn gemeint war. Diese Hoheit wird anschließend immer deutlicher beschrieben:

»*Die Herrschaft liegt auf seiner Schulter.* Man nennt ihn wunderbarer Ratgeber, starker Gott, Vater in Ewigkeit, Fürst des Friedens. Seine Herrschaft ist groß, und der Friede hat kein Ende. Auf dem *Thron Davids* herrscht er über sein Reich; er festigt und stützt es durch Recht und Gerechtigkeit, jetzt und *in Ewigkeit.*«

Es ist für die alttestamentlichen Propheten charakteristisch, daß sie das, was sich erst in späterer Zukunft ereignen wird, nicht deutlich und in chronologischer Reihenfolge gezeigt bekommen.

Die ihnen von Gottes Geist vermittelte Schau ist meist nur *bildhaft* und darüber hinaus auch noch *in das Geschehen ihrer Zeit und Umwelt eingebettet.* Manchmal bezieht sich ihre Vorausschau auch zunächst nur auf eine nahe Zukunft und gilt dabei jedoch gleichzeitig symbolisch für eine noch sehr ferne.

Ähnlich wird es auch gewesen sein, als Jesaja gemäß Kapitel 7, 10–14 dem König Ahas sagte, er könne sich ein Zeichen fordern, wenn dieser nicht den Mut dazu hat. Das ihm daraufhin von Gott gegebene Zeichen hatte dann zwar direkten Bezug auf die Situation, in der sich der König befand. Aber nach unserer heutigen Sicht deutete es bereits darauf hin, daß Jesus von einer Jungfrau geboren werden sollte.

Die prophetische Bibelstelle lautet nämlich:

»Seht, *die Jungfrau wird guter Hoffnung werden und einen Sohn gebären,* dem sie den Namen Immanuel geben wird.«

Daß diese Worte auf den kommenden Gottessohn hinweisen, wird durch die Verleihung des Namens und dessen Bedeutung verdeutlicht. Immanuel heißt nämlich übersetzt »*Gott ist mit uns*«, während der Name Jesus »*Gott ist Rettung*« bedeutet.

Wenn dies sowohl Jesaja als auch seine Zeitgenossen damals noch nicht verstanden, so ist es doch für alle, die in der Zeit nach Jesu Kommen leben, von sehr großer Bedeutung. Es trägt mit dazu bei, *den Erlöser dadurch als Sohn Gottes zu legitimieren, daß er schon Jahrhunderte zuvor als solcher angekündigt worden ist.*

Interessant ist auch, daß der Prophet unseren Erlöser schon deutlich in seiner irdischen Wirksamkeit beschreibt. So lesen wir in Jesaja 8, 22–23:

»Er blickt nach oben und blickt zur Erde; aber überall sieht er nur Not, Finsternis und beängstigendes Dunkel. Doch die Finsternis wird verscheucht; denn wer jetzt in Not ist, bleibt nicht im Dunkel.«

Deutlicher noch in Kapitel 42,1.6 b–7:

»Seht, das ist mein Knecht, den ich stütze; das ist mein Erwählter, an ihm finde ich Gefallen. Ich habe meinen Geist auf ihn gelegt, er bringt den Völkern das Recht . . . Ich habe dich geschaffen und dazu bestimmt, der Bund für mein Volk und *das Licht für die Völker zu sein:* blinde Augen zu öffnen, Gefangene aus dem Kerker zu holen.«

Von ganz besonderer Bedeutung für uns heute ist Jesaja 35, 4b–6a, weil sich Jesus im Neuen Testament selbst auf diese Stelle bezieht. Sie lautet:

»... *er selbst wird kommen und euch erretten*. Dann werden die Augen der Blinden geöffnet, auch die Ohren der Tauben sind wieder offen. Dann springt der Lahme wie ein Hirsch, die Zunge der Stummen jauchzt auf.«

Ich habe bereits darauf hingewiesen, daß die Zeitgenossen Jesu den Messias als einen *politischen Helden* erwarteten, der das Volk von dem Joch der Römer befreien würde. Diese Meinung scheint auch Johannes der Täufer gehabt zu haben und durch seine Inhaftierung über die Messianität Jesu in Zweifel geraten zu sein. Er schickt deshalb seine Jünger mit der Frage zu ihm, ob er wirklich *der verheißene Erretter* sei. Nach Matthäus 11, 4 sendet Jesus dann die Beauftragten mit der Botschaft zu Johannes ins Gefängnis zurück:

»Geht hin und *berichtet dem Johannes, was ihr seht und hört*: Blinde werden sehend und Lahme gehen, Aussätzige werden rein und Taube hören, Tote werden auferweckt, und Armen wird die *Heilsbotschaft* verkündigt, und selig ist, wer keinen Anstoß an mir nimmt (nicht irre an mir wird).«

Die ebenfalls in diesen Zusammenhang gehörenden Weissagungen in Jesaja 61, 1–2 und 58, 6 und ihren Bezug zum Neuen Testament habe ich bekanntlich bereits im Zusammenhang mit dem ersten öffentlichen Auftreten Jesu in der Synagoge seiner Heimatstadt Nazareth besprochen.

Das wohl wichtigste Kapitel in bezug auf die erfüllte Messiasprophetie im ganzen Alten Testament ist Jesaja 53. Hier wird nämlich das Leiden und Sterben Jesu und die Bedeutung dieses Geschehens so deutlich vorausgesagt, daß es den Eindruck macht, als sei es erst *nach* Golgatha geschrieben worden. Aber daß dies nicht der Fall ist, dafür gibt es Beweise.

In dieser umfassenden Schau wird dem Seher gezeigt, wie der Messias von den Menschen aufgenommen und behandelt werden wird. Er ist davon so erschüttert und irritiert, daß er dieses Kapitel mit den Worten beginnt:

»Wer hat unserer Verkündigung geglaubt, und wem ist der Arm des Herrn offenbar geworden?«

Jesaja kann es einfach nicht begreifen, daß der Messias in dieser Welt einmal so dastehen könnte, als ob er von Gott völlig verlassen wäre. Aber tatsächlich sieht er im Geist, wie ihn die Menschen verachten, wie sie ihm ins Gesicht schlagen und ihn anspukken. Man muß sich das alles einmal vorstellen, und es ist dann ja auch tatsächlich genauso geschehen. Wenn der Prophet in Vers 7 voraussieht: »Als er mißhandelt wurde, ergab er sich willig darein und tat seinen Mund nicht auf wie ein Lamm, das zur Schlachtung geführt wird«, dann entspricht dies einmal dem neutestamentlichen Bericht von Jesu Verspottung und Mißhandlung in Matthäus 27,27–31 und zum anderen dem über sein Verhör gemäß Matthäus 26,62–63. Im ersten Zitat heißt es:

»Hierauf nahmen die Soldaten des Statthalters Jesus mit sich in die Statthalterei und riefen dort die ganze Kohorte gegen ihn zusammen. Dann entkleideten sie ihn und legten ihm einen scharlachroten Mantel um, flochten aus Dornen eine Krone, die sie ihm aufs Haupt setzten, und gaben ihm ein Rohr in die rechte Hand; darauf *warfen sie sich vor ihm auf die Knie nieder und verhöhnten ihn* mit den Worten: Sei gegrüßt, Judenkönig! Auch spieen sie ihn an, nahmen das Rohr und schlugen ihm damit auf das Haupt. Nachdem sie ihn so *verspottet hatten*, nahmen sie ihm den Mantel wieder ab und legten ihm seine eigenen Kleider an; dann führten sie ihn zur Kreuzigung ab.«

Und im zweiten Zitat:

»Da stand der Hohepriester auf und fragte ihn: Entgegnest du nichts auf das, was diese Zeugen gegen dich aussagen? *Jesus aber schwieg.*«

Doch dann werden dem Seher auf einmal die Augen über den Sinn und den Erfolg dieses schrecklichen Martyriums geöffnet. Plötzlich versteht er, daß der von ihm im Geist geschaute *»Sohn«* all die Qual und den Tod *völlig freiwillig auf sich nimmt, um damit für alle menschliche Schuld gegen Gott eine vollgültige Sühne zu leisten*. Jesaja sagt das in den Versen 4–6 mit den Worten:

»Jedoch *unsere* Leiden waren es, die *er* getragen hat, und *unsere* Schmerzen hat *er* auf sich geladen, während wir ihn für einen Gestraften, von Gott Geschlagenen und Gemarterten hielten. Und doch war *er* verwundet um *unserer* Übertretungen willen und zerschlagen infolge *unserer* Verschuldungen. Die Strafe war auf *ihn* gelegt zu *unserem* Frieden, und durch *seine* Striemen ist *uns* Heilung zuteil geworden. *Wir* gingen alle in der Irre wie Schafe, ein jeder wandte sich seinem selbstgewählten Weg zu; der Herr aber hat *unser aller* Schuld auf ihn fallen lassen.«

Das war also der Zweck von Jesu Leiden und Sterben; und über dessen Erfolg lesen wir in Vers 10–12 folgendes:

»Doch der Herr fand Gefallen an seinem zerschlagenen (Knecht), er rettete den, der sein Leben als Sühneopfer hingab. *Er wird Nachkommen sehen* und lange leben. *Der (Heils)plan des Herrn wird durch ihn gelingen.* Nachdem er so vieles ertrug, erblickte er das Licht. Er sättigt sich an Erkenntnis. *Mein Knecht, der gerechte, macht die vielen gerecht; er lädt ihre Schuld auf sich.* Deshalb gebe ich ihm seinen Anteil unter den Großen, und mit den Mächtigen teilt er die Beute, weil er sein Leben dem Tod preisgab und *sich unter die Verbrecher rechnen ließ.* Denn *er trug die Sünden von vielen und trat für die Schuldigen ein.«*

Die Erfüllung dieses Prophetenworts ist geradezu das »Leitmotiv« des ganzen Neuen Testaments. Der Apostel Paulus spricht davon, daß der Plan Gottes zur Rettung der Welt bis zu Jesu Kommen noch ein Geheimnis gewesen, durch seinen Kreuzestod dann aber erfüllt worden sei. *Der Heiland wurde tatsächlich zwischen zwei Verbrechern gekreuzigt.*

Mit den dem gehorsamen Gottesknecht verheißenen »*Nachkommen*« dürften wohl die Glieder der neutestamentlichen Gemeinde gemeint sein.

Die beiden Andeutungen: »Er rettete den, der sein Leben als Sühneopfer hingab« und: »Nachdem er so vieles ertrug erblickte er das Licht«, könnten sich auf die *Auferstehung* Jesu beziehen.

Die *Ehrung Jesu* durch seinen göttlichen Vater bezeugt schließlich Philipper 2, 6 – 11 folgendermaßen:

»Er war Gott gleich, hielt aber nicht daran fest, wie Gott zu sein, sondern er entäußerte sich und wurde wie ein Sklave und den Menschen gleich. Sein Leben war das eines Menschen; er erniedrigte sich und war gehorsam bis zum Tod, bis zum Tod am Kreuz. *Darum hat Gott ihn über alles erhöht und ihm einen Namen verliehen, der größer als alle Namen ist,* damit alle im Himmel, auf der Erde und unter der Erde ihre Knie beugen vor dem Namen Jesu und jeder Mund bekennt: Jesus Christus ist der Herr – zur Ehre Gottes, des Vaters!«

Im 6. Jahrhundert v. Chr. trat der Prophet *Sacharja* auf. Er sah unter anderem, *wie Jesus seinen Einzug in Jerusalem hielt und dabei auf einem jungen Esel geritten ist.* In Sacharja 9,9 prophezeit er:

»Juble laut, Tochter Zion! Jauchze, Tochter Jerusalem! Siehe, dein König kommt zu dir. Er ist gerecht und hilft; er ist demütig und *reitet auf einem Esel, auf einem Fohlen, dem Jungen der Eselin.*«

Wie sich diese Weissagung erfüllt hat, lesen wir im Neuen Testament in allen vier Evangelien (Mt 21,1–9; Mk 11,1–10; Lk 19,28–38 und in Joh 12,12–16). Mit einigen Auslassungen lautet z. B. die Markusstelle:

»Als sie in die Nähe von Jerusalem kamen, nach Betfage und Bethanien am Ölberg, schickte Jesus zwei seiner Jünger voraus. Er sagte zu ihnen: Geht in das Dorf, das vor euch liegt; gleich wenn ihr hineinkommt, *werdet ihr einen jungen Esel angebunden finden,* auf dem noch nie ein Mensch gesessen hat. Bindet ihn los, und bringt ihn her ... *Sie brachten den jungen Esel zu Jesus, legten ihre Kleider auf das Tier, und er setzte sich darauf.* Und viele breiteten ihre Kleider auf der Straße aus; andere rissen auf den Feldern Zweige ab und streuten sie auf den Weg. Die Leute, die vor ihm hergingen und die ihm folgten, riefen: Hosianna! Gesegnet sei, der da kommt im Namen des Herrn! Gesegnet sei das Reich unseres Vaters David, das nun kommt! Hosianna in der Höhe! Und er zog nach Jerusalem hinein, in den Tempel ...«

Hier könnten natürlich Skeptiker behaupten, Jesus habe diese Weissagung gekannt und ihre Erfüllung selbst veranlaßt. Daß dies aber kaum möglich sein kann, beweist das prophetische Wort in Sacharja 11,12–13, auf dessen Erfüllung Jesus keinen Einfluß hatte, nämlich daß er *für 30 Silberlinge von Judas verraten* wurde und dieser Verräter *den »Judaslohn« hernach in den Tempel warf.*

Die Sacharjastelle lautet:

»Ich sagte zu ihnen: Wenn es euch recht scheint, so bringt mir *meinen Lohn*; wenn nicht, so laßt es! Doch *sie wogen mir meinen Lohn ab, dreißig Silberlinge.* Da sagte der Herr zu mir: Wirf ihn dem Schmelzer hin! Hoch ist der Preis, den ich ihnen wert bin. Und ich *nahm die dreißig Silberlinge und warf sie im Haus des Herrn* dem Schmelzer hin.«

Und ihre neutestamentliche Entsprechung findet sich in Matthäus 26,14–15 und 27,3–5 folgendermaßen:

»Darauf ging einer der Zwölf namens Judas Ischariot zu den Hohenpriestern und sagte: Was wollt ihr mir geben, wenn ich euch Jesus ausliefere? *Und sie zahlten ihm dreißig Silberlinge.«*

»Als nun Judas, der ihn verraten hatte, sah, daß Jesus zum Tod verurteilt war, reute ihn seine Tat. Er brachte den Hohenpriestern und den Ältesten die dreißig Silberlinge zurück und sagte: Ich habe gesündigt, ich habe euch einen unschuldigen Menschen ausgeliefert. Sie antworteten ihm: Was geht das uns an? Das ist deine Sache. Da warf er die Silberlinge in den Tempel; dann ging er weg und erhängte sich.«

Der letzte schreibende Prophet ist schließlich *Maleachi*, der um etwa 400 v. Chr. gelebt hat. Ihm wird gezeigt, daß dem kommenden Messias von Gott ein Herold vorausgesandt wird. Er soll *dem Gottessohn den Weg bereiten.* In Kapitel 3, 1.23–24a heißt es deshalb:

»*Seht, ich sende meinen Boten; er soll den Weg für mich bahnen.* Dann kommt plötzlich zu seinem Tempel der Herr, den ihr sucht, und der Bote des Bundes, den ihr herbeiwünscht. Seht, er kommt! spricht der Herr der Heerscharen . . . Bevor aber der Tag des Herrn kommt, der große und furchtbare Tag, seht, da sende ich zu euch den *Propheten Elia.* Er wird das Herz der Väter wieder den Söhnen zuwenden und das Herz der Söhne ihren Vätern . . .«

Von dieser Zeit an, also etwa 400 Jahre *) vor Christi Geburt, haben keine alttestamentlichen Propheten mehr *schriftliche* Auf-

---

*) Auf das wörtliche Eintreffen dieses Prophetenwortes hat Jesus nach Matthäus 17,10–13 folgendermaßen selbst hingewiesen: »Da fragten ihn die Jünger: Warum sagen denn die Schriftgelehrten, zuerst müsse *Elia kommen*? Er gab zur Antwort: *Ja, Elia kommt,* und er wird alles wiederherstellen. *Ich sage euch aber: Elia ist schon gekommen,* doch sie haben ihn nicht erkannt, sondern mit ihm gemacht, was sie wollten. Ebenso wird auch der Menschensohn durch sie viel leiden. Da verstanden die Jünger, *daß er von Johannes dem Täufer sprach.«*

zeichnungen hinterlassen. Wohl hat es danach noch prophetisch *redende,* gottesfürchtige Menschen, wie etwa Hanna und Simeon in Lukas 2, gegeben.

Rückblick

Nachdem wir nun eine Reihe von Beispielen aus der unermeßlichen Fülle *von Fakten für den christlichen Gottes- und Erlösungsglauben* kennengelernt haben, dürfte klargeworden sein, daß unser Schöpfer tatsächlich *existiert* und als solcher keineswegs ein *schweigender* und *unnahbarer* Gott ist. Seine *Existenz* hat er uns in der Natur durch ebenso unzählbar viele Tatsachen geoffenbart, wie wir dort Erscheinungen und Vorgänge der verschiedensten Art antreffen. Und für den Glauben an den von ihm gesandten *Erlöser* und dessen Opfer zu unserer Errettung aus der Gottesferne gab er uns sogar ein *schriftliches Dokument* in die Hand.

Wir stellten fest, daß sich dieses Dokument durch die in ihm enthaltene umfangreiche Prophetie so umfassend *selbst beglaubigt,* daß es über jegliche Kritik und Skepsis erhaben ist. Wer will nämlich an seiner göttlichen Inspiration noch zweifeln, wenn von den beinahe 6500 prophetischen Versen bereits mehr als die Hälfte als erfüllt nachgewiesen werden konnte! Und wenn Jesus von Nazareth von der Bibel viele Jahrhunderte zuvor über 300fach angekündigt wurde und sich diese Voraussagen bei seinem Erscheinen genau wie verheißen erfüllt haben, dann dürfte es eigentlich keinem von uns mehr schwerfallen, *sich diesem Retter im Leben und Sterben anzuvertrauen.*

Wenn sich also unser christlicher Glaube nicht auf ein ungeschütztes Für-wahr-Halten, sondern auf eine unübersehbare Fülle nachprüfbarer Tatsachen gründet, dann kann man das Christentum tatsächlich nicht mit den übrigen Hochreligionen auf eine Stufe stellen. Dann ist es nämlich keine Religion im landläufigen Sinn.

Bekanntlich beruhen alle Religionen auf dem menschlichen Bemühen, ein oder mehrere höhere Wesen zu besänftigen oder ihren Anhängern gegenüber gnädig gestimmt zu sein. Die Menschen halten nämlich weithin Leid und Unglück im Leben für die Strafe oder Rache der Götter und bemühen sich deshalb, deren Zorn durch alle möglichen Leistungen und Opfer zu beschwichtigen, um dadurch verschont zu bleiben.

Während so die heidnischen Religionen von ihren Anhängern *zur Erlangung des Heils Leistungen verlangen, ist es beim Christentum genau umgekehrt.* Hier hat Gott die erforderliche Leistung vollbracht und bietet sie seiner ihm untreu gewordenen Menschheit als Grundlage zur Versöhnung an. Er liebt seine Geschöpfe trotz all ihrer Treulosigkeit mit einer so unendlich großen Liebe, daß er sich herabläßt, ihnen nachzugehen, um sie für sich zurückzugewinnen. Deshalb heißt es in Johannes 3,16, dem wichtigsten Satz der ganzen Bibel:

»*Denn Gott hat die Welt so sehr geliebt, daß er seinen einzigen Sohn hingab, damit jeder, der an ihn glaubt, nicht zugrunde geht, sondern das ewige Leben hat.*«

Und für jeden, der sich durch Jesu Opfer hat retten lassen, gelten die Worte aus Römer 5,8–10:

»*Gott hat seine Liebe zu uns darin erwiesen, daß Christus für uns gestorben ist, als wir noch Sünder (d.h. in der Gottesferne) waren. Nachdem wir jetzt durch sein Blut gerecht gemacht sind, werden wir durch ihn erst recht vor dem Gericht Gottes gerettet werden. Da wir mit Gott versöhnt wurden durch den Tod seines Sohnes, als wir noch (Gottes) Feinde waren, werden wir erst recht, nachdem wir versöhnt sind, gerettet werden durch sein Leben.*«

26. Kapitel
Allgemeines Christentum und echter Erlösungsglaube

Viel Widerspruch im Christenleben

Nun sagt die Bibel in Römer 5, 5 von denen, die sich durch Jesu Opfer mit Gott versöhnen ließen:

». . . die Liebe Gottes ist ausgegossen in unsere Herzen durch den Heiligen Geist, der uns gegeben ist.«

Und der Apostel Paulus ermahnt die Gemeinde in Philippi entsprechend mit den Worten:

»Tut nichts aus Selbstsucht oder aus eitlem Ehrgeiz, sondern achtet in Demut einer den anderen höher als sich selbst; jeder habe nicht nur seinen eigenen Vorteil im Auge, sondern jeder auch den des anderen.

Eine solche Gesinnung wohne in euch allen, wie sie in Christus Jesus auch vorhanden war; denn obgleich er in göttlicher Gestalt war, sah er doch die Gottgleichheit nicht als einen festzuhaltenden Besitz an, sondern entäußerte sich selbst seiner Herrlichkeit, indem er Knechtsgestalt annahm und in seiner äußeren Erscheinung den Menschen gleich ward und in seiner leiblichen Beschaffenheit als ein Mensch erfunden wurde; er erniedrigte sich selbst und wurde gehorsam bis zum Tode, ja bis zum Tode am Kreuz« (Phil 2, 3–8).

Wenn wir dann dazu noch das 13. Kapitel im 1. Korintherbrief und viele andere Stellen im Neuen Testament lesen, bekommen wir den Eindruck, daß die Christen gute Menschen sein müssen, mit denen es sich bestens zusammenleben läßt. Schauen wir sie uns dann jedoch einmal in der Praxis näher an, dann sind wir bitter enttäuscht. Die meisten verhalten sich bekanntlich kaum anders als die Nichtchristen. Ja, sie verhalten sich durchweg genau gegenteilig, als es nach den Aussagen der Bibel zu erwarten wäre. *Macht man uns nicht mit Recht den spöttischen Vorwurf, daß die nun fast 2000jährige Geschichte des Christentums das Zusammenleben der Völker nicht im geringsten gebessert habe?* Führen die sog. christlichen Völker nicht genauso ihre grausamen Kriege wie alle anderen? Gibt es nicht auch sonst überall bei ihnen Neid und Streit, Lug und Trug, Mißgunst und Übervorteilung und alle bösen Taten? Wie ist das nur möglich?

Über Christen ohne Christus

Es gibt in unserem sog. christlichen Abendland ungezählte Menschen, die in der Illusion leben, sie seien Christen, nur weil sie einmal als Säugling getauft und ins Kirchenbuch eingetragen worden sind. Dabei haben sie sich danach meist nie um Glaubensfragen gekümmert. Ja, es ist ihnen sogar unangenehm, wenn darüber gesprochen wird. Sie scheuen jede Unterhaltung ganz besonders dann, wenn dabei der Name Jesus im Mittelpunkt steht. Manche reagieren sogar abweisend und werden ausfällig, wenn sie auf die Notwendigkeit ihrer persönlichen Erlösung hingewiesen werden. Dazu folgendes Beispiel:

Ich las kürzlich den Erfahrungsbericht einer Pfarrfrau, die gemeinsam mit ihrem Mann vor dem großen Kaufhaus in der Fußgängerzone einer Großstadt jedem Vorübergehenden ein Traktat als Sonntagsgruß der Kirche anbot. Sie taten diesen Missionsdienst nach der Pensionierung des Pfarrers bereits seit zwei Jahren.

Die Verteilerin berichtet nun, daß ihnen die Schriften »nicht nur dankbar abgenommen würden«, sondern daß es auch »spöttische und böse Blicke, ja, massive Ablehnung auf ihrem einsamen Posten in unmittelbarer Nähe von stets sehr aktiven linken Gruppen und Ständen« gegeben habe. Weiter schrieb sie, daß sie »an diesem selben Platz während ihrer Aktion auch schon mal von einem Passanten in übelster Weise beschimpft und beleidigt worden sei, bis hin zur Drohung, solchen Leuten wie ihnen – dabei wies man mit ausgestrecktem Arm auf ihren Mann – müsse man den Hals abschneiden«.

Trotz eines derart ablehnenden Verhaltens ist keineswegs auszuschließen, daß nicht wenige dieser Leute tödlich beleidigt wären, wenn man ihnen das Christsein absprechen und sie als Heiden bezeichnen würde. Auch wären sie empört, wenn ihnen der Pfarrer die Einsegnung bei der Hochzeit, die Taufe und Konfirmation oder Kommunion ihrer Kinder oder die christliche Beerdigung von Angehörigen verweigern würde.

Mir kommt eine solche Art von Christsein immer wie der Abschluß einer Versicherung vor. Wenn man pünktlich seine Prämie bezahlt, hat man Anspruch auf die im Vertrag vereinbarten Leistungen.

Der Atheismus als Stütze des Gottesglaubens

Es lohnt sich, einmal den Ursachen für die ablehnende Haltung vieler Menschen dem christlichen Glauben gegenüber nachzugehen. Woher kommt eigentlich die bittere Feindschaft der Gottesleugner gegen den Gottesglauben? Wer nicht glauben will, der soll es doch lassen! Es zwingt ihn ja niemand dazu. Aber da führt der Atheismus einen ständigen Kampf gegen Gott, seinen Sohn und sein Wort. Selbst Wissenschaftler von hohem Rang und Ruf geben sich alle Mühe, die Natur, ihren Ursprung und alles Geschehen in ihr aus sich selbst heraus zu erklären. Sie scheuen sich dabei nicht einmal, dies gegen alle Vernunft und sogar manchmal entgegen wissenschaftlicher Redlichkeit zu tun. Sie leugnen bewußt jegliches Übersinnliche und lassen nur gelten, was sie mit ihren Sinnen wahrnehmen und mit ihrem Verstand begreifen können. *Man tut bewußt oder unbewußt alles, um dem Höchsten seine Schöpferehre streitig zu machen.*

Ich kann für die Hartnäckigkeit, mit der sich der Unglaube gegen den Glauben stemmt, keinen anderen Grund finden, als *daß man Gott nicht will. Der natürliche Mensch will sich keiner ihm übergeordneten Autorität unterwerfen, sondern über sich und seine Lebensführung selbst bestimmen.*

In weltanschaulicher Ausprägung hat sich der Atheismus in manchen Ländern schon die Machtstellung einer Art *Staatsreligion* angeeignet. Zu deren allgemeiner Durchsetzung scheut man sich nicht, Gott- und vor allem Christusgläubige zu unterdrücken, zu verfolgen, zu martern und gar zu morden. Muß man nicht ein in jedem Menschen tief verwurzeltes, jedoch verschüttetes *Gottesbewußtsein* dahinter vermuten, das sich durch ein schlechtes Gewissen bemerkbar macht? Wie könnte man sonst die friedlichsten und treuesten Staatsbürger mit einem solch fanatischen Haß bekämpfen, die Jesus selbst zur Unterwerfung unter jede Obrigkeit bis hin zur Feindesliebe verpflichtet hat! Aber indem sie sich auf die göttlichen Zusagen der Heiligen Schrift verlassen, leiden diese Getreusten der Getreuen still, wozu ihnen dann der, der ihnen solche Opfer zumutet, auch die erforderliche Durchhaltekraft verleiht.

Sowohl der wütende Ausrottungswille der Verfolger als auch die bewundernswerte Leidensbereitschaft der Verfolgten waren mir schon immer mit die überzeugendsten Argumente für die Realität des lebendigen Gottes, nicht zuletzt aber auch für das Wirken einer unheimlichen satanischen Gegenmacht in dieser Welt.

Christentum als Religion

Jetzt interessiert uns natürlich sogleich die Frage, wie denn die vielen Millionen von Christen überhaupt zu »*Christen ohne Christus*« werden konnten. Wir brauchen uns jedoch nur einmal in der *Geschichte des Christentums* genauer umzusehen, um ihre Lösung zu finden.

Wir haben früher schon festgestellt, daß sich der Mensch in der Urzeit durch die satanische Verführung selbst »zu Gott« gemacht hat. Er ist seitdem seines Schöpfers Konkurrent geworden und deshalb *zu stolz, sich unter seine Schuld zu beugen*. Deshalb ist ihm auch die *Erlösungsbotschaft* in ihrer ursprünglichen Form zuwider.

Nun ist es ihm aber im Lauf der Zeit *gelungen, das Christentum zu einer Religion im landläufigen Sinn umzufunktionieren*. Es wurde so umgestaltet, daß man sich nichts schenken zu lassen brauchte, sondern zu seinem Heil *selbst etwas zu leisten* vermag. Diese Umgestaltung wurde durch ein geschichtliches Ereignis und seine Folgen sehr begünstigt, das schon zu einem frühen Zeitpunkt in der Geschichte des Abendlandes stattfand. Es fiel in das Jahr 315 n. Chr.

In diesem Jahr gab es für die Gläubigen der *Urchristenheit*, die bis dahin unter dem römischen Heidentum schwer zu leiden hatten und in großer Zahl den Märtyrertod sterben mußten, einen plötzlichen *Umschwung*.

Kurz zuvor – es war im Jahr 313 n. Chr. – hatte *Kaiser Konstantin der Große* vor einer Schlacht die Standarten seiner Legionäre statt mit dem römischen Adler mit dem *christlichen Kreuz* ausgestattet. Als er daraufhin siegte, gab er seine heidnische Religion auf und wandte sich dem *Christentum* zu. Gleichzeitig merkte er, daß er gegen den drohenden Zerfall des Römischen Reiches eine neue Ideologie brauchte und *machte deshalb mit dem Jahr 315 n. Chr. das Christentum zur Staatsreligion für das gesamte Römerreich*.

Von da an war es leicht und gefahrlos, Christ zu werden. Wer als Säugling getauft und ins Kirchenbuch eingetragen wurde, galt als lebendiges Glied der Gemeinde Jesu. Von *Umkehr* und *Buße* wurde nicht mehr gesprochen. So wurde dieser *Kern der Christusbotschaft* vernachlässigt und schließlich ganz vergessen.

Auf diese Weise kam es zu der *großen Volkskirche*, die alle unter ihre Fittiche nahm und jedem, der sich treu zu ihr hielt, *das ewige Seelenheil garantierte*. Sie hatte fortan die bis dahin vom heidnischen Götterkult gepflegten religiösen Bedürfnisse der Menschen zufriedenzustellen. Da dieser stets mit viel äußerem Aufwand und Prunk vonstatten gegangen war, blieb ihr nichts anderes übrig, als diese glänzenden Äußerlichkeiten in ähnlicher Weise weiter zu pflegen. Dazu fand man beim alttestamentlichen, jüdischen Priestertum viel Anregung zur Nachahmung. Gleichzeitig bürgerte sich immer mehr die vom Heidentum gewohnte Auffassung ein, *daß man Gott durch persönliche Leistungen und Opfer ehren und versöhnen könne*. Man glaubte, sich durch viele Gebete und gute Werke von Schuld und Sünde befreien zu können. Ja, es kam schließlich so weit, daß man sich durch Geld von Versündigungen freikaufen konnte. Ich erinnere nur an den vor und zur Zeit der Reformation betriebenen *Ablaßhandel*.

Mit dieser Umwandlung in eine Religion wurde die Heilsbotschaft Jesu ganz und gar in äußerlichen Glanz und Prunk eingehüllt. Man hat sie gewissermaßen wie ein kostbares Kleinod in eine goldene Truhe gelegt und diese so großartig wie eben möglich durch Goldschmiedearbeiten und mit Juwelen von außen verziert. Der Laie bekam schließlich nur noch diesen Prunkschrein, nicht aber das *Kleinod* in seinem Inneren zu Gesicht.

Im Mittelalter kam dann einer, der die Truhe gewaltsam aufbrach. Es war *Martin Luther*, den die Frage quälte: »*Wie bekomme ich einen gnädigen Gott*?« Er studierte die Heilige Schrift und fand dabei das Kleinod. Er entdeckte *Jesu Freudenbotschaft von Gottes Erlösung* für sich und viele seiner Mitmenschen wieder ganz neu.

Aber auch die Reformation hat die Christenheit nicht durchgreifend zu erneuern und insgesamt *zum Kern ihrer Heilsbotschaft* zurückzuführen vermocht. Es gelang und gelingt dem Widersacher Gottes immer wieder – und in der heutigen Zeit ganz besonders –, »Unkraut unter den Weizen zu säen«, wie Jesus das nannte. *Rechthaberei, Besserwisserei, Egoismus und Fanatismus, Rückfall in heidnischen Brauch und Prunk sind auch in unseren Tagen immer noch am Werk, das Kleinod des göttlichen Erlösungsangebots zu behindern und zu verhüllen.*

Aber trotz all der großen Zersplitterung innerhalb der Christenheit und der Verhüllung und Verfälschung ihrer Heilsbotschaft hält der Geist Gottes dennoch das Banner Jesu in dieser Welt hoch. Dieser Geist läßt trotz aller Behinderung und Verfolgung nicht nur in der *katholischen und evangelischen Kirche, in den Freikirchen* und den ungezählten *christlichen Gemeinschaften*, sondern selbst im gefährlichsten Herrschaftsbereich des Atheismus Männer und Frauen *das unverfälschte Evangelium* erkennen, annehmen und verkündigen.

Sie bilden dann die aus *echten Christen bestehende, unsichtbare Kirche Christi*. Jesus nennt sie *»seinen Leib, von dem er das Haupt ist«*. Er hat ja schon während seines Erdenlebens gesagt, daß »sein Reich nicht von dieser Welt« ist. Die Bürger dieses Reiches sind dadurch *nicht bessere Menschen* als ihre Zeitgenossen, obwohl man ihnen das oft vorwirft. Sie sind *genauso Sünder* wie die anderen, nur daß sie dies *vor Gott eingestanden und sein Heilsangebot angenommen haben. Sie sind erlöste Sünder. Durch Vergebung ihrer Lebensschuld auf Grund des Geschehens von Golgatha sind sie dankbare und frohe Menschen, deren heißester Wunsch es ist, ihren noch gleichgültig dahinlebenden Mitmenschen dieses große Glück ebenfalls zu vermitteln.*

Abkehr vom Vater

Als die ersten Menschen ihrem Schöpfer den Gehorsam verweigerten, um ihre Lebensführung selbst in die Hand zu nehmen, handelten sie wie unmündige Kinder, die in trotziger Auflehnung das bergende Elternhaus verlassen. Solche Ausreißer gehen unweigerlich in die Irre und kommen schließlich um, wenn sie nicht anderweitig versorgt werden. So wäre auch die Menschheit schon längst an ihr Ende gekommen, hätte Gott sich in seiner unergründlichen Liebe nicht ihrer erbarmt.

Das war besonders beim Volk Israel der Fall. Aber obwohl diese so besonders Bevorzugten die göttliche Fürsorge klar erkannten, irrten sie doch immer wieder von dem gottgewollten Weg ab. Sie hatten sich zur Zeit Jesu bereits so weit von Gott entfernt, daß die Bibel in Matthäus 9,36 von dem Herrn sagt:

»Als er (Jesus) die Volksmengen sah, hatte er Mitleid mit ihnen, denn sie waren abgehetzt und erschöpft wie Schafe, die keinen Hirten haben.«

Gilt dieses Wort nicht mehr denn je auch für uns heute?! Spricht man gegenwärtig nicht überall von einer fast unerträglichen »Streßsituation«, in der sich der heutige Mensch befindet? Und fehlt uns nicht vor allem der leitende »Hirte«?! Weil der aber nicht da ist, trifft für uns das Wort aus Jesaja 53,6a zu, wo es heißt:

»Wir gingen alle in der Irre wie Schafe, ein jeder wandte sich seinem selbstgewählten Weg zu.«

Wo Gott als allerhöchste Autorität ausgeschaltet und dessen Gebote und Verordnungen zunehmend außer Kraft gesetzt werden, da steuert das menschliche Zusammenleben unweigerlich dem Chaos zu.

Bisher übten die von den Regierungen und ihren Parlamenten erlassenen Gesetze wenigstens noch eine einigermaßen wirksame, das Chaos aufhaltende *Ersatzfunktion* aus. Aber wir erleben gegenwärtig mit Schrecken, daß auch diese mehr und mehr ihre Autorität verlieren. Auf diese Weise bricht sich der sinnlose Terror immer mehr Bahn, so daß die Katastrophe schon beinahe abzusehen ist.

Wenige Tage bevor ich dieses niederschrieb, las ich einen diesbezüglichen Aufsatz von dem bekannten Systemkritiker Prof. Dr. Robert Havemann *), der mit folgendem Satz beginnt:

»Viele, vielleicht die meisten der heute Lebenden, werden das Ende unserer Zeit, das Ende einer wachstumsbesessenen industriellen Zivilisation noch erleben.«

Einige Zeilen weiter charakterisiert er dann unser *gegenwärtiges Jahrhundert* wie folgt:

»Dieses letzte Jahrhundert der Weltgeschichte war einzigartig und unübertrefflich in jeder Dimension, phantastisch und atemberaubend der Fortschritt von Wissenschaft und Technik. Gräßlich, grauenhaft unmenschlich das Hinschlachten von Abermillionen Menschen, die nicht Opfer von Naturkatastrophen wurden, sondern von Gesellschaftskatastrophen, Opfer von Verbrechen und Verbrechern, wie es sie nie zuvor gab. Jahrhundert der Atomenergie und des Mondfluges, aber auch der Konzentrationslager und der Menschenvergasung, der Bomben auf Hiroshima und Nagasaki und des Völkermordes, Jahrhundert des wachsenden Wohlstands für jene Minderheit der Menschheit, die in den Industriestaaten lebt, aber Jahrhundert der Armut, des Elends, des Hungers und des Massensterbens für die übergroße Mehrheit der Menschen in den armen Ländern, die man teils geringschätzig, teils mit schlechtem Gewissen die Dritte Welt nennt. Zwanzigstes Jahrhundert, Jahrhundert von Auschwitz und Majdanek, des Vietnamverbrechens, des Archipels Gulag, mit Schmach und Schande bedecktes Jahrhundert, es muß das letzte seiner Art gewesen sein, wenn die Menschheit leben will.«

Natürlich will die Menschheit leben, es fragt sich nur, wie dieses Leben aussehen wird. Wir leben alle von der *Hoffnung*, aber die Erfahrungen, die wir in diesem schrecklichen 20. Jahrhundert gemacht haben, haben unser Vertrauen in die Zukunft zerstört. Alle haben *Angst* vor ihr. Es sind vielerlei Ängste, die die Menschen quälen, aber die alles überschattende ist die vor einem neuen, atomaren Weltkrieg, der die totale Vernichtung jeder Lebensmöglichkeit nicht ausschließt.

Während der säkulare Mensch angesichts dieser furchtbaren

---

*) »Das Ende unserer Zeit«, zitiert aus der Zeitschrift »Aral Journal«, Ausgabe Frühjahr 1981.

Bedrohung schier verzweifelt, weiß der an Gott und sein untrügliches Wort Glaubende, daß das alles so kommen muß. Der kennt auch die tiefere Ursache für die zu erwartenden schweren Zeiten. *Die furchterregenden Ereignisse der Zukunft werden immer schlimmer, je weiter sich das Geschöpf von seinem Schöpfer entfernt und ihn in überheblicher und selbstherrlicher Weise kränkt und bekämpft. Die Gottlosigkeit begann mit der Gehorsamsverweigerung im Paradies und wird in einer schrecklichen Gerichtskatastrophe enden.* Nach der Bibel handelt es sich dabei um die Bestrafung der gottlosen Menschheit, die Gottes, mit einem so großen Opfer erkauftes Heil schnöde abgewiesen hat. Diese letzte Abrechnung wurde schon vor Jahrtausenden im Alten Testament, in 1. Samuel 12, 10a, mit folgenden Worten prophetisch vorausgesagt:

»Die mit dem Herrn hadern, sollen zugrunde gehen. Der Höchste im Himmel wird sie zerschmettern, der Herr wird richten der Welt Enden.«

Heimkehr zum Vater

Wie frohmachend steht doch dieser schrecklichen Gerichtsdrohung die in diesem Buch bereits von den verschiedensten Seiten beleuchtete *Botschaft von dem Heilsangebot Gottes gegenüber*! Weil deren Verkündigung die Hauptaufgabe der Heiligen Schrift und letztlich auch das Anliegen dieses Buches darstellt, möchte ich an dessen Schluß noch einmal zusammenfassend auf sie zurückkommen. Ich benutze dazu die meisterhafte Beispielerzählung Jesu, die uns als das sog. *Gleichnis vom verlorenen Sohn* in Lukas 15 überliefert ist. Sie lautet in einer modernen Übersetzung folgendermaßen:

»Ein Mann hatte zwei Söhne. Der jüngere sagte zu seinem Vater: ›Gib mir den Teil der Erbschaft, der mir zusteht!‹ Da teilte der Vater den Besitz unter die beiden auf. Nach ein paar Tagen machte der jüngere Sohn seinen ganzen Anteil zu Geld und zog in die Fremde. Dort lebte er in Saus und Braus und verjubelte alles. Als er nichts mehr hatte, brach in jenem Land eine große Hungersnot aus; da ging es ihm schlecht. Er fand schließlich Arbeit bei einem

Bürger jenes Landes, der schickte ihn zum Schweinehüten aufs Feld. Er war so hungrig, daß er auch mit dem Schweinefutter zufrieden gewesen wäre, aber selbst das verwehrte man ihm. Endlich ging er in sich und sagte sich: ›Die Arbeiter meines Vaters bekommen mehr, als sie essen können, und ich werde hier noch vor Hunger umkommen. Ich will zu meinem Vater gehen und ihm sagen: ›Vater, ich bin vor Gott und vor dir schuldig geworden; ich verdiene es nicht mehr, dein Sohn zu sein. Laß mich als einfachen Arbeiter bei dir bleiben!‹

So machte er sich auf den Weg zu seinem Vater. Der sah ihn schon von weitem kommen, und voller Mitleid lief er ihm entgegen, fiel ihm um den Hals und küßte ihn. ›Vater‹, sagte der Sohn, ›ich bin vor Gott und vor dir schuldig geworden, ich verdiene es nicht mehr, dein Sohn zu sein!‹ Aber der Vater rief seine Diener. ›Schnell, holt das beste Kleid für ihn, steckt ihm einen Ring an den Finger und bringt ihm Schuhe. Holt das Mastkalb und schlachtet es. Wir wollen ein Fest feiern und uns freuen! Mein Sohn war tot, jetzt lebt er wieder. Er war verloren, jetzt ist er wiedergefunden.‹ Und sie begannen zu feiern.«

Diese zu Herzen gehende Meistererzählung Jesu steckt voller sinnbildlicher Feinheiten. Ich will auf einige, mir wichtig erscheinende aufmerksam machen.

Da ist zunächst *der jüngere Sohn als Hauptperson.* Ich denke, Jesus will uns an ihm den Zustand und das Verhalten aller Menschen ihrem Schöpfer gegenüber verdeutlichen.

Als Gottes Geschöpfe stehen wir von Geburt an zu ihm *im Verhältnis eines Kindes zu seinem Vater.* In unserer frühesten Kindheit haben wir vielleicht noch kindlich zu ihm als dem »lieben Gott« gebetet und fest an ihn geglaubt. Als Unmündige waren wir gewissermaßen noch bei ihm zu Hause.

Als wir erwachsen wurden, brach diese Verbindung ab. Da interessierte uns Gott nicht mehr, jetzt hatten wir genug mit uns selbst, mit unseren eigenen Interessen und unserem Vorwärtskommen zu tun. Gottes Gebote und Verbote waren uns lästig, wir wollten nicht mehr bevormundet werden, wir wollten unser Leben nach unseren eigenen Wünschen und Plänen gestalten. *Wir verließen gewissermaßen wie der jüngere Sohn das bergende Vaterhaus und begaben uns in die Fremde.*

Dabei nahmen wir einen Teil des väterlichen Vermögens als Erbe mit. Es bestand *in unserem gesunden Körper, unserem klaren Verstand und all dem anderen, was wir zum Leben nötig haben. Ja, jeder Atemzug ist auch in der Fremde noch ein Geschenk unseres Schöpfers.*

Wie dem jungen Mann in Jesu Gleichnis geht es uns in der Gottesferne oft lange Zeit gut. Dann denken wir in der Regel an nichts anderes, als zu schaffen und das Leben zu genießen.

Doch jeder von uns kommt irgendwann einmal an eine Stelle seines Lebensweges, wo er nicht mehr weiter weiß. Worum es sich dabei handeln kann, wissen wir alle viel zu gut, als daß ich dafür konkrete Beispiele anzuführen brauchte. Ich erinnere nur kurz an Fälle wie *Krankheitsnöte und die vielerlei Schwierigkeiten in Ehe, Familie und Beruf.*

In einer solchen Lage ist dann das Dasein so unerfreulich wie Schweinehüten, und menschliche Hilfe wird uns dann oft versagt, wie dem Jungen das Schweinefutter. Außerdem sind wir dabei vielfach so verblendet und selbstherrlich, daß wir glauben, uns selber helfen zu können. *Klappt uns das nicht, dann machen wir Gott, den wir längst vergessen hatten, oft für Notlagen verantwortlich, die wir selbst verschuldet haben.*

Aber – so merkwürdig es klingt – für manchen ist es ein Glück, daß ihm die Selbsthilfe nicht gelingt. Nämlich deshalb, damit er sich in der Fremde auf seinen göttlichen Vater besinnen soll. Gott verfährt mit uns manchmal so, wie wir es mit unseren Kindern zu tun pflegen. Er läßt uns eine Zeitlang bewußt in den Schwierigkeiten stecken, damit wir daraus lernen.

Und was erwarten wir von unseren Kindern, wenn sie endlich in ihrer Ratlosigkeit hilfesuchend zu uns kommen? Etwa, daß sie uns beschimpfen und uns Vorwürfe machen, weil wir nicht früher eingegriffen und ihr Mißgeschick verhindert haben?

Im Gegenteil, wir rechnen damit, *daß sie ihr eigenes Verschulden und Unvermögen einsehen und für unsere Hilfe dankbar sind.* Wenn wir eine solche innere Einstellung aber schon bei unseren Kindern voraussetzen, wieviel mehr ist sie dann erst dem allmächtigen Gott gegenüber angebracht, ja, erforderlich. *Es ist in keiner Weise unter unserer Würde, wenn wir uns vor ihm demütigen*!

Und nun geschieht in der Gleichniserzählung Jesu etwas Großartiges. Dem Unglücklichen gingen plötzlich die Augen auf und gleichzeitig über. Das besagt der alte Luthertext mit den Worten: *»Da schlug er in sich.« In demütiger Selbsterkenntnis durchschaute er die Aussichtslosigkeit seiner Lage und die Nutzlosigkeit aller Selbsthilfebemühungen.* Er gestand sich ein, daß er falsch gehandelt und auf seinem eigenwillig gewählten Weg ans Ende gekommen war. Er brauchte fremde Hilfe.

Genau diese Haltung ist es, die Gott auch von uns in bezug auf unser gottloses Leben erwartet. Aber gerade sie ist es, zu der wir uns so schwer durchringen können. Das ist der Grund, daß uns Gott manchmal so lange in den Schwierigkeiten stecken läßt. Erst wenn wir mit unserer Weisheit am Ende sind, rufen wir ja bekanntlich nach ihm um Hilfe.

In seiner Ausweglosigkeit erinnerte sich der junge Mann gleichzeitig der bei seinem Vater vorhandenen Möglichkeiten. Aber konnte er es wagen, den, den er mit seinem Fortgehen so bitter enttäuscht und gekränkt hatte, um Hilfe anzugehen? Würde sich der Vater nicht seines heruntergekommenen Äußeren wegen schämen und ihn zur Strafe kurzerhand zurückweisen? Sicher hatte er auch Schulden gemacht, so daß seine Gläubiger ihm auf den Fersen bleiben würden. Unmöglich konnte er den Vater auch noch um deren Bezahlung bitten. Was sollte er nur tun?

Glücklicherweise tat er genau das Richtige. Bei allem Unvermögen hatte er ja immer noch seinen *freien Willen*, und den benutzte er zu dem *bestmöglichen Entschluß,* den er fassen konnte. Er beschloß nämlich, zu seinem Vater zurückzugehen, *ihm rückhaltlos seine Schuld zu bekennen* und ihn um die Gelegenheit zu bitten, als Knecht bei ihm in Zukunft sein Brot verdienen zu dürfen.

In diesem Entschluß erkennen wir wieder das Sinnbild für eine der Voraussetzungen, die zur Erlangung von Gottes Vergebung unserer Lebensschuld unbedingt notwendig ist. Ich möchte diese Notwendigkeit an einem einfachen Beispiel aus dem menschlichen Zusammenleben anschaulich machen.

Angenommen, jemand, der Zugang zu Staatsgeheimnissen hat, ist in große Schulden geraten und sieht keinen Ausweg mehr, sie loszuwerden. Das merkt der Agent eines fremden Staates und macht ihm das Angebot, ihm gegen hohe Bezahlung solche geheimen Informationen abzukaufen. Läßt er sich darauf ein, dann macht er sich des Hochverrats an seinem Vaterland schuldig. Aber was das Schlimmste ist, *er gerät dadurch in den Bann der feindlichen Macht*, denn sie kann ihn jederzeit zu weiterer Spionagetätigkeit erpressen.

Was geschieht nun, wenn dem Verräter eines Tages das *Gewissen* schlägt und er von diesem Bann wieder *frei werden möchte*? Bekanntlich ist das nur möglich, indem er zu seiner Behörde geht und *seine Schuld bekennt*.

In unserem angenommenen Fall geht ein solches Schuldbekenntnis natürlich nicht ohne entsprechende Bestrafung des Hochverräters ab. Aber bei Gott schaltet sich hier – wie ich es bereits im ersten Kapitel angedeutet habe – dessen *grenzenlose Liebe* ein, die zur Rettung des Schuldigen seine ebenfalls *unendlich große Gerechtigkeit durch Jesu stellvertretenden Sühnetod zufriedenstellt*.

Und diese unfaßbar große Gottesliebe kommt in unserem Gleichnis in einer ergreifenden Szene zum Ausdruck. Der Vater, der sicher voller Liebe und Sehnsucht immer wieder nach seinem Sohn ausgeschaut hat, *sieht ihn eines Tages tatsächlich schon von fern kommen, läuft ihm entgegen und schließt den verkommenen, nach Schweinestall stinkenden Landstreicher in die Arme und küßt ihn.* Er läßt den Heimkehrer nur das Schuldbekenntnis, nicht aber die Bitte um Hilfe aussprechen. Er verschließt ihm den Mund mit dem Kuß der Vergebung und Wiederannahme.

Doch nicht genug damit, er läßt ihm die schmutzigen Lumpen ausziehen und ganz neu einkleiden. Das geschieht – ebenso wie das Anlegen eines kostbaren Ringes – sinnbildlich als Ausdruck für die Wiederverleihung der Würde eines Sohnes aus vornehmem Hause.

Doch damit begnügt sich der Vater immer noch nicht. Nicht genug damit, daß er den, der ihm soviel Kummer gemacht, ohne den geringsten Vorwurf liebevoll wieder aufnimmt und voll in alle Sohnesrechte und -würden einsetzt, nein, er veranstaltet darüber hinaus noch ein *großes Freudenfest.*

Genau wie der Vater in Jesu Gleichnis ist auch unser Schöpfer. Er läßt seinem Geschöpf Mensch vollkommene Freiheit. In bezug auf sein irdisches Dasein ist dieser zwar ganz von der göttlichen

Liebe abhängig und auf deren ständige Versorgung angewiesen. Aber bei alledem hat er eins in Eigenverantwortung: *die Möglichkeit absolut freier Willensentscheidung.* Wir hörten bereits, daß es dafür nur zwei Alternativen gibt:

Der Mensch kann in seiner angeborenen Gottesferne verharren, den göttlichen Vater mißachten oder sich gar gegen ihn stellen, oder er kann ihn suchen und verehren. Aber die Konsequenzen dieser seiner freien Entscheidung muß er ganz allein verantworten und tragen. Und welcher Art können die Folgen sein?

Wer in der Gottesferne verharrt, der wird zwar nicht *von Gott* gestraft, aber er *straft sich selbst.* Jesus sagt nach Lukas 3, 18:

»Wer an ihn glaubt, wird nicht gerichtet; wer aber nicht glaubt, *ist schon gerichtet,* weil er nicht zum Glauben an den Namen des eingeborenen Sohnes Gottes gekommen ist.« Er hat seine Trennung von dem Ursprung des ewigen Lebens *bewußt* aufrechterhalten, und das muß unweigerlich zum ewigen Tod führen. Wer nicht mit Gott in Verbindung und damit unter seinem Schutz steht, ist Satan und seinen Zerstörungsmächten gnadenlos ausgeliefert. Der kommt nach seinem irdischen Tod um.

Ganz anders steht es mit jedem, der den Vater aufrichtig sucht. Ich habe in diesem Buch zu zeigen versucht, wie er zu finden ist. Ein solcher *kann sich noch so schwer gegen Gott und Menschen versündigt haben, wenn er ehrlich sein bisheriges Verhalten bereut, wird er ohne jeden Vorwurf angenommen.* Er kann sich dabei auf den Opfertod Jesu berufen, der ja die Strafe für ihn bereits verbüßt hat. Für ihn gelten zwei frohmachende Bibelworte, das erste steht in Lukas 15, 10 und das zweite in 1. Korinther 2, 9:

»Es herrscht Freude bei den Engeln Gottes über einen Sünder, der Buße tut!«

Der Apostel Paulus schreibt an die Korinther:

»Wir verkündigen, wie es in der Schrift heißt: Was kein Auge gesehen und kein Ohr gehört hat, was keinem Menschen in den Sinn gekommen ist: das Große, das Gott denen bereitet hat, die ihn lieben.«

Sachverzeichnis

Bildnachweis

Abb. 19 Aus: Buschik »Sternenkunde« Georg Dollinger-Verlag, Leipzig 1927

Abb. 20, 21, 22 Keystone Pressedienst

Abb. 23 Aus: Allan Lee »Die Sterne« Brunnen Verlag, Gießen 1980, Seite 11

Abb. 33 Foto: Bildarchiv Hans Huber

Abb. 35 Aus: Everest »Verborgene Schätze«, R. Brockhaus-Verlag, Wuppertal 1958, Tafel 3, Seite 17

Abb. 36 Aus: H. W. Smolik, »Wandern mit offenen Augen«, Mosaik Verlag, München 1957/1966

Abb. 38 Aus »Colmann, Wunder des Meeres«

Abb. 51 Aus: »Die Welt der Natur«, Chr. Belser-Verlag, Stuttgart, 1962, Herausgeber: James Fisher und Sir Julian Huxley

Abb. 53, 56, 78 Aus »Meyers Handbuch Mensch, Tier und Pflanze«, Bibliographisches Institut, Mannheim

Abb. 58 Aus: E. K. Viktor Pearce »Wer war Adam?«, R. Brockhaus-Verlag, 1974

Abb. 71, 78 Aus: »Meyers Handbuch über Mensch, Tier, Pflanze«, Verlag Bibliographisches Institut, Mannheim, 1964

Abb. 73 Aus: Vitus B. Dröscher »Magie der Sinne im Tierreich«, Rechte: Vitus B. Dröscher

Abb. 79 Aus: Carl Strüwe »Formen des Mikrokosmos«, Prestel-Verlag, München, 1955

Abb. 80 Dieses Bild wurde seinerzeit zusammengesetzt aus dem Titelbild und den Bildern auf den Seiten 3 und 5 des Heftchens »Tiefsee« (Lux-Lesebogen 126)

Abb. 82, 113 Aus: Muschalek »Der Christ und die Schöpfung«, Morus-Verlag, Berlin, 1957

Abb. 101 Aus: Kühn »Die Natur«, Heft 2, Spektrum Verlag, Stuttgart-Schmiden, 1967

Abb. 103 Aus: Gertrud Hess »Die Biene«, Hallwag-Verlag, CH-3001 Bern

Abb. 112 Aus: Richard Grün »Wir und die Technik«, Otto Elsner-Verlag, Berlin, 1942

Abb. 119 Aus: Eberhard Weismann »Entwicklung und Kindheit der Tiere« (Dynamische Biologie, Band 4), Otto Maier Verlag, Ravensburg, 1976

Abb. 120, 121, 122 Aus: Gerhard von Frankenberg »Zauberreich des Lebens«, Verlag Ullstein, Berlin

Abb. 124 Alle drei Abbildungen Rechte: Bertelsmann Lexikon-Verlag, Reinhard Mohn, Gütersloh

Abb. 126, 127 Aus: Karl von Frisch »Tiere als Baumeister«
Copyright © 1974 by Turid Hölldobler.
Reproduced from ANIMAL ARCHITECTURE by Karl von Frisch by permission of Harcourt Brace Jovanovich, Inc.

Literatur

Abramowski, Rudolf, »Das Buch des betenden Volkes«, Der Psalmen 1. Teil, Stuttgart, 1938, Der Psalmen 2. Teil, Stuttgart, 1939

Althaus, Paul, »Der Brief an die Römer« (NT-Deutsch), Gütersloh, 1949

Althaus, Paul, »Die letzten Dinge«, Gütersloh, 1949

Altmann, Ulrich, »Paulus, der Mann und sein Werk«, Gütersloh, 1947

Asimov, Isaak, »Atomwelt – Wunderwelt«, Stuttgart, 1959

Balsiger, Dave, u. Ch. E. Sellier jr., »Die Arche Noah«, Wien/Düsseldorf, 1979

Barclay, William, »Offenbarung des Johannes« Band 1 u. 2, Wuppertal, 1970

Barclay, William, »Christus genügt« (Auslegung des Kolosserbriefs), Kassel, 1966

Barclay, William, »Richtet die erschlafften Hände auf« (Aus. d. Hebräerbr.), Kassel, 1968

Barclay, William, »Das sagt der Auferstandene«, (Ausl. d. 7 Sendschr.), Kassel, 1967

Beasley-Murray, G. R., »Wachset in der Gnade und in der Erkenntnis« (Auslegung des Jakobus-, Petrus- und Judasbriefs), Kassel, 1968

Beck, Horst-W., »Die Welt als Modell«, Wuppertal, 1973

Beck, Horst-W., »Marxistischer Materialismus im Schafspelz der Wissenschaft«, Wuppertal, 1975

Beebe, William, »923 Meter unter dem Meeresspiegel«, Leipzig, 1936

Behm, H. W., »Das Wunder des Waldes«, Berlin, 1935

Bell, Lettice, »Das wunderbare Haus« (Die Stiftshütte), Elberfeld, 1927

Bender, Herbert, »Die neue Wirklichkeit. – Abraham in der Glaubensschule Gottes«, Baden-Baden, 1949

Bergmann, Gerhard, » . . . und es gibt doch ein Jenseits«, Gladbeck, 1971

Bergmann, Gerhard, »Grundfragen des Lebens«, Wuppertal-Elberfeld, 1974

Bergmann, Gerhard, »Was heißt eigentlich: Ich glaube?«, Gladbeck, 1976

Bergmann, Gerhard, »Jesus Christus oder Buddha, Mohammed, Hinduismus?«, Gladbeck, 1976

Bergmann, Gerhard, »Leben wir in der Endzeit?«, Gladbeck, 1973

Bergmann, Gerhard, »Leben nach dem Tod?«, Gladbeck, 1974

Bergmann, Gerhard, »Alarm um die Bibel«, Gladbeck, 1974

Bergmann, Gerhard, »Der Glaube und die Beweisfrage«, Gladbeck, 1971

Bertsch, Andreas, »Blüten – lockende Signale«, Ravensburg, 1975

Bertsch, Andreas, »In Trockenheit und Kälte«, Ravensburg, 1977

Bertsch, Andreas, »Wie Pflanzen und Tiere sich ernähren«, Ravensburg, 1980

Das Beste, »Der menschliche Körper«, Stuttgart, Zürich, Wien, 1963

Das Beste, »Das große Reader's Digest Tierbuch«, Stuttgart, 1965

Das Beste aus Reader's Digest, mehrere Jahrgänge
Das Beste, »Wunderbare Welt der Natur«, Stuttgart, 1969
Bettex, F., »Das Lied der Schöpfung«, Stuttgart, 1919
Die Bibel in den verschiedensten Übersetzungen und Übertragungen (z.B. Luther, Elberfelder, Züricher, Jerusalemer, Menge, Die gute Nachricht, Einheitsübersetzung, Zink und andere)
Bibel-Konkordanz, Elberfelder, Wuppertal-Elberfeld, 1937
Bibellexikon, Brockhaus, Wuppertal, 1960
Brockhaus-Kommentar zur Bibel, Band 1, Wuppertal, 1980
Blechschmidt, Erich, »Vom Ei zum Embryo«, Reinbek bei Hamburg, 1970
Bogen, H. J., »Knaurs Buch der modernen Biologie«, München, 1967
Bolewski, H., und H. Göttrup, »Der Weltenraum in Menschenhand«, Stuttgart, 1959
de Boor, Werner, »Das ist Jesus«, Wuppertal, 1963
Borchert, Otto, »Der Goldgrund des Lebensbildes Jesu«, Konstanz, 1924
Boschke, F. L., »Die Schöpfung ist noch nicht zu Ende«, Düsseldorf, 1962
Botsch, Walter, »Entwicklung zum Lebendigen«, Stuttgart, 1975
Brandenburg, Hans, »Der Psalter«, Band 1 u. 2, Gießen u. Basel, 1967
Brauer, Wilhelm, »Die moderne Naturwissensch. u. d. christl. Glaube«, Gladbeck
Brecht, F. A., »Schöpfung oder Zufall?«, Berlin, 1915
Brehms Tierleben (Volksausgabe), Berlin, 1961
Briem, Walter, »Die Sterne und die Bibel«, Hückeswagen, 1970
Brocher, Tobias, »Das unbekannte Ich«, Reinbek b. Hamburg, 1969
Bruce, F. F., »Zeitgeschichte des Neuen Testaments«, Band 1 u. 2, Wuppertal, 1975
Bruce, F. F., »Sind die neutestamentl. Dokumente zuverlässig?«, Wuppertal, 1953
Bruns, Hans, »Sie waren Gottes Mund« (Die 12 kleinen Propheten), Gladbeck, 1956
Bruns, Hans, »Kleine Entdeckungsreisen im Neuen Testament«, Gladbeck, 1958
Bruns, Hans, »Gott schweigt nicht«, Gladbeck, 1949
Büscher, Gustav, »Geheimnisvolle Tiefen – Das Innere der Erde – Die Abgründe der Meere«, Stuttgart, 1957
Burton, Maurice, »Übersinnliches? – Vom 6. Sinn der Tiere«, Tübingen, 1971
Buschick, R., »Sternenkunde«, Leipzig, 1927
Butler, G. Colin, »Die Honigbiene«, Düsseldorf – Köln, 1957

Cartier, Raymond, »Die Welt – woher sie kommt und wohin sie geht«, Hamburg, 1957
Casper, Josef, »Sekten, Seher und Betrüger«, Innsbruck, Wien, München, 1960
Ceram, C. W., »Götter, Gräber und Gelehrte«, Hamburg, 1949

Cheesman, Evelyn, »Leidenschaft zur kleinen Schöpfung«, Stuttgart, 1957
Colman, John S., »Wunder des Meeres«, Stuttgart, 1952
Criswell, W. A., »Stammt der Mensch vom Affen ab?«, Wetzlar, 1972

Dennert, Eberhard und Wolfgang, »Die Natur, das Wunder Gottes«, Bonn, 1950
de Diétrich, Suzanne, »Macht meine Freude vollkommen« (Auslegung d. Philipperbriefs), Kassel, 1968
von Ditfurth, Hoimar, »Im Anfang war der Wasserstoff«, Hamburg, 1972
Dröscher, Vitus B., »Klug wie die Schlangen«, Oldenburg, 1962
Dröscher, Vitus B., »Magie der Sinne im Tierreich«, Frankfurt, Wien, Zürich, 1966
Dörri, Hans Lüdeke, »Genesis«, München, 1956
Dubos, René, Maya Pines, »Mikroben, Gene, Vitamine«, Reinbek bei Hamburg, 1969

Engel, H., »Die größten Geister über die höchsten Fragen«, Konstanz
Engel, Fritz-Martin, »Zwischen Null und Fünf – Lebensgefüge und Lebensformen des Bodens«, München, Bonn, Wien, 1961
Engelhardt W., »Was lebt in Tümpel, Bach und Weiher?«, Stuttgart, 1980
Everest, F. A., »Zufall oder Plan?«, Wuppertal, 1959
Everest, F. A., »Der unsichtbare Erfinder«, Wuppertal, 1959
Everest, F. A., »Verborgene Schätze«, Wuppertal, 1958
Eisenlöffel, Ludwig, »Jesus Christus im Alten und Neuen Testament« (Vortragsreihe, auf 4 Tonbandkassetten aufgenommen)

»factum – Das wissenschaftliche Magazin zum Verständnis unserer Zeit«, Herausgeber: Förderung christl. Publizistik, Heerbrugg/Schweiz
Faust, Heinrich, »Woher wir kommen – Wohin wir gehen«, Düsseldorf, 1964
Fervers, Hans, »Der allmächtige Mensch?«, Hamm, 1954
Fischer, Jame u. Julian Huxley, »Die Welt der Natur«, Stuttgart, 1962
Flügge, Th., »Affenmensch, Weltall, Bibel«, Berlin, 1958
Ford, Leighton, »Wo finde ich Gott«, Neuhausen-Stuttgart, 1976
von Frankenberg, Gerhard, »Das Zauberreich des Lebens«, Berlin, 1965
Freericks, Rudolf, »Geheimnisse des Tierlebens«, Berlin – Düsseldorf, 1957
Frey, Helmuth, »Die Botschaft des Alten Testaments«, Bände 1, 2, 3 u. 18, Stuttgart, 1938
Fricke, Hans-W., »Korallenmeer«, Stuttgart, 1972
Friese, Gerrit, »Insekten«, Leipzig, 1964
Friedli, Franz, »Wunderwelt der Ameisen«, Bern
von Frisch, Karl, »Tiere als Baumeister«, Frankfurt, 1974
von Frisch, Karl, »Du und das Leben«, Berlin, 1936

Fuchs, Walter R., »Knaurs Buch der modernen Physik«, München, Zürich, 1965
Fürsch, Helmut, »Natur um uns«, München, 1969

Gérardin, Lucien, »Natur als Vorbild«, München, 1968
Gerlach, Richard, »Die Geheimnisse im Reich der Tiere«, Hamburg/Düsseldorf, 1969
Gerlach, Richard, »Die Geheimnisse der Vogelwelt«, Hamburg/Düsseldorf, 1968
Gerlach, Richard, »Die Geheimnisse im Reich der Fische«, Hamburg/Düsseldorf, 1970
Gitt, Werner u. Manfred Wermke, »Schöpfung oder Evolution?« Seewis/Uhldingen, 1979
Gitt, Werner, »Logos oder Chaos«, Neuhausen-Stuttgart, 1980
Guenther, Konrad, »Natur als Offenbarung«, Stuttgart, 1933
Guenther, Konrad, »Unsere Tierwelt im Drama des Lebens«, Neumann-Neudamm, 1931
Goldsmith, Martin, »Was ist eigentlich Kommunismus?«, Basel/Gießen, 1978
Gööck, Roland, »Die großen Rätsel unserer Welt«, Gütersloh, 1969
Gööck, Roland, »Alle Wunder dieser Welt«, Gütersloh, 1968
Graebner, K. E., »Natur – Reich der tausend Wunder«, Gütersloh, 1977
Green, Michael, »Es komme mir keiner mit Tatsachen«, Neuhausen-Stuttgart, 1973
Gregory, Richard L., »Auge und Gehirn«, München, 1966
Grün, Richard, »Wir und die Technik«, Berlin, 1942
Gründler, Georg, »An der Schwelle – Brennende Fragen um Sterben, Tod und das Leben danach«, Wuppertal, 1979
Grünzweig, Fritz, »Scheinwerfer auf dem Weg durch die Endzeit«, Neuhausen-Stuttgart, 1974
Grzimek, Bernhard, »Wolf Dschingis – Neue Erlebnisse, Erkenntnisse und Versuche mit Tieren«, Stuttgart, 1943

Haber, Heinz, »Bild der Wissenschaft«, Stuttgart, mehrere Jahrgänge
Haber, Heinz, »Unser blauer Planet«, Stuttgart, 1965
Hallesby, O., »Himmel, Tod und Hölle«, Wuppertal, 1958
Hampe, J. G., »Sterben ist doch ganz anders«, Stuttgart, 1976
Handler, Josef, »Das Buch der Gesundheit«, Band 1: »Stellung des Menschen im Universum. Baustoffe des Lebens«, Band 2: »Der Mensch und die Krankheit. Evolution und Vererbung«, Monte Carlo, 1967
Hass, Hans, »Wir Menschen«, Wien – Frankfurt – Zürich, 1968
Heim, Karl, »Der christliche Glaube und die Naturwissenschaft«, Tübingen, 1949
Heim, Karl, »Psalmen«, Stuttgart, 1947
Heim, Karl, »Leben aus dem Glauben«, Berlin, 1934

Heim, Karl, »Jesus der Herr«, Berlin, 1935
Heim, Karl, »Jesus der Weltvollender«, Berlin, 1937
Heim, Karl, »Weltschöpfung und Weltende«, Wuppertal, 1952
Heim, Karl, »Das Weltbild der Zukunft«, Wuppertal, 1980
Henniger-Frank, »Lehrbuch der Chemie für Gymnasien«, Stuttgart, 1972
Henry, Maurice, »Der wissenschaftliche Beweis unseres Weiterlebens nach dem Tode«, Bopfingen/Württ., 1964
Herán, Ivan, »Das Tier und sein Kleid«, Prag/Hanau, 1976
Herbst, F. »Geschenkweise gerecht« (Auslegung des Römerbriefs), Neumünster, 1928
Herntrich, Volkmar, »Der Prophet Jesaja« (AT-Deutsch), Göttingen, 1950
Herrman, Ernst, »Die Werkstatt Vulkans – Vulkanismus und Probleme der Erdkruste und des Erdinneren«, Berlin, 1963
Hess, Gertrud, »Die Biene«, Bern
Hess, Dieter, »Fahrplan der Gene«, Stuttgart, 1972
Hesion, Roy, »Wir möchten Jesus sehen«, Wuppertal, 1964
v.d. Heydt, Fritz, »Gotteswort und Menschenwort«, Lüneburg, 1946
Hitzbleck, Erich, »Und dieses Leben hat doch einen Sinn«, Wuppertal, 1951
Hitzbleck, Erich, »Wunder im Naturgeschehen«, Wuppertal, 1962
Hitzbleck, Erich, »Schöpfungswunder im Tierreich«, Wuppertal, 1968
Hitzbleck, Erich, »Architektur der Schöpfung«, Wuppertal, 1970
Hitzbleck, Erich, »Wie ich die Welt verstehe«, Wuppertal, 1974
Hitzbleck, Erich, »Wie finde ich des Lebens Sinn?«, Moers, 1976
Hitzbleck, Erich, »Nicht Affe, sondern Gottesbild«, Moers, 1976
Hitzbleck, Erich, 118 Beiträge in der Zeitschrift »Neues Leben«, Moers, 1959–1971
Hitzbleck, Erich, 30 Sendemanuskripte für den Evangeliums-Rundfunk, Wetzlar, 1976–1978
Höhn, Reinhard, »Seltsames aus dem Reich der Pflanzen«, Luzern, 1977
Hubmer, Fritz, »Der Heilsplan Gottes«, Chemnitz, 1938
Hubmer, Fritz, »Warum dennoch die Bibel?«, Gießen/Basel, 1963
v. Huene, Friedr., »Weg und Werk Gottes in Natur und Bibel«, Siegen/Leipzig, 1957
Huppert, Otto, »Das Unfaßbare«, Stuttgart, 1948

Jauncey, J. H., »Naturwissenschaft auf den Spuren Gottes«, Kassel, 1964
Jeans, James, »Sterne, Welten und Atome«, Berlin, 1931
Jeans, James, »Die neuen Grundlagen der Naturerkenntnis«, Berlin, 1934
Jeans, James, »Der Weltenraum und seine Rätsel«, Stuttgart/Berlin, 1931

Kaempffert, Waldemar, »Grenzen der Erkenntnis«, Köln/Berlin, 1954
Kallenbach, Alfred, »Was ist der Mensch?«, Wuppertal-Vohwinkel, 1953
Karlson, Paul, »Du und die Physik«, Berlin, 1971
Keller, Werner, »Und die Bibel hat doch recht«, Düsseldorf, 1955

Klucken, Theodor, »Gott in der Natur«, Düsseldorf, 1940
Krack, K. E., »Sensationen in der Natur«, Berlin-Charlottenburg, 1961
Kraemer, Richard, »Schöpfer Himmels und der Erden«, Zürich, 1944
Kramer, Samuel N., »Geschichte beginnt mit Sumer«, München, 1959
»Kosmos, Bild unserer Welt«, Stuttgart (mehrere Jahrgänge)
Kriese, Richard, »Wird unsere Welt im Chaos enden?«, Neuhausen-Stuttgart, 1980
Kroeker, Jakob, »Das lebendige Wort«, Bände 1 bis 8 (Altes Testament), Gießen, 1930
Kroeker, Jakob, »Römerbrief«, Stuttgart, 1948
Kübler-Ross, Elisabeth, »Interviews mit Sterbenden«, Stuttgart, 1975

Lamparter, Helmuth, »Wie eine Fackel brannte sein Wort« (Auslegung der Elia-Texte), Metzingen, 1956
Lange, K. E., »Der Hebräerbrief«, Zürich, 1958
Langenberg, Heinrich, »Die prophetische Bildsprache der Apokalypse«, Metzingen
Lightfoot, Neil R., »Die Bibel – Entstehung und Überlieferung«, Augsburg, 1967
Linder, Hermann, »Biologie-Lehrbuch für die Oberklassen der Höheren Schulen«, Stuttgart, 1967/70
Life und Lincoln Barnet, »Die Welt in der wir leben«, München, 1955
Life, »Das Epos des Menschen«, Paris, 1961/62
Lilje, Hans, »Das letzte Buch der Bibel«, Hamburg, 1958
Löbsack, Theo, »Der Atem der Erde – Wunder und Rätsel der Luft«, München, 1957
Löwenthal, G. u. J. Hausen »Wir werden durch Atome leben«, Berlin, 1956
Lorenz, Konrad, »Das sogenannte Böse«, Wien, 1963
Luthardt, Ernst, »Apologetische Vorträge über die Grundwahrheiten des Christentums«, Leipzig, 1897
Lyon, Th. C., »Gotteslob der Sterne«, Konstanz, 1965

Mackay, D. M., »Christentum in einem mechanistischen Universum«, Wuppertal, 1969
Märker, H. u. F. L. Schmidt, »Europäische Nachtfalter«, Kaiserslautern
Malz, Betty, »Ich sah ein Stück der Ewigkeit«, Wetzlar, 1978
Martensen-Larsen, H., »Sternenhimmel und Glaube«, Berlin
Mathesius, »Weg zu Gott – Erlebnisse eines Mathematikers«, Zürich/Stuttgart, 1959
May, Fritz, »Israel zwischen Weltpolitik und Messiaserwartung«, Moers, 1976
Meierhofer, Hans, »Forscherfreuden auch für dich«, Zürich, 1942
Meierhofer, Hans, »Lebensrätsel aus der Pflanzenwelt«, Zürich, 1949
Meier, Adolf, »Die Umwelt Jesu und seiner Apostel«, Basel, 1944

Meldau, John, »Der Messias in beiden Testamenten«, Lahr-Dinglingen, 1971
Meyer-Voigtländer, Wilhelm, »Wunder und Rätsel des Lebens«, Freiburg, 1967
Milne, L. u. M., »Das Gleichgewicht in der Natur«, Hamburg/Berlin, 1965
Moody, Raymond A., »Leben nach dem Tod«, Reinbek bei Hamburg, 1977
Moody, Raymond A., »Nachgedanken über das Leben nach dem Tod«, Reinbek b. Hamburg, 1978
Morant, Peter, »Die Anfänge der Menschheit«, Luzern, 1962
Morris, H. M., »Erde woher?«, Wuppertal, 1977
Morris, H. M., »Evolution im Zwielicht«, Augsburg, 1966
Morrison, A. Cressy, »Zufall – kein nackter Affe«, Erzhausen, 1968
Müller, Paul, »Schöpfung, Wunder, unsichtbare Welt«, Metzingen, 1958
Müller, Paul, »Schöpfung und Wunder – Zufall oder Gottes Werk?« Metzingen, 1969
Müller, J., u. H. Melchinger, »Virus und Krebs«, Stuttgart, 1971
Muschalek, Hubert, »Der Christ und die Schöpfung«, Berlin, 1957
Muschalek, Hubert, »Gottbekenntnisse moderner Naturforscher«, Berlin, 1952/1964

Nachtwey, Robert, »Der Irrweg des Darwinismus«, Berlin, 1959
Nachtigall, Werner, »Phantasie der Schöpfung«, Hamburg, 1974
»Die Natur«, Hauszeitschrift des Deutschen Naturkundevereins usw., Stuttgart/Basel
Nielsen, Thor, »Die letzten Geheimnisse der Erde«, Wien, Berlin, Stuttgart, 1957
Niklitschek, Alexander, »Im Zaubergarten der Mathematik«, Berlin, 1939
Noth, Martin, »Geschichte Israels«, Göttingen, 1956

Ocker, Helmut, »Bibelkunde für junge Christen«, Wuppertal, 1964
Oehler, W. J., »Vom dicken Ich«, Leipzig, 1933
Ostermann, Eduard, »Das Glaubensbekenntnis der Evolution«, Neuhausen-Stuttgart, 1978
Ostermann, Eduard, »Unsere Erde – ein junger Planet«, Neuhausen-Stuttgart, 1978
Ouweneel, W. J., »Hat die Evolutionslehre einen wissenschaftlichen Charakter?«, Bielefeld, 1975
Ouweneel, W. J., »Gedanken zum Schöpfungsbericht«, Neustadt/Weinstraße, 1975

Pache, René, »Die Wiederkunft Jesu Christi«, Wuppertal, 1955
Paret, Oscar, »Die Bibel – ihre Überlieferung in Druck und Schrift«, Stuttgart, 1949
Pearce, E. K. Victor, »Wer war Adam?«, Wuppertal, 1974

Pember, G. H., »Die ersten Zeitalter der Erde«, Leipzig, 1885
Philbert, Bernhard, »Christliche Prophetie und Nuklearenergie«, Wuppertal, 1964
Pootmann, F. J., »Millionen in einem Bau – Das Leben im Ameisenstaat«, München, 1958
Portmann, Adolf, »Probleme des Lebens«, Basel, 1967
Pyke, Magnus, »Jeder Schritt ist Unermeßlichkeit«, Oldenburg, 1961

von Rad, Gerd, »Theologie des Alten Testaments«, Band 1 u. 2, München, 1966
von Rad, Gerd, »Das erste Buch Mose« (AT-Deutsch), Göttingen, 1949
Richter, Artur, »Prozeß gegen Gott«, Wuppertal, 1961
Riegle, David, »Evolution eine Irrlehre?«, Wetzlar, 1974
Rienecker, Fritz, »Stellungnahme zu Bultmanns Entmythologisierung«, Wuppertal, 1951
Rienecker, Fritz, »Warum all das Leid und Übel in der Welt?«, Wuppertal, 1951
Römpp, Hermann, »Die Wunderwelt der Atome«, München, 1949
Rohrbach, Hans, »Naturwissenschaft, Weltbild, Glaube«, Wuppertal, 1967
RoRoRo »Pflanzenlexikon«, Gütersloh, 1969 (5 Bände)
RoRoRo »Tierlexikon«, Gütersloh, 1969 (5 Bände)
RoRoRo »Lexikon« Taschenbuchausgabe, Mannheim, 1966/1969 (9 Bände)
Rupprecht, Johannes, »Das Wunder in der Bibel«, Berlin, 1936

Sauer, Erich, »Das Morgenrot der Welterlösung«, Gütersloh, 1947
Sauer, Erich, »Der Triumph des Gekreuzigten«, Gütersloh, 1946
Sauer, Erich, »Gott, Menschheit und Ewigkeit«, Wuppertal, 1955
Sauer, Erich, »Der König der Erde«, Wuppertal, 1959
Sauer, Erich, »In der Kampfbahn des Glaubens«, Wuppertal, 1952
Schaeffs, Werner, »Jesus, Meister der Natur«, Wuppertal, 1970
Schaeffer, Francis A., »Der Schöpfungsbericht«, Wuppertal, 1976
Schaeffer, Francis A., »Genesis in Raum und Zeit«, Wuppertal, 1976
Schlatter, Theodor, »Wie ist unsere Bibel entstanden?«, Stuttgart, ?
Schnare, Karl, »Enträtselte Tierwelt«, Berlin/Hamburg, 1963
Schneller, Ludwig, »Kennst du Ihn (Jesus)?«, Gladbeck, 1971
Schneller, Ludwig, »Tischendorf-Erinnerungen«, Lahr-Dinglingen, 1954/1975
Schnepel, Erich, »Wie Gott Weltgeschichte macht«, Gladbeck, 1950
Schnepel, Erich, »Die Offenbarung des Johannes«, Stuttgart, 1952
Schnepel, Erich, »Der Weg der Gemeinde Jesu in den ersten vier Jahrhunderten«, Berlin, 1937
Schörle, Gert, »Himmel und Raum-Zeit-Welt«, Berghausen, 1960
Schua, Leopold und Roma, »Lebensraum Wasser«, Stuttgart, 1970

Schubert, Jaro, »Was fange ich mit dem Alten Testament an?«, Augsburg, 1967
Schurz, Josef, »Unser Gehirn«, Stuttgart, 1975
Schurz, Josef, »Architektur der Moleküle«, Stuttgart, 1967
Schulte, Anton, »Christsein ohne Sonderregeln«, Moers, 1975
Schulte, Anton, »Lohnt es sich zu leben?«, Moers, 1976
Schwoerbel, Wolfgang, »Zwischen Wolken und Tiefsee«, Ravensburg, 1976
Smolik, H. W., »Wandern mit offenen Augen«, Gütersloh, 1957/1966
Smolik, H. W., »Tausend Wunder auf stillen Wegen«, Stuttgart, 1956
Stanek, V. J., »Exotische Vögel«, Frankfurt-M., 1961
Stanek, V. J., »Bären, Füchse, Wölfe und andere Räuber«, Frankfurt-M., 1961
Street, Philip, »Waffen der Tiere«, Tübingen u. Stuttgart, 1971
Studer, Gottfried, »Gott redet im Wettersturm« (Auslegung des Buches Hiob), Witten, 1954
Strüwe, Carl, »Formen des Mikrokosmos«, München, 1955
Sücker, Immanuel, »Der Mensch – Ursprung, Fall und Vollendung«, Moers, 1981
Sullivan, Navin, »Die Botschaft der Gene«, Frankfurt-M., 1969
Sund, Horst, »Große Moleküle«, Frankfurt-M., 1970
Swihart, Philipp J., »Der Tod – wirklich anders?«, Bad Liebenzell, 1978

Teichgraeber, Artur, »ABC der Sterne«, Stuttgart, 1940
Thielicke, Helmut, »Wie die Welt begann«, Stuttgart, 1960
Thielicke, Helmut, »Das Bilderbuch Gottes. – Reden über die Gleichnisse Jesu«, Stuttgart, 1957
Thielicke, Helmut, »Zwischen Gott und Satan«, Tübingen, 1946
Throckmorton, B. H., » . . . damit ihr ein sicheres Urteil gewinnt« (Auslegung des Römerbriefs), Kassel, 1968
Thöne, Karl, »Der Mensch«, Bern, 1956
Tinbergen, N., »Tiere untereinander«, Berlin u. Hamburg, 1955

Umland, Kurt, »Geheimnis Mensch«, Düsseldorf, 1959
Uris, Leon, »Exodus«, München, 1976

Veröffentlichungen der Studiengemeinschaft »WORT + WISSEN«, Neuhausen-Stuttgart
Vömel, A., »Geistliche Briefe aus allen Jahrhunderten«, Barmen, 1925
Vogt, Hans-Heinrich, »Tiere intim«, Ullstein, 1973
Volkmann, R. B., »Gibt es Beweise für das Dasein Gottes?«, Geisweid?
Vortisch, Hermann, »Vom Wunderreich in uns«, Hamburg, 1928

Walker, Kennet, »Vom Blut und seinen Geheimnissen«, Berlin-Grunewald, 1961

Waldmeier, M., »Sonne und Erde«, Zürich, 1959
Wasserzug, G., »Sacharja«, Böblingen, 1979
Weber, Friedrich-Wilhelm, »Gott in der Natur«, Berlin, 1936
Weber, Otto, »Bibelkunde des Alten Testaments«, Tübingen, 1948
Wegener, Günther, »6000 Jahre und ein Buch«, Kassel, 1958
Weinzierl, Hubert, »Projekt Biber«, Stuttgart, 1973
Weismann, Eberhard, »Partnersuche und Ehe im Tierreich«, Ravensburg, 1975
Weismann, Eberhard, »Entwicklung und Kindheit der Tiere«, Ravensburg, 1976
Weiser, Artur, »Das Buch der 12 kleinen Propheten« (AT-Deutsch), Band 1 und 2, Göttingen, 1949
Wendt, Herbert, »Es begann in Babel«, Rastatt, 1958
Whitcomb, John C., u. Henry M. Morris, »Die Sintflut«, Neuhausen-Stuttgart, 1961
Wickler, Wolfgang, »Mimikry«, München, 1968
Wilder-Smith, A. Ernest, »Gott – Sein oder Nichtsein?«, Neuhausen-Stuttgart, 1973
Wilder-Smith, A. Ernest, »Ist das ein Gott der Liebe?«, Neuhausen-Stuttgart, 1973
Wilder-Smith, A. Ernest, »Die Demission des wissenschaftlichen Materialismus«, Neuhausen-Stuttgart, 1976
Wilder-Smith, A. Ernest, »Herkunft und Zukunft des Menschen«, Gießen/Basel, 1966
Wilder-Smith, A. Ernest, »Die Naturwissenschaften kennen keine Evolution«, Basel/Stuttgart, 1978
Wilder-Smith, A. Ernest, »Die Erschaffung des Lebens«, Neuhausen-Stuttgart, 1972
Wiseman, P. J., »Die Entstehung der Genesis«, Wuppertal, 1957
Wohlbold, Hans, »Wunder der Tiergemeinschaften«, Berlin, 1941
Woltereck, Heinz, »Das unwahrscheinliche Leben«, Seebruck, 1950
Wunderlich, Klaus und Wolfgang Gloede, »Natur als Konstrukteur«, Leipzig, 1977
Wuppertaler Studienbibel, Reihe: Neues Testament (12 Bände)

Zodiathes, Spiros, »Leben nach dem Tod?«, Dillenburg, 1978

Sigrid Hartwig-Scherer

Ramapithecus – Vorfahr des Menschen?

Der vorliegende Band unternimmt erstmalig eine umfassende Zusammenschau der einschlägigen Fachliteratur, um auch für den Nicht-Anthropologen die bisweilen verschlungenen Pfade nachzuzeichnen, auf denen sich die Deutungen der ramamorphen Fossilien seit ihrer Entdekkung bewegten: Ein faszinierendes Kapitel paläanthropolischer Forschung wird vor dem Leser ausgebreitet, welches die grundsätzliche Abhängigkeit der Fossildeutungen von den jeweils aktuellen evolutionstheoretischen Rahmenvorstellungen deutlich macht.

Reihe: STUDIUM INTEGRALE
Pb., 64 S., 16,5 × 24 cm, Nr. 79.751, DM 18,–
ISBN 3-927390-00-3, ZEITJOURNAL Verlag

Reinhard Junker

Rudimentäre Organe und Atavismen – Konstruktionsfehler des Lebens

Trägt der Mensch das Erbe tierischer Vorfahren in sich? Rudimentäre Organe und Atavismen scheinen dies überzeugend zu belegen. Der Autor der vorliegenden Arbeit stellt jedoch rudimentäre Organe und Atavismen nicht ohne weiteres in den Deutungsrahmen der Deszendenztheorie, sondern unternimmt eine kritische Diskussion der biologischen Befunde und zeigt zirkuläre Schlüsse beim Gebrauch rudimentärer Organe und Atavismen als »Evolutionsbeweise« auf, was diese Arbeit zu einer anregenden, manchmal auch provozierenden Lektüre macht.

Reihe: STUDIUM INTEGRALE
Pb., 86 S., 16,5 × 24 cm, Nr. 79.752, DM 18,–
ISBN 3-927390-03-8, ZEITJOURNAL Verlag

Bitte fragen Sie in Ihrer Buchhandlung nach diesen beiden Bänden.